Galvanotechnik

Von

Jean Billiter
Dr. phil., emer. a. o. Professor an der Universität Wien

Zweite,
neubearbeitete und erweiterte Auflage

Mit 154 Textabbildungen

Springer-Verlag Wien GmbH
1957

ISBN 978-3-7091-3116-9 ISBN 978-3-7091-3115-2 (eBook)
DOI 10.1007/978-3-7091-3115-2

Ursprünglich erschienen bei Springer-Verlag in Vienna 1957

Vorwort

Wenn auch die allgemeine Anlage des vorliegenden Werkes derjenigen der ersten Auflage im großen ganzen entspricht, ist sein Text doch von Grund auf umgearbeitet und wesentlich erweitert worden, um den sehr wichtigen und zahlreichen Neuerungen, Veränderungen und Entwicklungen Rechnung zu tragen, die sowohl auf theoretischem als auch auf praktischem Gebiet seit dem Erscheinen der ersten Auflage verwirklicht worden sind.

Weitgehend modifiziert haben sich die Vorstellungen über die Bildungsweise galvanischer Niederschläge, ganz besonders ist auch die Rolle, die Fremdstoffe bei ihrem Aufbau spielen, genauer untersucht worden. Dies hat eine Reihe von Mitteln an die Hand gegeben, den Charakter der Überzüge bis zu gewissem Grade nach Belieben zu beeinflussen, ihre Qualität, ihr Haftvermögen, ihr Aussehen und ihre mechanischen Eigenschaften zu verbessern sowie ihren Korrosionsschutz zu erhöhen.

Eine bemerkenswerte Neuerung bildet in dieser Hinsicht unter anderem die Herstellung von Badlösungen, welche einebnende Wirkung ausüben, solcher, aus denen man Metallüberzüge in Hochglanz oder in Mattglanz gewinnt, endlich von Bädern, die ihre Zusammensetzung selbsttätig regeln.

Die anodische Behandlung, die hauptsächlich zur Vorbehandlung, z. B. zum Dekapieren, von Werkstücken herangezogen wurde, hat durch das Eloxal-Verfahren und durch die Elektropolierung so ausgedehnte Anwendungen für die Herstellung von Fertigprodukten bzw. für die Herstellung eines Superfinish, also einer Veredlung, gefunden, daß ihr spezielle Kapitel gewidmet worden sind.

Das vorliegende Werk beschränkt sich auf die Erörterung von Verfahren, bei welchen elektrischer Strom von außen zugeführt wird.

Die Methoden stromloser Herstellung von metallischen Überzügen fallen nicht in diesen Rahmen. Sie finden neuerdings viel Beachtung, unter anderem deshalb, weil sie es ermöglichen, auch auf stark profilierten Metallgegenständen Überzüge gleichmäßiger Niederschlagsstärke herzustellen.

Die ungeheuren Dimensionen, in denen einige galvanische Prozesse, vor allem die Vernickelung, die Verchromung und Verzinnung, gegenwärtig ausgeführt werden, haben die Ingenieurtechnik vor neue Aufgaben gestellt, deren wichtigste sie mit großem Geschick bereits gelöst hat.

Eine eingehendere Beschreibung der dabei verwendeten, zum Teil äußerst komplizierten mechanischen Vorrichtungen würde mindestens ebensoviel Raum beanspruchen wie das hier behandelte Thema und die Aufgabe des erfahrenen Ingenieurs bilden.

Die Zeiten, da der Galvaniseur alle seine Zellen selbst ausführen konnte, sind vorbei. Gegenwärtig stellen große Spezialfirmen diese nebst allen Hilfsvorrichtungen in einem Vollendungsgrade her, der den gesteigerten Ansprüchen gerecht wird. Es ist deshalb hier nur versucht worden, durch kurze Hinweise eine Vorstellung davon zu geben, nach welchen Gesichtspunkten sie gebaut werden.

Ausführlichere Darstellungen derselben findet man in deutscher Sprache in den Publikationen von PFANHAUSER, dann auch von KRAUSE, MACHU, WOGRINZ u. a.

Herrn Dr. R. SOMMER möchte ich für seine Hilfe beim Korrekturlesen auch hier meinen Dank aussprechen.

Dezember 1956

Jean Billiter

Inhaltsverzeichnis

Erster Teil

Die Prinzipien

Zweiter Teil

Phänomenologie der kathodischen Bildung von Metallniederschlägen

Erster Teil

Die Prinzipien

Einleitung

Als einer ihrer Spezialzweige stützt sich die Galvanotechnik auf die Erkenntnisse und auf die Grundvorstellungen der Elektrochemie und der physikalischen Chemie.

Als Grenzgebiet der Metallkunde operiert sie auch mit Begriffen, die der Kristallographie entlehnt sind.

Unter allen diesen sind die folgenden für die Darstellung und für das Verständnis der hier zu betrachtenden Vorgänge am wichtigsten und am unentbehrlichsten.

1. Ionentheorie

Reines Wasser ist ein äußerst schlechter Leiter der Elektrizität. Erst beim Auflösen von Säuren, Basen oder Salzen erlangt es höheres Leitvermögen. In der leitenden wässerigen Lösung stellen demnach die betreffenden gelösten Verbindungen, die „Elektrolyte", die eigentlichen Träger des elektrischen Leitvermögens vor.

Stellt man eine elektrolytische Zelle aus zwei unangreifbaren, z. B. zwei Platin-Elektroden in einer gut leitenden wässerigen Lösung zusammen und schließt man diese Elektroden an die Pole einer stromliefernden Quelle, so fließt elektrischer Strom erst dann dauernd durch diese Zelle, wenn die an die Elektroden angelegte elektrische Spannungsdifferenz einen Schwellenwert, die „Zersetzungsspannung", überschreitet.

Wird hingegen die Zelle aus zwei Kupfer-Elektroden in Kupfersulfat- oder zwei Silber-Elektroden in Silbernitrat-Lösung od. dgl. zusammengestellt, so wird sie schon beim Anlegen der allergeringsten Spannungsdifferenz[1] dauernd vom elektrischen Strom durchflossen.

Letztere Beobachtung ließ es ARRHENIUS 1887 notwendig erscheinen, anzunehmen, daß der Stromtransport in der Lösung durch elektrisch geladene, bewegliche Teilchen, durch die „Ionen", vermittelt wird, welche in der Lösung schon *vorgebildet* sind.

Bis dahin hatte man mit GROTTHUS angenommen, daß die gelösten

[1] Hiebei wird zunächst von Hemmungen an den Elektroden und den Veränderungen, die der Stromdurchgang verursacht, abgesehen, deren Überwindung bloß nach Millivolt zählt.

Verbindungen, welche die Stromleitung vermitteln, zwar polar aufgebaut sind, daß ihre elektrisch entgegengesetzt geladenen Anteile aber erst durch Einwirkung der angelegten elektrischen Spannung voneinander getrennt werden. Diese Trennung müßte Spannung verbrauchen.

Die ARRHENIUSsche Vorstellung, daß positiv und negativ geladene Teile frei in der Lösung nebeneinander bestehen sollen, bereitete anfangs erhebliche Schwierigkeit und wurde erst allgemein angenommen, als sie durch Erbringung des Nachweises (z. B. durch Messung der Siedepunktserhöhung, der Gefrierpunktserniedrigung usw.) gestützt wurde, daß sich tatsächlich die Zahl der gelösten Anteile bei der Dissoziation eines Elektrolyten in Ionen im entsprechenden Maße vermehrt, daß weitgehende Ionendissoziation bei gewöhnlicher Temperatur nur in Lösungsmitteln von hoher Dielektrizitätskonstante, wie Wasser, flüssige Zyanwasserstoffsäure usw., zu beobachten ist, in denen die Wirkung elektrostatischer Anziehungskräfte geringer ist usf.

Die Messungen bestätigen auch die Erwartung, daß sich die gut leitenden, die „starken" Elektrolyte (vorwiegend anorganische Säuren, Basen und Salze in wässeriger Lösung) durch hohen, die schlecht leitenden (die meisten organischen Verbindungen) durch geringen Dissoziationsgrad kennzeichnen.

Solange kein elektrischer Strom durch die Zelle geleitet wird, befinden sich die Ionen, wie die Moleküle, in regelloser, der BROWNschen Wärmebewegung. Im Augenblick des Stromschlusses entsteht ein elektrisches Feld. Unter dem Zwange elektrostatischer Anziehungs- und Abstoßungskräfte beginnen dann sofort *alle* in der Lösung befindlichen Ionen zu wandern: die positiv geladenen, die „Kationen", zum negativen Pol, zur „Kathode", die negativ geladenen, die „Anionen", zur Anode. Die Wege, die sie in der Zeiteinheit zurücklegen, sind der Feldstärke proportional, sie sind abhängig von der Natur des betreffenden Ions, der Viskosität der Lösung, der herrschenden Temperatur usw. Infolge der dauernd erfolgenden Zusammenstöße der Ionen mit Molekülen der Lösung legen sie bei ihrer Wanderung keine geraden, sondern vielfach gekrümmte Wege zurück, die in gerader Richtung zu den Elektroden nur geringe Werte erreichen.

Die Beweglichkeit einer Ionenart wird durch ihre Wanderungsgeschwindigkeit in cm/Sek. in gerader Richtung bei 18° C in wässeriger Lösung und bei einem Spannungsgefälle von 1 Volt/cm definiert.

In Lösungen von Verbindungen, die sich durch Färbung eines ihrer Ionen kennzeichnen, z. B. in Kaliumpermanganat-Lösungen, läßt sich die Wanderung des gefärbten Ions MnO_4' mit freiem Auge beobachten und ihre Geschwindigkeit unter Beobachtung entsprechender Kautelen direkt messen. Die Beweglichkeit des MnO_4' läßt sich daraus leicht berechnen.

Tab. 1 führt die Beweglichkeit verschiedener typischer Kationen und Anionen bei 18° C auf.

Mit Ausnahme der Ionen $H^{\cdot}$ und OH', welche wesentlich höhere Werte aufweisen, sind, wie man Tab. 1 entnimmt, die Beweglichkeiten aller Ionen von derselben Größenordnung. Sie sind für Ionen, die aus mehreren Atomen zusammengesetzt sind, nur wenig andere als für einfache, und, wie man z. B. beim Eisen ($Fe^{\cdot\cdot}$ und $Fe^{\cdot\cdot\cdot}$) sieht, fast unabhängig von der Ladungsdichte. Es ist bemerkenswert, daß auch die ganz ungleich größeren Ionen von Kolloiden, die oft aus Hunderten von Atomen bestehen, keine Beweglichkeit von anderer Größenordnung aufweisen.

Auch der Hydratationsgrad der Ionen ändert ihre Beweglichkeit nur in geringem Umfange.

Daß die meisten Ionen *hydratisiert* sind, d. h. Wassermoleküle anlagern und mit sich führen, ist auf verschiedene Art festgestellt worden, und zwar

Tabelle 1. *Beweglichkeiten von Kationen und Anionen bei 18° C*

Kationen	Beweglichkeit	Anionen	Beweglichkeit
$H^{\cdot}$	$33 \cdot 10^{-4}$	OH'	$18{,}2 \cdot 10^{-4}$
$Li^{\cdot}$	$3{,}5 \cdot 10^{-4}$	Cl'	$6{,}85 \cdot 10^{-4}$
$Na^{\cdot}$	$4{,}6 \cdot 10^{-4}$	Br'	$7 \cdot 10^{-4}$
$K^{\cdot}$	$6{,}75 \cdot 10^{-4}$	J'	$6{,}95 \cdot 10^{-4}$
$Ag^{\cdot}$	$5{,}7 \cdot 10^{-4}$	NO_3'	$6{,}5 \cdot 10^{-4}$
$NH_4^{\cdot}$	$6{,}7 \cdot 10^{-4}$	MnO_4'	$5{,}6 \cdot 10^{-4}$
$Zn^{\cdot\cdot}$	$4{,}8 \cdot 10^{-4}$	SO_4''	$7{,}1 \cdot 10^{-4}$
$Fe^{\cdot\cdot}$	$4{,}8 \cdot 10^{-4}$	$(COO)_2''$	$6{,}6 \cdot 10^{-4}$
$Fe^{\cdot\cdot\cdot}$	$4{,}6 \cdot 10^{-4}$	CO_3''	$6{,}2 \cdot 10^{-4}$

scheint die Zahl der angelagerten Wassermoleküle nach Messungen von RIESENFELD für die Ionen:

	$H^{\cdot}$	$Li^{\cdot}$	$Na^{\cdot}$	Cl'	$K^{\cdot}$ zum Beispiel
im Verhältnis:	1 :	15,9 :	8,4 :	4,0 :	5,4

zu stehen.

Die von allen anderen ganz verschiedene Beweglichkeit der $H^{\cdot}$- und OH'-Ionen wird dahin gedeutet, daß diese Ionen, welche die des Lösungsmittels sind, nicht eigentlich im Stromgefälle durch die Lösung wandern, sondern daß nur eine Verschiebung von Molekül zu Molekül des überall gegenwärtigen Lösungsmittels vor sich geht, indem etwa ein Wassermolekül links ein $H^{\cdot}$ aufnimmt und gleichzeitig rechts ein $H^{\cdot}$ an das nächste Wassermolekül abgibt usf., wobei ein $H^{\cdot}$ also jeweils nur die Entfernung von einem Molekül zum anderen zu durchqueren hat. Dies gilt ebenso für OH', wobei die Verschiebung des OH' wesentlich schwerer vor sich zu gehen scheint als diejenige des einfacheren $H^{\cdot}$.

Die hohe Beweglichkeit des $H^{\cdot}$ und des OH' erklärt die besonders hohe Leitfähigkeit starker Säuren und die gute Leitfähigkeit starker Basen.

Nach den gegenwärtig verbreiteten Vorstellungen über den Atombau führt man die Plus-Ladung der Kationen darauf zurück, daß sie Elektronen aus ihrer äußeren Elektronenhülle abgeben, die von ihrem Gegenpart, den Anionen bzw. von deren äußerer Elektronenhülle aufgenommen werden.

Die Abspaltung von Elektronen hat das Überwiegen der positiven Kernladung der Kationen zur Folge, die Anlagerung von Elektronen führt zur negativen Aufladung der Anionen.

Einwertige Ionen entstehen durch Abspaltung oder Eintritt eines Elektrons, mehrwertige durch Abspaltung oder Eintritt mehrerer Elektronen je Atom oder Atomkomplex.

Zur Vereinfachung der Schreibweise werden Anionen zuweilen als chemische Verbindung eines Atoms oder Radikals mit einem ⊖, die Kationen ebenso als Verbindungen mit einem ⊕ dargestellt, was unkorrekt, aber bequem ist.

Genauer lassen sich die Vorgänge bei der Elektrolyse und der Metallabscheidung, wie später ersichtlich sein wird, aber nur dann erfassen und darstellen, wenn man am BOHRschen Atommodell festhält, wenn man also annimmt, daß Atome und Ionen aus positiven Kernen bestehen, welche von Elektronen auf bestimmten Bahnen umkreist werden, und man sich weiter nach FAYANS, DEBYE und HÜCKEL vorstellt, daß die Elektronen-Atmosphären, welche die Außenhülle bilden, durch elektrostatische Kräfte, die von benachbarten, gleichfalls polar aufgebauten Substanzen ausgehen, durch die Anziehungs- und Abstoßungskräfte des elektrischen Feldes usw. *deformiert* werden können.

Wenn die elektrischen Schwerpunkte der positiven und der negativen Bestandteile eines Ions nicht zusammentreffen, stellen Ionen und polar aufgebaute Moleküle *Dipole* vor. Sie weisen dann im elektrischen Felde ein Drehmoment auf und üben Anziehungs- und Abstoßungskräfte auf benachbarte Dipole aus. Dies erklärt unter anderem die Anlagerung von Wassermolekülen, die gleichfalls Dipolcharakter aufweisen.

Das Dipolmoment beeinflußt das Verhalten der Bestandteile einer Lösung in mehrfacher Hinsicht. Zur Illustration werden deshalb in Tab. 2 die Dipolmomente einiger Moleküle und Radikale wiedergegeben:

Tabelle 2. *Dipolmomente*

	Dipolmoment		Dipolmoment
HCl	1,03	NH_3	1,5
HBr	0,78	PH_3	0,5
HJ	0,388	SO_2	1,7
H_2O	1,8	CS_2	0
H_2S	1,0	CO_2	0

Gestreckte, symmetrische Gebilde, wie O=C=O, S=C=S, weisen kein Dipolmoment auf. Das starke Dipolmoment des Wassers läßt annehmen, daß es nicht in dieser Weise aufgebaut ist, was auch aus anderen Eigenschaften desselben hervorgeht.

Man nimmt an, daß es die Form:

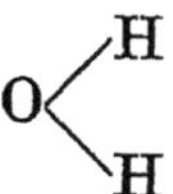

aufweist, in welcher die Verbindungslinien von O zu H einen Winkel einschließen, der etwa 104° beträgt. Der Abstand von O zu einem H-Atom berechnet sich zu 0,955 . 10^{-8} cm.

Ionen und Moleküle sind somit kein einfaches, unveränderlich Starres, sondern mehr oder minder deformierbare, mehr oder minder elastische Komplexe.

An dieser Vorstellung muß man festhalten, um die Vorgänge, die sich in nächster Elektrodenumgebung abspielen und die bei der Metallabscheidung eine Rolle spielen, besser beurteilen zu können. Sie erklärt es z. B. u. a., daß Anionen dauernd in allernächster Umgebung der Kathode verweilen und dort bestimmte Wirkung auf die Abscheidungsform ausüben können.

2. Elektroaffinität und Lösungstension der Metalle

Alle Metalle gehen in geeigneten Lösungsmitteln, die einen mehr, die anderen minder leicht in Lösung und bilden in denselben plus-geladene Ionen oder Komplexe. Das Bestreben zur Ionenbildung stellt eine für jedes Metall charakteristische, unter bestimmten Bedingungen konstante Größe dar. Diese ist für die reaktionsfähigeren, die unedlen Metalle (Alkalimetalle, Erdalkalimetalle, Zn, Fe usw.) viel größer als für die reaktionsträgen, die edlen Metalle (Au, Ag, Pt usw.).

Ein lösliches Salz geht in reinem Wasser erst leicht, dann, im Maße, als sein Gehalt in der entstehenden Lösung zunimmt, immer träger in Lösung. Ähnlich wird die Tendenz eines Metalls, Ionen zu bilden, von der Konzentration beeinflußt, welche seine Ionen in der Lösung schon besitzen.

Um die Lösungstension der verschiedenen Metalle miteinander vergleichen zu können, muß man sie unter vergleichbaren Bedingungen ermitteln: bei gleicher Temperatur, in reinen Lösungen gleichen Gehalts am jeweils maßgebenden Ion. Als Vergleichskonzentration hat man die 1-molare gewählt (1-n.), auf Ionen angewendet, also eine Konzentration, bei welcher das $\frac{\text{Atomgewicht des Ions in g}}{\text{im Liter}}$ enthalten ist.

Einzelspannungen Metall/Lösung kann man freilich nicht messen, sondern nur Spannungsdifferenzen, welche zwischen zwei Elektroden auftreten, die man zu einem galvanischen Element vereint. Um die Potentiale der einzelnen Metalle zu ermitteln, mißt man die Potentialdifferenzen, welche sie gegen eine Vergleichselektrode von konstantem Potential annehmen. Das Potential, welches eine Wasserstoffelektrode (Wasserstoff von Atmosphärendruck) in einer an Wasserstoffionen 1-n. Lösung (Säure) aufweist, wird dabei willkürlich als Nullpunkt gewählt. Metalle, die unedler sind als Wasserstoff (also Wasser zersetzen), bilden den negativen Pol in Verbindung mit der Wasserstoffelektrode, ihre Potentiale werden mit — bezeichnet, edlere Metalle werden zum Plus-Pol, ihre Potentiale erhalten das +-Zeichen. Die Anordnung der Metalle nach ihren Potentialen bildet die elektrochemische Spannungsreihe.

a) Die Nernstsche Formel

In den allermeisten Fällen ist es freilich gar nicht möglich, Salzlösungen der zu untersuchenden Metalle herzustellen, in denen ihre Ionenkonzentration 1-n. ist. Dies ist aber zur Ermittlung ihres Potentials auch nicht notwendig, wenn man ihre Ionenkonzentration nur in einer bestimmten Lösung genau ermitteln kann; denn das Gesetz, nach welchem sich die Spannung mit Änderung der Ionenkonzentration ändert, ist bekannt, es findet seinen Ausdruck in der von NERNST aufgestellten Formel:

$$e_1 - e_2 = \frac{0{,}0002\,T}{n} \log \frac{c_1}{c_2},$$

e bezeichnen darin Volt, T die absolute Temperatur (Grade Celsius plus 273), n die Wertigkeit des betreffenden Metallions, c_1 und c_2 die jeweiligen betreffenden Ionenkonzentrationen.

Danach beträgt die Potentialänderung $e_1 - e_2$ bei Erniedrigung der Ionenkonzentration auf ihr Zehntel, also bei entsprechender Verdünnung des Elektrolyten bei 18°:

— 0,058 Volt für jedes einwertige Metall
— 0,029 ,, ,, ,, zweiwertige ,,
— 0,0193 ,, ,, ,, dreiwertige ,,

Im Bereiche höherer Ionenkonzentrationen zählen die Spannungsunterschiede bei Erhöhung der Salzkonzentration also nur nach Zentivolt; denn eine viel stärkere Vermehrung der Ionenkonzentration als auf das Zehnfache kommt wegen der beschränkten Löslichkeit der Salze und ihrer unvollständigen Dissoziation in konzentrierten Lösungen kaum in Frage.

Anders wenn man die Ionenkonzentration verringert! Schon durch weitgehende Verdünnung kann man die Ionenkonzentration leicht um mehrere Zehnerpotenzen erniedrigen, die Spannungsdifferenzen zählen dann nach Zehntelvolt. Noch viel stärker als durch Verdünnung läßt sich die Ionenkonzentration aber durch Bildung komplexer Ionen zurückdrängen. Dadurch (z. B. bei Zusatz von oxalsaurem Ammon, Bildung von Doppelzyaniden durch Zusatz von Alkalizyaniden usw.) kann man die Konzentration der freien Metallionen auf Größenordnungen von $1 \cdot 10^{-10}$-n. bis $1 \cdot 10^{-30}$-n. verringern und also Konzentrationen von einer Geringfügigkeit herstellen, welche fast jenseits unseres Vorstellungsvermögens liegen. Bei so weitgehender Verringerung der Ionenkonzentration erhält man aber Potentialdifferenzen, welche 1 Volt übersteigen.

b) *Die Spannungsreihe der Metalle*

Man ermittelt die Potentiale der einzelnen Metalle durch Messung der elektromotorischen Kraft eines galvanischen Elements, welches aus dem betreffenden Metall in einer Lösung bestimmter Zusammensetzung (die sein Kation in bestimmter Valenzstufe enthält) als dem einen Pol, einer Elektrode von konstanter Spannung als dem Gegenpol gebildet wird.

Als letztere wählt man die Wasserstoffelektrode (mit Wasserstoff von Normaldruck beladenes platiniertes Pt in Säure von 1-n. $H^{\cdot}$-Ionenkonzentration) oder eine Vergleichselektrode, deren Spannungsdifferenz gegen die Wasserstoffelektrode bekannt ist.

Das Potential der Wasserstoffelektrode wird dabei willkürlich als $= 0$ gesetzt.

Ordnet man, von negativeren zu positiveren Werten fortschreitend, die ermittelten Potentialdifferenzen der bei gleicher Temperatur ermittelten (bzw. auf 0° bezogenen) Metallpotentiale in eine Reihe, so stellt diese die auf Tab. 3 wiedergegebene elektrolytische Spannungsreihe der Metalle vor.

Tabelle 3. *Elektrolytische Spannungsreihe der Metalle*

		Ionenkonz. etwa	*e*	Ionen-art	Normalpotential
Wasserzersetzende (unedle) Metalle	Mg/1,0-n. $MgSO_4$	0,13-n.	— 1,72 Volt	$Mg^{\cdot\cdot}$	(— 1,5 Volt bis — 2 Volt)
	Mn/1,0-n. $MnSO_4$		— 1,089 „	$Mn^{\cdot\cdot}$	— 1,05 „ „ — 1,1 „
	Zn/1,0-n. $ZnSO_4$	0,11-n.	— 0,796 „	$Zn^{\cdot\cdot}$	— 0,76 „ „ — 0,762 „
	Cr			$Cr^{\cdot\cdot}$	— 0,56 „
	Cr			$Cr^{\cdot\cdot\cdot}$	— 0,51 „ „ — 0,71 „
	Fe/1,0-n. $FeSO_4$	0,12-n.	— 0,46 „	$Fe^{\cdot\cdot}$	— 0,44 „
	Cd/1,0-n. $CdSO_4$	0,11-n.	— 0,426 „	$Cd^{\cdot\cdot}$	— 0,40 „
	In			$In^{\cdot\cdot\cdot}$	— 0,34 „ „ — 0,35 „
	Tl/0,11-n. Tl_2SO_4	0,065-n.	— 0,396 „	$Tl^{\cdot}$	— 0,336 „
	Co/1,0-n. $CoSO_4$	0,11-n.	— 0,32 „	$Co^{\cdot\cdot}$	(— 0,26 „ „ — 0,271 „)
	Ni/1,0-n. $NiSO_4$	0,11-n.	— 0,26 „	$Ni^{\cdot\cdot}$	— 0,250 „
	Sn/1,0-n. $SnSO_4$		— 0,190 „	$Sn^{\cdot\cdot}$	— 0,136 „ „ — 0,14 „
	Pb/1,0-n. $Pb(NO_3)_2$	0,22-n.	— 0,148 „	$Pb^{\cdot\cdot}$	— 0,122 „ „ — 0,13 „
	Fe			$Fe^{\cdot\cdot\cdot}$	— 0,036 „ „ — 0,04 „
	H_2/2,0-n. H_2SO_4	1,0-n.	— 0,000 „	$H^{\cdot}$	0,000 „
	Sn			$Sn^{\cdot\cdot\cdot\cdot}$	(+ 0,05 „)
	Sb			$Sb^{\cdot\cdot\cdot}$	+ 0,2 „
	Bi/0,65-n. $Bi_2(SiF_6)_3$		0,295 „	$Bi^{\cdot\cdot\cdot}$	+ 0,23 „
	As			$As^{\cdot\cdot\cdot}$	(+ 0,3 „)
	Cu/1,0-n. $CuSO_4$	0,11-n.	0,307 „	$Cu^{\cdot\cdot}$	+ 0,345 „
	Cu			$Cu^{\cdot}$	+ 0,522 „
	Hg			$Hg^{\cdot}$	+ 0,793 „ „ + 0,799 „
	Ag/0,5-n. $AgNO_3$	0,30-n.	0,775 „	$Ag^{\cdot}$	+ 0,797 „ „ + 0,808 „
Edelmetalle	Pd			$Pd^{\cdot\cdot}$	(+ 0,82 „)
	Hg			$Hg^{\cdot\cdot}$	+ 0,86 „
	Au			$Au^{\cdot\cdot\cdot}$	+ 1,36 „ „ + 1,42 „
	Au			$Au^{\cdot}$	(+ 1,5 „ „ + 1,65 „)

Die in der zweiten Spalte aufgeführten Ionenkonzentrationen lassen sich leider selten ganz genau bestimmen; deshalb sind die daraus nach der NERNSTschen Formel berechneten, in der letzten Spalte angegebenen Normalpotentiale mit entsprechendem Unsicherheitsfaktor behaftet. Die von verschiedenen Forschern ermittelten Werte liegen innerhalb der in dieser Spalte angegebenen Grenzen. Besonders unsichere Werte sind eingeklammert.

Wäre bloß der Grad der Elektroaffinität bzw. des edleren oder unedleren Charakters eines Metalls für sein Verhalten maßgebend, dann müßten alle in Tab. 3 oberhalb des Wasserstoffs verzeichneten Metalle Wasser (bzw. Säurelösungen) spontan unter Wasserstoffentwicklung zersetzen und dabei als Salze in Lösung gehen.

Sie alle (auch der Wasserstoff selbst, wenn er elektromotorisch in Wirkung treten kann) sollten die tiefer aufgeführten Elemente aus wässerigen Lösungen ihrer Salze ausfällen und an ihrer Stelle in das Salz eintreten.

Ferner sollten sich zwar die unterhalb des Wasserstoffs stehenden Metalle bei der Elektrolyse mit hoher Ausbeute kathodisch abscheiden lassen, die darüberstehenden aber — wenn überhaupt — nur mit sehr schlechter Ausbeute neben viel Wasserstoff.

Dies ist nun in sehr vielen Fällen durchaus nicht der Fall!

Die Erfahrung lehrt vielmehr, daß sich selbst so unedle Metalle wie Zink, Cadmium, Eisen mit Normalpotentialen, die von — 0,4 bis — 0,76 Volt gehen, kathodisch mit sehr hohen Stromausbeuten abscheiden lassen und selbst das viel unedlere Mangan (Normalpotential etwa — 1,1 Volt) noch mit leidlicher Stromausbeute.

Umgekehrt kommt es beim Eintauchen unedler Metalle, z. B. von reinem Zink in reine Säurelösung, vom noch viel unedleren Aluminium (Normalpotential etwa — 1,67 Volt) in verdünnte Schwefelsäure keineswegs, wie man erwarten müßte, zu stürmischer oder auch nur zu deutlich sichtbarer Wasserstoffentwicklung. Im Gegenteil: es ist oft, z. B. gerade im Falle des Aluminiums in Schwefelsäure, gar nicht leicht, das Metall, selbst anodisch, in Lösung zu bringen.

Diese scheinbaren Diskrepanzen sind darauf zurückzuführen, daß neben den rein elektrischen auch andere Momente in Wirkung treten, welche die elektrischen Vorgänge hemmen, beeinflussen und selbst ganz unterbinden können.

Diejenigen, welche für die folgenden Betrachtungen vor allem wichtig sind, werden unter die Begriffe:

Überspannung (und zwar:

1. Metall- bzw. Kristall-Überspannung;
2. Gas-Überspannung, die um Größenordnungen höher sein kann als die unter 1. aufgeführten;
3. Konzentrations- bzw. Polarisations-Überspannung),

Passivität (meist durch Übergangs-Widerstände, z. B. Oxydschichten), Inhibition (Hemmungen und Blockierung)
zusammengefaßt, welche weiter unten an geeigneten Stellen eingehender beschrieben werden sollen.

Sie sind für den Verlauf der Elektrolyse wie für den Charakter des abgeschiedenen Metalls oft ausschlaggebend. Die Galvanotechnik sucht denn auch von ihnen für ihre Zwecke Vorteil zu ziehen.

In Fällen, in denen aber die Elektroaffinität ohne störende Nebeneffekte in Wirkung tritt, ist die Spannungsreihe für das Verhalten der Metalle zueinander maßgebend. Die Spannungsdifferenzen zwischen denselben sind in Lösungen ihrer einfachen Salze von der Natur des Anions unabhängig, möge es sich um Sulfate, Nitrate, Chloride, Perchlorate od. dgl. handeln, vorausgesetzt, daß keine Nebenreaktionen eintreten und daß die Spannungen auf gleiche Ionenkonzentrationen bezogen werden.

3. Die Wasserstoffzahl und das pH

In allen wässerigen Metallsalzlösungen sind neben dem Metall-Kation und seinem dazugehörigen Anion auch die Ionen des Wassers, nämlich das Wasserstoff-Ion $H^{\cdot}$ und das Hydroxyl-Ion OH', gegenwärtig. Das Konzentrationsverhältnis dieser zwei Ionen steht in einer festen Beziehung zueinander, welche durch das Gleichgewicht:

$$c_{H^{\cdot}} \times c_{OH'} = 1 \,.\, 10^{-14} \qquad (1)$$

ausgedrückt wird.

In neutraler Lösung sind $c_{H^{\cdot}}$ und $c_{OH'}$ einander gleich, also

$$c_{H^{\cdot}} = c_{OH'} = 1 \,.\, 10^{-7}, \text{ entsprechend } (1 \,.\, 10^{-7} \times 1 \,.\, 10^{-7} = 1 \,.\, 10^{-14}).$$

In saurer Lösung ist $c_{H^{\cdot}} > c_{OH'}$, in alkalischer Lösung $c_{H^{\cdot}} < c_{OH'}$. Bei jeder Veränderung von $c_{H^{\cdot}}$ ändert sich $c_{OH'}$ in solchem Maße, daß die Gleichung (1) erfüllt bleibt. Nimmt $c_{H^{\cdot}}$ z. B. den Wert $1 \,.\, 10^{-4}$ an, so wird $c_{OH'}$ gleichzeitig $= 1 \,.\, 10^{-10}$. Ihre Konzentrationen sind dann:

$$c_{H^{\cdot}} = 0{,}000\,1$$
$$c_{OH'} = 0{,}000\,000\,000\,1.$$

Um nicht immer mit so langen Dezimalbrüchen operieren zu müssen, drückt man nach dem Vorschlage Sörensens diese Konzentrationen nicht nach ihrem Zahlenwert selbst aus, sondern gibt statt dessen den *negativen* Exponenten ihres dekadischen Logarithmus an, welcher in obigem Beispiel für $c_{H^{\cdot}} = 4$, für $c_{OH'} = 10$ ist. Man bezeichnet ersteren Exponenten mit *pH*.

Es ist also:

$$\text{pH} = -\log c_{H^{\cdot}},$$

im vorliegenden Beispiel pH = 4.

Nach dieser bequemen, einfachen und übersichtlichen Schreibweise ist das pH
in neutraler Lösung pH = 7,
in 1-n. vollständig dissoziierter Säure pH = 0,
in 1-n. vollständig dissoziierter Base pH = 14.

Es ist zu beachten, daß das pH nicht die Konzentration der Säure, sondern diejenige der Wasserstoff*ionen* angibt. Ist die Säure nicht weitgehend dissoziiert, handelt es sich also um eine schwache Säure, so weist ihr pH in ihrer 1-n. Lösung einen von 0 abweichenden, höheren Wert auf, z. B. ist für Essigsäure, deren Dissoziationsgrad in 1-n. Lösung nur:

$$1{,}36 \cdot 10^{-3} = 1 \cdot 10^{-2{,}87}$$

beträgt, das pH = 2,87 (entsprechende Konzentration $c_{H^\cdot} = 2{,}87 \cdot 10^{-3}$).

4. Elektrochemische Äquivalente

Die Möglichkeit zur Abscheidung eines Metalls aus einer seiner Salzlösungen ist erst gegeben, wenn man einer Kathode in dieser Lösung ein Potential aufzwingt, das negativer ist als das Eigenpotential des betreffenden Metalls in der betreffenden Lösung.

Nach dem FARADAYschen Gesetz werden dann — gleiche Stromausbeuten vorausgesetzt — äquivalente Mengen aller Elemente durch gleiche Strommengen abgeschieden. Diese äquivalenten Mengen, in Gramm pro durchgeleitete Amperestunde angegeben, sind für eine Reihe von Metallen in Tab. 4 aufgeführt.

Tabelle 4. *Elektrochemische Äquivalente*

Element	Atomgewicht	Spezifisches Gewicht	Elektrochemisches Äquivalent g/Amperestunde		
			theoretisch	praktisch	bei % Stromausbeute
$Sb^{\cdot\cdot\cdot\cdot\cdot}$	121,77	6,7	0,909		
$As^{\cdot\cdot\cdot}$	74,96	5,7	0,932	0,84	90%
$Pb^{\cdot\cdot}$	207,22	11,4	3,865	3,86	
$Cd^{\cdot\cdot}$	112,41	8,6	2,097	2	95%
$Cr^{\cdot\cdot\cdot\cdot\cdot\cdot}$	52,01	6,5	0,323	0,04	13%
$Fe^{\cdot\cdot}$	55,84	7,8	1,042	0,7 bis 1	70 bis 95%
$Au^{\cdot\cdot\cdot}$	197,2	19,5	2,453	2,2	90%
$Au^{\cdot}$	197,2	19,5	7,357	4,75 bis 7	65 bis 95%
$Co^{\cdot\cdot}$	58,94	8,5	1,100	0,99	90%
$Cu^{\cdot\cdot}$	63,75	8,9	1,186	1,18	
$Cu^{\cdot}$	63,75	8,9	2,372	1,66 bis 2,13	70 bis 90%
$Ni^{\cdot\cdot}$	58,69	8,8	1,095	0,92 bis 1,0	84 bis 94%
$Pt^{\cdot\cdot\cdot\cdot}$	195,23	21,4	1,821	0,13	7,5%
$Rh^{\cdot\cdot\cdot}$	102,91	12,1	1,28	1	78%
$Ag^{\cdot}$	107,88	10,5	4,025	4	
$Zn^{\cdot\cdot}$	65,38	7,0	1,2196	0,75 bis 1,2	70 bis 98%
$Sn^{\cdot\cdot\cdot\cdot}$	118,7	7,3	1,107	0,95	86%
$Sn^{\cdot\cdot}$	118,7	7,3	2,214	2	90%

Die Dicke der Metallschicht, welche durch 1 Amp. in einer Stunde auf 1 dm² Kathodenfläche niedergeschlagen wird, berechnet sich im Falle der Abscheidung dichten Elektrolytmetalls demnach zu:

Tabelle 5. *Niederschlagsstärke pro Stunde bei 1 Amp./dm² kathodischer Stromdichte*

Metall	Niederschlagsstärke in mm	Stromausbeute
$Ag^{\cdot}$	0,038	98%
$Cu^{\cdot\cdot}$	0,013	etwa 98%
$Cu^{\cdot}$	0,0182 bis 0,0234	70 bis 90%
$Ni^{\cdot\cdot}$	0,0123	94%
$Co^{\cdot\cdot}$	0,012	
$Zn^{\cdot\cdot}$	0,0172	95%
$Cd^{\cdot\cdot}$	0,024	95%
$Cr^{\cdot\cdot\cdot\cdot\cdot\cdot}$	0,0009 bis 0,0028	13 bis 40%
$Pb^{\cdot\cdot}$	0,034	etwa 99%
$Sn^{\cdot\cdot\cdot\cdot}$	0,012	75 bis 80%
$Sn^{\cdot\cdot}$	0,03	90%
Rh..............	0,008	78%

I. Vorgänge an der Kathode

Gleich bei Beginn der Elektrolyse werden jene Kationen, welche der Kathode unmittelbar anliegen und die bei dem an der Kathode herrschenden elektrischen Potential entladen werden können, in solcher Zahl in der Zeiteinheit entladen, als es für den Transport der jeweils hergestellten Stromstärke erforderlich ist.

Bilden sie nach ihrer Entladung eine neue gasförmige oder feste Phase, verschwinden sie also in unmittelbarer Kathodenumgebung aus der Lösung, so verarmt die an ihr haftende Flüssigkeitslamelle, der „*Kathodenfilm*", an der betreffenden Ionenart. Dies drückt sich durch eine Potentialänderung aus: das Kathodenpotential wird unedler.

Die Verarmung schreitet aber weiter fort, bis ein Gleichgewichtszustand erreicht wird, bei welchem in der Zeiteinheit fortlaufend ebenso viele Kationen gleicher Art zuwandern, als zur Entladung gelangen.

Die Elektrolysedauer, nach welcher ein solcher Gleichgewichtszustand eintritt, ist je nach Umständen verschieden.

Der Nachschub dieser Kationen erfolgt:

1. durch Zuwanderung infolge Überführung,
2. durch Diffusion,
3. durch Konvektion.

Die Zuwanderung infolge Überführung nimmt um so größeren Umfang an, je größer der Anteil ist, den das in Frage kommende Kation an der Stromleitung nimmt und je höhere Beweglichkeit es besitzt. Sie ist daher geringer, wenn das Anion den größeren Teil der Stromleitung trägt (z. B. in alkalischem Bade), größer bei höherer Temperatur u. dgl. m. Sie tritt ganz wesentlich bei Gegenwart starker, fremder Elektrolyte zurück (zugesetzte Säure, Leitsalz usw.). Diese verringern durch Erhöhung des Leitvermögens den Spannungsabfall im Elektrolyten, sie beschleunigen aber die Verarmung am abzuscheidenden und somit potentialbestimmenden Kation im Kathodenfilm.

Hohe Diffusionsgeschwindigkeit, welche wie die Zuwanderung eine Funktion der Viskosität, der Temperatur, hier aber auch der Größe der Konzentrationsdifferenzen ist, verzögert die Verarmung des Kathodenfilms.

Der Grad der Verarmung des Kathodenfilms nimmt mit steigender Stromdichte zu, d. h. mit der Zunahme der Amperestärke je Einheitsfläche der Kathode.

Einen wohldefinierten Begriff stellt die Stromdichte nur dar, wenn klar ausgedrückt wird, was unter „Einheitsfläche" im Einzelfall verstanden wird.

Hier wie in der gewöhnlichen Sprachweise wird unter dieser Einheitsfläche das geometrische Flächenausmaß der stromdurchflossenen Kathode ohne Rücksicht auf ihre rauhere oder glattere Oberflächenbeschaffenheit verstanden.

Die derart definierte Stromdichte wird hier als *„statische Stromdichte"* bezeichnet werden (zum Unterschiede von anderen Arten der Stromdichteangaben).

Wenn nichts anderes ausdrücklich erwähnt ist, wird im ganzen folgenden Text stets 1 dm^2 bei Angabe der „statischen" Stromdichte als Einheitsfläche gewählt.

Infolge Verarmung des Kathodenfilms am potentialbestimmenden Kation wird das Potential der Kathode negativer. Es tritt Polarisation, und zwar „Konzentrations-Polarisation", auf, deren Ausmaß der NERNSTschen Formel folgt.

Für jede Zehnerpotenz, um welche die Konzentration des potentialbestimmenden Kations im Kathodenfilm abnimmt, wird demnach die Kathode um $\frac{1}{n}$ 0,058 Volt negativer, wenn die Wertigkeit des Kations wieder mit n bezeichnet wird.

Das Kathodenpotential gibt somit Auskunft über den Verarmungsgrad des Kathodenfilms, nicht aber über seine sonstige Zusammensetzung und auch nicht über seine Dicken-Ausdehnung, zwei Größen, welche beide gewiß von wesentlichem Einfluß auf die kathodische Abscheidungsform eines Metalls sind.

1. Die I-E-Kurve

Die graphische Darstellung der Veränderung des Elektrodenpotentials mit steigender Stromdichte[1], die I-E-Kurve (welche gewöhnlich derart aufgenommen wird, daß man auf der Abszissenachse die Potentiale aufträgt, welche die Elektrode bei den auf der Ordinate aufgetragenen Stromdichten annimmt), zeigt demnach recht anschaulich und in übersichtlicher

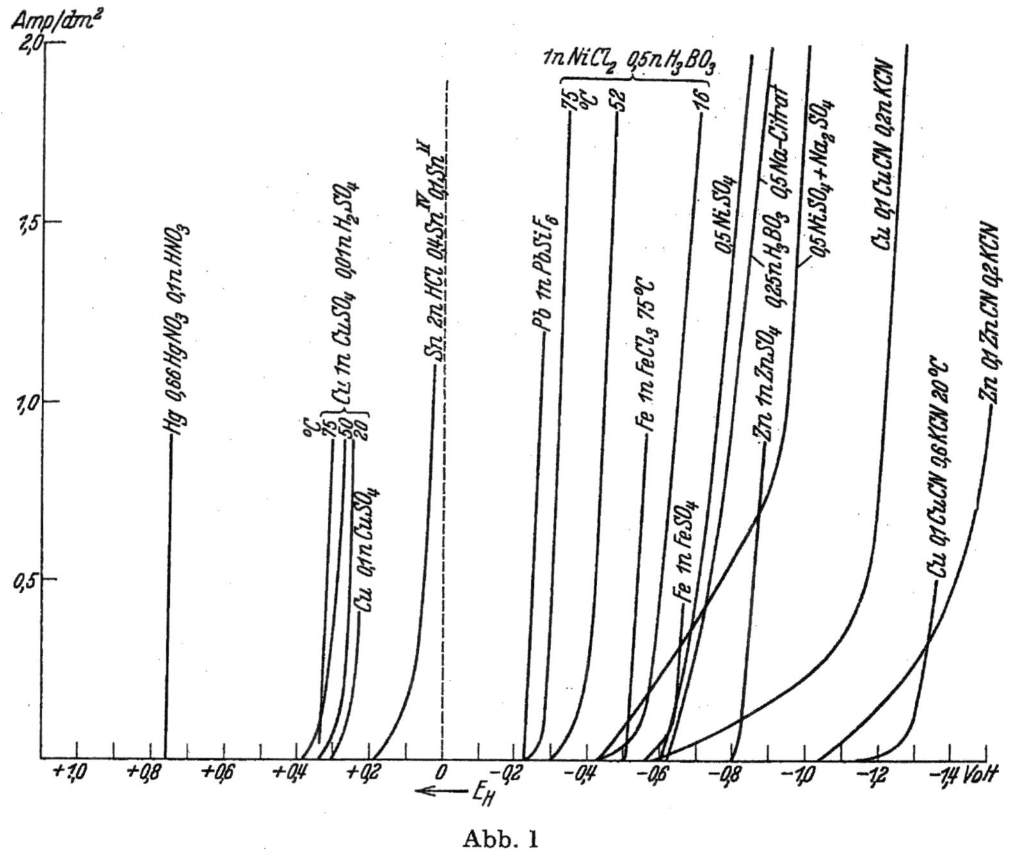

Abb. 1

Form an, ob die Zunahme der Stromdichte mit steigender kathodischer Polarisation ungehemmt vor sich geht oder nicht.

Im ersteren Fall steigt sie, ihrer logarithmischen Form entsprechend, sehr bald mit steigendem (negativerem) Kathodenpotential steil an, im zweiten Fall ist ihr Aufstieg ein langsamerer, unregelmäßigerer. Gäbe es keine derartigen Hemmungen, so müßte der Verlauf der I-E-Kurve bei allen Metallen ein ähnlicher sein. Wie Abb. 1 aber vor Augen führt, sind nicht nur von Metall zu Metall, sondern auch beim gleichen Metall Ver-

[1] Um von der jeweiligen Elektrodengröße unabhängig zu sein, wählt man als Maß der Strombelastung die „statische" Stromdichte $= \frac{\text{Amperezahl}}{\text{Elektrodenfläche}}$, spricht von kathodischer und von anodischer „Stromdichte".

schiedenheiten vorhanden, wenn man zu anderen Lösungen übergeht, die Temperatur ändert, die Lösung verdünnt usw.

Die Aufnahme der I-E-Kurve ist in jedem Einzelfalle außerordentlich nützlich, weil sie vor Augen führt, welche Art des Verlaufes die betreffende Elektrolyse nimmt.

Man wird erwarten dürfen, daß alle Veränderungen, welche die Verarmung des Kathodenfilms beschleunigen, einen flacheren Verlauf der I-E-Kurve, mit anderen Worten, gesteigerte kathodische Polarisation veranlassen werden und vice versa.

Jede Erschwerung der Diffusion, jede Verlangsamung der Ionenzuwanderung durch Überführung (z. B. durch Erhöhung der Viskosität des Lösungsmittels, also des Reibungswiderstandes, den die Ionen zu überwinden haben), eine Erniedrigung der Temperatur u. dgl. m. erhöhen die Verarmung des Kathodenfilms, also die Polarisation. Übergangswiderstände, welche sich während der Elektrolyse an der Kathode ausbilden, irgendwelche Hemmungen der Entladung usw. verlangsamen den Aufstieg der I-E-Kurve.

Umgekehrt wird eine lebhafte Durchmischung der Lösung durch rasche gegenseitige Bewegung Kathode/Lösung oder durch lebhaftes Rühren im Elektrolyten die Dicke des Kathodenfilms verringern, den Weg verkürzen, welchen die herandringenden Ionen zurückzulegen haben und damit einer Verarmung entgegenwirken. Im gleichen Sinne kann eine Temperaturerhöhung durch Erhöhung der Beweglichkeit der Ionen und des Diffusionskoeffizienten Einfluß ausüben.

Der Grad, in welchem alle diese Faktoren wirken, ist aber auch eine Funktion der ursprünglich vorhandenen Ionenkonzentration. Dies leuchtet sofort ein, wenn man sich vor Augen hält, daß die Beziehung des Elektrodenpotentials zur Ionenkonzentration an der Elektrode eine logarithmische ist bzw. daß jeder Verringerung der letzteren auf ein Zehntel des ursprünglichen Betrages ein Negativerwerden der Elektrode um $\frac{1}{n}$ 0,058 Volt folgt. Nun ändert die Abscheidung von 0,099 Mol die Konzentration in einer 1-n. Lösung um weniger als 10%, sie erniedrigt aber die Konzentration einer 0,1-n. Lösung auf ein Hundertstel!

In verdünnten Lösungen werden also die Polarisationen bei gleicher Stromdichte erheblich größer, wenn der Elektrodenprozeß sonst unverändert bleibt.

Letzterer Vorbehalt, der in allen Fällen zu beachten ist, erlangt besondere Wichtigkeit im Gebiete kleiner Konzentrationen. Schon die viel schnelleren Änderungen des Kathodenpotentials, welche die prozentisch viel größeren Verarmungen hervorrufen, öffnen der Elektrolyse Möglichkeiten, einen anderen Weg zu gehen. Werden gar die Verarmungen so groß, daß der Elektrode nicht genug Ionen der zu entladenden Art nachgeliefert werden können, so wird ein Grenzzustand erreicht. Sind keine beim herrschenden Kathodenpotential entladbaren Fremdkationen anwesend, so steigt von dieser Grenze ab die Stromdichte mit steigender Kathodenpolarisation nicht mehr weiter an, es ist die maximale, in der betreffenden Lösung bei der betreffenden Temperatur usw. herstellbare Stromdichte erreicht, welche für die Durchführung dieses Prozesses möglich ist. Ein Beispiel dafür bildet z. B. die Elektrolyse von Silbernitratlösungen. Die Stromdichte steigt mit dem Kathodenpotential erst schneller, dann langsam, endlich praktisch gar nicht mehr an. Erst wenn die neben $Ag^{\cdot}$ als alleinigen Kationen in der Lösung noch vorhandenen $H^{\cdot}$-Ionen zur Entladung gelangen, was bei Potentialen eintritt, die um etwa 0,6 Volt negativer sind, steigt die Stromdichte wieder schnell an (Abb. 2).

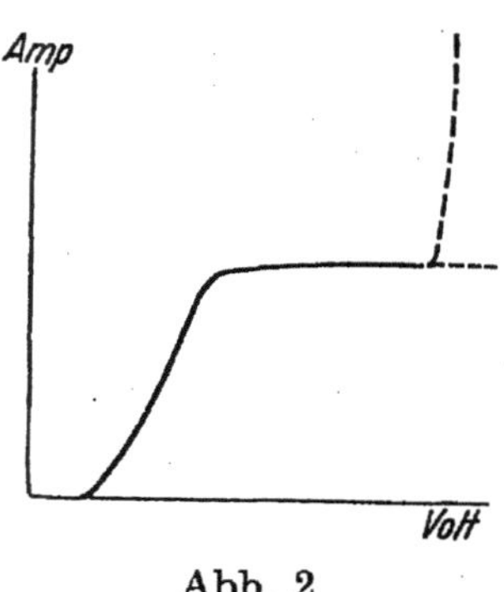

Abb. 2

Sind hingegen Ionenarten in der Lösung vorhanden, welche bei einander nahegelegenen Kathodenpotentialen entladen werden können, so verläuft die I-E-Kurve nach der schematischen Abb. 3. Es setzt dann neben der ungestört weiter vor sich gehenden Entladung des edleren auch die Entladung des oder der nächst unedleren, in der Lösung vorhandenen Kationen ein. Steigert man die Stromdichte noch weiter, so nimmt prozentisch der abgeschiedene Anteil des unedleren Bestandteils mit steigender Stromdichte zu und wird der Haupt-, wenn nicht praktisch der einzige Elektrodenvorgang. Ein Beispiel dafür liefert die Elektrolyse gemischter Metallsalzlösungen einander nahestehender Metalle, z. B. Co und Ni oder auch Fe und Ni u. dgl. m., bei welcher man kathodisch Metallgemische bzw. Legierungen wechselnder Zusammensetzung gewinnen kann, oder auch die Elektrolyse unedlerer Metalle, z. B. Ni oder Zn in saurer Lösung, bei welcher bei niedrigsten Stromdichten das edlere Element: Wasserstoff, bei hohen Stromdichten das unedlere Element: Ni, Fe, Zn usw., mit praktisch nahezu quantitativer Stromausbeute gewonnen werden kann. Die Abb. 3 läßt erkennen, daß die Stromausbeute für das unedlere Element mit steigender Stromdichte rasch zunimmt; denn die für die Abscheidung jeder der beiden Ionenarten jeweils verfügbare Stromintensität entspricht dem Längenverhältnis der Teilordinaten:

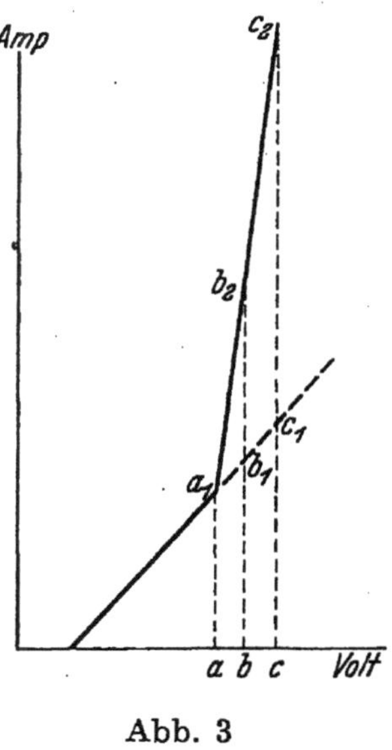

Abb. 3

bis a Volt $a\,a_1 : \lim 0$,
bei b „ $b\,b_1 : b_1\,b_2$,
„ c „ $c\,c_1 : c_1\,c_2$ usf.,

und dieses Verhältnis verschiebt sich, wie man sieht, mit steigender Stromdichte zugunsten der unedleren Ionenart, die erst bei stärkerer kathodischer Polarisation (über *a* Volt) zur Abscheidung zu gelangen beginnt.

2. Kathodenfilm und elektrische Doppelschicht

Flüssigkeiten, welche ein Metall benetzen, bilden an demselben eine dickere oder dünnere Lamelle, welche daran haftet und die gewöhnlich eine etwas andere Zusammensetzung aufweist als die übrige Flüssigkeit. Dies ist u. a. dann besonders deutlich der Fall, wenn die Flüssigkeit Bestandteile einschließt, die vom Metall adsorbiert werden.

Durch schnelles Herausheben einer vertikalen Kathode aus der Lösung, in die sie eingetaucht war, hat HARING[1] in grober Weise die Dicke der daran haftenbleibenden Schicht bestimmt und etwa 0,025 mm stark gefunden.

Für völlig umkehrbare Elektrodenvorgänge (s. S. 30) berechneten sie BRUNNER[2] und WEIGERT[3] auf Grund von Potential- und Konzentrationsbestimmungen bei mäßiger Rührgeschwindigkeit und fanden für sie Werte derselben Größenordnung (0,02 bis 0,03 mm).

An Quecksilber-Tropfelektroden hat ANTWEILER[4] durch Anwendung einer interferometrischen Schlierenmethode den Film als hellen Saum sichtbar gemacht und in 1 . 10^{-2}-n. $CuSO_4$-Lösung eine Dicke von etwa 0,01 mm beobachtet.

A. BRENNER hat aber[5] eine ingeniöse Untersuchungsmethode ersonnen, die es gestattet, zugleich die Änderung der Zusammensetzung mit zunehmendem Abstand von der Kathode analytisch zu bestimmen.

Sie besteht darin, eine hohle zylindrische Metallkathode zu verwenden, in welche eine Kältemischung während der Elektrolyse jäh eingegossen wird. Die plötzliche Abkühlung läßt eine Lösungsschicht an der Kathodenoberfläche erstarren, ehe diese, bei hinreichend schneller und kräftiger Abkühlung, Zeit findet, ihre Zusammensetzung zu ändern.

Nach dem Erstarren wird die Kathode unter Belassung der Kältemischung herausgehoben und genau zentrisch auf einer Drehbank eingespannt. Auf derselben wird nunmehr eine möglichst dünne Schicht nach der anderen abgedreht, getrennt gesammelt und analysiert.

Diese sinnreiche Methode ist zur Zeit die einzige, welche es gestattet, die Zusammensetzung der Lösung in großer Kathodennähe auf halbwegs zuverlässige Art analytisch zu bestimmen und den Konzentrationsabfall von Schicht zu Schicht zu verfolgen. Leider ist sie nur so mühsam durchzuführen, daß bisher erst wenige derartige Werte ermittelt werden konnten

[1] Z. physik. Chem. **47**, 56 (1904).
[2] Z. physik. Chem. **60**, 520 (1907).
[3] Trans. Amer. Electrochem. Soc. **41**, 351 (1922).
[4] Z. Elektrochem. **43**, 596, 718, 831 (1938).
[5] Proc. Amer. Electroplaters Soc. **1940**, 95.

und vollständige Analysen noch nicht bekanntgegeben worden sind. Solche wären für die Verfolgung und die Kenntnis des Vorganges der Metallabscheidung von großem Wert.

Zur Illustration geben die Abb. 4 und 5 den Konzentrationsabfall des Kupfer- und des Säuregehaltes im Kathodenfilm bei der Elektrolyse saurer Kupfersulfatlösung wieder, der nach dieser Methode *ab einer Entfernung von 0,025 mm von der Kathode* ermittelt wurde.

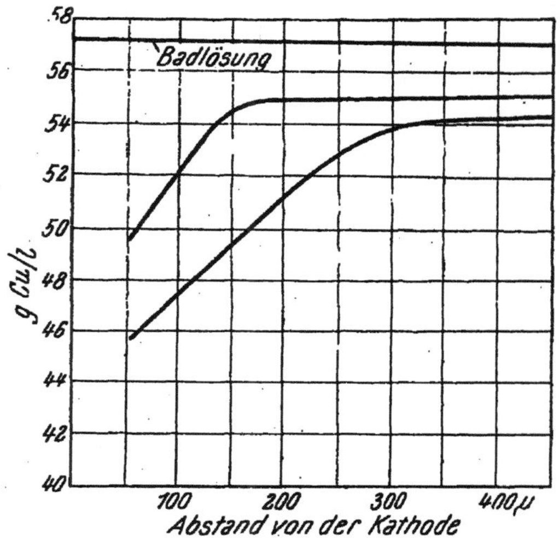

Abb. 4

In dieser Entfernung ist der Kupfergehalt, wie man sieht, um etwa 25% geringer, der Säuregehalt um ungefähr 15% höher als in der übrigen Lösung. Es steht aber anzunehmen, daß zur Kathode hin von Schicht zu Schicht erheblich steiler abfallende Konzentrationsänderungen auftreten.

Die Gesamtdicke des Kathodenfilms wurde ein wenig größer gefunden als bisher, nämlich 0,35 mm für das Kupfer, 0,2 mm für die Säure.

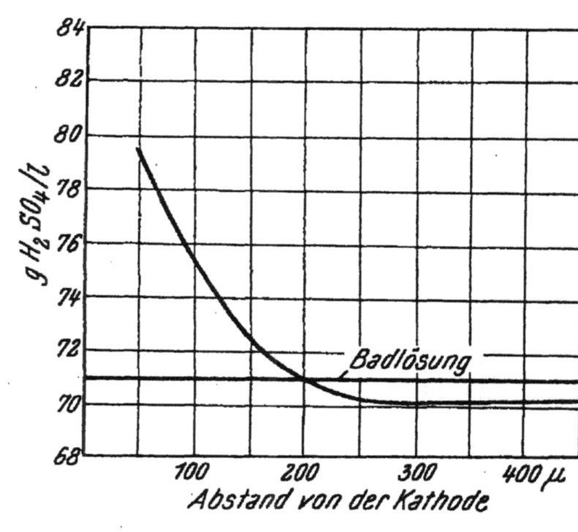

Abb. 5

Bemerkenswert ist der Befund, daß sich Säure, also Anionen in Kathodennähe anreichern.

So instruktiv diese Feststellungen auch sind, orientieren sie uns doch nicht über die Verhältnisse, welche unmittelbar an der Kathodenoberfläche selbst vorliegen und die sicher bestimmend sind. Darüber könnte uns nur die Kenntnis der Zusammensetzung der elektrischen Doppelschicht Auskunft geben.

Die Vorstellung, daß sich an der Phasengrenze fest/flüssig eine *elektrische Doppelschicht* ausbildet, hat Quincke 1861 entwickelt, um die schon 1809 von Reuss aufgefundene Erscheinung zu erklären, daß sich anscheinend elektrisch ungeladene Suspensionen beim Anlegen einer Spannungsdifferenz in der Flüssigkeit in Richtung zu einer der Elektroden (gewöhnlich dem +-Pol) bewegen.

Riecke hat angenommen, daß die Teilchen in Wirklichkeit zwar elektrisch (gewöhnlich negativ) geladen sind, aber nach außen ungeladen erscheinen, weil ihre Ladung durch eine ebenso große entgegengesetzte Ladungsschicht kompensiert wird, welche in die Flüssigkeitsschicht fällt, die dem festen Teilchen unmittelbar anliegt.

Im elektrischen Feld werden diese zwei Kondensator-Ladungen gegeneinander verschoben, mit einer derselben zugleich das Teilchen, an welchem der betreffende Belag der Doppelschicht haftet.

HELMHOLTZ hat dieser Anschauung 1879 — also gleichfalls noch vor Aufstellung der Ionentheorie — eine mathematische Fassung gegeben. Die in der Phasengrenze auftretende Potentialdifferenz sah er als den Sitz des potentialbestimmenden Vorganges an einer Elektrode an.

Ebensowenig wie die GROTTHUSsche Theorie die elektrolytische Leitung bei Spannungsdifferenzen, die nicht dazu hinreichen, die polaren Teile auseinanderzureißen, erklären konnte, ließen sich die elektrokinetischen Vorgänge, die schon bei geringen Spannungsdifferenzen auftreten, nach vorliegender Vorstellung deuten.

Deshalb nahm BILLITER an[1], daß die elektrische Doppelschicht — wie er sagte — „dissoziiert" sei. Damit war gemeint, daß nur ein Teil ihres elektrischen Belags fester gebunden sei, der restliche in die flüssige Phase fallende äußere Teil aber mobil bleibe.

Nach dieser Vorstellung trägt die Oberfläche des starren Teils an der Grenzphase einen Ladungsüberschuß, während eine diesem Ladungsüberschuß gleich große Elektrizitätsmenge entgegengesetzten Ladungssinnes auf frei bewegliche Ionen verteilt bleibt. Die suspendierten festen und die entgegengesetzt geladenen flüssigen Anteile bewegen sich im elektrischen Feld ebenso wie Ionen, nur daß an Stelle eines der Ionen ein wesentlich größeres Gebilde tritt.

Im Prinzip stellt man sich die elektrolytische Dissoziation von Komplexsalzen ganz ähnlich vor. Auch hier treten entgegengesetzt geladene Ionen von sehr verschiedener Größe auf, die im Potentialgefälle unabhängig voneinander wandern. Ihre Beweglichkeit ist bemerkenswerterweise von derjenigen einfacher Ionen nicht wesentlich verschieden (s. S. 3).

CHAPMAN und HERZFELD haben diese Vorstellung weiter ausgebaut. Sie sprechen von einer „*diffusen*" Doppelschicht — ein Ausdruck, der an Stelle des seinerzeit von BILLITER gewählten einer *dissoziierten* Doppelschicht allgemeinen Eingang gefunden hat.

Auf Grund elektrostatischer Messungen hat GOUY[2] die Dicke der Doppelschicht (das ist des starren Teils der Doppelschicht) in reinem Wasser zu $1 \cdot 10^{-4}$ cm, in 0,1-n. Lösungen zu $1 \cdot 10^{-7}$ errechnet.

O. STERN hat[3] dargetan, daß nicht nur elektrostatische und thermische Kräfte ins Spiel treten, wie es GOUY annahm, sondern auch spezifische Adsorptionskräfte.

---

[1] Ann. Physik (4) **11**, 902 (1902); Z. physik. Chem. **51**, 129 (1905).

[2] C. r. acad. sci., Paris **149**, 345 (1909); Ann. physique (9) **7**, 129 (1917).

[3] Z. Elektrochem. **30**, 508 (1924).

Nach der HELMHOLTZschen Vorstellung sollte der Gesamt-Potentialabfall, also die ganze NERNSTsche Spannung, an der Phasengrenze abrupt in einer Schicht abfallen, deren Dicke etwa Molekulardimension hätte. Nach der neueren Vorstellung erstreckt er sich auf die ganze Dicke der „diffusen" Doppelschicht. Der starre Teil der Doppelschicht ist nur mehr der Träger eines Teils — freilich des überwiegenden Anteils — der NERNSTschen Spannung. In diesem ist der Potentialabfall äußerst steil. Weiterhin wird er mit steigendem Abstand von der Phasengrenze immer flacher.

Die experimentellen Daten stehen mit dieser neueren Auffassung durchaus in Einklang.

Eine Methode, die Dicke des unmittelbar an der Kathode anliegenden, des „starren" Teils der Doppelschicht direkt zu messen, besitzen wir noch nicht. Auch keine, dessen Zusammensetzung zu ermitteln. Es steht zu hoffen, daß sich eine solche Methode, vielleicht mit Hilfe radioaktiver Isotopen, entwickeln lassen wird. Zur Zeit müssen wir uns bescheiden, unsere Vorstellungen auf Rückschlüsse aufzubauen, die erst qualitativer Art sind, die aber den wirklichen Verhältnissen schon ziemlich weitgehend entsprechen dürften.

3. Aufbau der Doppelschicht

Zieht man zunächst die Vorgänge, die sich in der Doppelschicht bei der Elektrolyse einer einheitlichen, reinen Lösung des einfachen Salzes eines Metalls abspielen, in Betracht, so muß man sich vorstellen, daß in konzentrierter, etwa 1-n. Lösung bei geringen Stromdichten nur eine mäßige Verarmung am abzuscheidenden Ion im „starren", und eine noch geringere im „diffusen" Teil der Doppelschicht auftreten wird, wie dies eben dem geringen Potentialsprung an der Kathode (der im angezogenen Beispiel nur nach Zehntelvolt zählt) entspricht.

Hält man sich aber vor Augen, daß dieser Potentialsprung von z. B. nur 0,1 Volt seinen Sitz an der Phasengrenze in einer Schicht von bloß molekularen Dimensionen, also von etwa $1 \cdot 10^{-8}$ cm Dicke, hat, so berechnet sich daraus im Teil der Doppelschicht, welcher der Kathode direkt anliegt, ein Potentialabfall von der Größenordnung $1 \cdot 10^{7}$ Volt/cm[1]!

---

[1] Zu dieser, vom Verfasser schon in der ersten Auflage ausgesprochenen Vorstellung, welche von H. FISCHER übernommen worden ist, bemerkt E. LANGE in der Diskussion zum Vortrage H. FISCHERS in der Hauptversammlung 1955 der Deutschen Bunsen-Gesellschaft, daß im Gleichgewicht natürlich gleichzeitig auch ein kompensierendes gleich starkes, aber entgegengesetzt wirkendes chemisches Potentialgefälle vorhanden ist.

Demgemäß besteht für die übergangsfähigen Ionen oder Elektronen durchaus Konstanz des elektrochemischen Potentials beim Übergang vom Inneren der einen Phase durch die Doppelschicht hindurch zur anderen Phase, so daß im Resultat ein solches Ion kräftefrei aus einer Phase in die andre übertreten kann.

Das genannte chemische Potentialgefälle ist in Form einer Näherungsbe-

In einer Zone von so ungeheuer hoher Feldstärke muß jedes abscheidbare Kation augenblicklich angezogen und entladen werden. Kationen, welche bei der angelegten Spannungsdifferenz entladbar sind, werden daher hier nicht bestehen können, sondern (bei Abwesenheit anderer, erst bei höherer Spannung entladbarer Kationen) nur undissoziierte Moleküle, vorwiegend solche von Dipolcharakter, die im Felde (zumindest teilweise) orientiert sind, abscheidbare Kationen hingegen nur jenseits dieser Schicht. Je weiter die Konzentration an solchen Kationen sinkt, desto höher wird die Potentialdifferenz ansteigen, desto größer wird aber auch die Schichtdicke, auf welche sie sich erstreckt.

Sind hingegen neben den abscheidbaren noch andere Kationen in der Lösung vorhanden, die aber erst bei höherer Spannung entladen werden können, so werden sich diese neben undissoziierten, polaren Molekülen in dem „starren" Teil der Doppelschicht ansammeln und dort einen Kondensatorbelag bilden. Dies wird der Fall sein, wenn die Lösung z. B. freie Säure oder „Leitsalze" enthält.

Die Doppelschicht wird dann dichter, sie erstreckt sich aber aus diesem Grunde weniger weit in die Lösung hinein. $H^{\cdot}$-Ionen, die sich anlagern, ohne noch entladen zu werden, stellen dabei hier ein pH her, welches niedriger ist als das pH der übrigen Lösung (s. den von Brenner erbrachten experimentellen Beweis hiefür in Abb. 4 und 5).

Wenig weiter werden sich außerdem Anionen der Säure und/oder des Leitsalzes anlagern. Einwertige Anionen, welche geringeren Abstoßungskräften von der Kathode her ausgesetzt sind, werden sich dieser stärker nähern als zwei- oder mehrwertige; Chloranionen also leichter als SO_4'' oder PO_4'''. Unter gleichwertigen Anionen werden diejenigen, welche stärker deformierbar sind, näher an die Kathode heranrücken als schwerer deformierbare, die Cl'-Ionen also näher als etwa ClO_4'. Auch hiefür sprechen experimentelle Befunde (z. B. S. 25).

Wird die Elektrolyse in angesäuerter Lösung des Salzes eines Metalls vorgenommen, welches zwar unedler ist als Wasserstoff, aber unter Verwendung von Kathoden, die so hohe Wasserstoffüberspannung aufweisen, daß sich bei den hergestellten statischen Stromdichten Wasserstoff noch nicht oder nur in geringem Grad in Gasform abscheidet, so wird ein Teil der $H^{\cdot}$-Ionen entladen werden, aber in irgendeiner Form — etwa in Form fester Lösung — im Kathodenmetall verweilen. Dadurch kann die Kathodenoberfläche teilweise blockiert werden.

Ähnlich wirken schwach oder gar nicht dissoziierte polare Fremdstoffe, welche durch elektrostatische oder durch Adsorptionskräfte von der Kathode

trachtung mit der Vorstellung in Verbindung zu bringen, daß die z. B. in der Metalloberfläche etwa im Gebiete eines wiederholbaren Schrittes sitzenden Metallionen nach der Lösungsseite zu schon halbseitig hydratisiert sind (Z. Elektrochem. **60**, 622 [1956]).

festgehalten werden, wie etwa großmolekulare Stoffe von Dipolcharakter, z. B. Kolloide, die oft aus Hunderten von Atomen aufgebaut sind und deren polare Enden oft weit voneinander abstehen und dann verhältnismäßig weit in die Lösung ragen (bzw. in äußere Lagen der diffusen Doppelschicht).

An Kolloiden kommen nicht nur solche in Betracht, die der Lösung zugesetzt worden sind, sondern auch solche, welche im Verlaufe der Elektrolyse in Kathodennähe gebildet werden können.

Einen besonders häufigen derartigen Fall stellt das Auftreten kolloidaler Hydroxyde vor, welche aus Lösungsbestandteilen gebildet werden, wenn das pH im Kathodenfilm über einen bestimmten Grenzwert ansteigt. Dazu ist aber Gelegenheit geboten, wenn Wasserstoff kathodisch auf Kosten der $H^{\cdot}$-Ionen entwickelt wird.

Ionen, welche das betreffende Kolloid stabilisieren, erhöhen, Ionen, die das Kolloid durch Komplexbildung lösen oder die es ausflocken, verringern die Kolloidwirkung, sie können aber Einschlüsse hervorrufen.

Die Gesamtdicke des Kathodenfilms hat die Größenordnung von 2 bis $3{,}5 \cdot 10^{-2}$ cm — in dieser Hinsicht besteht gute Übereinstimmung zwischen den Meßergebnissen verschiedener Forscher. Der Kathodenfilm kann somit aus der gewaltigen Zahl von $1 \cdot 10^4$ bis $1 \cdot 10^5$ Molekküllagen gebildet sein!

Da er aus einer Reihe zum Teil ganz verschiedener Stoffe bestehen kann, nämlich aus Ionen, kleinen, mittelgroßen, sehr großen Molekülen, aus Komplexionen usw., ist sein Aufbau oft sehr kompliziert.

Durch alle diese Schichten, deren jede eine mehr oder minder spezifische Wirkung ausüben kann, muß sich das Kation durchwinden, um an den starren Teil der Doppelschicht zu gelangen, in welchem der größte Potentialsprung seinen Sitz hat. Erschwert wird ihm dies noch dadurch, daß es hydratisiert ist, also eine größere oder geringere Zahl angelagerter Wasserdipole mit sich führt. Diese streift es vermutlich erst in jenen Lagen der Doppelschicht ab, in welchen das Potential steil abfällt.

Es sind also sehr viele Gelegenheiten zu Störungen vorhanden, aber auch viele Möglichkeiten gegeben, den Vorgang in gewünschtem Sinne zu beeinflussen.

Das systematische Studium der Einflüsse, welche die einzelnen Bestandteile der Lösung, ihre jeweilige Konzentration, die jeweils hergestellten physikalischen Arbeitsbedingungen usw. auf die Bildung und auf das Wachstum von kathodischen Metallniederschlägen ausüben, hat bereits einige Klarheit geschaffen und nützliche, aber erst noch spärliche Anhaltspunkte geliefert.

Schritt für Schritt setzt sie uns auch in die Lage, die Zusammensetzung der Doppelschicht besser kennenzulernen, die ausschlaggebenden Faktoren zu erfassen und technisch davon Nutzen zu ziehen.

Erschwert wird dies durch gegenseitiges Ineinandergreifen und gegenseitige Beeinflussung dieser Faktoren und auch dadurch, spezifische von allgemein wirkenden Einflüssen unterscheiden zu lernen.

4. Funktion der Bestandteile der Doppelschicht

a) Das Kation

Daß die Konzentration des potentialbestimmenden Kations, das zur Abscheidung gelangt, von großem Einfluß auf den Charakter und auf die Struktur des gewonnenen Metallniederschlages sein muß, liegt auf der Hand. Wir besitzen aber noch kein Mittel, ihren wirklichen Wert in dem unmittelbar an die Kathode grenzenden, das ist dem Belag des „starren“ Teils der Doppelschicht genau zu ermitteln.

Wenn der Spannungsabfall — wie man jetzt allgemein annimmt — sich auf weit mehr als molekularen Abstand von der Kathode erstreckt und nicht zur Gänze im „starren“ Teil der Doppelschicht lokalisiert ist, läßt sich aus dem gemessenen Kathoden-, d. i. dem NERNSTschen Potential, kein genauer Wert für diese Konzentration berechnen; denn dieses erfaßt die Summe des Spannungsabfalls im starren *und* im diffusen Teil der Doppelschicht.

Ganz besonders unsicher wird die Schätzung der Konzentration des maßgebenden Kations im starren Teil des Kathodenfilms in jenen Fällen, in welchen dessen Konzentration abnorm klein ist, also wenn Komplexionen vorliegen und gar dann, wenn das abzuscheidende Metall im Anion eingeschlossen ist und man annehmen muß, daß das betreffende Kation erst im Moment seiner Abscheidung oder unmittelbar vorher aus einem Anion hervorgegangen ist.

In solchen Fällen, wie in allen denen, in welchen die Konzentration des potentialbestimmenden und abzuscheidenden Kations klein ist im Verhältnis zu anderen in der Lösung enthaltenen Kationen, die selbst infolge ihres höheren Abscheidungspotentials nicht zur Entladung und Abscheidung gelangen, wird der positive Belag der Doppelschicht zur Hauptsache von Fremdkationen gebildet.

Dieser Fall ist der verbreitetste; denn erfahrungsgemäß erzielt man gute glatte Metallniederschläge am leichtesten aus Elektrolyten, in welchen die Ionenkonzentration des abzuscheidenden Metalls klein ist und denen man durch zugesetztes Fremdsalz („Leitsalz“) oder durch Säure höheres Leitvermögen verleiht.

Diese Fremdkationen bilden dann nicht nur den Haupt-, sondern auch den unveränderlichen Teil der Doppelschicht; denn sie unterliegen nicht der Verarmung, welche die Metallionen erleiden, die zur Abscheidung gelangen.

Obwohl sie nicht mit zur Abscheidung gelangen, üben einige dieser unedleren Fremdkationen, wie im speziellen Teil angegeben werden wird, gewisse spezifische Wirkungen aus, manche, z. B. NH_4-Ionen, haben dadurch spezifische Wirkung, daß sie den Elektrolyten, z. B. durch Beförderung von Kolloidbildungen oder Komplexbildungen, verändern.

Alle zusammen bilden sie ein Netzwerk, das einerseits wie ein Filter wirkt, andererseits der gleichmäßigeren Spannungsverteilung dient.

b) Das Anion

Die Unterschiede der Abscheidungsform eines Metalls aus Lösungen verschiedener seiner Salze sind so auffallend, daß man nicht umhin kann, anzunehmen, daß die Natur des Anions beim Aufbau des Metallniederschlages eine wichtige Rolle spielen muß. Wenn dies auch überraschend erscheint, weil von der Kathode aus abstoßende Kräfte auf die Anionen ausgeübt werden, so wird dies doch dadurch plausibel, daß auch die Anionen einen notwendigen Bestandteil der elektrischen Doppelschicht bilden.

Wenn man nur die elektrostatischen Kräfte in Betracht zieht, wird man zur Anschauung geführt, daß die Stellen größter Feldstärke, also Spitzen und Kanten, diejenigen sein werden, an die sich vorzugsweise Kationen anlagern werden, während Anionen vorzugsweise dorthin tendieren werden, wo geringere Abstoßungskräfte auf sie wirken, also vorzugsweise zu Flächenmitten. Von dort aus werden sie aber ihrerseits auf Kationen Anziehungskräfte ausüben.

Ihrer Natur nach unterscheiden sich die Anionen voneinander vor allem durch ihre Ladung und ihre Größe, dem Grade ihrer Hydratation, dann durch das Ausmaß ihrer Deformierbarkeit im elektrischen Felde, also ihres Dipolmomentes, endlich durch ihre Fähigkeit, Komplexe zu bilden (Selbstkomplexe oder solche, in denen sie das abzuscheidende Metall binden), von dem Kathodenmetall adsorbiert zu werden usf.

Die Art ihrer Einwirkung kann demnach eine mannigfaltige sein, wobei es nicht leicht sein mag, die einzelnen Momente, die von Einfluß sind, voneinander zu trennen.

Welchen Einfluß schon anorganische Anionen einfacheren Baus auf die Abscheidungsform ausüben können, zeigt Tab. 6 am Beispiel des Bleis.

Tabelle 6. *Abscheidungsformen von Bleimetall in Abhängigkeit vom Anion*[1]

Elektrolyt	Säurezusatz	Abscheidungsform	Korndurchmesser	Metallüberspannung in Millivolt
1. Bleinitrat	—	lose, dendritisch	sehr klein	0,4
2. Bleiazetat	0,5-n.	lose, dendritisch	sehr klein	1,0
3. Bleiborfluorid	—	glatt	grob	3,7
4. Bleiborfluorid	0,5-n.	sehr glatt	ähnlich wie 3	3,3
5. Bleiperchlorat	0,5-n.	glatt, fest	weniger grob	4,4
6. Bleisilicofluorid	0,75-n.	dicht an Flächen Dendriten an den Ecken	weniger grob	5,5

[1] Nach FRÖLICH, CLARK und ABORN, Trans. Amer. Electrochem. Soc. **49, 369** (1926).

Die in Tab. 6 aufgeführten Salzlösungen unterscheiden sich voneinander vor allem durch die Verschiedenheit des Anions; daß zwei derselben ohne Säurezusatz verwendet worden sind, ändert das Bild nicht wesentlich; denn man sieht am Borfluorid (Zeile 3 und 4), daß die Steigerung der Metallüberspannung auch ohne Säurezusatz erfolgt — sie ist also wohl auf die Gegenwart eines anderen Anions zurückzuführen.

In den vier verschiedenen Fällen, in denen höhere Metallüberspannung auftritt, wird die Bildung glatterer dichter Überzüge begünstigt, die Dendritenbildung erschwert, das Korn verfeinert.

Die Gegenwart von Säure hat nur geringeren Einfluß, wie man Zeile 3 und 4 entnimmt.

Angaben über eine Abhängigkeit von der Größe des Dipolmomentes der Anionen, dem Umfange ihrer Deformation, dem Ausmaß ihrer Hydratation usw. liegen nicht vor.

Es ist sehr bedauerlich, daß wir über die Art und Weise und über die Ursache des Einflusses der einzelnen Anionenarten noch ganz unorientiert sind.

Es ist kaum zu bezweifeln, daß viele Fragen, die sich auf Charakter und Eigenschaften galvanischer Niederschläge beziehen und die heute unbeantwortet bleiben müssen, weniger rätselhaft erscheinen würden, wenn wir Einblick in die Rolle nehmen könnten, welche die Anionen dabei spielen. Man kann geradezu behaupten, daß wir kein klares Bild des Vorganges, der sich abspielt, gewinnen können, solange wir über die Funktionsweise der Anionen ganz unorientiert bleiben werden und daß wir nicht eher rein empirische Methoden durch rationelle, plangemäße werden ersetzen können.

Es ist noch nicht lange her, daß man überhaupt andere Klassen von Anionen in Betracht zieht als das halbe Dutzend, die fast hundert Jahre lang industriell soviel wie ausschließlich verwendet wurden, nämlich Sulfat-, Chlorid-, Zyanid-, Borfluorid, Silicofluorid- und Tartrat-Ionen. Aber selbst die Wirkungsweise der drei bestbekannten anorganischen Anionen ist noch nicht sorgfältig geprüft, geschweige denn wirklich erforscht worden.

Unerforscht ist z. B. der Einfluß geblieben, welchen Selbstkomplexbildungen fast sicher ausüben, obwohl einer der deutlichsten Fälle im bestbekannten Elektrolyten, der Kupfersulfatlösung, vorliegt.

Die Elektrolyte, welche leicht Selbstkomplexe bilden, leiten zu denen über, in welchen das potentialbestimmende, zur Abscheidung gelangende Metall Bestandteil eines Komplexions wird, das nahezu undissoziiert ist.

In solchen Extremfällen wird die Kationenmenge des abzuscheidenden Metalls tiefer herabgedrückt als durch irgendein anderes Hilfsmittel.

Ein besonderer Fall liegt dann vor, wenn das betreffende Metall nunmehr im Anion enthalten ist, wenn also das in Frage kommende Kation erst durch Aufspaltung des Anions wieder zu bilden ist.

Das bekannteste Beispiel dieses Falls geben die Doppelzyanide von Schwermetallen. Der Mechanismus der Metallabscheidung aus solchen ist noch nicht genügend aufgeklärt.

Aus solchen Elektrolyten fällt das Metall in glatter und besonders feinkörniger Form und nicht, wie nach Tab. 6, in glatterer, aber grobkörniger Form aus. Dieser Unterschied dürfte an sich schon auf eine etwas verschiedene Art und Weise der Kristallbildung deuten.

Die — leider bisher wegen ihrer Schwierigkeit nur selten ausgeführte — genauere chemische Analyse galvanischer Niederschläge liefert immer stärkere Beweise dafür, daß eine Reihe kleiner, oft leicht zu übersehender Verunreinigungen, z. B. solche durch Sauerstoff und Wasserstoff — die bemerkenswerterweise meist gleichzeitig auftreten —, aber auch solche von S, Cl u. dgl. die Struktur und die mechanischen Eigenschaften des Metalls ganz wesentlich beeinflussen, was z. B. besonders deutlich bei Nickel und Chrom in Erscheinung tritt. Ähnliches tun, wie besser bekannt ist, kaum erfaßbare Spuren organischer Körper, besonders Kolloide.

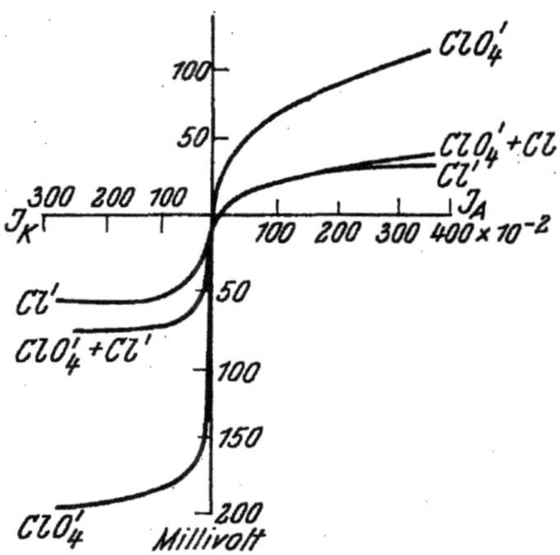

Abb. 6. Strom-Spannungs-Kurven bei der kathodischen Abscheidung (links) und der anodischen Auflösung (rechts) von Zn aus Chlorid- und Perchlorat-Lösungen. 0,5-n. Zinksalz, 0,1-n. Säure, Temperatur 25° C

Wenn sich unter den Einschlüssen oftmals auch Anionenbildner (wie Cl, S, O usw.) vorfinden, ist kaum anzunehmen, daß sie auf elektrolytischem Wege in den Metallniederschlag gelangt sind, sondern wohl nur in Form von Verbindungen, die adsorbiert oder angelagert worden waren.

Man nimmt mit Piontelli an, daß die stärker deformierbaren Anionen (wie Cl', Br', J', nicht aber das wenig deformierbare ClO_4' und das unregelmäßig sich verhaltende F') dazu neigen, weiter in die Doppelschicht einzudringen, möglicherweise auch dazu Wasserdipole zu verdrängen bzw. die Dehydratation der Kationen zu befördern. Der auf diese Weise etwas veränderte Kathodenfilm sollte leichter auf elektrische Felder ansprechen als ein Zwischenfilm, der bloß aus Dipolen gebildet wird.

Damit dürfte es in Zusammenhang stehen, daß die Polarisation in Perchloratlösungen durch den Zusatz von Chlorionen herabgesetzt, die anodische Metallauflösung gleichzeitig befördert wird.

Ein hübsches Beispiel hiefür liefert eine Untersuchung von Piontelli und Poli über die Zinkabscheidung und -auflösung in ClO_4'-, bzw. Cl'-, bzw. $ClO_4' + Cl'$-haltigen Lösungen, deren Resultate in Abb. 6 graphisch wiedergegeben werden. Die Analogie der zwei Gattungen von Kurvenarten ist augenfällig.

Wahrscheinlich ist es, daß sich Kationen vorzugsweise um Aktivstellen — das sind Spitzen, Kanten usw. —, Anionen nahe den Flächenteilen ansammeln dürften. Erstere sind in erster Linie für die Abscheidung und das Wachstum des Elektrolytmetalls maßgebend, die Anionen üben aber ihre Wirkung wahrscheinlich hauptsächlich bei der Bildung neuer (dreidimensionaler) Keime aus.

c) *Kolloide*

Besonders eindrucksvoll ist der Einfluß, den — oft schon — Spuren von Kolloiden und von oberflächenaktiven Stoffen, die vom Metall adsorbiert werden, auf dessen Kornfeinheit, dessen mechanische Eigenschaften und auf sein Aussehen ausüben.

In Betracht kommen dabei zwei Klassen von Kolloiden:

1. solche — meist anorganischer Natur —, welche im Verlaufe der Elektrolyse durch Hydrolyse (in seltenen Fällen durch Reduktion) an der Kathode entstehen,

2. solche — meist organischer Natur —, die man dem Elektrolyten absichtlich zusetzt.

Erstere bilden sich zwangsweise, sobald ein bestimmter Schwellenwert des pH im Kathodenfilm erreicht wird, und sie flocken aus, wenn das pH dort einen kritischen Wert überschreitet.

Im Solzustande verfeinern sie das Korn, im ausgeflockten rufen sie Störungen hervor. Sie sind es, die in vielen Fällen die Struktur des abgeschiedenen Metalls in allererster Linie beeinflussen.

Da ihre Wirkungsart zuerst bei der Nickelelektrolyse ermittelt und dort am genauesten verfolgt worden ist, werden sie im Abschnitt, der sich mit der Nickelelektrolyse befaßt (s. S. 268ff.), näher beschrieben werden.

An dieser Stelle sei nur schon bemerkt, daß sie stets in geringen — oft freilich unwägbar kleinen — Mengen vom Kathodenmetall adsorbiert werden und dasselbe dadurch *verunreinigen.* Ferner daß ihre Wirkung oft jener ähnelt, welche innige Komplexbildungen im Elektrolyten hervorrufen.

Die zur zweiten Klasse von Kolloiden gehörigen absichtlich zugesetzten, meist hochmolekularen organischen Verbindungen, zeichnen sich dadurch aus, daß sie schon in minimalen Spuren wirksam sein können, wenn sie im Stromgefälle zur Kathode wandern, wie es z. B. Gelatine in schwach saurer Lösung tut.

In der Regel erhöhen sie die kathodische (gelegentlich auch die anodische) Polarisation und werden vom kathodisch abgeschiedenen Metall in Mengen einverleibt, die sich darin nachweisen lassen.

Aus diesen Gründen beeinflussen sie die Struktur, das äußere Aussehen und die mechanischen Eigenschaften des Niederschlages und geben somit ein wichtiges Mittel an die Hand, dieselben nach Willen zu modifizieren.

5. Inhibitoren, Inhibition und Passivität

Stoffe, welche — z. B. wie die eben genannten Kolloide — das Wachstum von Kristalliten hemmen oder beeinflussen können, bezeichnet man neuerdings als „Inhibitoren".

Sie unterscheiden sich von solchen, welche Passivität erzeugen, dadurch, daß letztere eine nahezu lückenlose, erstere nur eine lokalisierte, gewöhnlich auf bevorzugte Aktivstellen beschränkte Bedeckung der Metalloberfläche bewirken.

Passivität kann den Durchgang von Elektronen erschweren, aber nicht verhindern. Sie unterbindet aber den Durchgang von Ionen.

Inhibition kann den Ionendurchgang erschweren, nicht aber unterbinden.

Zur Passivität kommt es gewöhnlich durch Absättigung und Bindung von Hauptvalenzen.

Inhibition wird hingegen nur durch lockere Bindung von Nebenvalenzen, durch Adsorption, oder auch bloß durch elektrostatische Anziehungskräfte bewirkt.

Nach H. Fischer, der die Wirkungsweise von Inhibitoren am eingehendsten untersucht hat, können nicht nur zugesetzte Fremdstoffe, sondern *alle Bestandteile des Elektrolyten* als Inhibitoren wirken.

Die Metallüberspannung (s. weiter unter Abschnitt 7 und 8) übt ihre Wirkung bei der Bildung der ersten Kristallite aus, die Inhibition vorzugsweise beim Wachstum derselben.

6. Reinheitsgrad galvanischer Überzüge

Der Reinheitsgrad und die Verteilungsweise der Verunreinigungen im Elektrolytmetall sind, wie S. 25 bemerkt, von ausschlaggebendem Einfluß sowohl auf seine Struktur als auf seine mechanischen Eigenschaften und sein äußeres Aussehen.

Strebt man in der Elektrometallurgie an, Metalle in möglichst hohem Reinheitsgrade abzuscheiden, so muß man in der Galvanotechnik im Gegenteil *Arbeitsbedingungen wählen, bei welchen das Metall in keinem zu hohen Reinheitsgrad ausfällt.* Allerdings sollen seine Verunreinigungen solcher Art sein, daß sie in minimalen Mengen schon die Vergröberung des Metallkornes hemmen, ohne wertvolle Eigenschaften desselben zu zerstören.

Wenn man bei der Elektrolyse die Bedingungen einhält, unter denen das betreffende Metall in höchstem Reinheitsgrade anfällt, erhält man es in gröberer, unebener Abscheidungsform.

Äußerst feinkörnige, glatte, besonders aber Glanzniederschläge sind niemals ganz rein. Gerade der Einschluß kleiner oder kleinster Verunreinigungen scheint die Bildung gröberer Kristalle am wirksamsten zu hemmen.

In Fällen, in denen die Analyse bisher den Einschluß von Verunreinigungen in feinkörnige Metallniederschläge nicht hat nachweisen können, sprechen Anzeichen (z. B. die geringere elektrische Leitfähigkeit) dafür, daß solche in kleinster Menge doch vorhanden sind.

Bei Gegenwart verschiedener Kationen im Elektrolyten läßt sich — dies folgt aus der NERNSTschen Formel — keines derselben in absolut reinem Zustande elektrolytisch abscheiden. Von jedem unedleren positiven Bestandteil mengt sich dem edleren, das abgeschieden wird, soviel bei, daß das Gleichgewicht:

$$e_H = R\,T \ln \frac{P}{p} \text{ (bzw. bei vollständiger Dissoziation) } = R\,T \ln \frac{C}{c}$$

für jedes derselben beim herrschenden Kathodenpotential erhalten bleibt. Dazu reichen in vielen Fällen schon minimale Spuren, manchmal sogar solche, die nicht einmal spektroskopisch nachweisbar sind, hin.

Je näher das Abscheidungspotential eines Fremdkations zu dem des abgeschiedenen Metalls liegt, desto mehr wird davon bei vergleichbaren Umständen ins Metall gelangen.

In wässeriger Lösung immer gegenwärtig sind die Ionen des Wassers $H^{\cdot}$ und OH', deren jeweilige Konzentrationen durch die Gleichgewichtsformel:

$$c_{H^{\cdot}} \times C_{OH'} = 0{,}6 \,.\, 10^{-14}, \text{ bei } 18° (\text{ bei } 25° = 1{,}17 \,.\, 10^{-14})$$

bestimmt wird.

Fassen wir den für die Mitabscheidung von Wasserstoff verhältnismäßig ungünstigen Fall der Kupferabscheidung aus 1-n. schwefelsaurer, 1-n. Kupfersulfat-Lösung ins Auge, welche (wenn man die Wasserstoffüberspannung und die unvollständige Dissoziation des Kupfersulfats außer Betracht läßt, auf die Wasserstoffelektrode bezogen bei einem Kathodenpotential von $e_H = + 0{,}3$ Volt vor sich geht, so wird $H^{\cdot}$ an der Kathode im Gleichgewicht mit der Lösung stehen, wenn es daselbst einen Druck von

$$\log \frac{1}{0{,}3/0{,}058} \text{ Atm.,}$$

d. i. rund $1{,}10^{-5}$ Atmosphären, aufweist[1], wenn also mit jedem Äquivalent Cu rund $1 \,.\, 10^{-5}$ Äquivalente Wasserstoff mitabgeschieden werden oder rund $3 \,.\, 10^{-7}$ Gew.-% vom Kupfergewicht.

Auf experimentellem Wege hat der Verfasser[2] bei der Elektrolyse ganz

---

[1] Dies unter der — sicher ungenauen — Annahme, daß die $H^{\cdot}$-Konzentration an der Kathode dieselbe ist wie in der Lösung.

[2] Unveröffentlichte Untersuchungen nach Versuchen von W. FINK und Frau L. BRÜCK. In der Literatur findet man wesentlich höhere Zahlenangaben, so gibt KÖSTER, Z. Metallkunde **20**, 189 (1928), 0,00026% an; HESSENBRUCH fand (nach SMITHELLS, Impurities in Metals, S. 107, New York 1931) gar 39 Vol.-% neben 11% SO_2, 50% CO. Letztere Angaben beweisen schon, daß die Elektrolyse nicht in ganz reinen, sondern in Lösungen durchgeführt wurde, welche vermutlich Sulfitablauge enthielten, die man bekanntlich oft zusetzt, um bei der Raffination glattere Niederschläge zu erhalten. Die Analysenergebnisse sind aber nur dann maßgebend, wenn man ganz reine Lösungen verwendet. Spuren von organischen Kolloiden erhöhen den H_2-Gehalt des Kupfers beträchtlich. Man findet dann aber fast immer auch C im Kupfer.

reiner 1-n. schwefelsaurer, 1-n. $CuSO_4$-Lösungen $1 \cdot 10^{-6}$ g Wasserstoff je Gramm elektrolytisch bei 50° mit 1 bis 8 Amp./dm² abgeschiedenen Kupfers durch Wägung und Verbrennung des äußerst sorgfältig in reinem Stickstoffstrom getrockneten Niederschlages nachweisen können. Die Übereinstimmung des Experiments mit der Berechnung muß als befriedigend angesehen werden, wenn man die Schwierigkeit seiner Ausführung, die vereinfachenden Annahmen und den Umstand in Betracht zieht, daß Kupfer auch Wasserstoff löst[1].

Man könnte meinen, daß Wasserstoffeinschlüsse dieser Größenordnung außer acht gelassen werden können. Dies ist aber durchaus nicht der Fall. Diese Wasserstoffbestimmungen im Kupfer wurden gerade zur Aufklärung von Besonderheiten (s. III. Teil, Abschnitt Praxis der Verkupferung) vorgenommen, welche, wie es sich erwies, tatsächlich dem Wasserstoffgehalte zur Last zu legen sind.

Unedlere Metalle enthalten in Übereinstimmung mit der Theorie mehr Wasserstoff: Elektrolytnickel nach HESSENBRUCH[2] 79 Vol.-%, nach GUICHARD, CLAUSMANN, BILLON und LANTHONY[3] bis 660 Vol.-% (0,76 cm³ pro 1 g Ni), Zinn[4] 5 bis 12 Vol.-%, Elektrolyteisen enthält nach HUGHES[5] etwa 180 Vol.-%, nach GUICHARD, CLAUSMANN, BILLON und LANTHONY[6] 780 bis 6000 Vol.-% (1 bis 8 cm³ H_2 pro 1 g Fe), Zink nach v. SCHWARTZ[7] 0,055 Gew.-%, entsprechend 2000 Vol.-%, Chrom schließt nach GUICHARD und Mitarbeitern[8] 300 bis 400 cm³ Wasserstoff pro 1 g Cr ein, was bis zu 260 000 Vol.-% entspricht.

Der Wasserstoff kann nicht nur einige physikalische Eigenschaften der Elektrolytmetalle verändern, sondern auch Besonderheiten im chemischen Verhalten hervorrufen. Er diffundiert (wie man annimmt, im atomaren Zustand[9] — für molekularen H_2 ist Fe bei Raumtemperatur undurchlässig) durch das Überzugs- zum Unterlagsmetall und macht dasselbe oft spröd. Er ruft Dichteänderungen und Spannungen im Niederschlag hervor, welche Formänderungen zuweilen auch die Ablösung veranlassen.

NERNST und LESSING haben (1902) beobachtet, daß die Innenseite eines Platintiegels, dessen Außenseite als Kathode einer elektrolytischen Zelle diente, das Wasserstoffpotential annahm.

H. FISCHER und HEILING haben ihrerseits nachgewiesen, daß atomarer

---

[1] Nach NEUMANN und STREINTZ, Mh. Chem. **12**, 642 (1891), das 4,8fache seines Volumens.

[2] Z. Metallkunde **21**, 46 (1929).

[3] C. r. acad. sci., Paris **190**, 1417 (1930).

[4] Rev. métallurg. 1926; SMITHELLS l. c. S. 105.

[5] Modern Electroplating. In deutscher Übersetzung Leipzig 1927.

[6] C. r. acad. sci., Paris **192**, 623. (1931).

[7] Z. Elektrochem. **29**, 198 (1923).

[8] C. r. acad. sci., Paris **196**, 1660 (1933).

[9] FULLER, Trans. Faraday Soc. **36**, 113 (1919).

Wasserstoff, der an Eisenkathoden entsteht, durch das Kathodenmetall durchdiffundiert und dessen Potential auf seiner der Anode abgekehrten Rückseite verunedelt[1].

Durch Erhitzung läßt sich der Wasserstoff zwar in der Regel nachträglich, wenigstens zum größten Teil, wieder austreiben, aus einigen Metallen (z. B. aus Zn) entweicht er schon bei Raumtemperatur von selbst im Lauf der Zeit. Nicht immer ist es aber möglich, den Wasserstoff aus dem Metall zu verjagen, ohne daß dauernde Veränderungen zurückbleiben.

Vom Metall kann Wasserstoff gelöst oder eingeschlossen werden. Gelöst wird er — wie man annimmt — nur im atomaren Zustand, eingeschlossen, als Molekül.

Neuerdings sind im Bureau of Standards die Verunreinigungen zahlreicher Nickelüberzüge, die unter verschiedenen Bedingungen hergestellt worden waren, analytisch genauer ermittelt worden[2]. Es zeigte sich, daß sie alle Wasserstoff und Sauerstoff enthielten. Sehr oft standen H_2 und O_2 dabei im Gewichtsverhältnis 1 : 8. Dies spricht dafür, daß sie aus Einschlüssen stammen. Bestätigt wird dies dadurch, daß in Niederschlägen aus chloridhaltigen Lösungen Cl, in solchen, die gelöste organische bzw. kolloidale Stoffe enthielten, C, bei Gegenwart schwefelhaltiger Glanzmittel auch S gefunden wurde usf.

Die physikalischen Eigenschaften wurden dadurch in reproduzierbarem und hohem Grade verändert.

7. Umkehrbare und nicht umkehrbare Systeme

Bildet die Elektrolyse die einfache Umkehrung des Vorganges, der sich im entsprechenden galvanischen Element abspielt, so muß sie unmittelbar nach Überschreitung der Potentialdifferenz des Ruhestandes einsetzen. Die „Zersetzungsspannung" kommt dann der E. M. K. des betreffenden Systems gleich und es ist bei fortgesetzter Elektrolyse mit niedersten Stromdichten in erster Annäherung nur die Mehrspannung aufzuwenden, welche zur Überwindung der „Konzentrations-Polarisation" erforderlich ist, die als Folge der Konzentrationsänderungen an den Elektroden auftritt. Zur Herstellung meßbarer Stromdichten ist neben der Zersetzungsspannung auch Spannung zur Überwindung des Ohmschen Widerstandes der Elektrolytschicht im Zwischenraum zwischen den Elektroden aufzuwenden.

Führt man die Elektrolyse einfacher Salzlösungen eines Metalls mit Elektroden aus demselben Metall aus, so hat man keine Zersetzungsspannung zu überwinden, wenn man es mit einem vollkommen umkehrbaren Vorgang zu tun hat.

---

[1] Z. Elektrochem. **54**, 154 (1950).

[2] ZENTNER, BRENNER und JENNINGS, Amer. Electroplaters Soc. Res. Report No. 20 (1952).

An umkehrbaren (man nennt sie auch unpolarisierbaren) Elektroden treten im Idealfall schon bei der allergeringsten Spannungsverschiebung im einen Sinne Ionen in die Lösung, bei minimalster Spannungsverschiebung im anderen Sinne aber Ionen aus der Lösung in die Elektrode über.

In manchen Zellen, die wir benützen, z. B. im Kupfer- oder im Silber-Coulometer, wird dieses Verhalten mit größter Annäherung erfüllt, niemals aber mit absoluter Vollkommenheit. In Wirklichkeit geht der Übergang in und aus dem Ionenzustand erst bei Überschreitung einer Spannungsdifferenz vor sich. Diese ist in vielen Fällen so geringfügig, daß es schwer ist, sie aufzufinden, in anderen Fällen aber erheblich.

Spannungsdifferenzen dieser nicht reversiblen Art, welche aufzuwenden sind, wenn das untersuchte System vom Idealzustand abweicht, nennt man allgemein „*Überspannungen*". Im vorliegenden Fall spricht man von einer „*Metallüberspannung*". Sie gibt sich durch den Unterschied des Elektrodenpotentials im Ruhezustand vom Elektrodenpotential beim Stromdurchgang zu erkennen, meist schon beim Durchgang von Strömen so geringer Intensität, daß die gleichzeitig hervorgerufene Konzentrationspolarisation ohne weiteres zu vernachlässigen ist.

8. Metallüberspannung

Der Größe und dem Charakter nach ist die Metallüberspannung von der Natur des Metalls und derjenigen des Elektrolyten abhängig, bisweilen auch von der Vorgeschichte der Elektrode. Sie pflegt auch zeitlichen Veränderungen zu unterliegen, besonders im Verlauf der allerersten Sekunden oder Minuten nach Einschalten des Stromes. Ihre Messung erleichtert es uns deshalb, die Vorgänge, die sich dabei abspielen, zu verfolgen.

An Elektroden mit reiner (vor allem oxydfreier) Oberfläche entsprechen — bei Ausschluß von Nebenvorgängen — (wie vor allem Piontelli und seine Mitarbeiter in zahlreichen Fällen auf oszillographischem Wege festgestellt haben) die allerersten Werte der, besonders zu Anfang, schnellen und markanten Änderung des Mikroprofils der Elektrodenoberfläche (s. z. B. Abb. 7).

Dies kommt auch darin zum Ausdruck, daß beim allerersten Stromeinschalten ein maximaler Wert der Metallüberspannung beobachtet wird, der sich beim Wiedereinschalten nach kurzer Stromunterbrechung nicht mehr in gleicher Höhe wiederherstellt.

Sein Rückgang ist größtenteils einer Zunahme der wahren Oberfläche zuzuschreiben, der ersten Bildung von Kristalliten, die meist höhere Überspannung benötigt als das nachfolgende Wachstum derselben.

Nach der Größe ihrer Metallüberspannung teilt Piontelli die Metalle in drei Gruppen ein:

I. Gruppe: Metalle mit verschwindend kleiner Metallüberspannung (lim. 0 bis etwa 10 Millivolt bei $1 \cdot 10^{-2}$ Amp./cm²; bzw. 10 Millivolt bei 1 bis 10 Milliamp./cm²).

II. Gruppe: Metalle mit merklicher Metallüberspannung (etwa 10 bis 50 Millivolt; bzw. 10 Millivolt bei 0,05 bis 0,1 Milliamp./cm²).

III. Gruppe: Metalle mit höherer Metallüberspannung (etwa 200 bis 400 Millivolt; bzw. 10 Millivolt bei 0,001 Milliamp./cm²).

Zur *ersten Gruppe* gehören leichtschmelzende Metalle, wie Hg, Bi, Pb, Cd, Sn, Tl, welche von PIONTELLI als „*normal*" bezeichnet werden. Der

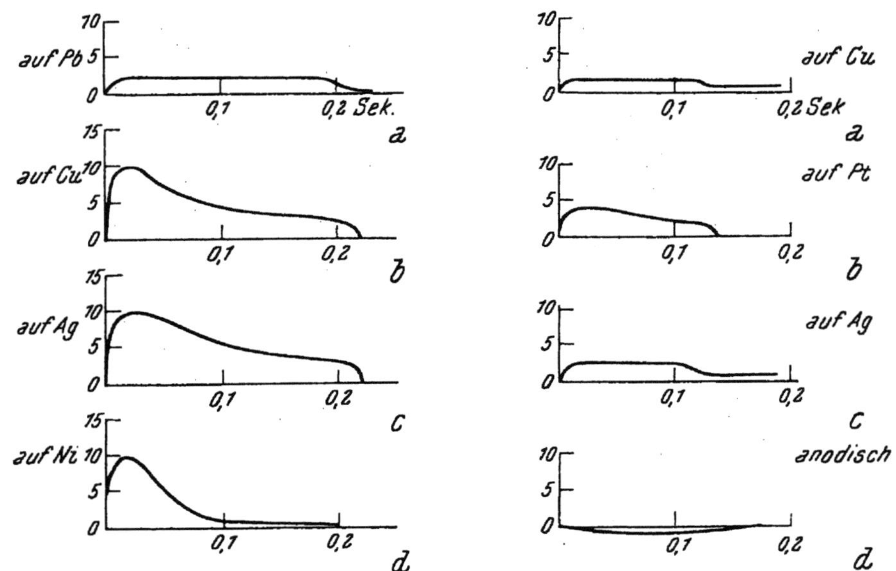

Abb. 7. Zeitliche Änderung von Metallüberspannungen (in Millivolt) während der ersten 0,2 Sek. (Nach PIONTELLI)

Wert ihrer Überspannung stellt sich rasch ein und wird durch Inhibitoren, Kolloide u. dgl. kaum beeinflußt.

Diese Metalle liefern umkehrbare Elektroden und neigen dazu, sich kathodisch in grobkörniger Form abzuscheiden.

Die Überspannung des Wasserstoffs (s. Tab. 7, S. 34) ist an ihnen besonders hoch.

Die Metalle der *zweiten Gruppe*, zu welcher z. B. Cu, Ag, Au, Zn, Sb gehören, haben höhere Schmelzpunkte. Sie werden von PIONTELLI als „*gehemmt reaktiv*" bezeichnet.

Die Metalle der *dritten Gruppe* nennt PIONTELLI „*träge*" Metalle, an welchen sich die hohe Metallüberspannung erst langsam einstellt. Diese Metalle, zu deren Hauptrepräsentanten die Metalle der Eisengruppe, Fe, Co, Ni, und der Platingruppe zählen, haben hohen Schmelzpunkt, sie katalysieren die Molekülbildung aus Wasserstoffatomen, nehmen Wasserstoff auf, den sie in atomarem Zustand lösen und haben geringste Wasserstoffüberspannung. Der Wert ihrer Metallüberspannung wird durch Inhibitoren stark beeinflußt und ist auch von der Vorgeschichte des Metalls abhängig.

Kathodisch scheiden sie sich vorzugsweise in feinkörniger Form ab. Mit radioaktiven Indikatoren hat HAISSINSKY[1] beobachtet, daß die Ionen-Austausch-Geschwindigkeit der Metalle der dritten Gruppe um eine Größenordnung niedriger ist als diejenige der Metalle der ersten Gruppe. Sie steigt aber bei Metallen der dritten Gruppe mit steigender Temperatur an.

Die Metalle, welche PIONTELLI als träge bezeichnet (seine Gruppe III), gehören, soweit bekannt, der VIII. Gruppe des periodischen Systems an. Die äußeren Elektronenschalen derselben sind voll besetzt. Dies mag ihr unterschiedliches Verhalten beeinflussen bzw. bestimmen.

Das anodische Verhalten der einzelnen Metalle ist gewöhnlich dem kathodischen symmetrisch.

9. Überspannung des Wasserstoffs

Von ganz anderer Art, meist auch ganz anderer Größenordnung ist die Überspannung, die sich anodischer oder kathodischer Gasentwicklung entgegensetzt.

Für die Galvanotechnik besonders wichtig, wenn nicht geradezu ausschlaggebend ist die Überspannung, mit der sich Wasserstoff an verschiedenen Metallen und unter verschiedenen Arbeitsbedingungen abscheidet; denn diese ist es, welcher man die Möglichkeit verdankt, Metalle, die unedler sind als Wasserstoff, wie Fe, Pb, Ni, Co, Zn, Cd usw., überhaupt elektrolytisch mit guter Stromausbeute aus wässeriger Lösung abscheiden zu können.

Die Größe der Wasserstoffüberspannung steigt allgemein mit steigender Stromdichte, sinkt allgemein mit steigender Temperatur. Sie unterliegt auch zeitlichen Veränderungen und hat an rauhen Oberflächen niedrigere Werte als an glatten. Verunreinigungen, besonders Trübungen des Elektrolyten, verringern sie.

Über die Natur der Hemmungen, welche der Entwicklung gasförmigen Wasserstoffs entgegenstehen und Überspannungen hervorrufen, die bis zu 1,3 Volt gehen können, sind wir noch nicht sicher orientiert.

Neuere Untersuchungen machen es wahrscheinlich, daß solche Überspannungen immer dann auftreten, wenn das betreffende Metall den Zusammentritt von Wasserstoffatomen zu Wasserstoffmolekülen nicht durch Katalyse befördert.

Sie ist an Metallen der ersten Gruppe, die keinen Wasserstoff aufnehmen, besonders groß, an Metallen der dritten Gruppe, welche dessen Molekülbildung katalytisch (vielleicht über Zwischenverbindungen) befördern, besonders klein, wie man der Tab. 7 entnimmt.

[1] J. Chem. Physics 45, 212, 224 (1948).

Tabelle 7. *Überspannung des Wasserstoffs (in Volt)*

An	Bei kleinen Stromdichten		Bei 5 Amp./dm²		Bei 10 Amp./dm²		
	Schwammig	Glatt	20°	80°	12°	20°	80°
Pt	0,0	0,08					
Pt platiniert ...					0,07	0,06	0,045
Co			0,3			0,42	0,36
Cu	0,135	0,19			0,79		
Fe		0,175	0,35	0,18		0,39	0,22
Cr		0,182					
Cd		0,392			1,22		
Sn		0,401			1,15		
Pb		0,402					
Zn		0,482	1,18	1,11	1,23	1,18	1,11
Hg		0,57 (0,8)			1,3		
Ni	0,14	0,14	0,47	0,39	0,74	0,51	0,43
Graphit		(0,335)					
Ag	0,097	0,097					
Au	0,0165					0,6	
Zn						1,19	
Zn mit 0,01% Gelatine						1,235	
Zn mit 0,1% Gelatine						1,28	

Zweiter Teil

Phänomenologie der kathodischen Bildung von Metallniederschlägen

II. Abscheidungsweise

1. Allgemeines

Kathodisch abgeschiedene Metalle weisen, wie die mikroskopischen und die mit X-Strahlen durchgeführten Untersuchungen mit Sicherheit ergeben haben, kristallinen Charakter auf.

Dies läßt erwarten, daß der Mechanismus ihrer Kristallbildung deutliche Analogien mit der Kristallbildung aus übersättigten Lösungen offenbaren dürfte. Dies ist in mancher Hinsicht auch tatsächlich der Fall.

Erfahrungsgemäß stößt z. B. die Kristallbildung aus übersättigten Lösungen auf Hemmungen. Wie groß dieselben sein können, erkennt man daran, daß sich übersättigte Lösungen längere Zeit hindurch aufbewahren lassen, ohne daß die geringste Kristallbildung vor sich geht. Führt man aber einen Kristallkeim in dieselben ein, dann setzen sich sofort Kristalle aus der Lösung an den Keim an und lassen ihn wachsen, meist so schnell, daß man es mit freiem Auge verfolgen kann.

Dies zeigt deutlich an, daß das Wachstum von Kristallen viel leichter vor sich geht als die Bildung eines neuen Kristallkeims.

Bei der elektrolytischen Kristallabscheidung von Metallen beobachtet man verwandte Hemmungen bei der Abscheidung der ersten Kristallkeime. Die Hemmung geht zwar hier nicht so weit, daß die Keimbildung unterbleibt, wie dies ohne Einwirkung des elektrischen Stromes bei vorsichtiger Abkühlung gesättigter Salzlösungen manchmal der Fall ist, aber es zeigt sich, daß man zur Einleitung der Kristallabscheidung von Metallen eine Mehrspannung, die „*Metallüberspannung*", überwinden muß (s. S. 31). Diese dient der Bildung der ersten Kristallkeime. Sie geht zurück, sobald sich solche gebildet haben.

So bildhaft der Ausdruck „Kristallkeim" auch ist, so unscharf bleibt freilich die Vorstellung, die wir uns von ihm machen können.

Zweifellos muß jeder Kristallkeim aus einer Mehrheit von Atomen bestehen, nämlich mindestens aus so vielen, als dazu erforderlich sind, einen selbständigen Kristall (bzw. einen Mikrokristall) aufzubauen, der befähigt ist, weiter zu wachsen. Wie viele das sind, wissen wir noch nicht.

Die Metallüberspannung, welche die Bildung eines Keims beansprucht, dient allem Anschein nach dazu, die Anzahl der minimal erforderlichen Bausteine an bevorzugten Stellen der Kathodenoberfläche festzusetzen.

Der Umstand, daß die Größe der Metallüberspannung nicht allein von der Natur des abgeschiedenen Metalls, sondern auch von derjenigen der Kathode beeinflußt wird, spricht dafür, daß diese die Keimbildung erleichtern oder erschweren kann.

Metallüberspannungen treten aber nicht bloß an festem, sondern auch an flüssigem Metall auf. VOLMER hat Metallüberspannungen auch bei der Abscheidung von Quecksilber an einer flüssigen Quecksilberkathode gemessen. Sie sind zwar hundert- bis tausendmal kleiner als bei der Bildung fester Kristallite, aber doch nicht null. Dies spricht dafür, daß sich Metall auch in flüssiger Form erst nach Herstellung einer Übersättigung, vielleicht einer Tropfenbildung kathodisch abscheiden läßt[1].

2. Direkte Beobachtungen der Metallabscheidung

Das Auftreten einer Metallüberspannung beim Stromeinschalten, welche bei weiterer Metallabscheidung zurückgeht, zeigt an, daß die Elektrokristallisation ebenso wie die Salzkristallisation aus Lösungen in zwei Stufen vor sich geht: 1. einer Keimbildung, welche größere Hemmungen zu überwinden hat, und 2. dem Kristallwachstum, das leichter vor sich geht.

Wie sieht aber das Wachstum und die Bildung zusammenhängender Metallniederschläge in Wirklichkeit aus?

Aus naheliegenden Gründen wäre man versucht, anzunehmen, daß die elektrolytische Metallfällung bei gleichmäßig verteilten und senkrecht auf die Kathode gerichteten Strombahnen derart vor sich gehen sollte, daß von jedem Punkte der Kathodenoberfläche aneinander geschlossene Kristalle in Richtung der Strombahnen hervorschießen, wie etwa Halme aus dem Boden wachsen.

In Wirklichkeit offenbart sich uns, wenigstens in vielen Fällen, ein ganz anderes Bild.

Bei Beobachtung der Bildung von Ag-Niederschlägen im Mikroskop und Verfolgung ihres weiteren Verlaufs durch mikro-kinematographische Aufnahmen sahen VOLMER[2] und ERDEY-GRUZ[3] vielmehr, daß die Anlagerung des Elektrolytmetalls in Schichten erfolgt, welche ihren Ursprung vorzugsweise von Kanten und Ecken, viel seltener von Flächen aus nehmen und sich seitlich

---

[1] Nach SCHERRER steigt die Metallüberspannung in der Reihe:

Hg, Au, Cu, Zn, Fe, Co, Ni, Pt, Pd

von Metall zu Metall, während die H_2-Überspannung in gleicher Reihenfolge sinkt (Göttinger Nachr. **1918,** 99). Auch FRÖLICH und CLARK, Z. Elektrochem. **31,** 649 (1925), geben an, daß die Metallüberspannung bei kleiner H_2-Überspannung am größten ist, wie es auch PIONTELLI bestätigt hat (s. S. 32).

[2] Z. physik. Chem. **102,** 267 (1922).

[3] Ib. **157,** 165, 182 (1931).

über die Kathodenoberfläche in gleichmäßiger Dicke ausbreiten. Diese Ausbreitung findet nach einer Zeit (die meist nur den Teil einer Sekunde zählt) ein Ende, worauf sofort eine neue Schicht zu entstehen beginnt. In konzentrierten Lösungen entstehen neue Schichten, auch schon ehe die Ausbreitung der vorhergehenden beendet ist.

Ähnliche Beobachtungen sind von KOHLSCHÜTTER und TORRICELLI[1] mitgeteilt worden. Sie fällten auf einen 3 mm starken Silberdraht, der eng von einem Glasrohr umschlossen war, Silber aus 3-n. Silbernitratlösung mit sehr geringer Stromdichte. Es bildeten sich zunächst einzelne Kristalle bis zu bestimmter Größe. Bei mikroskopischer Beobachtung ihres Wachstums sahen sie, wie sich Silberschichten von den Kristallen ausgehend über die Grundflächen ausbreiteten. Sie vergleichen diesen Vorgang mit der Verteilung eines auf die Fläche gegossenen dünnen Breis. Die Ränder dieser Schichten bildeten Stufen und hatten, je nach ihrer Wachstumsgeschwindigkeit, geradlinigere oder unregelmäßigere Form. Ähnliches beobachteten sie an Zinn und Blei. Manchmal ging aber das Wachstum auch von der Flächenmitte aus.

In Abwesenheit von Fremdstoffen scheint diese Bildungsweise des Niederschlages aus reinen Lösungen einfacher Salze die Regel zu sein. Die höhere Ladungsdichte an Kanten und Ecken bildet wohl den Anlaß, daß die Schichten ihren Ausgang von dort aus nehmen.

Aus demselben Grunde setzen sie ihrerseits das Wachstum an ihren Rändern fort, bis aus irgendeinem Grunde (z. B. durch Metallabscheidung hervorgerufene zu große Verarmung an dem abzuscheidenden Kation, Verzögerung seiner Zuwanderung od. dgl.) das Abscheidungspotential an diesen Rändern die Höhe erreicht oder übersteigt, bei welcher es zur Bildung neuer Keime an anderen Stellen kommen kann.

Alsdann nimmt die Bildung einer neuen Schicht an einer anderen Stelle ihren Anfang, ohne daß hiedurch das Wachstum der vorhergegangenen Stufe unbedingt ein Ende finden muß.

Daß Anionen ihrerseits Einfluß auf diese Vorgänge nehmen können, geht aus den Darlegungen auf S. 23 ff. hervor. In höherem Grade tun dies Fremdstoffe, besonders solche, die vom Metall adsorbiert werden und die teilweise oder völlige Blockierung von Stufenrändern hervorrufen.

Die Dicke der einzelnen, periodisch gebildeten Schichten ist von Fall zu Fall verschieden, sie wechselt innerhalb der Grenzen von 10^{-2} bis 10^{-6} cm.

VOLMER, der ihre Bildung auch oszillographisch verfolgt hat, konnte bei der Abscheidung von Silber trotz deutlicher Stufenbildung keine erheblichen

---

[1] Z. Elektrochem. **38**, 213 (1932); H. M. HEILING hat (Metall **8**, 438, [1954]) die Arbeiten KOHLSCHÜTTERS und TORRICELLIS fortgesetzt. Es ist ihm u. a. gelungen, solche Stufen mit ihren Absätzen in Mikrophotographien deutlich sichtbar zu machen und die Beobachtungen KOHLSCHÜTTERS und TORRICELLIS durch solche Belege zu bekräftigen.

Ampere- oder Voltschwankungen beobachten. Dies bedeutet, daß das Aufhören und Neubeginnen von Schichtenbildungen, zusammengenommen, einen nahezu kontinuierlichen Vorgang vortäuscht, der in Wirklichkeit aber aus periodischen Teilvorgängen besteht.

Einen weiteren Einblick in die Bildungsart elektrolytischer Metallniederschläge gewinnt man durch Zählung und Messung der Kristallite, die durch sehr kleine Strommengen abgeschieden werden.

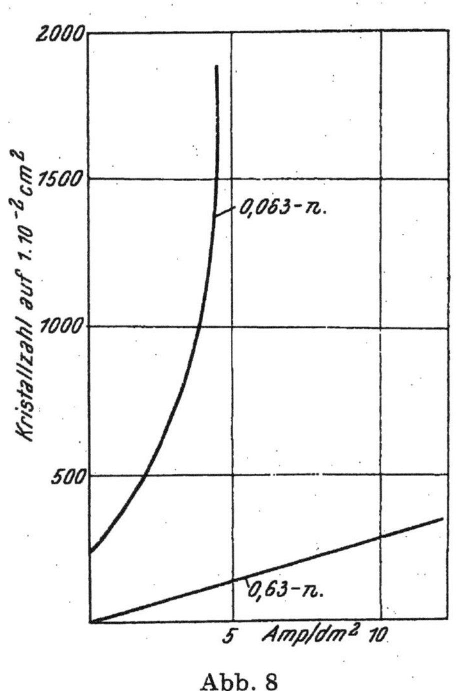

Abb. 8

Solche Zählungen sind wohl zuerst von Rosa Vinal und McDaniel (1912), dann von Aten und Boerlage[1] (1920) ausgeführt worden.

Letztere fanden, daß die Zahl der gebildeten Kristallite bei der Elektrolyse von 0,063-n. und von 0,63-n. Silbernitratlösung bei sehr niederen Stromdichten proportional mit steigender Stromdichte zunahm. Bei etwas höheren Stromdichten nahm die Zahl der Kristallite noch schneller zu (s. Abb. 8). Letzteres wahrscheinlich infolge lokaler Verarmung des Elektrolyten an Ag-Ionen.

In Übereinstimmung damit fand H. Fischer, daß die Keimzahl in 1-n. Silbernitratlösung der Stromdichte proportional ist.

K. Arndt hat ähnliche Versuche wieder aufgenommen. Er hat z. B. Kupfer mit sehr geringen Strommengen auf versilberte Kathoden von 4 × 4 cm durch wenige Minuten mit Stromdichten von 0,05 bis 0,5 Amp. pro Quadratdezimeter zwischen parallelen Anoden niedergeschlagen und die Kristallzahl pro Flächeneinheit (30 × 30 μ) bei 500facher Vergrößerung gezählt[2]. Die Zahl der durch die gleiche Strommenge abgeschiedenen Kristalle wuchs erheblich mit zunehmender Stromdichte, wie folgende Versuchsreihe zeigt:

Tabelle 8

(Elektrolyt: 125 g $CuSO_4 5H_2O$, 50 g H_2SO_4, 50 g Alkohol)

Strommenge Milliamp.-Minuten	Stromdichte Amp./dm²	Elektrolysedauer Minuten	Zahl der Kristalle pro 30 × 30 μ
40	0,05	10	17
40	0,1	5	25
40	0,5	1	140

[1] Rec. trav. chim. Pays-Bas **39**, 720 (1920).

[2] Techn. Elektrochemie, S. 370. Stuttgart 1929.

Bei kleinerer Stromdichte maßen die Kristalle etwa 1,5, bei der höheren Stromdichte etwa 0,5 μ.

Führte man die Elektrolyse in zwei Abschnitten durch, so fand man:

Tabelle 9

Strommenge Milliamp.-Minuten	Stromdichte Amp./dm²	Elektrolysedauer Minuten	Zahl der Kristalle pro 30 × 30 μ
nach den ersten 5 Minuten:			
20	0,05	5	8
nach den zweiten 5 Minuten:			
20	0,05	5	7

Dies mag darauf zurückzuführen sein, daß während der Stromunterbrechung kleinere Kristalle aufgelöst und allenfalls auf größere niedergeschlagen werden. Wie nämlich kleine Tropfen eine etwas höhere Dampftension als größere besitzen, weisen kleinere Kristalle oder Pulverteilchen größere Löslichkeit und auch größere Lösungstension auf.

Kristalle stellen ja Gebilde vor, in welchen die Atome durch Anziehungskräfte fest in ein Ganzes eingefügt sind. Es ist ein größerer Energieaufwand dazu erforderlich, ein Atom von der Kristalloberfläche zu entfernen, als dazu, ein vereinzeltes Atom zu bewegen. Der Unterschied muß für größere Kristallgebilde größer sein als für kleine. Umgekehrt wird die Anlagerung an größere Kristalle durch größere Anziehungskräfte befördert als an kleineren. Die geringste Unterstützung findet die Bildung von Kristallkeimen, als welche wir uns wohl die kleinsten, als Kristallindividuen möglichen Gebilde vorzustellen haben.

Von der Lösungstension ist bei größeren Kristallen demnach nur ein Teil disponibel, ein Teil wird zur Überwindung der im Wesen zentral gerichteten Anziehungskräfte verbraucht. Zwischen zwei Elektroden aus ein und demselben Metall, das auf der einen Seite grobkristallin ist, auf der anderen Seite aber in feinster Verteilung vorliegt, kann man denn auch Potentialdifferenzen bis zu 0,03 Volt messen. Das Metall in feinerer Verteilung bildet dabei den negativen Pol. Die kleineren Kristalle sind also unedler und gehen in Lösung, während die größeren Kristalle auf Kosten der kleineren anwachsen.

Dieser Vorgang wird um so deutlicher in Erscheinung treten können, je mehr Zeit dazu verfügbar ist, er wird bei sehr schneller Abscheidung, also bei höheren Stromdichten, in den Hintergrund treten, bei höherer Temperatur durch Steigerung der Ionenbeweglichkeit hinwiederum befördert werden (wobei beim Kupfer auch die bei höherer Temperatur begünstigte Cuproionenbildung ihrerseits fördernd wirken mag).

In der Tat konnte Arndt auch bei seinen Kristallzählungen eine schnelle Abnahme der Kristallzahl unter dem Einfluß einer Temperaturerhöhung beobachten:

Tabelle 10

Temperatur	Strommenge Milliamp.-Minuten	Stromdichte Amp./dm²	Elektrolyse-dauer Minuten	Zahl der Kristalle pro 30 × 30 μ
0° C	40	0,1	5	83
35° C	40	0,1	5	5

Bei gleicher Temperatur und Stromdichte erhöhte die Verdünnung des Elektrolyten auf 1/10 wieder die Kristallzahl:

35° C	40	0,1	5	75

Die, wie später noch ausgeführt werden wird, durch die Erfahrung gegebene Regel, daß steigende Stromdichte, Abkühlen und Verdünnen des

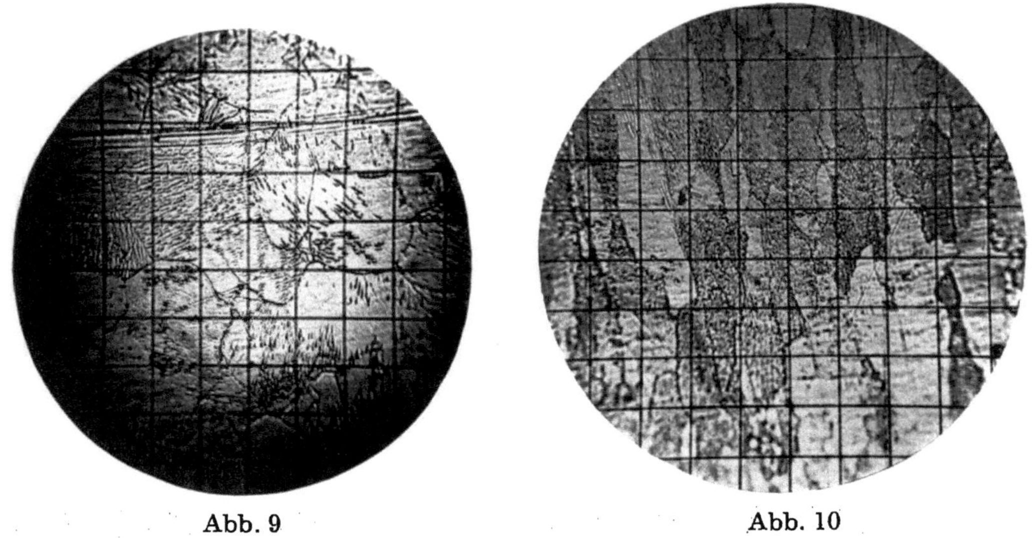

Abb. 9 Abb. 10

Elektrolyten die Feinkörnigkeit des Niederschlages erhöhen, während erhöhte Temperatur und niedrigere Stromdichte grobkörnigere Abscheidungen ergeben, kommt schon bei dieser Kristallzählung recht anschaulich zum Ausdruck.

Arndt benützte eine im Zyanidbad versilberte Kathode. Derartige Silberüberzüge sind so feinkörnig, daß eine Struktur derselben im Schliffbilde unter dem Mikroskop nicht erkennbar ist. So dürfte das Gefüge der Kathode auch auf die Niederschlagsform ohne Einfluß geblieben sein; die Kristalle waren über die Fläche regellos verteilt.

3. Einfluß der Struktur des Kathodenmetalls

Das Bild wird, wie der Verfasser gefunden hat[1], ein etwas anderes, wenn die Kathode aus einem Metall von erkennbarem Gefüge besteht. Schlägt man wieder Kupfer aus einer $CuSO_4$-Lösung derselben Zusammensetzung

---

[1] In der ersten Auflage veröffentlichte Untersuchungen nach Versuchen von W. Fink.

(OETTELsche Lösung), aber auf blank poliertes Platinblech nieder und beobachtet die Niederschlagsbildung nach kürzeren Zeitintervallen, so sieht man, daß die Kristalle durchaus nicht regellos über die ganze Fläche ver-

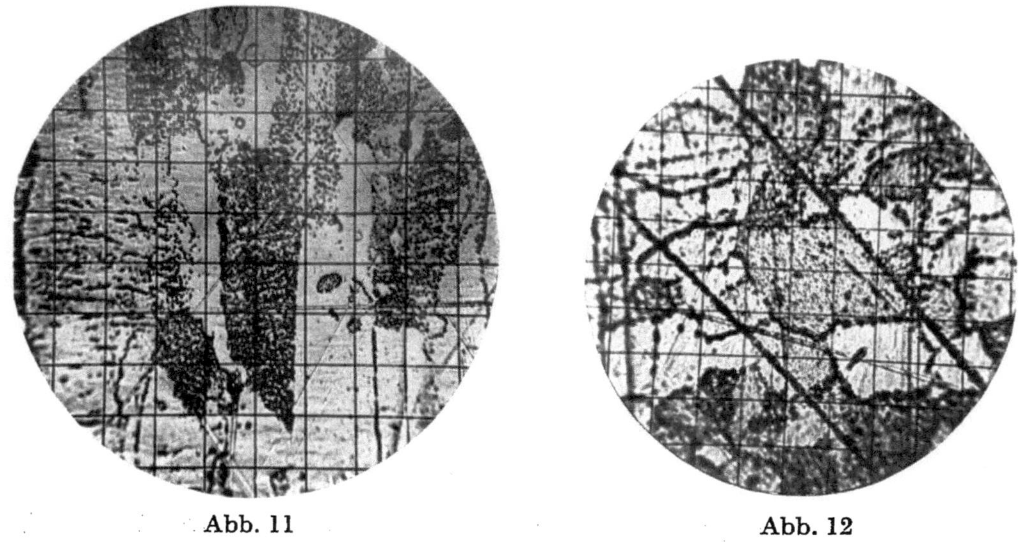

Abb. 11 Abb. 12

teilt sind, sondern daß sie zunächst an den Stellen auftreten, wo Platinkristalle aneinandergrenzen (s. Abb. 9). Diese erstabgeschiedenen Kristallite nehmen (bei Stromdichte 0,0735 Amp./dm²) in den ersten 15 bis

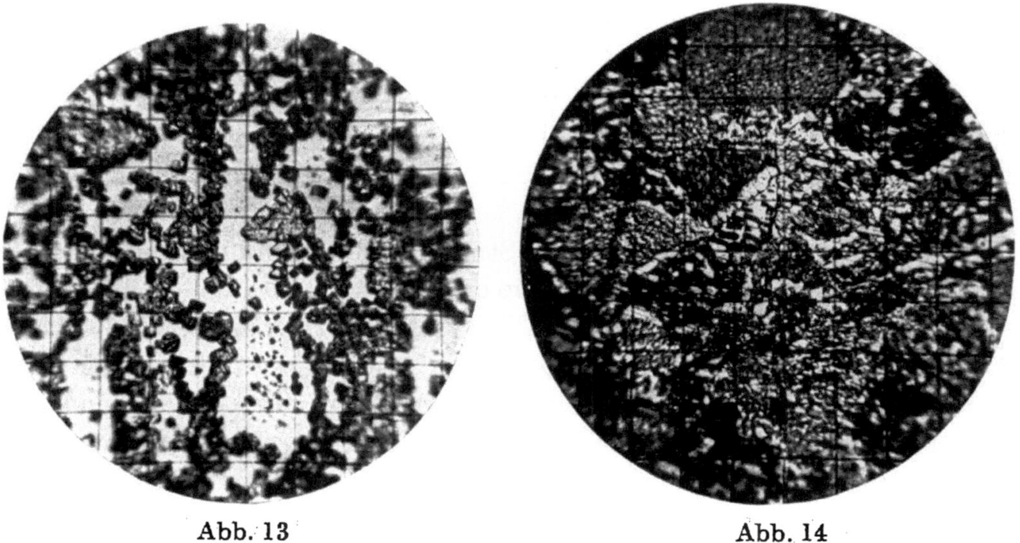

Abb. 13 Abb. 14

20 Sekunden ungefähr (aber durchaus nicht streng) proportional mit der Zeit zu. Von da ab bis zu einer Minute (Abb. 10) nimmt die Zahl noch weiter, aber langsamer zu, die Keime bleiben klein, beginnen sich aber schon auch auf einzelnen Kristallflächen abzuscheiden. Bei Fortsetzung der Elektrolyse (bis zu 5 Minuten, s. Abb. 11) nimmt die Zahl der Kristalle kaum mehr zu; die Kristalle werden größer, endlich entstehen neben diesen immer

weiter angewachsenen ursprünglichen Kristallen neue kleine auf minder begünstigten Stellen der Kathode, nämlich auf den von den Kristallrändern entfernteren Flächenteilen und bedecken nach und nach die ganze Fläche (Abb. 14).

Pro Flächeneinheit (Quadrat von 0,00135 mm Seitenlänge) wurde gezählt:

Tabelle 11

Strommenge Milliamp.-Minuten	Zeitdauer der Elektrolyse	Zahl der Kristalle Durchschnitt
0,383	5 Sekunden	10,9
0,767	10 ,,	18,0
1,15	15 ,,	24
46	10 Minuten	26,3
94,6	25 ,,	11,0

Durch Zusammenwachsen kleiner Kristallgruppen nimmt, wie man der letzten Zahlenzeile entnimmt, die Kristallzahl sogar gelegentlich ab, während die Elektrolyse fortschreitet (s. auch Abb. 12). Jeder Kristall stellt dann ein Konglomerat kleinerer Kristallite vor (Abb. 13). Die Flächenbedeckung geht bloß schrittweise vor sich: die Kristallgruppen wachsen, breiten sich dabei auch seitlich aus, bis sie schließlich aneinanderstoßen und die zwischen ihnen bis dahin blank gebliebenen Flächenteile der Kathode überwachsen (Abb. 14).

Bei Steigerung der Stromdichte ändern sich die Erscheinungen nur gradweise: die Kristallite werden kleiner und zahlreicher, sie setzen sich aber wieder zuerst vorzugsweise auf die Kristallgrenzen und auf Kratzer bzw. Risse des Kathodenmetalls ab (s. Abb. 12), heben dieselben hervor. Bei zunehmender Stromdichte tritt vermehrte Tendenz zum Absetzen auf die Kristallflächen auf, so daß die Bedeckung des Kathodenmetalls etwas gleichmäßiger vor sich geht.

Während man bei sehr niederen Stromdichten (0,0735 Amp./dm^2) Kristallreihen und -gruppen im Mikroskop deutlich erkennen und zählen kann, noch ehe eine Verkupferung der Platinkathode makroskopisch sichtbar geworden ist, bleiben bei hohen Stromdichten die Kristallite so klein, daß sie im Mikroskop (1470fache Vergrößerung) schwer oder gar nicht einzeln erkennbar sind, selbst wenn die Fläche makroskopisch schon deutlich durch ihre Farbe erkennen läßt, daß sie mit Kupfer hauchdünn beschlagen ist. Bei 0,9 Amp./dm^2 Stromdichte konnten noch kleine Kupferkeime ziemlich deutlich erkannt werden, als die Fläche nahezu ganz mit Kupfer bedeckt war, bei 1,75 Amp./dm^2 Stromdichte erschien die Oberfläche mit Kristallen bedeckt, die mit Ausnahme einiger weniger, größerer, im Mikroskop kaum mehr einzeln erkannt werden konnten.

Die angegebenen „statischen“ Stromdichtezahlen bedeuten Amp.: Kathodenfläche, die effektiven Stromdichten sind in Wirklichkeit andere, weil bei niederen Stromdichten nur ein Teil der Oberfläche mit Metall beschlagen wird, ihre Größe ist (und gar nach kurzer Elektrolyse, wo die schon niedergeschlagenen Kristalle Kathode bilden) nicht zu ermitteln; doch dürften die „effektiven“ Stromdichten langsamer zunehmen als die angegebenen „Durchschnitts“-Stromdichten.

Unterbrechungen des Stromdurchganges haben eine ungleichmäßigere Verteilung der Kristalle über die Kathodenfläche zur Folge, besonders wenn die Unterbrechungen von längerer Dauer sind, die Kristalle werden gröber (s. Abb. 15), das Wachstum der Kristalle wird befördert, die Bildung neuer Kristallite erschwert. Im gleichen Sinn, aber noch deutlicher wirkt eine anodische Polarisation, welche zwischen zwei Elektrolyseperioden eingeschaltet wird: sie befördert die Auflösung der kleinsten Kristallite und befördert dadurch bei Wiederaufnahme der Metallabscheidung das Wachstum der größeren Kristalle.

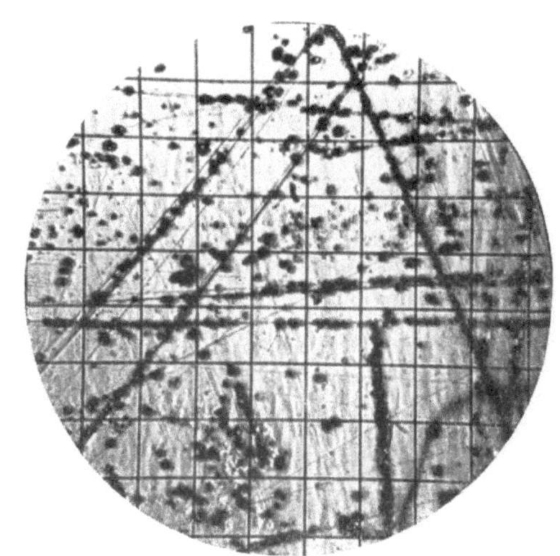

Abb. 15

Hingegen wirkt eine Bewegung des Elektrolyten dahin, die Verteilung der Kristalle über die Fläche gleichförmiger zu gestalten und die Größe der Kristallite zu verkleinern, während eine Temperaturerhöhung im Gegenteil wieder eine Vergröberung des Korns zur Folge hat; doch ist der Einfluß der Stromdichte der stärkere.

Ganz anders ist aber das Bild, wenn man Kupfer auf Platin, Eisen oder auf Stahl aus Zyanidlösungen niederschlägt. Die viel kleineren Kristallkeime erscheinen — wenn man sie bei 1600facher Vergrößerung im Mikroskop überhaupt einzeln erkennen kann — ziemlich regellos über die Fläche verteilt, die Kristallgrenzen bilden nicht mehr bevorzugte Stellen, auf denen die erste Metallabscheidung erfolgt, nur stärkere Kratzer und Risse werden anfangs noch etwas hervorgehoben.

Die ganze Kathodenfläche wird schon durch kleinere Kupfermengen vollständig bedeckt.

Bei der Abscheidung von Kupfer auf Nickel konnten richtende Kräfte nicht beobachtet werden, die Kupferkristallite waren fast immer zu klein, um im Mikroskop auch bei stärkster Vergrößerung einzeln aufgelöst werden zu können. Dem analog konnten bei kathodischer Abscheidung von Eisenmetallen aus Lösungen ihrer Sulfate auf Kupfer keine Kristallite einzeln erkannt werden[1].

[1] Die Fortsetzung und der Ausbau derartiger Versuche dürfte geeignet sein, manche Aufklärung über die Bildungsweise elektrolytischer Niederschläge zu bringen. Es wäre vielversprechend, sie weiter für Fällung von Ag aus $AgNO_3$ und Pb aus $PbNO_3$ sowie $PbClO_4$ usw. auf vorgeätztes Kupfer auszuführen.

Es ist eine schon ziemlich alte Erfahrungstatsache, daß die Kristallstruktur eines metallischen Niederschlages auch von der Struktur der Kathode beeinflußt wird, auf welche man es kathodisch abscheidet.

In den Kupferraffinerien stellt man die Mutterbleche her, indem man Kupfer auf ein Kupferblech in dünner Schicht niederschlägt, um es dann von der Kathode abzuziehen. Um dieses Abziehen zu erleichtern, graphitiert man die Kathoden oder fettet sie ein. Trotzdem lassen sie sich besonders bei Verwendung neuer, reiner Kathoden oft schwer von der Kathode ablösen, leichter, wenn die Kathode schon länger in Verwendung gestanden ist und ihre Oberflächenstruktur minder deutliches Kristallgefüge aufweist.

Abb. 16

Daß die Struktur des Kathodenmetalls sich im elektrolytischen Niederschlag fortsetzt, den man aus gleichartigem Metall darauf abscheidet, hat wohl HUNTINGTON[1] als erster entdeckt. Seine Entdeckung kam aber in Vergessenheit und wurde erst wieder bekannt, als sie von BLUM und RAWDON[2] und von GRAHAM[3] wiederholt und eingehender beschrieben wurde.

Abb. 17

Dieses Fortwachsen der Kristalle des Grundmetalls im elektrolytischen Niederschlag kommt um so deutlicher zum Ausdruck, je reiner die Kristallstruktur des Grundmetalls bloßgelegt ist, am vollständigsten, wenn das Grundmetall schwach angeätzt worden ist. Unversehrte Kristalle widerstehen schwacher Ätzung besser als zertrümmerte oder schlecht ausgebildete. Letztere können daher durch vorsichtiges Anätzen beseitigt werden, ohne die besser ausgebildeten Kristalle zu verletzen. Ehe man sie als Kathoden im Galvanisierungsbade verwendet, werden die zu überziehenden Metalle sorgfältig gereinigt und bei dieser Reinigung erfahren sie meist eine Anätzung, welche für die Fortbildung von Kristallen, die an ihrer Oberfläche freiliegen, recht günstig ist.

[1] Trans. Amer. Electrochem. Soc. **44**, 305 (1923).
[2] Trans. Faraday Soc. **1**, 324 (1915).
[3] Trans. Amer. Electrochem. Soc. **44**, 427 (1923).

BLUM und RAWDON haben diese Erscheinung, offenbar um sie recht deutlich darzustellen, durch Wiedergabe der Abb. 16 illustriert, welche zeigt, wie Elektrolytkupfer *x* die Struktur eines grobkörnigen gegossenen Kupfers *w*, das als Kathode diente, weiter fortsetzt, wenn man es darauf mit niedriger Stromdichte (0,8 Amp./dm²) im ruhenden Bade niederschlägt. Die Abb. 17, 18 führen dieselbe Erscheinung in Bildern an Proben vor, welche unter Bedingungen hergestellt wurden, die den praktischen Verhältnissen entsprechen. Es dienten dabei normal vorgereinigte Kathoden aus geschmolzenem und gezogenem Kupfer, auf welche Kupfer mit 8 Amp./dm² Stromdichte bei lebhafterer Zirkulation niedergeschlagen wurde. Auch hier ist ein Fortwachsen der Kristalle der Grundfläche unverkennbar, trotz stärkerer Vergrößerung erscheinen die Kristalle aber kleiner als auf Abb. 16. Abb. 19 zeigt dieselbe Erscheinung an Ni, das HOTHERSALL auf glatt abgeschmirgeltem Ni niedergeschlagen hat[1]. Diese Erscheinung, die praktisch von Wichtigkeit ist, weil sie einen innigen mechanischen Zusammenhang des galvanischen Niederschlages mit dem Grundmetall erwarten läßt, steht mit der Erwartung, daß ein Wachstum bestehender Kristalle leichter vor sich geht als die Bildung neuer Kristallkeime, in Einklang. Sie bildet nur eine andere Variante der analogen, durch Kristallzählung ausgeführten Beobachtungen, daß schon vorhandene Kristalle bevorzugte Stellen für die weitere Metallabscheidung bilden, gleichgültig, ob sie während der Elektrolyse entstanden sind oder ob sie im Kathodenmetall schon vorliegen. Bei der Kristallzählung beobachtet man die Verteilung auf der Kathodenoberfläche, im Schliffbild die Art des Wachstums senkrecht zur Kathode.

Abb. 18

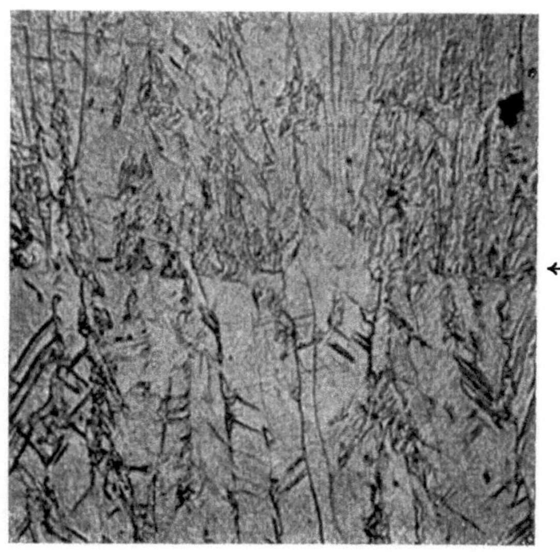

Abb. 19

Hat man es aber mit artfremden Metallen zu tun, schlägt man z. B.

[1] HOTHERSALL, Trans. Amer. Electrochem. Soc. **64**, 69 (1933).

Kupfer auf Nickelkathoden nieder, so wächst das Kupfer aus anfangs ganz ungeordneten kleinsten, im Mikroskop schwer auflösbaren Kristalliten hervor, die nach und nach in faserförmige, im großen und ganzen parallel gerichtete Kristalle übergehen (s. *Z*, Abb. 16, ferner Abb. 20, 21). An dem für Kupfer strukturlosen Kathodenmetall fehlt es eben an Kristallkernen, um das neu zur Abscheidung gelangende Kupfer an sich heranzuziehen. Ganz Analoges beobachtet man, wenn man Kupfer aus saurer Kupfersulfatlösung auf eine aus Zyanidlösung elektrolytisch hergestellte Kupferschicht niederschlägt; auch dieser, aus ein und demselben Metall bestehenden Kathodenoberfläche fehlt es an einer Struktur, welche befähigt wäre, dem neu zur Abscheidung gelangenden Metall eine Richtung zu geben.

Abb. 20

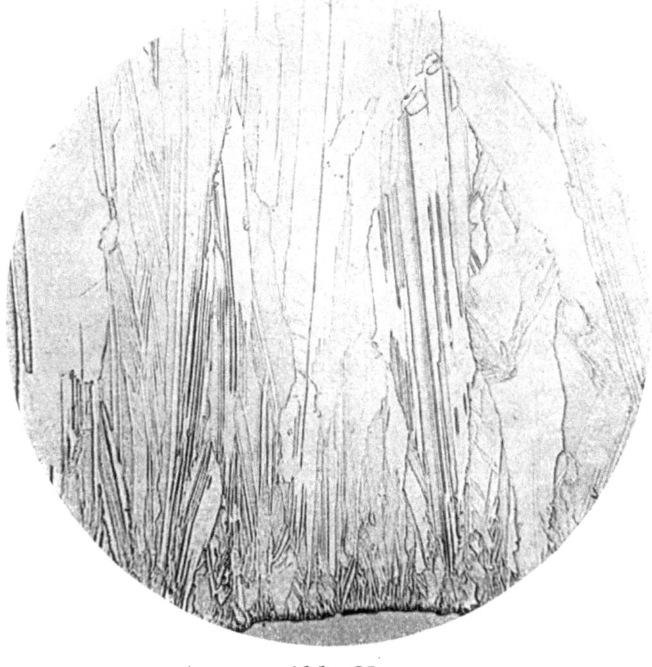

Abb. 21

Umgekehrt setzt sich die grobkristalline Struktur einer Kathode aus geschmolzenem Kupfer im Niederschlag nicht fort, wenn man Kupfer darauf aus der Lösung seines Doppelzyanids niederschlägt. Dieselbe Beobachtung macht man auch bei anderen Metallen, die man aus hochkomplexen Lösungen ihrer Doppelzyanide, Oxalate u. dgl. niederschlägt. Die Erklärung könnte darin liegen, daß hier praktisch keine freien Metallkationen im Kathodenfilm enthalten sind (s. S. 57 ff.), welche gerichtet und angelagert werden könnten, sondern daß das Metallkation aus dem komplexen Anion erst im Moment seiner Entladung entsteht.

Während nun die Metallniederschläge aus Lösungen, welche genug freie Metallionen im Kathodenfilm enthalten, auf grobkristallinen Kathoden des gleichen oder eines artverwandten Metalls in gröberer Struktur ausfallen, hat KOHLSCHÜTTER gezeigt[1], daß man zuweilen ein Metall aus Lösungen, aus denen es sich normalerweise in grober Form abscheidet, in feinerer Form gewinnen kann, wenn man die Kathode erst mit einer sehr feinkristallinen Schicht desselben Metalls überzieht.

Abb. 22

So fällt Silber aus ammoniakalischer Silbernitratlösung in grober Form aus. Aus derselben Lösung erhält man aber feinkristallinen Niederschlag, wenn man ihn auf eine Kathode schlägt, welche in Silberdoppelzyanidlösung versilbert worden ist.

Verwandt sind Erscheinungen, welchen man begegnet, wenn man die Kathode vor ihrer Verwendung in eine Kolloidlösung oder in Zuckerlösung, Glyzerin od. dgl. eintaucht[2], während man umgekehrt durch Eintauchen in eine konzentrierte Metallsalzlösung eine höhere Metallionenkonzentration im ersten Stadium der Elektrolyse im Kathodenfilm herstellen kann[3].

Verwandt sind auch Erscheinungen, welche FOERSTER[4] beschrieben hat und die sich sehr leicht mit freiem Auge verfolgen lassen.

Scheidet man z. B. Zinn aus einem Elektrolyten, aus dem es auf fremdem oder strukturlosem Material glatte, ebene, dichte, anscheinend strukturlose Überzüge bildet, auf glattes, spiegelndes Weißblech ab, so erscheint das niedergeschlagene Zinn in eisblumenartigen Gebilden, wie sie am Weißblech selbst hervortreten, wenn man dieses mit Säure anätzt. Die im Weißblech vor der Ätzung mit freiem Auge gar nicht sichtbare Kristallstruktur wirkt also richtend auf das zur Abscheidung gelangende Metall, welches sie in schöner, viel deutlicher hervortretender Form abzeichnet, wie Abb. 22[5] dies vor Augen führt. Sie stellt einen 0,08 mm starken Zinniederschlag vor, welcher aus einer Kresolsulfonsäure-haltigen, schwefelsauren Zinnsulfatlösung mit 0,5 Amp./dm^2 Stromdichte hergestellt wurde. Die Kristallan-

---

[1] Z. Elektrochem. **19**, 181 (1913).
[2] VUILLEUMIER, Trans. Amer. Electrochem. Soc. **50**, 229 (1926).
[3] THOMAS und BLUM, Trans. Amer. Electrochem. Soc. **48**, 69 (1925).
[4] FOERSTER (nach Versuchen von FISCHER), Z. Elektrochem. **32**, 525 (1926).
[5] Nach FOERSTER und FISCHER l. c.

ordnung bleibt völlig bestehen, wenn man die Elektrolyse fortsetzt und den Niederschlag mit gleicher Stromdichte auf 0,56 mm Dicke verstärkt. Sie wird erst bei noch größerem Dickenwachstum allmählich undeutlicher.

Rauht man aber das Weißblech durch kräftiges Abschmirgeln an, ehe man es als Kathode verwendet, oder nimmt man Stanniol, also gewalztes Zinn, als Kathode, so scheidet sich das Zinn aus kresolhaltigem Elektrolyten wie auf fremden Kathodenmetallen, z. B. auf Eisen, Graphit usw., in feinkristalliner dichter, guthaftender Form ab, ohne eine derartige eisblumenartige Struktur zu zeigen.

Abb. 23

Auch auf Cadmiumkathoden von grobkristallinem Oberflächengefüge (wie man sie z. B. durch langsames Erstarrenlassen des geschmolzenen Metalls in Graphitformen erhalten kann) behält aus Sulfatlösungen abgeschiedenes Cadmium die ursprünglich vorliegende Kristallstruktur bei und gliedert sich ihr, wie Foerster gezeigt hat, an (Abb. 23). Ähnliches fand er bei Zink. Ganz überraschend war es aber, daß er auch feststellen konnte[1], daß Metalle, die befähigt sind, sich der Struktur der Unterlage aus dem gleichen Metall anzupassen, selbst auf großen Kristallflächen artfremder Metalle in deren Anordnung weiterwachsen können. In ausgezeichneter Weise war es Foerster möglich, Cadmium auf Zinn oder Zinn auf Blei auch in dickerer Schicht in der Struktur der Unterlage weiterwachsen zu lassen, obgleich diese Metalle für sich allein nach ganz verschiedenen Kristallsystemen kristallisieren: elektrolytisch abgeschiedenes Zinn in Kristallen, die dem tetragonalen System angehören, während Cadmium hexagonal, Blei regulär kristallisiert.

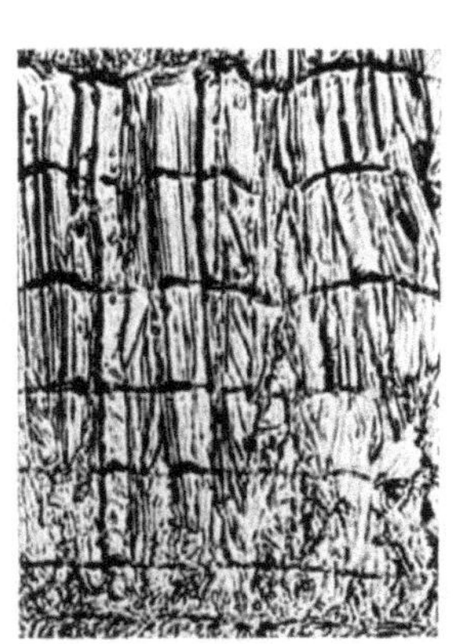
Abb. 24

Auf Kupferblechen gröberer, bloßgelegter Kristallstruktur fügt sich elektrolytisch niedergeschlagenes Nickel der Anordnung der Unterlage. So hat Wood[2] durch Untersuchungen mit X-Strahlen festgestellt, daß Nickel, unter bestimmten Bedingungen auf Kupfer niedergeschlagen, die Kristallstruktur des letzteren annimmt, während Frölich und Clark beobachten konnten, daß Nickel auf Al mit anderer Feinstruktur ausfällt als auf Pt oder Ni.

Trotzdem kann man im Schliffbilde unter dem Mikroskop fast ausnahms-

---

[1] Foerster und Klemm, Z. Elektrochem. **35**, 409 ff. (insbesondere 421 ff.) (1929).

[2] Proc. Physic. Soc. **43**, 138 (1931).

los die Linie erkennen, an welcher das Kathodenmetall endet und sich der elektrolytische Niederschlag zu bilden begonnen hat. Selbst in Fällen, in denen man deutlich das Fortwachsen der Kristalle des Grundmetalls im Niederschlag verfolgen kann, ist eine solche Trennungslinie, wenigstens stellenweise, zu finden, und sie zieht sich sogar gelegentlich durch die weiterwachsenden Kristalle durch (s. Abb. 24).

Unterbricht man die Elektrolyse, bringt man das Metall, ehe man es wieder in das Bad senkt, mit Luft in Berührung, so bildet sich gleichfalls zwischen dem zuerst und dem später weiter darauf niedergeschlagenen Metall eine mehr oder minder deutliche Trennungsschicht aus, welche aber durchaus nicht die Fortsetzung der Kristalle zu stören braucht. Abb. 24 illustriert dies an einem besonders augenfälligen Beispiel. Sie stellt das Schliffbild eines Kupferniederschlages dar, welcher periodisch hergestellt wurde. Zwischen jeder Periode der Elektrolyse wurde das Kupfer durch einige Zeit mit Luft in Berührung gebracht. Es bildete sich dabei, wie die nähere Untersuchung feststellte, eine dünne Oxydschicht. Trotz der so deutlich erkennbaren Trennungslinien ließ der innere Zusammenhang des Elektrolytmetalls nichts zu wünschen übrig, ein Zeichen dafür, daß die Brücken, welche sich durch die Oxydschicht schlagen, dazu vollkommen hinreichen, diesen Zusammenhang zu sichern. Bei der Ausführung von Zerreißversuchen findet die Trennung denn auch in der Regel nicht an solchen Linien, sondern innerhalb der einheitlich erscheinenden Kristalle statt. Nur bei nachfolgender Erhitzung wird der Zusammenhang des Metalls an solchen Linien gefährdet.

Diese Trennungslinien treten um so deutlicher auf, je höhere Stromdichten man ceteris paribus bei Aufnahme bzw. bei Wiederaufnahme der Elektrolyse wirken läßt. Je schneller man das Metall niederschlägt, um so mehr erschwert man die Einordnung in die vorhandene Struktur. Läßt man die Stromdichte stark schwanken, so kann man das Auftreten von Trennungslinien auch ohne Stromunterbrechung an den Stellen starker Schwankung beobachten.

Selbst wenn man gut geätzte Kathoden von so deutlicher Struktur verwendet, daß sie sich im Elektrolytmetall fortsetzt, schieben sich bei Aufnahme der Elektrolyse Schichten neuer Kristallite ein, und es hängt oft nur von den weiter eingehaltenen Arbeitsbedingungen ab, ob die Richtunggebung durch das Kathodenmetall oder ob die Vorgänge der Neubildungen die Oberhand bewahren.

Die Haftintensität des niedergeschlagenen Metalls am Kathodenmetall wird dadurch im allgemeinen keineswegs verringert. Nur in besonderen Fällen tritt letzteres doch ein. Ein Beispiel hiefür bildet das Nickel, welches auf elektrolytisch niedergeschlagenen Nickelschichten nach einer Stromunterbrechung nicht fest haftet. Allerdings haften Nickelniederschläge auch sonst nie gut auf Nickel, es wäre denn, daß man reine Oberflächenschichten unmittelbar vor der Elektrolyse bloßlegt.

Diese Schicht von besonders feinkristalliner Struktur, die sich bei Beginn der Elektrolyse ausnahmslos bildet (und die selbst bei extrem gewählten Beispielen, z. B. auf Abb. 20, 21, noch deutlich erkennbar ist), weist eine Besonderheit elektrolytischer Niederschläge auf: die Härte des erstgewonnenen Niederschlages ist dank seines feinen Gefüges am größten und seine Feinheit befähigt ihn, sich den kleinsten Formendetails der Kathodenfläche anzuschmiegen und sie getreulich wiederzugeben — zwei Einzelheiten, welche besonders bei der Galvanoplastik von Wichtigkeit sind.

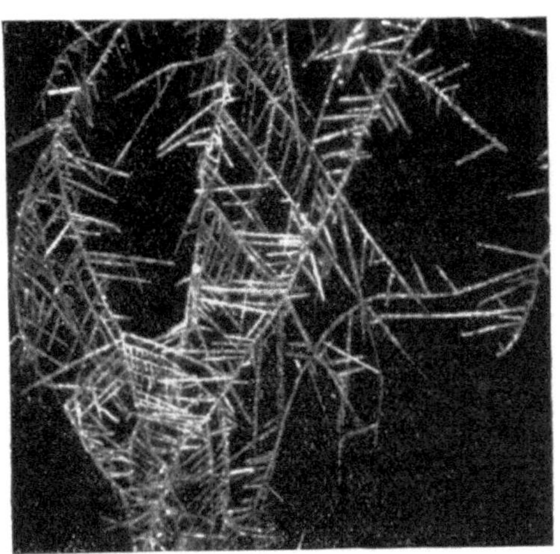

Abb. 25[1]

Dort, wo die Bedingungen für das Wachstum einzelner bevorzugter Kristalle gegeben sind (z. B. bei der Elektrolyse saurer Kupfersulfatlösungen), bilden sich diese erst nach und nach im weiteren Verlauf der Elektrolyse. Bleiben die Versuchsbedingungen unverändert, so sieht man dann um so größere Kristalle auftreten, je weiter der Niederschlag in den Elektrolyten wächst, es wäre denn, daß dieses Kristallwachstum durch besondere Umstände verhindert würde.

Unterbricht man die Elektrolyse und nimmt sie nach einiger Zeit wieder auf, so tritt abermals zunächst Neubildung kleinster Kristallite auf, aus denen sich allmählich größere Kristalle ausbilden[2].

4. Abscheidungsformen der Metalle

Die Kristallzählungen, die mikrokinematographischen Beobachtungen Volmers, Erdey-Gruz', Kohlschütters und deren Mitarbeiter, die Prüfung der Schliffbilder, die makroskopische Verfolgung des Einflusses des Grundmetalls, die

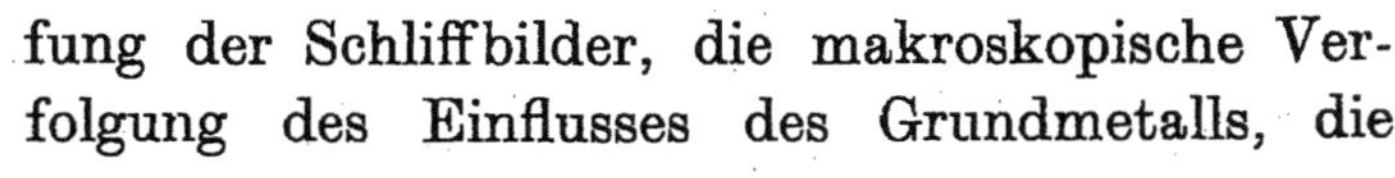

Abb. 26[1]

[1] Nach Fischer und Heiling.

[2] Durch kurze, z. B. 40 bis 60 Sekunden lange kathodische Fällung, die ständig mit noch kürzerer, z. B. 10 bis 20 Sekunden langer anodischer Auflösung abwechselt, gewinnt man besonders feines Korn. Die Firma *Kamschulte* (Solingen) benützt diesen Kunstgriff bei Herstellung von Glanzkupfer.

In stromlosen Betriebspausen wachsen hingegen größere auf Kosten kleinerer Kristalle (s. S. 43).

Liegen aber durchwegs nur kleinste Kristallite vor (wie etwa bei der Elektrolyse von Doppelzyaniden), so können sich während der Betriebspausen vorspringende Teile des

FOERSTER ausgeführt hat, wurden an erster Stelle vorgeführt, weil sie am deutlichsten veranschaulichen, wie kristallinische Metallniederschläge entstehen, wie sie wachsen und auch wie sie sich zuweilen während des Wachstums verändern. Sie geben aber durchaus kein Bild der Mannigfaltigkeit der Formen wieder, in denen sich die einzelnen Metalle, ja ein und dasselbe Metall bei veränderten Versuchsbedingungen ausscheiden können.

Abb. 27

Abb. 28

So kann Kupfer, je nach den Versuchsbedingungen, in dichter, anscheinend strukturloser, in feinkörniger oder grobkörniger Form mit deutlicher Struktur, mit rauher, glatter, ja glänzender Oberfläche gewonnen werden, oder auch in zerklüfteter, warziger, grober Form, endlich als feines Pulver, das sich leicht von der Kathode fortwischen läßt, als Schwamm.

Abb. 29

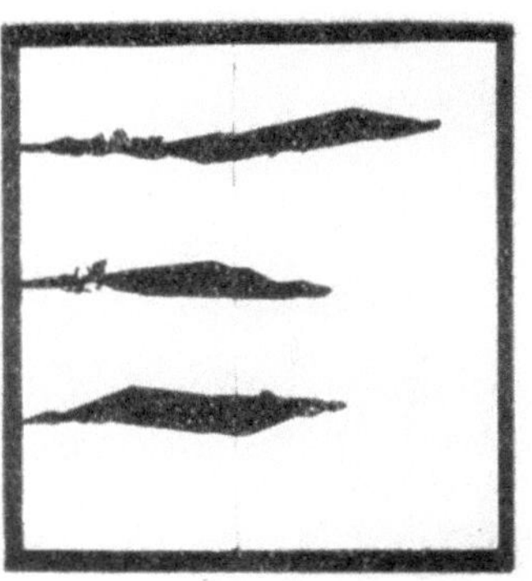
Abb. 30

Silber bildet aus Lösungen einfacher Salze leicht Dendriten, aber auch feinkristalline gefiederte (s. Abb. 25), lockere oder dichtere bäumchenförmige (Abb. 26), helle oder dunkle Niederschläge, aus Komplexsalzlösungen Überzüge mit samtartiger, heller bis glänzender Oberfläche von solcher Feinkörnigkeit, daß man deren Struktur im stärksten Mikroskop nicht erkennt.

Abb. 31

Abb. 32

Niederschlages wieder auflösen. Die Vornahme der Elektrolyse in Perioden führt dann zu einer Ebnung des Niederschlages.

Abarten dieser Arbeitsweise stellen die Elektrolyse mit pulsierenden Strömen vor, bei welcher man die Polarisation nicht auf Null, sondern nur eben unter die Grenze der Metallabscheidung sinken läßt, die Überlagerung von Gleich- durch Wechselstrom u. dgl. m.

Gold fällt in dünner Schicht aus manchen Lösungen in unscheinbarer Form aus, aus anderen in der ihm eigenen charakteristischen Farbe.

Zinn ist befähigt, äußerst zarte, gerade oder bogenförmig abgesetzte, gefiederte Nadeln (Abb. 27, 29) oder schwertförmige Ansätze (Abb. 30) zu bilden, die zur Anode hin wachsen, auch schwammförmig (Abb. 31, 32) auszufallen und kann doch auch seinerseits aus geeigneten Elektrolyten in dichter, feinkörniger Form gewonnen werden[1].

Blei verhält sich ähnlich wie Zinn, wenn auch die Gebilde meist etwas gröber sind.

Zink hat die Neigung, Knollen oder Schwamm zu bilden, der aus einem Haufwerk kleiner Kristallnadeln besteht, Cadmium ähnelt ihm auch in dieser Beziehung (s. Abb. 33) mit dem Unterschiede, daß es größere Neigung zur Bildung von längeren Kristallnadeln aufweist.

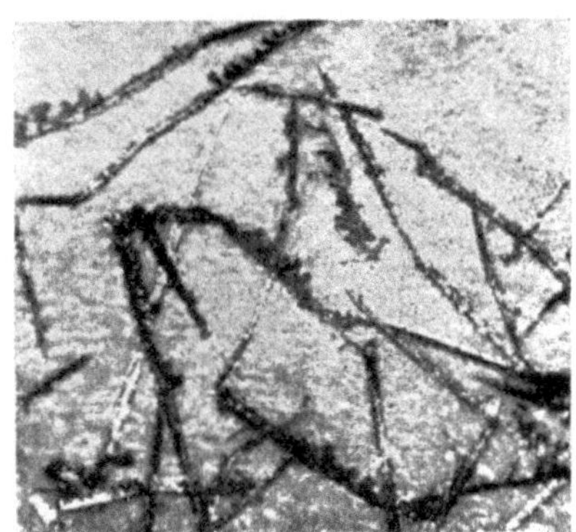

Abb. 33. Kristalliner Cadmiumschwamm. (Nach WRANGLEN)

Andere Metalle, wie Eisen, Nickel, Kobalt, fallen durchwegs in glatterer, feinkristalliner, faseriger Form aus, gelegentlich mit spiegelnder Oberfläche, in anderen Fällen mit Randknospen.

Manche Metallniederschläge ziehen sich als anscheinend lückenloser Überzug sofort über die ganze Kathodenfläche, andere entstehen in Form von Inseln oder eines Netzwerkes, das sich erst allmählich oder gar nicht schließt.

III. Einfluß der Wahl der Arbeitsbedingungen auf die Abscheidungsform

1. Allgemeines

Solche zarte, feine, glitzernde, gefiederte, degenförmige oder baumartig verzweigte Metallabscheidungen, an denen der Experimentator seine Freude hat, weil sie oft bizarr und sehr schön anzusehen sind, entsprechen aber nicht den Zwecken der Galvanotechnik. Ihr Ziel ist es, im Gegenteil gleichmäßige, dichtgeschlossene, glatte, haltbare Metallschichten unter Anwendung möglichst hoher Stromdichten herzustellen. Sie ist also vor allem bestrebt, das Auftreten komplizierter oder gar loser Formen zu verhindern.

Es ist im vorhergehenden bereits an manchen Stellen darauf hingewiesen worden, daß Bestandteile der Badlösung, besonders solche, welche an der Kathode adsorbiert werden und Verunreinigungen in das Elektrolytmetall einführen, den Charakter des Elektrolytmetalls modifizieren.

[1] Abb. 27 bis 32 nach FOERSTER und DECKERT, Z. Elektrochem. 36, 901 (1930).

Außer dem Mittel, die Abscheidungsform durch Zusatz adsorbierbarer Fremdstoffe zu verändern, die am elektrolytischen Vorgang selbst keinen Anteil zu nehmen scheinen, oder die Elektrolyse in Metallsalzlösungen vorzunehmen, deren Anionen dies tun, lassen sich Einflüsse auf die Abscheidungsform auch durch die während der Elektrolyse festgehaltenen Arbeitsbedingungen ausüben, die man in der Hand hat.

An solchen kommen in Frage:

Die Bemessung der Konzentration des betreffenden Kations, welche bei sehr wesentlicher Verringerung (durch Komplexbildung od. dgl.) von großer Bedeutung sein kann;

die Herstellung bestimmter Stromdichten;

die Belebung der Zirkulation;

die Wahl der Arbeitstemperatur;

die Wahl und Vorbehandlung des Unterlagsmetalls;

das festgehaltene pH u. dgl. m., welche bis zu gewissem Grade gesetzmäßige Änderungen hervorrufen[1].

Diese ständigen zeitlichen und besonders örtlichen Veränderungen des Elektrolyten und der Elektrode, die gegenseitige Beeinflussung gleichzeitig, aber in schwankendem Maße wirkender Faktoren erschwert es außerordentlich, zu beurteilen, welchen Anteil jeder von ihnen am Gesamtvorgang nimmt.

Dies hat sich in mühsamen und langwierigen Untersuchungen erst in groben Zügen feststellen lassen, die immerhin schon ein viel klareres Bild dessen geben, was vor sich geht, als dies vor 10 bis 20 Jahren noch der Fall war.

Sicheres läßt sich nur durch Ausführung von Parallelversuchen ermitteln, bei denen jeweils nur eine einzige Variable verändert wird. Dies läßt sich leider nur näherungsweise und fast niemals ganz einwandfrei verwirklichen.

Die folgenden Abschnitte suchen darzustellen, wieweit dies bis jetzt gelungen ist und welche Schlußfolgerungen sich für die Praxis ziehen lassen.

---

[1] Bei der Bewertung und Anwendung der im folgenden näher beschriebenen Gesetzmäßigkeiten darf man nicht übersehen, daß eine unter Strom stehende Kathode keineswegs als eine äquipotentielle Fläche anzusehen ist, auf welcher die Spannungsdifferenz Metall/Lösung an jedem Punkte dieselbe ist. Vielmehr bestehen, wie die oben wiedergegebenen Beobachtungen schon zeigen, örtlich, selbst an unmittelbar benachbarten Stellen, Unterschiede, die stetes Hin und Her, steten Austausch, stete Bewegung hervorrufen, wie denn auch Konzentration und Temperatur nicht völlig gleichmäßig über die ganze Kathodenfläche und den sie benetzenden Elektrolyten verteilt sind, sondern fortlaufend lokale Schwankungen erleiden, die ihrerseits wieder Nebenprozesse auslösen.

2. Konzentration des maßgebenden Kations und ihre Beziehung zur Korngröße des Niederschlages

Da die Bildung von Kristallen wohl nur durch Zusammenschluß zahlreicher Metallatome vor sich gehen kann, möchte man annehmen, daß die Konzentration des maßgebenden Kations von großem Einfluß sowohl auf die Geschwindigkeit des Zusammenschlusses als auch auf das Gefüge des kristallinischen Niederschlages sein sollte.

Demgegenüber lehrt die Erfahrung, daß die Wirkung von Konzentrationsänderungen des betreffenden Kations, wenigstens im Ausmaße, das man durch bloße Verdünnung gesättigter, reiner Salzlösungen ohne Einführung von Fremdstoffen herbeiführen kann, nur gering, meist sogar undeutlich bleibt.

Selbst bei Untersuchung dieser so einfach scheinenden Frage, die Wirkung einer Konzentrationsänderung zu prüfen, stößt man auf die erhebliche Schwierigkeit, Änderungen des zu prüfenden Faktors vorzunehmen, ohne zugleich andere Faktoren zu ändern, welche das Resultat der Untersuchung beeinflussen, ja völlig unsicher machen können.

a) Kationenkonzentration in Lösungen einfacher, leichtlöslicher Salze

Diese Lösungen werden durch bloße Verdünnung in mehrfacher Hinsicht modifiziert:

Zunächst ändert sich der Dissoziationsgrad, also das Verhältnis des dissoziierten zum undissoziierten Anteil des Salzes, damit auch die Leitfähigkeit und — freilich in äußerst geringem Maße — das Abscheidungspotential und die Polarisation.

Liegen Salze vor, die — wie z. B. Kupfersulfat, Kupferchlorid usw. — Selbstkomplexe bilden, so wird ein Teil dieser Komplexe aufgespalten.

Mit der Verdünnung wird nicht nur die Konzentration des Kations, sondern zwangsweise zugleich die des Anions geändert, die von ganz unbekanntem Einfluß sein kann und auch sein dürfte, ferner die Dichte, die Viskosität der Lösung usf.

Am ehesten dürften solche Fehlerquellen in den Hintergrund gedrängt werden, wenn man die Wirkung bloß geringer Verdünnungen prüft.

Dies haben Kohlschütter und Torricelli getan[1].

Bei mikroskopischer Beobachtung des Schichtenwachstums bei Bildung von Silberniederschlägen (s. S. 37) stellten sie fest, daß die seitliche Ausbreitungsgeschwindigkeit der Schichten:

in 6-n. $AgNO_3$-Lösung	und	0,11	Amp./dm^2	0,3 mm/Min.,
„ 3-n. „	„	0,12	„	0,8 „

betrug.

[1] Z. Elektrochem. **38**, 213 (1932).

In beiden Fällen muß die Silberabscheidung quantitativ gewesen sein. Die Stromdichten waren nur um weniger als 10% verschieden, die Ausbreitung um 270%.

In 3-n. Silbernitratlösung müssen somit ceteris paribus die gebildeten Silberschichten etwa 2,5mal dünner ausfallen als in 6-n. Lösung.

Ob man freilich ohne weiteres annehmen kann, daß aus weniger ausgebreiteten höheren Schichten gröbere Kristalle entstehen wie aus niedrigeren, weiter ausgebreiteten, ist nicht sicher. Ungewiß ist auch, ob man das Ergebnis von Versuchen, die bloß mit einem Metall ausgeführt wurden, generalisieren darf.

Ist letzteres aber hier der Fall, dann liefern diese Versuchsergebnisse ein anderes, wichtiges Resultat: Wenn sich nämlich regelmäßig aus verdünnteren Lösungen seitlich ausgebreitetere Schichten ausbilden, so erklären sie, daß die Verarmung des Kathodenfilms bei der Elektrolyse eine konische Verbreiterung säulenartiger Kristallstrukturen begünstigt.

Diese Abscheidungsform bildet allerdings die Regel in allen Fällen, in welchen Inhibitoren und Einschlüsse nicht nachweisbar sind.

Jede Verunreinigung, jeder Fremdelektrolyt, jeder Inhibitor übt Einflüsse aus, welche in der Regel diejenigen bloßer Konzentrationsänderung des betreffenden Kations bei weitem überwiegen.

Einen solchen Fall bildet z. B. der Zusatz des Salzes eines unedleren Metalls mit gleichem Anion.

In der praktischen Galvanotechnik werden sehr oft solche Zusätze vorgenommen, um die Leitfähigkeit der Lösung zu erhöhen. Man verfügt deshalb hier über sehr ausgedehnte Erfahrungen. Sie haben zu der Anschauung geführt, daß Zusätze, welche die Dissoziation des maßgebenden Elektrolyten zurückdrängen (also die Konzentration des betreffenden Kations verringern), allgemein eine Kornverfeinerung des abgeschiedenen Metalls herbeiführen.

Da man in der Technik solche Zusätze vornimmt, um die Stromdichte steigern zu können, und auch dann fast immer mit höherer Stromdichte arbeitet, kann man aus einer Änderung der Korngröße keinen Schluß darüber ziehen, ob verringerte Konzentration oder erhöhte Stromdichte allein dafür verantwortlich sind, oder ob sie beide im selben oder im entgegengesetzten Sinne wirken.

Eine Änderung der Stromdichte ist aber nicht der einzige Faktor, der hier eine Veränderung erfährt, vielmehr treten u. a. noch folgende ein:

1. Die Gegenwart fremder Kationen, die nicht mitentladen und mitabgeschieden werden, führt dazu, daß sich diese auf Kosten der zur Abscheidung gelangenden im Kathodenfilm anreichern.

2. Die Konzentration des gemeinsamen Anions, das auch im Aufbau der Doppelschicht seinen Platz hat, wird in noch größerem Maße erhöht, die Wirkung des Anions dadurch verstärkt. Auch die Gruppierung der zahlreicheren Anionen dürfte durch Vorherrschen unedlerer Kationen im Kathodenfilm beeinflußt werden.

3. Jedes zugesetzte Fremdkation nimmt im Verhältnis seiner Konzentration und seiner Beweglichkeit am Stromtransport zur Kathode teil. Dadurch wird die Nachlieferung des zur Abscheidung gelangenden Kations verzögert, seine Verarmung im Kathodenfilm befördert.

4. Mit Erhöhung des undissoziierten Anteils des maßgebenden Salzes wird die Reserve, aus welcher neue Kationen nachgebildet werden können, erhöht, die Selbstkomplexbildungen befördert.

5. Bei gleichbleibender „statischer" Stromdichte wird der Potentialabfall im diffusen Teil der Doppelschicht und im Innern des Elektrolyten erniedrigt, die Heranführung neuer Kationen dadurch verlangsamt. Im „starren" Teil der Doppelschicht wird er erhöht und damit die Geschwindigkeit, mit welcher ihn die zur Entladung kommenden Kationen durchsetzen.

Die Frage, in welchem Maße, ja selbst in welcher Richtung diese einzelnen Faktoren auf die Korngröße Einfluß nehmen, läßt sich gegenwärtig kaum beantworten. Sichergestellt ist heute nur, daß die Änderung der Korngröße, selbst der Richtung nach, beim Zusatz von Salzen mit gemeinsamem Anion in vielen beobachteten Fällen von Konzentrationsverhältnissen bestimmt wird.

So hat V. De Nora[1] z. B. gefunden, daß kleine Schwefelsäurezusätze das Korn bei der Kupfersulfatelektrolyse zunächst vergröbern (!), statt es zu verfeinern.

Nach dem Durchgang von 4,5 Amperestunden bei 3,35 Amp. Stromdichte je Quadratdezimeter Kathodenfläche bei 20° durch eine 2-n. Kupfersulfatlösung zählte er, im Durchschnitt, wenn der Elektrolyt in bezug auf H_2SO_4

0,1-n. war: 60 Kristalle/mm², wenn er
0,38-n. war: 43 Kristalle/mm².

Wie aus Referaten zu entnehmen ist, hatten die russischen Forscher Kistjakowski, Bamjakow und Krotow schon zehn Jahre früher angegeben, daß bei stufenweisem Schwefelsäurezusatz zunächst eine Kornvergröberung und erst bei Überschreitung einer bestimmten Säurekonzentration deutliche Kornverfeinerung unter rascher Zunahme der Kristallzahl zu beobachten ist.

Auch beim Zusatz kleiner Natrium- oder Aluminiumsulfatmengen hat man beobachten können, daß das Korn zunächst zunehmend vergröbert und erst nach Durchschreitung eines Maximums bei weiterem Zusatz wieder verfeinert wird.

Maxima treten erfahrungsmäßig nur in Fällen auf, in welchen mindestens zwei Variable ins Spiel treten. Welches die Variablen hier sind, die neben der Konzentrationsänderung der betreffenden Kationen bestimmend sind, ist gegenwärtig noch unerforscht.

---

[1] Metallurgia ital. **1939**, 607.

Daß der Effekt der Konzentrationsänderung bei bloßer Verdünnung so undeutlich bleibt, überrascht weniger, wenn man nachrechnet, wie langsam sich die Zahl der Kationen dabei verringert.

Labendzinski hat z. B.[1] durch genaue Potentialmessungen festgestellt, daß die Zahl der Cupriionen bei zehnfacher Verdünnung einer 1-n. Kupfersulfatlösung nur

im Verhältnis 14 : 4, selbst bei 100facher Verdünnung bloß

im Verhältnis 14 : 1 verringert wird.

Beim Zusatz eines Elektrolyten mit gemeinsamem Anion wird die Konzentration des Kations zwar schneller zurückgedrängt; doch bleibt der Effekt anscheinend bei Verringerung der maßgebenden Kationenzahl um weniger als zwei Zehnerpotenzen noch gering und kann von anderen entgegengerichteten Effekten überdeckt werden.

Erst bei sehr bedeutender Verringerung der Zahl der maßgebenden Kationen wird der Effekt groß genug, daß er allein in den Vordergrund tritt. Erst dann findet man keine Ausnahmen von der Regel, daß das Korn mit abnehmender Zahl der betreffenden Kationen verfeinert wird[2].

b) Kationenkonzentration in Komplexsalzlösungen

In einem Ausmaße von ganz anderer Größenordnung läßt sich die Konzentration des in Frage kommenden Kations durch Komplexbildungen verringern, z. B. durch Bildung von Pyrophosphaten, Silikaten, noch wirksamer mit Hilfe kohlenwasserstoffhaltiger Komplexbildner, wie Oxalate, Citrate, Tartrate, und vor allem von Doppelzyaniden.

In diesen lassen sich Kationenkonzentrationen herstellen, die sich auf Grund von Potentialmessungen zu $1 \cdot 10^{-8}$ und darunter, in Doppelzyanidlösungen aber gar zu $1 \cdot 10^{-18}$ bis $1 \cdot 10^{-28}$ nach der Nernstschen Formel berechnen.

So starke Komplexbildner schließen das zur Abscheidung kommende Metall im Anion ein (eine Ausnahme bilden gewisse Komplexverbindungen mit Ammoniak). Ob die Nernstsche Formel dann noch anwendbar ist und Werte berechnen läßt, die den wirklichen entsprechen, ist unsicher und ist mit Recht von Haber (s. weiter unten) in Frage gestellt worden.

Jedenfalls aber sind die wirklichen Konzentrationen am betreffenden Metallion verschwindend klein. Daß man aus solchen Komplexsalzlösungen besonders feinkörnige Metallniederschläge erhält, bestätigt zwar die Regel, daß die Feinkörnigkeit ceteris paribus mit sinkender Ionenkonzentration

---

[1] Z. Elektrochem. **10**, 77 (1904).

[2] Wenn es richtig ist, daß die Anionen in der Doppelschicht die Bildung neuer (dreidimensionaler) Keime hemmen (s. S. 26), ist es denkbar, daß diese Wirkung beim Zusatz eines Elektrolyten mit gemeinsamem Anion die entgegengesetzt gerichtete des Rückganges der Kationenkonzentration anfangs überwiegt. Diese Annahme wäre zur Zeit aber noch etwas willkürlich.

zunimmt; da das abzuscheidende Metall im Anion enthalten ist, drängt sich aber die Frage auf, ob die Metallabscheidung nicht auf ganz anderem Wege vor sich geht als bei der Elektrolyse einfacher Salzlösungen. Nämlich, ob sie nicht etwa sekundär, über intermediäre Entladung eines anderen in der Lösung in greifbarer Konzentration vorhandenen Kations vor sich geht? Als intermediär wirkende Kationen könnten in Doppelzyanidlösung freilich nur Alkalimetallionen in Betracht kommen, deren hohes Abscheidungspotential gegen eine solche Annahme spricht, ebenso wie die Erfahrung, daß sekundäre Metallabscheidung immer schlechthaftende, lockere Überzüge liefert und niemals so dichte, festhaftende, wie man sie aus Doppelzyanid- und anderen Komplexsalzlösungen erhält.

Einige sehr schöne Versuchsreihen[1], welche M. LE BLANC und K. SCHICK zur Klärung anderer Fragen ausgeführt haben, legen weiter Zeugnis dafür ab, daß die Metallfällung auch bei der Elektrolyse komplexer Zyanidlösungen auf direktem, nicht auf sekundärem Weg erfolgt, obgleich sich in solchen Lösungen für die Metallionen Konzentrationen berechnen, die so verschwindend klein sind, daß man folgern müßte, daß 8 $Ag^{\cdot}$-Ionen im Liter, ein $Ag^{\cdot}$-Ion also erst in einem Lösungsvolumen von mehr als 100 cm^3, enthalten ist, ein $Cu^{\cdot}$-Ion gar erst in rund 1000 m^3!

LE BLANC und SCHICK suchten die Ursache der starken Polarisierbarkeit von Kupferelektroden in Kalium-Kupferzyanür-Lösungen zu ermitteln, insbesondere zu entscheiden, ob dieselbe einer Verzögerung der Entladung von $Cu^{\cdot} \rightarrow Cu$ oder nicht vielmehr einer verzögerten Nachbildung von Cuproionen durch die so schwache Dissoziation der komplexen Anionen: $Cu(CN)_3'' \rightarrow Cu^{\cdot} + 3\,CN'$ zur Last zu legen ist. In sehr sinnreicher Weise prüften sie dies durch Wechselstromelektrolysen, bei welchen sie die Zahl der Polwechsel in der Zeiteinheit variierten.

Ihr Gedankengang war dabei folgender: Bei Gegenwart überschüssigen Zyankaliums entwickelt sich an Kupferkathoden nur Wasserstoff, weil dann im Gleichgewicht:

$$CuCy_3'' \rightleftarrows Cu^{\cdot} + 3\,Cy'$$

so wenig $Cu^{\cdot}$ gegenwärtig ist, daß die Entladung von $H^{\cdot}$ viel leichter erfolgt als die von $Cu^{\cdot}$. An der Anode geht aber Kupfer nahezu quantitativ als $Cu^{\cdot}$ in Lösung. Diese $Cu^{\cdot}$ setzen sich mit Cy' nach obiger Gleichung ins Gleichgewicht. Wird jetzt die Anode beim nächsten Polwechsel Kathode, so werden an ihr die $Cu^{\cdot}$-Ionen zur Entladung gelangen, wenn sie sich noch nicht mit den Cy' ins Gleichgewicht gesetzt haben, sondern noch in Elektrodennähe vorhanden sind. Es werden hingegen bei Gegenwart überschüssigen Zyanids nur $H^{\cdot}$ oder doch überwiegend $H^{\cdot}$ zur Entladung und Abscheidung gelangen, wenn die $Cu^{\cdot}$ sich schon mit Cy' ins Gleichgewicht gesetzt, ihre Konzentration also sehr stark verringert haben. Spielt sich bloß der

[1] Z. physik. Chem. **46**, 213 (1903); Z. Elektrochem. **9**, 636 (1903).

erste Vorgang: Entladung von $Cu^{\cdot}$, ab, so wird das Gewicht der Kupferelektrode unverändert bleiben; denn es wird an ihr alles Kupfer, das anodisch in Lösung gegangen ist, beim nächsten Polwechsel wieder abgeschieden, spielt sich hingegen der zweite Vorgang ab, so wird weniger Kupfer abgeschieden, als bei der dem Polwechsel vorangegangenen anodischen Polarisation in Lösung ging — im Grenzfalle gar kein Kupfer abgeschieden —, und das Gewicht der Kupferelektrode wird abnehmen.

Die Versuche ergaben, daß bei Polwechseln von geringerer Frequenz, nämlich bei wenigen tausend Wechseln in der Minute fast genau so viel Kupfer in Lösung ging, als den anodischen Stromstößen entsprach, daß bei 20 000 bis 40 000 Polwechseln in der Minute aber weniger Kupfer gelöst wurde.

Das Versuchsergebnis zeigt also an, daß eine gewisse Zeit verstreicht, ehe sich $Cu^{\cdot}$ mit den Cy'-Ionen ins Gleichgewicht setzen. Bestätigt wird dies dadurch, daß man ganz analoge Resultate bei der Wechselstromelektrolyse in Zinkzyanidlösungen erhielt, die sich analog verhalten wie die Kupferzyanidlösungen, sie weisen wie diese starke Polarisationen an der Kathode auf, welche man eben auf verzögerte Nachbildung von Metallionen zurückführen möchte, daß hingegen in Silber- und in Cadmiumzyanidlösungen, in welchen sich die Kathoden nur wenig polarisieren, selbst bei höchsten Polwechselzahlen keine Unterschiede in der Auflösung auftraten.

Gleichzeitig läßt aber der Umstand, daß die Kupfer- und Zinkabscheidung in den Fällen geringer wird, in welchen die Wasserstoffabscheidung erfolgt, ja daß sie gerade bei langsamen Polwechseln in Kupferlösungen ganz ausbleibt, schließen, daß auch die Metallabscheidung aus so $Cu^{\cdot}$-armen Zyanidlösungen durch direkte Entladung von $Cu^{\cdot}$ erfolgt und nicht etwa intermediär über eine $K^{\cdot}$- oder $H^{\cdot}$-Entladung, weil nicht einzusehen wäre, warum sonst die Kupferabscheidung bei langsamen Polwechseln ausbleibt.

Da es somit wahrscheinlich ist, daß die Abscheidung des Metalls, auch aus Lösungen seines Doppelzyanids, in welchem es praktisch gar nicht in Form von Metallkationen erscheint, sondern im Anion enthalten ist, über Metallionen geht, drängt sich die Frage auf, wie das geschehen kann?

Man könnte sich dazu vielleicht vorstellen, daß zwar fortlaufend Kationen des Schwermetalls durch Dissoziation des komplexen Anions entstehen, aber nur (freilich so unvorstellbar) kurze Zeit bestehen bleiben. Eine solche Erklärung auf reaktionskinetischem Wege ist aber nach HABER nicht statthaft, weil er errechnet hat[1], daß die Geschwindigkeit, mit welcher diese abwechselnde Dissoziation und Wiedervereinigung zu erfolgen hätte, schon beim Silber viel größer sein müßte als die Lichtgeschwindigkeit.

HABER vermutet deshalb auch, daß der Vorgang: $Ag/Ag^{\cdot}$ in komplexen

---

[1] Z. Elektrochem. **10**, 433, 773 (1904).

Zyanidlösungen nicht der potentialbestimmende sein kann. Er hält es vielmehr für wahrscheinlich, daß hiefür der Vorgang:

$$Ag + 4\,CN' \rightarrow Ag(CN)_4''' + \ominus$$

maßgebend ist[1].

Das Potential wird dann nicht durch die unvorstellbar kleinen Metallionenmengen, sondern durch komplexe Ionen bestimmt.

Man sieht sich somit veranlaßt, anzunehmen, daß hier die Niederschlagsbildung über Kationen geht, die in der Lösung praktisch gar nicht vorhanden sind, sondern erst im Augenblick ihrer Abscheidung aus den Anionen gebildet werden, die das Schwermetall gebunden halten.

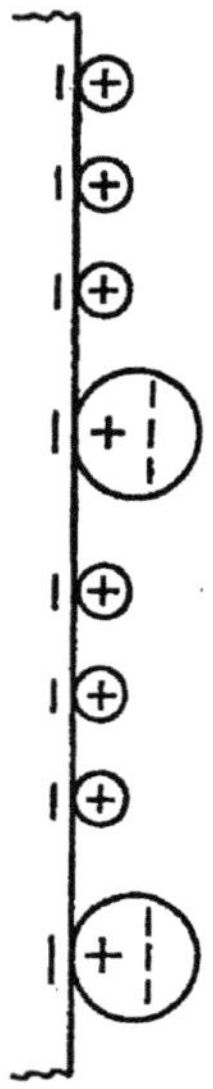

Dazu muß man weiter annehmen, daß der innerste Belag der elektrischen Doppelschicht nicht nur aus $K^{\cdot}$, $Na^{\cdot}$, sondern auch aus komplexen Anionen, z. B. $CuCy_3''$, $CuCy_2'$ usw. gebildet wird, welche dank ihrer Dipolnatur polar gerichtet und durch die starke Wirkung des elektrischen Feldes so weitgehend deformiert sind, daß sie von der Kathode elektrostatisch angezogen werden können, wie es die schematische Abb. 34 (ohne Rücksicht auf deren Deformation) versinnbildlicht.

Abb. 34

In derartigen Lösungen setzt die Elektrolyse ein, wenn der Potentialabfall im Kathodenfilm die Größenordnung von rund 1 Volt annimmt. Bei einer Dicke von 0,001 cm würde der Spannungsabfall 1000 Volt/cm, betragen wenn die Spannung linear mit zunehmender Entfernung von der Kathode abnehmen würde.

In Wirklichkeit stellt der starre Teil der Doppelschicht, dessen Dicke kaum molekulare Dimensionen, d. i. etwa $1 \cdot 10^{-8}$ cm, überschreitet, den Sitz des Hauptanteils des Potentialabfalls dar. Er dürfte dort deshalb die Größenordnung von $1 \cdot 10^6$ Volt/cm erreichen! Daß eine Spaltung gerichteter und stark deformierter komplexer Anionen durch elektrische Felder von solcher Stärke bewirkt werden kann, erscheint durchaus möglich[2].

Mit zunehmender Entfernung von der Kathode fällt das Potential rasch ab. Immerhin dürfte er in nächster Nähe noch nach Tausenden von Volt/cm zählen, genug, um zusammengesetzte Anionen nicht allein polar zu richten, sondern auch sehr stark zu deformieren.

Den Abbau kann man sich etwa nach Art folgenden Schemas vorstellen:

$$K_2CuCy_4' + \ominus \rightarrow K^{\cdot} + KCuCy_3' + Cy'$$

---

[1] Das Potential der Silberelektrode berechnet sich dann zu:

$$e = 0{,}058 \log \frac{P_{Ag} \cdot (c_{Cy})^4}{K \cdot c_{Ag\,Cy_4'''}},$$

wo K eine Konstante bedeutet, und in ähnlicher Weise dürften sich ganz allgemein die Potentiale eines Metalls gegen seine Komplexsalzlösungen darstellen lassen.

[2] S. Fußnote 1, S. 19.

$$\begin{aligned} KCuCy_3' &+ \ominus \rightarrow K^{\cdot} + KCuCy_2' + Cy' \\ CuCy_2' &+ 2\ominus \rightarrow Cu^{\cdot} + 2\,Cy' \\ Cu^{\cdot} &+ \ominus \rightarrow Cu + \oplus\ominus \end{aligned}$$

Eine experimentelle Stütze für eine solche Hypothese besitzen wir freilich nicht.

Wie immer aber auch die Bildung von Metallionen an der Kathode vor sich gehen mag, spricht vieles dafür, daß hier ganz andere Verhältnisse vorliegen als bei der Elektrolyse einfacher Salze. In Lösungen, die so starke Komplexbildner enthalten, wie es Zyanide sind, scheidet sich z. B. bei Beginn der Elektrolyse Metall nicht wie sonst vorzugsweise an Kratzern, Unebenheiten, Kristallgrenzen usw. der Kathode ab, sondern es verteilt sich wahllos über die ganze Fläche.

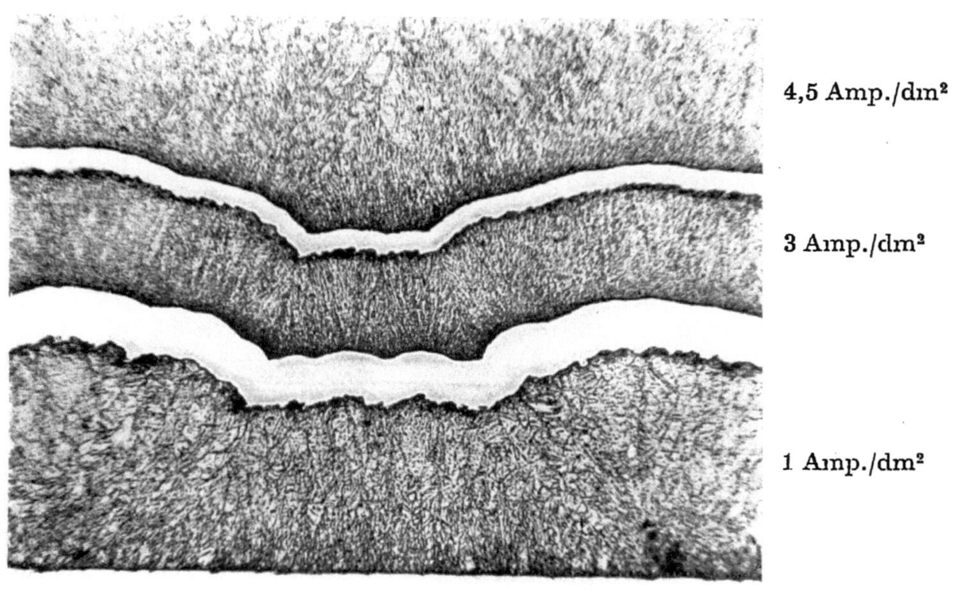

Abb. 35

Bemerkenswert ist es auch — worauf hier schon hingewiesen werden möge —, daß die besondere Feinkörnigkeit des Elektrolytmetalls, das aus Zyanidlösungen gewonnen wird, noch weiter gesteigert wird, wenn sich gleichzeitig auch Wasserstoff abscheidet[1] (s. S. 65).

Immerhin wird man als sicher annehmen können, daß — unter sonst günstigen Bedingungen — eine besonders niedere Konzentration des maßgebenden Kations die Bildung feinkörnigen Produkts befördert, die Bildung gröberen Korns erschwert, wenn auch die ungewöhnlich niedrige Konzentration in Komplexsalzlösungen nicht allein für die aus solchen erzielte ganz besondere Feinkörnigkeit verantwortlich ist.

---

[1] JACQUET, Rev. métallurg. 35, 116, 182 (1938).

3. Einflüsse der Stromdichte

a) Einflüsse der Stromdichte auf die Korngröße

Bancroft dürfte einer der ersten gewesen sein, der den Einfluß der Stromdichte auf die Struktur des abgeschiedenen Elektrolytkupfers eingehender beschrieben hat. Er kam dabei zu der Ansicht[1], daß die Steigerung der Stromdichte die Korngröße des abgeschiedenen Metalls verringert, wie es durch Abb. 35 illustriert wird. Diese stellt das Kristallgefüge dreier Kupferniederschläge dar, welche nacheinander aus derselben Kupfersulfatlösung bei 20° C mit Stromdichten von 1 bzw. 3, endlich 4, 5 Amp./dm^2 hergestellt wurden. Um die einzelnen Schichten gut unterscheiden zu können, wurden sie durch Nickelniederschläge getrennt, die auf dem Schliffbilde als weiße Bänder erscheinen.

Ähnliche Versuche, welche später mit Kupfer und an anderen Metallen, wie Zink, Eisen und Blei angestellt wurden, lieferten analogen Befund.

Die Regel, daß das Korn durch Steigerung der Stromdichte verfeinert wird, galt als allgemeingültig. Sie entsprach auch den herrschenden Vorstellungen über den Gang der elektrolytischen Metallabscheidung. Denn die Steigerung der Stromdichte zieht — unter sonst gleichbleibenden Arbeitsbedingungen — stärkere Verarmung des Kathodenfilms am Kation, das zur Abscheidung gelangt, und Anreicherung etwa anwesender unedlerer Kationen nach sich. Der Potentialabfall wird dadurch im Kathodenfilm verschärft und auch im Innern des Elektrolyten erhöht.

Durch Steigerung der Stromdichte werden also die Arbeitsbedingungen in dieser Hinsicht in ähnlicher Weise verändert wie bei bloßer Verdünnung des Elektrolyten. In beiden Fällen müßte, wie man annahm, die Begünstigung der Bildung neuer Kristallkeime eine Kornverfeinerung herbeiführen.

Im großen und ganzen trifft dies auch zu; doch haben jüngere Untersuchungen unverkennbare Abweichungen von dieser Regel festgestellt, die anderen, noch nicht erforschten Einflüssen zugeschrieben werden müssen.

Diese treten besonders im Gebiete kleinerer Stromdichten in Erscheinung, in welchen eine Steigerung der Stromdichte nicht zur Verfeinerung, sondern zunächst zu deutlicher Vergröberung des Korns führt, die sogar erheblich sein kann (s. z. B. Abb. 116, S. 292). Bei mittelhohen Stromdichten wird ein Maximum der Korngröße erreicht, und erst von da ab beobachtet man bei weiterer Steigerung der Stromdichte eine Verfeinerung des Kornes.

Dieses Verhalten ähnelt demjenigen, welches bei Rückdrängung der Kationenkonzentration durch stufenweisen Zusatz eines Fremdelektrolyten mit gemeinsamem Anion beobachtet und S. 56 beschrieben worden ist. Hier wie dort kehrt sich der Effekt bei Steigerung der Einwirkung um, was darauf hinweist, daß zwei entgegengerichtete Einflüsse im Spiele sind,

[1] Trans. Amer. Electrochem. Soc. **6**, 27 (1904); **23**, 266 (1913).

deren Intensitäten ungleich stark bzw. nach anderen Gesetzen mit steigender Einwirkung zunehmen.

Ob dieses erst an einer beschränkten Zahl von Beispielen beobachtete Verhalten allgemein bei jeder Metallabscheidung auftritt, also generalisiert werden darf, ist noch nicht sichergestellt worden. Noch weniger, ob es bei verschiedenen Metallen gleichen Ursachen entspringt.

Beispiele dafür bildet u. a. die Beobachtung CYMBOLISTES[1], daß Kupfer aus sauren Kupfersulfatlösungen üblicher Zusammensetzung bei 0,3 Amp./dm^2 Stromdichte deutlich feineres Kristallgefüge aufweist als bei 2 Amp./dm^2 Stromdichte, daß aber weitere Steigerung der letzteren über 2 Amp./dm^2 hinaus zunehmende Kornverfeinerung hervorruft. Ganz Analoges tritt auch bei der Nickel- und der Kobaltelektrolyse auf (s. dort).

ATEN und BOERLAGE[2] haben bei der Elektrolyse von 0,063-n. Silbernitratlösung gefunden, daß die Zahl der abgeschiedenen Kristallite bei sehr niederer Stromdichte proportional, dann aber schneller als proportional mit steigender Stromdichte zunimmt (s. Abb. 8).

H. FISCHER und HEILING fanden, daß die Keimzahl in 1-n. Silbernitratlösung der Stromdichte proportional ist.

Bei der Elektrolyse von 3-n. Silbernitratlösung bei 50° C beobachteten sie aber bei Steigerung der Stromdichte von 0,1 Amp./dm^2 auf 1 Amp./dm^2 eine Vergröberung des Kornes. Diese nahm indes bei weiterer Steigerung der Stromdichte von 1 auf 10 Amp./dm^2 nicht weiter zu, wie dies aus Tab. 12 hervorgeht.

Tabelle 12. *Änderung der Korngröße bei der Elektrolyse von Silbernitratlösungen verschiedener Konzentration mit Änderung der Stromdichte und der Temperatur sowie bei Zusatz von Salpetersäure*

	Lösung	Temperatur	Stromdichte Amp./dm^2	Kristallgröße μm
1	3-n. $AgNO_3$	50°	0,1	30
	3-n. $AgNO_3$	50°	1	70
	3-n. $AgNO_3$	50°	10	70
2	0,5 $AgNO_3$	25°	1	45
	0,5 $AgNO_3$	25°	10	20
3	{ 1-n. HNO_3	25°	1	45
	{ + 1-n. $AgNO_3$ ..	25°	10	130

Sehr auffallend und nicht gut zu erklären ist die (s. 3 in Tab. 12) sehr große Zunahme der Korngröße mit Steigerung der Stromdichte in angesäuerter Lösung.

[1] Nach mündlichen, durch viele Mikrophotographien belegten Angaben. Ob eine Veröffentlichung dieser Untersuchungen des frühzeitig verunglückten Forschers noch erfolgt ist, hat der Verfasser nicht erfahren.

Am Nickel sind seine Beobachtungen durch ZENTNER, BRENNER und JENNINGS (s. dort) bestätigt worden.

[2] Vgl. Abb. 8 (S. 38).

In Kupfersulfatlösung fanden BUTTS und DE NORA[1], daß die Korngröße bei Steigerung der Stromdichte von etwa 1 auf etwa 7 Amp./dm² auf ein Drittel sank.

Es ist evident, daß alle Momente, welche die Konzentrationsverschiebungen verringern oder ausgleichen, die bei höheren Stromdichten auftreten, auch zugleich die Folgen solcher Konzentrationsverschiebungen mildern oder aufheben. Solche Momente sind vor allem: belebte Zirkulation und Erwärmung des Elektrolyten.

In Übereinstimmung damit hat der Verfasser in unveröffentlichten Versuchen festgestellt, daß die Stromdichten, bei welchen deutliche Kornverfeinerung zu beobachten ist, bei höheren Temperaturen höher liegen als ceteris paribus bei Raumtemperatur, desgleichen in konzentrierten Lösungen höher als in verdünnteren.

Kornvergröberungen mit steigender Stromdichte sind bei niedrigeren Temperaturen — soviel bekannt — nur im Gebiete kleinerer Stromdichten beobachtet worden, sonst immer nur Kornverfeinerung bis zu den Grenzstromdichten, bei welchen keine dichten einwandfreien Niederschläge mehr abgeschieden werden.

Bei der Bewertung der einschlägigen Versuchsresultate dürfen wir nicht außer acht lassen, daß wir hier mit einer schlecht definierten Größe operieren. Maßgebend ist höchstwahrscheinlich bei diesen Vorgängen die örtlich an den Wachstumsstellen wirksame Stromdichte. Diese kann aber von der Durchschnittsstromdichte Amp./Einheitsfläche sehr verschieden sein. Sie ist wahrscheinlich auch eine Funktion des jeweiligen Mikroprofils der Kathode, das Änderungen unterworfen ist, die wir schwer kontrollieren können, was einen weiteren Unsicherheitsfaktor darstellt.

Mit Änderung der Stromdichte ändern sich aber auch andere einflußnehmende Faktoren, z. B. die Temperatur, ihre lokale und zeitliche Verteilung; das Konzentrationsverhältnis der verschiedenen Kationen im Kathodenfilm, das Maß, in welchem sich die abzuscheidenden Kationen in Nähe der aktiven Stellen stärker ansammeln als an anderen[2], die Änderung der chemischen Zusammensetzung des Kathodenfilms infolge der gleichzeitigen Änderung der Stromausbeute usf.

Selbst in Fällen, in welchen unzweideutig eine deutliche Kornverfeinerung mit steigender Stromdichte beobachtet wird, ist durchaus nicht immer die Steigerung der Stromdichte an sich für die Kornverfeinerung verantwortlich.

Oft ist es z. B. die gleichzeitige Abscheidung gasförmigen Wasserstoffs,

---

[1] Trans. Electrochem. Soc. 79, 163 (1941).

[2] Auch dieses Moment kann zu einer Kornvergröberung führen, wenn die Wirkung der lokalen Konzentrationszunahme des in Betracht kommenden Kations an den Aktivstellen diejenige der begünstigten Neubildung von Keimen übertrifft.

welche bei Überschreitung einer Grenzstromdichte einsetzt, die sie begünstigt oder verursacht.

Ein schönes Beispiel hiefür ergab eine Untersuchung P. Jacquets[1], bei welcher er die Bildung von Metallniederschlägen aus Lösungen ihrer Doppelzyanide im Mikroskop verfolgte.

Bei der kathodischen Abscheidung von Silber, Kupfer oder Cadmium beobachtete er dabei, daß das Elektrolytmetall das Gefüge des Grundmetalls (der Kathode) wiedergab, solange die Stromausbeute quantitativ blieb, wie es der Fall war, wenn die Elektrolyse bei bestimmten niederen Stromdichten in komplexen Zyanidlösungen mit sehr geringem Zyanidüberschuß ausgeführt wurde.

Sobald aber die Grenzstromdichte überschritten wurde, bei welcher Wasserstoff mitabgeschieden wurde, nahm das abgeschiedene Elektrolytmetall einen gänzlich veränderten Charakter an: Die Abscheidung ließ das Gefüge des Grundmetalls gar nicht mehr erkennen, das Elektrolytmetall bedeckte vielmehr sofort ganz gleichmäßig die Kathodenoberfläche in einer Schicht, die so feinkörnig war, daß ihr Kristallgefüge nicht mehr zu erkennen war.

Tab. 13 stellt die erzielten Versuchsresultate übersichtlich dar. In derselben zeigen:

die Pfeile ↑ sichtbare Wasserstoffentwicklung an, die Ziffern

1: erkennbare kristallinische Struktur,

2: nur stellenweise sichtbare Kristallite,

3: homogene mikrokristalline Niederschlagsbildung, welche die Gesamtoberfläche gleichmäßig deckt.

Tabelle 13

Elektrolyt	Stromdichte Amp./dm²							
	0,025	0,06	0,11	0,18	0,4	0,6	1,2	2,0
$K_2Cu(CN)_4$, 0,2-n.	1	2↑	3↑					
AgCN, 0,2-n. + KCN, 0,7-n.		1			1		2↑	3↑
$Cd(CN)_2$, 1-n. + KCN, 1-n.		3↑		3↑		2↑		

Der Umstand, daß deutliche Glättung erst dann auftritt, wenn Wasserstoff gasförmig entwickelt wird, zeigt an, daß er Inhibition nur ausübt, wenn er an der Kathode entladen wird, nicht aber wenn er bloß in Ionenform in der Doppelschicht enthalten ist.

Wahrscheinlich sind es an der Kathode auftretende Wasserstoff*atome*, welche infolge ihrer Löslichkeit im Metall oder infolge Adsorption diese Wirkung ausüben.

[1] Rev. métallurg. **35**, 41 (1938).

b) Einflüsse der Stromdichte auf die Rauheit der Oberfläche des galvanischen Metallniederschlages

Daraus, daß bei genügend hohen Stromdichten das Metall mit feinerem Gefüge abgeschieden wird, darf man nicht folgern, daß es oberflächlich in glatterer Form ausfällt. Das Gegenteil ist vielmehr erfahrungsmäßig der Fall, und dieses Rauhwerden ist eine lästige Erscheinung, welche der Höhe der technisch anwendbaren Stromdichten eine meist unerwünscht niedrige Grenze setzt.

Welche Stromdichte man als zulässige Grenzstromdichte anzusehen hat, ist von Fall zu Fall verschieden, sie hängt nicht nur vom Metall, von der Natur und Konzentration des verwendeten Elektrolyten, sondern in ziemlich weitem Maße von den Versuchsbedingungen (der Temperatur, der Flüssigkeitszirkulation usw.) ab.

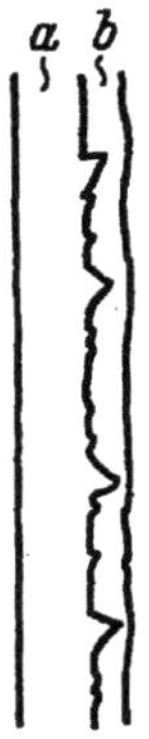

Es gibt Elektrolyte, welche (wie z. B. gewisse Glanz-Nickel-Lösungen, s. dort) die Unebenheiten der Metallunterlage bei der Niederschlagsbildung verringern, ihr Profil einzuebnen suchen, sie bilden aber die seltene Ausnahme. In der Regel verstärken sie deren Rauheit, um so schneller, je höhere Stromdichten man ceteris paribus anwendet.

Daß die Rauhigkeit eines galvanischen Metallniederschlages zunimmt, sobald diese ein Maß angenommen hat, welches die gleichmäßige Verteilung der Stromdichte stört, ist plausibel. Nicht so leicht erklärlich ist es aber, warum sich eine Rauhigkeit des Niederschlages auf glattem Unterlagsmetall überhaupt ausbildet; denn es ist kaum einzusehen, daß Mikroerhöhungen desselben mehr Stromlinien auf sich ziehen.

a b

Abb. 36

Dennoch muß man wohl annehmen, daß vorspringende Kristallitteile, Defektkristalle u. dgl. bevorzugte Ansatzstellen für die Entwicklung von Unebenheiten bilden.

Es ist auch kaum anzunehmen, daß sich der Kathodenfilm allen kleinen Unebenheiten der Kathode gleichmäßig anpaßt, wenn es auch für den „starren" Teil der Doppelschicht der Fall ist. Da seine Dicke die Molekulardimensionen kaum um eine Zehnerpotenz überschreitet, ist es aber wohl möglich, daß die unmittelbar darauffolgenden Schichten an vorspringenden Stellen der Kathode dünner bleiben und vorragende kleine Kristallspitzen in geringerer Dicke bedecken, s. Abb. 36, an solchen Stellen wird er geringeren Ohmschen Widerstand entgegensetzen. Auch die Diffusion wird an solchen Stellen erleichtert, und beides kann zu lokaler Steigerung der Stromdichte führen. Da nun lokale prozentuelle Erhöhungen der Stromdichte Nebenerscheinungen hervorrufen, welche bei höherer Strombelastung eine Steigerung erfahren, wäre die Wachstumsförderung vorspringender Kristallite mit steigender Stromdichte begreiflich.

Um letztere Folgerung an einem groben Modell auf ihre Richtigkeit zu prüfen, stellte der Verfasser[1] Versuche mit drahtförmigen Silberelektroden an, welche er nach Art der Abb. 37 rechtwinklig abbog und einer Platinelektrode in gleichen Abständen gegenüberstellte. Die Silberdrähte waren auf ihrer ganzen Länge isoliert und wirkten nur an ihren Enden als Elektroden (von rund 3 mm² Fläche). Die eine Elektrode endete frei und war an ihrem Ende nur von der dünnen Isolierschicht umgeben — sie sollte eine Spitze nachahmen —, die andere wurde derart in einen Gummipfropfen eingelassen, daß ihr Ende mit der Ebene desselben abschnitt — sie sollte einem Kathodenelement auf einem ebenen Teil der Kathodenfläche ähneln.

Wurde dieses System in eine etwa 2%ige Silbernitratlösung gebracht und mit dem von einem Akkumulator gelieferten Strom belastet, dessen Intensität sich durch Widerstände regeln ließ, so flossen schon nach kurzer Strombelastung ungleich starke Ströme durch die beiden parallel geschalteten Silberkathoden.

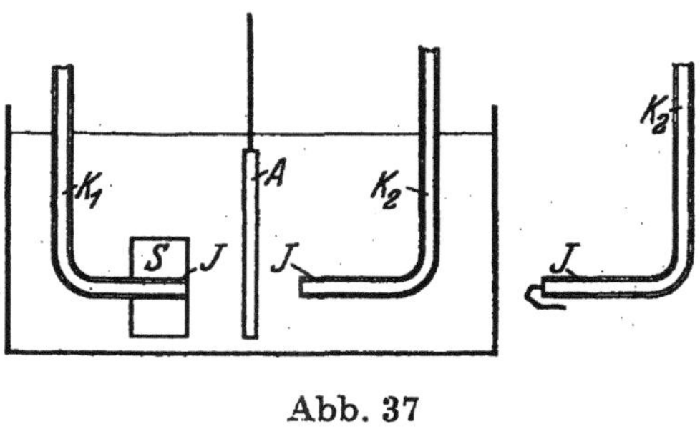

Abb. 37

Belastete man sie bei Raumtemperatur beim Einschalten mit je 1 Milliamp. (entsprechend einer Stromdichte von rund 3 Amp./dm²), so stieg die Stromstärke an der Spitzenelektrode ziemlich bald auf etwa 1,07 Milliamp., während sie an der Flächenelektrode auf etwa 0,93 Milliamp. sank. Der Unterschied betrug etwa 14%. Bei doppelter Strombelastung stieg er auf 25 bis 30%.

Setzte man der Silbernitratlösung KNO_3 zu, so sank der Unterschied bei 1 Milliamp.-Belastung auf etwa 5%.

Lebhafteres Rühren des Elektrolyten während der Elektrolyse verminderte den Unterschied der Stromintensitäten, ohne ihn jedoch ganz zum Verschwinden zu bringen.

Bei längerer Strombelastung wuchsen fadenförmige Silberkristalle an beiden Elektroden an, die nur lose hafteten und bei leichtem Klopfen abfielen[2].

[1] In der ersten Auflage veröffentlichte Untersuchungen des Verfassers. In Wirklichkeit wurden die Drähte nicht, wie es hier der Übersichtlichkeit halber dargestellt wurde, zu beiden Seiten, sondern beide auf derselben Seite der Platinanode angeordnet, um etwaigen Störungen durch Temperaturdifferenzen oder dergleichen leichter vorzubeugen.

[2] Klopfte man so den Silberfaden von der Spitzenkathode ab, so zeigte sich regelmäßig erst ein kurzer Anstieg der Stromintensität, dann ein schnelles Sinken bis etwa 20, ja 30% unter die Intensität an der Flächenelektrode, dem dann wieder ein langsameres Ansteigen auf die Stromstärke folgte, welche vor dem Abklopfen geherrscht hatte. Ich möchte das erste Ansteigen durch Elektrolytbewegung erklären, das Sinken durch eine Art Polarisation (im Sinne Volmers), die bis zur Bildung neuer Kristallkeime auftritt.

Änderungen des Elektrodenabstandes (in den Grenzen von 2 bis 8 cm) schienen ohne Einfluß zu sein, selbst kleine Verschiedenheiten des Abstandes beider Kathoden von der Anode änderten kaum etwas.

An der Spitzenelektrode wuchsen die Kristallfäden nicht immer in Richtung zur Anode, es wurden Fälle beobachtet, in welchen sie sich gerade von dieser abkehrten, wie dies auf der Nebenfigur skizziert ist. Ein Zeichen dafür, daß die Stromlinien hier nicht immer den kürzesten Weg suchen, sondern jenen, auf welchem sie den geringsten elektrischen Widerstand zu überwinden haben. Dieser wechselt aber je nach Umständen, ja nach Maß und Richtung der Konvektionsströme, welche, wie ja kaum bezweifelt werden kann, hier durch Änderung des spezifischen Gewichtes der an Silber verarmenden Lösung vielleicht infolge lokaler Erwärmung auftreten. Da die Spitzenelektrode allseits von Lösung umgeben ist, die Plattenelektrode nur einseitig, wird das Auftreten von Konvektionsströmen an ersterer erleichtert, und dies erklärt die auftretende Asymmetrie.

Daß letztere bei stärkerer Strombelastung zunimmt, leuchtet ein, und dies mag es verständlicher erscheinen lassen, warum das Rauhwerden der Niederschläge mit steigender Stromdichte immer mehr in den Vordergrund tritt, wenn man sich vorstellt, daß sich an den vorspringenden Kristalliten Vorgänge abspielen, welche mit denen an der Spitzenelektrode eine gewisse Verwandtschaft aufweisen.

Umgekehrt werden örtliche Ungleichmäßigkeiten durch lebhafte Elektrolytbewegung ausgeglichen, die Konvektion bleibt nicht nur auf die Spitzen beschränkt, die Bewegung oder Diffusion wird auch an flache und tiefer liegende Oberflächenteile getragen und vermittelt dadurch die Bildung gleichmäßigerer, glatterer Niederschläge.

Vertauscht man die Silbernitratlösung mit einer Kaliumsilberzyanidlösung, so ist überhaupt keine Verschiedenheit der Stromintensitäten zwischen Spitzen- und Plattenkathode zu beobachten. In Silberzyanidlösungen entstehen aber auch keine rauhen Silberniederschläge.

Hingegen ist die Verschiedenheit in anderen Lösungen, welche fadenförmige Niederschläge liefern, wieder sehr deutlich, z. B. in Bleiperchloratlösung.

Sie betrug in einer Lösung, die

80 g $Pb(ClO_4)_2$ neben 40 g freier $HClO_4$ im Liter enthielt	8 bis 10%
sie stieg bei 10facher Verdünnung dieser Lösung auf	25%
bei 20facher Verdünnung dieser Lösung auf	50%

Die Unterschiede sind also in verdünnten Lösungen (in denen auch die Metallabscheidung in Fadenform begünstigt wird) größer und besonders deutlich in Metallsalzlösungen, deren spezifisches Gewicht sich bei der Metallabscheidung stark verringert, sie sind aber doch auch noch in manchen konzentrierteren Lösungen wahrnehmbar, die zur Bildung nadliger oder verästelter Niederschläge Anlaß geben.

Zum Beispiel war in 1-n. Cadmiumchloridlösung kaum eine sicher wahrzunehmende Differenz vorhanden, bei Zusatz von 4 NH_4Cl ließ sich aber eine solche von 5 bis 8% mit Sicherheit feststellen[1].

Diese einfachen Versuche zeigen, wie sich Unregelmäßigkeiten, die anfangs so geringfügig sind, daß man sie mit freiem Auge nicht sieht, im Laufe der Elektrolyse verstärken, ja wie sie möglicherweise zur Bildung nadel- und spießförmiger Abscheidungsformen bzw. zu Knospenbildungen (s. Abb. 38) führen können.

Dies zu erschweren und selbst vollkommen zu hindern, besitzen wir verschiedene Mittel.

Eines derselben, welches in der Technik nur in Ausnahmsfällen (z. B. bei der Blechverzinnung) angewendet wird, das aber recht anschaulich ist, besteht darin, Kathode und Elektrolyt kontinuierlich rasch gegeneinander zu verschieben.

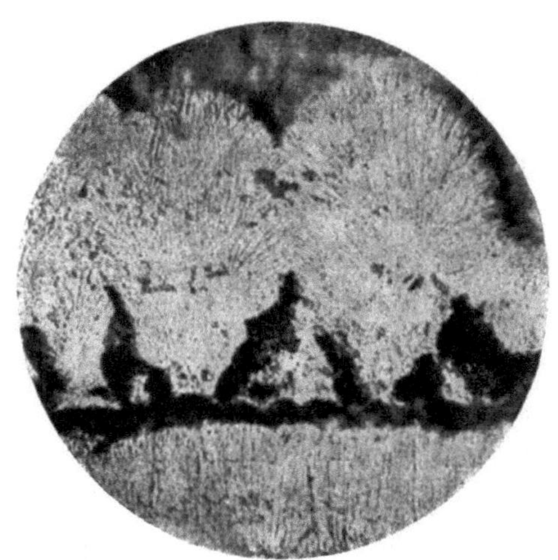

Abb. 38. Mikroaufnahme eines bei viel zu hoher Stromdichte hergestellten (knospigen) Cu-Niederschlages. (Nach PORTEVIN und CYMBOLISTE l. c.)

4. Wirkung schneller, relativer Bewegung Kathode/Elektrolyt

Bekanntlich muß man annehmen, daß unmittelbar an starren Gefäß- oder Rohrwänden stets ein Flüssigkeitsfilm unbewegt haftenbleibt, so schnell auch die Flüssigkeitsströmung im Rohr sein mag; er wird aber dünner mit zunehmender Strömungsgeschwindigkeit der Flüssigkeit und nähert sich endlich einem Grenzwerte. So muß auch der Kathodenfilm durch Belebung der Verschiebung Kathode/Lösung (gleichgültig, ob die Kathode, ob die Flüssigkeit, ob beide relativ zueinander bewegt werden) mit zunehmender Geschwindigkeit dieser Verschiebung dünner werden und endlich eine kleinste Dicke erreichen.

Nach GLASSTONE[2] beträgt diese kleinste Dicke rund 0,001 cm, also etwa $^1/_{30}$ des Wertes, den der „diffuse" Kathodenfilm in „ruhendem" Elektrolyten nach den Messungen BRENNERS einnimmt (s. S. 17, 60).

Der Effekt dieser Änderung ist leicht zu verstehen: Mit abnehmender Dicke des Kathodenfilms wird die Heranführung von Metallionen in größere Nähe den Ersatz der abgeschiedenen erleichtern, die I-E-Kurve

[1] Chlorammoniumzusatz steigert die Neigung zur Bildung nadelförmiger Abscheidung so sehr, daß KOHLSCHÜTTER diese als nicht nur dem Grade, sondern der Art nach verschieden angesprochen hat.

[2] Introduction to Electrochemistry, S. 451 f. New York 1942.

steigt steiler an (Abb. 39[1]), der elektrische Widerstand, welchen der Kathodenfilm dem Stromdurchgang entgegensetzt, nimmt mit dessen Dicke ab, die Unterschiede der Dicke werden von Ort zu Ort geringer, zugleich bewirkt die lebhafte Durchmischung eine gleichmäßigere Verteilung der Ionenkonzentrationen über die Kathodenfläche.

Abb. 39

Man wird also denselben Grad der Verarmung des Kathodenfilms bei einer Belebung der Flüssigkeitszirkulation erst bei höheren Stromdichten erreichen als im „ruhenden" Elektrolyten. Dies ist von großer praktischer Bedeutung, weil die Anwendung höherer Strombelastung nicht nur eine bessere Ausnützung der Apparatur ermöglicht, sondern — unter sonst gleichbleibenden Verhältnissen — auch zu besserer, feinkörnigerer Metallabscheidung führt.

Aber auch bei unveränderter Stromdichte wirkt sich die Belebung der Zirkulation darin aus, daß das Produkt glatter und gleichmäßiger wird, wenn man mit flachen Kathoden arbeitet, und erst recht, wenn man profilierte Kathoden verwendet, in deren vertieften Teilen leicht stagnierende Schichten verarmter Elektrolyte zurückgehalten werden.

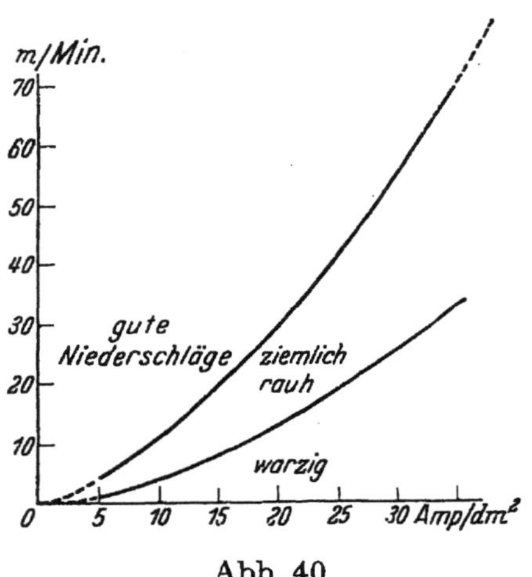

Abb. 40

Die vorteilhafte Wirkung mechanischer Bewegung während der Elektrolyse ist frühzeitig erkannt und in breitem Umfang angewendet worden. Eine mäßige Bewegung ist meist leicht zu bewerkstelligen, lebhaftere ist teils aus mechanischen Gründen schwieriger, teils infolge des Aufwirbelns von Trübungen, Bodenschlamm, Anodenschlamm, von denen ein Bad kaum jemals völlig frei ist, nicht immer ohne weiteres anwendbar.

Als einer der ersten wandte Cowper-Coles rasch rotierende Kathoden an, um z. B. Kupferrohre größeren Durchmessers mit höheren Stromdichten herstellen zu können. Bei Umfangsgeschwindigkeiten von 140 bis 200 m/Min. konnte er so Stromdichten von 10 bis 20 Amp. zur Anwendung bringen, während das Kupfer bei geringeren Umfangsgeschwindigkeiten schon bei viel geringeren Stromdichten in knospiger Form ausfällt[2].

[1] Nach Foerster und Sprent, Diss., Dresden (1910).

[2] Cf. Billiter, Techn. Elektrochemie, 3. Aufl., S. 107 ff. Halle 1952.

Freilich verwendete COWPER-COLES für seine Zwecke Elektrolyte von anderer als der sonst üblichen Konzentration, nämlich verhältnismäßig kupfersulfatarme und schwefelsäurereiche (mit 11 bis 24% freier Schwefelsäure).

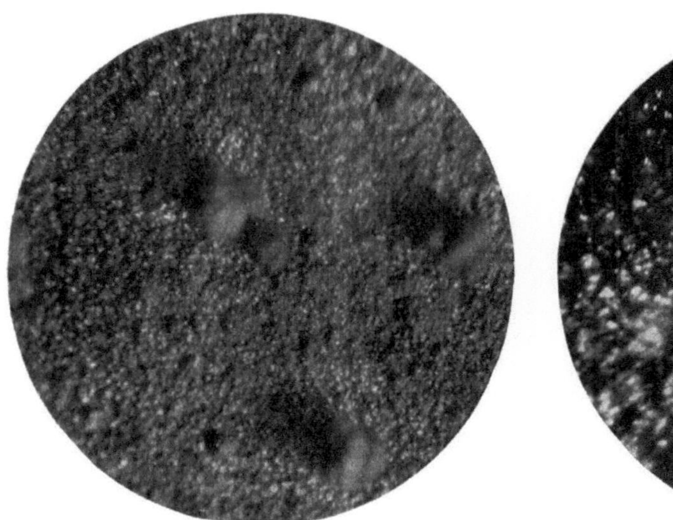

Abb. 41 a. 7 Touren/Sek., 26,7 Amp./dm², 26fach

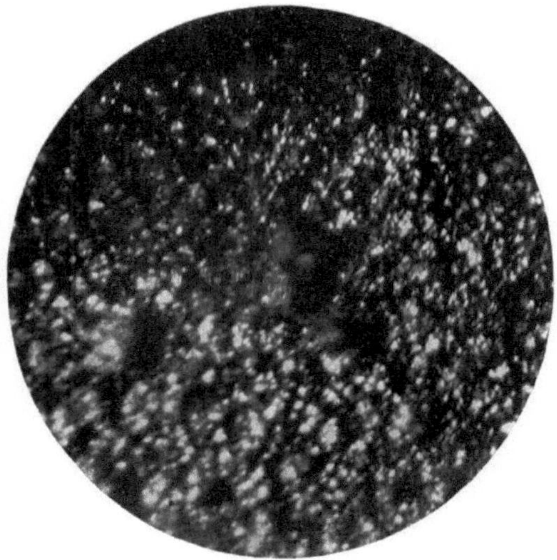

Abb. 41 b. 7 Touren/Sek., 26,7 Amp./dm², 91fach

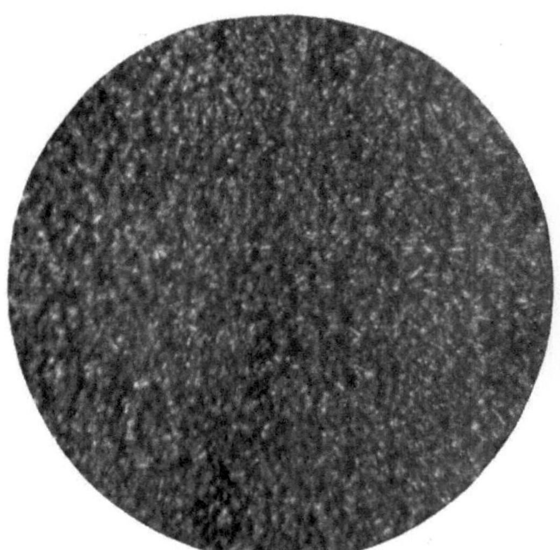

Abb. 42 a. 14 Touren/Sek., 20 Amp./dm², 26fach

Abb. 42 b. 14 Touren/Sek., 30 Amp./dm², 91fach

Um die Änderung der Beschaffenheit des Kathodenkupfers mit zunehmender Lebhaftigkeit der Bewegung in Kupferelektrolyten üblicher Zusammensetzung verfolgen zu können, ließ der Verfasser vertikal angeordnete, kreisförmige Scheiben, deren unteres Segment in 1-n. schwefelsaure 1,5-n. Kupfersulfatlösung (bei Temperaturen, die zwischen 40 und 45° gehalten wurden) tauchte, um ihre horizontale Achse rotieren und prüfte die

Änderung des Gefüges und der Oberfläche mit Änderung der Tourenzahl und Stromdichte[1].

Abb. 40 zeigt die dabei beobachtete Änderung der Oberflächenbeschaffenheit als Funktion der Stromdichte und der Umfangsgeschwindigkeit bei Raumtemperatur. Die zwei Kurven teilen die Fläche in drei Teile. Im untersten Teil liegt das Gebiet durchwegs warzenförmiger Abscheidungen (Abb. 41a, b), in welchem die Bewegung der Kathode zu langsam für die

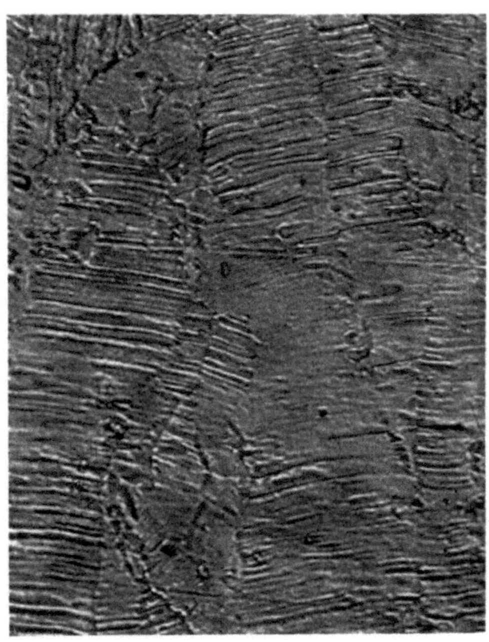
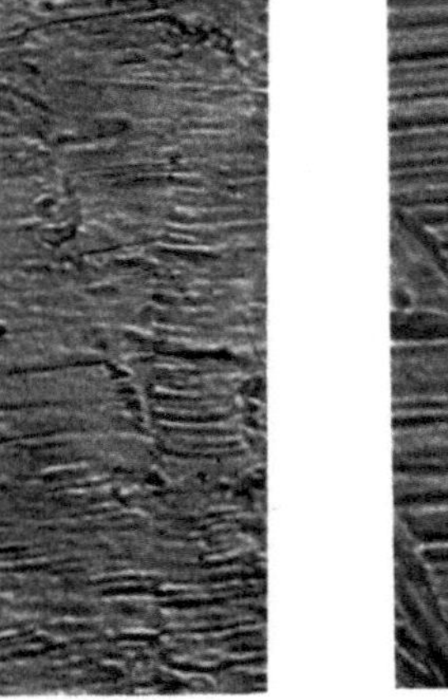

Abb. 43 a

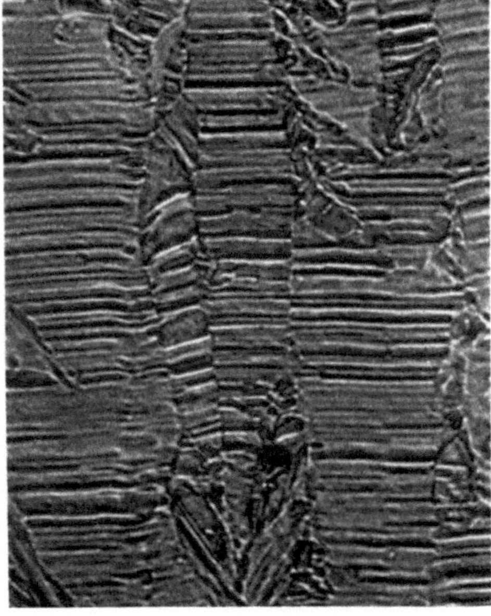

Abb. 43 b

jeweils angewandte Stromdichte war, der mittlere Teil grenzt ein Feld ab, in welchem das Kupfer noch ziemlich rauh ausfällt. Das oberhalb der oberen Kurve gelegene Gebiet stellt die Bedingungen dar, unter welchen man gute Niederschläge (Abb. 42a, b) erhalten kann.

Das Gefüge des hier in immer nur momentweise unterbrochener, eigentlich pulsierender Elektrolyse gewonnenen Kupfers ist, wie zu erwarten stand (s. S. 50), verhältnismäßig grobkristallin, die Schliffbilder (Abb. 43a, b) zeigen etwa säulenförmig senkrecht zur Kathodenfläche orientierte Kristalle, an denen Querstreifungen, aber keine Trennlinien zu bemerken sind. (Auf dem schnell in der Luft zurückgelegten Wegstück blieb das Metall mit Elektrolyt bedeckt.) Ein Unterschied in der Kristallgröße war bei gleicher Strombelastung und verschiedener Umfangsgeschwindigkeit nicht festzustellen.

In mancher Hinsicht übt die Belebung der Zirkulation ähnliche Wirkung

[1] In der ersten Auflage veröffentlichte Untersuchung des Verfassers nach Versuchen von F. Fuchs. In stärker saurem Elektrolyten erhält man etwas feinkörnigere, meist besser aussehende Niederschläge.

aus wie die Steigerung der Metallionenkonzentration: beides verringert den Widerstand und die Polarisation, veranlaßt deshalb ein steileres Ansteigen der I-E-Kurve (s. Abb. 40), eine Vergröberung des Kornes, der man in beiden Fällen durch die zugleich möglich werdende Steigerung der Stromdichte wirksam entgegentreten kann. Beide Änderungen sind in verdünnten Lösungen von größerem Effekt als in konzentrierteren.

Die Intensität der Bewegung läßt sich in ungleich höherem Maße steigern als die Konzentration, sie wird dadurch schon wirksamer, sie nimmt aber noch ganz besonders eine Ausnahmestellung dadurch ein, daß sie das sicherste Mittel bietet, das wir besitzen, die Dicke des Kathodenfilms zu verringern und (auch bei Anwendung höchster Stromdichten) bis zu gewissem Grade örtlich auszugleichen.

Erschwert wird die Anwendung lebhafterer Flüssigkeitsbewegungen bei der Elektrolyse freilich dadurch, daß sich in den Badlösungen fast ausnahmslos Trübungen absetzen, welche dann aufgewirbelt werden. Aus trüben Lösungen, besonders aus solchen, welche feine Metallteile suspendiert enthalten, fallen aber die Metalle an der Kathode in warziger, knospiger, rauher Form aus.

Deshalb kann man lebhaftere Badbewegung praktisch nur anwenden, wenn man zugleich Maßnahmen vorsieht, die Badlösungen klar zu halten.

Ein solches Hilfsmittel besteht z. B. darin, praktisch unangreifbare Anoden zu verwenden, welche keinen Anodenschlamm abgeben (es wird z. B. bei der technischen Herstellung von Kupferblech auf elektrolytischem Weg angewendet), ein anderes darin, die Anoden in Säcke od. dgl. einzuschließen oder einen Teil des Elektrolyten ständig abzuziehen und fortlaufend zu filtrieren, durch Klärzentrifugen zu führen und dem Bade erst nach dem Ausschleudern der suspendierten Partikeln in klarer Form wieder zuzuführen.

5. Grenzstromdichten bei lebhafter Zirkulation und erhöhter Temperatur

Die maximale Stromdichte, bei welcher sich jeweils gute Metallniederschläge elektrolytisch abscheiden lassen, ist eine Funktion der Geschwindigkeit, mit welcher die zur Abscheidung gelangenden Kationen den Kathodenfilm durchsetzen. Diese wieder setzt sich aus ihrer Diffusionsgeschwindigkeit und den Werten der elektrischen Überführung zusammen.

Wesley, Sellers und Roehl haben versucht, auf Grund der für diese Faktoren ermittelten Größen die Grenzstromdichten zu berechnen, welche man bei lebhafter Zirkulation theoretisch erzielen kann, und haben experimentell geprüft, wie nahe man diesen Maximal-Stromdichten kommen kann[1].

---

[1] Amer. Electroplaters Soc., Jahrgang **36**.

Bei dieser Berechnung nehmen sie an, daß die Grenzstromdichte I der Summe des Diffusionsstromes i_d und des Überführungsstromes i_u gleichzusetzen sei:

$$I = i_d + i_u.$$

Nun ist i_d dem Diffusionskoeffizienten D (gerechnet in cm^2/Sek.), der Wertigkeitszahl n des betreffenden Kations, seiner Konzentration (in Mol/cm^3) und der Coulombzahl 96 500 proportional, der Dicke der Doppelschicht δ umgekehrt proportional. Für letztere setzen sie in Übereinstimmung mit BRENNER (s. S. 17) die Zahl 0,03 cm ein.

Andererseits ist der Überführungsstrom gleich dem Produkt des Gesamtstroms mit dem Anteil (der in einheitlicher Lösung nahe = 1 ist), welchen das betreffende Kation am Stromtransport nimmt.

Sie erhalten somit:

$$i_d = \frac{D \,.\, n \,.\, 96\,500 \,.\, c}{\delta}; \quad i_u = J \,.\, \alpha$$

und durch Addition:

$$J = \frac{D \,.\, n \,.\, 96\,500 \,.\, c}{\delta} + J \,.\, \alpha = \frac{96\,500 \,.\, D \,.\, n \,.\, c}{\delta\,(1 - \alpha)}.$$

Der Wert von D ist von verschiedenen Forschern ermittelt worden. Für $NiCl_2$-Lösungen, die 1- bis 4-n. sind, fand man bei 20° C beispielsweise $D = 0{,}89 \,.\, 10^{-5}$ cm^2/Sek.

Diese Werte auf 70° C umgerechnet lieferte ihnen:

$$D_{NiSO_4} = 1{,}04 \,.\, 10^{-5}\ cm^2/\text{Sek.}$$
$$D_{NiCl_2} = 2{,}18 \,.\, 10^{-5}\ cm^2/\text{Sek.}$$

Mit Hilfe dieser Zahlen berechnen sie, daß sich in ruhenden 2,6-n. Lösungen bei 70° C theoretisch folgende Grenzstromdichten erreichen lassen sollten:

in 2,6-n. $NiSO_4$-Lösung 14,4 Amp./dm^2,
in 2,6-n. $NiCl_2$-Lösung 30 Amp./dm^2

Bei äußerst lebhafter Zirkulation der Lösung (sie stellten eine solche von 300 m/Min. her) soll sich die Dicke der Doppelschicht (nach GLASSTONE) aber auf 0,001 cm verringern lassen, so daß dann Grenzstromdichten

in 2,6-n. $NiSO_4$-Lösung von 432 Amp./dm^2,
in 2,6-n. $NiCl_2$-Lösung von 900 Amp./dm^2.

erreichbar sein sollten.

In Sulfatlösungen konnten bei den Versuchen keine guten Niederschläge bei höheren Stromdichten hergestellt werden. Die Gründe dafür dürften hauptsächlich anodenseitig zu suchen sein und wohl auch im höheren elektrischen Badwiderstand liegen. In Lösungen mit 300 g/l $NiCl_2$ neben 30 g/l H_3BO_3 wurden aber bei pH = 2 die auf Abb. 44 graphisch dargestellten höchst bemerkenswerten Resultate erzielt.

WESLEY hatte bereits früher gute Nickelniederschläge aus der Chloridlösung mit 21,5 Amp./dm² Stromdichte bei einer Badbewegung von etwa 5 m/Min. erzielt. Die Abb. 44 führt vor Augen, wie stark sich die zulässige Stromdichte mit Steigerung der Badbewegung und der Temperatur aber noch erhöhen läßt.

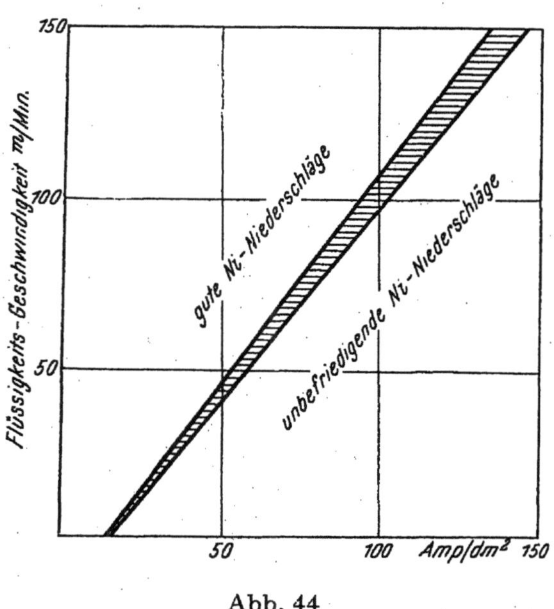

Abb. 44

Die Steigerung der Flüssigkeitsbewegung an der Phasengrenze sollte eine Abnahme der Dicke der Doppelschicht herbeiführen, welche, wie viele vermuten, der Flüssigkeitsgeschwindigkeit proportional wäre, bis schließlich ein Grenzwert erreicht würde. Wenn dies richtig ist, würde der geradlinige Verlauf der Trennungszone auf Abb. 44 schließen lassen, daß dieser Grenzwert bei diesen Versuchen noch nicht erreicht worden ist.

Bei einem Elektrodenabstand von 0,64 cm einer Flüssigkeitsgeschwindigkeit von rund 300 m/Min. stiegen die Klemmenspannungen mit steigender Stromdichte wie folgt:

Tabelle 14. *Badspannungen in Nickelchloridlösungen von 300 g/l + 30 g/l H_3BO_3 bei verschiedenen Stromdichten und wechselndem pH*

Amp./dm²	pH = 1 Volt	pH = 2 Volt	pH = 4,75 Volt
47	2,1	2,3	2,8
94	3,6	3,8	4,7
188	6,6	7,1	8,6
282	9,6	10,0	11,9
430	13,0	13,1	

Bei diesen Versuchen wurden durchwegs gute Niederschläge gewonnen. Der bedeutende Anstieg der Betriebsspannung, also des Energieverbrauchs, dürfte aber schwer in die Waagschale fallen, obwohl anodische und kathodische Stromausbeuten nahe = 100% waren.

Bei einer Stromdichte von 460 Amp./dm² würden allerdings 0,1 mm starke Nickelniederschläge in bloß 1 Minute Stromdurchgang und — wenn sich stärkere Niederschläge noch erfolgreich nach dieser Methode herstellen ließen — 1 mm starke Überzüge in bloß 10 Minuten herstellbar sein.

Die Maximalgeschwindigkeit, mit welcher elektrolytische Niederschläge bei Flüssigkeitsgeschwindigkeiten bis zu 300 m/Min. betriebsmäßig hergestellt werden können, dürfte nicht so sehr vom elektrochemischen Vorgang abhängen, sondern davon, ob die erforderlichen Spannungen, Stromdichten, Temperaturen, wie die so lebhafte Flüssigkeitsbewegung ingenieurtechnisch und wirtschaftlich realisierbar sind.

6. Temperatureinfluß

a) Temperatureinfluß auf Korngröße und Härte

Ebensowenig wie die anderen Variablen läßt sich die Temperatur steigern oder senken, ohne daß gleichzeitig andere, maßgebende Momente eine Änderung erfahren.

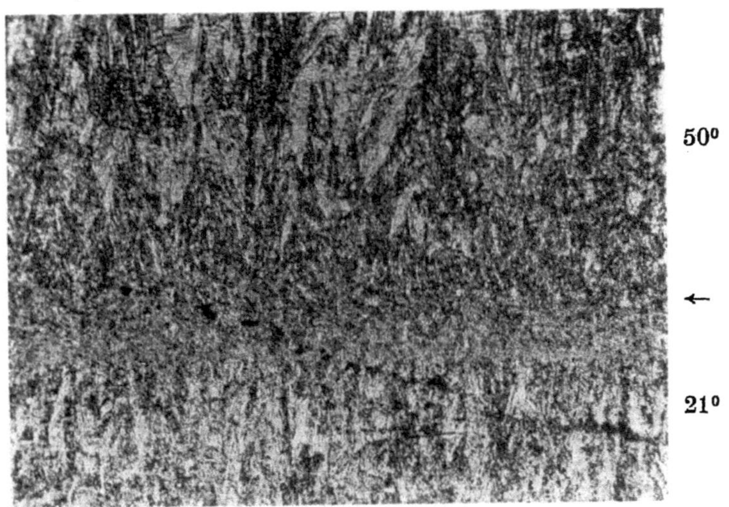

Abb. 45. Kupferniederschlag aus 250 g/l $CuSO_4$, 7 g/l H_2SO_4, Stromdichte 3 Amp./dm², 75fach

Bei höherer Temperatur wird:

die Überspannung des Wasserstoffs erniedrigt. Es werden:

die Hemmungen, welche der Metallabscheidung entgegenstehen, verringert;

die Stromausbeute meist im einen oder anderen Sinne verändert;

die Leitfähigkeit des Elektrolyten erhöht;

das Abscheidungspotential des Metalls und

Gleichgewichte bei Komplexbildungen verschoben,

ebenso die Stabilität von Kolloiden (und zwar sowohl zugesetzter als während der Elektrolyse entstehender Kolloide) und die Viskosität beeinflußt;

gelegentlich sogar der Chemismus des Vorganges geändert u. dgl. m.

Trotz aller dieser mit einhergehenden Nebenvorgänge den Einfluß einer Temperaturänderung auf die Korngröße des niedergeschlagenen Metalls einwandfrei feststellen zu wollen, mag verwegen erscheinen.

Um so überraschender ist es, daß ungezählte, an verschiedenen Metallen ausgeführte Versuche hier ein viel eindeutigeres Resultat ergeben haben, als es z. B. bei Untersuchung des Einflusses der Stromdichte, der Metallionenkonzentration usw. der Fall gewesen ist.

Die meisten derselben zeigen, daß sich das Korn mit steigender Temperatur in so hohem, in so unverkennbarem Maße mit steigender Temperatur vergröbert, die Härte gleichzeitig so deutlich verringert und die Duktilität erhöht, daß man annehmen muß, daß der Temperatureinfluß bedeutender sein dürfte als die Einflüsse anderer Veränderungen der Arbeitsbedingungen.

Abb. 46. 200fach

Unbeantwortet bleibt freilich dabei die Frage, ob die höhere Temperatur an sich (d. h. durch Steigerung der Beweglichkeit der Ionen usw.) das wirkende Moment ist und nicht vielmehr die durch sie verringerte Hemmung der Bildung größerer Kristalle.

Ein Beispiel, bei welchem sekundäre Einflüsse, wie: die Änderung der Überspannung des Wasserstoffs oder des Abscheidungspotentials, der Polarisation, der Viskosität der Lösung, der Wirkung von Kolloiden usw., zurücktreten dürften, bildet die Elektrolyse saurer Kupfersulfatlösung.

Portevin und Cymboliste[1] haben, wie es die Mikroaufnahme Abb. 45 zeigt, nicht nur gefunden, daß die Vergröberung bei Erhöhung der Temperatur von 20 auf 50° C sehr deutlich ist, sondern haben auch festgestellt (Abb. 46 und 47 a bis d), daß sie in 1-n. $CuSO_4$-, 1-n. H_2SO_4-Lösung wesentlich auffallender ist als in 2-n. Lösung. Dies veranschaulicht, um wieviel stärker die Wirkung der Temperatursteigerung ist als diejenige einer Konzentrationsänderung.

Da Kupfer zu den Metallen gehört, die geringe Metallüberspannung in Sulfatlösung aufweisen und bei der Kristallbildung keine großen Hemmungen zu überwinden haben, spricht die starke Vergröberung mit steigender Temperatur dafür, daß sie kaum in erster Linie der Verringerung solcher Hemmungen zuzuschreiben sein dürfte.

---

[1] Rev. métallurg. **30**, 323 (1933).

Bis vor kurzem war dem Verfasser, weder aus eigener Erfahrung noch aus Literaturangaben, irgendein Fall bekannt, in welchem die Temperaturerhöhung zu einer Verfeinerung des Korns geführt hätte.

Neuerdings haben aber ZENTNER, BRENNER und JENNINGS beobachtet[1],

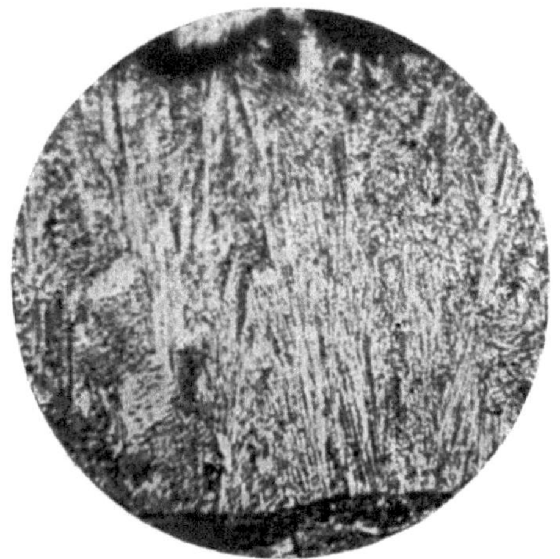

Abb. 47 a. 900fach

Abb. 47 b. 900fach

daß Elektrolytnickel — allerdings nur unter ganz bestimmten Arbeitsbedingungen (nämlich nur aus WATTS-Bädern bei pH 3, weder aber aus

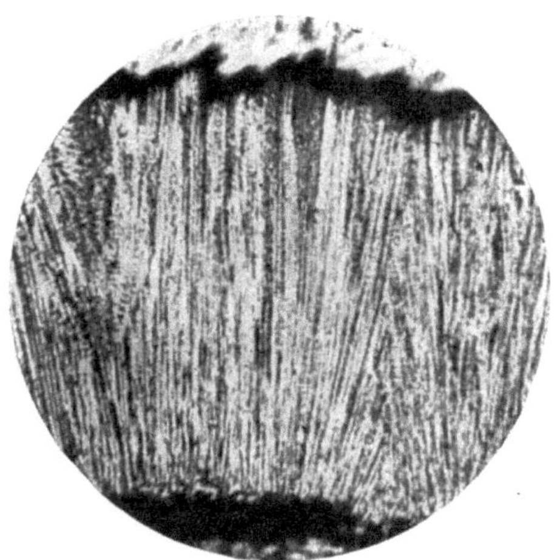

Abb. 47 c. 900fach

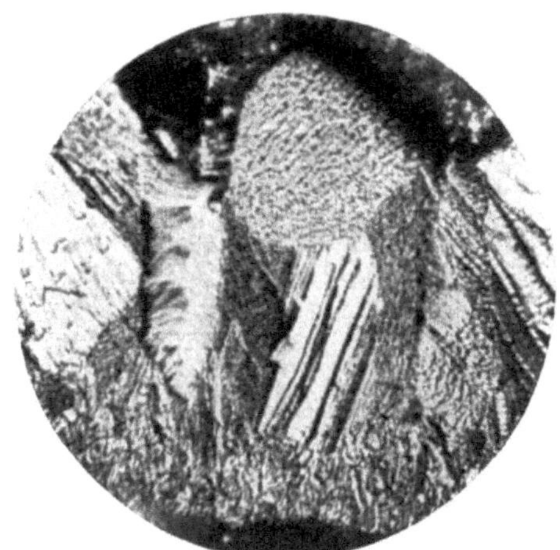

Abb. 47 d. 900fach

Bädern anderer Zusammensetzung, noch auch aus demselben Bade bei anderem pH) — bei 80° in bedeutend feinerer Form ausfällt als bei 55°.

Dieser Fall steht ganz vereinzelt da. Er wurde unter Versuchsbedingungen beobachtet, bei welchen eine Kolloidbildung nicht ausgeschlossen ist, die in der Tat das Korn verfeinern müßte. Bis zum Beweise des Gegenteils möchte man deshalb (s. dort) bei diesem Einzelfall annehmen, daß hier die Temperaturwirkung durch eine Kolloidwirkung überdeckt wird.

---

1 Amer. Electroplaters Soc. Res. Report No. 20, S. 20, 21, 25 (1952).

b) Temperatureinfluß auf die anwendbare Stromdichte

Infolge Belebung der Ionenbeweglichkeit wirkt jede Temperatursteigerung der Verarmung des Kathodenfilms in ähnlicher Weise entgegen wie die Förderung der Zirkulation der Lösung.

Es ist demgemäß auch eine alte Erfahrungstatsache, daß sich bei höherer Temperatur ceteris paribus höhere Stromdichten anwenden lassen. Dafür sind im vorhergehenden bereits Beispiele angeführt worden.

7. Mängel (pits, pinholes, Streifenbildungen, Porosität usw.) und Ursachen ihrer Entstehung

Außer den Unebenheiten, welche als Folge ungleichmäßiger Verteilung des Kristallwachstums über die Elektrodenfläche anzusehen sind, hat man noch solche in Betracht zu ziehen, welche durch die Wirkung von Fremdkörpern bzw. von beigemengten festen oder bei der Elektrolyse auftretenden festen oder gasförmigen Stoffen entstehen.

Die ersteren bezeichnen die Engländer treffenderweise mit dem Worte „pits", Spitzen, ihr Auftreten mit „pitting". Sie sind auf das Ansetzen fremder, meist im Elektrolyten suspendierter oder im Kathodenfilm entstehender fester leitender Partikelchen zurückzuführen, welche man in den pits tatsächlich häufig nachweisen konnte. Ein pitting tritt bei Eisen, Nickel, Kobalt, Zink häufig, seltener bei der Abscheidung von Kupfer oder Silber, ganz besonders selten aber bei der Abscheidung aus Doppelzyaniden auf. Die Partikeln, welche sie verursachen, gelangen entweder von außen oder als Suspensionen bzw. Verunreinigungen in den Elektrolyten, z. B. aus dem Anodenschlamm, wenn dieser nicht sorgfältig genug von der Kathode ferngehalten wird.

Ist einmal eine Inhomogenität als Keim zu einem pit entstanden, so vergrößert sich dieser in analoger Weise, wie es Kristallspitzen bei zu hohen Stromdichten tun.

Man kann die Schnelligkeit, mit welcher Kathoden bei zu hohen Stromdichten rauher werden, verringern, indem man die Leitfähigkeit des Kathodenfilms durch Leitsalz erhöht, also durch unedlere Kationen, welche nicht zur Entladung gelangen. Die Unterschiede des Widerstandes im Kathodenfilm, welcher dem Stromdurchgang entgegensteht, sind dann von Ort zu Ort geringere, und kleine vorstehende Spitzen ziehen nicht mehr so viel größere Strommengen auf sich.

In ganz analoger Weise und aus gleichem Grunde verzögert die Erhöhung der Leitfähigkeit des Kathodenfilms durch Leitsalz auch die Wachstumsgeschwindigkeit der pits.

„Pinholes", „piqûres", „Nadelstiche" nennt man prägnanterweise in fremder Sprache jene kleinen Löcher, die man im Deutschen mit dem matten und nicht ganz eindeutigen Ausdruck Poren bezeichnet. Sie werden — soweit sie nicht auf Fehler im Grundmaterial zurückzuführen sind — fast immer durch kleine und kleinste, mit der Lupe selten sichtbare Gasblasen hervorgerufen und bilden einen der verbreitetsten und bedenklichsten Mängel galvanischer Metallüberzüge. Ihnen ist es vor allem zuzuschreiben, daß sich das Grundmetall nicht schon durch hauchdünne galvanische Metallüberzüge lückenlos bedecken läßt und daß die Bedeckung durch größere Niederschlagsstärken noch immer einen Unsicherheitsfaktor in sich birgt. Sie sind es, die vor allem den Schutzwert galvanischer Überzüge verringern. Ein Mittel, ihre Entstehung zu verhindern, würde die Galvanotechnik auf eine höhere Stufe heben.

Schon im ersten Stadium der Überzugsbildung können kleine Gasblasen, die am Kathodenmetall haften bleiben, zur Entstehung solcher pinholes führen. Die Oberflächenbeschaffenheit und die Natur des Kathodenmetalls spielen dabei eine Rolle. An rauhen und an unreinen (gar an fetten) Flächen bleiben Wasserstoffbläschen bzw. Luftblasen leichter haften, an Stahl und gar an Nickel oder Kobalt leichter als an Kupfer, an Zink leichter als an Zinn. Von Einfluß sind ferner:

in der Metalloberfläche eingesprengte bzw. bloßliegende leitende oder nichtleitende Fremdpartikeln, s. Abb. 73, S. 144 (z. B. Graphit an Gußeisen),

das pH,

das größere oder geringere Lösevermögen des Metalls für Gas,

die Größe der Überspannung,

die Oberflächenspannung und

die Viskosität des Kathodenfilms.

Kolloide begünstigen das Haftenbleiben der Blasen.

Nicht immer sind es Wasserstoffblasen, die am Metall haften bleiben, auch andere im Elektrolyten gelöste, bei Erwärmung entweichende Gase (Luft, Sauerstoff, Kohlensäure od. dgl.) können zur Bildung von pinholes führen, wenn sie durch Konvektion oder durch Kataphorese an die Kathode gelangen.

COEHN hat beobachtet, daß Wasserstoffblasen in alkalischen Lösungen negativ, in sauren positiv geladen sind[1]. Wenn die Wasserstoffzahl des Kathodenfilms niedriger ist als 7, sollten demnach Wasserstoffbläschen nicht nur zur Kathode geführt, sondern dort auch kataphoretisch angepreßt werden. Tatsächlich ist FRÖLICH geneigt, den Umstand, daß Gelatinezusatz bei der Zinkelektrolyse die Ablösung von Wasserstoffblasen erleichtert, darauf zurückzuführen, daß er die Ladung der Wasserstoffblasen beeinflußt[2], während TAINTON vermutet, daß dies einer Änderung der Oberflächenspannung zuzuschreiben ist[3].

Beim Nickel erhöht im Gebiete höherer Wasserstoffzahlen (5,5 bis 6,5)

---

[1] Z. Elektrochem. **29**, 15 (1923).
[2] J. Chem. Soc. London **55**, 714 (1914).
[3] J. Amer. Electroplaters **41**, 391 (1922).

sicher die Gegenwart von Nickelhydroxyd im Kathodenfilm die Hartnäckigkeit, mit welcher Wasserstoffblasen am Metall haften bleiben. MACNAUGHTAN und seine Mitarbeiter haben dies in zahlreichen gründlichen Untersuchungen dargetan und durch Oberflächenkräfte erklärt[1].

Während pittings mit fortschreitender Elektrolyse zunehmen, pflegen pinholes mit zunehmender Niederschlagsdicke abzunehmen. Beim Nickel verschwinden sie z. B. an glatten Flächen meist, wenn die Niederschlagsstärke 0,025 mm überschreitet. Mit der Zeit werden sie gewöhnlich (aber nicht immer) von Metall überwachsen, vom Kupfer viel leichter als von Nickel. Darauf ist es u. a. zurückzuführen, daß Überzüge, welche aus abwechselnden Schichten von Nickel und Kupfer gebildet sind, viel dichter sind als reine Nickelschichten gleicher Dicke.

Die Hartnäckigkeit und die Zähigkeit, mit welcher Gasbläschen an manchen Metallen haftenbleiben, ist erstaunlich. Selbst durch sehr lebhafte Flüssigkeitsbewegung lassen sie sich kaum entfernen, zuweilen nicht einmal durch leichtes Darüberstreifen mit einem Haarpinsel.

Kleine, aber noch mit freiem Auge sichtbare Blasen bewahren kreisförmigen Querschnitt, sie schirmen die Stromlinien ab, so daß hinter ihnen nach und nach eine kraterförmige Vertiefung entsteht, die sich aber, wenn sie nicht zu groß ist, schließt und das Gas einschließt, wenn dieses bis zuletzt haften blieb. Wird die Blase vorher entfernt, so hinterläßt sie eine Vertiefung, deren Zentrum glänzend bleibt, während die Kraterwände matter erscheinen. Solange sie haftet, stört die Blase das Aufsteigen von Flüssigkeit, sie beeinflußt also die Konvektion; dies führt dazu, daß sich die kraterförmige Vertiefung über ihr mit der Zeit zuspitzt.

Man sucht die Bildung von pinholes durch Temperatursteigerung und, wenn sie durch Wasserstoff gebildet werden, durch Zusatz von Oxydationsmitteln (bei der Nickelelektrolyse z. B. von geringen Salpeter- oder Wasserstoffsuperoxydmengen) zu bekämpfen. Wirksam sind zuweilen komplexbildende Zusätze, bei der Nickelelektrolyse z. B. Zusatz von Zitrat, das offenbar in Wechselwirkung mit Nickelhydroxyd tritt, welches das Haften so sehr unterstützt, oder auch Zusätze, die kapillaraktiv wirken.

Man gelangt so dahin, die Störungen in erträglichen Grenzen zu halten, leider aber niemals dazu, sie wirklich zu beheben. Die meisten der Gasblasen, welche zur Bildung von pinholes führen, sind makroskopisch kaum mehr sichtbar, ein Teil wächst aber zu größeren Blasen an, welche dann Vertiefungen und Unebenheiten in der Oberfläche hervorrufen.

Niederes pH erleichtert die Wasserstoffabscheidung. In den schwach alkalischen Lösungen der Doppelzyanide treten pinholes bei nicht zu hoher Polarisation in geringerer Zahl auf als beim Arbeiten in sauren Elektrolyten. Hingegen befördert höheres pH (4 bis 7) die Bildung basischer Substanzen im

[1] Cf. Trans. Faraday Soc. **24**, 497 (1928); **29**, 729 (1933).

Kathodenfilm, und diese sind oft für die Hartnäckigkeit verantwortlich zu machen, mit welcher Gasbläschen am Metall haftenbleiben.

So erklärt es sich z. B., daß pinholes bei der Nickelelektrolyse bei Wasserstoffzahlen von 4 bis 6 in größerer, bei niederem pH (2 bis 3) in kleinerer Zahl auftreten. Bei der niederen Wasserstoffzahl lösen sich eben die Wasserstoffblasen (hier freilich besonders die größeren) leichter vom Metall los, obgleich sie in größerer Menge auftreten.

Auch pittings können durch haftenbleibende Gasblasen hervorgerufen werden, wenn diese, wie es etwa wieder bei der Nickelelektrolyse der Fall ist, die Mitabscheidung von Hydroxyd veranlassen, indem sie die Konvektion stören und damit ein lokales Ansteigen des pH verursachen. Derartige mitabgeschiedene Nickelhydroxydpartikeln bilden zunächst Unebenheiten der Oberfläche, sie werden aber dann teilweise zu Metall reduziert und sind als schwarze metallische Einschlüsse nachzuweisen.

In diesem Zusammenhange ist auch die Bildung vertikaler Streifen zu erwähnen, welche zuweilen auf der ganzen Kathodenfläche auftritt.

Rosa Vinal und McDaniel haben schon 1912 derartige Streifenbildung bei der Abscheidung von Silber aus Silbernitratlösung beobachtet, wenn sie die Lösung vor der Elektrolyse durch Filterpapier filtrierten. Sie vermuteten, daß sie auf eine Infektion des Elektrolyten durch das im Filterpapier in Spuren enthaltene Furfurol zurückzuführen sei, und tatsächlich konnte das Auftreten der Streifung in Lösungen, in denen sie sonst nicht auftrat, durch kleine Furfurolzusätze hervorgerufen werden. Die Breite der Streifung wechselte mit den Konzentrationen, sie scheint eine Funktion des spezifischen Gewichts, also der Konvektion bzw. der Schlierenbildung zu sein.

Ganz analoge Streifung wird aber auch durch Zusatz von kolloidalem Silber hervorgerufen.

J. Salauze[1] hat ähnliche Streifungen bei der Cadmiumelektrolyse durch Infektion des Elektrolyten mittels Filterpapiers bei 0,07 Amp./dm^2 Stromdichte hervorrufen können.

Wohlwill hat seinerzeit beobachtet, daß Chlorionen bei der elektrolytischen Kupferraffination Streifenbildung an der Kathode und ein Sprödewerden des Kathodenmetalls verursachen, wohl durch Kupferchlorür, das sich auf der Kathode abscheidet.

Auch Gasblasen, die an einzelnen Stellen der Kathode haftenbleiben, können unter Umständen zur Ausbildung von Streifungen führen.

Wenn diese Erscheinungen auch noch nicht völlig aufgeklärt sind, spricht doch vieles dafür, daß sie auf Schlierenbildungen zurückzuführen sind. Unebenheiten, welche an der Kathodenoberfläche haftenbleiben, wie: Gasblasen, kleine, dahin geführte feste Partikeln, Metallflitter, unlös-

---

[1] Nach mündlicher Mitteilung.

liche Metallverbindungen, koagulierte Kolloide usw. bilden mechanische Hindernisse, welche das Auf- oder Absteigen des Elektrolyten stellenweise stören. So entstehen streifenförmige Ströme zwischen stehendem Elektrolyt, und da beide verschiedene Ionenkonzentration und Leitfähigkeit aufweisen, kommt es zu einer streifenmäßig ungleichen Metallabscheidung.

IV. Einfluß auf die Abscheidungsform

1. Durch Änderung der Zusammensetzung des Elektrolyten bzw. durch Fremdstoffe usw.

Die bisherigen Darlegungen haben sich vorwiegend mit den Wirkungen spezieller Arbeitsbedingungen, wie der Konzentration, der Dissoziation, der Änderung der Stromdichte, der Temperatur, der Zirkulation usw., befaßt.

Aus zahlreichen Versuchsreihen haben sich einige einfache Regeln ermitteln lassen. Diese haben sich aber nur in eng begrenzten Arbeitsgebieten als ganz allgemein gültig erwiesen. In anderen Arbeitsgebieten beobachtet man unverkennbare Abweichungen von diesen Regeln oder erhält nur undeutliche Resultate.

Diese Unregelmäßigkeiten weisen auf die gleichzeitige Wirkung entgegengesetzt gerichteter Einflüsse, welche mit Veränderung der Arbeitsbedingungen nicht proportional zueinander, sondern nach verschiedenen Gesetzen zu- bzw. abnehmen und die noch nicht genügend erforscht sind.

Der Umstand, daß es nur in seltenen Ausnahmefällen gelingt, bloß eine Variable zu ändern, ohne gleichzeitig auch andere zu beeinflussen, bedingt es, daß viele Versuchsresultate unsicher sind und erschwert die Ermittlung dieser Gesetze.

Viel deutlichere, stärkere Wirkungen üben Änderungen des Charakters der Elektrolyte, Zusätze von Inhibitoren zu denselben oder auch mechanische Glättung aus.

Den Charakter des Elektrolyten verändert in dieser Hinsicht schon der Ersatz seines Anions durch ein anderes (s. z. B. S. 23), in viel höherem Maße tun es weitgehende Komplexbildungen im Elektrolyten.

Worin die bedeutende Wirkung mancher Anionen beruht, kann man zur Zeit nur auf Grund unbewiesener Annahmen vermuten, wenn diese nicht auf Komplexbildungen zurückzuführen ist.

Bei Komplexbildungen dürfte in erster Linie die ganz ungewöhnlich stark verringerte Konzentration des betreffenden Kations die besondere Wirkung hervorrufen, in zweiter Linie damit verbundene andere Veränderungen chemischer Art.

Von den Inhibitoren sind diejenigen kolloidaler Natur am wirksamsten.

Komplexbildung erschwert die Bildung anorganischer (in gewissen Fällen auch organischer) Kolloide.

In Elektrolyten, in welchen sowohl Komplexverbindungen als auch

Kolloide basischer Natur gebildet werden können, spielt das herrschende pH eine besondere Rolle zugunsten oder zuungunsten der Kolloidbildung.

Fremdstoffe, welche vom Metall adsorbiert werden, das niedergeschlagen wird, wirken stark kornverfeinernd und gelangen, mindestens in Spuren, in den Niederschlag. Ihre Wirkung hält deshalb nur dann unverändert an, wenn man die Konzentration des adsorbierten Fremdstoffes durch zeitweise Nachsätze konstant hält.

Ob die Adsorption bzw. ihre kornverfeinernde Wirkung dem Adsorptionsgesetz entspricht[1], ob die FREUNDLICHsche Regel Geltung hat, nach welcher die Reihenfolge, in welcher sich die Stoffe nach ihrer Adsorbierbarkeit anordnen, für die in Frage kommenden Substanzen — hier die betreffenden Metalle — ungefähr dieselbe ist, steht nicht fest. Es ist auch nicht bekannt, ob sich ein schwächer adsorbierter Stoff durch einen anderen nach und nach verdrängen läßt, welcher lebhafter adsorbiert wird. Dagegen ist in vielen Fällen festgestellt worden, daß sich die Wirkung einer Adsorption durch Zusetzen eines zweiten Stoffes, der ebenfalls vom Metall adsorbiert wird, verstärken läßt.

Wenn sie an der Kathode adsorbiert werden, können normale Bestandteile der Lösung (meist freilich in geringerem Grade) ähnliche Wirkungen ausüben wie adsorbierte Fremdstoffe.

Neben der Adsorption kommt auch die elektrostatische Anlagerung von Fremdstoffen polarer Natur in Betracht. Diese spielt beispielsweise eine große Rolle bei Gegenwart von Kolloiden, welche im Stromgefälle zur Kathode wandern. Sie können kathodisch die Rolle eines zur Entladung gelangten übergroßen Ions spielen.

Welcherart immer diese Anlagerungen sind, geben sie sich — wenn sie wirksam sind — durch größere oder geringere Beeinflussung des Kathodenpotentials zu erkennen. Man kann sie bei Aufnahme der I-E-Kurve daran erkennen, daß sie diese verflachen, wie es freilich jede Hemmung der Entladung tut.

So nimmt die I-E-Kurve auch in reinen Lösungen verschiedener Salze eines und desselben Metalls verschiedenen Verlauf.

Bei der Elektrolyse einer Bleinitratlösung steigt sie sehr steil an, in Bleiazetatlösung hingegen viel langsamer, in Nitratlösung geht die Entladung ohne Hemmung vor sich; in Azetatlösung ist sie gehemmt.

In Lösungen von Sulfaten der meisten Schwermetalle nimmt die I-E-

---

[1] Für den Zusammenhang zwischen Konzentration und adsorbierter Menge gilt nach diesem Gesetz die Gleichung:

$$\frac{x}{m} = a\,c^{b},$$

in welcher x die vom absorbierenden Stoff (z. B. je Flächeneinheit) adsorbierte Menge der Fremdstoffe der Konzentration c, a und b empirische Konstanten bedeuten.

Kurve unter vergleichbaren Umständen bei höherer Temperatur einen steileren Verlauf als bei Raumtemperatur. Dies deutet auf einen Rückgang der Hemmungen (vermutlich infolge Rückgang der Selbstkomplexbildungen) bei steigender Temperatur.

Alle Bestandteile der Lösung — nicht nur fremde Zusätze zu derselben —, welche solche Hemmungen hervorrufen, nennt man neuerdings Inhibitoren, und zwar je nachdem, ob sie auf das Potential der Anode oder der Kathode einwirken, anodische bzw. kathodische Inhibitoren. Einige Beispiele:

Natriumhydroxyd oder -karbonat wirkt sowohl anodisch als auch kathodisch, Zinksulfat bildet einen kathodischen Inhibitor, emulsionsbildende Öle sind hingegen anodische Inhibitoren. In Gegenwart von Alkali in Kathodennähe wirkt Chromat als kathodischer Inhibitor, bei niedrigerem pH ist es hingegen ein Aktivator. Anodenseitig wirken Chromate in alkalischer und neutraler Lösung inhibierend, nicht aber in saurer Lösung. Stickstoffhaltige organische Substanzen, wie Pyridin, Chinolin, Netzmittel, Sulfonate mit langen Ketten u. dgl. sind kathodische Inhibitoren.

2. Durch Inhibitoren

Die Empfindlichkeit der einzelnen Metalle gegen Inhibitoren ist verschieden groß. Sie steigt in der Regel mit steigender Metallüberspannung (s. S. 32), ohne daß freilich strenge Parallelität oder gar zahlenmäßige Proportionalität zu beobachten ist.

Die nach Piontelli „normalen" Metalle der I. Gruppe sind gegen Inhibitoren recht wenig empfindlich, die „trägen" Metalle der III. Gruppe hingegen sehr. Die „gehemmt-reaktiven" der II. Gruppe nehmen eine Mittelstellung ein.

Damit in Zusammenhang steht es, daß Metalle der III. Gruppe in „Glanz"-Bädern verhältnismäßig leicht in hochglänzender Form abgeschieden werden können, daß es aber bisher nicht gelungen ist, bei Metallen der II. und gar solchen der I. Gruppe mehr als Halbglanz zu erzielen.

Nach H. Fischer können *alle* Bestandteile der Lösung als Inhibitoren wirken: ihre Kationen, ihre Anionen, die Dipole des Lösungsmittels, welche unmittelbar an die Kathode grenzen, ganz besonders aber Stoffe, welche von der Kathode adsorbiert werden, zugesetzte oder während der Elektrolyse sich bildende Kolloide.

Als Hauptbestandteil des inneren Teils der elektrischen Doppelschicht wirken diejenigen Metallkationen, welche zur Entladung gelangen, nur selten hemmend ein, und dies höchstens an Stellen, an denen es zu größerer Übersättigung kommt (Selbstblockierung). Auch dann bleibt die Inhibition nur schwach. Überraschend ist in dieser Hinsicht die stärkere Inhibitionswirkung des Wasserstoffs. Sie ist vielleicht auf die hohe Ladungsdichte zurückzuführen, sie scheint aber nur dann besonders deutlich zu werden, wenn Wasserstoffionen kathodisch zur Entladung gelangen, wenn das Metall also in Berührung mit Wasserstoff-*Atomen* tritt (s. S. 65). Dabei dürfte die Ladungsdichte keinen Einfluß mehr ausüben.

Kationen von unedlerem Abscheidungspotential, welche nicht zur Entladung gelangen, üben in der Regel nur dann merkliche Wirkung aus, wenn ihre Konzentration im Verhältnis zu derjenigen des Metallkations, das zur Entladung gelangt, groß ist. Leitsalze wirken deshalb nur bei großem Zusatz merklich kornverfeinernd.

Die Wirkung der Anionen steht mit dem Grade ihrer Deformierbarkeit in Beziehung. Je größer dieselbe ist, desto tiefer kann das Anion in die Doppelschicht eindringen. Nach PIONTELLI scheint ein auf diese Weise entstehender Anionenfilm auf die Wirkung elektrischer Felder leichter zu reagieren als ein Zwischenfilm aus Wasserdipolen. Die Ionen-Austauschgeschwindigkeit wird in beiden Richtungen erhöht, der Mechanismus der Metallabscheidung beeinflußt.

Die Deformierbarkeit des Anions steigt nach seiner Stellung in den Vertikalreihen des periodischen Systems von oben nach unten an, bei den Halogenen, welche schwächere Inhibitoren darstellen, z. B. in der Folge:

$$Cl' < Br' < J'.$$

Fluor weist wechselndes Verhalten auf. NO_3' und SO_4'' sind mittelstarke, BF_4', NH_2SO_4'', ClO_4' starke Inhibitoren (wiewohl ClO_4' nur wenig deformierbar ist).

Starke Inhibitoren sind je nach ihrer Größe die Anionen der Alkyl-, der Aryl- und Amino-Sulfosäuren, hochmolekulare Fettsäuren, Abkömmlinge des Harnstoffes, mehrbasische komplexbildende Oxysäuren, z. B. Weinsäure, Zitronensäure, gewisse Thioverbindungen usw.

Echt gelöste organische Verbindungen üben zwar keine grundsätzlich verschiedene, aber — unter vergleichbaren Umständen — oft viel stärkere Wirkung aus, die sich in der Regel auf erleichterte Anlagerung zurückführen läßt.

Unpolare Moleküle solcher Verbindungen, die keine Adsorptiva sind, üben nur schwache oder gar keine Hemmung aus. Ganz indifferent bleiben hydrophile, unpolare Verbindungen, und zwar sowohl in bezug auf die Abscheidungsform wie auf die Metallüberspannung, es wäre denn, daß sie mit Ionen Komplexverbindungen eingehen.

Stark hydrophile Gruppen, wie: die Hydroxylgruppe, die Amido- und Imido-, die Carboxyl-, die Sulfogruppe usw., schwächen gewöhnlich die Inhibition. So bleiben *niedermolekulare* Phenole, Aldehyde, Ketone, Fettsäuren nur schwache Inhibitoren und werden nicht miteingebaut. Ausnahmen davon treten aber in Fällen ein, in denen sie starke Affinität zum abzuscheidenden Metall aufweisen. Auch mehrwertige Alkohole, Zuckerarten u. dgl. sind in geringer oder mittelgroßer Konzentration fast unwirksam, in hoher wirken sie nur durch Änderung der Viskosität.

Wird die Inhibitions-Wirkung durch hydrophile Gruppen geschwächt, so wird sie im Gegenteil durch hydrophobe Gruppen erhöht. So wird z. B. die Abscheidungsform von Silber durch die schwache Essigsäure nicht verändert, während das Korn durch Zusatz des viel stärker dissoziierten Natriumazetats stark verfeinert wird. Dies wird der praktisch hydrophoben Natur des Azetations zugeschrieben.

Ganz verschiedenartige organische Verbindungen können durchaus übereinstimmende Inhibitionswirkung ausüben.

Daß trotzdem die Konstitution des Inhibitors eine gewisse Rolle spielt, ist wahrscheinlich, aber selten deutlich festzustellen. Einen Fall, in welchem dies gelungen ist, beschreiben MATHERS und OVERMANN[1]. In diesem wurde die Elektrolyse einer 0,5-n. Bleiperchloratlösung, die 0,4-n. sauer war, mit Zusatz von Diphenolen in *m*-, *p*- bzw. *o*-Stellung bei Anwendung einer Stromdichte von 0,8 Amp./dm² ausgeführt. Das Aussehen des Pb-Niederschlages änderte sich wie folgt:

Tabelle 15. *Einfluß von Diphenolen auf die Abscheidungsform von Blei aus saurer Perchloratlösung*

Zusatz	Aussehen des Elektrolytbleis
0,0	grobe Kristalle
0,01 Mol/l Resorcin	grobe Kristalle, an Kanten gefedert
0,01 Mol/l Hydrochinon	glatte, besser haftende Kristalle
0,01 Mol/l Brenzkatechin	glatt, feinkörnige Kristalle

Mit zunehmendem Ionenvolumen steigt in homologen organischen Verbindungen die Höhe der von ihnen hervorgerufenen Überspannung und Inhibition[2].

FISCHER und GOESCH[2] fanden z. B. bei der Kupferabscheidung aus saurer Kupfersulfatlösung mit Zusätzen stickstoffhaltiger aromatischer Verbindungen mit Zunahme der Anzahl der Benzolkerne:

Tabelle 16. *Zunahme der Metallüberspannung mit steigender Anzahl der Benzolkerne*

Molgew.	Anzahl der Benzolkerne	Verbindung	Konzentration Mol/l	Metallüberspannung Millivolt
79	1	Pyridinsulfat	0,04	15
129	2	Chinolinsulfat	0,03	55
179	3	Akridinsulfat	0,005	100
179	3	β-Naphthochinolinsulfat	0,005	150

Hier sieht man die Metallüberspannung mit dem Molekulargewicht, der Größe des Moleküls, aber auch (in den letzten zwei Zeilen) mit Änderung der

[1] Trans. Amer. Electrochem. Soc. 21, 319 (1912).

[2] H. FISCHER, Elektrolytische Abscheidung und Elektrokristallisation von Metallen, S. 268. Berlin: Springer. 1954.

Konstitution ansteigen. Die Überspannung ist beim stärker deformierbaren unsymmetrischen β-Naphthochinolinsulfat um 50% größer als beim isomeren Akridinsulfat.

Noch höhere Metallüberspannungen hatte LE BLANC mit Alkaloiden von noch größerem Molekulargewicht gefunden:

Tabelle 17. *Überspannung bei der Kupferabscheidung aus 1-n.* $CuSO_4$-, *1-n.* H_2SO_4*-Lösung mit 0,45 Amp./dm²*

Molgew.	Alkaloid	Konzentration Mol/l	Überspannung Millivolt
289	Atropin	0,000 35	39
324,4	Chinin	0,000 3	41
334,4	Strychnin	0,000 3	115
394,5	Brucin	0,000 25	110

ROTH und LEIDHEISER haben Analoges bei der Nickelelektrolyse in Sulfatlösung (WATTS-Bad) gefunden. (Fast alle ihre Versuche wurden bei 30° mit pH 4 und 0,02 Amp./dm² ausgeführt, die Potentialmessung nach 10 Minuten Elektrolyse vorgenommen.) Die Änderung der Spannung ging mit der Größe der Inhibition bei Zusätzen von: Chinolin, Pyridin, Piperidin (die gesättigte Verbindung ist unwirksamer als Pyridin), Äthylendiamin, Cyclohexylamin und Äthylamin parallel. Außerdem stellten sie an 50 verschiedenen basischen Stoffen und einer Reihe von Verbindungen mit sauren Gruppen fest, daß eine Parallelität zwischen der Anzahl der im Molekül verfügbaren Elektronenpaare und der Stärke der Inhibition zu beobachten ist[1].

Die *Metallüberspannung* nimmt Einfluß beim *Beginn* der Abscheidung, die *Inhibition* beim *Wachstum* der Kristallite.

Als ziemlich allgemein geltend sieht man folgende Regeln an:

1. Die Inhibition wird vom sauren oder basischen Charakter der Atomgruppen des Inhibitors bestimmt oder zumindest beeinflußt.

2. Starke organische Inhibitoren sind fast ausnahmslos auch Adsorptiva.

3. Die TRAUBEsche Regel, daß die Inhibitionskraft mit steigender Kettenlänge bzw. mit steigender Molekülgröße zunimmt, findet sich bestätigt.

4. Polarisation und Inhibition steigen mit der Zahl der disponiblen Elektronenpaare im Molekül des Inhibitors.

5. Sehr starke kathodische Inhibitoren erhöhen meist auch die Metallüberspannung. Die Wirkung steigt ebenfalls in vergleichbaren Fällen mit der Größe des Moleküls und besonders mit der Adsorption.

6. Unpolare Moleküle sind nur dann Inhibitoren, wenn sie adsorbiert oder gebunden werden.

---

[1] J. Electrochem. Soc. **100**, 553 (1953).

Nach H. FISCHER wird die Beobachtung der Wirkung von Inhibitoren weniger durch Nebenwirkungen gestört als diejenige anderer Faktoren, welche von Einfluß sind, weil starke Inhibitoren schon bei minimalen Zusätzen wirksam sind.

Die Variationen der Inhibition sind deshalb in geringerem Maße von der gleichzeitigen Variation der anderen einflußreichen Abscheidungsbedingungen abhängig, als dies umgekehrt der Fall ist.

Adsorptiva scheinen bestimmte Stellen der Kathode, und zwar vorzugsweise deren aktive Bereiche, zu bedecken. Haben sie polare Natur, dann wird die Bedeckung dieser Stellen mit zunehmender Stromdichte gefördert und gefestigt.

Grundsätzliche Unterschiede in der inhibierenden Wirkung anorganischer oder organischer Bestandteile sind noch nicht beobachtet worden, auch keine grundsätzlichen, sondern nur gradweise Unterschiede in der Wirkung von Adsorptiva, hochmolekularen Farbstoffen und ausgesprochenen Kolloiden.

Die wirksamen *Kolloide* bestehen zur Mehrzahl aus neutralen, aber polaren Molekülen. Sie sind gewöhnlich sehr schwach dissoziiert oder erlangen ihre Plus- und Minusladungen durch Anlagerungen oder Angliederungen. Ihre Charakteristik verdanken sie dem Umstande, daß das eine ihrer Ionen (bzw. mindestens der eine der zwei durch Anlagerung od. dgl. entgegengesetzt geladenen Anteile) ganz ungewöhnliche Größe besitzt.

Polare Natur befähigt sie, auf elektrische Felder anzusprechen und sich an Aktivstellen der Kathode anzusetzen.

Gewisse Kolloide besitzen bekanntlich auch die Eigenschaft, die Absetzung von Suspensionen zu verlangsamen, die Stabilität wenig stabiler Sole, z. B. der Metallsole, zu erhöhen, ihre Fällung durch Elektrolyte zu hemmen u. dgl. m. Derartige Kolloide nennt man „Schutzkolloide". Es ist bemerkenswert, daß WERNICK[1] nachweisen konnte, daß die Stärke der Wachstumshemmung, welche verschiedene Kolloide und hochmolekulare organische Verbindungen auf die Bildung von Silberkristallen ausüben, genau in derselben Reihenfolge abnimmt wie die Schutzwirkung, welche sie auf kolloidales Silber ausüben.

Er zählte die Anzahl von Silberkristallen, welche aus Silbernitratlösung allein und nach gewissen Zusätzen durch die gleichen Strommengen auf 1 cm^2 ausgeschieden werden. Ohne jeden Zusatz betrug ihre Zahl $71 \cdot 10^4$. Sie verringerte sich bei Zusatz von 0,02% β-Naphthol auf $28 \cdot 10^4$, von 0,02% Dextrose auf $31 \cdot 10^4$. Keine dieser beiden Substanzen übt auf kolloidales Silber merkliche Schutzwirkung aus. Hingegen üben die folgenden eine ihrer Reihenfolge entsprechend zunehmende Schutzwirkung aus und be-

[1] J. Electroplaters' Depositors' Soc. 4, 25 (1928).

wirken parallel hiezu große Steigerungen der pro Flächeneinheit niedergeschlagenen Kristallzahl:

	Kristallzahl/cm²
0,02% Stärke	218 . 10^4
0,02% Akaziengummi	356 . 10^4
0,02% Gummiarabikum	335 . 10^4
0,02% Gelatine	380 . 10^4
0,02% Tragant	523 . 10^4

Unter dem Mikroskop erschienen die Kriställchen hell, kleiner als ohne Kolloidzusatz und enger aneinandergeschlossen. Eine Ausnahme bildete Dextrin, das keine Schutzkolloidwirkung ausübte, aber die Kristallzahl doch auf 554 . 10^4 erhöhte. Die Kristalle fielen aber bei diesem Zusatz mit dunkler Farbe aus, was eine Störung unbekannter Art anzeigt.

Schon Spuren von Kolloiden können bewirken, daß die Kristallstruktur dichter Niederschläge so verfeinert wird, daß man sie selbst mit starken Mikroskopen nicht mehr erkennen kann. Diese Wirkung wird anscheinend nur von Kolloiden ausgeübt, welche im Stromgefälle zur Kathode wandern. Sie häufen sich also in Kathodenumgebung an, und deshalb ist es nicht verwunderlich, daß geringe Zusätze schon dazu hinreichen, starke Wirkungen auszuüben.

Anteile des Kolloids gehen in den Metallniederschlag über. Als schwache (gewöhnlich amphotere) Elektrolyte[1] können Kolloide an der Kathode entladen werden. Auch ihre Adsorption durch das Kathodenmetall kann dazu führen, daß kleine Anteile mechanisch eingeschlossen werden, während der Kathodenniederschlag wächst[2].

Marie und Buffat[3] haben in einem wichtigen Spezialfall, der Elektrolyse gelatinehaltiger Kupfersulfatlösung, nicht nur sichergestellt, daß Gelatine in den Metallniederschlag gelangt, sondern durch sorgfältige quantitative Untersuchung auch dargetan, daß ihre Menge überraschend groß ist und daß die Gelatine noch hydratisiertes Kupfersulfat (und zwar etwa die Hälfte ihres eigenen Gewichtes) in den Niederschlag führt.

Bei der Elektrolyse einer Lösung, die 25% $CuSO_4 . 5\,H_2O$ und 0,5%

---

[1] Billiter dürfte als erster, Z. physik. Chem. **47**, 131 (1904), dargetan haben, daß sich Kolloide dadurch charakterisieren, daß sie schwache Elektrolyte mit einem abnorm großen Ion vorstellen. Durch Ionenadsorption erlangen demgemäß auch an sich ungeladene, z. B. koagulierte Kolloide oder Suspensionen verwandte Eigenschaften.

[2] Kataphoretisch an die Kathode gepreßte Kolloide müssen dort auch elektroosmotisch entwässert werden. Dieses Detail und seine Wirkung ist bisher, wie es scheint, noch nicht beachtet worden.

[3] J. chim. phys. **24**, 470 (1927).

Gelatine bei pH 3 enthielt, schied sich an der Kathode bei Stromdichten von 0,8 bis 1,15 Amp./dm² ein Metall ab, das

Cu	95,44	96,36%
Gelatine	2,93	2,28%
Kupfersulfat	1,5	1,28%
Summe	99,87	99,93%

enthielt.

Sie stellten ferner fest, daß die Gegenwart von Gelatine negativeres Kathodenpotential bei der Metallabscheidung bedingt, daß sie also eine Überspannung hervorruft, deren Ausmaß eine Funktion der Gelatinekonzentration der Lösung ist (Tab. 18).

Tabelle 18

Konzentration der Gelatine g/l	Überspannung Volt
0,25	0,0095
0,5	0,0178
1,0	0,0254
1,5	0,0398
5,0	0,0437

Nach AUDUBERT deutet der Verlauf der Zunahme der Überspannung mit steigender Gelatinekonzentration darauf hin, daß sie durch Adsorption hervorgerufen wird und daß diese Adsorption eine elektrostatische ist[1].

Andere Autoren, unter denen z. B. FUSEYA anzuführen ist, sind hingegen der Ansicht, daß Kolloide mit den Metallionen Komplexe bilden, die als solche kathodisch zur Abscheidung gelangen. Eine derartige Komplexbildung ist in einigen Fällen allerdings mit ziemlicher Sicherheit nachgewiesen worden, aber die mitabgeschiedenen Kolloidmengen stehen zu den Metallmengen nicht im Verhältnis direkter Proportionalität, wie es eine solche Annahme erwarten lassen müßte.

Nebenerscheinungen, auf die an späterer Stelle zurückzukommen sein wird, lassen es allerdings zweifelhaft erscheinen, ob die Adsorption eine *rein* elektrostatische ist. Auch der Umstand, daß die Mehrspannung kaum von der Höhe der angewandten Stromdichten beeinflußt wird, läßt daran zweifeln; MARIE und BUFFAT fanden[2] nämlich, daß sie nur äußerst langsam mit steigender Stromdichte ansteigt:

Tabelle 19

Stromdichte Amp./dm²	Überspannung Volt	Überspannung %	Aussehen des Niederschlages
0,2	0,0492	3,94	glänzend
0,4	0,0506	4,04	glänzend
1,11	0,0513	4,08	matt
2,50	0,0517	4,12	matt

Es mag allerdings auch vorkommen, daß die Kolloidteile Metallion adsorbiert enthalten bzw. sich an Metallionen lagern, daß sie mit denselben

[1] Cf. AUDUBERT und Mlle. QUINTIN, J. chim. phys. 23, 176 (1926).

[2] Vgl. Anmerkung 1 und 2, S. 90.

zur Kathode gelangen, sich bei der Entladung vom Metallion trennen, ohne ins Kathodenmetall zu treten und trotzdem, kraft der Vergrößerung des Metallionenvolumens, bis zu dessen Abscheidung Einfluß auf den Ort seiner Entladung üben und damit die Abscheidungsform modifizieren.

Die meisten Autoren sind der Ansicht, daß z. B. kolloidales Aluminiumhydroxyd und Gelatine bei der Zinkabscheidung aus Zinksulfatlösungen kornverfeinernde Wirkung ausüben[1], und doch konnte man in vielen Untersuchungen weder die geringste Spur von Aluminium noch von Gelatine im Elektrolytzink nachweisen[2]. Dies und ähnliches hat manche zu der Vermutung geführt, daß das Kolloid in derartigen Fällen als eine Art Diaphragma oder Sieb wirkt, das sich der Kathode auflagert und die Metallabscheidung an manchen Stellen hemmt, an anderen zuläßt — eine Vorstellung, aus welcher sich nicht ohne weiteres irgendeine konkrete Folgerung ziehen läßt[3].

Kolloideinschluß verfeinert das Metall, es ändert aber zugleich seine mechanischen Eigenschaften, macht es spröde, lockert gelegentlich den Zusammenhang, ruft innere Spannungen hervor (s. weiter unten) u. dgl. m. Organische, vom Metall eingeschlossene Bestandteile, Salze und Wasser, die sie dahin mitführen, bewirken, daß das Metall bei starker Erhitzung Blasen wirft, wenn sie gasförmige Produkte bilden, welche nicht entweichen können.

Die Verteilung mitabgeschiedenen Kolloids im Metall ist auch nicht immer eine gleichförmige, oft erfolgt sie schichtenweise. Solche Schichten erscheinen im Schliffbilde als parallele Lagen, wenn der Elektrolyt während der Fällung nicht bewegt wurde, sie weisen Verwerfungen auf, die stark werden können, wenn er lebhaft bewegt war[4].

---

[1] Die Wirkung der Gelatine beim Zink wird von manchen bestritten, s. weiter unten.

[2] Thompson, Trans. Amer. Electrochem. Soc. **50**, 193 (1926); hingegen hat Pfanhauser, Galvanotechnik, 7. Aufl., Spuren von Aluminium im Zn gefunden.

[3] Cf. Engelhardt, Trans. Amer. Electrochem. Soc. **21**, 322 (1912).

[4] Cf. A. Sieverts und W. Wippelmann, Z. anorg. Chem. **91**, 1; **93**, 322 (1912). Derartige Erscheinungen veranlaßten Grube und Reuss (Z. Elektrochem. **27**, 45 [1921]) anzunehmen, daß der primär gebildete Kathodenniederschlag dispers und leicht deformierbar ist. Der schließliche Niederschlag soll erst sekundär aus ihm durch Spaltung in eine metallreiche und eine kolloidreiche Schicht entstehen. Bei der Elektrolyse gelatinehaltiger Kupfersulfatlösung soll derart zunächst gelatinereiches Kupfer abgeschieden werden, während gleichzeitig überschüssige Gelatine koaguliert und die Bildung größerer Kristalle verhindert. Der gelatinereiche Kupferniederschlag soll sich nach und nach durch Zusammentritt der Metallteile verfestigen und dabei wieder Gelatine ausscheiden, welche sich dem Kupfer als Schicht auflagert. Durch periodenweise Wiederholung dieses Vorganges soll die Schichtung entstehen.

Ein Beweis dafür, daß sich der Prozeß in zwei Phasen abspielt, insbesondere daß sich das disperse, von Gelatine durchsetzte Metall nachträglich verfestigt — ein Vorgang, für den kein Analogon bekannt ist —, scheint nicht erbracht

Alle Kolloide, welche das Kristallwachstum sehr stark hemmen, also besonders die organischen, schädigen auch das Aussehen und die äußere Beschaffenheit der Metallniederschläge, wenn ihre Konzentration über ein bestimmtes, stets sehr geringes Maß gesteigert wird. Da sie mit in den Kathodenniederschlag gelangen, sinkt ihre Konzentration ständig und ihre stete Wirkung kann nur erhalten bleiben, wenn man fortlaufend Kolloid in kleinen Mengen zusetzt. Die Heranziehung von Kolloiden ist deshalb stets eine heikle Maßnahme, welche Vorsicht erfordert und deren Kontrolle um so schwieriger ist, als sich das Kolloid im Elektrolyten gewöhnlich nicht auf analytischem Weg erkennen[1] und quantitativ erfassen läßt, ja daß es in vielen Fällen gar nicht bekannt ist, welcher Bestandteil die eigentliche Wirkung ausübt.

Bei der Abscheidung edlerer Metalle, wie Kupfer, erhält man bei Gegenwart organischer Kolloide, die zur Kathode wandern, kein Produkt, das sich nachträglich erhitzen oder gar ausglühen läßt, ohne Formschaden zu nehmen. Blei und Zinn werden nachträglich mit Rücksicht auf ihren niederen Schmelzpunkt niemals so hoch erhitzt, die Anwendung organischer Kolloide stößt bei ihrer Abscheidung nicht auf dieselben Bedenken.

Organische Kolloide sollen nach Frölich bei der Abscheidung von Zink aus alkalischer Lösung nicht in das Metall gelangen. Das hohe pH, welches der Kathodenfilm bei dieser Zinkelektrolyse aufweist, soll das Kolloid hindern, bis zum Metall vorzudringen[2].

Die Kolloide, die in Betracht kommen, sind amphotere Elektrolyte, das

---

worden zu sein. Und es würde mehr als gewagt erscheinen, ein derartiges Bild generalisieren zu wollen.

Auch bei der Elektrolyse der Eisenmetalle, die bei pH 5 bis 6 von einer Bildung kolloidaler Metallhydroxyde begleitet ist, beobachtet man gelegentlich eine Schichtung, die selbst dann auftritt, wenn man mit ganz konstant gehaltener Stromintensität ohne Stromunterbrechung arbeitet. Sie ist vielleicht zwanglos dadurch zu erklären, daß sich Metallhydroxyd in Kathodenumgebung (besonders bei steigendem pH) anreichert und periodisch ausfällt, wenn das Löslichkeitsprodukt jeweils überschritten wird.

Wenn nur ein Teil der adsorbierten Gelatine bei der Kupferelektrolyse vom Kupfer eingeschlossen wird, ist die Möglichkeit periodischer Abscheidung von Gelatineschichten oder periodischer Koagulation gegeben, ohne daß man den Eintritt unbekannter und komplizierter Erscheinungen zur Erklärung zu Hilfe nehmen müßte. Die Veränderlichkeit des Ladungssinnes der Gelatine (s. folgende Seite) erklärt gewisse Periodizitäten auf einfachste Art.

[1] Gelatine läßt sich in Lösungen qualitativ nach Marie und Buffat (l. c.) bzw. Crismer durch Belichtung der Lösung nach einem Bichromatzusatz erkennen. Unter der Einwirkung des Lichtes bildet sie rotbraune unlösliche Flocken, die sich abfiltrieren lassen.

Um die Gelatine qualitativ im Kathodenmetall nachzuweisen, kann man ebenso nach Auflösung des Metalls verfahren. Zur quantitativen Bestimmung wurde entweder N oder C gewichtsanalytisch ermittelt.

[2] Frölich, Trans. Amer. Electrochem. Soc. **46**, 67 (1924).

sind solche, die sowohl dazu befähigt sind, $H^{\cdot}$-Ionen abzuspalten, dabei selbst negative Ladung zu erlangen und zur Anode zu wandern, als auch umgekehrt ein Anion abzuspalten, dabei selbst eine positive Ladung anzunehmen und zur Kathode zu wandern. In stärker saurer Lösung (niederes pH) wird die $H^{\cdot}$-Abspaltung erschwert, die Anionabspaltung erleichtert, amphotere Kolloide nehmen dadurch positive Ladung an und wandern zur Kathode. In schwächer saurer oder gar in alkalischer Lösung (hohes pH) ist das Umgekehrte der Fall, sie erlangen negative Ladung und wandern von der Kathode weg zur Anode.

So spaltet sich Gelatine, welche (bei Molekulargewichten von 5000 bis 15 000) eine Konstitution aufweist, die dem Schema

$$R\langle\begin{matrix} COOH \\ NH_2 \end{matrix}$$

entspricht, bei Zusatz von NaOH und pH-Zahlen über 4,7 nach:

$$R\langle\begin{matrix} COO' \\ NH_2 \end{matrix} + Na^{\cdot}$$

bei Zusatz von HCl und pH-Zahlen unter 4,7 nach:

$$R\langle\begin{matrix} COOH^{\cdot} \\ NH_2 . H \end{matrix} + Cl'$$

Im ersten Falle bildet der Kolloidrest ein Anion, im zweiten ein Kation.

Der Umkehrpunkt des Wanderungssinnes für suspendierte Körper liegt nach Billiter[1] beim Potential $\varepsilon_H + 0{,}486$ Volt; in Übereinstimmung damit fand ihn Frölich (l. c.) bei pH 4,7. Da das pH im Kathodenfilm des Zinks höher ist, folgert er, daß das Kolloid zwar bis zum Kathodenfilm gelangt, dort aber haltmachen muß, weil es von der Kathode abgestoßen wird.

Ob dann überhaupt die (übrigens von mancher Seite bestrittene) Wachstumshemmung der Zinkkristalle durch Gelatine, Dextrin od. dgl. auf Kolloidwirkung zurückzuführen ist und nicht etwa auf andere physikalische Veränderungen (z. B. Steigerung der Viskosität od. dgl.), muß heute noch als unaufgeklärt erscheinen.

Kaum zu bezweifeln ist es aber, daß die feine Abscheidungsform der Eisenmetalle bei höherem pH (5 bis 6) auf Kolloidwirkung gleichzeitig gebildeten Metallhydroxyds zurückzuführen ist, das auch in das Metall übergeht, da dieses stets oxydhaltig gefunden wird.

---

[1] Ann. Physik **11**, 903, 937 (1903); cf. auch Bennewitz, Z. physik. Chem. **124**, 115 (1926).

3. Durch mechanische Einwirkungen

Das Kristallwachstum kann aber noch durch ganz andere, z. B. durch rein mechanische Mittel gehemmt werden.

Es ist schon kurz darauf hingewiesen worden (s. S. 50), daß bei der elektrolytischen Metallabscheidung auf strukturloser Metalloberfläche stets zunächst kleine Kristallite entstehen, aus denen sich erst nach und nach größere entwickeln, um so größere, je stärkere Niederschläge man ceteris paribus herstellt.

Stört man das Wachstum der erstgebildeten kleinen Kristallite auf mechanischem Weg, etwa durch Deformation oder durch Abschleifen der aktivsten Stellen, der Spitzen od. dgl., so werden auf der Kathodenfläche Gebilde zerstört, welche stark orientierende Wirkung auf das weiter zur Abscheidung gelangende Metall ausüben. Dieses fällt deshalb weiter in kleinkristalliner Form und, da gleichzeitig auch eine fortlaufende Ebnung der Kathodenfläche bewirkt wird, mit besonders glatter, oft spiegelnder Oberfläche aus.

Erreichen läßt sich dies z. B. dadurch, daß man die Kathoden während der Abscheidung mit harten feinpulverigen Substanzen, Sand od. dgl., das im lebhaft bewegten Elektrolyten etwa suspendiert gehalten wird, reibt oder es durch polierte Achate od. dgl. glättet, welche man mit gewissem Druck über die Kathodenoberfläche hin- und herführt.

Der erste, welcher letztere Methode zur Ausführung brachte, dürfte Elmore gewesen sein, der auf diese Weise spiegelnd glatte Kupferrohre durch Fällung von Kupfer auf rotierende zylinderförmige Kathoden herstellte.

Die zylinderförmigen Kathoden tauchen nur mit ihrer unteren Hälfte in den Elektrolyten. Während ihres Durchganges durch die Luft läßt man langsam in der Längsrichtung der Walze hin- und hergehende Achate ihre Oberfläche bestreichen, auf der sie feine Schraubenlinien ziehen. Es ist anzunehmen, daß die Kristallkeime auf diesen Schraubenlinien zerstört sind. Diese Art der Elektrolyse wird also periodisch durchgeführt. Das hat zur Folge, daß sich eine Spur von Oxyd auf der Kupferoberfläche bilden kann, während das Kupfer mit Luft in Berührung steht — ein Detail, welches gewisse Wichtigkeit erlangen kann (s. Abschnitt Rekristallisation).

Stellt man sich Schliffproben von derart bereiteten Niederschlägen her, so erscheint das Metall bei immer stärkerem Andrücken der Glätter immer deutlicher geschichtet (s. Abb. 48 bis 51)[1]. Man kann, besonders wenn man von nicht sehr glatten Kathoden ausgeht, in vielen Fällen erkennen, wie die Wachstumsrichtung der Kristalle, durch den Glätter beeinflußt, in eine Richtung gezwungen wird, und zwar so weit, daß es zu Überlappungen kommen kann (s. z. B. Abb. 51).

---

[1] Nach unveröffentlichten Untersuchungen des Verfassers.

Derartige Niederschläge sind, wenn man von nicht zu unebenen Kathoden ausging, spiegelblank, aber man muß sie als überglättet bezeichnen, wenn die Schichtung so weit geht wie z. B. auf Abb. 49 bis 51, weil sie dazu führt, den mechanischen Zusammenhang zu lockern.

Bei Beobachtung besonderer Maßnahmen kann man glattes Metall herstellen, ohne daß Schichtungen im Schliffbilde zu erkennen sind und ohne daß das Metall in seinen mechanischen Eigenschaften, seiner Wärmebeständigkeit u. dgl. m. nachteilig beeinflußt wird, wie Abb. 48 es zeigt, welche das Schliffbild eines derart geglätteten Kupferniederschlages wiedergibt.

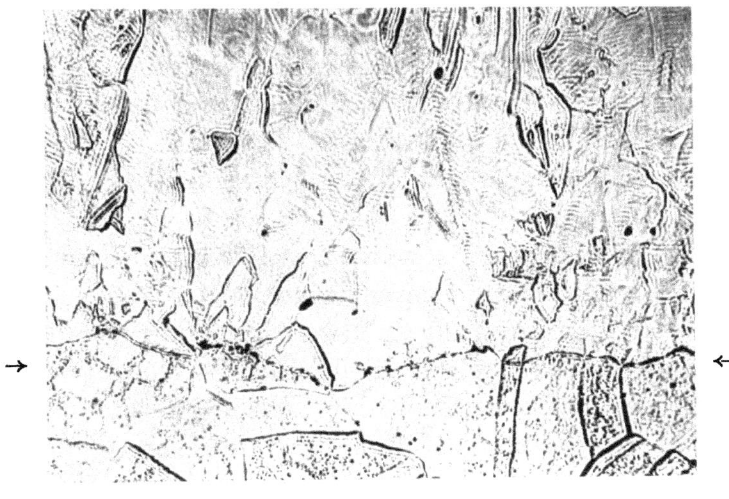

Abb. 48

Abb. 48 bis 52. Proben von Cu-Niederschlägen, die während der Elektrolyse mechanisch geglättet wurden: Abb. 48 behutsame Glättung, mattglänzende Oberfläche; Abb. 49 stärkere Glättung; Abb. 50 und 51 zu starke Glättung, spiegelnde Oberfläche; Abb. 52 überglättete Probe nach Erwärmung auf 600° C

Abb. 49

Abb. 50

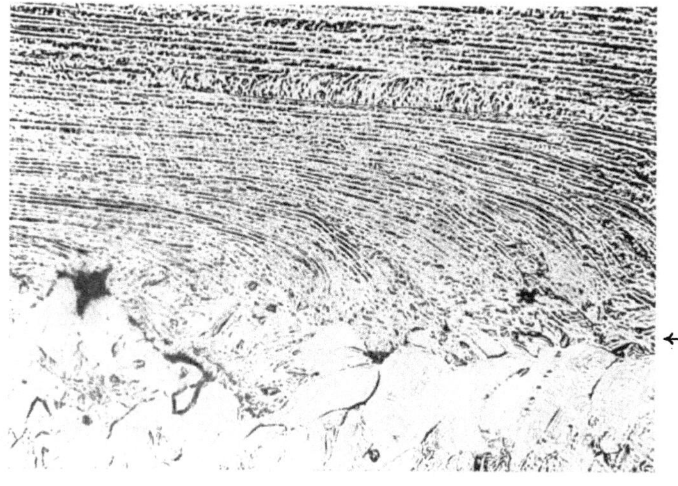

Abb. 51

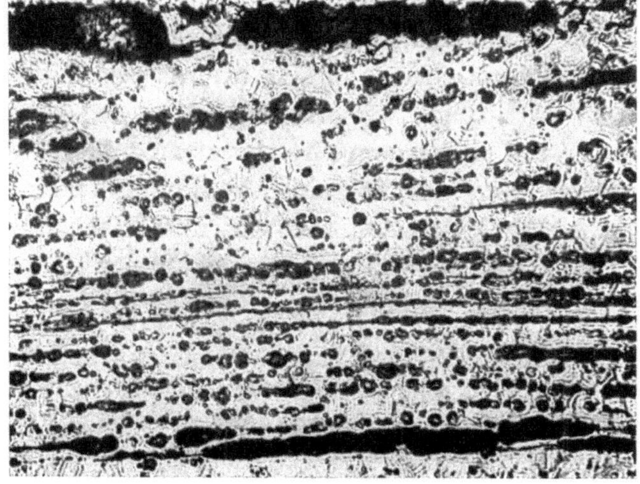

Abb. 52

Wie energisch man die Glättung vorzunehmen hat, hängt natürlich auch von der Natur, insbesondere der Härte des in Frage kommenden Metalls ab. Nickel kann und muß man viel stärker glätten als Kupfer, um vergleichbaren Effekt zu erzielen. Abb. 53 stellt geglättetes Nickel vor, bei welchem die Glättung viel energischer durchgeführt wurde als bei den am stärksten geglätteten Kupferproben[1].

Das geglättete Metall weist etwas höheres spezifisches Gewicht, etwas größere Härte auf als ungeglättetes.

Abb. 53

4. Durch Verhinderung der Keimbildung

Gibt es somit Faktoren, welche das Wachstum von Kristalliten deutlich hemmen, ja gelegentlich sogar unterbinden, so kann es unter Umständen geschehen, daß sich das Gegenteil ereignet, daß die Bildung neuer Kristallkeime erschwert oder verhindert wird, so daß vorhandene Kristallite, man möchte sagen zwangsläufig, dazu geführt werden, zu wachsen.

Ein solcher Fall liegt z. B. vor, wenn man Metall auf eine Kathode abscheidet, welche mit einer hauchdünnen isolierenden Schicht, etwa von Fett, Paraffin, Wachs od. dgl., überzogen ist.

Wie MARIE und THON[2] gezeigt haben, nimmt der Widerstand, welchen eine derartige Fettschicht dem Stromdurchgang entgegensetzt, erst schnell, dann langsamer ab, um sich einem Grenzwert zu nähern, der aber immer höher liegt als, ceteris paribus, für reine Metalloberflächen. Löst man das kathodisch abgeschiedene Metall wieder auf und wiederholt den Versuch, dann beobachtet man, daß der Gang, mit welchem der Widerstand während der Elektrolyse abnimmt, wieder denselben zeitlichen Verlauf nimmt.

[1] Die Glättung kann nach einem Patent PFANHAUSERS auch in der Lösung selbst durch einen Achat erfolgen, der von unten angedrückt wird, die gebildeten Oxydschichten dürften bei dieser Arbeitsweise schwächer sein. Nach einem noch unveröffentlichten Verfahren BILLITERS werden Kathoden in der Flüssigkeit geglättet, ohne daß das Werkstück überhaupt mit Luft in Berührung tritt.

[2] J. chim. phys. **29**, 569 (1932).

Die Widerstandsabnahme ist darauf zurückzuführen, daß sich die Poren der Fettschichte während der Elektrolyse mit Metall ausfüllen, allem Anscheine nach infolge einer Stenolyse, bei welcher die kathodische Stromdichte größer ist als die anodische.

Stellt man nun Schliffbilder von derart erzeugten, schlecht haftenden Metallniederschlägen, z. B. von Kupferniederschlägen, her, so findet man auf denselben, nicht wie sonst, daß sich auf der Kathode zunächst eine Schicht kleinster Kristalle abscheidet, aus welchen sich nach und nach erst größere bilden, wie es z. B. die Abb. 20 und 21 (S. 46) deutlich vor Augen führen, sondern man sieht unvermittelt größere Kristalle von der Kathodenoberfläche aus aufschießen. Die Erklärung dafür bietet der Umstand, daß die in den Poren entstandenen Kristallite gezwungen werden, weiterzuwachsen, weil es hier keine Gelegenheit zur Bildung neuer Kristallkeime gibt.

5. Einfluß des Wasserstoffs

Die Rolle, welche mitabgeschiedener Wasserstoff auf Härte und Sprödigkeit des Niederschlages spielt, ist noch ziemlich ungeklärt.

Es ist angenommen worden, daß sich zunächst Metallhydrüre oder feste Lösungen bilden, die zerfallen, klare Beweise sind dafür aber nicht erbracht worden, wenn sich Hydrüre gelegentlich auch haben entdecken lassen.

Im Metallniederschlag ruft der Wasserstoff oft (z. B. beim Ni) Kontraktionen hervor, die so stark werden können, daß sie deutliche Formänderungen, örtliche Ablösungen, ja das Abrollen des ganzen Niederschlages von der Kathode nach sich ziehen können (wie man es z. B. oft bei der Nickelabscheidung aus zu kalten Lösungen hat beobachten können).

Der Wasserstoff versprödet das Metall, er diffundiert zuweilen auch in das Unterlagsmetall und läßt auch dieses spröder werden. Stellt man stärkere Metallniederschläge her, so findet man, daß der Wasserstoffgehalt aufeinanderfolgender Schichten verschieden groß ist. Dadurch entstehen Kontraktionen. Durch nachträgliches Entfernen des Wasserstoffs (etwa durch langsames Erhitzen) lassen sich die mechanischen Veränderungen des Metalls mehr oder minder vollständig beheben, nicht immer aber ohne Formänderungen zu hinterlassen.

Den größten Wasserstoffgehalt weist das Chrom auf, dann folgen Eisen, Zink, Kobalt, Nickel.

Elektrolytmetall, welches viel Wasserstoff einschließt, ist gewöhnlich sehr hart. Am auffälligsten tritt dies beim Eisen und Chrom, aber auch beim Nickel und Kobalt, allem Anscheine auch beim Zink usf. in Erscheinung. Glüht man derartiges Elektrolyteisen, Elektrolytchrom oder -nickel aus, so entweicht der Wasserstoff und läßt das Metall in viel weicherem Zustande zurück.

Man hat daraufhin angenommen, daß die Elektrolytmetalle durch festgehaltenen Wasserstoff oder durch Hydrüre, die sich beim Wasserstoffeintritt bilden, gehärtet werden und daß die besonders große Härte, welche manche kathodisch abgeschiedenen Metalle aufweisen, dem zuzuschreiben ist.

Diese Annahme läßt sich nicht mehr aufrechterhalten, seitdem GUICHARD, CLAUSMANN, BILLON und LANTHONY in einer Reihe von Untersuchungen festgestellt haben, daß sich der Wasserstoff aus Elektrolyteisen, -nickel, -chrom vollkommen austreiben läßt, ohne daß deren Härte abnimmt[1]. Man muß ihn dazu nur bei hinreichend niedriger Temperatur im Vakuum entweichen lassen und den Versuch lange genug fortsetzen, sein Ende abzuwarten, was allerdings mehrere Tage in Anspruch nimmt.

Beispielsweise wurde durch 48stündiges Erhitzen von Elektrolyteisen auf 165° aller Wasserstoff aus demselben ausgetrieben, ohne daß seine Härte abnahm. Erst bei weiterer Erhitzung auf höhere Temperaturen (bis 1000°) wurde das Eisen weich, von 165 bis 1000° entwich aber kein Wasserstoff mehr daraus. Unterhalb 250° läßt sich der Gesamtwasserstoff austreiben, ohne daß die Härte abnimmt.

Das Austreiben des Wasserstoffs aus Elektrolytchrom nimmt bei tiefen Temperaturen noch längere Zeit, meist mehrere Tage in Anspruch. 95 bis 96% des enthaltenen Wasserstoffs lassen sich austreiben, ohne daß seine Härte abnimmt, die erst bei höheren Temperaturen zu sinken beginnt. Die Härte des Elektrolytchroms steht auch in keiner Proportionalität zu seinem Wasserstoffgehalt, wasserstoffärmeres Metall ist oft härter als wasserstoffreicheres.

Auch beim Nickel besteht keine klare Beziehung zwischen seiner Härte und der eingeschlossenen Gasmenge. Nach Austreiben derselben[2] läßt sich seine Härte durch langes Erhitzen von 245 bis 365° Brinell auf 35° Brinell erniedrigen.

Auch Elektrolytkupfer wird beim Erhitzen über etwa 400° weicher und ändert seine Eigenschaften[3]; auch bei diesem Metall ist dies wohl nicht durch Zerfall eines Hydrürs zu erklären, sondern als Folge der Rekristallisation.

Demnach ist die Härteabnahme, welche wasserstoffhaltige Metalle beim Erhitzen erfahren, anscheinend nicht auf den Verlust an Wasserstoff zurückzuführen, sondern der Rekristallisation, welche bei höherer Temperatur vor sich geht, zur Last zu legen. Hingegen bewirkt Wasserstoffaufnahme ein Sprödewerden (s. S. 154).

Wenn der Wasserstoffeintritt eine Härtung des Elektrolytmetalls her-

---

[1] C. r. acad. sci., Paris **190**, 1417 (1930); **192**, 623; **193**, 685, 1084 (1931); **196**, 1660 (1933).

[2] Elektrolytnickel schließt zuweilen auch CO und CO_2 in Mengen von 0,01 bis 0,5 cm^3 pro 1 g ein. Der Kohlenstoff gelangt aus den Anoden dahin. Diese zwei Gase lassen sich erst bei etwa 1000° nach GUICHARD und Mitarbeitern austreiben (l. c. **190**).

[3] Cf. z. B. KÖSTER, Z. Metallkunde **18**, 112 (1926); **20**, 189 (1928); CZOCHRALSKI, ib. **15**, 7 (1923); KÜHNEL, ib. **16** (1924).

vorruft oder wenn sich Hydrüre bilden, ist die Härtung nicht auf einen direkten Einfluß zurückzuführen, sondern höchstens darauf, daß eine Strukturänderung, z. B. eine Abscheidung des Elektrolytmetalls mit feinerem Gefüge, hervorgerufen wird. Die Härte dieses Metalls ändert sich nicht bei Abnahme seines Wasserstoffgehaltes, sondern erst bei Änderung seines Gefüges, bei der Vergröberung desselben durch Rekristallisation.

Die Wasserstoffaufnahme verringert aber die Dichte der Metalle, eine weitere Volumvergrößerung tritt gewöhnlich beim Austreiben des Gases auf; so kann das spezifische Gewicht des Nickels (8,9) dabei bis auf etwa 8,1 abnehmen.

Ob die pH-Zahl des Elektrolyten an sich von Einfluß auf die Kristallgröße ist, hat man noch nicht ermittelt. Es ließe sich nur an Metallen prüfen, die bei niederer pH-Zahl abgeschieden werden, weil bei höheren pH-Zahlen Metallhydroxyde von kolloidalem Charakter im Elektrolyten beständig sind, welche in der Regel von großem Einfluß auf die Korngröße des ausfallenden Metalls sind.

Hingegen ist es oft beobachtet worden, daß eine stärkere Mitabscheidung gasförmigen Wasserstoffs bewirkt, daß Zink, Nickel, Eisen (diese vornehmlich bei der Elektrolyse bei zu niederem pH), Kupfer aber im Zyanidbade mit höherem Glanze ausfallen, ja daß spiegelnde Niederschläge entstehen (s. S. 65). Der hohe Glanz der Chromniederschläge, die sich stets nur unter starker Mitabscheidung von Wasserstoff herstellen lassen, dürfte ein Seitenstück dazu bilden.

Solche spiegelnden Überzüge sind immer sehr spröde. Der Glanz tritt auch nur auf, solange die Niederschläge sehr dünn sind. Bei fortschreitendem Dickenwachstum der Niederschläge verschwindet er und das Metall wird immer matter und von gröberem Gefüge.

Diese Erscheinungen treten besonders unter Umständen auf, die hohe Polarisation, aber auch hohe Überspannung begünstigen und nur in den Anfangsstadien der Abscheidung (in welchen diese ohnedies stets in feinster Kristallform erfolgt). Diese Momente lassen vermuten, daß die spiegelnde Abscheidungsform in gewissem Zusammenhange mit der Überspannung stehen dürfte. Es ist auch nicht außer Betracht zu lassen, daß Metalle an Stellen, an welchen sie von aufperlenden Gasblasen (auch eingeblasener Luft, Stickstoff u. dgl.) getroffen werden, in glänzender Form ausfallen, daß die am Nickel von anhaftenden Wasserstoffblasen abgeschirmten kleinen Vertiefungen besonders glänzend erscheinen, so daß die Möglichkeit einer rein mechanischen Wirkung der Gasentwicklung nicht ohne Prüfung von der Hand zu weisen ist.

Auch in anderer Richtung spielt die $H^{\cdot}$-Konzentration, welche die unmittelbar an die Kathode grenzenden Flüssigkeitsschichten aufweisen, eine Rolle, welche den Charakter des Niederschlages beeinflussen, ja bestimmen kann. Dies besonders in Fällen, in welchen das zur Abscheidung gelangende

Metall zur Bildung von Oxyden neigt, also z. B. bei der Elektrolyse von Zinksalzlösungen, welche schwammförmiges Metall liefert, sobald die H˙-Konzentration zu tief sinkt bzw. die OH′-Konzentration zu hoch steigt, ferner bei der Elektrolyse von Metallsalzen, die kolloidale oder schwerlösliche Hydroxyde bilden, z. B. von Salzen der Metalle der Eisengruppe.

In solchen Fällen übt ein Zusatz oxydierender oder reduzierender Substanzen deutliche Wirkung, wenn die H˙-Ionenkonzentration bei der Oxydation oder Reduktion verändert wird, wie dies z. B. GLASER schon frühzeitig dargetan hat.

Auch die Höhe der Stromausbeute ist dann oft bestimmend, weil die Stromanteile, welche nicht auf Metallabscheidung, sondern auf Entladung von Wasserstoffionen verwendet werden, den Säuretiter in Kathodenumgebung erniedrigen, besonders OH′ in Freiheit setzen, wie dies weiter unten im Kapitel „Nickel" näher beschrieben werden wird.

V. Diverses

1. Innere Spannungen in Metallniederschlägen

Sehr häufig treten Spannungen in Metallen auf, die man auf elektrolytischem Wege abscheidet; gewöhnlich sind es Kontraktionen, zuweilen aber auch Dilatationen. Man kann dies leicht beobachten, wenn man eine dünne, an ihrem einen Ende fixierte Metallfolie als Kathode verwendet und das Metall nur einseitig auf ihr zur Abscheidung bringt. Alsdann werden innere Spannungen, welche im Elektrolytmetall auftreten, dadurch kenntlich, daß sich die Kathode krümmt, und zwar zur Anode hin, wenn es sich um eine Kontraktion handelt, von der Anode weg bei einer Dilatation. Diese Krümmung nimmt zu, solange man fortlaufend Metall zur Abscheidung bringt, in welchem Spannungen gleicher Art vorhanden sind, sie kommt zum Stillstand, wenn sich Metall ohne Spannung abzuscheiden beginnt, sie geht zurück, wenn sich die Art der Spannung umkehrt, wenn etwa eine Dilatation an Stelle der Kontraktion tritt.

Eine weitere systematische Untersuchung des zeitlichen Verlaufes dieser Erscheinung, die Ermittlung der Versuchsbedingungen, unter welchen sie an verschiedenen Metallen auftritt, der Faktoren, welche sie beeinflussen, dürfte (bei gleichzeitiger genauer Untersuchung des Reinheitsgrades und der Eigenschaften des jeweils erhaltenen Kathodenproduktes) voraussichtlich wertvolle Aufschlüsse über manche Details liefern, deren Kenntnis für das Verständnis der Vorgänge, die sich bei Metallabscheidungen abspielen, nützlich wäre.

Derartige innere Spannungen, welche im Metall auftreten, sind aber auch von praktischer, technischer Wichtigkeit, wenn sie so stark werden, daß sie das Rissigwerden von Metallüberzügen herbeiführen oder gar die Ablösung des Überzuges vom Grundmetall befördern.

Es sind verschiedene Anordnungen ersonnen und benützt worden, aus dem Grade der auftretenden Krümmungen ein Maß für die Größe der Kontraktionen oder Dilatationen zu gewinnen, die sie herbeiführen[1]. Scharfe Resultate erhält man sehr leicht mit einer von MARIE und THON[2] angegebenen Apparatur, welche besonders einfach ist: Ein rechteckiger, einige Zentimeter langer Metallstreifen aus dünner Metallfolie (z. B. 0,04 mm starkes Platinblech) wird als Kathode an seinem oberen Ende eingeklemmt, auf seiner Rückseite mit einem dünnen, isolierenden Anstrich versehen, mit seiner Vorderseite einer gleich großen Anode in einer kleinen, mit ebenem Glasboden versehenen Wanne gegenübergestellt, welche den Elektrolyten aufnimmt und in die beide Elektroden tauchen. Die untere Kante des frei herabhängenden Kathodenbleches wird von unten durch den Glasboden mittels eines kleinen Mikroskops mit Mikrometerskala anvisiert, sie erscheint darin als schwarzer Strich, dessen Lage sich bei auftretender Krümmung der Kathode auf der Skala nach der einen oder der anderen Seite verschiebt. Die Größe der Verschiebung läßt sich unmittelbar ablesen. Die mit diesem Apparat erzielten Versuchsresultate sind dem Sinn und der Größe nach reproduzierbar, wenn man den Versuch unter gleichen Bedingungen wiederholt. Die Größe des beobachteten Effektes wird u. a. von dem Elastizitätsgrad des verwendeten Kathodenmetalls, der Länge der Folie usf. bestimmt.

Mit dieser Anordnung stellten MARIE und THON z. B. fest, daß bei der Abscheidung von Kupfer aus neutraler Lösung von 200 g $CuSO_4 . 5 H_2O$ im Liter und 1,1 Amp./dm² Stromdichte auf glänzendem Pt, auf Au, Ag, Cu Ausdehnung auftritt, hingegen Kontraktion auf mattem Pt. Nach Zusatz von Schwefelsäure (1%) tritt Kontraktion auf: auf Pt, Cu, Dilatation: auf Ag und Au und nur auf diesen Metallen. Diese Dilatation ist aber nur von kurzer Dauer und geht nach einiger Zeit in eine Kontraktion über. In 1-n. CuCl-, 4,5-n. NaCl-, 1-n. HCl-Lösung tritt immer Dilatation auf. In Zinksulfatlösung tritt gleichfalls immer Dilatation auf, was auch von KOHLSCHÜTTER (l. c.) beobachtet wurde.

MACNAUGHTAN und HOTHERSALL fanden (l. c.), daß die am Nickel auftretenden Kontraktionen mit steigender Temperatur abnehmen, sie sind bei 35° etwa halb so groß als bei 10° und sinken bei weiterer Temperaturerhöhung auf etwa 60° weiter um etwa 20%.

Die Kontraktionen waren in den untersuchten Lösungen am größten

[1] Cf. z. B. MILLS, Proc. Roy. Soc. London **26**, 509 (1877); BOUTY, C. r. acad. sci., Paris **88**, 714 (1879); **92**, 868 (1881); J. Physique **8**, 289 (1879); KOHLSCHÜTTER und Mitarbeiter, Z. Elektrochem. **24**, 300 (1918); **33**, 305 (1927); MACNAUGHTAN und HOTHERSALL, Trans. Faraday Soc. **24**, 387 (1928); BOZORTH, Physiol. Rev. **24**, 764 (1924).

[2] C. r. acad. sci., Paris **193**, 31 (1931); MARIE und JACQUET, ib. **187**, 41 (1928); JACQUET, ib. **194**, 456 (1932); **195**, 952 (1932).

bei Zusatz größerer Mengen (213 g/l) Natriumsulfat, dann folgten mit Borsäure gepufferte, mit Ammonsulfat gepufferte Lösungen, endlich fluoridhaltige Lösungen.

Die Härte des abgeschiedenen Nickels steht in keiner Beziehung zur Größe der Kontraktion.

Kohlschütter fand, daß Wasserstoff-Depolarisatoren die Kontraktion des Nickels verkleinern. Dies legt es nahe, das Auftreten innerer Spannungen an diesem Metall mit der Entladung von Wasserstoff in Beziehung zu bringen, wenn es auch noch dahinsteht, ob diese Beziehung eine einfache ist.

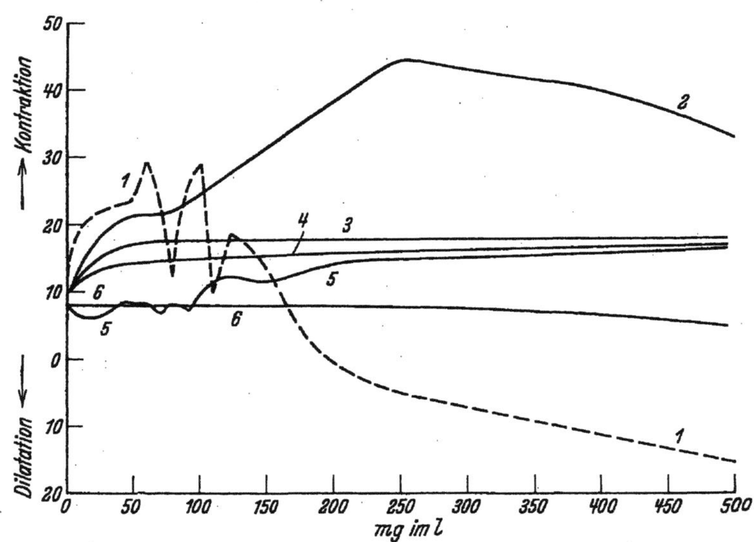

Abb. 54. Spannungen in Kupferniederschlägen bei Gegenwart von: *1* Gelatine, *2* Serum-Albumin, *3* Tragant, *4* Gummiarabikum, *5* Glykokoll, *6* Dextrin

Es ist zwar bekannt, daß die Dichte von Metallen durch mitabgeschiedenen Wasserstoff oft verringert wird, zuweilen in verhältnismäßig hohem Grade, es ist weiter von Foerster gezeigt worden, daß der Wasserstoffgehalt aufeinander abgeschiedener Metallschichten von Schicht zu Schicht wechselt, beim Eisen z. B. abnimmt und einer Grenze zustrebt. Das Zusammenwirken beider Faktoren muß Spannungen im Elektrolytmetall erzeugen, im Falle des Eisens eine Kontraktion, welche ihr Ende findet, wenn der Wasserstoffgehalt konstant zu werden beginnt, die Dichte nacheinander abgeschiedener Metallschichten nicht mehr wechselt.

Nicht immer ist es aber der Wasserstoff, welcher zum Auftreten von Spannungen Veranlassung gibt, es können dies z. B. auch Fremdmetalle tun, die in Mengen mitabgeschieden werden, welche von Schicht zu Schicht verschieden sind. So ist es z. B. bekannt, daß kleine Eisenmengen, welche mit Nickel zur Abscheidung gelangen, starke Spannungen erzeugen können (s. weiter unten).

Marie und Jacquet haben (l. c.) gezeigt, daß Kolloide, welche im Elektrolyten gegenwärtig sind, starke Spannungen im Elektrolytmetall erzeugen können, und Jacquet hat (l. c.) gezeigt, daß die Wirkung nicht nur dem Grade, sondern selbst dem Sinne nach von der Konzentration des Kolloids, ferner auch von der Zeit, von Alterungserscheinungen usw. beeinflußt wird.

Die Größe der Kontraktionen in Hundertstelmillimetern Verschiebung ausgedrückt, welche eine 65 mm lange, 7,5 mm breite, 0,04 mm starke, als Kathode dienende Kupferfolie in der oben beschriebenen Anordnung nach 1 Minute Strombelastung in Kupfersulfatlösung (pH etwa 0,85) erfuhr, fand Jacquet (s. Abb. 54) bei wechselnden Gelatine-Konzentrationen:

Gelatine:	0	1	2	6,5	20	35	40	Milligramm im Liter
Kontraktion:	5 bis 6,1	8,8	9,8	15	15,6	16,7	17,6	Hundertstelmillimeter

Die Kontraktion nimmt also mit steigendem Gelatinegehalt erst schnell, dann langsam weiter zu, die erhaltenen Kupferniederschläge sind feinkörnig und matt.

Steigert man die Gelatinekonzentration über 50 mg pro Liter, so werden die Niederschläge immer glänzender, die Größe der Kontraktion wechselt aber in unregelmäßiger Weise (s. Abb. 54, Kurve *1*).

Bei Gelatinekonzentrationen von 125 bis 190 mg sind die Niederschläge hochglänzend, die Kontraktion beginnt aber mit steigender Gelatinekonzentration geringer zu werden, um endlich zunehmend größeren Dilatationen Platz zu machen, wenn sie von 190 bis auf 500 mg gesteigert wird.

Schon bei Gelatinekonzentrationen, welche größer sind als 50 mg, beobachtet man im ersten Stadium der Elektrolyse das Auftreten von Dilatationen, die freilich nur von kurzer Dauer sind. Bei Konzentrationen von 200 mg und darüber bleiben diese Dilatationen aber auch nach 30 Minuten Elektrolysedauer bestehen, bei 250 mg erreichen sie ein Maximum.

Unmittelbar nach Stromunterbrechung beobachtet man das Einsetzen einer Kontraktion.

Sehr kleine Gelatinemengen sind schon fähig, deutliche Spannungsänderungen im Kupferniederschlage hervorzurufen, etwa 0,5 bis 1 mg pro Liter, das ist etwa dieselbe Menge, welche Schutzwirkung auf kolloidale Goldlösungen auszuüben vermag, die sogenannte „Goldzahl“ dieses Kolloids, nach Zsigmondy (s. Fußnote 1, S. 137).

Frisch hergestellte Gelatinelösungen üben viel stärkere Wirkungen aus als ältere. Letztere erlangen aber wieder ihre volle Wirkungskraft, wenn man sie erhitzt und dann schnell abkühlt.

Andere Kolloide, die ebenfalls eine niedere Goldzahl aufweisen, rufen ähnlich große Spannungen in Kupferniederschlägen hervor, z. B. Serumalbumin (s. Abb. 54), Gelatine unterscheidet sich aber deutlich von diesen durch die Fluktuationen ihrer Wirkung in bestimmten Konzentrationsgebieten.

Kolloide mit höherer Goldzahl, wie Gummiarabikum und Tragant, üben schwächere Wirkungen aus, sie rufen geringe Kontraktionen hervor.

Nahezu unwirksam bleiben die Stoffe, die, wie Glykokoll, Dextrin usw., hohe Goldzahlen aufweisen oder Goldsole überhaupt nicht schützen.

Daß diese Wirkungen letzten Endes auf Adsorptionen und auf mitabgeschiedene Spuren von Kolloiden zurückzuführen sind, kann kaum bezweifelt werden; doch harren die Phänomene der Umkehr, wie des Wechsels der Erscheinungen noch ihrer Begründung. Die periodischen Fluktuationen, welche man bei Konzentrationen von 50 bis 120 mg Gelatine im Liter beobachtet, erinnern an die von Grube und Reuss (s. S. 92, Fußnote 4) mitgeteilte Beobachtung periodisch wechselnder Gelatinekonzentrationen in aufeinanderfolgenden Schichten von Kupferniederschlägen, die man aus gelatinehaltiger Lösung herstellt, ein Zusammenhang beider Erscheinungen dürfte vorhanden sein.

2. Verteilung des Stromes über die Kathodenfläche

Die Aufgabe, auf allen Teilen der Kathodenoberfläche gleiche Stromdichte herzustellen, zählt (selbst wenn man nur die „Durchschnittsstromdichte“ ins Auge faßt) zu den allerschwierigsten.

Exakt genommen ist sie nur in Extremfällen lösbar — z. B. bei Ausführung der Elektrolyse zwischen zwei genau konzentrischen Kugelelektroden —, und auch da nur, solange der Elektrolyt durchwegs homogen bleibt.

Praktisch muß man sich deshalb damit bescheiden, die Aufgabe nur angenähert zu lösen.

Am bequemsten gelingt dies bei Verwendung eines parallelepipedischen Troges, der zu gewisser Höhe mit Elektrolyt beschickt wird und in welchen man rechteckige Elektroden, die seitlich und unten bis an die Innenwände reichen und oben durch das Flüssigkeitsniveau ragen, genau parallel zueinander einführt.

Aber selbst wenn man für gute Durchmischung des Elektrolyten sorgt, die Messungen bei niedrigeren Stromdichten ausführt und nicht lange fortsetzt, wird man beobachten, daß sie niemals wirklich absolut gleichmäßig verteilt sind.

Fast immer ist der Metallbelag an der Niveaulinie des Elektrolyten ein stärkerer, vielleicht, weil die Lösung an der Badoberfläche infolge etwas anderer Zusammensetzung besser leitet[1], vielleicht, weil sich oben etwas wärmere Lösungsschichten sammeln.

Wie ungleichmäßig die Stromdichteverteilung in manchen Bädern selbst

[1] Der schnellere Angriff von löslichen Anoden an der Durchtrittsstelle durch das Flüssigkeitsniveau mag zum Teil auch auf ähnliche Gründe zurückzuführen sein, weitaus zur Hauptsache ist er aber durch die gleichzeitige Einwirkung von Luftsauerstoff und Lösung zu erklären.

bei Anwendung ungefähr gleich großer, einander parallel gegenüberstehender Elektroden oft ist, zeigt die auf Abb. 55 wiedergegebene, von R. SCHNEIDEWIND[1] in Chrombädern ermittelte Verteilung. In diesem Fall ist die Ungleichmäßigkeit der Verteilung von besonderer, ja gelegentlich von ausschlaggebender Bedeutung, weil Verchromungen nur innerhalb ganz bestimmter, ziemlich enger Stromdichtegrenzen zufriedenstellend ausfallen. In anderen, z. B. in sauren Kupfersulfatbädern, sind die Unterschiede nicht so groß. Die Ungleichmäßigkeit der Verteilung hängt eben nicht allein von der geometrischen Anordnung, sondern auch von anderen Bedingungen ab: der Temperatur, der Bewegung des Bades, der Höhe der mittleren Stromdichte usw. sowie von individuellen Eigenschaften, welche für jede Badgattung charakteristisch sind.

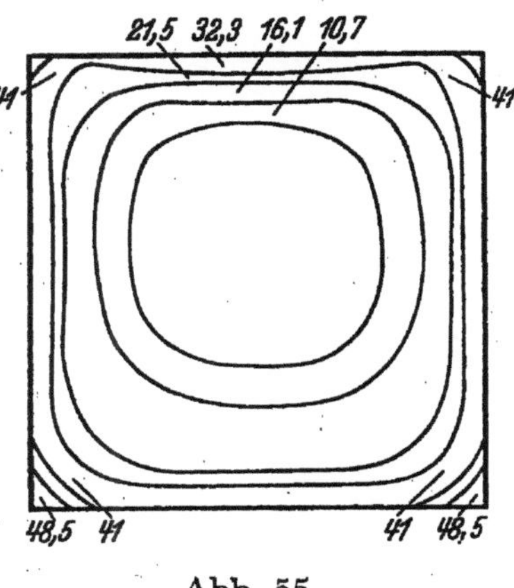

Abb. 55

Wenn aber selbst auf ebenen Platten keine völlig gleichmäßigen Niederschläge herzustellen sind, so übersteigen die Unregelmäßigkeiten beim Galvanisieren profilierter und unregelmäßig geformter Gegenstände leicht das zulässige Maß.

Die Aufdeckung dieser Verhältnisse und die Ermittlung der individuellen Eigenschaften wichtiger Bäder bildet deshalb eines der wichtigsten Themen der Galvanotechnik.

Von vornherein darf man als sicher annehmen, daß die Intensität der Teilströme, welche von jedem Punkt der Anode zu jedem Punkt an der Kathodenoberfläche fließen, der zwischen diesen Punkten verfügbaren Spannungsdifferenz proportional und dem Widerstand der einzelnen Strombahnen umgekehrt proportional sein werden; zu dieser Annahme führt die sinngemäße Anwendung des KIRCHHOFFschen Gesetzes.

Kanten, welche nicht seitlich abgeschirmt werden, bilden demgemäß Stellen, welche von einer größeren Zahl von Stromlinien getroffen werden als die einander gegenüberstehenden Flächen, und auch auf der Rückseite der Kathoden wird Metall ausgefällt werden; da auch von ihnen Stromlinien ausgehen, die — wenn man von anderen Störungen zunächst absieht — um so weniger große Stromanteile tragen, je länger sie sind. Bei Ausschluß von Störungen wird also die Niederschlagsdicke an den Rändern am größten sein, auf der Vorderseite sanft gegen die Mitte abnehmen, an der Rückseite rascher gegen die Mitte geringer werden. Ungleiche Größe der Elektroden, besonders große freistehende Querschnitte der Badlösung, größere Elektrodenentfernungen usf. verändern den Grad der Unregelmäßigkeiten der Niederschlagsdicken in leicht vorauszusehender Weise, ebenso auch örtliche

[1] Bull. Eng. Res. Univ. Michigan Nr. 10, 48 (1928).

Entfernungsunterschiede (bei Verwendung einander nicht paralleler oder unebener Elektroden).

Es ist evident, daß die Unregelmäßigkeit prozentual um so kleiner sein wird, je weiter man die Elektroden ceteris paribus voneinander anordnet. Nun sucht man freilich aus praktischen Gründen die Elektroden einander möglichst zu nähern, um mit geringerem Badwiderstande und niedrigerer Spannung arbeiten zu können, in verzweifelten Fällen muß man aber doch auf diese Vorteile verzichten und mit verhältnismäßig großen Elektrodenabständen arbeiten, um hinreichend gleichmäßige Verteilung zu sichern.

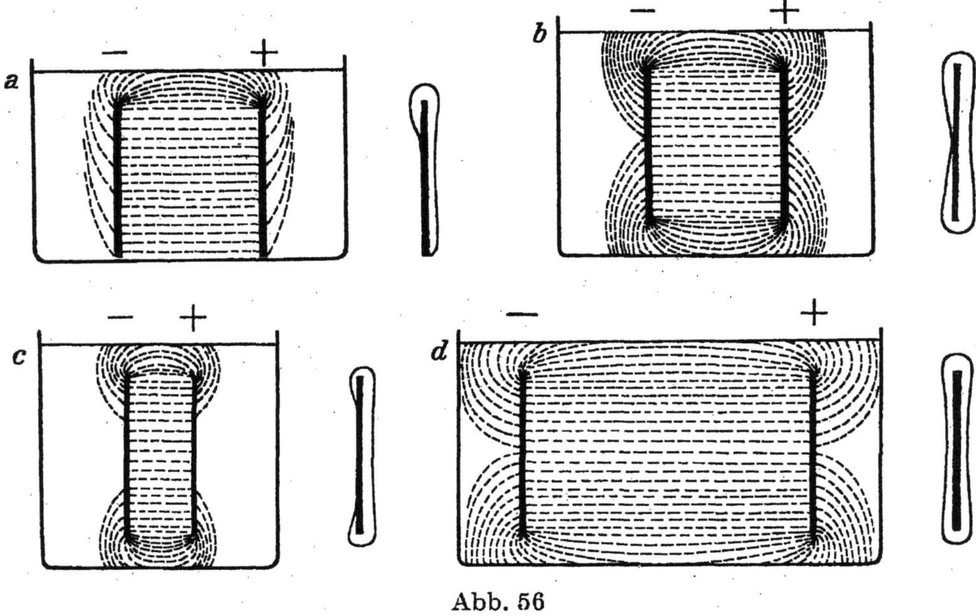

Abb. 56

Vollkommen gleichmäßige Überzüge kann man auf zylinderförmigen Körpern herstellen, welche man während der Elektrolyse um ihre Längsachse rotieren läßt und in Richtung der Längsachse an den Anoden (welche dann nicht symmetrisch angeordnet zu sein brauchen) vorbeiführt, z. B. auf rotierende, in ihrer Längsrichtung bewegte Drähte und Walzen.

In jenen Fällen, in welchen die Stärke der in gleichen Zeiten gebildeten Metallniederschläge an allen Orten genau der Stromintensität proportional bleibt und in denen die verfügbare Spannungsdifferenz gleichmäßig verteilt ist, ist doch die Verteilung der Niederschlagsstärke auf der Kathodenfläche selbst dann gewöhnlich eine ungleichmäßige, wenn man zwei ebene, einander parallel gegenüberstehende Elektroden verwendet.

Die rein schematischen Abb. 56 *a* bis *d* veranschaulichen, wie es zu dieser Ungleichmäßigkeit kommt. In jeder Teilfigur ist dabei links die ungefähre Stromverteilung, rechts ein Schnitt durch die Kathoden und den erzeugten Überzug (letzterer übertrieben) dargestellt.

Selbst bei Anwendung paralleler Elektroden wird die Niederschlagsdicke in einer Vertiefung der Kathode, die einer ebenen Anode gegenübersteht, geringer sein als auf erhabenen Stellen, ja es kann dazu kommen, daß die Vertiefung praktisch vom Elektrolytmetall unbedeckt bleibt.

Glücklicherweise übt aber eine Reihe von Nebenvorgängen einebnende, ausgleichende Wirkung aus. Wenn sie zur Folge haben, daß die Kathoden in ihren Vertiefungen besser vom Metall bedeckt werden, spricht man von einer „*Tiefenwirkung*" und nennt die Kraft eines Elektrolyten, derart zu wirken, seine „*Streukraft*".

Die zwei wichtigsten Faktoren, welche die Tiefenwirkung eines Bades erhöhen, sind:

Zunahme der Polarisation mit steigender Stromdichte und

Abnahme der kathodischen Stromausbeute mit steigender Stromdichte.

Die Polarisationsfähigkeit ist u. a. eine Funktion der Temperatur. In der Regel ist sie bei höheren Temperaturen (bei welchen auch die Stromspannungskurve steiler ansteigt) geringer. Demgemäß ist auch die Streukraft eines Bades bei verschiedenen Temperaturen verschieden, bei höheren Temperaturen meist kleiner.

Auch andere Faktoren verringern die Tiefenwirkung, wenn sie die Polarisation der Kathode abschwächen; die Konzentrationssteigerung des zur Abscheidung gelangenden Ions und die bessere Durchmischung der Lösung üben besonders Einfluß in dieser Richtung. Ganz allgemein gültig sind solche Regeln freilich nicht, weil es auch auf die Form der Kathode und auf andere Nebenmomente ankommt. So können die zwei zuletzt genannten Faktoren unter besonderen Umständen auch umgekehrt die Tiefenwirkung örtlich vergrößern, wenn sie z. B. dazu beitragen, Verarmungen, welche in sackförmigen Vertiefungen der Kathode entstehen, aufzuheben oder wenigstens zu mildern.

Eine Erhöhung der Leitfähigkeit des Elektrolyten steigert die Tiefenwirkung, vorausgesetzt, daß sie nicht etwa gleichzeitig die Polarisation stark schwächt: In besser leitenden Elektrolyten reichen geringere Spannungsdifferenzen zur Stromleitung in die Tiefen aus, die ausgleichende Wirkung der Polarisation wirkt vollständiger als in schlechter leitenden Elektrolyten, in denen die Spannungsabfälle zu den Vertiefungen so groß sind, daß sie erst durch stärkere Polarisation ausgeglichen werden.

Zusätze anscheinend indifferenter Substanzen, z. B. von Kolloiden, steigern die Tiefenwirkung eines Bades manchmal sehr stark, und zwar teils durch Erhöhung der Polarisation, weil sie sich in Art eines dünnen, schlechter leitenden Films an Stellen höherer Stromdichte ansammeln können, teils aber auch durch ihre Eigenschaft, die Stromausbeute[1] bei steigender Stromdichte zu verringern.

---

[1] So verringert Gelatinezusatz z. B. die Stromausbeute bei der Zinkelektrolyse; cf. z. B. Röntgen und Felchner, Arch. Erzbergbau, Erzaufbereit., Metallhüttenwesen **2**, 26 (1939).

Auch die Höhe der Gesamtstromdichte ist von großem Einfluß auf den Grad der Tiefenwirkung eines Bades; denn die Schnelligkeit, mit welcher die Polarisation bei steigender Stromdichte zunimmt, und die Schnelligkeit, mit welcher die Stromausbeute bei steigender Stromdichte abnimmt, sind in verschiedenen Stromdichtegebieten verschieden. Zwei Faktoren, die freilich nicht immer in gleichem Sinne wirken, da die Polarisation meist bei geringerer Stromdichte schneller zu-, die Stromausbeute in manchen Lösungen erst bei höheren Stromdichten schneller abnimmt. Die Lage des Abscheidungspotentials des betreffenden Ions ist dabei oft mitbestimmend, wenn mehrere Ionen, z. B. Metall- und Wasserstoffion, gleichzeitig zur Entladung gelangen können. Bei steigender Stromdichte steigt dann der Stromanteil, welcher auf die Abscheidung des unedleren Ions verwendet wird. Hat das Metallion das edlere Potential, so nimmt die Stromausbeute mit steigender Stromdichte ab, hat das Wasserstoffion das edlere Potential, so nimmt die Stromausbeute an Metall mit steigender Stromdichte zu. Bei geringeren Unterschieden der Abscheidungspotentiale beider Ionen kann die Änderung der Stromausbeuten dabei sehr groß werden. Ein Fall, in welchem diese Erscheinung sehr deutlich in Erscheinung tritt, liegt bei der Elektrolyse von Kupfer-Zyanid-Lösungen vor, sie wird aber oft undeutlich, wenn die Wasserstoffabscheidung bei höheren Stromdichten eine steigende Überspannung von großer Höhe zu überwinden hat, wie z. B. beim Zink.

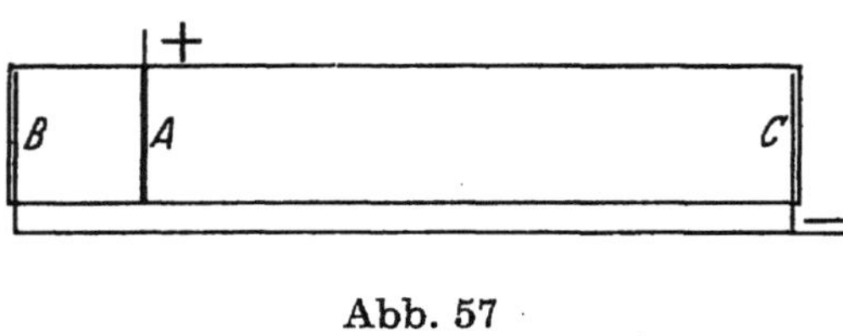

Abb. 57

So sieht man, daß sich für die Größe der Tiefenwirkung eines Bades wohl allgemeine Regeln aufstellen lassen, sie hängt aber von so vielen Einzelheiten ab, daß es schwer ist, ein genaueres Maß für dieselbe anzugeben.

Haring und Blum[1] haben es versucht, ein derartiges Maß aufzustellen. Sie definierten die Streukraft dabei als „prozentuellen Grad der Verbesserung des Mengenverhältnisses der abgeschiedenen Metallmengen zum Verhältnis der primären Stromverteilung"[2] und bestimmten sie durch Verwendung eines rechteckigen elektrolytischen Troges, an dessen beiden Enden zwei gleich große, parallel geschaltete Kathoden *B* und *C* angeordnet waren, während zwischen ihnen eine Drahtnetzanode *A* den Querschnitt des Troges derart ausfüllte, daß ihr Abstand von der einen Kathode fünfmal so groß war wie von der anderen (Abb. 57).

In Bädern ohne Tiefenwirkung wird in solchem Apparat auf der näheren Kathode fünfmal soviel Metall niedergeschlagen als auf der entfern-

[1] Trans. Amer. Electrochem. Soc. **44**, 313 (1923); Haring, ib. **46**, 107 (1924).

[2] „The improvement in per cent, of the metal distribution ratio, above the primary current distribution ratio."

teren. Je größer die Streukraft, desto kleiner wird die Gewichtsdifferenz der auf beiden Kathoden gleichzeitig abgeschiedenen Metallmengen.

Haring und Blum setzen nun die Streukraft dem Quotienten:

$$\text{Streukraft} = \frac{K - \frac{M_n}{M_f}}{K} \cdot 100$$

gleich, in welchem K das Verhältnis der Elektrodenabstände (bei ihren Versuchen 5 : 1, also 5), M_n die auf der nähergelegenen Kathode, M_f die auf der entfernteren Kathode abgeschiedene Metallmenge bedeuten. Verhält sich $M_n : M_f$ wie 5 : 1, so wird der Ausdruck $\frac{5 - 5}{5} \cdot 100$ gleich Null, die Streukraft ist Null.

Der denkbar höchste Wert, den die Streukraft annehmen kann, wird erreicht, wenn die Niederschlagsmenge auf beiden ungleich entfernten Kathoden dieselbe ist, wenn also $M_n : M_f$ gleich eins wird, die Streukraft erreicht dann nach der Formel den Wert 80%, dieser stellt also das Maximum vor.

Wie die Wirkung der eben beschriebenen Faktoren, der Einfluß, den sie auf die Streukraft haben, durch diese Formel zahlenmäßig zum Ausdruck gebracht wird, mag an folgenden Beispielen erläutert werden:

In 1,5-n. $CuSO_4$, 1,5-n. H_2SO_4-Lösung war die Streukraft bei 21°:

	bei Amp./m² mittlerer Stromdichte	Potentialdifferenz Volt
9,6%	50	0,039
9,4%	100	0,073
8,2%	150	0,097
7,4%	200	0,120

Unter mittlerer Stromdichte ist hier:

$$\frac{\text{Gesamtstromstärke}}{\text{Oberfläche beider Kathoden}}$$

zu verstehen (jede Kathode hatte 1 dm² Oberfläche).

Die Abnahme der Streukraft mit steigender Stromdichte ist deutlich, sie entspricht dem langsameren Anstieg der Polarisation (siehe die letzte Kolonne, in welcher die Potentialdifferenzen, die zwischen beiden Kathoden bei den betreffenden Stromdichten herrschte, vermerkt sind; bei Vervierfachung der Amperezahl stieg die Potentialdifferenz von 0,039 nicht auf 0,156, sondern auf 0,120).

Noch augenfälliger ist der Einfluß der Temperatur: bei 100 Amp. mittlerer Stromdichte sinkt die Streukraft bei einer Temperatursteigerung auf 45° C von 9,4% auf 2,2%, die Potentialdifferenz zwischen beiden Kathoden sinkt gleichzeitig von 0,073 auf 0,022 Volt.

Ähnlich, wenn auch etwas schwächer, war der Einfluß einer Durchmischung des Elektrolyten durch Luftdurchblasen, das die Streukraft bei 21° C von 9,4% auf 3,4%, die Potentialdifferenz von 0,073 auf 0,028 Volt ermäßigte.

Die Steigerung der $CuSO_4$-Konzentration bei unveränderter H_2SO_4-Konzentration führt gleichfalls Abnahme der Streukraft herbei:

Tabelle 20

$CuSO_4$-Konz.	Streukraft	Potentialdifferenz Volt
1-n.	10,8%	0,08
1,5-n.	9,4%	0,073
2-n.	7,2%	0,064

Steigerung der Schwefelsäurekonzentration bei gleichbleibender Kupfersulfatkonzentration (1,5-n.) steigert die Streukraft:

Tabelle 21

H_2SO_4-Konz.	Streukraft	Potentialdifferenz Volt
0,5-n.	4,0%	0,068
1,0-n.	6,6%	0,072
1,5-n.	9,4%	0,073
2,0-n.	10,8%	0,068

ohne daß hier die Zunahme der Potentialdifferenzen mit jener der Streukraft parallel ginge.

Noch viel stärkere Wirkung üben unter Umständen Zusätze organischer Kolloide aus: die Streukraft steigt bei Zusatz von

10 g Dextrin/l von 9,4% auf 12,2% (Potentialdifferenz 0,05 Volt)
0,2 g Gelatine 10,4% („ 0,08 „)
0,2 g „ bei 50 Amp./m² 18,0% („ 0,085 „)

hingegen ist Aluminiumsulfat ziemlich wirkungslos, es erniedrigt sogar die Streukraft um 0,5 bis 1%.

Die größte Streukraft findet man aber in Komplexsalzlösungen. Sie ist z. B. in einer Lösung, die 22,5 g CuCN (0,25-n.), 30 g NaCN (0,6-n.), 15 g Na_2CO_3 (0,3-n.) im Liter enthält:

Tabelle 22

Temperatur	Stromausbeute		Streukraft	Mittlere Stromdichte Amp./m²	Potential-differenz Volt
	n	*f*			
21° C	61,4%	80,2%	36,0%	25	0,15
21° C	49,1%	75,4%	40,2%	50	0,14
45° C	87,3%	97,1%	45,0% [1]	25	0,285
45° C	72,4%	97,1%	41,8%	50	0,26

[1] Hier überrascht die angegebene Steigerung der Streukraft sowie die Höhe der Potentialdifferenz.

Ein kleiner Zusatz an Thiosulfat, wie er praktisch zur Glanzerhöhung (s. S. 188, 204) vorgenommen wird, mildert die Polarisation ein wenig, ohne auf die Streukraft recht merklichen Einfluß zu üben.

Im großen ganzen verwandt sind die Verhältnisse, welche man bei Untersuchungen der Nickelsulfatelektrolyse oder der Nickelchlorürelektrolyse vorfindet[1].

Die Streukraft nimmt mit steigender Stromdichte und mit steigender Temperatur wieder ab:

Tabelle 23

Änderung der Streukraft in 1-n. $NiSO_4$, 0,25-n. NH_4Cl, 0,25-n. H_3BO_3, pH 5,7

	Mittlere Stromdichte Amp./m²	Stromausbeute		Streukraft
		n	f	
21° C	2,5	86%	67%	16,4%
	12,5	95%	84%	0,8%
	25	98%	91%	1,6%
	50	98%	92%	0,0%
	75	99%	95%	— 0,8%
45° C	2,5	78%	49%	— 9,4%
	25	97%	90%	2,4%
Gleichförmige Bewegung des ganzen Elektrolyten:				
21° C	2,5	71%	26%	—71,2%
	25	95%	74%	—20,0%
Bewegung des Elektrolyten in Umgebung der näherstehenden Kathode:				
21° C	2,5	65%	73%	43,8%
	25	96%	92%	4,0%

Die Zahl, welche ein Maß für die Streukraft abgibt, nimmt hier (gelegentlich auch bei der Kupferelektrolyse) zuweilen negatives Vorzeichen an: auf der fünfmal entfernteren Kathode wird also oft noch weniger als ein Fünftel der auf der näheren Kathode abgeschiedenen Metallmenge niedergeschlagen. Interessant ist es aber, daß man die ungleichmäßige Verteilung der Metallfällung auf die verschieden weit entfernten Kathoden durch Bewegung des Elektrolyten in Umgebung der näheren Kathode ausgleichen, durch Bewegung des ganzen Elektrolyten oder des Anteils in Umgebung der entfernteren Elektrode aber umgekehrt noch verstärken kann.

Dieses Tatsachenmaterial bildet eine anschauliche Illustration für die Wirkung jener Faktoren, welche von erkenntlichem Einfluß auf die Streukraft sind, es liefert allgemeine Richtlinien dafür, wie man im Einzelfalle vorzugehen hat, um eine gleichmäßigere Bedeckung der Kathoden herbeizuführen. Ihre praktische Bedeutung darf aber doch nicht überschätzt werden; denn im Einzelfalle treten nur zu oft Momente hinzu, die von Bedeutung sind und die schwer zu erfassen, oft aber überhaupt nicht zu kontrollieren sind.

[1] HARING, Trans. Amer. Electrochem. Soc. 46, 107 (1924).

Auch darf die Tiefenwirkung, auf die es dem Praktiker meist ankommt, nicht ohne weiteres der Streukraft gleichgesetzt werden. Ein Beispiel dafür wurde im vorhergehenden schon erwähnt: die Durchmischung des Elektrolyten verringert die Streukraft, weil sie der kathodischen Polarisation entgegenwirkt, und doch kann sie die Tiefenwirkung erhöhen, wenn sie dazu beiträgt, große Verarmungen in sackförmigen Vertiefungen der Kathode zu verhindern bzw. auszugleichen, weil letztere örtlich noch viel größere Polarisationen hervorrufen können als an den erhöhten Stellen.

Wie leicht Details der Anordnung, auf die man nicht immer achtet, die Resultate fälschen können, lehrt ein einfacher, recht überraschender Versuch: Ordnet man in einem elektrolytischen Trog zwei gleichdimensionierte Kupferdrähte zwischen zwei einander parallele Anoden als parallel geschaltete Kathoden (etwa in Kupfersulfatlösung) derart an, daß sie beide überall gleichen Abstand von den Anoden bewahren, so sollte man erwarten, daß jeder der beiden gleich großen Drähte gleich viel Strom aufnimmt und daß demgemäß gleich viel Metall auf dieselben in gleicher Zeit niedergeschlagen wird.

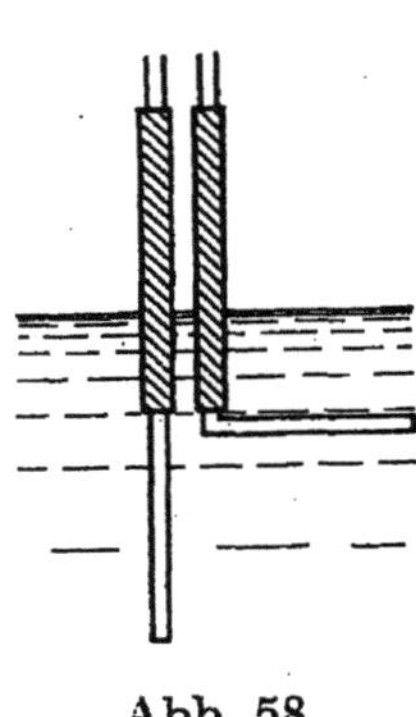

Abb. 58

Das ist aber nicht immer der Fall, und zwar am wenigsten, wenn der eine Draht vertikal herabgeführt, der andere (z. B. infolge rechtwinkligen Abbiegens) nach Abb. 58 horizontal angeordnet ist.

Auf letzterem wird im „ruhenden“ Elektrolyten regelmäßig mehr Kupfer niedergeschlagen, und zwar je nach der angewandten Stromdichte in folgenden Mengenverhältnissen:

Tabelle 24[1]

Stromdichte Amp./dm²	Auf 10 cm Drahtlänge niedergeschlagenes Kupfer		Prozentuelle Differenz der Gewichte
	vertikaler	horizontaler	
	Teil		
0,37	0,466 g	0,517 g	11,0%
0,48	0,196 g	0,231 g	18,0%
1,12	0,359 g	0,393 g	9,5%
2,24	0,612 g	0,633 g	3,4%
4,0	0,554 g	0,644 g	16,2%

Bewegung der Lösung durch Luftdurchblasen verringert die Gewichtsdifferenz wie folgt:

4,0	0,683 g	0,723 g	5,8%

Die Erscheinung wird dadurch hervorgerufen, daß die Kupfersulfatlösung bei ihrer Verarmung an der Kathode gleichzeitig an spezifischem Gewicht abnimmt. Auf dem horizontalen Drahtstück wird die vom Draht

[1] Nach Versuchen von BILLITER (1933).

aufsteigende leichter gewordene Lösung gleich durch konzentriertere dichtere ersetzt, am vertikalen Drahtstück steigt sie aber am Draht entlang auf und hüllt diesen wie in einen Schlauch ein. Man kann dies durch entsprechende Beleuchtung leicht mit freiem Auge beobachten.

Man darf aber auch dieses Resultat nicht generalisieren und etwa annehmen, daß sich in allen „ruhenden" Metallösungen ceteris paribus mehr Metall bei der Elektrolyse auf horizontalen Drahtstücken abscheidet; beim Nickel ist dies z. B. (besonders bei Gegenwart von Leitsalz) durchaus nicht der Fall. Hier treten allerdings noch Störungen durch anhaftende Gasblasen hinzu, welche oft dazu führen, daß sich auf dem vertikalen Drahtstück viel mehr Ni niederschlägt als auf dem horizontalen, an welchem sie haftenbleiben. Aber die Erscheinung dürfte dort die Regel bilden, wo der Elektrolyt in Kathodennähe spezifisch viel leichter wird und nicht durch gleichzeitig entwickelte Wasserstoffbläschen od. dgl. kräftiger durchgemischt wird.

Erscheinungen derselben Art kann man an vertikal eingehängten Kathodenblechen beobachten.

Ruft die Verarmung des Elektrolyten merkliche Dichteabnahme hervor, dann verteilt sich die Stromdichte (bei sonst ruhendem Elektrolyten) nicht mehr gleichmäßig über die ganze Fläche, sondern sie beginnt von oben nach unten zuzunehmen. In ihrem Oberteil bleibt die Kathode von der aufsteigenden verarmenden Lösung umspült, unten fließt ihr frische, unverbrauchte Lösung zu.

Read und Graham haben[1] bei der Elektrolyse einer Kupfersulfatlösung mit 53 g/l $CuSO_4$ und 44 g/l H_2SO_4 bei 30° C mit 4,2 Amp./dm^2 Stromdichte eine Abnahme des Kupfergehaltes von

1,3% am Oberrand einer 9 cm hohen Kathode,
7 % am Oberrand einer 90 cm hohen Kathode

gefunden. Am unteren Rand hatte sich der Kupfergehalt kaum geändert.

Nach Wagner[2] kann sich die Verarmung bei fehlender Rührung beträchtlich über die Dicke des Kathodenfilms hinaus in den Elektrolyten erstrecken, wenn derselbe in Ruhe gehalten wird.

Ohne solche „innere" Strömung könnte man bei fehlender Gasentwicklung und fehlender Flüssigkeitsbewegung nach seiner Berechnung in 0,1-n. $CuSO_4$-, 1,0-n. H_2SO_4-Lösung die Elektrolyse mit 1 Amp./dm^2 nur 5 Sekunden, mit 0,3 Amp./dm^2 nicht mehr als 47 Sekunden ohne zu starke Polarisation durchführen können, weil dem Kathodenfilm dann weniger Kupferionen zuwandern würden, als dort entladen werden.

Die Metallabscheidung wird im Unterteil der Kathode begünstigt, im oberen erschwert, die Grenzstromdichte, bei welcher Wasserstoffentladung

[1] Trans. Amer. Electrochem. Soc. 78, 778 (1940).
[2] J. Electrochem. Soc. 95, 161 (1949).

einzusetzen beginnt, ist oben kleiner als unten, nämlich in einer Lösung der angegebenen Konzentrationen:

in 1 cm Höhe, von unten gerechnet, 1 Amp./dm^2,
in 4 cm Höhe, von unten gerechnet, 0,66 Amp./dm^2,
in 16 cm Höhe, von unten gerechnet, 0,5 Amp./dm^2.

Sobald Gas entwickelt wird, verringern sich die Unterschiede infolge besserer Durchmischung.

Von FIELD[1] ist der Einwand erhoben worden, daß die Formel HARINGS und BLUMS nicht glücklich gewählt sei, weil sie 80% als höchsten Wert errechnen läßt, der doch nach FIELD zweckmäßiger 100%, meines Erachtens aber ∞ sein sollte. Eine entsprechende Änderung der Formel und der gewählten Zahlenwerte hätte nur formale Bedeutung, sachlich wichtiger dürfte FIELDs weiterer Einwand sein, daß auch das Abstandsverhältnis 5 : 1 der beiden Kathoden für die Ermittlung der Streukraft von der Anode nicht sehr glücklich gewählt sei, weil man praktisch so großen Abstandsunterschieden aus dem Wege geht. Er schlägt vor, ein Abstandsverhältnis 2 : 1 bei den Messungen zu wählen, was manches für sich hat. Leider gibt er aber keine bei diesen Abständen ermittelten Meßresultate bekannt.

Auch aus solchen Meßresultaten könnte man nur mit großer Vorsicht direkte Folgerungen für die Praxis ziehen, weil die Verhältnisse dort doch lange nicht so einfach liegen wie bei Verwendung paralleler Elektroden in einem rechteckigen Troge, dessen Querschnitt zu großem Teil von den Elektroden erfüllt ist. Und selbst in solchen Trögen erhält man nur dann untereinander vergleichbare Resultate, wenn immer dieselben Maßverhältnisse eingehalten werden. In Trögen von größerem Querschnitt erhält man andere Zahlenwerte, desgleichen in solchen von anderer Länge, und selbstverständlich erhält man wieder andere Resultate, wenn die Elektroden nur einen kleinen Teil des Badquerschnittes einnehmen.

Die angegebene Methode ist also nützlich, um die Charakteristik bestimmter Elektrolyte zu ermitteln, sie vor allem untereinander zu vergleichen, sie ist aber von geringem Nutzen bei Ermittlung der Arbeitsbedingungen, welche in speziellen Fällen einzuhalten sind, um bestimmte praktische Resultate zu erzielen, z. B. etwa um anzugeben, wie man vorzugehen hat, um eine unebene Fläche vollständig mit einem bestimmten Metall zu bedecken.

Ein anderer Nachteil der Methode liegt darin, daß sie umständlich ist und zeitraubende Wägungen erheischt. Um eine schnellere Orientierung über die ungefähre Streukraft eines Bades erlangen zu können, schlägt FIELD (l. c.) deshalb zweckmäßigerweise vor, einen Trog zu verwenden, in welchem eine gemeinsame Anode zwei einander gleich großen, aber von der Anode ungleich weit entfernten Kathoden gegenübersteht, und mittels

[1] J. Electrodepositors' Techn. Soc. 7, 83 (1932).

zweier Amperemeter die Teilströme zu messen, welche von der Anode zu jeder der beiden Kathoden fließt (Abb. 59).

Diese Messung ist schnell auszuführen, sie gibt freilich nur dann brauchbare Auskunft, wenn die kathodische Stromausbeute nur wenig durch die Stromdichte verändert wird und wenn die Verhältnisse während der Elektrolyse konstant bleiben.

Die derart für die Streukraft im Laboratorium ermittelten Beziehungen können in praktischen Fällen nur zur allgemeinen Orientierung dienen, der Praktiker wünscht im allgemeinen ein anschaulicheres Maß. Ein solches besteht z. B. darin, eine Hilfskathode zu verwenden, die mit einer Reihe verschieden tiefer, aber untereinander gleich weiter Gruben versehen ist, und zu beobachten, bis zu welcher Tiefe diese Hohlräume noch mit dem elektrolytischen Metallüberzuge bedeckt werden.

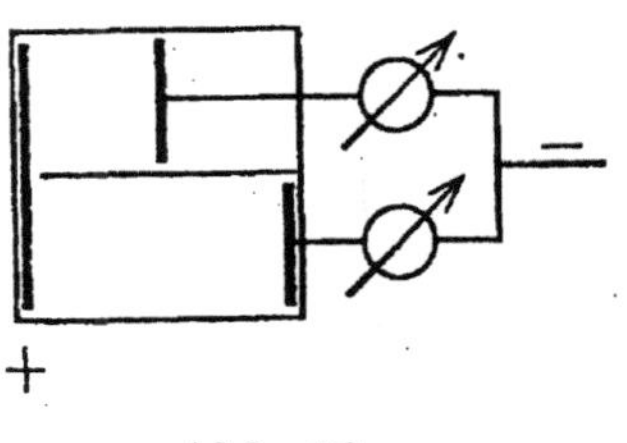

Abb. 59

L. C. PAN[1] verwendet dazu Metallplatten, die mit zehn Gruben von je 12,5 mm Durchmesser versehen sind, deren Tiefen er stufenweise von 1,25 mm bis auf 12,5 mm steigen läßt. Die größte Tiefe der ersten Grube beträgt also 10% ihres Durchmessers, die der zweiten 20% usf., die der letzten 100%; und PAN schlägt vor, die Größe der Streukraft z. B. zu 40% anzugeben, wenn (bei bestimmter, erst festzulegender Durchschnittsniederschlagsdicke) die vierte Grube in ihrer Versenkung noch ganz, die fünfte aber nicht mehr zur Gänze mit Metall überzogen erscheint[2] (Abb. 60).

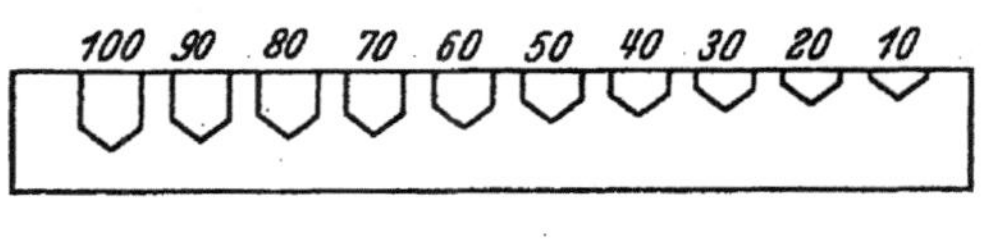

Abb. 60

L. PINNER und M. BAKER empfehlen zur Ermittlung der Streukraft (wie PAN besonders für Chrombäder) rechtwinklig gebogene Kathoden zu verwenden, deren vertikaler Schenkel parallel zur Anode angeordnet wird, während der horizontale Schenkel geradewegs gegen die Anode gerichtet ist. Je nach der Streukraft des Bades wird nach einer bestimmten Anzahl durchgesandter Amperestunden ein größerer oder geringerer Teil der Kathode mit Elektrolytmetall bedeckt. Das Resultat ist sehr anschaulich, wenn man ein Kathodenmetall verwendet, dessen Farbe von der des niedergeschlagenen Metalls verschieden ist; doch wird auch hier wieder das Resultat von der Natur des Kathodenmetalls ein wenig

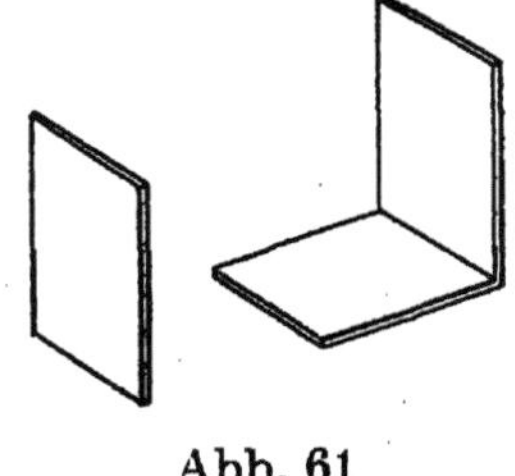
Abb. 61

---

[1] Metal Ind. (New York) 28, 271 (1930).

[2] Das Resultat fällt auf verschiedenen Kathodenmetallen verschieden aus, beim Chromieren z. B. auf Stahl 30%, Messing 40%. Trans. Amer. Electrochem. Soc. 55, 315 (1929).

beeinflußt. L. Farber und W. Blum benützten z. B. diese Versuchsanordnung für die Untersuchung der Streukraft von Chrombädern, indem sie Kathoden aus Kupferblech verwendeten, die 5 cm breit und deren vertikaler und horizontaler Schenkel je 5 cm lang waren. Sie stellten sie in einem rechteckigen Trog (dessen Querschnitt durch den vertikalen Teil der Kathode ausgefüllt war) einer vertikal angeordneten Blei- oder Platinanode gegenüber, die vom vertikalen Teil der Kathode 10 cm entfernt war, so daß die geringste Elektrodenentfernung 5 cm betrug. Die Autoren geben an, daß sich das Resultat nach 5 Minuten Elektrolysedauer nicht mehr wesentlich ändert und wählten daher diese Versuchsdauer zur Herstellung der Proben.

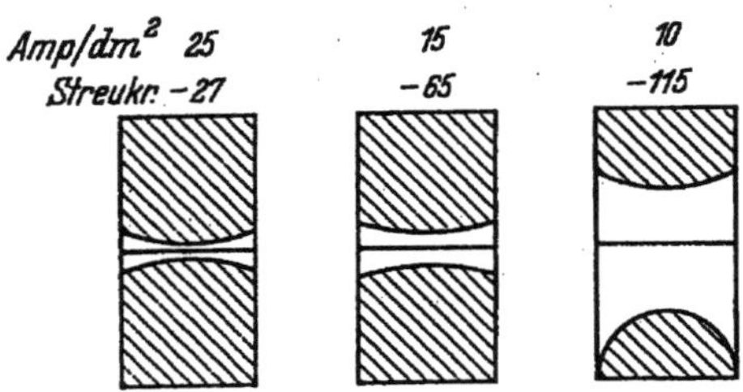

Abb. 62. Kathoden der Abb. 61 nach Geradebiegen. Schraffierungen zeigen die Reichweite des Elektrolyt-Niederschlages an

Bei den meisten derartigen Versuchen wird nur ein Teil der Kathodenfläche mit Elektrolytmetall bedeckt. Denkt man sich die winkelförmig geformte Kathode nach dem Versuche gerade gebogen, so erscheinen die beiden Kathodenflächen meist ungleichförmig und erst in gewisser Entfernung vom Bug mit Elektrolytmetall bedeckt. Abb. 62 veranschaulicht beispielsweise das Resultat, das beim Chromieren mit drei verschiedenen Stromdichten erzielt wurde. Es bringt die Zunahme der Streukraft mit steigender Stromdichte sehr deutlich zum Ausdruck und gibt auch im Verlauf der einzelnen Trennlinien wertvolle Auskunft.

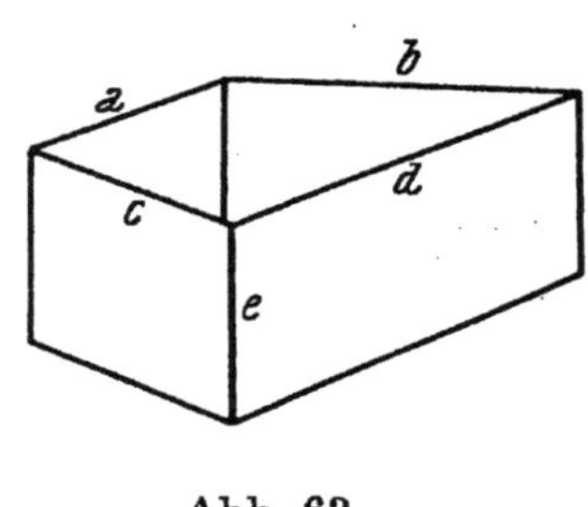

Abb. 63

Eine Kombination der Methode Pans mit derjenigen Pinners und Bakers ist noch nicht angewendet worden, sie würde vielleicht eine nützliche Ergänzung bilden.

Busse[1] empfiehlt, die Schenkel der winkelförmigen Kathode in einzelne wägbare Streifen zu unterteilen, um die Verteilung der Stromdichte genauer bestimmen zu können, als dies durch bloßen Augenschein möglich ist. Ähnliches läßt sich auch durch genaue Stärkemessung der einzelnen Niederschlagsteile erreichen.

Ein rohes, aber oft bequemes praktisches Maß besteht auch darin, zu beobachten, wie weit ein Rohr außen und innen mit Elektrolytmetall bedeckt wird[2]. Für die Bedeckung unebener Gegenstände soll die Streukraft des Bades in allen Fällen hinreichen, wenn ein 2 mm starkes Rohr von 25 mm

---

[1] Z. Elektrochem. **38**, 783 (1932); cf. auch Pfanhauser und Elssner, ib. **37**, 874 (1931), ferner Onitschenko, ib. **39**, 583 (1933).

[2] Res. Paper, Bureau of Standards Nr. 131 (1930).

Durchmesser und 28 mm Länge innen und außen ganz mit Elektrolytmetall bedeckt erscheint.

HULL[1] hat eine Zelle ausgebildet, welche sich dadurch kennzeichnet, daß die Kathode nicht parallel, sondern in bestimmtem Neigungswinkel zur Anode angeordnet ist, wie dies schematisch auf Abb. 63 dargestellt ist. Der Grundriß dieser Zelle ist nicht rechteckig, sondern trapezförmig mit ganz bestimmten Längenverhältnissen der einzelnen Wände gestaltet.

Die Verteilung des Stromes über eine derartige geneigte Kathode läßt sich nur auf sehr umständlichem Wege mathematisch bestimmen, auf experimentellem Wege aber leicht dadurch, daß man die Niederschlagsstärken auf einzelnen Probestreifen ermittelt oder die betreffenden Amperezahlen mißt. HULL hat gefunden, daß letztere etwas höhere Werte ergeben als die Gewichtsbestimmungen und führt die Differenz auf eine Summe kleiner Fehler zurück. Der Charakter der Stromabfallkurve ist aber in beiden Fällen derselbe. Durch einen Korrekturfaktor läßt sich Übereinstimmung herstellen.

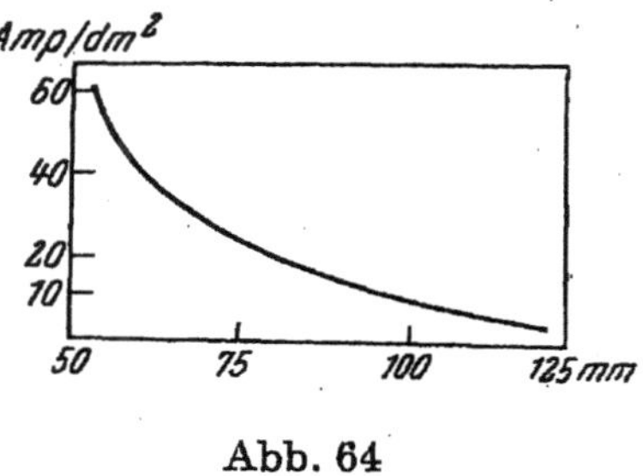

Abb. 64

Für ein und dieselbe Zelle erweist sich die Stromdichteverteilung als nahezu unabhängig von der Natur des Elektrolyten, sie hat die logarithmische Form der auf Abb. 64 dargestellten Kurve.

Bezeichnet I die Gesamtamperezahl, welche durch die Zelle geleitet wird, L den Abstand von einem Ende der Kathode, so nimmt die Stromdichte i an jeder beliebig gewählten Stelle der Kathode den Wert:

$$i = I\,(C_1 - C_2 \log L)$$

an, worin C_1 und C_2 Konstanten darstellen, welche von der Natur des Elektrolyten abhängen. HULL hat deren Wert für eine Reihe von Elektrolyten ermittelt und als Durchschnittswert für die von ihm ausgebildete Zellengröße den Wert

$$i = I\,(18{,}8 - 28{,}3 \log L)$$

angegeben. In dieser Gleichung sind I und i in Amp./Fuß² (entsprechend 9,29 Amp./dm²) und L in inches (entsprechend 25,4 mm) ausgedrückt.

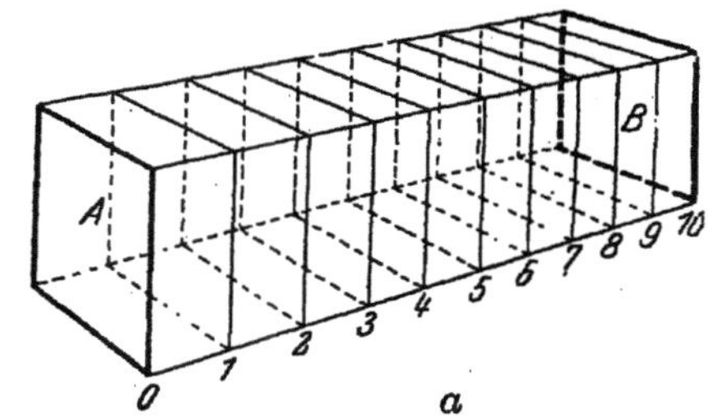

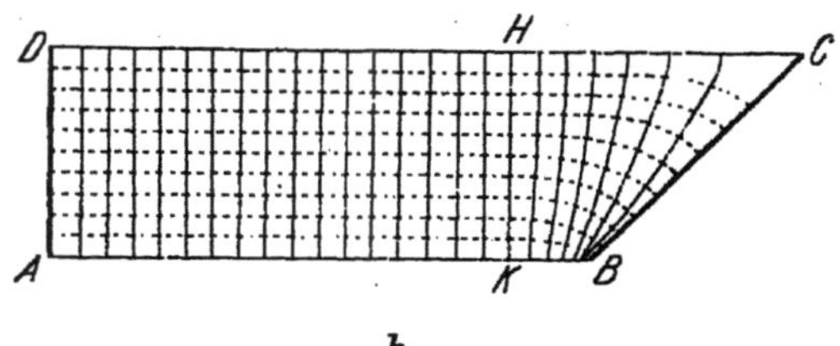

Abb. 65. Äquipotentialflächen und Verlauf der Stromlinien: *a* zwischen parallelen, *b* zwischen divergierenden Flächen.

[1] Amer. Electroplaters Soc. 1939.

Die HULL-Zelle eignet sich nicht nur für quantitative Messungen, sondern auch ganz besonders für qualitative Untersuchungen, bei welchen man das Aussehen und die Eigenschaften der bei verschiedenen Stromdichten gleichzeitig nebeneinander ausgefallenen Niederschläge verfolge und miteinander vergleichen kann.

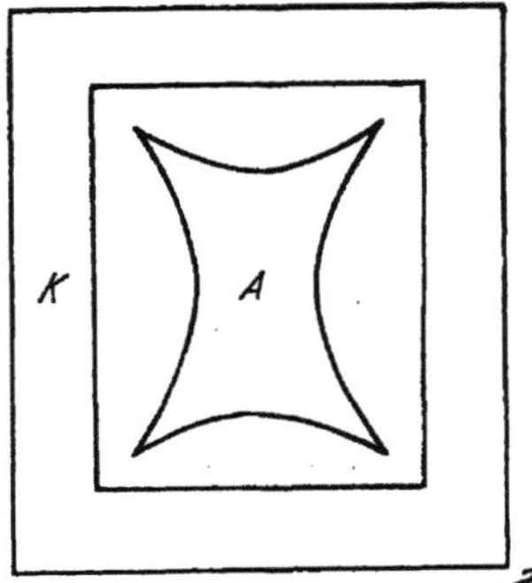

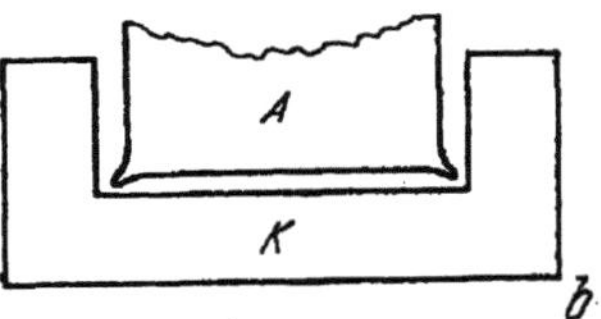

Abb. 67. Anodenform (*A*), *a* in Aufsicht, *b* im Schnitt für die Innenverchromung eines Troges (*K*)

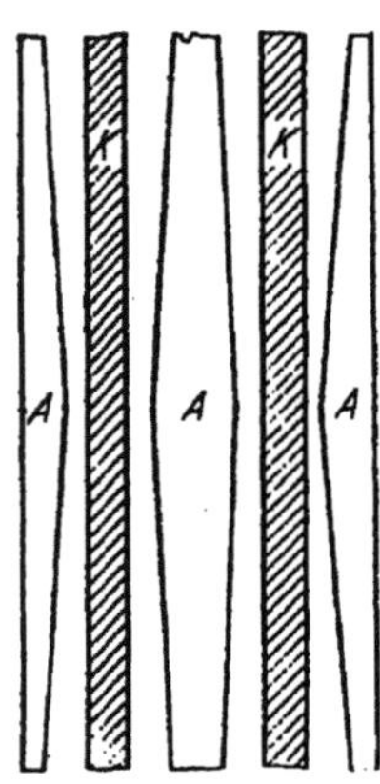

Abb. 66. Anodenformen (*A*) für die Innen- und Außenverchromung eines Rohres (*K*)

Die HULL-Zelle eignet sich also ganz besonders dazu, Glanzbereiche zu ermitteln, die Korrektur komplizierterer Bäder vorzunehmen, indem ermittelt wird, ob dieselben einen Zusatz von Glanzmitteln benötigen und in welchem Maße, eine analoge Kontrolle bei kathodischer Herstellung von Legierungen durchzuführen u. dgl. m.

Für solche Zwecke hat sie sich als außerordentlich nützlich, ja fast als unentbehrlich erwiesen.

Zusammenfassend läßt sich sagen, daß man bei der Galvanisierung profilierter Stücke möglichst solche Elektrolyte verwenden soll, welche mit steigender Stromdichte rasch zunehmende Polarisation aufweisen (langsam ansteigende I-E-Kurve) und dabei verhältnismäßig gut leiten. Ist es, wie z. B. bei der Verchromung, überhaupt nicht möglich, gut streuende Bäder zu verwenden, so sucht man Verhältnisse herzustellen, welche noch die beste Streukraft liefern (hohe Stromdichte, günstigste Konzentrationen usw.), und verringert die Entfernungsunterschiede zwischen den einzelnen Teilen der Elektrodenpaare durch entsprechende Formung der Anoden (s. z. B. Abb. 66 und 67), durch Verwendung einzelner räumlich entsprechend verteilter Anoden, durch Vergrößerung der Entfernung der Elektroden (damit die Unterschiede prozentisch geringer werden) u. dgl. m. Auch die Abschirmung von Stromlinien durch entsprechend geformte Schablonen (s. Abb. 68) ist oft von sehr guter Wirkung.

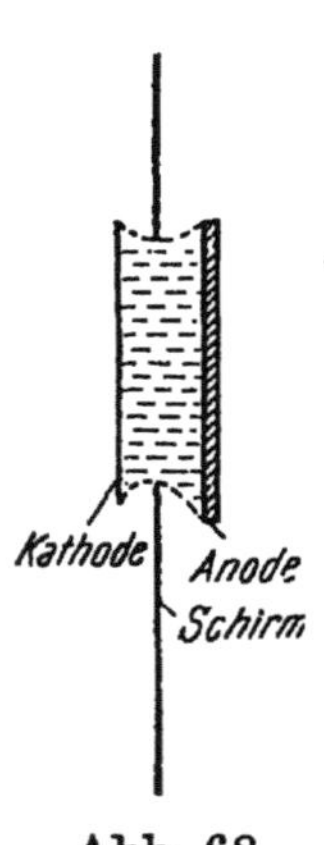

Abb. 68

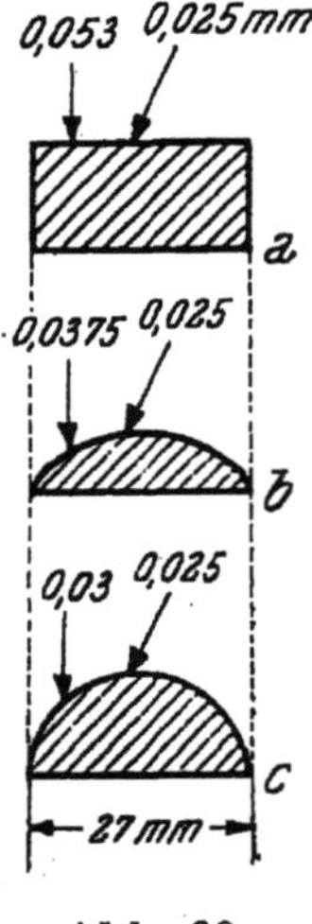

Abb. 69

Welche Rolle Oberflächenformen der Kathode, selbst bei relativ großen Elektrodenabständen, spielen, wird durch Abb. 69 illustriert.

Sie zeigt nach Versuchen von PINNER die Niederschlagsstärken an, welche auf 27 mm breiten Kathodenstreifen erzielt wurden[1], je nachdem, ob deren Oberfläche eben war (*a*), ovales (*b*) oder kreisförmiges (*c*) Profil aufwies.

Die streifenförmigen Kathoden waren zwischen zwei parallelen vertikalen Anodenblechen in Abständen von 8 Zoll (rund 20 cm) angeordnet.

3. Klassifikation der typischen Niederschlagsformen. Allgemeine Regeln und ihre theoretische Deutung

Insgesamt kommen für die Herstellung galvanischer Überzüge gegenwärtig etwa zwei Dutzend Metalle nebst einigen Legierungen derselben in Betracht. Bloß etwa ein Drittel derselben, das sind: Ag, Au, Cd, Cr, Cu, Ni, Sn, Zn, finden schon breitere, zum Teil sogar sehr ausgedehnte Anwendung. Trotzdem ist erst von ganz wenigen derselben, unter welchen Ni, Cu, Ag hervorzuheben sind, die Abhängigkeit der Niederschlagsformen, der Struktur und der mechanischen Eigenschaften von der Natur des Elektrolyten, von Zusätzen zu demselben, von der Änderung der Arbeitsbedingungen usw. soweit erforscht worden, daß man ein einigermaßen klares Bild über die Wirkung der maßgebenden Faktoren und deren gegenseitige Beeinflussung gewinnen konnte. Dies auch nur auf Grund zahlloser mühsamer, zeitraubender Parallelversuche, bei welchen es meist nur angenähert möglich war, bloß die eine untersuchte Variable zu verändern, um halbwegs sichere Resultate zu erhalten.

Je mehr man ins Detail ging, desto schwieriger erwies es sich, einfache Regeln aufzustellen, welche allein bestimmend sind, desto häufiger stieß man auf Ausnahmen von bisher für allgemeingültig gehaltenen Regeln.

Gerade solche Ausnahmen liefern der Forschung aber oft den Ausgangspunkt für tiefere Erkenntnis, wenn ihre Untersuchung dahin führt, einen kausalen Zusammenhang derselben mit kontrollierbaren Faktoren aufzufinden. Die Faktoren, welche hier aber in Wirkung treten, sind so zahlreich und meist so schwer einzeln exakt zu ermitteln, daß dieses Ziel bisher nur selten erreicht worden ist.

Der Forschung eröffnet sich hier noch ein weites, vielfach noch jungfräuliches Arbeitsgebiet, das verlockend, vielversprechend, aber auch sehr schwierig ist. Von einer Erweiterung bzw. Verfeinerung der Arbeitsmethoden, z. B. durch Anwendung des Elektronenmikroskops, von Spurenelementen usw., dürfte manches zu erwarten sein.

Noch sind wir zwar weit davon entfernt, auf Grund rein theoretischer Überlegungen im voraus angeben zu können, welches Aussehen und welche Eigenschaften ein Metallniederschlag unter bestimmten, noch unausgeprobten Bedingungen besitzen wird, indes ist es schon oft möglich, dies auf Grund systematischer Voruntersuchungen durch Anwendung einiger bereits erworbener theoretischer Kenntnisse zu tun.

[1] Trans. Amer. Electrochem. Soc. **80**, 265 (1941).

Daß der Kristallisationsvorgang an sich durch minimale, noch unübersichtliche bzw. unkontrollierbare Nebenwirkungen beeinflußt wird, erschwert allerdings noch die Lösung des Problems.

Beispielsweise beobachtete KOHLSCHÜTTER, daß Kochsalz, welches normalerweise in Würfelform auskristallisiert, Oktaeder bildet, wenn die Mutterlauge durch Harnstoff verunreinigt ist. Ferner daß Ammoniumjodid auf Glas ungeordnete rechteckige Plättchen absetzt, auf Glimmer aber regelmäßig angeordnete Dreiecke.

Diese Beispiele führen vor Augen, wie leicht Nebenumstände, die man übersieht oder für belanglos hält (quasi Imponderabilien), zu Fehlschlüssen führen können. Zugleich erwecken sie aber die Vermutung, daß sich viele Resultate, die man als Abweichungen von der Regel ansieht, auf derartige bzw. auf noch unbekannte Nebenwirkungen werden zurückführen lassen.

Als allgemeingültige Regeln dürfte man unter solchem Vorbehalt folgende ansehen können:

I. Verfeinerung der Struktur wird befördert durch:

1. Verlangsamung der Zirkulation (ruhender Elektrolyt),
2. Abnahme der Leitfähigkeit des Elektrolyten,
3. Abnahme der Metallionenkonzentration des abzuscheidenden Metalls, besonders unter $1 \,.\, 10^{-6}$ (Komplexionen),
4. Abnahme der Temperatur,
5. steigende Stromdichte,
6. Inhibitoren (Kolloide oder Bestandteile der Lösung),
7. geeignete mechanische Wirkungen.

II. Die Rauheit der Oberfläche des Niederschlages wird verringert durch:

1. Steigende Temperatur,
2. Steigerung der Leitfähigkeit (Leitsalze),
3. Steigerung der Konzentration (Abnahme der Unterschiede des spezifischen Gewichtes bei Verarmung),
4. Abnahme der Ionenkonzentration unter $1 \,.\, 10^{-6}$ (Komplexbildung),
5. Abnahme der Stromdichte,
6. sehr starke Zirkulation,
7. glättende Zusätze,
8. geeignete mechanische Einwirkungen.

III. Die anwendbare Grenzstromdichte steigt mit:

1. Steigendem Metallgehalt der Lösung,
2. steigender Leitfähigkeit und Konzentration des betreffenden Ions,
3. steigender Temperatur,
4. Belebung der Zirkulation,
5. glättenden Zusätzen,
6. geeigneten mechanischen Wirkungen.

IV. Die Streukraft bzw. Tiefenwirkung nimmt zu durch:

1. Erhöhung der Leitfähigkeit bei unveränderter Polarisation,
2. Abnahme der Bewegung (ruhender Elektrolyt),
3. Abnahme der Stromausbeute mit steigender Stromdichte,
4. Vergrößerung der Elektrodenabstände,
5. polarisationserhöhende Zusätze.

Als allgemeingültig wird ferner angesehen, daß Härte und Zugfestigkeit des niedergeschlagenen Metalls unter sonst vergleichbaren Umständen mit fortschreitender Kornverfeinerung steigen, während die Dehnbarkeit abnimmt. Ferner daß die Mitabscheidung von Inhibitoren gewöhnlich im gleichen Sinne wirkt und die elektrische Leitfähigkeit verringert.

Ehe es als Atom seinen endgültigen Platz in einem Kristallgitter einnimmt, muß ein Kation verschiedene Zwischenzustände durchlaufen, deren Art, ja deren Reihenfolge noch nicht sicher ermittelt sind. In den Fällen, in denen das abzuscheidende Metall gar in Anionen enthalten ist, läßt sich selbst die Frage, wie es zur Bildung des Kations kommt, nur vermutungsweise beantworten.

Auch in der Kardinalfrage, ob Entladung und Einbau des Kations gleichzeitig oder in aufeinanderfolgenden Stufen vor sich gehen oder ob beide Abscheidungsarten möglich sind, kann noch kein endgültiges Urteil abgegeben werden.

Der Umstand, daß die Metallüberspannung beim flüssigen Quecksilber zwar von anderer, kleinerer Größenordnung als an festen Metallen, niemals aber null ist, läßt vermuten, daß die Metallüberspannung, wenigstens zum größten Teil, darauf verwendet wird, das Kation an die Stellen zu führen, an denen es eingebaut werden kann. Dies macht es wahrscheinlich, daß Entladung und Einbau gleichzeitig erfolgen. Dafür spricht auch der Umstand, daß die Metallüberspannung mit zunehmender Zahl der Aktivstellen abnimmt (s. S. 31).

Andere Beobachtungen sprechen wiederum dafür, daß die Einlagerung ins Gitter nur dann gleichzeitig mit der Entladung erfolgt, wenn das Kation zufällig gerade an Aktivstellen zur Entladung gelangt.

Beobachtungen über das Kristallwachstum in unterkühlten Lösungen und Schmelzen lassen vermuten, daß Moleküle zunächst von der Kristalloberfläche irgendwo adsorbiert werden, ehe sie ins Gitter treten, und daß schon kleine, oft gar nicht erfaßbare Spuren adsorbierter Fremdstoffe den Eintritt ins Gitter verzögern, ja verhindern können, besonders von Stoffen, welche selbst leicht adsorbiert werden[1].

---

[1] Z. B. hat MARC beobachtet, daß die Kristallisation von Natriumsulfat aus übersättigter Lösung durch Farbstoffe verzögert wird, welche adsorbiert werden, z. B. durch Chinolingelb, das die Kristalle anfärbt, nicht aber (oder nur in ganz geringem Maße) durch solche, die, wie z. B. Methylenblau, nicht adsorbiert werden.

In solchen Fällen bildet die Adsorption ein Bindeglied zwischen Keimbildung und Kristallwachstum, wie dies FREUNDLICH schon vermutet und durch Experimente bestätigt hat.

Daß sich an jedem Punkt der Oberfläche Stellen vorfinden, an welchen Moleküle oder adsorbierte Atome ins Gitter eintreten können, ist höchst unwahrscheinlich. Deshalb muß man annehmen, daß sich diese auf der Oberfläche bewegen können, um bei der Kristallisation an solche Stellen zu gelangen.

Aus Versuchen, die er mit Benzophenon angestellt hat (Siedepunkt 306°, Schmelzpunkt der rhombischen Kristalle 48°), hat VOLMER auf die Möglichkeit der Wanderung fester Teile in der Kristalloberfläche Schlüsse gezogen.

Quecksilbertropfen, die bei ihrem Fall an Benzophenonkristalle streifen, adsorbieren Teile desselben. Die Kristalle verjüngen sich dabei aber auch an Stellen, welche von denen weiter entfernt sind, an welchen die Berührung mit Quecksilber erfolgt.

VOLMER schloß daraus, daß Benzophenonmoleküle in der Kristalloberfläche frei beweglich sind. Er vermutete weiter, daß Metallatome, die durch Entladung von Kationen entstehen und von der Kathodenfläche adsorbiert werden, dort ebenso beweglich sind[1]. Je tiefer der Schmelzpunkt des betreffenden Metalls liegt, desto leichter sollten die adsorbierten Atome dazu befähigt sein (also vor allem z. B. bei Pb, Sn, Cd).

Nach dieser Hypothese sollte die Elektrokristallisation in Stufen erfolgen: erst in der Entladung, dann der Adsorption, endlich der Hinbewegung zu den Stellen, an denen das Atom an das im Aufbau begriffene Gitter angelagert wird.

Im Mikroskop hat KOHLSCHÜTTER beobachtet, daß eine große Anzahl von Stoffen die Neigung hat, Teilchen von bestimmter Gliederung und Gestalt aufzubauen, die noch keine Kristalle sind, aber eine Vorstufe dazu vorstellen; denn die eigentümliche Gestaltung der kleinsten Teile (die sich bis an die Grenze des im Lichtmikroskop Sichtbaren verfolgen lassen) tritt auch in großen Teilen auf, die sich durch Zusammenschluß kleiner bilden. Es scheint nicht ausgeschlossen, daß solche Konfigurationen — KOHLSCHÜTTER bezeichnet sie als *Somatoide* — auch bei der Elektrokristallisation eine Zwischenstufe bilden können.

Dann wäre es möglich, daß beim Kristallaufbau nicht bloß Atome, sondern ganze Atomgruppen an bevorzugten Stellen ins Gitter eingebaut werden, ohne daß dazu Entfernungen überbrückt werden müssen.

Mit dem Auge beobachtet hat man bisher nur das Vordringen mikroskopisch sichtbarer, also dreidimensionaler Schichten bei der Elektrokristallisation und nach GYULAI auch bei der Salzkristallisation. Die Deutungen der

---

[1] ERDEY-GRUZ und VOLMER, Z. physik. Chem. (A) **150**, 230 (1930); **157**, 165 (1931).

Art ihrer Bildung sind vorerst noch hypothetischen Charakters. Es steht zu hoffen, daß die Anwendung feinerer Beobachtungsmittel, vor allem des Elektronenmikroskops, vollständigeren Aufschluß geben wird.

Die Vielfältigkeit der Formen, in welchen sich verschiedene Metalle, aber auch ein und dasselbe Metall bei Änderung des Elektrolyten und der Arbeitsbedingungen abscheiden können, erscheint zunächst verwirrend.

Um etwas klarere Vorstellungen über ihren Aufbau zu gewinnen, wurde zunächst versucht, sie zu klassifizieren, d. h. typische „Ur"-Formen in denselben zu erkennen, von denen sich die einen oder anderen allein oder nebeneinander immer wieder in galvanischen Niederschlägen vorfinden lassen. Aus Beobachtungen, welche dieser „Ur"-Formen jeweils in bestimmten Elektrolyten unter bestimmten Arbeitsbedingungen bevorzugt auftreten, suchte man Schlüsse darüber zu ziehen, wie dieselben zustandekommen.

Aten und Boerlage unterschieden zunächst folgende Grundformen, ohne von einer bestimmten Vorstellung über ihre Bildungsweise auszugehen:

1. Isolierte Kristalle,
2. Schichten von kristallinem Aufbau,
3. Schichten ohne kristallinen Aufbau,
4. lange Kristallnadeln, Bäumchen usw.,
5. Metallabscheidungen ohne erkennbare Struktur[1].

Schon von einer bestimmten Vorstellung über die Kristallbildung ausgehend, teilten wenig später Blum und Rawdon[2] die Arten der Niederschläge in folgende drei Klassen ein:

I. Isolierte Kristalle	a) vereinzelt	1. symmetrisch
		2. nadelförmig
	b) zusammenhängend	1. säulenförmig
		2. faserförmig
II. Kristallinisches Gefüge	a) konisch	
	b) Zwillingsbildung	
III. Kristallinisches Gefüge mit gestörtem Kristallwachstum	a) unregelmäßig (broken)	
	b) bäumchenförmig	
	c) pulverförmig	

Bei dieser Einteilung gingen Blum und Rawdon von der Anschauung aus, daß die Formenbildung zunächst dadurch bestimmt wird, ob sämtliche, ob nur ein Teil oder ob gar keine der ursprünglich entstehenden Kristallite weiterwachsen.

Auf Grund einer Reihe von Beobachtungen vertraten sie die Ansicht, daß jede Änderung des Elektrolyten oder der Arbeitsweise, welche die ka-

[1] Rec. trav. chim. Pays-Bas **39**, 720 (1920).
[2] Trans. Amer. Electrochem. Soc. **44**, 397 (1923).

thodische Polarisation steigert, eine Verschiebung der Abscheidungsform in Richtung:

Klasse I → Klasse II → Klasse III

begünstigt und vice versa.

Nach dieser Einteilung sind die Formverschiedenheiten nur solche des Grades, nicht des Wesens.

Für den extremen Fall, daß sämtliche Kristallite weiterwachsen, nehmen die Autoren (wie aus ihren schematischen graphischen Darstellungen hervorgeht) an, daß dies in Richtung der Stromlinien vor sich geht, daß die Kristallite also bei Ausschluß von Störungen an parallel zueinander angeordneten Elektroden senkrecht zur Kathodenoberfläche wachsen, wie etwa die Halme eines Feldes aufschießen, in welchem alle Saatkörner aufgehen.

Wird die Kathode sofort von Kristalliten ganz bedeckt, dann sollte der Niederschlag aus aneinandergeschlossenen faser- oder säulenförmigen Teilen zusammengesetzt sein, bei unvollkommener Flächenbedeckung aber die Form vereinzelter Kristallnadeln annehmen, bei Störungen des Kristallwachstums aus verwachsenen Teilen bestehen.

Mit dieser Klassifikation waren der Forschung Richtlinien gegeben, die sich als fruchtbar erwiesen haben.

Spätere Untersuchungen der Elektrokristallisation von Erdey-Gruz, Volmer, Kohlschütter, H. Fischer u. a. haben aber dargetan, daß die Kristallite vielfach gar nicht in Richtung der Stromlinien zu wachsen bestrebt sind, sondern quer dazu, indem sie sich über die Kathodenoberfläche ausbreiten.

Dies bildet ein Seitenstück zur Kristallbildung aus Dämpfen. Volmer und Estermann haben z. B. beobachtet, daß in einem Dampfstrahl von Quecksilber in Temperaturgebieten, welche stark unterhalb seines Erstarrungspunktes liegen (im Vakuum), blättchenförmige Kristalle entstehen, die quer zum Dampfstrahl gerichtet sind.

In Übereinstimmung damit hat der Verfasser mehrfach beobachtet, daß in kalten, etwa nebligen Winternächten (besonders im Gebirge) aus Schneeflächen gleichgerichtete, bis zu mehrere Zentimeter hohe, klare Eisblättchen steil emporwachsen, deren Breitflächen quer zur Luftbewegung gerichtet sind.

Unter Berücksichtigung dieser und anderer Erfahrungen über Kristallbildung und -wachstum hat H. Fischer ein neues Prinzip der Klassifikation galvanischer Niederschläge entwickelt. Dieses geht von der Vorstellung aus, daß sich auf der Kathode zunächst ein örtlich eng begrenzter kristallinischer Belag — der Ausgangspunkt einer Netzebene, quasi ein zweidimensionaler Wachstumskeim — bildet.

Je nachdem, ob die Anlagerungsenergie an der dem Elektrolyteninneren zugewandten Fläche des Belages oder an dessen Seitenrändern überwiegt (in der Regel ist letzteres der Fall), ist er befähigt, in Richtung der Stromlinien oder quer dazu weiterzuwachsen.

Graphisch führt er dies[1] durch die auf Abb. 70 wiedergegebene Modelldarstellung vor, in welcher die jeweils aktiveren Stellen durch Schraffierung, die Wachstumsrichtung durch Pfeile kenntlich gemacht werden.

Von dieser Vorstellung ausgehend, hat er auf Grund zahlreicher weiterer Untersuchungen eine Theorie der Elektrokristallisation entworfen, deren markanteste Grundzüge die folgenden sind[2].

Solange die Anlagerungsenergie an den Rändern überwiegt, breitet sich die Netzebene seitlich, d. i. „basisorientiert" aus, die neugebildete Metall-

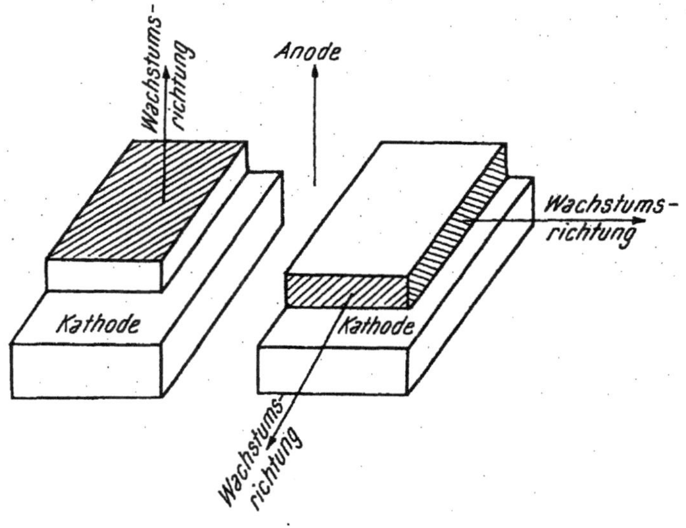

Abb. 70

schicht „fließt" über die Kathodenfläche, wie es KOHLSCHÜTTER und TORRICELLI (s. S. 37) im Mikroskop beobachtet haben. Infolge zunehmender Kationenverarmung an den Rändern verlangsamt sich das „Fließen" nach und nach. Schließlich hört es auf, wenn die lokale Kationenkonzentration an den Rändern stark genug abnimmt, so daß fremde Kationen oder auch Moleküle von Dipolcharakter („Inhibitoren") anstatt der Kationen des zur Abscheidung gelangenden Metalls diese Stellen belegen. Diese setzen die Anlagerungsenergie an den bisherigen Wachstumsstellen herab und können sie geradezu blockieren. Dann verlegt sich der Ort der Entstehung von „Flächenkeimen" und das Weiterwachsen an Stellen, deren Anlagerungsenergie überwiegt usf.

[1] Z. Metallkunde **39**, 161 (1948).

[2] Z. Metallkunde **39**, 161, 204 (1948); **41**, 151 (1950); Z. Elektrochem. **54**, 449—477 (1948); H. FISCHER, H. MATSCHKE und F. PAWLEK, Z. Elektrochem. **54**, 477—485 (1948), aus denen Einzelheiten in vorhergehenden Abschnitten bereits wiedergegeben worden sind. Weiter ausgebaut und zusammengefaßt in H. FISCHER, Elektrolytische Abscheidung und Elektrokristallisation von Metallen. Berlin: Springer. 1954.

Nach H. FISCHER besteht auch eine zweite Möglichkeit für das Weiterwachsen einer erst im Keim gebildeten Netzebene, indem die Metallatome sich nicht unmittelbar an den Rändern abscheiden, sondern auf der Fläche selbst und vom Orte ihrer Abscheidung mittels Oberflächendiffusion zum Rande wandern, wo sie sich endgültig anlagern.

Experimentelle Befunde machen einen solchen Mechanismus wahrscheinlich, wenngleich es fraglich ist, ob er auch für hochschmelzende Metalle mit geringerer Oberflächenbeweglichkeit der Atome gilt[1].

Die Blockierung aktiver Wachstumsstellen kann auch auf nichtelektrischem Wege vor sich gehen, wenn der Elektrolyt Stoffe enthält, z. B. Kolloide, die durch rein chemische Adsorption angelagert werden.

Nach dieser Vorstellung muß man die Kristallbildung als einen periodischen Vorgang ansehen.

Bei ihren oszillographischen Untersuchungen der Abscheidung deutlich sichtbarer Wachstumsschichten von Silber haben allerdings ERDEY-GRUZ und VOLMER[2] keine größeren Strom- und Spannungsschwankungen beobachten können. Möglicherweise überschneiden oder überdecken sie sich gegenseitig in solcher Weise, daß ein kontinuierlicher Vorgang vorgetäuscht wird.

Das Wachstum greift ja nicht bloß von einer, sondern an einer Unzahl Stellen gleichzeitig um sich. Höchstwahrscheinlich entstehen wachstumsfähige Flächenkeime unmittelbar nacheinander in großer Zahl. Geschieht dies, dann schieben sich viele übereinanderliegende Netzebenen gleichzeitig als Stufen von mikroskopisch sichtbarer Dicke vor; denn nach KOSSEL kommt normalerweise den im Aufbau befindlichen Spitzen und Rändern der Netzebenen höhere Anlagerungsenergie zu.

Die Vorstellung H. FISCHERS über den Mechanismus des Aufbaus — und das ist einer ihrer großen Vorzüge — trägt dem Rechnung, daß das Wachstum sowohl quer zu den Stromlinien als auch in deren Richtung vor sich gehen kann. Als Mittelding erscheint die Zwillingsbildung.

Als Grund- oder „Ur"-Formen, die zur Klassifikation dienen, unterscheidet H. FISCHER folgende Typen:

1. Feldorientierter Isolationstyp FI,
2. basisorientierter Reproduktionstyp BR,
3. feldorientierter Texturtyp FT,
4. unorientierter Dispersionstyp UD,
5. Zwillingsformen beim Übergang von BR in FI.

Der Typ FI stellt Nadeln oder Fäden vor, die sich zunächst in Richtung der Stromlinien bilden, sich dann aber verzweigen können und Zweig-,

[1] H. FISCHER und R. SROKA, Z. Elektrochem. **60**, Hauptversammlung 1955 der Deutschen Bunsen-Gesellschaft (1956).

[2] Z. physik. Chem. **157**, 165 (1931).

Baum- oder ähnliche Formen annehmen, ja zur Bildung kristallinen Schwamms führen können. Aneinandergeschlossen können sie auch Tafeln, Prismen u. dgl. bilden.

Der basisorientierte BR-Typ entsteht aus breiteren, übereinander gelagerten Wachstumsschichten. Wenn er aus gleichem (oder wenigstens artverwandtem) Metall besteht wie die Kathode, dann ist er befähigt, die Kristalle derselben fortzusetzen, zu reproduzieren.

Der feldorientierte Texturtyp FT wird im Gegensatze zum BR-Typ aus Subindividuen von ganz geringer Breitenausdehnung zusammengesetzt, meist aus feinen Fäden, welche sich engst aneinander und regelmäßig zusammenschließen, ohne die Kristallstruktur der Kathode fortzusetzen.

Der unorientierte Dispersionstyp UD besteht aus allerkleinsten Kristalliten regelloser Orientierung, welche die Kristallstruktur der Kathode nicht fortsetzen.

Wenn sie auch Berührungspunkte mit derjenigen BLUMS und RAWDONS aufweist, unterscheidet sich die Klassifikation nach H. FISCHER von der letzteren ganz wesentlich, wie denn die Gesichtspunkte, die zu ihrer Aufstellung führten, ganz verschiedene sind:

Vermuteten BLUM und RAWDON, daß die Abscheidungsform hauptsächlich dadurch bestimmt wird, welcher Anteil der erstgebildeten Kristallite weiterwächst, so legt H. FISCHER den Akzent im Gegenteil darauf, daß die Abscheidungsform vor allem durch Größe und Ortsverteilung der Hemmungen bestimmt wird, gegen welche jedes Subindividuum anzukämpfen hat und die für seine Wachstumsart und -richtung maßgebend sind.

Die Tendenz zur Kristallbildung liegt in der Natur des Metalls. Durch Verwendung von Hemmungsmitteln, „Inhibitoren", wird uns ein Mittel in die Hand gegeben, sie zu beeinflussen und zu lenken. Ein Mittel, das sich als kräftiger und wirksamer erweist als die Änderung der Stromdichte, der Temperatur und der Konzentration, wenn sich auch Inhibition und Änderung der Arbeitsbedingungen gegenseitig beeinflussen.

Diese gegenseitige Beeinflussung, ganz besonders aber der Umstand, daß sich die Inhibitionswirkung in manchen Fällen überraschenderweise umkehren kann (s. z. B. S. 131), erschwert es, deren Wirkung in Einzelfällen vorauszusagen.

Im allgemeinen wird die Bildung des bevorzugten Formtyps stärker von der Natur des Metalls als von der Natur des Inhibitors bestimmt, es sei denn, daß spezifische Adsorption in Wirkung tritt.

Pb, Tl, Sn und Bi sind wenig, Ag, Cd, Zn und Sb mittelstark, Cu und besonders Ni, Co, Fe stark gegen Inhibitoren empfindlich.

Wie jede Adsorptionswirkung sinkt die Inhibition mit steigender Temperatur.

Die Blockierung durch Inhibitoren kann vorübergehend (reversibel), aber auch dauernd (irreversibel) sein. Bei sehr geringer Stromdichte können selbst schwache Inhibitoren dauernd blockieren.

Steigende Stromdichte unterstützt die Inhibition, steigende Konzentration wirkt ihr entgegen und erleichtert die Reaktivierung vorübergehend blockierter Stellen.

Welche Stellen vorzugsweise blockiert werden, ob Ecken und Kanten oder andere, auf Flächen gelegene, weniger aktive Stellen, hängt von verschiedenen Faktoren ab, unter denen der Ladungssinn des Inhibitors eine besondere Rolle spielt, wie dies auf S. 27 und 84 bereits ausgeführt wurde. Beim Zusatz von Fremdelektrolyten sind deshalb sowohl das Anion als auch das Kation mehr oder minder wirksam.

Tabelle 25. *Änderung der Wachstumsformen elektrolytisch abgeschiedener Metallkristalle mit steigender Inhibition*

Stärke der Inhibition	Bevorzugte Wachstumsform der Aggregate	Bevorzugte Wachstumsrichtung	Charakter des Niederschlages
1. sehr gering bis mäßig	FI vorwiegend isolierte Kristalle	Richtung der Stromlinien	Nadeln, Spieße, Bäumchen, Äste, kristalliner Schwamm
2. mäßig bis mittelgroß	BR	Richtung der Kathoden-Oberfläche	kompakte, übereinanderliegende breite Schichten, Fortwachsen der Kristalle des Kathodenmetalls
3. mittelgroß	Zwillingstyp Z	keine	Zwillingsbildung in Schräglage, Richtung wie 2
4. mittelgroß bis sehr groß	FT feldorientierter Texturtyp	Richtung der Stromlinien	übereinandergeschichtete Netzebenen sehr geringer Breite, Faser- bis Fadenstruktur
5. sehr groß	UD unorientierter Dispersionstyp	keine	regellos angeordnete kompakte Aggregate aus Subindividuen geringster Größe

Im stromlosen Zustand blockieren Inhibitoren nach und nach vorzugsweise die aktiveren Stellen. Da dies auch bei Stromunterbrechungen erfolgt, läßt sich die Abscheidungsform durch periodische, nicht zu kurze Stromunterbrechungen beeinflussen[1].

---

[1] S. auch Fußnote 2, S. 50.

Während der Elektrolyse belegen Inhibitoren, wie H. FISCHER ermittelt hat, nicht die aktivsten, sondern gewöhnlich reaktivierbare, minder aktive Stellen.

Bei Steigerung, doch noch mäßig bleibender Inhibition vergrößert sich die reaktivierbare Fläche der Wachstumsschicht, während sich die aktiven Flächen verkleinern. Die Wachstumsschichten werden dünner und breiten sich seitlich weiter aus.

Starke Inhibitoren können schon von Anfang an die Seitenflächen der Wachstumsschichten blockieren.

Auf Grund dieser, teils durch bloße Schlußweise aufgestellten, aber durch Experimente bestätigten allgemeineren Regeln hat H. FISCHER in Tab. 25 die wahrscheinlichste Änderung des Charakters der Abscheidungsform angegeben, welche fortschreitende Steigerung der Inhibitionswirkung — unter sonst gleichbleibenden Bedingungen — zur Folge hat.

Dritter Teil

Angewandte Galvanotechnik

VI. Richtlinien

1. Anfänge der Galvanotechnik und ihre gegenwärtigen Anwendungsgebiete

Die schon mehr als hundert Jahre alte Kunst, Metallflächen auf galvanischem Wege mit dünnen Metallüberzügen zu versehen, die „*Galvanostegie*“, hat am meisten dazu beigetragen, die Elektrolyse frühzeitig populär zu machen.

Schon in den vierziger Jahren des vorigen Jahrhunderts, also lang vor Erfindung der Dynamomaschine, begann sich die elektrolytische Vergoldung und Versilberung allgemeiner einzubürgern. Sie wurde in Frankreich von Christofle, in England von Elkington und Wright, später in Deutschland von Werner v. Siemens eingeführt. Ihr folgte die Verkupferung, dann die Vernickelung, die 1842 in Deutschland von Böttger ausgeführt wurde.

Die ebenso eindrucksvolle Beobachtung, daß sich galvanisch hergestellte Metallniederschläge der Oberflächenform einer leitenden Unterlage mit allen ihren Unebenheiten so vollständig anschmiegt, daß sie deren Relief im Negativ getreu wiedergeben, hat Jacoby 1838 dazu geführt, die „*Galvanoplastik*“ auszubilden. Diese dient dazu, verschiedenartig geformte Körper aus geeignetem Metall genau zu reproduzieren. Murray hat Jacobys Erfindung 1840 dadurch vervollständigt, daß er auch nichtleitende Kathoden aus plastischen Materialien, wie Wachs, Guttapercha od. dgl., heranzog und dadurch reproduzierbar machte, daß er sie oberflächlich mit leitendem Graphitpulver überzog.

Die Galvanostegie setzt sich zum Ziel, die Unterlagen schon durch eine dünne, festhaftende dichte und glatte Metallschicht lückenlos zu bedecken.

Die Galvanoplastik sucht ein Negativ der Kathodenform herzustellen, das ihr Relief fehlerlos wiedergibt, sich aber von der Kathode leicht trennen läßt, genug Körper und mechanische Festigkeit besitzt, um den Zwecken der Vervielfältigungstechnik, des graphischen Kunstgewerbes usw. zu entsprechen.

In ihrer Durchführung weisen deshalb Galvanostegie und Galvanoplastik mancherlei Unterschiede auf.

Die allgemeine Arbeitsweise der Galvanostegie und der Galvanoplastik stimmte anfangs darin überein, daß Kathoden in eine Salzlösung des Metalls, das niedergeschlagen werden sollte, unter Verwendung von Anoden aus demselben, möglichst reinen Metall eingehängt wurden. Man erwartete, daß die Zusammensetzung des Bades unverändert bleiben würde, weil ihr die Anode bei ihrer Auflösung ebensoviel Metall zuführen sollte, als ihr kathodisch in gleicher Zeit entzogen würde.

Daß diese Bedingung nur selten erfüllt wurde, bildete eine der ersten Enttäuschungen. Viele andere folgten, als man nach und nach erst die Schwierigkeiten kennenlernte, dichte, glatte und zugleich gut haftende Metallniederschläge laufend herzustellen.

Zahlreiche Fehlresultate waren die Folge. Sie führten dazu, daß man lange Zeit hindurch, und meist mit vollem Recht, die Produkte der Galvanostegie als minderwertige Surrogate ansah.

Die behandelten Gegenstände sollten den Anschein erwecken, aus edlerem Material zu bestehen, dies aber meist mit zu geringem Aufwand am teureren Metall. Dies ging auf Kosten der Qualität und der Dauerhaftigkeit des Überzuges.

Das Mißtrauen wurde noch dadurch erhöht, daß die Fehler — die hauptsächlich in einer Porosität oder in zu geringer Haftfestigkeit des Überzuges bestanden — nicht sofort sichtbar waren, sondern erst nach längerer Benützung in Erscheinung traten.

Besser hergestellte galvanische Überzüge boten aber andererseits so greifbare Vorteile, daß sich die Galvanostegie trotzdem Schritt für Schritt und im Maße, in welchem die Fortschritte greifbar zutage traten, immer breitere und auch neue Anwendungsgebiete eroberte.

Ihren großen Aufschwung begann die Galvanotechnik erst zu nehmen, als sie auf dem Gebiete des Korrosionsschutzes entscheidenden Erfolg erzielte.

In jüngerer Zeit beschränkt man sich aber nicht mehr darauf, dünne Metallüberzüge zum Schutz angreifbarer unedler Metalle herzustellen, sondern verwendet galvanotechnische Methoden auch zur Wiederherstellung abgenützter Werkstücke, in noch kleinem Umfange zur Herstellung fertiger Gegenstände, zur Vervielfältigung von Druckplatten, von Grammophonplatten usf. Man dehnt sie ferner auch auf die anodische Behandlung von Metallen aus, z. B.:

zur wirksameren Oberflächenreinigung,
zur Herstellung isolierender Überzüge,
zur Einebnung von Unebenheiten und zur Glanzbildung.

2. Korrosionsschutz

Es ist geschätzt worden, daß die Millionen Tonnen Eisen, die jährlich durch Rosten unbrauchbar gemacht werden, Werte vorstellen, welche den jährlichen Flottenbau der Welt übertreffen. Die Wichtigkeit, die Korrosion dieses wichtigsten aller unserer metallischen Werkstoffe durch Aufbringen von Schutzschichten zu verzögern, wenn schon nicht ganz zu verhindern, tritt dadurch deutlich hervor.

Unter den Schutzschichten haben sich die metallischen als die zuverlässigsten erwiesen. Diese können auf verschiedene Art hergestellt werden; z. B. durch Eintauchen in flüssiges Metall, durch Aufspritzen desselben usf., doch gewinnen galvanische Methoden im Wettbewerb allmählich immer deutlicheren Vorrang.

Jeder indifferente Überzug, welcher das Metall dauernd in lückenloser Schicht bedeckt, sollte diese Wirkung ausüben. Erfahrungsgemäß entsprechen Überzüge aus inerten Stoffen (Ölen, Fetten), aus organischen und anorganischen Farben mit geeigneten Bindemitteln diesen Ansprüchen aber höchstens durch kurze Zeit. Metallische Überzüge sind beständiger und schützen unter geeigneten Umständen das Grundmetall noch durch elektrochemische Wirkung.

Überzieht man ein Metall mit einem unedleren Metall oder bringt man beide Metalle nur miteinander in Kontakt, während sie dem Angriff einer Lösung ausgesetzt werden, so sollte das unedlere Metall zuerst in Lösung gehen, es sollte sich ein galvanisches Element bilden, in welchem das edlere Metall kathodisch polarisiert und dadurch vor Korrosion geschützt wird. Ein Überzug aus unedlerem Metall sollte daher das darunterliegende edlere Metall auch dann vor Korrosion schützen, wenn er keine völlig zusammenhängende Schicht bildet, sondern porös oder löcherig ist.

Die Erfahrung lehrt, daß dies durchaus nicht immer der Fall ist. So schützt das viel unedlere Aluminium edleres Eisen nicht, oder nur sehr unvollständig, vor Korrosion, während Eisen durch Zink, das weit edler ist als Aluminium, wirksam geschützt wird. Um die Schutzwirkung auszuüben, genügt es eben nicht, daß das Metall, welches den Schutz übernehmen soll, an sich unedler sei, es muß auch wirklich leichter in Lösung gehen. Dies ist z. B. dann nicht der Fall, wenn es durch Passivität daran gehindert wird oder wenn es sich (wie Al) sofort beim ersten Angriff mit einer hauchdünnen Oxydhaut überzieht, die es vor weiterem Angriff schützt oder diesen zumindest stark hemmt.

Die Zahl der unedlen Metalle, welche unter allen Umständen sicheren Korrosionsschutz bieten, wird dadurch von vornherein sehr eingeschränkt. Der Schutz, den sie ausüben, ist auch bei ihnen von um so längerer Dauer, je dichter sie das Grundmetall in lückenloser Schicht überziehen; denn sie verhindern die Korrosion des Grundmetalls nur, indem sie sich selbst aufzehren, und dies geht viel schneller vor sich, wenn aus Grundmetall und Überzugsmetall gebildete Lokalelemente vorliegen, als wenn das angreifende Mittel bloß auf das reine unedle Überzugsmetall trifft.

Gelänge es, völlig dichte Metallüberzüge herzustellen, die absolut fest haften, so müßten schon hauchdünne Schichten sicheren Abschluß herbeiführen und das Grundmetall schützen, solange sie unverletzt bleiben. Leider sind Metallüberzüge, mögen sie nach dem Tauch-, dem Spritzverfahren, durch Zementieren oder auf galvanischem Wege hergestellt sein, niemals völlig dicht, und sie üben deshalb erst dann hinreichende Schutzwirkung aus, wenn man sie in einer Schichtdicke anwendet, die um so größer sein muß, je weniger dicht und lückenlos sie sind.

Einfluß auf den Grad des Korrosionsschutzes, den ein Überzug bietet, spielt auch seine Härte. So ist z. B. der sonst so gute Schutz durch Überzüge aus Cadmium- oder Bleimetall bei Gegenständen, welche einer mechanischen Abnützung unterworfen sind, von zu kurzer Dauer (besonders an Kanten oder Spitzen). Man hat es versucht, diesem Mangel durch Aufbringen einer weiteren Schicht aus hartem Metall, z. B. aus Nickel, abzuhelfen. Die erhoffte Verbesserung blieb aber aus. Die Nickelschicht beschleunigte im Gegenteil die Zerstörung, weil sie in den geringen Schichtstärken, die zur Anwendung gelangen können, doch stets von kleinen Löchern durchsetzt ist, durch welche hindurch das Cadmium angegriffen wird. Die Nickelschicht fördert als edleres Metall, das mit dem Cadmium Lokalelemente bildet, in welchen das Cadmium Lösungselektrode wird, die Korrosion des Cadmiums. Dieses verschwindet nicht nur schneller, der Zusammenhang der verschiedenen Metallschichten wird gleichzeitig gelockert, es entstehen Fugen, Spalten, Blasen, Hohlräume, in welche korrodierende Agenzien eindringen und schließlich auf das Grundmetall einwirken.

Nur ein harter Überzug aus Metall, welches noch unedler ist und lange genug hält, könnte hier helfen.

3. Haftintensität

Die Dauerhaftigkeit des Schutzes wird auch von dem Grade der Intensität bestimmt, mit welchem der Überzug auf dem Grundmetall haftet; derselbe muß sehr groß sein, um eine stellenweise Lockerung oder Lösung des Verbandes bei mechanischer oder thermischer Beanspruchung mit Sicherheit zu verhindern, die abermals zu Riß- und Spaltenbildung führt und der Korrosion Wege öffnet.

Ein weiterer Vorzug metallischer Schutzüberzüge besteht in dieser Hinsicht darin, daß die Wärmeausdehnungskoeffizienten der Metalle, welche man miteinander verbindet, von gleicher Größenordnung sind[1] und daß

[1] Die linearen Wärmeausdehnungskoeffizienten der wichtigsten Überzugs- bzw. Grundmetalle sind:

Chrom	0,0000084
Eisen und Stahl	0,0000108 bis 0,0000120
Nickel	0,0000130
Kupfer	0,0000169
Silber.................	0,0000190
Aluminium	0,0000238
Zinn..................	0,0000270
Blei	0,0000293
Zink..................	0,0000297
Cadmium	0,0000297

die unvermeidlichen Temperaturschwankungen deshalb nicht so leicht zu Schäden führen, wie es z. B. bei Farbanstrichen, Überzügen aus Oxyden u. dgl. der Fall ist; auch sind metallische Überzüge bei sachgemäßer Herstellungsweise duktil und gegen nicht zu weitgehende Ausdehnungen völlig widerstandsfähig.

Diese Eigenschaften metallischer Überzüge sind in allen Fällen wertvoll, in welchen der Überzug aus dem unedleren Metall besteht, sie sind für die Haltbarkeit des Produktes aber geradezu unerläßlich, wenn das Überzugsmetall das edlere ist, z. B. bei verkupfertem Eisen oder Stahl.

Die Haftfestigkeit, die sich erzielen läßt, hängt in hohem Grade von der richtigen Vorbehandlung bzw. der Vorreinigung der zu überziehenden Metalloberflächen ab, nur auf ganz reinem Metall erreicht man das Optimum (s. Abschnitt VIII, S. 147 ff.).

Nicht jedes Metall, das blank erscheint, ist aber rein, unsichtbare Spuren von Fremdkörpern, die an seiner Oberfläche haften, bleiben unschädlich, wenn sie sich restlos entfernen lassen, sie beeinträchtigen aber das Haftvermögen von metallischen Überzügen, wenn sie sich nicht leicht entfernen lassen.

Eine Klasse von Substanzen, welche die Haftintensität sehr stark verringern und sich nur sehr schwer entfernen lassen, bilden z. B. gewisse Kolloide, insbesondere Proteine.

Jacquet hat gezeigt[1], daß manche Kolloide schon in kleinsten Spuren wirksam sind. Er erhielt schlechthaftende Niederschläge auf Kupferblechen, welche er nach sorgfältiger Entfettung und Reinigung 30 Sekunden lang in Kolloidlösungen tauchte, dann sorgfältig abspülte, ehe er sie im gewöhnlichen Kupferbade verkupferte, wenn die Tauchlösung bloß

4 mg Serumalbumin,
oder 15 mg Kaseinpepton,
„ 20 mg Natriumkaseinat,
„ 25 mg Gelatine,
„ 30 mg Ovalbumin im Liter enthielt.

Ein Kupferüberzug von 5 mm Breite ließ sich durch eine Belastung von 1000 bis 1200 g abheben, wenn die Kathode in eine Lösung von 7,5 mg, von 400 g, wenn die Kathode in eine Lösung von 15 mg, von 90 g, wenn die Kathode in eine Lösung von 40 mg, von 10 bis 20 g, wenn die Kathode in eine Lösung von 60 mg Serumalbumin im Liter getaucht worden war.

Ebenso überraschend wie der hohe Grad der Wirkung so kleiner Mengen ist die Hartnäckigkeit, mit welcher die Wirkung anhält, sie wird nicht aufgehoben, wenn man die Kathode vor der Verwendung auskocht, ja nicht einmal dann, wenn man einen erst darauf erzeugten Kupferniederschlag abreißt. Auch ein zweiter haftet wieder schlecht.

[1] C. r. acad. sci., Paris **196**, 921 (1933).

Selbst Spuren stark adsorbierbarer Kolloide, die in Lösungen, in Waschwässern od. dgl. enthalten sind, können dazu führen, daß die auf elektrolytischem Wege hergestellten Metallüberzüge schlecht haften, aus kolloidhaltigen Elektrolyten niedergeschlagene Metalle haften gleichfalls schlechter. Praktisch ohne Wirkung bleiben Kolloide oder hochmolekulare organische Substanzen, welche keine nennenswerte Schutzwirkung auf Goldsole ausüben, das sind gewöhnlich solche, die Hydroxylgruppen enthalten, Kohlehydrate u. dgl. Wie wirksam schwache adsorbierte Kolloidschichten das darunter liegende Metall abschirmen, zeigt auch die Beobachtung ZSIGMONDYS[1], daß sich Gold nicht amalgamieren läßt, wenn man es vorher in eine Gelatinelösung taucht und dann abspült.

Ähnlich, aber schwächer als adsorbierte hauchdünne Kolloidschichten wirken dünne Schichten von isolierenden Stoffen, von Fetten u. dgl., die gebildeten Überzüge haften schwach oder gar nicht, weil sie nur durch dünne Metallbrücken mit dem Grundmetall verbunden sind[2].

Auch an reinen Metalloberflächen bilden sich aber bei ihrer Berührung mit Luft, mit Lösungen usw. Schichten von Stoffen, welche das Haften von elektrolytischen Metallniederschlägen vereiteln können, wenn man keine geeigneten Vorkehrungen trifft.

So haftet Nickel auf Eisen bei richtiger Ausführung der Elektrolyse so fest, daß es sich in der Regel vom Stahl oder Eisen nicht abreißen läßt, ohne Teile des Grundmetalls mitzureißen. Andere Metalle haften aber weniger fest aneinander. Das Haftvermögen von Blei an Eisen ist z. B. ganz bedeutend geringer und an Kupfer so schwach, daß man dieses, um eine bessere Verbindung zu erhalten, vor dem Verbleien verzinnt, vernickelt oder mit Elektrolyteisen überzieht. Hier bildet das geringe Lösungsvermögen des Kupfers für Wasserstoff vielleicht eine Erklärung, während in anderen Fällen Oxydhäute vorliegen mögen.

Schlecht haftende Niederschläge erhält man an unedlen Metallen, wie Zink, Aluminium, auch Eisen in jenen Fällen, in welchen das betreffende Grundmetall schon ohne Stromwirkung edlere, in der Lösung enthaltene Metalle ausfällt. Die durch einen derartigen Zementationsprozeß ausgefällten Metalle haften locker, vielleicht, weil ihre Entladung nicht unmittelbar an der Oberfläche des unedleren Metalls, sondern erst in molekularem Abstand von derselben erfolgt, bei sehr schneller Ausfällung wohl aber hauptsächlich infolge zu weitgehender Verarmung des am Metall haftenden Lösungsfilms und zu reichlicher Mitabscheidung von Wasserstoff.

Die Ansicht, daß eine wirklich innige Verbindung nur dann erzielt wird, wenn sich die zwei Metalle miteinander legieren (daß sich an den Grenzflächen selbst bei den niederen Temperaturen, bei welchen die Elektrolyse durchgeführt wird, wirkliche Legierungen bilden können, steht fest), wird

[1] ZSIGMONDY: Kolloidchemie **1**, 230 (1925).

[2] Cf. MARIE und THON, C. r. acad. sci., Paris **193**, 31 (1931).

durch die Erfahrung entkräftet, daß häufig dabei spröde Schichten entstehen, welche die Bindung schwächen, statt sie zu verstärken. Auch die Ansicht, daß die Verbindung eine besonders gute ist, wenn bloß Adhäsionskräfte von Metall- zu Metallatom ohne Legierungsbildung ins Spiel treten, stößt auf Zweifel. Ausschlaggebend dürfte im letzteren Falle sein, ob die entladenen Metallionen das Gitter fortsetzen.

Jedenfalls ist die Natur des Gegenparts erfahrungsgemäß oft ausschlaggebend, wir verfügen aber noch über kein hinreichend sicheres Beobachtungs- und Tatsachenmaterial, um wohldefinierte Angaben darüber machen zu können oder gar solche, die sich verallgemeinern ließen.

Erschwert wird die Beobachtung und die Ermittlung von Gesetzmäßigkeiten noch dadurch, daß sich die Metalloberflächen während der Operation leicht verändern. So haftet Elektrolyteisen auf gut vorgereinigtem Eisen so fest, daß es mit dem Grundmetall geradezu ein einheitliches Ganzes bildet. Unterbricht man aber die Elektrolyse nur durch kurze Zeit, so haftet neuerdings niedergeschlagenes Elektrolyteisen nur schlecht auf der erst niedergeschlagenen Schicht. Ebenso haften Nickelniederschläge nur schlecht aneinander, bilden sogar oft einzelne voneinander abblätternde Schichten. Das Schliffbild solcher Niederschläge läßt Trennungslinien zwischen den einzelnen aufeinanderfolgenden Metallschichten erkennen, welche sich in eine Reihe von Blasen auflösen, die kreisförmigen Querschnitt aufweisen, wenn man sie einer Erhitzung unterwirft, bei welcher das Metall rekristallisiert. Die Trennungsschichten bestehen aus Metalloxyd, welches mit dem im Elektrolytmetall eingeschlossenen Wasserstoff (über dessen Nachweis s. S. 29) bei der Erhitzung Wasser bildet, das sich in Dampfblasen sammelt und an die Korngrenzen gedrängt wird, während das Metall rekristallisiert. Nach der Rekristallisation haften die einzelnen Schichten wieder fest aneinander, wenn diese derart vor sich geht, daß neugebildete Kristalle die Trennlinien völlig durchwachsen. Das Schliffbild läßt dann Reste dieser Trennlinien in einzelnen Kristallindividuen erkennen, welche an den Orten entstanden sind, durch die sich diese Trennlinien vor der Rekristallisation zogen. Nach zu langen Stromunterbrechungen findet eine derartige Durchwachsung nur schwer oder gar nicht mehr statt, sei es, daß die Oxydschicht zu stark geworden ist, sei es, daß nicht mehr genug Wasserstoff in ihrer Nähe zur Dampfbildung vorhanden geblieben ist. Ist aber genug Wasserstoff vorhanden, so kann es zur Bildung größerer klaffender Hohlräume kommen (s. Abb. 52, S. 97).

Diese letzteren Erscheinungen beobachtet man, wenn auch in weniger weitgehendem Grade, an Kupfer, das in einzelnen Schichten periodisch übereinander niedergeschlagen wird (s. Abb. 24, S. 48). Bei diesem Metall hat der Verfasser die Gegenwart von Kupferoxydul nach der Methode v. SCHWARTZ durch Mikro-Autochromaufnahmen im Bilde nachweisen können und ferner auch die Tatsache, daß diese Schichten es sind, welche sich bei der Rekristallisation in kugelförmige Blasen auflösen. Einzelne, durch derartige dünne Kupferoxydulschichten voneinander getrennte Kupferschichten haften gewöhnlich noch verhältnismäßig gut aneinander, solange man sie keiner größeren Beanspruchung aussetzt, tut man dies aber, so bemerkt man doch stets verminderten Zusammenhang. Befördert man die Oxydulbildung durch langen Kontakt mit Luft oder durch schwache Erhitzung, durch Reibung od. dgl., so kommt es auch hier zur Bildung von Hohlräumen bei nachträglicher Erhitzung, das Kupfer wird blasig, löst sich in Schichten ab usw., wie man dies z. B. oft an überglättetem Kupfer beobachtet (s. Abb. 50, 51, 52).

Die Fehler werden durch die nachträgliche Erhitzung verstärkt, durch die gleichzeitige Dampfbildung kenntlicher gemacht, sie sind aber schon vor der Nachbehandlung im Metall vorhanden und bilden Stellen geringerer Widerstandskraft.

Sonderbar ist es, daß der Zusammenhang wesentlich verbessert wird, wenn man nicht Nickel auf Nickel, Kupfer auf Kupfer, sondern abwechselnd Kupfer auf Nickel oder Nickel auf Kupfer niederschlägt, obwohl es dabei — soweit man dies wenigstens nach der Untersuchung mit X-Strahlen feststellen kann — zu Legierungsbildungen kommt. Die dünnen Oxydschichten, welche das Nickel bedecken und das Anhaften der folgenden Schicht des Nickels erschweren, verhindern das gute Haften einer Kupferschicht also nicht — ein weiteres Beispiel für die Rolle, welche der Gegenpart in derartigen Fällen spielt.

An vielen Metallen haften von Haus aus derartige oder ähnliche hauchdünne Oberflächenschichten aus Oxyden und beeinflussen nicht nur die Haftintensität darauf niedergeschlagenen Elektrolytmetalls, sondern oft auch die Abscheidungsform desselben. Die Zusammensetzung der Lösung übt auch zuweilen großen Einfluß, was ja nicht weiter wundernehmen kann, seitdem die Beeinflussung der Kristallbildung und des Kristallwachstums durch die Freilegung, die Struktur und die Beschaffenheit des Kathodenmetalls zu einer geläufigen Erscheinung geworden ist.

So erklärt es sich, daß nicht jedes Grundmetall zur Aufnahme bestimmter Metallniederschläge geeignet ist und daß manche derselben erst einer besonderen Vorbehandlung bedürfen, durch welche sie von ihrer Oberflächenhaut befreit und etwa durch Spuren eines darauf gefällten Fremdmetalls vor Wiederbildung derselben geschützt werden. So läßt sich Aluminium nur dann gut vernickeln oder verchromen, wenn man es (etwa durch Behandlung mit Ätzalkali) von Oxydschichten befreit, dann durch Behandlung mit Eisenchlorid mit hauchdünner Eisenschicht bedeckt, welche die Wiederbildung der Oxydschicht erschwert. So haftet Nickel auf Nickel dann gut, wenn man dieses Metall erst in heißer konzentrierter Schwefelsäure behandelt (s. Abb. 71) und durch anodische Polarisation in heißer Säure die Neubildung jeder noch so dünnen Oxydschicht vor der Aufnahme eines neuen Nickelniederschlages auf seiner Oberfläche verhindert.

Oft ist es aber keine Oxydschicht, welche das Haften vermindert, auch Wasserstoff kann verhindern, daß es zu einem innigen Zusammenhang kommt, kann in manchen Fällen sogar bewirken, daß ein schon vorhandener Zusammenhang verlorengeht oder wirkungslos wird.

Eine gute Illustration geben dazu die Untersuchungen, die HOTHERSALL über das Haften von Nickelniederschlägen an Messing ausgeführt hat, insbesondere seine Beobachtung, daß das Haften des Überzugs dadurch vereitelt werden kann, daß der bei der Elektrolyse auftretende Wasserstoff das Grundmaterial (bzw. dessen Oberflächenschicht) spröde oder brüchig macht[1] (s. a. S. 29, 99).

Abb. 71. Sechs einzeln übereinander niedergeschlagene Kupferschichten, deren jede vor Wiederaufnahme der Elektrolyse erst der Luft ausgesetzt, dann mit heißer 65%iger Schwefelsäure gewaschen wurde (900fach). Es waren keine Trennungslinien sichtbar; diese erschienen auf diesem Bilde auch nach halbstündiger Erhitzung auf 900° nicht

Es wird oft die Ansicht vertreten, daß galvanische Überzüge nur an aufgerauhten, nicht aber an ganz glatten Flächen festhaften. Eine mechanische Verankerung durch Ausfüllung rauher Vertiefungen festigt natürlich den Zusammenhang sonst nicht innig genug aneinander haftender Metalle, ohne aber einer an sich innigen Verbindung durch reine Adhäsion gleichzukommen oder sie ersetzen zu können. Die Aufrauhung bildet dann nur einen Notbehelf, der völlig überflüssig ist und den Zusammenhang nicht verbessert, wenn derselbe an sich ein wirklich guter ist.

Die glattesten Metalloberflächen, welche wir herstellen können, sind noch sehr uneben, wie ein Blick durch ein starkes Mikroskop dartut. An polierten Metallflächen haften elektrolytische Überzüge allerdings zuweilen nicht fest genug, nicht aber, weil die Oberflächen zu wenig aufgerauht sind, sondern weil sie Reste der Poliermittel zurückhalten oder weil sie beim Polieren oberflächlich schwache Oxydhäute od. dgl. aufgenommen haben, wie sie es (s. oben) auch tun, wenn man sie während der Elektrolyse mit Achaten zu stark glättet (s. darüber auch Kapitel „Elektropolierung", S. 400).

Nur mäßig oder schlecht leitende Fremdpartikeln auf der Kathodenoberfläche (z. B. Graphit auf Gußeisen, Karbide, Oxyde od. dgl. auf Stahl)

[1] J. Electrodepositors' Techn. Soc. 7, 115, 190 (1931/32).

werden vom Elektrolytmetall schwerer oder gar nicht bedeckt, das Überzugsmetall haftet schlechter, es entstehen Poren, sei es, daß der Stromdurchgang durch die eingesprengten Partikeln erschwert wird, sei es, daß eine geringere Überspannung des Wasserstoffs (z. B. an Graphitpartikeln) die Metallabscheidung an ihnen verhindert.

Letzteres wird bei Herstellung von Überzügen aus unedleren Metallen deutlicher als z. B. bei der Verkupferung. Darauf gründet sich zum Teil die Praxis, Werkstücke erst leicht zu verkupfern, ehe man Überzüge aus anderem Metall darauf herstellt. Kupfer zeichnet sich auch durch die Eigenschaft aus, kleine Fehlstellen — vielleicht infolge seines etwas gröberen, nicht, wie etwa bei Ni oder Fe, durch Kolloide verfeinerten Gefüges — leichter zu überbrücken, es ist deshalb oft nützlich, dünne Kupferschichten zwischen einzelnen Elektrolytmetallagen einzuschieben, um Fehler zu korrigieren und den Korrosionsschutz wie die Haftintensität zu erhöhen (Abb. 72).

Abb. 72. (Nach PORTEVIN und CYMBOLISTE l. c. S. 145)

VII. Allgemeines über die Installation

Eine eingehendere Beschreibung der Vorrichtungen, welche die Galvanotechnik verwendet, würde heute ein umfangreiches Werk füllen. Hier genügt es, die leitenden Gesichtspunkte hervorzuheben, die zu beachten sind; denn die modernen Einrichtungen sind von Spezialfirmen so sorgfältig durchgebildet und verbessert worden, daß sich so gut wie alle an diese wenden.

Wie alle anderen elektrometallurgischen Verfahren in wässeriger Lösung verwendet die Galvanotechnik Gleichstrom von niederer Spannung (deren äußerste Grenzen zwischen 2 und 20 Volt liegen), der aber (für größere Produktion) hohe Stromintensität erreicht.

Verfügt man über ein Stromnetz, das Gleichstrom liefert, so ist es nur in Ausnahmefällen rationell, diesen mit Stromverteilern und Widerständen oder über eine Akkumulatorenbatterie hinweg für galvanische Zwecke zu verwenden. Wirtschaftlicher ist es, rotierende Umformer zu verwenden, deren Generator am sichersten mit Fremderregung ausgestattet ist.

In allen Fällen (und diese werden immer häufiger), in denen nur Wechselstrom bzw. Drehstrom zur Verfügung steht, wird die Netzspannung zunächst heruntertransformiert, ehe der Strom durch Gleichrichter den Zellen zugeleitet wird.

Bei der elektrolytischen Metallraffination, bei welcher eine große Zahl identischer Zellen im Dauerbetriebe verwendet werden, ist es Norm, dieselben in solcher Zahl in Serie zu schalten, daß sie die volle Netzspannung aufnehmen können.

In galvanotechnischen Betrieben weisen die einzelnen Einheiten im allgemeinen aber ungleichen und zeitlich wechselnden inneren Widerstand auf. Demgemäß würde ihre Strombelastung bei Serienschaltung gleichfalls örtlich und zeitlich schwanken, was unzuträglich wäre. Deshalb werden die einzelnen Bäder grundsätzlich parallel zueinander geschaltet. Eine Serienschaltung kommt nur in den seltenen Fällen in Betracht, in denen eine größere Zahl von Zellen in kontinuierlichem Betrieb gehalten werden, deren innerer Widerstand konstant bleibt, das ist z. B. bei der Galvanisierung endlosen Blechs, endloser Drähte u. dgl. der Fall.

Da die Zellenspannungen, welche in der Galvanotechnik verwendet werden, im Durchschnitt zehnmal so hoch sind wie bei der Metallraffination, fallen die durch Parallelschaltung bedingten höheren Investitionskosten und Spannungsverluste nur in zweiter Linie ins Gewicht.

Die niedersten Klemmenspannungen erfordert die Herstellung von Metallüberzügen größerer Stücke bei Verwendung löslicher Anoden. Höhere kommen bei der Verwendung unlöslicher Anoden in Anwendung, also bei der Massengalvanisierung kleiner Stücke (Schrauben, Bolzen u. dgl.), der elektrolytischen Entfettung und Dekapierung, der Verchromung, dem Elektropolieren, dem Eloxalverfahren usf., bei welchen man aber praktisch kaum über 15 Volt hinausgeht.

Bei so niederer Spannung arbeiten Quecksilbergleichrichter mit zu geringem Wirkungsgrade, als daß ihre Verwendung wirtschaftlich wäre. Geeignet sind aber Gleichrichter, deren Arbeitsweise auf Ventilwirkung starrer Elektroden beruht und die derart gebaut werden können, daß sie hohe Stromintensitäten aufnehmen.

Als solche haben sich erst Kupferoxydul-Kupfer-Gleichrichter eingeführt, die aber immer mehr durch Aluminium-Selen-Gleichrichter verdrängt werden. Ihre Wirkungsweise beruht darauf, daß sie dem elektrischen Strom in einer Richtung (der „Fluß"-Richtung) fast ungehinderten Durchgang gestatten, ihm aber in der umgekehrten (der „Sperr"-Richtung) einen um viele Zehnerpotenzen höheren Widerstand entgegensetzen.

Für die Stromzuleitung vom Gleichrichter zu den Bädern kommen Leitungsschienen aus Kupfer oder Aluminium in Betracht. Aluminium hat ungefähr eineinhalbmal größeren elektrischen (Volum-) Widerstand als Kupfer und ist Säuren, Salzen und Laugen gegenüber weniger widerstandsfähig. Gegen den Angriff der Atmosphäre schützt es sich durch einen Oxydüberzug, der aber seinerseits die Herstellung guter Kontakte erschwert. Kupfer ist aus diesen Gründen im allgemeinen vorzuziehen.

Kupferleiter sollten niemals höher als mit mehr als 120 Amp./cm^2 Querschnitt belastet werden. Zur Spannungsersparnis wird die Aufstellung der

Zellen derart gewählt, daß man mit möglichst geringer Schienenlänge auskommt. Gelingt dies nicht, so sollte der Querschnitt der Schienen im Interesse der Einschränkung von Spannungsverlusten in den Zuleitungen entsprechend erhöht werden.

Der wirtschaftlichste Querschnitt der Zuleitungen läßt sich durch Berechnung ermitteln. Er ist derjenige, bei welchem der Zinsendienst des in Kupfer investierten Kapitals den Kosten des Stromverlustes, welchen der Spannungsabfall in den Zuleitungen verursacht, gleichkommt.

Flache Schienen eignen sich wegen schnellerer Abkühlung durch die Luft besser als solche von weniger gestrecktem Querschnitt. Sie sind auch leichter zu montieren. Es ist vorteilhaft, sie zur Herstellung besseren Kontaktes an den Enden, an welchen sie miteinander oder an andere Leiter geschlossen werden, zu verzinnen oder zu verbleien.

Auf rechteckigen Zellen läßt man die Stromzuführer auf isolierenden Unterlagen meist auf den Zellenwänden aufruhen. Hier dienen sie nicht allein der Stromzuführung, sie dienen auch dazu, die Gegenstände zu tragen, denen sie den Strom zuleiten. Auch dafür ist es gut, ihnen hochkant stehende rechteckige Form zu erteilen.

Sind die Zellen sehr lang, so ist es aus mechanischen Gründen angezeigt, Tragschienen aus Messing statt aus Kupfer zu verwenden. Beim Arbeiten in Kupferbädern ist dies aber wegen möglicher Verunreinigung des Bades untunlich.

Badgefäße

Die Badgefäße, welche früher vorwiegend aus Holz hergestellt und, wenn notwendig, innen ausgekleidet wurden, werden in immer zunehmendem Maße durch solche aus Stahl- und Eisenblech ersetzt. In Lauge, z. B. bei der elektrolytischen Entfettung, dienen sie selbst als Anoden, in anderen Fällen als Kathoden, z. B. beim Dekapieren.

Schwache Stellen können ihre Schweißnähte bilden, die besonders bei anodischer Schaltung des Gefäßes in zyanidhaltiger Lösung, aber auch in Lauge einem Angriff unterliegen, wenn sie nicht oxydfrei sind und dann undicht werden.

Sind Eisengefäße dazu bestimmt, saure Lösungen aufzunehmen, so sind sie innen auszukleiden. Dienen sie der Aufnahme schwefelsaurer Bäder, dann werden sie meist mit Bleiblech ausgekleidet, wie dies auch in Holzwannen geschah. Bei sehr großen Ausmessungen ist das Bleiblech in Abständen von weniger als 1 m zu verankern.

Um die Herstellung von Kurzschlüssen durch die leitende Innenwand auszuschließen, werden sie gern noch mit einem nichtleitenden Überzug versehen, welcher sie auch in zuverlässigerer Weise vor Angriff schützen soll. So werden Chromierungszellen meist aus Stahl hergestellt, aber mit innerem Schutzüberzug versehen, weil Stahl auch in passivierender Chromsäurelösung anodisch angegriffen werden kann. Drahtglas ist dazu herangezogen worden, neuerdings scheinen sich aber Überzüge aus Polyäthylen besonders gut zu bewähren.

In anderen Fällen verwendet man mit Vorteil Auskleidungen aus Polyvinylchlorid, das bis zu Temperaturen von 60° verwendet werden kann.

Hartgummiauskleidungen sind nur mit Vorsicht und nur dann anzuwenden, wenn es sichergestellt worden ist, daß die in Frage kommende Hartgummisorte indifferent bleibt, weil es sich ergeben hat, daß manche der Zusätze, die das Vulkanisieren befördern, Verunreinigungen ins Bad gelangen lassen, die schon in Spuren sehr schädlich wirken.

Abb. 73. Nickelniederschlag. Eine aufgewirbelte Partikel, welche sich an der Kathodenoberfläche festgesetzt hat, hat eine Ausblühung hervorgerufen

Havegmasse und Steinzeug erweisen sich in chemischer Hinsicht als durchaus zuverlässig in sauren Lösungen; doch werden erstere wegen ihres hohen Preises, letztere wegen ihrer Gebrechlichkeit und ihrer beschränkten Ausmaße nicht mehr gerne verwendet.

Verkachelte Betongefäße sind auch benützt worden. Sie weisen aber den Nachteil auf, nicht transportierbar zu sein.

Die Zellen werden grundsätzlich auf isolierende Träger etwas oberhalb des Bodens gelagert. Dies erleichtert die Entdeckung und Behebung allfälliger Undichtigkeiten.

Zirkulation

Der Wunsch, höhere Stromdichten anzuwenden, um die Niederschlagsarbeit beschleunigen zu können, hat in der Zeit, wo man nur rechteckige Tröge verwandte, dazu geführt, die zu behandelnden Werkstücke an Stromleiter zu befestigen, die während der Elektrolyse schlittenförmig hin- und herbewegt werden konnten.

Ein anderes einfaches Hilfsmittel, das Bad in Bewegung zu halten, um Verarmungen, Polarisationen usw. zu erschweren, besteht im Aufperlenlassen von Luftblasen. Die Badbewegung befördert auch die gleichmäßigere Auflösung der Anoden und das Ausfallen glatteren Niederschlags.

Luftdurchblasen übt freilich auch chemische Einflüsse aus, die von Schaden oder von Nutzen sein können. Bei der Kupferelektrolyse befördert es dank seiner oxydierenden Wirkung die Auflösung der Anoden und den Verbrauch an Säure, ohne sonst zu stören. Bei der Zink- oder der Bleielektrolyse übt die Luft aber schädliche Wirkungen aus. In Zyanidlösungen befördert sie die Karbonatbildung. Bei der Nickelelektrolyse (ganz besenders bei galvanoplastischer Arbeit) wird kräftigeres Luftdurchblasen als vorteilhaft angesehen.

Eine nachteilige Begleiterscheinung besteht aber darin, daß Schlamm durch die Beunruhigung des Bades aufgewirbelt wird. Abb. 73[1] illustriert einen dadurch hervorgerufenen Fehler des Niederschlages. Es empfiehlt sich deshalb, in solchen Fällen die Anoden in Säcke einzuhüllen, welche den abfallenden Anodenschlamm zurückhalten, und die Lösungen zeitweise oder kontinuierlich zu filtrieren bzw. durch Klärzentrifugen zu führen, da man nur aus klaren Lösungen einwandfreie Niederschläge erhält.

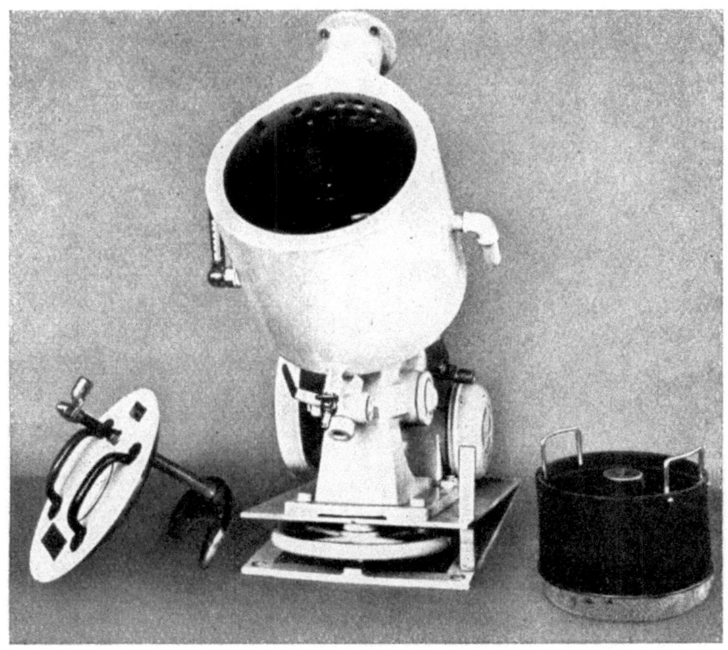

Abb. 74 (Photo: Riedel & Co.)

In der Galvanoplastik, bei welcher die Qualität der ersten Niederschlagsschicht am wichtigsten ist, wirkt sich eine Trübung der Lösung im Laufe der Elektrolyse weniger schädigend aus als in der Galvanostegie, die außen glatte Überzüge bilden soll.

Die Zirkulation der Lösung dadurch aufrechtzuerhalten, daß man sie, wie bei der Metallraffination, der Reihe nach durch kaskadenförmig aufgestellte Zellen führt, eignet sich nicht für galvanotechnische Prozesse. Als praktischer hat es sich hier erwiesen, nicht die Lösung, sondern die Werkstücke zu bewegen.

Dazu führt man die Massengalvanisierung kleiner Werkstücke in rotierenden Glocken (s. Abb. 74) oder in rotierenden Trommeln durch. Erstere haben kleinere Dimension, letztere können größer gebaut werden. In

[1] Nach PORTEVIN und CYMBOLISTE, Rev. métallurg. **30**, **335** (1933).

beiden sind die kathodischen Stromzuführer fest eingebaut und kommen bei der Rotation mit den lose eingefüllten Werkstücken in Berührung, welche den Strom von einem zum anderen Werkstück weiterleiten, sich aneinander reiben und dadurch auch etwas glätten.

In die Glocken ist der Elektrolyt einzufüllen. Trommeln bestehen aber aus horizontal um eine rotierende Welle gelagerten, etwa sechs- oder achteckigen Gebilden, deren Wände aus durchlochtem Zelluloid, Hartgummi

Abb. 75 (Photo: Riedel & Co.)

od. dgl. bestehen. Sie sind schwenkbar angeordnet (s. Abb. 75), können daher abwechselnd in ein oder das andere Bad eingetaucht werden.

Für die Behandlung größerer Werkstücke verwendet man Wander- oder Ringbäder. In ersteren werden die Werkstücke an einem Ende an Trägern ins Bad eingehängt, durchwandern dasselbe, dank eines Ketten- oder Kabelantriebs, geradlinig der Länge nach bis zum entgegengesetzten Ende, an welchem sie ausgehoben (und etwa in ein Spülbad eingehängt) werden. In Ringbädern (s. Abb. 134 bis 136, S. 349 f.) werden sie um den Umfang eines Kreises geführt. Die Einhänge- und die Aushebestelle liegen dann beieinander. Die Bedienung der Ringbäder ist deshalb bequemer. Ihrer immer steigenden Einführung ist aber eine Grenze dadurch gesetzt, daß sie für sehr große Produktion mehr Platz in Anspruch nehmen als die Wanderbäder. Die größten Ringbäder, die dem Verfasser bekannt geworden sind, hatten einen Durchmesser von 4 m, während Wanderbäder ohne weiteres in Längen von 30 m und neuerdings bis zu 100 m hergestellt werden.

Die im folgenden Text eingefügten Figuren (z. B. Abb. 88, 95, 96, 97, 118, 119, 133, 134) geben ein Bild der Art und der Verwendungsweise dieser Bäder, deren Bauart auf Grund langjähriger Detailerfahrungen von Spezialfirmen durchgebildet worden ist.

Größere derartige Bäder sind mit einer Filtrationsvorrichtung verbunden, in sauren Bädern gewöhnlich mit einer kontinuierlich wirkenden.

Die automatische Durchführung der Werkstücke durchs Bad erleichtert nicht nur die Bedienung in hohem Maße, sie führt auch zur Erzielung viel gleichmäßigerer Resultate.

Bäder, in welchen man die Niederschlagsarbeit derart automatisch durchführt, werden Halbautomaten genannt. In „vollautomatischen Bädern" werden nicht nur die Galvanisierung, sondern auch sämtliche Operationen der Vor- und Nachbehandlung, Entfettung, Dekapierung, Spülungen, Trocknung usw. automatisch vorgenommen. Dies geschieht, indem die Werkstücke der Reihe nach in die verschiedenen Bäder ein- und ausgehoben werden, in welchen sie nacheinander allen einzelnen Einwirkungen ausgesetzt werden.

Ist ein Teil dieser Bäder — z. B. die Entfettungsbäder — zu erwärmen, so geschieht das meist durch eingebaute Heizschlangen oder auch auf elektrischem Wege. Temperaturregler werden (besonders bei der Herstellung von Glanzniederschlägen) in Anwendung gebracht usw. usw.

VIII. Vorbehandlung der Werkstücke

1. Allgemeines

Vollkommen einwandfreie galvanische Überzüge bilden sich nur an reinen, nicht zu unebenen, metallisch leitenden Oberflächen. Niemals aber weisen metallische Werkstücke und gar solche, die hantiert worden sind, mögen sie auch noch so blank erscheinen, so genügend reine Oberfläche auf, daß man sie mit Aussicht auf sicheren Erfolg ohne weiteres in galvanische Bäder einhängen könnte. Immer muß man sie dazu erst einer umständlichen Vorbehandlung unterziehen.

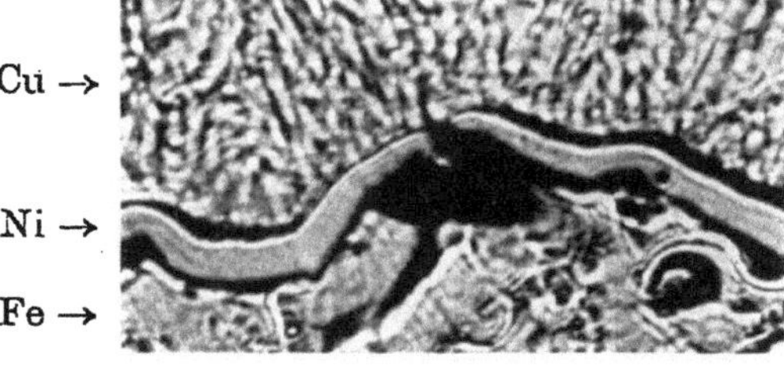

Abb. 76. Die Folge unvollständig gebliebener Vorreinigung[1]

Weisen sie zu rauhe Oberfläche auf, wie dies hauptsächlich bei Gußstücken meist der Fall ist, so müssen sie erst mechanisch bearbeitet, gescheuert, geschliffen, poliert oder im

[1] Bei der Copperweld Steel Co. ausgeführte Aufnahme des Verfassers.

Sandstrahlgebläse mittels Stahlpulver oder Sand geebnet werden. Nach derartiger Bearbeitung, die ihrer jeweiligen Beschaffenheit angepaßt werden muß und hier nicht näher beschrieben wird, mag ihre Oberfläche gut geglättet erscheinen, doch besitzt sie noch lange nicht den erforderlichen Reinheitsgrad. Dieser läßt sich nicht durch mechanische Behandlung allein, sondern nur auf chemischem oder elektrolytischem Wege herstellen. Bei ihrer mechanischen Behandlung werden Metalloberflächen im Gegenteil fast immer durch Reste von Sand, von Poliermitteln usw. weiter verunreinigt.

Darauf, daß alle Spuren von Verunreinigungen entfernt werden und nicht von neuem auf das Metall gelangen, ehe man es ins Bad bringt, kann nicht genug Sorgfalt verwendet werden; denn die überwiegende Mehrzahl aller Mißerfolge geht auf unzureichende Reinigung der Metalloberfläche zurück. Ihre restlose Bloßlegung ist viel schwieriger, als man versucht wäre anzunehmen, und man muß um so mehr Gewicht darauf legen, die Vorreinigung mit größter Gründlichkeit vorzunehmen, als man zur Zeit noch über kein sicheres Mittel verfügt, durch einfach auszuführende Prüfung festzustellen, ob die Metalloberfläche wirklich weit genug von Verunreinigungen befreit worden ist oder nicht. Die Abb. 76 und 77 zeigen die Folge unvollständig gebliebener Vorreinigung.

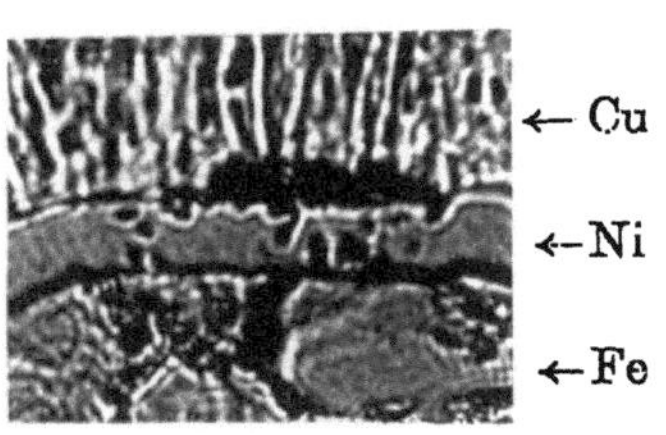

Abb. 77. Die Folge unvollständig gebliebener Vorreinigung[1]

Gewisse, rohe Anzeichen lassen zwar erkennen, daß die Reinigung unvollständig geblieben ist, aber sie sind nicht immer eindeutig und auch nicht empfindlich genug, als daß man aus ihrem Ausbleiben sichere Rückschlüsse ziehen könnte.

Wenn ein Werkstück nach seiner Vorbehandlung von reinem Wasser nur unvollständig benetzt wird, so bildet dies ein ziemlich sicheres Anzeichen dafür, daß die Reinigung unvollständig geblieben ist. Gute und vollständige Benetzung beweist aber nicht, daß eine wirklich reine Oberfläche vorliegt; denn sie kann durch Reste von Netzmitteln, Lauge u. dgl. bewirkt sein.

Hogaboom[2] hat zur Kontrolle des Reinheitsgrades unedler Metalle empfohlen, dieselben kurze Zeit in eine Kupfersulfatlösung einzutauchen und zu prüfen, ob sich dabei auf ihnen eine zusammenhängende festhaftende Kupferschicht gebildet hat. Die Haftfestigkeit ist aber durch keine einfache und sichere Methode zu ermitteln, bei welcher das Werkstück nicht zerstört wird. Beim Versuch, die Kupferschicht abzureiben, verunreinigt man das Werkstück. Die Zahl der Metalle, an denen man diese Probe vornehmen kann, ist sehr gering. So bleibt der Nutzen dieser Prüfmethode darauf beschränkt, Fehlresultate rechtzeitig festzustellen.

[1] Bei der Copperweld Steel Co. ausgeführte Aufnahme des Verfassers.

[2] Amer. Electroplaters Soc. **1948**, 215.

Die beste Prüfmethode dürfte zur Zeit noch darin bestehen, die Werkstücke im ultravioletten Licht, etwa einer Quecksilberlampe, bei Ausschluß anderer Belichtung zu betrachten. Reste der meisten Fettarten verraten sich dabei durch ihre Fluoreszenz. Für die sichere Erkennung minimaler Fettspuren, die oft hinreichen, das Resultat der Elektrolyse zu beeinträchtigen, erweist sich diese Methode aber als zu unempfindlich. Sie ist auch insofern unvollständig, als sie nur eine Art der Verunreinigung — die durch fettige Substanzen — ermitteln läßt.

Außer von fettigen Substanzen, die von der Berührung mit der Hand, von Resten von Konservierungs-, von Poliermitteln usw. herrühren können, sind die wichtigsten Verunreinigungen aber solche durch anhaftende Fremdstoffe, die u. a. von der Behandlung im Sandstrahlgebläse, vom Polieren, Walzen, Ziehen od. dgl. stammen können, und ganz besonders solche durch Oxydfilme, Zunder, Rost usw.

Beim Liegen an der Luft überziehen sich alle unedlen Metalle sehr rasch mit einer oxydischen Deckschicht. Diese schützt sie zwar, wenn sie beständig und schwer löslich ist, vor weiterem Angriff oder verzögert wenigstens denselben (wie dies z. B. am Aluminium, Zink, Cadmium besonders deutlich wird), sie steht aber beim Einhängen des Metalls in die Badlösung der direkten Berührung Metall — Elektrolyt im Wege[1].

Selbst an edleren Metallen, wie Kupfer, und edlen, wie Gold, hat man die Ausbildung solcher Schichten durch Beobachtung der Verringerung des Reflexions- und Reaktionsvermögens sicher nachweisen können.

Die genannten Verunreinigungen lassen sich nicht alle auf einmal auf chemischem Wege beseitigen. Die Vorreinigung muß in mehreren Stufen vorgenommen werden und wird dadurch umständlich.

Neuerdings werden auch Ultraschallgeräte für die Reinigung von Metallen vor dem Galvanisieren verwendet.

---

[1] Wie schnell sich Eisen mit einer solchen Deckschicht überzieht, haben Freundlich, Patscheke und Zocher in einer schönen Versuchsreihe gezeigt. Sie stellten durch thermische Dissoziation von Eisenkarbonyl im Hochvakuum im Innern eines Glasgefäßes Eisenspiegel von großer Reinheit her. Beim Einlassen von wenig Luft konnten sie beobachten, daß sich die freiliegende Oberfläche des Eisenspiegels schon nach allerkürzester Zeit mit einer Deckschicht überzog. Obgleich diese, wie sie auf optischem Wege ermittelten, nur eine Dicke von ungefähr 10 Å besaß, also aus einer bloß etwa monomolekularen Schicht von FeO bestand, reichte sie schon dazu hin, die Löslichkeit des Spiegels sehr merklich zu verringern (Z. physik. Chem. A **130**, 292, [1927]).

Am Kupfer gelang es Evans, die natürlich ausgebildete Deckschicht durch anodische Ablösung in Kupfersulfatlösung abzuheben und dadurch sichtbar zu machen, an Eisen durch Behandlung in 0,1-n. NaCl-Lösung und Einlegen in Jod-Jodkalium-Lösung (Nature **123**, 16, [1929]).

Machu hat gezeigt, daß sich die oxydische Deckschicht des Eisens in 1-n. Schwefelsäure oder in konzentrierter NaCl-Lösung gelegentlich durch starke Stromstöße beim Stromeinschalten in zusammenhängender Form als Häutchen abstoßen läßt (Österr. Chem.-Ztg. **37**, 47, [1934]).

2. Die Entfettung

Die chemische Vorbehandlung beginnt rationellerweise mit der Entfettung, weil die Agenzien nur entfettete Oberflächen überall benetzen.

Die verunreinigenden Fette sind tierischen, pflanzlichen oder mineralischen Ursprunges. Die zwei ersteren Arten werden durch Alkalien verseift; letztere, wie Petroleum, Paraffin, Vaselin usw., stellen Kohlenwasserstoffe vor, welche durch Alkalien chemisch nicht verändert werden. In Gegenwart von Seifen werden sie emulgiert, d. h. in feinste Suspensionen überführt, deren schwebende Teilchen kleinste Tröpfchen vorstellen. Schließen die fettigen Verunreinigungen genügende Mengen tierischer oder pflanzlicher Fette ein, so wird bei ihrer Behandlung, besonders wenn sie bei höherer Temperatur vorgenommen wird, genügend Seife gebildet, auch die anwesenden mineralischen Fette durch Emulgierung, Dispergierung oder Peptisierung in „lösliche" Form überzuführen. Andernfalls geschieht dies nur bei Zusatz von Seife.

Die Wirkung der Seife beruht darauf, die Oberflächenspannung der Flüssigkeit zu erniedrigen und dadurch die Fettablösung vom Metall, besonders bei lebhafter Bewegung der Lösung oder des Metalls, zu erleichtern.

In wahre Lösung gelangen Kohlenwasserstoffe nur mittels organischer Lösungsmittel. Viele derselben sind zugleich Lösungsmittel für tierische und pflanzliche Fette.

Für die Entfettung können demnach sowohl anorganische als auch organische Agenzien verwendet werden, beide vorzugsweise bei erhöhter Temperatur.

Die herangezogenen anorganischen Agenzien sind durchwegs Alkalien oder Stoffe, welche durch Hydrolyse während der Behandlung Alkalien bilden. Dies kann dadurch unterstützt oder bewirkt werden, daß man die Werkstücke während ihrer Behandlung als Kathoden verwendet. Bei dieser „elektrolytischen" Entfettung befördert der kathodisch abgeschiedene Wasserstoff die Ablösung auf mechanischem Wege, während sich gleichzeitig Alkali unmittelbar an der Oberfläche des Metalls bildet.

Daß Poren, Spalten, Vertiefungen Fett hartnäckiger zurückhalten und den Reinigungsprozeß erschweren, liegt auf der Hand. Besonders bei der Behandlung derartiger Materialien empfiehlt es sich, einen Zusatz von Phosphat vorzunehmen, weil Anteile, die von diesem in den Poren oder in Haarrissen zurückgehalten werden, dort die Bildung äußerst schwer löslicher Metallphosphate hervorrufen, die nicht hygroskopisch sind und die Poren gleichsam auskitten.

Liegen dickere Fettschichten vor, so behandelt man wohl auch vor der eigentlichen Entfettung mit einer Aufschlämmung von sandfreiem gebranntem Kalk, Kreide, Magnesia oder Gemengen von Kalk mit feinstem Bimssteinpulver. THOMAS und BLUM[1] empfahlen die Verwendung dieses

[1] Trans. Amer. Electrochem. Soc. **48**, 60 (1925).

Gemisches besonders für die Behandlung von Eisen und Stahl vor der Vernicklung. Derartige mechanische Vorbehandlung erleichtert die nachfolgende Entfettung, sie erfordert aber Handarbeit, bringt die Gefahr mit sich, daß die Aufschlämmungen später nur unvollständig entfernt werden und daß die Metalloberfläche zerkratzt wird.

Großen Fettüberschuß durch Lösungsmittel zu entfernen, ist im allgemeinen vorsichtiger, aber auch die Entfettung durch Lösungsmittel ist, selbst wenn sie in der Hitze vorgenommen wird, unvollständig und hinterläßt nach dem Verdunsten des Lösungsmittels feine Reste, so daß ein Auskochen in Laugen fast immer unerläßlich ist, um eine weitgehende Entfettung zu gewährleisten.

Da die Fettschicht in vielen Fällen vorwiegend oder ausschließlich vom Schleifen und Polieren in der Werkstatt selbst herrührt, sollten Galvanisierungsbetriebe dabei nur solche Fette verwenden, welche leicht zu verseifen sind und gut lösliche Seifen bilden.

Eine etwas andere Methode der Entfettung besteht darin, die Fettschichten nicht unmittelbar von der Metalloberfläche zu entfernen, sondern auf ihnen die Schicht eines unschädlichen Fremdstoffes herzustellen, die sich leicht entfernen läßt und das Fett dabei mitführt, z. B. Phosphatschichten, Filme aus Aluminiumoxyd oder Metallen.

a) Entfettung durch anorganische Reagenzien

Das wichtigste Agens für die Entfettung sind Alkalien, wie KOH, wohlfeileres, aber schwächer wirkendes NaOH, ferner Soda, alkalisch reagierende Chemikalien, wie Silikate, Trinatriumphosphat usw., eventuell in Verbindung mit Kalium- oder Natriumseifen.

Natriumpyrophosphat ($Na_4P_2O_7$) und Hexametaphosphat $(Na_3PO_3)_6$ sind wirksamer als das Orthophosphat, weil sie die Oberflächenspannung stärker herabsetzen, sie gehen aber in heißer wässeriger Lösung allmählich in Orthophosphat über.

Die Phosphate werden in Konzentrationen von 1,5 bis 8% mit oder ohne Zusatz von Ätzalkali, Pottasche oder Soda angewendet. Sie befördern die Bildung von Emulsionen, die auch durch Zusätze von Wasserglas, Borax, Kieselsäureester begünstigt wird.

Die Emulgierung ist aus angegebenem Grunde wünschenswert, die gebildete Emulsion soll aber nicht zu stabil sein, weil sie dann weitere Emulgierung erschwert. Bei Abkühlung sollen sich ihre Öl- und Fett-Teile auf der Oberfläche sammeln, um dort abgeschöpft oder mittels Überlaufes abgetrennt werden zu können.

Wichtig ist es, den Alkalinitätsgrad für das jeweilig behandelte Metall richtig zu bemessen.

Stahl und *Eisen* sind von Alkalien praktisch unangreifbar. Bei ihrer Behandlung kann das Entfettungsmittel ein pH von 12 und darüber aufweisen.

Kupfer, *Messing*, *Bronze* werden von starken Alkalien geschwärzt, das pH ist besser unter 11 zu halten.

Noch empfindlicher sind *Aluminium*, *Zinn*, *Zink* und *Blei* gegen die Einwirkung starker Alkalien. Bei ihrer Entfettung empfiehlt es sich, das pH zwischen 9 und 10 zu halten und keinesfalls wesentlich über 10 steigen zu lassen. Bei Gegenwart von Wasserglas (z. B. in Sodalösung mit 1% Wasserglas) verträgt Aluminium allerdings ein etwas höheres pH. Von Natriummetasilikat und von Natriumorthosilikat wird es nicht mehr angegriffen.

Auch bei der Behandlung von Metallen, die durch Ätzalkalien nicht angegriffen werden, ist es unrationell, viel höhere Ätzalkalikonzentrationen anzuwenden, als erforderlich ist. Ein Alkaliüberschuß ist völlig nutzlos und unerwünscht, weil er u. a. die Löslichkeit der Seifen herabsetzt.

Die Erfahrung hat gelehrt, daß man bessere Verseifung bei gleichzeitiger Emulgierung erzielt, wenn man in Gegenwart emulgierender Mittel schwächere Alkalien verwendet, die zugleich auch als Puffer wirken können. Deshalb setzt man der Lösung von Ätzalkali, Soda oder Pottasche gerne Trinatriumphosphat, Natriummetasilikat oder ähnliche Stoffe zu, welche durch Hydrolyse alkalisch reagieren und emulgierend wirken. Besonders bevorzugt wird neuerdings Tetranatriumpyrophosphat, das aber seine kräftige Wirkung nach längerer Betriebsperiode in heißer Lösung dadurch einbüßt, daß es allmählich wieder in Orthophosphat übergeht.

Für die Entfettung von Stahl hat der Verfasser z. B. eine in den USA. bevorzugte Entfettungslösung folgender Zusammensetzung:

20 bis 25 g/l Na_2CO_3 (oder K_2CO_3)
20 bis 25 g/l Na_3PO_4
5 bis 10 g/l Na_2SiO_3
10 bis 15 g/l NaOH

stets mit Erfolg verwendet. Ein Zusatz von Seife ist überflüssig und nicht anzuempfehlen, weil er das nachfolgende Abspülen sehr erschwert.

Während der Behandlung soll die Temperatur nahe dem Siedepunkt gehalten werden.

b) Entfettung durch organische Lösungsmittel

Eine große Anzahl organischer Solvenzien löst verseifbare wie nicht verseifbare, tierische, pflanzliche wie mineralische Fette und Öle schnell und vollständig auf, ohne das Metall anzugreifen oder zu verspröden, ohne Oxydhäute darauf zurückzulassen und ohne selbst chemisch verändert zu werden.

Daß sie trotz dieser eminenten Vorteile nicht schon frühzeitig in erster Linie für die Entfettung der Gegenstände herangezogen worden sind, erklärt sich daraus, daß selbst die wohlfeilsten unter ihnen wesentlich kostspieliger sind als anorganische Entfettungsmittel, ganz besonders aber aus der Gefahr, die ihre Hantierung mit sich führte.

Kohlenwasserstoffe, wie Benzin, aromatische Stoffe, wie Benzol, Toluol, Xylol usf., die besonders geeignet erschienen, sind samt und sonders brennbar, leicht flüchtig, sie geben gesundheitsschädliche Dämpfe ab, welche mit Luft explosive Gasgemische bilden.

Deshalb hat die Verwendung organischer Lösungsmittel erst großen Umfang angenommen, als organische Chlorsubstitionsprodukte auf den Markt gebracht wurden, die ebenso hohes Lösungsvermögen besitzen, aber nicht entzündlich sind.

Auch diese entwickeln zwar gesundheitsschädliche Dämpfe, welche Kopfschmerzen, ja Betäubung hervorrufen können, sie sind aber leichter kondensierbar, ihre Dämpfe haben viel höheres spezifisches Gewicht, sie sind nämlich mindestens viermal so schwer wie Luft. Dies erleichtert es, die Raumatmosphäre dadurch rein zu halten, daß man Frischluft von oben zuströmen läßt und die schädlichen Gase unten abzieht.

Wenn ihre Hantierung zwar noch immer Vorsichtsmaßnahmen erheischt, sind diese wirksam genug, Gefahr auszuschließen.

Als besonders geeignet haben sich die in Tab. 26 aufgeführten Chlorprodukte erwiesen:

Tabelle 26. *Chlorhaltige Lösungsmittel*

	Molekulargewicht	Spez. Gew. 15°	Siedepunkt bis 760 mm
Trichloräthylen, C_2HCl_3	131,4	1,47	87,0° C
Tetrachloräthylen, C_2Cl_4	165,8	1,62	119,2° C
Tetrachlorkohlenstoff, CCl_4	153,8	1,59	76,5° C
Tetrachloräthan, $C_2H_2Cl_4$	167,8	1,59	145,5° C
Hexachloräthan, C_2Cl_6	236,7	2,05	185,0° C

Tetrachloräthylen, allenfalls Tetrachloräthan werden dort bevorzugt, wo es erwünscht ist, etwas weniger flüchtiges Lösungsmittel anzuwenden und schwerer lösliche Substanzen (wie dichteres Fett, Wachs od. dgl.) zu entfernen. In anderen Fällen wendet man meist Trichloräthylen an.

In reinem Zustand sind alle diese Chlorprodukte, wenn man sie vor zu starker Belichtung schützt, sehr haltbar. Bei Temperaturen, welche ihren Siedepunkt überschreiten, spalten sie aber bei Gegenwart von Feuchtigkeit Salzsäure ab, welche (ebenso wie von außen hineingelangende Säurespuren) weitere Säureabspaltung befördert. Diese Säure greift Metallteile, also auch die behandelten Gegenstände, an. Ebenso befördern Aluminium und Aluminiumlegierungen die Säureabspaltung und bilden dabei Chloride, welche die weitere Zersetzung autokatalytisch beschleunigen.

Deshalb ist es eine der wichtigsten Arbeitsvorschriften, Feuchtigkeitsspuren (ganz besonders bei Behandlung von Aluminiumgegenständen) nach

Möglichkeit auszuschließen und keine wasserhaltigen oder mit Säurespuren (z. B. Lötwasserresten) behafteten Gegenstände mit dem Lösungsmittel in Berührung zu bringen, nach Tunlichkeit in geschlossenen Gefäßen zu arbeiten usf.

Da es schwer möglich ist, Feuchtigkeit vollkommen fernzuhalten, ist es wichtig geworden, daß man die Säureabspaltung durch Zusatz kleiner Mengen von Hemmungsmitteln verzögern, manchmal verhindern kann, z. B. durch organische Amine, die man dem Lösungsmittel zusetzt.

Mit Benzin, Benzol, Petroleum, Alkohol usw. sind diese Lösungsmittel in allen Verhältnissen mischbar. Sie bleiben bei nicht zu großen Zusätzen derselben unentzündbar und gute Lösungsmittel für alle Fette, Öle, viele Harze, Pech, Asphalt, schwere Kohlenwasserstoffe, Wachse u. dgl. Feste Fremdkörper, die an der Oberfläche der behandelten Gegenstände haften, werden aber durch sie höchstens zum Teil entfernt. Auch auf die Entfettung durch diese organischen Lösungsmittel muß man deshalb eine Nachbehandlung folgen lassen, ehe man die Gegenstände in das galvanische Bad einführt.

Im siedenden Lösungsmittel geben die Werkstücke zwar ihre löslichen Verunreinigungen fast vollständig ab, bleiben aber beim Herausheben mit einem Film behaftet, der gelöste Fettstoffe enthält, die beim Verdampfen des Lösungsmittels auf der Oberfläche haften bleiben.

Die Entfettung wird darum meist in mindestens drei Stufen vorgenommen:

1. Behandlung im siedenden Lösungsmittel, das durch Heizschlangen oder durch elektrische Heizkörper erwärmt wird.

2. Überführung der Werkstücke in gekühltes Lösungsmittel. Nach hinreichender Kühlung:

3. Weitere Entfettung in Dämpfen des Lösungsmittels, die sich an der Oberfläche kondensieren und von ihr herabtropfen, solange die Temperatur der Werkstücke unter dem Taupunkt des Lösungsmittels bleibt. Bei folgender Abkühlung läßt man die kondensierten Flüssigkeitsteile gut abtropfen, ehe man die Werkstücke wieder mit Luft in Berührung bringt bzw. sie einer weiteren Behandlung mittels Emulgierungsmitteln oder der elektrolytischen Reinigung unterwirft.

Die Reinigung der Lösungsmittel erfolgt durch Destillation, bei welcher aber Überhitzung zu vermeiden ist, die für Trichloräthylen oberhalb 110°, für Tetrachloräthylen oberhalb 150° liegt.

c) Elektrolytische Entfettung, Versprödung durch Wasserstoff-Nachbehandlung

Die Eigenschaft kathodisch abgeschiedener Ätzalkalien, im Entstehungszustande (vielleicht infolge intermediärer Alkalimetallbildung) äußerst stark und schnell verseifend auf Fettreste einzuwirken, sowie die hohe Emulgierkraft des gleichzeitig von der Oberfläche des Metalls reichlich in kleinsten

Blasen aufsteigenden Wasserstoffs bilden die Hauptvorzüge der „elektrolytischen" Entfettung. Sie haben dazu geführt, daß sie recht allgemein angewendet wird, vorwiegend bei der Vorbehandlung von Eisen, Stahl und nichtrostenden Stählen, zuweilen aber auch von Messing und anderen Metallen, meist freilich nur als letzte Stufe der Reinigung unmittelbar vor der Niederschlagsarbeit.

Ein wesentlicher Nachteil derselben besteht darin, daß sie Eisenmetalle verspröden lassen und daß sie Fremdmetallspuren (z. B. Pb, Cu, Sn, Zn), die in den Elektrolyten gelangt sind, in lockerer Form auf die Kathode niederschlagen. Dadurch, daß man die Gegenstände unmittelbar nach der Entfettung durch ein zweites Bad führt, in welchem sie Anoden bilden, läßt sich zwar das Fremdmetall in saurer Lösung leicht entfernen, die Wasserstoffbrüchigkeit aber höchstens zum Teil beheben.

In größeren Anlagen ist es usuell geworden, Eisenmetalle unmittelbar vor ihrer Einführung in die galvanischen Fällungsbäder einer derartigen anodischen Nachbehandlung zu unterwerfen. Sie bietet den Vorteil, Reste oberflächenaktiver organischer Stoffe zu zerstören und suspendierte Oxydteilchen (z. B. $Al(OH)_3$, $Fe(OH)_3$), die kataphoretisch an die Kathode gelangen, abzulösen.

Man wendet deshalb diese anodische Nachbehandlung vielfach auch ohne vorangegangene elektrolytische Entfettung an. Um die Gewähr zu haben, daß nach derselben keine störenden Oxydfilme auf der Metalloberfläche zurückbleiben, wäscht man mit Säure nach. Siliziumhaltige Gußstücke eignen sich nicht für diese anodische Behandlung.

Bei der elektrolytischen Entfettung dienen die zu behandelnden Gegenstände als Kathoden gegen Anoden aus Eisen, Stahl, nichtrostendem Stahl oder Nickel.

Die Entfettung wird vorzugsweise in Eisengefäßen bei Temperaturen von 75 bis 90° in Flüssigkeiten vorgenommen, die meist in Zirkulation gehalten werden. Ihre Heizung erfolgt innerhalb der Eisenzellen mittels Heizkörpern aus Stahlrohren.

Wiewohl auch neutrale Alkalisalze, wie Natriumsulfat, -sulfit, -bisulfit, anwendbar erscheinen, bevorzugt man im allgemeinen ziemlich stark alkalische Lösungen von KOH, NaOH, Natrium- oder Kaliumkarbonat, Trinatriumphosphat, gelegentlich mit Zusätzen wie etwas Aluminiumsulfat od. dgl., manchmal mit Zusatz von Netzmitteln.

Beim Zusatz von stark schäumenden Seifen, Netzmitteln u. dgl. läuft man aber Gefahr, daß der Schaum neben Wasserstoff auch Luft einschließt und durch Funken[1] zur Explosion gebracht wird. Solche Explosionen haben

---

[1] Funkenbildung tritt gelegentlich beim Aus- und Einhängen von Trägern, an welchen die zu galvanisierenden Gegenstände befestigt sind, im Augenblick auf, in welchem der elektrische Kontakt zwischen dem Träger und der stromführenden Schiene unterbrochen wird.

sich öfters ereignet. Obwohl sie schwerlich Sachschäden verursachen, wird Lauge verspritzt, die Verletzungen herbeiführen kann. Außerdem erschwert die Verwendung von Seifen und Netzmitteln das nachträgliche Abspülen infolge der hartnäckig anhaftenden Lösungsschichten, die sie an den behandelten Gegenständen zurücklassen. Der Wert solcher Zusätze ist deshalb recht zweifelhaft.

Die kathodische Behandlung wird mit mindestens 4, vorzugsweise 8 bis 10 Amp./dm^2, die anodische Nachbehandlung meist mit etwas niedrigerer Stromdichte vorgenommen.

Für seine Schnellverzinkung von Drähten hat TAINTON[1] eine besonders durchgreifende und energische Vorreinigung ersonnen und ausgebildet, welche nur ganz kurze Zeit in Anspruch nimmt. Sie besteht darin, die elektrolytische Behandlung nicht in wässeriger Lösung, sondern in geschmolzenem NaOH vorzunehmen.

Der Draht wird zuerst durch einen Gasofen geführt, um die Fette zu verbrennen, dann durch einen Eisentrog, in welchem er in der 550 bis 650° heißen Ätznatronschmelze Kathode bildet. Als Anode verwendet man Nickel oder auch Nickelstahl. Das beim Durchgange an der Drahtkathode abgeschiedene Natriummetall bewirkt die gewünschte Reinigung durch Reduktion des Rostes, Entfernung von Si, S, P usw. in 10 bis 15 Sekunden. Deshalb kann der Draht durch das Schmelzbad ebenso schnell geführt werden wie durch die Fällungsbäder, das ist — je nach dem vorliegenden Drahtdurchmesser — mit einer Geschwindigkeit von 18 m/Min. bis 72 m/Min.

Das Verfahren wird seit Jahren in den USA. in den Drahtverzinkungsanlagen der Bethlehem Steel Co. nach dem TAINTON-Verfahren („Bethanizing") mit bestem Erfolg angewendet.

Die passivierende nebst der entfettenden Wirkung von Kalium- und Natriumzyanid hat manche veranlaßt, Zusätze dieser Salze zur Reinigungslösung vorzunehmen. So empfiehlt u. a. PFANHAUSER[2] für die elektrolytische Entfettung von Eisen, Stahl, Nickel Lösungen mit:

60 g/l KOH
30 g/l K_2CO_3
10 g/l KCN

für Kupfer, Zink, Silber und deren Legierungen:

60 g/l K_2SiO_3	oder	45 g/l K_2SiO_3
30 g/l KOH		35 g/l K_2CO_3
10 g/l KCN		15 g/l KOH
		5 g/l KCN
0,01 bis 0,02 Netzmittel		0,01 bis 0,02 Netzmittel

[1] D. R. P. 636 489.

[2] Galvanotechnik, 8. Aufl., S. 397, Leipzig 1941.

Solche Zusätze von Zyaniden weisen aber den Nachteil auf, Wasserstoffbrüchigkeit von Eisen und Stahl herbeizuführen, worauf u. a. schon SUTTON frühzeitig hingewiesen hat.

H. FISCHER und H. BÄRMANN[1] haben das Auftreten der Wasserstoffbrüchigkeit von Federnstahl bei der Elektrolyse eingehend untersucht und den Grad der hervorgerufenen Versprödung durch die Zahl der Biegungen um 180° bestimmt, welche die behandelten Blechproben um einen Dorn von 5 mm Durchmesser vertrugen, ehe sie brachen.

1 Minute lang bei 20° C als Kathoden mit Stromdichten von 1 Amp./dm² bzw. 10 Amp./dm² verwendet, fiel die Biegezahl, die vorher 73 betrug, auf 50 bis 51, gleichgültig, welche von beiden Stromdichten angewandt wurde und — innerhalb der Grenzen 50 g/l NaOH bis 150 g/l NaOH — unabhängig von der Konzentration der Lauge.

Bei gleicher Versuchsdauer nahm unter vergleichbaren Bedingungen die Brüchigkeit schon bei geringfügigen Zusätzen von KCN zu und stieg weiter erheblich mit zunehmendem KCN-Gehalt sowie mit steigender Stromdichte, wie Tab. 27 erkennen läßt:

Tabelle 27

KCN-Zusatz g/l	Biegezahl bei Verwendung von Pt-Anoden	
	Stromdichte	
	1 Amp./dm²	10 Amp./dm²
0	51	50
0,01	40,5	30
0,1	34,5	29
1	23	13
5	13 bis 14	3
10	11	4

Die Kurve in Abb. 78 veranschaulicht die Abhängigkeit von der NaCN-Konzentration.

Schon der Zusatz eines Zentigramms KCN/l reicht dazu hin, die Biegezahl bei einer Elektrolysedauer von einer Minute und bei 1 Amp./dm² Stromdichte um 20%, bei 10 Amp./dm² um 40% zu verringern! Mit steigender Zyanidkonzentration nimmt die Brüchigkeit noch weiter stark zu. Sie tritt gleich nach Stromdurchgang in Erscheinung, wie es Abb. 79 vor Augen führt, und erreicht nach 2 Minuten Elektrolysedauer nahezu schon ihren Höchstwert.

Ganz erheblich schwächer versprödend wirken Zusätze von Pyrophosphaten in alkalischen Bädern (s. Abb. 80). Ein Zusatz von 200 g/l $Na_2P_2O_7 \cdot 10\,H_2O$ zu einem Bad, das 50 g/l $CuSO_4 \cdot 5\,H_2O$ und 30 g/l NaOH enthielt, lieferte bei 0,5 Amp./dm² Stromdichte helle, gleichmäßige (bei

[1] Korrosion u. Metallschutz **16**, 405 (1940).

1 Amp./dm² allerdings mißfarbige) Überzüge bei 35° C. Die Biegezahl änderte sich nur ganz wenig: sie sank nach einer Minute von 55 auf 54, nach 5 Minuten auf 50, erst nach 10 Minuten auf 42 und blieb von da ab unverändert.

Freilich werden Kathoden aus Eisen und Stahl auch bei der Metallfällung aus zyanidhaltigen Bädern — wenn auch in geringerem Grade — versprödet. Bei Anwendung solcher galvanischer Badlösungen fällt deshalb die bei der elektrolytischen Entfettung erzeugte Brüchigkeit weniger stark auf als bei Anwendung andrer Bäder. Dennoch sollte man nach Ansicht des Verfassers der Verwendung von Zyaniden, die sich bei der elektrolytischen Entfettung nicht als notwendig erweist, lieber aus dem Wege gehen.

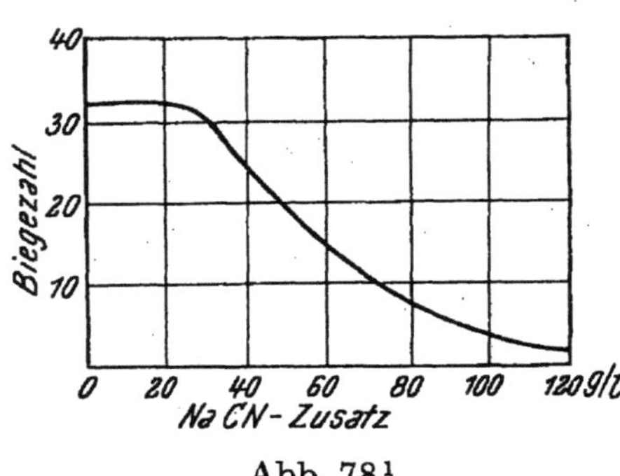

Abb. 78[1]

Für die elektrolytische Vorbehandlung sind auch zyanidhaltige Lösungen herangezogen worden, aus denen gleichzeitig mit der Entfettung Metall

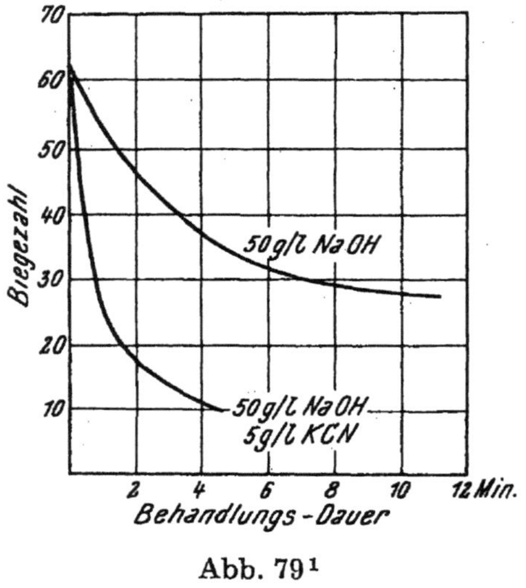

Abb. 79[1]

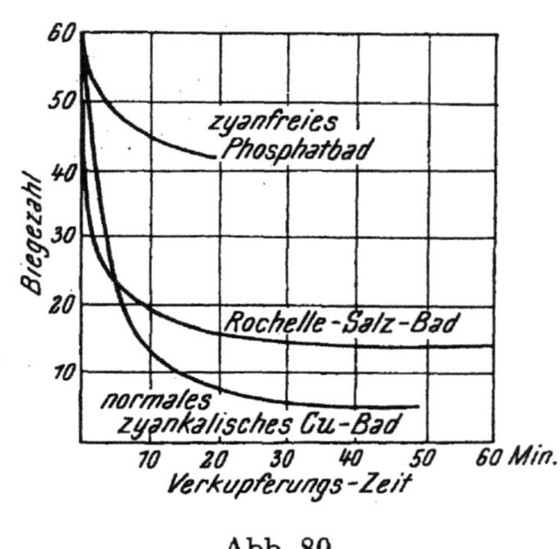

Abb. 80

niedergeschlagen wird. Unter diesen hat das sogenannte Kuprodekapierverfahren Beachtung gefunden und ist von SACCHI[2] gewürdigt worden.

Während der Entfettung schlägt sich aus der betreffenden Badlösung eine hauchdünne (etwa 0,005 mm starke) Kupferhaut nieder. Sie soll mangelhaft entfettete Stellen dadurch kenntlich machen, daß an ihnen die Verkupferung ausbleibt oder fehlerhaft erscheint, das bedeckte Metall schützen und die Streukraft bei nachfolgender Bildung eines Überzuges verbessern.

---

[1] WERNICK, J. Electrodepositors' Techn. Soc. 8, 163 (1932).

[2] Korrosion u. Metallschutz 15, 105 (1939).

Derartige Bäder haben etwa die Zusammensetzung:

NaOH	50 g/l	50 g/l [1]	80 g/l [2]
Na_2CO_3	40 g/l	50 g/l	40 g/l
NaCN	50 g/l	50 g/l	5 bis 7,5 g/l
CuCN	—	12,5 g/l	15 g/l
Na_2SiO_3	6 g/l	6,5 g/l	15 g/l
$KCu(CN)_2$	15 g/l	—	30 bis 35 g/l

Andere Reinigungsmethoden bestehen darin, nach der Entfettung im alkalischen Bade einen dünnen Metallüberzug im sauren Bade herzustellen, der dann wieder mit Säure, vorzugsweise aber durch Stromumkehr beseitigt wird, ehe die eigentliche Niederschlagsbildung vorgenommen wird.

Unter diesen hat in den USA. das BULLARD-DUNN-Verfahren viel von sich reden gemacht.

Nach diesem wird zunächst, wie üblich, eventuell unter Anwendung kathodischer Polarisation, durch Abkochen im alkalischen Bad entfettet. Nach dem Abspülen wird das Werkstück gegen Bleianoden in ein Bad, das durch Einbringen von

NaCl	5 g
H_2SO_4 (66° Bé)	100 cm^3
HCl (20° Bé)	30 bis 35 cm^3

im Liter Wasser hergestellt wurde, als Kathode mit einer Strombelastung von 6 bis 7 Amp./dm^2 bei 70 bis 80° C eingehängt. Der entwickelte Wasserstoff soll Reste von Oxydschichten absprengen, das bloßgelegte Metall überzieht sich mit einer dünnen Bleischicht. Diese Bleischicht soll zunächst das Vorhandensein der blanken Metallschicht erkennbar machen — denn nur auf dieser schlägt sie sich gut nieder —, das Grundmetall aber gleichzeitig vor fernerem Säureangriff schützen. Sie soll also einerseits als Indikator, andererseits als Inhibitor dienen.

Vor dem Einhängen des Werkstückes in das Fällbad muß die Bleischicht aber wieder entfernt werden. Dies nimmt man in einem Bade vor, dessen Zusammensetzung etwa die der alkalischen Entfettungsbäder ist und in dem das Werkstück gegen Eisenkathode als Anode eingehängt wird.

Die Ansichten über den Wert des BULLARD-DUNN-Prozesses sind noch geteilt. Soweit der Verfasser aus eigener Erfahrung urteilen kann, gehört er nicht zu den Anhängern dieses Systems, das aber viele Freunde erworben hat.

Die abwechselnd kathodische, dann anodische Polarisation, welche auch im BULLARD-DUNN-Prozeß angewendet wird, ist eine alte Maßnahme, die aber bisher derart ausgeführt wurde, daß das Werkstück, vorwiegend Eisen oder Stahl, im alkalischen Bade kathodisch, anodisch aber im sauren Bade

[1] WEILL, J. Electrodepositors' Techn. Soc. 8, 157 (1932).

[2] WERNICK, ib. 8, 163 (1932).

behandelt wird, und zwar vorzugsweise in stark schwefelsaurem Bade mit hoher anodischer Stromdichte.

Besonders vor der Vernickelung von Stahl und Eisen empfiehlt es sich, die Werkstücke einer solchen anodischen Polarisation zu unterwerfen, indem man sie etwa 30 Sekunden lang mit 10 bis 15 Amp./dm² in Schwefelsäure von 65° Bé anodisch belastet und gut abspült oder im Dampfstrahl reinigt, ehe man sie ins Nickelbad bringt.

Weisen die Werkstücke keine vollkommen glatte Oberfläche auf (z. B. solche aus Gußeisen), so halten sie in den Poren hartnäckig Reste der Lösungen, in denen man sie behandelt hat, zurück. Dann können nach der Galvanisierung Flecken auftreten oder Ausblühungen usw. Anwendung von Phosphaten ist bei der Behandlung solcher Stücke sehr am Platz (s. oben S. 151), nichtsdestoweniger sollte man die Reste auf alle Fälle noch nachträglich durch Eintauchen in entsprechende Lösungen (z. B. Weinstein od. dgl.) neutralisieren.

Die Behandlung der Gegenstände im Sandstrahlgebläse erschwert auch aus diesem Grunde meist die chemische Vorreinigung, und da sie ihre Aufgabe, die Metalloberfläche freizulegen, nur sehr unsicher und unvollkommen erfüllt, in ihrer Wirkung aber meist sehr überschätzt wird, kommt sie mit Recht immer mehr ab und wird nur mehr für Gußeisen u. dgl. verwendet, wo man kaum einen Ersatz für sie finden kann.

Auch die früher oft geübte Praxis, Werkstücke matt aufzurauhen, um das Haften des elektrolytischen Niederschlages zu erleichtern, kann kaum empfohlen werden (s. S. 140). Auf reinen Oberflächen haften sachgemäß hergestellte Niederschläge ebensogut, wenn die Oberfläche glatt ist, eine Verankerung durch Rauheit der Oberfläche kann nur bei schlecht haftenden Überzügen von Nutzen sein, die trotzdem minderwertig bleiben.

3. Die Beseitigung von Oxydschichten

Nach ihrer Entfettung tragen Metallgegenstände und ganz besonders solche aus unedlerem Metall Oxydschichten, welche die Niederschlagsarbeit stören würden. Je nach der Natur des Metalls, der Art der Werkstücke und der Behandlungsweise, die sie erfahren haben, sind Zusammensetzung und Dicke dieser Oxydschichten sehr verschieden.

Auf Eisen- und Stahlgegenständen, die am häufigsten in Betracht kommen, können sie z. B. einen ganz leichten Anflug von Rost vorstellen oder auch hauchdünne, unsichtbare Überzüge, wie sie sich auch auf Aluminium, Magnesium, Zink, selbst Kupfer und Blei beim Liegen an der Luft ausbilden. Eisenbleche erscheinen dagegen oft mit schwereren, dunklen Oxydschichten behaftet, die von den Operationen beim Walzen, Schmieden usw. herrühren können.

Man nimmt die Entfernung dieser Oxydschichten fast ausnahmslos durch Säurebehandlung, durch die „Beize“ vor.

Die Wahl der Säure, ihre Konzentration, die beim Beizen angewandte Temperatur usw. werden durch die Natur des Metalls und die Stärke der Oxydschicht bestimmt.

Eisen und *Stahl* werden fast ausschließlich mittels Salzsäure- oder Schwefelsäurelösungen[1] behandelt, denen man Inhibitoren, sogenannte „Sparbeizen", zusetzen kann. Ganz dünne Oxydschichten lassen sich durch kurzes Eintauchen in verdünnte Säure entfernen, und zwar je nach den gegebenen Verhältnissen innerhalb 10 bis 120 Sekunden. Stärkere Oxydschichten, Walzhaut oder Zunder lassen sich nur durch längere Behandlung restlos entfernen.

Salzsäure ist teurer als Schwefelsäure, ihr Aufbrauch beim Beizen ist um etwa 20 bis 50% größer. Sie entwickelt dabei auch unangenehmere Dämpfe. Ihre Wirkung ist aber energischer, obgleich die Bleche, die man mit ihr behandelt hat, glatter und blanker aussehen.

Die Walzhaut von Eisenblechen besteht aus porösen Gemischen von Eisenoxyd und Eisenoxydul. Ersteres ist schwer, letzteres leichter löslich. Die äußere Schicht der Walzhaut ist oxydreicher als die unmittelbar am Metall anliegende.

Beim Beizen dringt die Säure zunächst durch die poröse Oxydschicht bis ans Metall, das sie unter Wasserstoffentwicklung angreift. Dadurch beraubt sie die Oxydschicht ihrer Unterlage und bringt sie zum Abblättern, was durch die Wasserstoffentwicklung noch befördert wird.

Tatsächlich ist der Gewichtsverlust eiserner, mit Walzhaut oder Zunder behafteter Werkstücke nach dem Beizen größer, als es den in Lösung gegangenen Eisenmengen entsprechen würde. Abgelöste Oxydteile sind meist sichtbar.

Bablik hat[2] in sorgfältigen Untersuchungen festgestellt, daß das Verhältnis

Gesamtgewichtsverlust : Gewicht des gelösten Eisens

beim Beizen mit Schwefelsäure die Zahl von 4,4 erreichen kann, beim Beizen mit Salzsäure aber kaum mehr als 1,5.

Er schloß daraus mit Recht, daß die Wirkung der Salzsäure sich von derjenigen der Schwefelsäure dadurch unterscheidet, daß die Salzsäure vorwiegend Oxydul neben etwas Oxyd auflöst, während die Schwefelsäure hauptsächlich das Metall angreift und den Zunder dadurch ablöst, daß sie ihn unterwäscht[3].

---

[1] Nur in Ausnahmefällen verwendet man Lösungen von $NaHSO_4$ oder von Schwefelsäure mit Zusatz von Salzsäure.

[2] Korrosion u. Metallschutz **13**, 35 (1937).

[3] Dies könnte vermuten lassen, daß das Beizen in Schwefelsäure größere Wasserstoffsprödigkeit erzeugen dürfte und macht es verständlich, daß in Salzsäure gebeizte Bleche glatter erscheinen als solche, die in Schwefelsäure gebeizt wurden.

Wenn auch die Untersuchungen BABLIKs mit Proben ausgeführt wurden, die anscheinend viel stärkere Oxydschichten trugen als die Werkstücke, die man gewöhnlich zur Galvanisierung heranzieht, sind seine Ergebnisse in mehrfacher Hinsicht auch zur Beurteilung der Vorgänge beim Beizen weniger stark oxydierter Stücke von großem Wert. Besonders ist dies für den Teil seiner Untersuchungen der Fall, der sich auf die Abhängigkeit der Beizdauer von der Konzentration und der Temperatur der einen und der anderen Säure beziehen und die in Tab. 28 und 29 wiedergegeben sind[1].

Tabelle 28. *Beizdauer in HCl bzw.* H_2SO_4 *verschiedener Konzentrationen bei Raumtemperatur*

Säurekonzentration %	Beizdauer in Minuten	
	HCl	H_2SO_4
2	90	135
5	55	135
10	18	120
15	15	95
20	10	80
25	9	65
30		75!
40		95!

Tabelle 29. *Beizdauer in HCl bzw.* H_2SO_4 *bei verschiedenen Temperaturen*

Säurekonzentration %	Temperatur °C	Beizdauer in Minuten	
		HCl	H_2SO_4
5	18	55	135
	40	18	45
	60	(5)	13
10	18	18	120
	40	6	32
	60	(2)	8

Die in diesen Tabellen aufgeführten Zahlen lassen erkennen, wieviel schneller die Beizung in Salzsäure vor sich geht, als dies bei gleicher Temperatur in Schwefelsäure der Fall ist, ferner, daß die Beizung in Schwefelsäure durch Temperaturerhöhung wirksam beschleunigt wird, endlich, daß sich die Geschwindigkeitsdifferenzen mit steigenden Säurekonzentrationen bei Raumtemperatur vergrößern.

Da Salzsäure schon bei Raumtemperatur schnell genug einwirkt und relativ flüchtig ist, empfiehlt es sich nicht, sie während des Beizprozesses zu heizen. Man verwendet sie gewöhnlich als 2-n. Säure ohne äußere Heizung in ausgekachelten oder sonstwie säurebeständig gemachten Bottichen, keinesfalls bei mehr als 40° C.

Schwefelsäure wird gleichfalls vorwiegend als ungefähr 2-n. Säure, aber bei Temperaturen von 40 bis 60° angewendet.

[1] BABLIK, Das Feuerverzinken. Wien: Springer. 1941.

Mit Änderung der Säurekonzentration und der Temperaturen verschiebt sich das Verhältnis beider Säuren in folgender Weise:

Bei beiden Säuren bewirkt die Temperaturzunahme eine Beschleunigung der Einwirkung; während aber die Lösungsgeschwindigkeit der Salzsäure für Oxyde mit zunehmender Säurekonzentration bedeutend schneller zunimmt als für Eisen, bleibt die Auflösung des Metalls in Schwefelsäure bei allen Konzentrationen die vorherrschende Reaktion, und sie überwiegt um so stärker, je höher die Temperatur ist, bei welcher sie einwirkt. Da man mit Schwefelsäure meist bei gesteigerter Temperatur (mindestens 40°) beizt, ist dies von großer Wichtigkeit.

Alles in allem genommen ist es leichter, mit Salzsäure in der Kälte Eisen und Stahl von Oxyden vollkommen zu befreien, als mit Schwefelsäure (die man infolge ihrer langsameren Einwirkung gewöhnlich erwärmt). Salzsäure greift Eisen besonders in höherer Konzentration (10 bis 20%) weniger stark an als Schwefelsäure, sie bringt aber viel mehr Oxyde unter Säureaufbrauch in Lösung als letztere, deren Hauptwirkung darin besteht, die Oxyde dadurch abfallen zu lassen, daß sie sie ihrer Unterlage durch Eisenauflösung beraubt.

So entfernt nach Bablik 14%ige Schwefelsäure etwa 20mal soviel Oxyd durch solche mechanische Wirkung, als 14%ige Salzsäure es tut.

Die Schwefelsäure arbeitet also sparsamer, wenngleich langsamer; durch Temperatursteigerung kann man ihre Einwirkung stark beschleunigen, steigert aber gleichzeitig die Korrosion.

Gerade bei dem Beizen mit Schwefelsäure ist es also wichtig geworden, daß es gelingt, die Einwirkung der Säure auf Eisen durch Verzögerer stark einzudämmen. Ohne solche Zusätze ist das Beizen mit nicht verdünnter Salzsäure vorzuziehen, unter Anwendung von Verzögerern kann man aber auch mit Schwefelsäure in der Hitze und in der Kälte sehr zufriedenstellende Resultate erzielen.

Der Vorteil dieser Verzögerer besteht darin, die Wasserstoffentwicklung zurückzudrängen und die Einwirkung der Säure auf bloßgelegtes Metall so sehr zu verzögern, daß auch eine etwas zu lange Behandlungsdauer keine schädliche Korrosion, keine zu weitgehende Aufrauhung des Metalls zur Folge hat und ferner darin, daß das Sprödewerden des Metalls durch Wasserstoffaufnahme entsprechend verringert wird.

Schon die alte Praxis, der salpetersäurehaltigen Beize Ruß (Gas-, Lampen-, Kienruß) zuzusetzen, scheint nicht nur auf das Freimachen von etwas salpetriger Säure und auf Eindämmung der Entwicklung von Dämpfen, sondern auch auf eine verzögernde Wirkung des weiteren Angriffs bloßgelegten Metalls durch Säure begründet gewesen zu sein. Eine Reihe anderer Stoffe ist dann aufgefunden worden, welche letzteren Zweck mehr oder minder vollständig erfüllen: Pyridinderivate, Dextrin, Sulfitablauge und dergleichen mehr. In den Handel gelangen manche Präparate, meist unbekannter Zusammensetzung, welche diesen Zwecken dienen. Eines der ältesten dürfte Dr. VOGELS Sparbeize sein, wirksamer sind aber von der American Chemical Paint Co. in Ambler (Pa.) unter den Namen Rodine

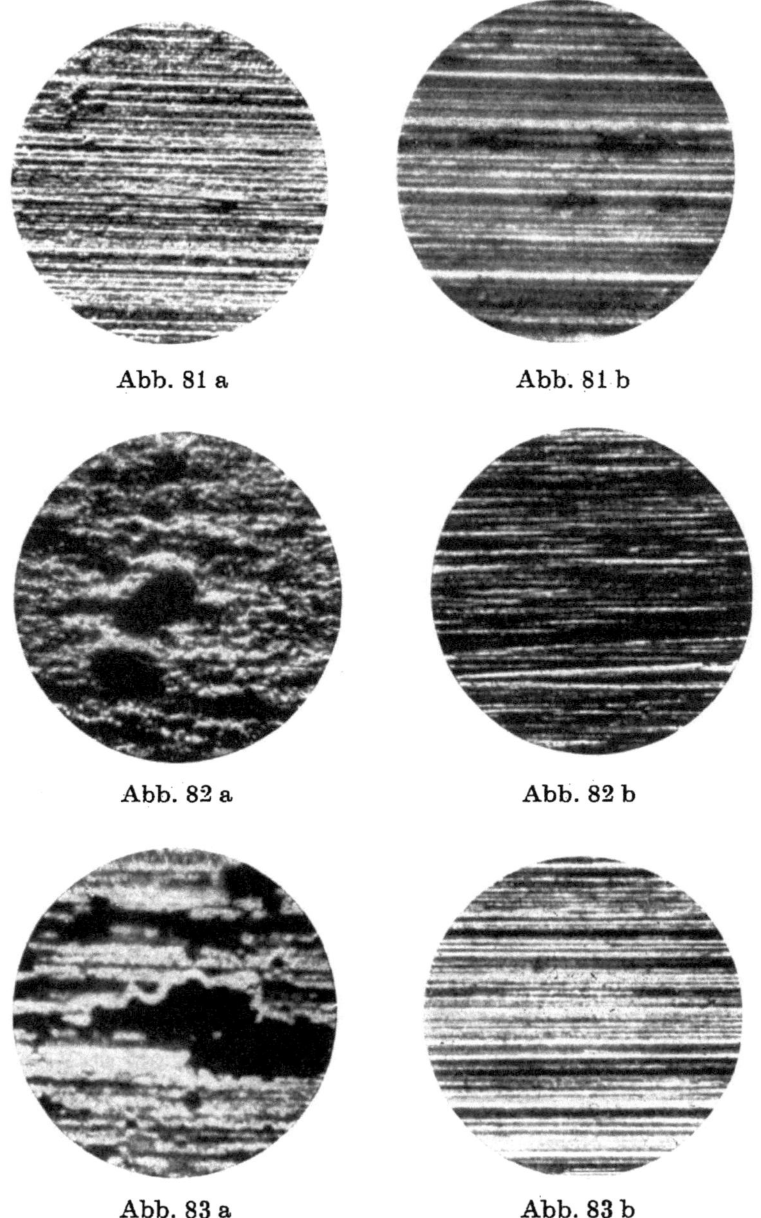

Abb. 81 a Abb. 81 b

Abb. 82 a Abb. 82 b

Abb. 83 a Abb. 83 b

und Ridoline vertriebene Präparate, deren wichtigster Bestandteil Triethenolamin sein soll[1], neben Thioharnstoff, Diorthotolylthioharnstoff usw.

Die Schutzwirkung dieser Zusätze wird durch die Abb. 81 a bis 81 c[2] illustriert. Abb. 81 a zeigt die polierte Fläche einer Stahlprobe mit 0,85 bis

[1] Nach mündlicher Mitteilung.

[2] Von der American Chem. Paint Co.

0,95 C vor der Behandlung, Abb. 81 b zeigt die Veränderung nach 5 Minuten Behandlung bei 94° in etwa 4%iger Schwefelsäure, Abb. 82 a ohne und 82 b mit Rodine nach 15, Abb. 83 a ohne und 83 b mit Rodine nach 25 Minuten Einwirkung derselben Lösungen. Während Abb. 82 a die starke Korrosionswirkung der freien Säure nach 15 Minuten auf den Stahl zu erkennen gibt, die bei Abb. 83 a nach 25 Minuten zu so starken Vertiefungen führt, daß das Bild unter dem Mikroskop unscharf wird, zeigen die Abb. 82 b und 83 b kaum eine sichtbare Veränderung, das Metall ist ganz blank geworden, aber glatt geblieben.

Abb. 84 führt vor Augen, wie schnell die Gasentwicklung bei Einwirkung von Schwefelsäure auf Eisen durch steigende Zusätze von Rodine zurückgeht. Auf der Ordinate ist das Gewichtsverhältnis gelösten Metalls zum abgetragenen Oxyd in Prozenten aufgetragen, auf der Abszisse die Vol.-% zugesetzten Rodines zu 66%iger Schwefelsäure. Die durch die Kurve veranschaulichte Beziehung hat Gültigkeit für 1- bis 20%ige Schwefelsäurelösungen.

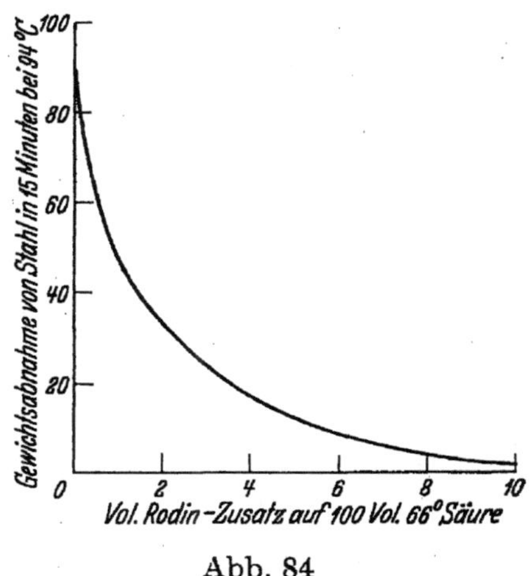

Abb. 84

Worauf die Wirkung dieser Verzögerer zurückzuführen sein mag, ist noch nicht sicher festzustellen, allem Anscheine nach wird blankes Metall, nicht aber Oxyd durch eine adsorbierte hauchdünne Schicht vor direkter Berührung mit der Säure geschützt, welche auch die Überspannung bei der Wasserstoffentwicklung so weit steigern kann, daß es nicht zu einer solchen kommt. Jedenfalls wird das Metall sowohl in Schwefel- als auch in Salzsäure vor Angriff geschützt, und zwar schon durch geringe Mengen zugesetzten Inhibitors. Um dauernd zu entsprechen, muß derselbe gegen Säure auch bei erhöhter Temperatur beständig sein, er soll den Verlauf des Prozesses nicht zu sehr verlangsamen und nachträglich leicht und restlos abzuspülen sein. Der Zeitaufwand wird freilich bei Verwendung von Inhibitoren immer etwas größer als ohne diese, weil auch die Oxydauflösung etwas verzögert wird; doch genügen die genannten Verzögerer den praktischen Erfordernissen vollauf.

Messing wird durchwegs mit salpetersäurehaltiger Säurebeize, einer „Gelbbrenne", behandelt, die sich auch gut für Kupfer verwenden läßt. Man setzt ihr gewöhnlich Ruß, Kienruß, Lampenruß od. dgl. zu, welcher eine Decke bildet und wie bei der Schwefelsäurebeize nicht nur infolge seiner Absorptionskraft für Gase günstig wirkt, sondern wohl durch die Wirkung gewisser organischer Substanzen, die er abgibt, auch gleichmäßigere Beizung und geringere Korrosion des Metalls herbeiführt.

Bessere Erfolge erzielt man bei Verwendung zweier „Gelbbrennen“, einer „Vorbrenne“ höherer, dann einer „Glanzbrenne“ niedrigerer Konzentration. Diese Behandlung in zwei Operationen, welche unter allen Umständen zweckmäßig erscheint, ist geradezu notwendig, wenn die Messinggegenstände von vornherein oxydiert sind.

A. K. Graham, der die Wirkungsweise der einzelnen Bestandteile der Gelbbrennen näher untersucht hat[1], empfiehlt, folgende Zusammensetzungen anzuwenden:

Tabelle 30

	Spez. Gewicht	° Bé	Vorbrenne		Glanzbrenne	
			g/l	cm³/l	g/l	cm³/l
H_2SO_4	1,84	66	700	380	800	435
HNO_3	1,38	44	100	72	100	72
HCl	1,17	20	5	4	25	2
H_2O	1		544	544	491	491

Weill (l. c.) empfiehlt, dem Liter Wasser:

	Spez. Gewicht	° Bé	Vorbrenne g/l	Vorbrenne cm³/l	Glanzbrenne g/l	Glanzbrenne cm³/l
H_2SO_4	1,84	66		1020		1065
HNO_3	1,38	44		195		176
HCl	1,17	20		15		5

zuzusetzen.

Diese Säurelösungen ändern freilich ihre Zusammensetzung im Gebrauch sehr schnell. Um ganz sicher zu gehen, sollte man von Zeit zu Zeit den Gehalt der Beize an den einzelnen Bestandteilen auf analytischem Wege kontrollieren und durch neuen Zusatz korrigieren. Dies ist nicht schwer, aber für die meisten galvanotechnischen Betriebe zu umständlich. Blum und Hogaboom empfehlen daher[2] folgende einfachere Methode, die Glanzbrenne zu regenerieren:

Arbeitet die Glanzbrenne nicht mehr gut, so mißt man zunächst ihre Dichte; ist dieselbe niedriger als 1,34 spezifisches Gewicht bzw. 37° Bé, so fügt man ihr so viel Schwefelsäure zu, bis das spezifische Gewicht auf 1,41 bzw. auf 42° Bé gestiegen ist, wartet, bis die durch den Säurezusatz erhitzte Lösung wieder abgekühlt ist und setzt so viel konzentrierte Salpetersäure zu, bis eine Messingprobe beim Eintauchen wieder den gewünschten Glanz aufweist.

Von Zeit zu Zeit setzt man kleine Mengen Salzsäure zu.

Die alte Maßnahme, Ruß beizufügen, wird meist noch geübt.

Enthält die Beize zu viel Salzsäure, so wird das Messing mißfarbig oder örtlich ungleich gefärbt, man fügt dann auf alle Fälle Ruß zu und schöpft ihn nach einiger Zeit von der Oberfläche ab. Offenbar adsorbiert er Salzsäure.

---

[1] Trans. Amer. Electrochem. Soc. **52**, 289 (1927).

[2] Electroplating and Electroforming, 2. Aufl., S. 149 (1930).

Salpetersäure, die hier bei der Vorbehandlung von Messing und Kupfer in Verwendung kommt, bildet auch ein wertvolles Agens bei der Vorbehandlung von Stahl, den sie passiviert. Man fügt sie entweder der Säurebeize zu oder man bringt besser den abgebeizten und abgespülten Stahl kurz in Salpetersäure, ehe man ihn nach nochmaliger guter Spülung in das Fällbad einführt.

Eine andere Detailmaßnahme, Stahl und Eisen vor dem Rosten zu schützen, ehe sie ins Fällbad gelangen, besteht, wie schon kurz erwähnt, darin, sie in Alkalizyanidlösung einzutauchen. Diese Maßnahme hat sich bewährt, wenn man weiter in alkalischen Bädern arbeitet, sie ist aber beim Übergang in saure Bäder aus naheliegenden Gründen weniger beliebt.

Außer den genannten Säuren wird auch Flußsäure dort zur Anwendung gebracht, wo es sich um die Vorbehandlung von Metallgußstücken handelt oder von Stücken, die im Sandstrahlgebläse gescheuert wurden. Die Flußsäure dient dabei dem Zweck, Reste von Sand aufzulösen.

In solchen und ähnlichen Fällen kann man aber mit Vorteil die Vorbehandlung durch eine Vorverkupferung oder Vorverbleiung abschließen.

Ein typisches Elektro-Kupfer-Reinigungsbad besteht z. B. aus:

$NaOH$	50 g/l
$NaCN$	50 g/l
Na_2CO_3	40 g/l
$KCu(CN)_2$	15 g/l
Na_2SiO_3	6 g/l

Man arbeitet kurze Zeit mit Stromdichten von etwa 3 Amp./dm^2. Bei so hoher Stromdichte erzielt man keinen tadellosen Kupferüberzug, das Kupfer soll auch nur eine hauchdünne Schutzschicht bilden. Einer der Hauptvorteile besteht darin, daß schlecht vorgereinigte Stellen bei dieser Behandlung leicht erkennbar werden, so daß man eine Kontrolle für die Vorreinigung gewinnt, die sich besonders bei weichen Metallen, wie Zinn und Blei, gut anwenden läßt.

IX. Spezielle Galvanotechnik einzelner Metalle

A. Kupfer

1. Allgemeines

Kupfer, Silber und Gold waren die ersten Metalle, die für galvanotechnische Zwecke betriebsmäßig herangezogen worden sind.

Ihre Abscheidung gelingt sowohl aus sauren als aus alkalischen Badlösungen, aus einfachen wie aus komplexen Salzen.

Die elektrolytische Kupferraffination, welche allergrößte wirtschaftliche Bedeutung besitzt, wird in saurer Kupfersulfatlösung vorgenommen. Sie bildet ein wichtiges Kapitel der technischen Elektrochemie, fällt aber nicht in den Rahmen der Galvanotechnik.

In der Galvanotechnik verwendet man saure Kupferbäder hauptsächlich für galvanoplastische Zwecke, dies aber in steigendem Maße. In den USA. allein sind 1950 2500 t Kupfer für die galvanotechnische Herstellung von Klischees für Grammophonplatten verwendet worden.

In der Galvanostegie bevorzugt man hingegen alkalische Bäder.

Unter den zahlreichen, in Betracht kommenden Kupferverbindungen sind für galvanotechnische Zwecke vor allem die folgenden wichtig geworden:

In *saurer* Lösung Kupfersulfat und Kupferfluoborat. Über den Wert der sulfonsauren Bäder läßt sich noch kein abschließendes Urteil fällen, noch weniger über Sulfamid-, Oxalat- und Oxalat-Schwefelsäure-Bäder.

Unter den *alkalischen Bädern* spielen diejenigen, welche auf Zyaniden aufgebaut sind und denen freie Lauge, Tartrate u. a. zugesetzt werden können, eine hervorragende Rolle. Nicht unwichtig ist aber auch das schwächer alkalische Pyrophosphatbad.

Die Vorzüge der sauren Bäder bestehen in der leichteren Behandlung, den hohen in ihnen erzielbaren Stromdichten und Stromausbeuten, ihrer chemischen Unveränderlichkeit, der bequemeren und einfacheren Kontrolle ihrer jeweiligen Zusammensetzung und darin, daß sie Produkte liefern, die keine großen inneren Spannungen aufweisen, was in der Galvanoplastik eine wichtige Rolle spielt.

Ihre Nachteile bestehen darin, daß sich aus ihnen keine brauchbaren Kupferüberzüge auf unedlen Metallen, wie Eisen und Stahl, unmittelbar herstellen lassen und daß sie sehr geringe Streukraft besitzen.

In dickeren Schichten, nämlich solchen von mehr als 0,025 mm, werden sie, besonders bei Anwendung höherer Stromdichten, schon uneben. Die Herstellung von Hochglanzniederschlägen befriedigt in sauren Kupferelektrolyten zur Zeit erst unvollkommen.

2. Saure Bäder

a) Das Kupfersulfatbad

Bis 1940 war Kupfersulfat der Hauptbestandteil aller sauren Kupferbäder, sowohl jener, welche der Raffination des Kupfers dienen, als auch solcher, die für galvanotechnische Zwecke verwendet werden.

Es dürfte kaum ein anderes Bad den Gegenstand so vieler Untersuchungen gebildet haben wie gerade das saure Kupfersulfatbad. Trotzdem sind viele Fragen offen geblieben, sei es, daß uns der heutige Stand unserer Untersuchungsmethoden deren Beantwortung noch nicht ermöglicht, sei es, daß sie überhaupt noch nicht in Angriff genommen worden sind. In viel höherem Grade gilt dies für andere Kupferbäder.

Das *Kupfersulfatbad* verdankt seinen Vorrang vor allem seinem geringeren Preis und der Leichtigkeit der Beschaffung seines Hydrates:

$CuSO_4 \cdot 5\,H_2O$ in verhältnismäßig reiner Form, endlich seiner genügend großen Löslichkeit in Wasser schon bei mäßiger Temperatur.

Tabelle 31

100 Teile Wasser lösen bei:

0°	31,6 g $CuSO_4 \cdot 5\,H_2O$	bzw.	18,2 g $CuSO_4$
10°	36,95 g $CuSO_4 \cdot 5\,H_2O$	„	20,9 g $CuSO_4$
20°	42,31 g $CuSO_4 \cdot 5\,H_2O$	„	25,6 g $CuSO_4$
30°	48,81 g $CuSO_4 \cdot 5\,H_2O$	„	26,6 g $CuSO_4$
40°	56,9 g $CuSO_4 \cdot 5\,H_2O$	„	30,3 g $CuSO_4$
50°	65,8 g $CuSO_4 \cdot 5\,H_2O$	„	34,1 g $CuSO_4$
60°	77,4 g $CuSO_4 \cdot 5\,H_2O$	„	77,4 g $CuSO_4$

Der Gehalt an Kupfermetall beträgt rund ¼ (genauer $^1/_{3,96}$) des $CuSO_4$-Gewichtes.

Die wässerige Lösung reagiert schwach sauer und stellt einen nur mittelstarken Elektrolyten vor, dessen Leitfähigkeit indes durch Zusatz von etwas Schwefelsäure bei Herstellung der Badlösung sehr wirksam gesteigert werden kann, wie Tab. 32 erkennen läßt:

Tabelle 32. *Widerstand in Ohm/cm³ von schwefelsauren Kupfersulfat-Lösungen bei 25° C*

$CuSO_4 \cdot 5\,H_2O$ Konz. in g/l	Schwefelsäure in g/l H_2SO_4				
	0	50	100	150	200
0	—	4,8	2,44	1,77	1,46
50	65	4,9	2,58	1,88	1,55
100	45	5,1	2,86	2,00	1,67
150	29	5,3	3,04	2,18	1,79
200	24	5,5	3,14	2,31	

Die Leitfähigkeit schwefelsaurer Kupfersulfatlösungen *sinkt* also bei gleichbleibender Azidität mit *steigender* $CuSO_4$-Konzentration.

Die ziemlich geringe Leitfähigkeit des Kupfersulfats ist durch relativ geringen Dissoziationsgrad und durch Selbstkomplexbildung begründet.

Arrhenius selbst stellte schon fest, daß bei $CuSO_4$ die *i*-Werte, welche durch Gefrierpunktsmessungen ermittelt wurden, nicht mit denjenigen übereinstimmen, welche sich aus der elektrischen Leitfähigkeit berechnen, wie Tab. 33 zeigt:

Tabelle 33

$CuSO_4$ Konz. in Mol/l	*i* aus der Gefrierpunktserniedrigung	Aus der Leitfähigkeit
0,0393	1,33	1,41
0,112	1,15	1,34
0,254	1,03	1,27
0,522	0,94	1,22
0,973	0,92	1,18

Man entnimmt derselben nicht nur, daß die *i*-Werte schon bei ziemlich niederer Konzentration rasch sinken, sondern daß die durch Messung der Gefrierpunktserniedrigung berechneten Werte unter 1 sinken (was Komplexbildung anzeigt). Letzteres kommt ferner dadurch zum Ausdruck, daß die ungefähr viertelmolare Kupfersulfatlösung nach der dritten Zeile dieser Aufstellung auf Grund der Gefrierpunktserniedrigung praktisch nur so viele Teile in Lösung hält, als undissoziiertem $CuSO_4$ entsprechen würde, während die elektrische Leitfähigkeitsmessung angibt, daß sie eine etwa 27%ige elektrolytische Dissoziation aufweist.

Die Vermehrung der Teile durch Dissoziation muß also fast vollständig durch Komplexbildung ausgeglichen sein.

Diese sogenannte Selbstkomplexbildung besteht allem Anscheine nach darin, daß sich die Ionen SO_4'' oder $Cu^{\cdot\cdot}$ mit neutralen Molekülen $CuSO_4$ assoziieren, wobei komplexe Ionen, etwa:

$$Cu_2SO_4^{\cdot\cdot}$$
$$Cu(SO_4)_2''$$
$$Cu_3(SO_4)_2^{\cdot\cdot}$$

od. dgl. m. entstehen können. Die entsprechenden komplexen undissoziierten Moleküle können allerlei komplexe Dissoziationsgleichgewichte aufweisen, die durchaus noch nicht erforscht sind und deren wahrscheinliche Einflußnahme auf die Abscheidungsform usw. noch ganz unbekannt ist. Mit diesen Erscheinungen dürfte u. a. aber die starke Zunahme der Überführungszahl des $Cu^{\cdot\cdot}$ mit zunehmender Verdünnung der Kupfersulfatlösung zusammenhängen.

Kupfer bildet zwei Arten elementarer Kationen: das zweiwertige Cupriion $Cu^{\cdot\cdot}$ und das einwertige Cuproion $Cu^{\cdot}$.

Das bei weitem häufiger auftretende Cupriion ist grünlichblau. Lösungen von Cuprisalzen, in denen auch die undissoziierten Salzanteile gefärbt sind, weisen etwas andere Tönungen auf.

Mit dem Rückgang der Dissoziation, wohl auch mit zunehmender Selbstkomplexbildung geht das Grünlichblau verdünnterer Lösungen in reineres Blau über.

Cupri- und Cuproionen gehen ineinander über und stehen dabei im chemischen Gleichgewichtsverhältnis:

$$2\,Cu^{\cdot} \rightleftharpoons Cu^{\cdot\cdot} + Cu \qquad (1)$$

Die Gleichgewichtskonstante ändert sich mit der Temperatur, und zwar findet die Verschiebung bei steigender Temperatur zugunsten der linken Seite der Gleichung statt. Davon, daß dem so ist, überzeugt man sich leicht, wenn man Kupfersulfatlösungen bei höherer Temperatur auf fein verteiltes metallisches Kupfer einwirken läßt, dann heiß vom Kupfer abfiltriert. Läßt man das Filtrat abkühlen, so scheidet sich metallisches Kupfer aus demselben in glänzenden Kriställchen ab. Bei niedrigerer Temperatur entspricht also eine geringere Menge $Cu^{\cdot}$ obiger Gleichgewichtsrelation. Aus dem überschüssigen $Cu^{\cdot}$ bilden sich $Cu^{\cdot\cdot}$-Ionen (die gelöst bleiben) und Cu-Metall, das ausfällt, zurück. Bei abermaligem Erhitzen löst sich metallisches Kupfer auf, die Gleichung ist dann von rechts nach links zu lesen.

Bei gleichbleibender Temperatur steigt die Konzentration der $Cu^{\cdot}$-Ionen der Gleichung (1) entsprechend mit steigender $Cu^{\cdot\cdot}$-Konzentration an. An der Luft wird freilich das Gleichgewicht dadurch gestört, daß $Cu^{\cdot}$-Ionen durch gelösten Sauerstoff oxydiert werden. Aus Lösungen, die nicht angesäuert sind, können zudem $Cu^{\cdot}$-Ionen unter Bildung von schwer löslichem CuOH durch Hydrolyse nach:

$$Cu^{\cdot} + OH' \rightarrow CuOH \qquad (2)$$

ausfallen.

Die Gegenwart zweier Ionenarten in der Lösung bringt es mit sich, daß sich bei der Elektrolyse drei verschiedene Vorgänge nebeneinander an der Kathode abspielen:

$$Cu^{\cdot\cdot} + \ominus \rightarrow Cu^{\cdot} \qquad (a)$$
$$Cu^{\cdot} + \ominus \rightarrow Cu \qquad (b)$$
$$Cu^{\cdot\cdot} + 2\ominus \rightarrow Cu \qquad (c)$$

Ist das Gleichgewicht zwischen Cu, $Cu^{\cdot}$ und $Cu^{\cdot\cdot}$ vor Beginn der Elektrolyse hergestellt, so sollten die drei Vorgänge (a) bis (c) mit gleicher Leichtigkeit an der Kathode nebeneinander hergehen können.

Gewöhnlich ist aber in Lösungen, die länger offen an der Luft gestanden sind, die Cuproionenkonzentration infolge der Einwirkung des Sauerstoffs etwas niedriger, als dem Gleichgewicht entspricht. Dadurch wird der Vorgang (a) begünstigt.

Tatsächlich kann man durch solche Lösungen schwache Ströme hindurchschicken, ohne daß sich eine Spur Kupfer daraus abscheidet. Man sollte meinen, daß dies nur so lange möglich sei, als das Gleichgewicht nach Gleichung (1) noch nicht erreicht worden ist, was in Anbetracht der kleinen Menge $Cu^{\cdot}$, die dafür in Betracht kommt, sehr bald der Fall sein müßte[1].

Die Herstellung dieses Gleichgewichtes wird aber verzögert oder selbst vereitelt, wenn die gebildeten Cuproionen der Lösung ständig entzogen werden. Dies kann z. B. durch ständige Oxydation mittels Luftsauerstoffs (besonders beim Luftdurchblasen), ferner durch Bildung von schwerlöslichem festem Cuprooxyd Cu_2O usw. geschehen.

Letzterer Vorgang führt dazu, daß sich fortlaufend bei der Elektrolyse neutraler Kupfersulfatlösung dunkelrote, deutlich sichtbare, glänzende Kriställchen von Cu_2O auf der Kathode absetzen.

Bei höherer Temperatur wird die Cuproionenbildung besonders in kon-

---

[1] Cf. Foerster und Seidel, Z. anorg. Chem. **14**, 106 (1897); Foerster und Cofetti, Ber. dtsch. chem. Ges. **38**, 2934 (1905).

zentrierteren Lösungen derart begünstigt, daß, wie die Erfahrung lehrt, in 4,5-n. neutraler $CuSO_4$-Lösung bei 90° C selbst bis zu kathodischen Stromdichten von 0,5 Amp./dm² nichts als Cu_2O ohne jede Kupferabscheidung gebildet wird.

In 2-n. $CuSO_4$-Lösung liegt die Stromdichtegrenze etwas tiefer, nämlich:

bei Raumtemperatur bei 0,016 Amp./dm²,
bei 100° C bei 0,14 Amp./dm².

Durch Säurezusatz läßt sich die Cuprooxydbildung verhüten. Dazu muß eine 2-n. $CuSO_4$-Lösung bei gewöhnlicher Temperatur aber mindestens 0,01-n. sauer, bei 100° C mindestens 0,1-n. sauer sein, andernfalls erfolgt noch immer eine schwache Oxydulbildung, die auf die mechanischen Eigenschaften des niedergeschlagenen Metalls von verderblichem Einfluß sein kann.

Ein ausreichender *Zusatz freier Säure hat sich deshalb als unerläßlich erwiesen.* Er ist in mehrfacher Hinsicht nützlich; denn:

er erhöht die Leitfähigkeit der Lösung in bedeutendem Maße (s. Tab. 32, S. 169);

er verfeinert das Korn des Elektrolytmetalls;

er drängt die Dissoziation des $CuSO_4$ und damit zugleich gemäß Gleichung (1), S. 170, die $Cu^{\cdot\cdot}$-Konzentration zurück;

er erleichtert die Bildung duktiler, dichter, glatterer Niederschläge und erhöht (in bescheidenem Maße) auch die Tiefenstreuung.

Freie Schwefelsäure bildet demnach einen ebenso wichtigen Bestandteil der Badlösung wie das Kupfersulfat. Darf man ihre Konzentration aus den angegebenen Gründen keinesfalls unter eine bestimmte Grenze fallen lassen, so ist ihr aus anderen Gründen praktisch auch eine obere Grenze gezogen. Die Säure fördert nämlich unter Mitwirkung des Luftsauerstoffs die Auflösung von Kupfer und Kupferoxyd. Wirkt sich letzteres kathodisch günstig aus, so führt ersteres an der Anode übermäßige Kupferauflösung unter Säureaufbrauch und Steigerung der Kupfersulfatkonzentration des Bades herbei.

Andererseits sinkt die Löslichkeit des Kupfersulfats mit steigendem Gehalt an freier Säure. Beide Momente zusammengenommen können bei ungünstigen Konzentrations- und Temperaturverhältnissen zur unliebsamen Abscheidung von Vitriolkristallen führen.

Sowohl die untere als auch die obere Konzentrationsgrenze ist den Stromdichten anzupassen, die zur Anwendung gelangen. Die untere ist um so höher zu setzen, je geringere Stromdichten in Betracht kommen, die obere um so höher, je höhere Stromdichten zur Anwendung gebracht werden.

Bei Anwendung kleiner und mittelhoher Stromdichten hat sich innerhalb weiter Temperaturgrenzen eine Azidität von 1-n. bis 2-n. freie Säure praktisch als am günstigsten erwiesen. Ihre Steigerung empfiehlt sich nur bei Anwendung ganz besonders hoher Stromdichten.

Die unterstrichenen Zahlen der zweiten und fünften Kolonne entsprechen den meist angewandten und empfehlenswerten Badzusammensetzungen.

Tabelle 34. *Löslichkeit von $CuSO_4 . 5\,H_2O$ in Gegenwart wechselnder Mengen von freier Schwefelsäure bei 25° C*

Schwefelsäure Mol/l	Schwefelsäure g/l	Sättigungswert $CuSO_4 . 5\,H_2O$ Mol/l	Sättigungswert $CuSO_4 . 5\,H_2O$ g/l	Meist angewandte Konzentration $CuSO_4 . 5\,H_2O$ g/l
0	0	2,82	352	
0,5	24,5	2,61	326	
1,0	49,0	2,42	304	250
1,5	73,5	2,28	285	200
2,0	98,1	2,14	267	180
2,5	122,6	2,0	250	150
3,0	147,1	1,84	230	
3,5	171,6	1,70	212	

Derartige Bäder weisen bei 25° C ein spezifisches Gewicht von 1,11 bis 1,22 und einen elektrischen Widerstand von 3 bis 4,2 Ohm/cm³ auf.

Die Abb. 85 stellt die Änderung der anodischen und der kathodischen Polarisation graphisch dar[1].

Große Vorzüge dieser Badlösungen bestehen in ihrer einfachen Zusammensetzung aus wohlfeilen, leicht in reiner Form zu beschaffenden Bestandteilen, der einfachen und sicheren Kontrolle ihrer jeweiligen Zusammensetzung durch leicht auszuführende physikalische (spezifisches Gewicht, Farbton im Kolorimeter, Klarheitsgrad, elektrische Leitfähigkeit usw.) oder chemische Prüfungen (Azidität, Kupfergehalt), ihrer chemischen Unveränderlichkeit usw.

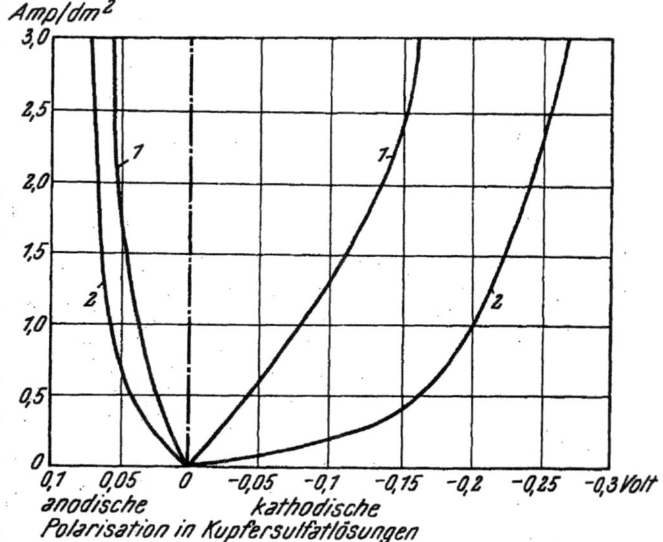

Abb. 85. *1* in 1,5-n. $CuSO_4$, 1,5-n. H_2SO_4; *2* in 1,5-n. $CuSO_4$, 1,5-n. H_2SO_4 + 0,002 g/l Leim

Bei Verwendung reiner Anoden beschränkt sich ihre zeitliche Veränderung auf Schwankungen der Gesamtkonzentration (infolge Verdunstung, besonders bei höheren Temperaturen) und des Konzentrationsverhältnisses ihrer zwei Bestandteile (infolge Auflösung eines Kupferüberschusses an der Anode).

[1] Haring, Trans. Amer. Electrochem. Soc. **49**, 147 (1926).

Daneben treten Konzentrationsverschiebungen ein, wenn man die unvermeidlichen Verluste, welche beim Herausheben der Werkstücke durch haftenbleibende Lösung entstehen, durch Wiederauffüllen auf das ursprüngliche Badvolumen mit einer Lösung ausgleicht, die nicht genau dieselbe Zusammensetzung hat.

Für die regelmäßige Erzielung gleicher und zufriedenstellender Überzüge innerhalb ziemlich weiter Veränderungen der Arbeitsbedingungen ist dies eine Vorbedingung, deren Wert hoch einzuschätzen ist.

Veranlassung, die Zusammensetzung zu modifizieren oder der Badlösung Fremdstoffe zuzusetzen, hat man in den Fällen, in denen es darauf ankommt:

a) besonders hohe Stromdichten anzuwenden,

b) die physikalischen Eigenschaften des Elektrolytmetalls (z. B. dessen Härte) zu beeinflussen,

c) Glanzniederschläge herzustellen, oder

d) bei der Galvanoplastik.

Den Anforderungen b) und c) sucht man durch Zusätze von Fremdstoffen zu entsprechen, welche weiter unten in einem eigenen Abschnitt behandelt werden.

Der Anforderung a) kann man in ziemlich hohem Grade durch Steigerung der Säurekonzentration in stark bewegtem Bade bei gesteigerter Temperatur gerecht werden.

Daß die Grenzstromdichte, bei welcher zufriedenstellende Niederschläge noch erhalten werden können, eine Funktion der Temperatur und der Zirkulation (bzw. der Geschwindigkeit der gegenseitigen Verschiebungen an der Phasengrenze) ist, wurde bereits S. 70 ff. ausgeführt.

Erfahrungsmäßig läßt sich die Grenzstromdichte, welche bei Raumtemperatur etwa nur 2 bis 3 Amp./dm^2 beträgt, durch 20° Temperatursteigerung ungefähr verdoppeln, durch weitere — freilich nur in besonderen Fällen angewendete — Erhöhung auf 60 bis 70° C abermals verdoppeln.

Zirkulationssteigerung durch Luftdurchblasen ermöglicht es ebenfalls, mit etwa doppelter Stromdichte zu arbeiten, ganz besonders rasche Verschiebungen an den Grenzflächen durch entsprechende Bewegung der Werkstücke gestatten bei Raumtemperatur die Steigerung der Stromdichte auf etwa 15 Amp./dm^2, bei 40 bis 50^0 auf 20 Amp./dm^2.

Durch Erhöhung der Schwefelsäurekonzentration auf etwa 300 g/l läßt sich die anwendbare Stromdichte ohne Schaden weiter auf 20 bzw. auf 30 Amp./dm^2 erhöhen.

So säurereiche Bäder wurden schon vor mehr als 50 Jahren von Cowper-Coles für die Herstellung nahtloser Kupferrohre mit Erfolg verwendet. Die Badlösung wurde dabei auf 70° erhitzt, die zylinderförmigen Kathoden größeren Durchmessers in Rotation gehalten, um eine Umfangsgeschwindigkeit von 200 m/Min. aufrechtzuerhalten.

In mehrfacher Hinsicht vorteilhaft, führt die Anwendung höherer Temperatur zur Bildung weicherer, duktilerer Niederschläge. Wenn dies (wie z. B. für Klischees) unerwünscht ist, muß man härtende Zusätze verwenden, um bei höherer Temperatur ebenso hartes Metall zu erhalten.

Die hier angegebenen Grenzstromdichten beziehen sich auf die Herstellung stärkerer Niederschläge, wie sie eben bei der Anwendung saurer Bäder vorwiegend in Frage kommen. Ganz dünne Überzüge lassen sich mit merklich höheren Stromdichten herstellen, da die Fehler erst bei länger dauernder Elektrolyse deutlich in Erscheinung treten.

Die praktisch außerordentlich wichtige Frage, die Verkupferung beschleunigen zu können, suchte man lange Zeit hindurch durch Fremdstoffzusätze zum gewöhnlichen Kupfersulfatbad zu lösen. Wenn dies auch nicht ganz erfolglos blieb (s. S. 71), so gelang es doch nicht, ohne u. a. die mechanischen Eigenschaften des Kupfers gleichzeitig zu verändern, und zwar fast durchwegs zu verschlechtern.

Viel größeres technisches Interesse beanspruchen deshalb Kupferbäder, welche ohne Fremdstoffzusätze der Schnellverkupferung mit Vorteil dienen können.

b) Das Fluoboratbad

Dieser Anforderung entspricht zur Zeit das *Fluoboratbad* am besten.

Das Fluoborat des Kupfers $Cu(BF_4)_2$ ist in Wasser besser löslich als sein Sulfat. Die aus ihm hergestellten Kupferbäder unterscheiden sich von dem Sulfatbad ganz wesentlich dadurch, daß sie schon mit ganz geringfügigem Zusatz an freier Säure zufriedenstellend arbeiten, ohne daß Störungen durch Bildung von Cuproverbindungen auftreten, wie sie S. 172 beschrieben worden sind.

Ihr größter Vorzug besteht darin, bei gleichem Kupfergehalt in ganz schwach saurer Lösung wesentlich höhere Grenzstromdichten erreichen zu lassen[1]. Sonderbarerweise sinkt die anwendbare Grenzstromdichte — ganz im Gegensatz zu dem Verhalten des Kupfersulfatbades — mit steigendem Gehalt an freier Säure. Eine Erklärung ist dafür ebensowenig gegeben worden wie für die Erfahrungstatsache, daß die Grenzstromdichten in Bädern von normaler Zusammensetzung so überraschend hoch sind. Wahrscheinlich besteht aber ein kausaler Zusammenhang zwischen diesen beiden Erscheinungen.

Als normale Badzusammensetzung gelten:

$Cu(BF_4)_2$	250 bis 450 g/l	(etwa 2-n. bis 4-n., entsprechend rund 60 bis 120 g Cu)
freie HBF_4 ...	2 g/l	(etwa 0,02-n.)
pH	1,2 bis 0,6	

---

[1] Struyk und Carlson, Amer. Electroplaters Soc. 33, 923 (1946); Willison, Du Rose und Ellis, Plating 35, 252, 304 (1948).

Von mancher Seite wird ein Zusatz von 15 bis 30 g/l H_3BO_3 (wahrscheinlich als Puffer) empfohlen, von anderer die Steigerung der Konzentration an freier Säure auf 15 bis 30 g/l (pH 0,8 bis 0,2).

Bei dem zuerst angegebenen ganz geringen Säuregehalt ist die Leitfähigkeit des Bades entsprechend niedrig. Dies erfordert relativ hohe Spannung. Selbst bei 15 g/l Gehalt an freier Säure hat das Bad einen Widerstand von 7,3 Ohm/cm³.

Übliche Arbeitstemperaturen sind 25 bis 75°. Ohne Rührung des Bades kann man 15 bis 30 Amp./dm², mit Rührung etwa die doppelten Werte als Grenzstromdichten ansehen. Die Tiefenwirkung des Bades ist kaum größer als die des Sulfatbades.

c) *Alkylsulfonatbäder*

Alkylsulfonate, das sind Verbindungen der Schwefelsäure, wie z. B.:

$$CH_3 . HSO_3,\ C_2H_5 . HSO_3,\ \ldots\ C_6H_5 . HSO_3,$$

in der ein OH jeweils durch ein einwertiges Alkyl-Radikal ersetzt ist (die schon vielfach als Zusätze zu verschiedenen Bädern herangezogen werden), empfiehlt man neuerdings von amerikanischer Seite auch als Grundsubstanz zum Aufbau von Kupferbädern.

Diese substituierten Säuren sind starke Elektrolyte, liefern Kupfersalze von großer Löslichkeit und härtere Cu-Niederschläge.

Als erste dürften Blum und Hull (s. S. 193) den Zusatz von Alkylsulfonsäuren, insbesondere von Phenolsulfosäure, vorgeschlagen und mit Erfolg bei der Kupfer-Galvanoplastik verwendet haben.

Faust und Mitarbeiter schlagen vor, Bäder aus Lösungen zu verwenden, die etwa 0,8 bis 3,2 molar sind und 5 bis 10 g/l (0,04 bis 0,08-n.) freie Alkylsulfonsäure enthalten.

Als solche Säuren können Gemische verschiedener Alkylgruppen dienen. Als Arbeitstemperaturen werden 50 bis 65° C empfohlen, bei denen sich bei mäßiger Badbewegung Stromdichten von 10 bis 60 (!) Amp./dm² anwenden lassen sollen[1].

3. Alkalische Bäder

a) *Doppelzyanidbäder*

Von den sauren unterscheiden sich die alkalischen Kupferbäder vor allem dadurch, daß in ihnen die Konzentration der Kupferionen ganz wesentlich kleinere Größenordnung aufweist und die Bildung von Komplexen viel größeren Umfang annimmt. Sie sind schlechtere Leiter der Elektrizität, zeigen viel deutlichere Polarisation, besitzen aber dafür ungleich höhere Streukraft. In chemischer Hinsicht sind sie weniger beständig als die sauren Bäder und weniger leicht durch Analyse zu kontrollieren.

---

[1] Amer. Electroplaters Soc. **34**, 541, 709 (1947).

Liegt das Hauptanwendungsgebiet der sauren Kupferbäder in der Herstellung stärkerer Kupferschichten, so werden alkalische Bäder vorzugsweise für die Bildung dünner Schutz- oder Zwischenschichten auf Eisen und anderen, meist unedlen Metallen verwendet.

Wie schon S. 170 angeführt, ist Kupfer nicht nur befähigt, zwei elementare Kationen zu bilden, sondern auch in eine Reihe von Komplexionen einzutreten und in solchen als Bestandteil von Anionen zu erscheinen. Besonders wichtig sind unter diesen die Cuprozyanidkomplexe.

Der kalten Lösung eines Cuprisalzes zugesetzt, fällt Zyankaliumlösung zunächst braungelbes schwer lösliches Cuprizyanid, welches sich beim Stehen unter Zyanentwicklung in grünes Cupri-Cuprozyanid verwandelt (Rammelsberg). Fällt man in der Hitze oder erwärmt man das zunächst in der Kälte erhaltene Präzipitat, so bildet sich unter Zyanabspaltung weißes Cuprozyanid, das in Zyankalium löslich ist. 1 Mol festes Cuprozyanid braucht 2,5 Mol KCN zu seiner Auflösung, es werden dabei Cuprozyanionen und das entsprechende Kaliumsalz gebildet.

Nach einer von Bodländer angegebenen Methode hat Kunschert ermittelt[1], daß in solcher Lösung hauptsächlich die Ionen $Cu(CN)_3''$ und $Cu(CN)_4'''$ und die entsprechenden Komplexsalze $K_2Cu(CN)_3$ bzw. $K_3Cu(CN)_4$ enthalten sind.

Außer diesen sind eine große Anzahl anderer komplexer Cuprozyanide der stark elektroaffinen Metalle bekannt, sie gehören, wenn man das einwertige Kation mit R bezeichnet, den Typen: $R \cdot Cu_2Cy_3$, $R \cdot CuCy_2$, $R_2 \cdot Cu_3Cy_5$, $R_2 \cdot CuCy_3$, $R_3 \cdot CuCy_4$ an. Allen diesen komplexen Cuprozyaniden eigen ist es, Lösungen zu liefern, in welchen die Kupferionenkonzentration besonders nieder ist und aus denen sich doch Kupfer elektrolytisch ausfällen läßt.

Die Dissoziation dürfte in der auf S. 60 f. angegebenen Weise:

$$K_2Cu(CN)_3 \rightleftharpoons K^{\cdot} + KCu(CN)_3'$$
$$KCu(CN)_3' \rightleftharpoons K^{\cdot} + Cu(CN)_3''$$
$$Cu(CN)_3'' \rightleftharpoons Cu^{\cdot} + 3\,(CN)'$$

vor sich gehen, bei deren letzter durch Aufspaltung auch $Cu^{\cdot}$-Ionen auftreten. Die Komplexbildungskonstante ist aber so groß, daß Cuproionen nur in ungeheuer kleinen Konzentrationen auftreten können. In Lösungen, welche z. B. für KCN normal, für komplexes Zyanid 0,1-n. sind, berechnet sich die Konzentration der freien $Cu^{\cdot}$-Ionen zu $5 \cdot 10^{-29}$, sie nimmt mit Abnahme der Konzentration an freiem KCN und mit fortschreitender Verdünnung zu, bleibt aber immer winzig klein[2].

In solchen Lösungen nähert sich das Verhalten des Kupfers in elektro-

[1] Z. anorg. Chem. **41**, 359 (1904).

[2] Cf. Kunschert, l. c.; Treadwell und v. Girsewald, Z. anorg. Chem. **38**, 92 (1904).

motorischer Hinsicht demjenigen viel unedlerer Metalle. Sein Potential wird um 0,9 bis 1,5 Volt negativer, man kann darin unedle Metalle wie Eisen, Zink, ja Aluminium usw. elektrolytisch verkupfern, während diese Metalle Kupfer aus Kupfersulfatlösungen auch ohne Stromwirkung vermöge ihrer so viel größeren Lösungstension so schnell ausscheiden, daß dieses selbst dann in unbrauchbarer, lockerer, schwammiger, nur lose haftender Form ausfällt, wenn es gleichzeitig Kathode bildet, durch die man stärkeren Strom durchleitet.

Ermöglicht es aber die Armut komplexer Doppelzyanidlösungen an Kupferionen, sie mit unedlen Metallen in Berührung zu bringen, ohne daß eine rasche Wechselwirkung auftritt, so setzt sie andererseits der kathodischen Kupferabscheidung sehr große Widerstände entgegen.

Allem Anschein nach muß man ja annehmen (s. S. 60), daß die kathodisch zur Entladung und zur Abscheidung gelangenden Kupferionen aus den komplexen Anionen erst unmittelbar an der Kathode durch die Wirkung des elektrischen Feldes gebildet werden. Dazu ist höheres kathodisches Potential aufzuwenden.

Daß die Kupferabscheidung hier auf große Hindernisse stößt (auf größere als bei der Abscheidung anderer Metalle der entsprechenden Zyanidlösungen), gibt sich durch die rasche Steigerung des Abscheidungspotentials mit steigender Stromdichte und dem gleichzeitigen Rückgang der Stromausbeute zu erkennen, wie dies die Zahlen der Tab. 35 nach Messungen von SPITZER[1] vor Augen führen.

Tabelle 35

Stromdichte Amp./dm²	Volt	Stromausbeute %
0	— 0,610	
0,1	— 0,77	58,0
0,3	— 1,12	65,0
0,5	— 1,17	44,0
0,75	— 1,20	35,4
1,0	— 1,21	15,2
2,0	— 1,26	10,6

Die I-E-Kurven (Abb. 86) veranschaulichen durch ihren flachen Verlauf, wie groß die Hemmungen sind, welche bei der Abscheidung von Kupfer aus seinen Zyanidlösungen zu überwinden sind, viel größer als beim Zn oder gar Cd und Ag, und wie stark dieselben beim Cu, in geringerem Grade aber auch bei den anderen Metallen mit steigender Temperatur abnehmen. (Man vergleiche Abb. 86 auch betreffend der Temperaturwirkung.)

Abb. 1 (S. 13) veranschaulicht den Unterschied gegenüber $CuSO_4$. Die ungleich größere Streukraft dieser Lösungen wird verständlich, wenn

[1] Z. Elektrochem. **11**, 345, 391 (1905).

man die schnelle Abnahme der Stromausbeute mit steigender Stromdichte und die gleichzeitige schnelle Steigerung der Polarisation ins Auge faßt, welche in Tab. 35 so deutlich zum Ausdruck kommt.

Diesen wichtigen Vorzügen verdanken die Kupferzyanidlösungen ihre breite Verwendung, obwohl sie erhebliche Nachteile aufweisen: sie sind starke Gifte, lassen nur die Anwendung kleiner Stromdichten zu, bei welchen die Verkupferung nur langsam vor sich geht, lösen die Anoden nicht immer glatt auf und sind chemisch leicht veränderlich. Obwohl das Kupfer in diesen Lösungen in Form einwertiger Ionen zur Abscheidung gelangt, ist keine Energieersparnis zu erzielen; denn die Stromausbeute, die in Kupfer-

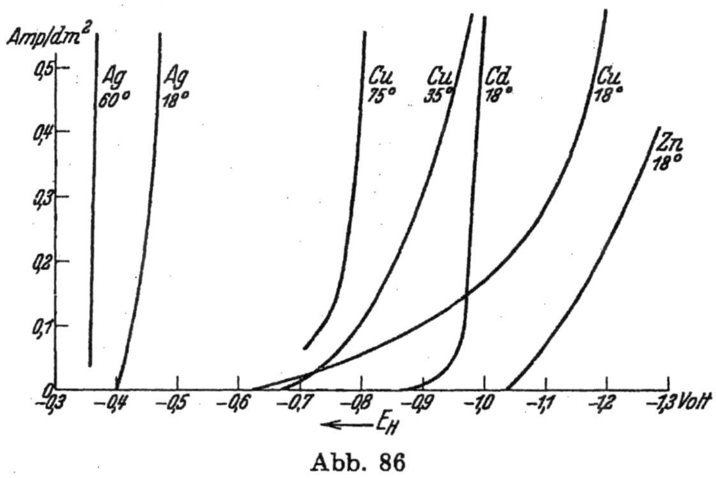

Abb. 86

sulfatlösungen nahezu quantitativ ist, erreicht in Zyanidlösungen nur geringere Werte. Dazu kommt, daß diese Lösungen etwa zehnmal schlechter leiten, daß stärkere Polarisationen nicht nur an den Kathoden, sondern auch an den Anoden auftreten und den Spannungsaufwand unter sonst gleichbleibenden Verhältnissen erhöhen, endlich der Umstand, daß die Lösungen sich beim Stehen an der Luft verändern, weil die Zyanwasserstoffsäure etwa tausendmal schwächer ist als Kohlensäure. Die in der Luft enthaltene Kohlensäure treibt daher jene unter Karbonatbildung aus, dabei fällt Cuprozyanid oder CuOH aus, wenn die Lösung nicht etwas überschüssiges Zyanid enthält. Aus solchen zu zyanidarmen Lösungen scheidet sich Kupfer in schwammiger dunklerer Form ab, die Anoden gehen schlecht in Lösung und bedecken sich mit Krusten. Ein kleiner Zyanidüberschuß ist deshalb immer erforderlich, ein größerer führt zu erheblichen Ausbeuteverlusten. Je größere Karbonatmengen die Lösung indes erhält, desto größeren Zyanidüberschusses bedarf sie.

Nach Untersuchungen von Pan[1] geht der Badwiderstand bei Steigerung der Konzentration an Natriumkarbonat von 0 bis 100 g/l rasch zurück;

[1] Metal Cleaning Finishing **5**, 112, 152, 167 (1933).

dabei nimmt die Polarisation der Anode zunächst rasch ab, um ein Minimum bei einem Gehalt von 42 g/l zu erreichen. Die Streukraft des Bades zeigt bei dieser Konzentration ein scharfes Maximum.

Die anodische Ausbeute sinkt (mit Ausnahme eines kleinen Anstieges bei 12,5 g/l) rasch bei Gegenwart von Natriumkarbonat, auch die kathodische Ausbeute geht etwas, aber nur langsam zurück. Der Anodenfilm, welcher sich in karbonathaltiger Lösung bildet, ist im Bade löslich.

Nach PAN erhält man die hellsten Kathodenniederschläge bei 20 g Natriumkarbonatgehalt, während die Arbeitsbedingungen bei Berücksichtigung aller in Frage kommenden Faktoren bei 42 g/l am allergünstigsten sein sollen.

Der Zusatz sauren oder neutralen Sulfitsalzes stammt aus der Zeit, in welcher sich die Galvaniseure Cuprozyanid selbst aus käuflichem Cuprisalz herstellten, z. B. aus Zyankalium und Kupfersulfat. Bei der Wechselwirkung dieser Salze entsteht freies Zyan (da Cuprizyanid nicht beständig ist) nach:

$$2\,CuSO_4 + 4\,KCN = 2\,K_2SO_4 + 2\,CuCN + 2\,CN.$$

Diesen Verlust zu verhindern, setzt man Natriumkarbonat und Natriumsulfit zu, das als Glanz- und als Reduktionsmittel wirkt, indem es die Bildung von Cupro- aus Cuprisalz vermittelt:

$$2\,CuSO_4 + Na_2SO_3 + 2\,KCN + H_2O = \\ = 2\,CuCN + H_2SO_4 + Na_2SO_4 + K_2SO_4.$$

Die dabei entstehende Schwefelsäure wird durch das zugesetzte Natriumkarbonat (oder Ammoniak) neutralisiert[1].

Die aus dem Zyanidbade auf Eisen, Stahl, Zink, Cadmium, Messing, Kupfer, Silber, Gold, Nickel usw. (nicht aber auf Aluminium) hergestellten Kupferüberzüge zeichnen sich durch höchste Feinheit des Kornes aus und bedecken das Kathodenmetall dank der selten hohen Streukraft dieses Bades (s. S. 112 f.) in besonders gleichmäßiger, kohärenter, festhaftender Form.

Das gute Haften des Niederschlages am Grundmetall wird durch den wichtigen Vorzug des Bades gefördert, vermöge seines Gehaltes an Alkalizyaniden auf Hydroxyde des Eisens usw. lösend zu wirken, zu entfetten, auf Oxyde reduzierend, auf Eisen passivierend zu wirken.

Da die meisten Fehler beim Herstellen galvanischer Überzüge auf mangelhafte Vorreinigung des Grundmetalls zurückzuführen sind, ist es für die Aufbringung des ersten Metallüberzuges von erheblichem Vorteil, ein Bad zu verwenden, welches selbst entfettend und reduzierend wirkt, um die oft zu unvollkommene Vorreinigung der Kathode selbsttätig zu beenden.

---

[1] Bei Heranziehung von Azetat oder Karbonat lauten die Gleichungen:

$$2\,Cu(C_2H_3O_2)_2 + 2\,KCN + Na_2SO_3 + H_2O = 2\,CuCN + 2\,C_2H_4O_2 + \\ + Na_2SO_4 + 2\,KC_2H_3O_2$$

$$2\,CuCO_3 + 6\,KCN = 2\,CuK(CN)_3 + 2\,K_2CO_3$$

Diese Fähigkeit besitzt das Zyanidbad in so hohem Maße, daß es mit entsprechenden Änderungen der Konzentrationen geradezu zum Entfetten verwendet werden kann (s. S. 156 f.), und darin dürfte die alte Praxis, Gegenstände vor dem Vernickeln usw. erst im Zyanidbade zu verkupfern, ihre Begründung finden.

Die Hauptbestandteile des Bades sind (s. S. 177 f.) die Doppelverbindungen $K_2Cu(CN)_3$ und $K_3Cu(CN)_4$ bzw. deren homologe Natriumverbindungen, die sich unschwer durch Auflösen von Cuprozyanid in Zyankalium- bzw. Zyannatriumlösung herstellen lassen. Da beide Ausgangsstoffe im Handel erhältlich sind: Cuprozyanid in Pulverform von schwach gelblicher, selten rein weißer Farbe (Reinheitsgrad 98 bis 99%), die Alkalizyanide in Stückform von rein weißer Farbe (Reinheitsgrad 92 bis 98%), empfiehlt es sich, die Bäder aus diesen Stoffen und nicht aus anderen Kupfersalzen herzustellen, welche bei ihrem Umsatz Fremdsalze ins Bad bringen oder die Zugabe von Sulfit erheischen.

Die Verunreinigungen des Alkalizyanids bestehen vor allem aus Karbonat, das sich ohnedies von selbst während der Benützung des Bades bildet. Seine Beimengung ist nur insofern von Belang, als sie Fehler bei der Dosierung verursachen kann; denn für die gute Funktion des Bades ist es vor allem wichtig, daß es einen kleinen, aber richtig bemessenen Überschuß an freiem Zyanid enthalte. Wie groß dieser Überschuß zu wählen ist, hängt von der Arbeitstemperatur und vom Karbonatgehalte des Bades ab. Je größer letzterer ist, desto größer ist auch der Zyanidüberschuß zu bemessen (in alten Bädern also höher als in frisch zusammengesetzten), je höher die Arbeitstemperatur, desto kleiner soll der Zyanidüberschuß sein. Bei hohen Überschüssen sinkt die Stromausbeute zu rasch, bei zu geringen lösen sich die Anoden schwer auf und bedecken sich mit schlechtleitenden Krusten.

Stromausbeute und Polarisation werden vom Umfang des Zyanidüberschusses stark beeinflußt. Beim Mol-Verhältnis:

KCN : Cu = 2 : 1 ist die Spannung nahezu reversibel. Die Polarisation beträgt im Ruhezustand etwa — 0,25 Volt und wird durch Rühren und/oder durch Temperaturerhöhung stark herabgesetzt. Die kathodische Stromausbeute ist nahezu 100%. Beim Mol-Verhältnis:

KCN : Cu = 3 : 1 liegt die kathodische Stromausbeute schon wesentlich tiefer, die viel stärkere Polarisation wird noch deutlich, aber doch viel schwächer durch Rühren usw. zurückgedrängt. Ändert man das Verhältnis auf:

KCN : Cu = 4 : 1, dann sinkt die Stromausbeute schon bei $6 \cdot 10^{-4}$. Amp./dm² unter starker H_2-Entwicklung auf 17%, während die Polarisation auf — 1,0 Volt steigt.

Nach SMITH und BRECKENRIDGE fällt die kathodische Stromausbeute praktisch auf Null, wenn das molare Verhältnis des CuCN zum NaCN bei Zimmertemperatur auf 1 : 4 sinkt[1].

Großen Einfluß auf den Gang der Elektrolyse sowohl wie auf das Gefüge des Produktes übt die Konzentration des CuCN in der Lösung aus. Die Erfahrung lehrt, daß man die besten Niederschläge erhält, wenn man den Kupfergehalt der Lösung zwischen 15 und 30 g Cu im Liter bemißt.

Drei Arten zyanidhaltiger Kupferbäder kommen für die Praxis hauptsächlich in Betracht:

α) *Kupferarme* Bäder, welche vorwiegend bei niederer Temperatur (nämlich nur bei 15 bis 40° C) benützt werden;

β) *kupferreiche, zyanidarme* Bäder, die vorwiegend auf höherer Temperatur gehalten werden;

γ) Bäder, die neben Kupferzyanid *Doppeltartrate* enthalten.

α) Die *kupferarmen* Bäder enthalten vorzugsweise 16 bis höchstens 26 g/l Cu nebst der 1,75- bis 2fachen Menge KCN bzw. der 1,3- bis 1,5fachen Menge NaCN.

Die Lösung soll also an CuCN mindestens 0,25-, höchstens 0,4-n. sein, an Alkalizyanid sollen mindestens 0,5 Äquivalente in Überschuß sein. Für 0,3-n. CuCN-Lösung soll somit 26 g CuCN mit etwa 35 g NaCN, besser 46 bis 50 g KCN im Liter aufgelöst werden.

Dieser Lösung setzt man gewöhnlich noch etwas Natriumkarbonat und gelegentlich, als Glanzzusatz, 0,25 bis 2 g Natriumthiosulfat zu. Von letzterem wird angenommen, daß es als Reduktionsmittel von größerer Haltbarkeit wirkt, obgleich weder der Mechanismus noch der Chemismus seiner Wirkung näher ermittelt worden ist. Bei Steigerung seiner Konzentration auf 3 g/l erhält man abermals schlecht deckende Niederschläge. Eine gute mittlere Badzusammensetzung ist:

	CuCN	50 g/l		
„freies“	KCN	20 g/l	oder NaCN....	15 g/l
	Na_2CO_3	40 g/l		

eventuell 1 g $Na_2S_2O_3$.

Ein ganz analoges Bad kann man freilich auch dadurch herstellen, daß man von basischem Kupferkarbonat ausgeht oder auch von neutralem Kupferkarbonat, dem man entsprechend mehr Zyanid zusetzt, weil ein Teil davon zur Reduktion, ein anderer zur Lösung des Kupfers unter Komplexsalzbildung verbraucht wird, z. B.:

Cuprikarbonat	27,5 g/l		
Kaliumzyanid	66 g/l	oder Natriumzyanid	55 g/l

[1] Trans. Amer. Electrochem. Soc. **56**, 396 (1929).

oder auch:

Basisches Cuprikarbonat .. 28 g/l
Kaliumzyanid .... 75 g/l oder Natriumzyanid .... 58 g/l

Letzteres Bad enthält nach dem Umsatz, neben Karbonat, etwas freies Alkalihydroxyd, das an der Luft nach einiger Zeit wieder in Karbonat übergeführt wird; setzt man ihm noch etwa 2,5 g Natriumkarbonat zu, so wird sein Karbonatgehalt dem des erstgenannten Bades äquivalent.

Zu geringer Zyanidgehalt gibt sich im Betrieb daran zu erkennen, daß sich das Bad durch Ausscheidung basischen Salzes bläulich oder grünlich färbt und daß sich die Anoden mit grünlichem dickem Überzug bedecken.

Wächst der Karbonatgehalt zu stark an, so wird der Niederschlag löcherig und deckt schlecht. Anfangs kann man das Bad durch Zusatz von etwas freiem Zyanid korrigieren, nach längerer Zeit muß man aber das Karbonat zum größten Teil entweder durch Ausfrieren oder durch Fällung mit Chlorbarium entfernen oder ein frisches Bad ansetzen. Arbeitet man ohne Erwärmung und ohne Bewegung des Bades in nicht allzu kohlensäurereicher Atmosphäre, so kann es Jahre dauern, ehe der Karbonatgehalt so hoch (auf etwa 60 g/l) angestiegen ist, daß das Bad nicht ohne Schaden weiterbenützt werden kann.

Zyanid ist dem Bade immer von Zeit zu Zeit zuzusetzen, weil es fortlaufend in Karbonat oder auch in Formiat übergeht, langsamer bei gemäßigter, schneller bei erhöhter Temperatur und wenn man die Lösung zirkulieren läßt[1]. Bei der ausschlaggebenden Rolle, welche die Menge an freiem Zyanid für die Wirkungsweise des Bades spielt, sollte sie von Zeit zu Zeit neben dem Kupfergehalt der Lösung bestimmt werden.

Sinkt der Kupfergehalt unter 20 g/l, so wird der Kupferniederschlag poröser, sinkt er gar unter 15 g/l, so beginnt das Bad langsam und unregelmäßig zu arbeiten. In beiden Fällen hat man Cuprozyanid (oder auch Zyankupferkalium) zuzusetzen, bis die normale Zusammensetzung wieder erreicht ist. Das zugesetzte Salz wird dazu zweckmäßigerweise in einem Teil der Lösung unter Umrühren und Erwärmen auf 50° gelöst, dann erst dem Bade zugefügt.

Die Anoden stellt man am besten aus Elektrolytkupfer her und dimensioniert sie größer als die Kathoden, während der Betriebspausen beläßt man sie meistens im Bade. Bei zu geringer Bemessung der Anodenfläche oder bei Anwendung zu hoher Stromdichten belegen sich die Anoden mit dichtem grünem bis braunem Schlamm, der abschirmend wirkt, wodurch die anodische Stromdichte erst recht wieder erhöht wird.

---

[1] Es können sich dabei folgende Umsetzungen abspielen:

$$2\,KCN + H_2O + CO_2 = K_2CO_3 + 2\,HCN$$
$$2\,KCN + 2\,H_2O + 2\,KOH + O_2 = 2\,K_2CO_3 + 2\,NH_3$$
$$KCN + 2\,H_2O = HCOOK + NH_3$$

Enthält das Bad Sulfit, so kann auch ein weißer Belag auf den Anoden auftreten, hat man ihm Natriumthiosulfat beigefügt, so färben sich die Anoden während des Betriebes dunkler — vorausgesetzt, daß der Zyangehalt des Bades in richtigen Grenzen gehalten wird — und werden während der Betriebspausen wieder heller.

Durch Beobachtung der Farbe des Bades, des Aussehens der Anoden — bei geringem Cu-Gehalt färben sie sich bläulich, bei zu hohem braun —, der größeren oder geringeren Menge abgesetzten Schlammes und der Farbe desselben findet der Praktiker Anhaltspunkte, die ihn auf fehlerhafte Kondition des Bades aufmerksam machen. Allein verläßlich ist freilich die chemische Prüfung, welche gewöhnlich zu selten ausgeführt wird, wie denn auch das Produkt meist nur nach dem Aussehen beurteilt wird.

Zur rohen Schätzung der nach längerer Zeit vorgegangenen Veränderungen des Bades kann auch die Prüfung des spezifischen Gewichtes herangezogen werden, da dieses im Laufe der Zeit infolge Karbonatbildung und des dadurch erforderlichen Ersatzes an Zyanid ständig zunimmt. Frische Bäder messen 5 bis 6° Bé, alte, karbonatreiche Bäder bis zu 10 bis 11° Bé.

Bei höherer Temperatur lassen sich höhere Stromdichten anwenden als bei Zimmertemperatur. Bei allzu tiefer Temperatur arbeiten die Bäder schlechter, sie sollten daher nicht in Räumen verwendet werden, in denen die Temperatur unter 18° C sinkt.

Bei 18 bis 25° erzielt man die besten Resultate und das dichteste Kupfer mit Stromdichten von 0,3 bis 0,75 Amp./dm² und mit den als günstig angegebenen Kupfer- und Zyanidkonzentrationen.

Bei 35 bis 40° kann man höhere Stromdichten anwenden, ohne daß die Stromausbeute sinkt, und man erzielt dichten Überzug bei Stromdichten von 0,5 bis 1, allenfalls sogar noch von 1,2 Amp./dm².

Bei 50 bis 70° kann man die Stromdichte auf 1,5 Amp./dm² steigern.

Nach G. M. Smith und J. M. Breckenridge[1] sinkt die kathodische Stromausbeute in Lösungen, die an CuCN etwa 0,25-n., an NaCN 0,5-n. sind, bei Steigerung der Stromdichte von 0,1 auf 0,3 Amp./dm² bei Zimmertemperatur von 88% auf 75%, bei weiterer Steigerung der Stromdichte auf 0,6 Amp. auf 72%.

Verdünnt man die Badlösung auf die Hälfte, so sinken die Stromausbeuten bei 0,1, 0,3, 0,6 Amp. Stromdichte auf 54%, 38%, 37%.

Nach Pan (l. c.) erzielt man in Bädern, die an Cu 0,225 molar sind, Stromausbeuten von 25 bis 60%. Mit steigendem Cu-Gehalt steigen sowohl die anodische als die kathodische Stromausbeute rasch an und erreichen ein Maximum in Lösungen, welche an Cu 1-molar sind. Bei weiterer Steigerung des Kupfergehaltes fallen die anodischen Ausbeuten rasch, die kathodischen langsam wieder ab. In Lösungen, die an Cu 1-molar sind,

[1] Trans. Amer. Electrochem. Soc. **56**, 396 (1929).

soll man anodische Stromausbeuten von 100%, kathodische von 80% erzielen, das Kupfer fällt aber in etwas dunklerer Form aus als aus verdünnteren Lösungen.

Die Anodenpolarisation steigt nach demselben Autor bei steigender Cu-Konzentration erst an, erreicht 1,7 Volt bei 0,34 Mol Cu/l, sinkt auf 0,53 Volt bei weiterer Steigerung bis auf 1 Mol Cu/l, um bei noch größerer Cu-Konzentration abermals anzusteigen. Die kathodische Polarisation wird vom Cu-Gehalt kaum beeinflußt.

Die Abnahme der Stromausbeute mit steigender Stromdichte geht bei höherer Temperatur langsamer vor sich als bei tieferer, der Kupferniederschlag wird etwas weicher und duktiler, in mancher Hinsicht sind also die Arbeitsbedingungen bei gesteigerter Temperatur günstigere, trotzdem wird sie, einerseits wegen der geringeren Bequemlichkeit, dann aber auch weil die Karbonatbildung beschleunigt, die Haltbarkeit der Badlösung herabgesetzt wird, selten angewendet.

Die gleichen Nachteile sind noch in gesteigertem Maße mit einer Bewegung der Lösung verbunden, bei der außerdem leicht etwas von dem stets vorhandenen Schlamm aufgewirbelt wird und die man deshalb, gar bei so giftiger Lösung, nur in den seltensten Fällen, dann auch, wenn möglich, in geschlossenen Gefäßen (in Trommelapparaten) anwendet.

Die Anoden sollen aus reinem Elektrolytkupfer bestehen und ein Gefüge aufweisen, das ihr In-Lösung-Gehen nicht erschwert. Letzteres ist z. B. bei gewalztem Kupferblech oft als Folgeerscheinung der Verformung der Fall. Seine Verwendung ist deshalb nicht zu empfehlen, sieht man sich dazu doch gezwungen, so sind die Bleche vor ihrer Verwendung als Anoden gut auszuglühen und mit mäßig konzentrierter Salpetersäure anzuätzen. Anoden, die sich schlecht auflösen, verursachen leicht eine Verarmung des Bades an Kupfer, die bald zur Bildung weniger dichter, später sehr fehlerhafter Niederschläge führt.

Da die Stromausbeute durch so viele, nicht immer leicht kontrollierbare Faktoren beeinflußt wird, ist die beim Durchgange einer bestimmten Amperestundenzahl hergestellte Niederschlagsdicke niemals genau anzugeben. Halten sich die Stromausbeuten in den Grenzen von 45 bis 60%, so wird pro Amperestunde auf den Quadratdezimeter eine Kupferschicht von 0,012 bis 0,015 mm Dicke niedergeschlagen.

Oft stellt man viel dünnere Niederschläge her, etwa solche von 0,003 mm Stärke, da die Erfahrung gelehrt hat, daß die Porenzahl bei Verdopplung oder Verdreifachung der Niederschlagsstärke nur wenig abnimmt. Sie wird in der Tat in wirksamerer Weise durch richtige Badzusammensetzung und durch mäßige Temperatursteigerung als durch Verstärkung der Niederschlagsdicke niedrig gehalten.

Wenn die Niederschläge auch nicht gänzlich frei von Löchern sind, bleiben diese so klein und so vereinzelt, daß schon ganz dünne Überzüge

Eisen soweit schützen, daß man die Verkupferung glatt in sauren Bädern weiter verstärken kann.

Allerdings arbeiten diese Bäder nur gut, wenn man die Stromdichte von:

0,5 Amp./dm² bei Raumtemperatur

1,5 Amp./dm² bei 40°

nicht überschreitet.

Bei diesen Stromdichten erhält man gleichmäßige Überzüge und gute Tiefenwirkung. Einen Nachteil bildet die Versprödung, welche das Eisen in diesen Zyanidbädern durch Wasserstoff erleidet und die besonders bei niedrigeren Temperaturen deutlich ist.

Die Feinkörnigkeit des gebildeten Kupferüberzuges ist so groß, daß Kristalle nur bei entsprechender Vergrößerung darin erkenntlich sind, solange man ganz niedere Stromdichten anwendet, bei welchen keine sichtbare Wasserstoffentwicklung auftritt.

Kathodisch entwickelter Wasserstoff steigert die Feinkörnigkeit so sehr, daß Kristalle dann meist auch bei starker Vergrößerung im Mikroskop nicht mehr erkennbar sind (s. S. 65).

β) *Kupferreichere Zyanidbäder*, welche auf Grund der Arbeiten von PAN[1] von der Fa. Du Pont in den dreißiger Jahren hergestellt und in Umlauf gesetzt wurden, zeichnen sich dadurch aus, daß sie die Anwendung kathodischer Stromdichten von 3 bis 6 Amp./dm² zulassen, Stromausbeuten liefern, die nahezu quantitativ sind und Stahl weniger stark verspröden, weil sie bei viel höherer Temperatur verwendet werden und viel weniger freies Zyanid enthalten.

Durch Verringerung der Menge „freien" Zyanids wird die Anwendung viel höherer Temperaturen — meist etwa 85° C — ermöglicht, die sich in zyanidreicheren Bädern wegen der zu raschen Zersetzung des Zyanids in heißer Lösung verbieten. Die Anwendung höherer Temperatur beschleunigt die Spaltung höherer in kleinere Komplexe, welche bei genügend hoher Konzentration des Doppelzyanids nach dem Schema:

$$K_2CuCy_3 \rightleftharpoons KCuCy_2 + KCy$$
$$CuCy_3'' \rightleftharpoons CuCy_2' + Cy'$$

Zyanid bzw. Zyanionen in hinreichender Menge liefern, eine glatte Auflösung der Anoden herbeiführen, was durch Zusatz von etwas freiem Ätzalkali noch erleichtert wird, welches auch das Bad besser stabilisiert.

Immerhin empfiehlt es sich, die Anoden doppelt so groß zu dimensionieren wie die Kathoden.

---

[1] Metal Cleaning Finishing 5, 152, 166 (1933); Trans. Electrochem. Soc. 68, 471 (1935).

Zweckentsprechende Badzusammensetzungen sind die folgenden:

CuCN	60 g/l	bzw. CuCN	120 g/l
KCN	95 g/l	NaCN	140 g/l
KOH	40 bis 45 g/l	NaOH	30 g/l

Arbeitstemperatur 72 bis 78° C.

Gemäß zwei an Du Pont übertragenen Patenten[1] werden folgende Zusätze empfohlen:

als Glanzmittel z. B.	6 g/l	15 g/l NaCNS
gegen pit-Bildung	7,5 cm³/l	7,5 cm³/l eines Netzmittels

Kathodische und anodische Ausbeute halten sich um 99%. Die aus solchen Bädern bereiteten Niederschläge sind hell und glänzend.

Die Arbeitsweise des Kaliumbades ist der des Natriumbades überlegen. Es werden auch gemischte Kalium-Natrium-Doppelzyanidbäder in verschiedenen Mengenverhältnissen verwendet.

Bei 1 bis 2,5 Volt Badspannung lassen sich kathodische Stromdichten von 1 bis 4,5 Amp./dm² herstellen. Anodische Stromdichten sollen das Maß von 2 Amp./dm² nicht überschreiten.

Bei höherer Temperatur wird Kupfer durch unedleres Metall, z. B. durch Eisen, selbst aus zyanidreichen Lösungen ausgefällt.

Stahl und Eisen überziehen sich deshalb in heißen, kupferreichen, zyanidarmen Bädern leicht durch Auszementation mit Kupfer.

Aus diesem Grunde empfiehlt es sich oft, die Werkstücke vor dem Einhängen in das kupferreiche Bad erst mit einem hauchdünnen schützenden Kupferüberzug in einem kupferarmen zyanidreichen Bad (mit einem „strike") zu versehen.

Die viel höhere Streukraft dieses kalten Bades läßt diese Arbeitsweise besonders bei der Behandlung profilierter Stücke angezeigt erscheinen.

γ) *Doppel-Zyanid-Tartrat-Bäder.* Ein anderes alkalisches Bad, welches die Anwendung höherer Stromdichten zuläßt und das besonders in den USA. sehr beliebt ist, besteht neben Kupferdoppelzyanid aus Natrium-Kalium-Tartrat[2].

Eine typische Zusammensetzung dieses (in den USA. *Rochelle-Zyanid-Kupfer-*) genannten Bades ist die folgende:

Tabelle 36

$CuCN$	26 g/l	(etwa 0,3-n.)	entsprechend 19 g/l Cu
gesamt $NaCN$	35 g/l	(etwa 0,7-n.)	entsprechend 5,6 g/l „freies" Zyanid
Na_2CO_3	30 g/l	(etwa 0,6-n.)	
$KNaC_4H_4O_6 \cdot 4\,H_2O$	45 g/l	(etwa 0,3-n.)	
	pH 12,6 durch NaOH-Zusatz		

[1] USA.-Pat. 2 387 654, 2 247 448 (Wernlund und Mitarbeiter).

[2] Dieses zuerst von Seignette in *Rochelle* hergestellte Salz wird in Europa *Seignette-*, in den USA. *Rochelle*-Salz genannt.

Die Konzentration der einzelnen Bestandteile des Bades läßt sich innerhalb folgender Grenzen variieren:

CuCN	19 bis 45 g/l	
NaCN	25 bis 53 g/l	3,8 bis 7,5
Na_2CO_3	15 bis 60 g/l	
$KNaC_4H_4O_6 \cdot 4\,H_2O$	30 bis 60 g/l	

pH 12,2 bis 12,8 durch NaOH-Zusatz

Auch dieses Bad verträgt Arbeitstemperaturen von etwa 70° C, ohne schnelle Veränderungen zu erleiden, und läßt dann die Anwendung kathodischer Stromdichten bis zu 7 Amp./dm², anodischer Stromdichten bis zu 3 Amp./dm² zu[1].

Die erzielbaren Stromausbeuten bleiben weit hinter denen zurück, welche in konzentrierten zyanidarmen Doppelzyanidbädern erreicht werden, sie halten sich um etwa 50%. Dafür ist die Tiefenwirkung bedeutend größer.

Es wird angenommen, daß die guten Eigenschaften dieses Bades auf die Bildung von Komplexverbindungen zurückzuführen sind.

Nach SMITH und MUNTON[2] soll der Ersatz des Kalium-Natrium-Tartrates durch Kalium-Natrium-Citrat die physikalischen Eigenschaften des Niederschlages noch verbessern, aber die Stromausbeuten (und zwar besonders die anodische Stromausbeute) sehr merklich verringern.

Zusatz von Trinatriumphosphat wird als Puffersubstanz bei pH 12 bis 12,2 empfohlen. Von 12,2 an und darüber sind die Mengen von freiem NaOH groß genug, um Puffersubstanzen überflüssig zu machen.

Natriumsulfit, Natriumbisulfit oder Thiosulfat werden gelegentlich als Glanzzusätze angewendet.

Die Farbe des ausgefällten Kupfers ist mattrosa und etwas dunkler als diejenige der aus verdünnten reinen Doppelzyanidlösungen hergestellten Niederschläge.

Aus allen diesen zyanidhaltigen Bädern gewinnt man nur so lange glatte Überzüge, als dieselben dünn bleiben, glänzende Überzüge nur bei Verwendung kleinerer als der Grenzstromdichten unter Zusatz von Glanzmitteln.

Mit Zunahme ihrer Dicke neigen die Niederschläge immer stärker dazu, rauh zu werden. Ein Mittel, das Rauhwerden zu verzögern und zu mildern, besteht darin, den Strom zeitweise umzukehren.

Diese Maßnahme wird aber selten angewendet; da man in diesen Bädern fast immer nur anstrebt, eine dünne, möglichst glatte Schutzschicht herzustellen, die als Unterlage für weitere Kupfer-, Nickel- oder entsprechende andere Metallüberzüge dient.

Die vorhergehende Herstellung eines bloß hauchdünnen Überzuges (eines „strike“) in kupferarmer Zyanidlösung mit relativ hohem Gehalt

---

[1] Cf. GRAHAM und READ, Trans. Electrochem. Soc. **80**, 341 (1911).

[2] Metal Finishing **39**, 415 (1941).

an freiem Zyanid bei Raumtemperatur ist eine sehr nützliche Sicherheitsmaßnahme. Sie erleichtert nicht nur die folgende Verkupferung im kupferreicheren Bad, besonders die Verkupferung der tiefer liegenden Teile des Profils oder Mikroprofils, sie vollendet auch die Entfettung nicht ganz sicher entfetteter Werkstücke u. dgl. m.

b) Das Pyrophosphatbad

Ein neueres, noch wenig angewandtes alkalisches Bad, das *Pyrophosphate* als Grundbestandteile enthält, zeichnet sich von den bisher beschriebenen dadurch besonders vorteilhaft aus, daß es keinerlei Zyanid enthält. Demgemäß erzeugt es keine mit der Wirkung der Zyanidbäder vergleichbar grobe Wasserstoffsprödigkeit in Eisen und Stahlunterlagen. Es ist auch nicht giftig, ist chemisch stabil, kann zur Verkupferung von Stahl, Zink, selbst von Aluminium dienen usw.

Es muß deshalb überraschen, daß es so lange keine Verwendung gefunden hat, wiewohl öfters daran gedacht wurde und wiewohl ROSELEUR — einer der Pioniere auf galvanotechnischem Gebiete — schon im Jahre 1885 (!) Pyrophosphatbäder für Vergoldung und für Verzinnung verwendet hat.

Dies blieb lange unbeachtet, bis um etwa 1940 STARECK die Aufmerksamkeit auf Pyrophosphatbäder lenkte und eine Reihe von Patenten auf Kalium-Kupfer- bzw. Natrium-Kupfer-Pyrophosphat-Bäder erwarb[1], die er der United Chromium Inc., Detroit (Mich.), übertrug, welche die Pyrophosphatbäder unter dem Namen Unichrom-Alkali-Copper verwertet.

Kaliumpyrophosphat reagiert in wässeriger Lösung mit Kupferpyrophosphat unter Bildung leicht löslichen Kaliumkupferpyrophosphats: $K_6Cu(P_2O_7)_2$, welches sich als Hexahydrat auskristallisieren läßt. Das homologe Natriumsalz kristallisiert mit 16 Kristallwasser.

Es ist bemerkenswert, daß Kaliumsalze hier wie in Zyanbädern die Eigenschaften des Bades den Natriumsalzen gegenüber ganz wesentlich verbessern. Es ist noch nicht sichergestellt worden, auf welche Besonderheit des Kaliums dies zurückzuführen ist. Eine seiner deutlichsten ist seine relativ große Beweglichkeit. Diese kommt auch in der höheren Leitfähigkeit seiner Salze zum Ausdruck.

Wie in den anderen bereits beschriebenen alkalischen Kupferbädern ist das Kupfer im Pyrophosphatbad in einem komplexen Anion eingeschlossen. Die Dissoziationskonstante desselben scheint noch nicht bekannt zu sein. Sie dürfte nieder sein, so daß auch hier die Bildung von Kupferionen — hier zum Unterschiede von anderen alkalischen Bädern von *Cupriionen* $Cu^{\cdot\cdot}$ — wieder erst in unmittelbarer Kathodennähe erfolgen dürfte.

Als bestes Mengenverhältnis von Cu : P_2O_7 gibt STARECK 8,0 : 7,0 an.

---

[1] USA.-Pat. 2 081 121; 2 050 556; 2 437 865; 2 493 092.

Neben diesen beiden Bestandteilen enthält sein Bad aber noch Ammoniak zur Herstellung eines pH von 8,2 bis 8,8, ferner Oxalate und Nitrate als Nebenbestandteile, welche die Eigenschaften des Kupferüberzuges verbessern. Diese Nebenbestandteile (besonders das Nitrat und das Ammoniak) erleichtern den Anodenangriff. Oxalat[1] und Ammoniak erhöhen den Mattglanz des Kupfers.

Als beste Mengenverhältnisse gibt STARECK für alle Bestandteile die folgenden an:

Kupfer	22 bis 38 g/l
Pyrophosphat	150 bis 250 g/l
Oxalat	15 bis 30 g/l
Nitrat	5 bis 10 g/l
Ammoniak	1 bis 3 g/l

Bei den bevorzugten Arbeitstemperaturen von 50 bis 60° C lassen sich Stromdichten von 1 bis maximal 8 Amp./dm² anwenden, deren Herstellung Badspannungen von 1,5 bis 4 Volt beansprucht[2].

Die Kathoden sollen etwa doppelt so groß sein wie die Anoden.

Die Stromausbeute ist nahezu quantitativ. Mit Hinblick darauf, daß das Kupfer hier als zweiwertiges Ion auftritt, ist aber die Kupferabscheidung bei gleicher Stromausbeute hier langsamer als in den vorhergehenden alkalischen Bädern.

Bei höherem pH als dem angegebenen geht der Anodenangriff und die anodische Stromausbeute zurück, bei zu niederem pH wird die Stabilität des Bades beeinträchtigt und die Streukraft geschwächt.

Wirksame Badbewegung erscheint wie in den meisten anderen Bädern sehr nützlich und erleichtert bzw. ermöglicht erst die Anwendung höherer Stromdichten.

Schädliche Verunreinigungen bilden Blei (also keine Verwendung von Heizrohren usw. aus Blei), Zyanide (durch H_2O_2 zu entfernen) und Öl. Sie erzeugen mißfarbiges streifiges oder fleckiges Produkt, setzen die anwendbaren Stromdichten herab usw.

4. Ausführungsweise der Verkupferung in sauren Bädern

Die Verkupferung in sauren Kupfersulfatlösungen ist eine der einfachsten, zugleich der ältesten und bestbekannten Methoden, sie gibt zu keinerlei Schwierigkeiten Anlaß, wenn man unter gewöhnlichen Bedingungen arbeitet, und ist nur dann weniger leicht durchzuführen, wenn man Stromdichten von abnormer Höhe anwenden will, besonders dicke Niederschläge herstellt und solche, welche späteren mechanischen und thermischen Ein-

[1] Die Verwendung von oxalsaurem Ammon geht auf CLASSEN zurück, der es bei der Elektroanalyse bevorzugt hat.

[2] Cf. auch COYLE, Proc. Amer. Electroplaters Soc. **29**, 113 (1941).

flüssen unverändert standhalten sollen, also Aufgaben zu lösen hat, denen man früher aus dem Wege gegangen ist, die aber gegenwärtig oft sehr wichtig geworden sind.

Die ausschlaggebende Rolle, welche die zugesetzte Schwefelsäure zu erfüllen hat, ist bereits S. 170 f. dargelegt worden, sie erschwert die Kupferoxydulabscheidung, sie erhöht die Leitfähigkeit und drängt gleichzeitig die Dissoziation des Kupfersulfats zurück, was die Bildung feinkörniger Niederschläge erleichtert (s. S. 172), ohne — unter normalen Umständen — die Stromausbeute zu verringern. Letztere kommt dank des ziemlich edlen Potentials des Kupfers (es ist um 0,329 Volt positiver als H_2) auch in stark sauren Lösungen der nach der Theorie überhaupt erreichbaren so nahe, daß die Kupferabscheidung aus sauren Kupfersulfatlösungen zur Bestimmung und Messung von Strommengen herangezogen wird. Aus demselben Grunde gelingt die Kupferabscheidung auch noch aus ziemlich kupferarmen Lösungen, aber die Beschaffenheit des Kupfers steht bei Anwendung gleicher Stromdichten hinter derjenigen des Metalls zurück, das aus kupferreichen Lösungen zur Abscheidung gelangt. Deshalb und um örtliche Verarmung der Lösung in Kathodennähe zu erschweren, wendet man in der Praxis durchwegs kupferreiche Lösungen an.

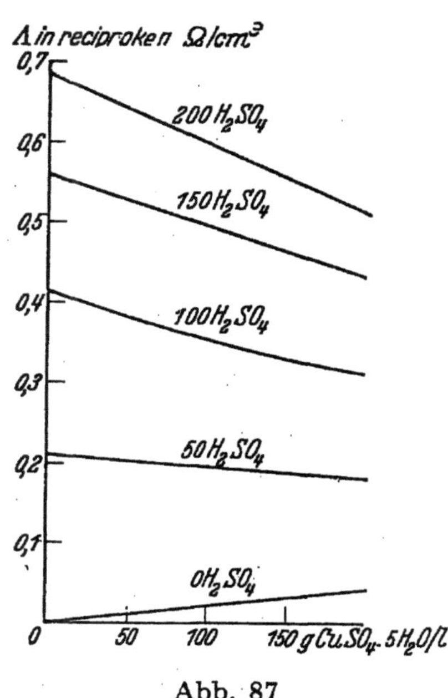

Abb. 87

Die ziemlich gute Löslichkeit des Kupfersulfates ermöglicht es, konzentrierte Lösungen zu verwenden, wenn auch der unerläßliche Schwefelsäurezusatz (s. Abb. 87[1]) die Löslichkeit des Salzes merklich herabsetzt. Keinesfalls treibt man aber die Konzentration so hoch, daß sie der Löslichkeitsgrenze nahekommt. Da sich die Lösung ohnedies von selbst durch Verdunstung und dadurch, daß anodisch etwas mehr Kupfer in Lösung geht, als kathodisch abgeschieden wird, mit der Zeit langsam an Metall anreichert, empfiehlt es sich, nicht mehr als etwa 250 g $CuSO_4 . 5 H_2O$ von Haus aus aufzulösen, also Lösungen zu verwenden, die etwa 2-n. sind.

Bietet es in speziellen Fällen Vorteil, Bäder von noch höherer Leitfähigkeit zu benützen, so zieht man es vor, die Kupfersulfatkonzentration niedriger zu halten, da die Leitfähigkeit gleich stark saurer Lösungen mit zunehmendem Kupfersulfatgehalt abnimmt (s. Abb. 87). Aber auch die kupfersulfatreichen Lösungen, die 50 bis 100 g freie Schwefelsäure ent-

[1] Die vier oberen Kurven nach Messungen von GOODWIN und HORSCH, Chem. Metallurg. Engng. **21**, 181 (1919); die unterste Kurve nach Messungen von RICHARDSON und TAYLOR, Trans. Amer. Electrochem. Soc. **20**, 179 (1911).

halten, gehören noch zu den bestleitenden Lösungen, die man für galvanotechnische Zwecke verwendet, so daß die Änderung der Leitfähigkeit mit der Kupfersulfatkonzentration nur eine nebensächlichere Rolle spielt.

Von viel größerer Bedeutung als diese sind Einflüsse, welche die Änderungen der Konzentrationen, aber auch der Temperatur und der Stromdichte auf das Gefüge des Niederschlages ausüben, auf sein Aussehen, seine Feinkörnigkeit, Festigkeit, Härte usf.

Als Richtlinie dient, daß die Festigkeit und die Härte mit der Feinkörnigkeit zunehmen, daß also alle Momente, welche dahin wirken, feinkörnigere Abscheidung herbeizuführen, im allgemeinen auch die Festigkeit des Kupfers erhöhen, sofern es denselben Reinheitsgrad bewahrt.

Temperaturerhöhung bewirkt ceteris paribus die Bildung gröberen Kornes und demgemäß weicheren Metalls (s. S. 76 ff.), Steigerung der Stromdichte steigert die Feinkörnigkeit (s. S. 62 f.), dasselbe bewirkt (freilich in viel geringerem Maße) zunehmende Konzentration der Lösung, während das Metall aus zu sehr verdünnten Lösungen locker kristallin ausfällt.

Die Wirkung, welche eine Steigerung der Stromdichte ausübt, ist stärker und deutlicher als die in gewissem Sinne entgegengerichtete Wirkung einer Temperatursteigerung; letztere ist ja auch in ihrem Ausmaß begrenzt, da man praktisch die Arbeitstemperatur selten höher als auf etwa 50° C treibt. So bildet es die Regel, daß jede größere Steigerung der Stromdichte auch bei gleichzeitiger Temperaturerhöhung der Lösung zur Bildung feineren Korns führt. Nur wenn man ganz besonders hohe Stromdichten herstellt, vergröbert sich wieder das Korn des Niederschlages. Man möchte dies durch die bei so hohen Stromdichten zu weit gehende Verarmung des Elektrolyten in Kathodennähe erklären. Und tatsächlich hängt die Grenze für die Größe der Stromdichte, von welcher ab eine Vergröberung des Kornes zu beobachten ist, in allererster Linie davon ab, ob Mittel für Durchmischung und Erneuerung des Elektrolyten angewendet werden (s. S. 70 ff. und Abb. 42). Im stehenden Bade kann man gute Niederschläge größerer Dicke schwerlich mit Stromdichten von mehr als etwa 5 Amp./dm^2 herstellen, in lebhaft bewegten Bädern kann man noch gut mit 10, unter Umständen sogar mit etwa 20 Amp. Stromdichte arbeiten.

Wenn aber die Feinkörnigkeit des gefällten Metalls mit zunehmender Stromdichte auch zunimmt, wird seine Oberfläche bei Herstellung dicker Niederschläge, unter sonst gleichbleibenden Umständen, doch rauher und unebener, und das um so rascher, je weniger lebhaft das Bad bewegt wird und natürlich auch, je verdünnter die Lösung ist.

Wie sich andererseits das Gefüge des Elektrolytkupfers unter sonst gleichen Verhältnissen mit Änderung der Stromdichte ändert, wird durch Abb. 35, S. 61, und 42 a und b, S. 71, vor Augen geführt. Abb. 45, 46, 47 a bis d zeigen die Änderung des Gefüges, welche eine Temperaturerhöhung bei sonst gleichen Bedingungen hervorruft.

Schon aus den vorliegenden wenigen Abbildungen geht hervor, daß das Schliffbild für sich, wenn es nur einem dichten rißfreien Kupfer entstammt, kaum beurteilen läßt, wie die Oberfläche des betreffenden Elektrolytkupfers aussieht und beschaffen ist, eine Erfahrung, die ich in zahllosen Fällen bestätigt fand. Auch an und für sich gutes Elektrolytkupfer kann eine rauhe oder warzige Oberfläche aufweisen, wenn es z. B. mit Stromdichten niedergeschlagen wurde, die für die betreffenden Arbeitsbedingungen zu hoch waren. Die Unebenheiten wachsen zudem mit wachsender Niederschlagsdicke, so daß man bei Wahl der Stromdichte zu berücksichtigen hat, wie starke Niederschläge herzustellen sind; für dünne Überzüge kann man höhere Stromdichten anwenden als für starke Niederschläge.

5. Galvanoplastik

In der Galvanoplastik, z. B. bei der Herstellung von Klischees, ist es praktisch sehr wichtig, hohe Stromdichten anzuwenden, um die Herstellungszeit zu verkürzen. Das kann man um so eher tun, als es in diesem Spezialfall vor allem darauf ankommt, mit der zuerst niedergeschlagenen Kupferschicht alle Details und Feinheiten der Matrize wiederzugeben (s. S. 50, 132, 193), während man bei den darauf folgenden, der Verstärkung dienenden Schichten eine gewisse Unebenheit der Oberfläche in Kauf nehmen kann.

Die Kupferschicht wird gewöhnlich in Stärke von mindestens 0,15 mm hergestellt. Die Matrize soll in längstens 20 Minuten vollständig bedeckt sein und die genannte Dicke in 2 Stunden erreichen. Geringe Unebenheiten der Rückenfläche sind unschädlich, weil die Stücke mit anderem Metall hintergossen werden.

Wichtig ist es, das Metall in einer Form niederzuschlagen, in welcher es sich möglichst langsam abnützt. Leider gibt es keine Prüfmethode, welche über diese Eigenschaft verläßliche Auskunft geben würde. Als gut erweist sich aber in der überwiegenden Mehrzahl der Fälle erfahrungsgemäß ein Kathodenkupfer von mindestens 2500, höchstens 3500 kg/cm^2 (am besten 2800) Zugfestigkeit, 5 bis 10% Dehnung und genügender Härte.

Hohe Stromdichten, die erwünscht sind, lassen sich am leichtesten in angewärmten Elektrolyten herstellen. Bei diesen erhält man aber weniger hartes Produkt. Ohne härtenden Zusatz sollte man daher die Elektrolyse nicht unter 25°, nicht über 35° C ausführen. Mit geeignetem härtendem Zusatz kann die Temperatur bis 50° gesteigert werden. Bei höherer Temperatur ist es angezeigt, die Stromdichte bei 40° auf 10, bei 50° auf 20 Amp./dm^2 zu steigern.

Den besten härtenden Zusatz bilden Alkylsulfosäuren, am besten Phenolsulfosäure, die von Blum und Hull[1] in die Technik eingeführt worden ist.

[1] Bur. Standards J. Res. 5 (Res. Pap. 228), Sept. 1930, Circular of the Bureau of Standards No. 387 (1930).

Dieser artähnliche Zusatz wird in Mengen von 1 g/l Phenol (bzw. 1,9 g/l Phenolsulfosäure) dem Elektrolyten beigegeben und bewirkt die Abscheidung dichteren, glatteren, härteren Metalls, besonders beim Arbeiten mit hohen Stromdichten bei höherer Temperatur.

Phenolsulfosäure ist leicht durch partienweises Eintragen von Schwefelsäure in Phenol, langsam bei Raumtemperatur, schneller (in etwa 1 Stunde) bei 100° herzustellen. Die volle Wirkung erreicht man erst einige Tage nach Zusatz zum Bade. In dieser Zeit schlägt die ursprüngliche Farbe des Elektrolyten allmählich in tiefes Grün um. Ein augenfälliges Zeichen dafür, daß die eigentlich wirksame Substanz erst langsam gebildet wird.

Im Laufe der Elektrolyse wird dieser Zusatz nach und nach, teils durch Verdunstung, teils durch Oxydation, verbraucht. Er soll deshalb periodisch durch Zusatz kleiner Mengen ergänzt werden, deren Ausmaß empirisch mit Hilfe einiger Analysen ermittelt wird.

Ein großer Vorzug dieses Fremdstoffes vor anderen härtenden Zusätzen, wie Gelatine od. dgl., besteht darin, daß seine Wirkung innerhalb ziemlich weiter Konzentrationsgrenzen dieselbe bleibt und daß die Menge vorhandener Phenolsulfosäure durch Überführung in Tribromphenol mittels freien Broms Analysenresultate liefert, welche für die Technik genau genug sind.

Die Aufrechterhaltung hoher Stromdichten kann durch Schwefelsäurezusatz erleichtert werden, welcher auch die Tiefenwirkung erhöht.

Als geeignet erweist sich in normalen Fällen ein Elektrolyt mit:

60 bis 80 g/l Schwefelsäure
240 bis 270 g/l $CuSO_4 \cdot 5\,H_2O$

vom spez. Gew. (bei Raumtemperatur) 1,18 bis 1,20 entsprechend 22° bis 24° Bé.

Bei Raumtemperatur kann man mit Stromdichten von 4,5 bis 9,5 Amp./dm^2 arbeiten. Bei 40° kann die Stromdichte auf 10,5, bei Zusatz von Phenolsulfosäure sogar bis auf rund 20 Amp./dm^2 gesteigert werden.

Für die Herstellung von Formkörpern auf galvanoplastischem Wege und auch für solche anderer Fertigprodukte aus dickeren Kupferschichten ist es wichtig, sie mit glatter Oberfläche auszufällen.

Die Hauptursache, derentwegen die Unebenheit des elektrolytischen Niederschlages auch in vollkommen klaren Elektrolyten mit zunehmender Niederschlagsstärke zunimmt, dürfte darin zu suchen sein, daß Spitzen und Kanten nicht nur für die Metallabscheidung an sich (s. S. 66 ff.), sondern, infolge lokal vermehrter JOULEscher Wärme, auch für Konvektionsströme, Diffusion, also für die Heranführung neuer Kationen bevorzugte Stellen bilden. Sobald also Unebenheiten entstehen, vergrößern sie sich rasch bei fortschreitender Elektrolyse, wenn keine besonderen Hilfsmittel angewendet werden, dem entgegenzutreten.

An derartigen Hilfsmitteln sind außer einem Konzentrationsausgleich im Elektrolyten und außer der Herstellung relativer Bewegung zwischen Kathode und Lösung vor allem noch mechanische Bearbeitung während der Elektrolyse und Zusatz glättender Stoffe, vor allem Kolloidzusatz, in Betracht zu ziehen[1].

Die Bildung von Unebenheiten und von Warzen kann in der Tat durch Einwirkung mechanischer Glätter in sehr wirkungsvoller Weise erschwert oder behoben werden. ELMORE dürfte der erste gewesen sein, welcher eine solche Arbeitsweise in technischem Maßstab angewendet hat. Er verwendete Achate und ließ sie die Oberfläche rotierender zylindrischer Kathoden in einer oder in mehreren Schraubenlinien bestreichen[2], die Société des Cuivres de France[3] benützte zum gleichen Zwecke den Druck und die Reibung, welche zwei Kupferzylinder (die unter Umständen beide gleichzeitig Kathoden sein können) bei entgegengerichteter Rotation aufeinander ausüben.

Bei sachgemäßer Ausführung liefert die Glättung mittels Achats ausgezeichnete Resultate, nur darf man des Guten nicht zuviel tun, sonst erhält man brüchiges Kupfer in schlecht miteinander verbundenen Schichten. Abb. 51, S. 97, führt das Gefüge eines derartig überglätteten Kupferniederschlages vor Augen, aus dem es deutlich erkenntlich wird, wie die Kupferkristalle bei der Glättung umgelegt wurden. Auch auf Abb. 50 tritt übermäßige Glättung einer von Haus aus viel glatteren Kathode zutage, desgleichen auf Abb. 49. Die Abb. 52 zeigt die Änderung des Metallgefüges der Probe, Abb. 50 nach dem Erhitzen auf 650°. Die dunklen Linien, welche auf Abb. 50 zwischen den einzelnen Kupferschichten erkenntlich sind, lösen sich, wie man sieht, beim Erhitzen in Reihen von Blasen auf und bilden stellenweise sogar zusammenhängende Gasräume, welche die aufeinanderfolgenden Kupferschichten voneinander abheben.

In einer gut geglätteten Kupferprobe (Abb. 48) sind hingegen Trennungslinien kaum oder gar nicht mehr zu erkennen. Nach dem Erhitzen zeigt solches Kupfer ein Gefüge, das von dem des ungeglätteten Metalls nur in der Veränderung der Kristallgröße und Verteilung zu unterscheiden ist.

Es ist auch nicht gleichgültig, aus welchem Material die Glätter bestehen, sind sie zu weich, so reibt sich Masse von ihnen ab und wird vom Kupfer eingeschlossen. Die Höhe des Druckes, mit welchem die Glätter auf die Oberfläche wirken, darf bei Kupfer nur ganz gering sein; es genügt offenbar,

---

[1] Ein sinnreicher Vorschlag DUMOULINS, D. R. P. 84 834, E. P. 16 360 (1895), das Fortwachsen von Unebenheiten dadurch zu verhindern, daß man sie — etwa dadurch, daß man den Niederschlag an einer mit flüssigem Isolierstoff benetzten Walze in Berührung bringt — mit einer Isolierschichte aus Öl od. dgl. überzieht, ist interessant, weist aber doch für die Praxis zu große Unzuträglichkeiten auf.

[2] Cf. z. B. D. R. P. 95 857 (1897), 59 933 (1890), 67 964 (1892).

[3] D. R. P. 81 648 (1894).

daß sie die Oberfläche leicht bestreichen, um das Wachstum größerer Kristalle zu hindern. Leicht geglättetes Kupfer weist ebene, samtartige Oberfläche auf. Spiegelnd ohne Glanzzusatz erhält man es aber nur bei einer Glättung, die so stark ist, daß sie das Auftreten von Trennlinien bewirkt. Das Metall wird härter, es erscheint kompakt und dicht, aber es teilt sich beim Erhitzen leicht in Schichten und wirft Blasen.

6. Untersuchung der Badlösungen

a) Bestimmung des freien Zyanids

Am gebräuchlichsten ist die Titration nach Liebig mit Hilfe von 0,1-n. $AgNO_3$-Lösung. Läßt man diese tropfenweise in eine alkalische Zyanidlösung einfließen, so entsteht an der Einlaufstelle eine weiße Fällung von Zyansilber, die beim Umrühren verschwindet, solange noch überschüssiges Alkalizyanid in der Lösung vorhanden ist, welches das zunächst gebildete Silberzyanid in lösliches Kaliumsilberzyanid überführt. Sobald aber alles Zyanid zur Bildung dieser Doppelverbindung verbraucht, also gebunden worden ist, erzeugt der nächste Tropfen der Silbernitratlösung eine bleibende Trübung.

Der Auftritt einer bleibenden Trübung gibt also das Ende der Reaktion:

$$2\,KCN + AgNO_3 = KNO_3 + KAg(CN)_2$$

zu erkennen.

1 Ag entspricht somit 2 CN. Bei Gegenwart von Ammoniak erhält man (wegen der Löslichkeit des Zyansilbers in Ammoniak) nur bei gleichzeitiger Anwesenheit von Kaliumjodid einen scharfen Umschlag (die auftretende Trübung besteht dort aus Jodsilber). Da Ammoniak in Zyanidbädern stets vorhanden sein kann, führt man die Titration gewöhnlich derart aus, daß man 5 cm^3 Lösung mit destilliertem Wasser auf 100 verdünnt und nach Zusatz weniger Tropfen 0,1-n. KJ-Lösung mit 0,1-n. $AgNO_3$-Lösung titriert.

1 cm^3 0,1-n. $AgNO_3$-Lösung entspricht 5,2 mg CN. Hat man 5 cm^3 Badlösung verwendet, so zeigt also 1 cm^3 $AgNO_3$-Lösung 0,104 g CN pro Liter Badlösung an bzw. 0,26 g KCN bzw. 0,196 NaCN im Liter.

b) Bestimmung des Kupfers

Weniger bequem ist die Bestimmung des Kupfers; sie erfolgt entweder jodometrisch durch Titration mit Natriumthiosulfat oder auf elektrolytischem Wege. Liegt saure Kupfersulfatlösung vor, so ist letztere Bestimmung glatt und einfach durchzuführen, liegt hingegen eine Zyanidlösung vor, so wird das Kupfersalz erst in Kupferazetat übergeführt. Dazu raucht man etwa 10 cm^3 bis 20 cm^3 der Lösung mit etwas überschüssiger Schwefelsäure in einem gut ziehenden Abzug, bis weißer Rauch entwickelt wird, ab. Da hiebei Blausäure entweicht, ist Vorsicht am Platze. Bräunt sich die Probe, so fügt man einige Tropfen Salpetersäure zu und raucht weiter ab. Der Rückstand wird in etwa 100 cm³ Wasser aufgenommen, und man fällt nach Zusatz einiger Tropfen Salpetersäure das Kupfer entweder elektrolytisch aus oder bestimmt es auf titrimetrischem Wege nach Zusatz von Essigsäure und Jodkalium.

Nach dem Essigsäurezusatz enthält die Lösung das Kupfer als Cupriazetat, beim Zusatz von Jodkalium entsteht Kupferjodür und Jod:

$$2\,Cu(C_2H_3O_2)_2 + KJ = Cu_2J_2 + 4\,KC_2H_3O_2.$$

Das Jod wird auf bekannte Art mittels Natriumthiosulfats titriert.

1 cm³ 0,1-n. Natriumthiosulfatlösung entspricht 0,0061 g Cu.

Oder man verdünnt nach einer ähnlichen, aber etwas umständlicheren Arbeitsweise die Probe auf etwa 100 bis 200 cm³, setzt einige Kubikzentimeter konzentrierte Natriumsulfidlösung zu, säuert mit 0,5-n. HCl schwach an, filtriert, wäscht den Niederschlag gut mit heißem Wasser aus, spült ihn dann in einem Becherglas mit 400 bis 600 cm³ Wasser, setzt 5 cm³ konzentrierte HNO_3 zu, treibt NO_2 durch Erhitzen vollständig aus, läßt abkühlen, neutralisiert mit Ammoniak, setzt 10 bis 15 cm³ konzentrierte Essigsäure zu, läßt abkühlen, setzt 5 bis 8 g KJ zu und titriert mit Natriumthiosulfat und Stärkeindikator bis zur Gelbfärbung.

c) Bestimmung des Karbonatgehaltes

Um das Kupfer in Lösung zu halten, setzt man einer Probe (etwa 10 cm³) 1 cm³ Ammoniak zu, verdünnt auf etwa 50 cm³, erhitzt bis nahe an den Siedepunkt und setzt Bariumchlorid (oder -nitrat) in geringem Überschusse zu, läßt absitzen, filtriert und wäscht den Niederschlag, welcher neben Bariumkarbonat auch Bariumsulfat enthalten kann, mit heißem Wasser aus.

Um den Karbonatgehalt dieses Niederschlages zu ermitteln, löst man ihn in Salzsäure von bekanntem Titer auf und titriert die freie Säure nach beendeter Kohlensäureentwicklung mit Methylorangeindikator zurück.

10 cm³ verbrauchter 0,1-n. Salzsäure entsprechen 0,53 g Na_2CO_3.

Diese Bestimmungsweise besitzt nur geringe, praktisch aber hinreichend große Genauigkeit.

B. Silber

1. Allgemeines

Auf Kathoden aus Edelmetallen fällt Silber aus reinen Lösungen seiner einfachen Salze, z. B. aus schwach angesäuerter Silbernitratlösung, mit 100%iger Stromausbeute zwar in höchstem Reinheitsgrade, aber in Form sehr zarter, nadeliger, verästelter (s. Abb. 25, S. 51) oder baumartiger (s. Abb. 26, 28) Form ab, welche den Ansprüchen der Galvanotechnik durchaus nicht entspricht.

Darauf, daß das gleichzeitige Auftreten ausgesprochen arteigener, selbständiger Kristalle und sehr hohen Reinheitsgrades kein zufälliges sein dürfte, ist bereits mehrmals (s. z. B. S. 27, 92) hingewiesen worden. Es dürfte sich dadurch erklären, daß das Zusammentreten von Keimen zu Kristalliten nur in allerreinsten Lösungen ungestört vor sich geht und schon durch minimale Spuren mitabgeschiedener Fremdstoffe meist gehemmt wird.

Bei Verwendung von Kathoden aus unedlerem Metall fällt Silber aus allen Lösungen, die einfache Silberionen in halbwegs greifbarer Menge enthalten, mit oder ohne Stromwirkung gleichfalls in unbrauchbarer, hier aber meist lockerer, unscheinbarer, schlecht haftender Form aus.

Dies ist der Fall, weil es als halbedles Metall durch stärker elektroaffine Metalle aus dem Ionenzustand verdrängt wird, wobei die Unterlage meist unterwaschen wird.

Mit brauchbaren Stromdichten lassen sich deshalb glatte, dichte, gut-haftende galvanische Silberniederschläge nur aus Lösungen von Silberverbindungen herstellen, die soviel wie gar keine $Ag^{\cdot}$-Ionen enthalten, und zwar vorzugsweise aus solchen, in welchen das Silber als Bestandteil von Komplexionen (und zwar meist komplexer Anionen) auftritt.

Solche Komplexionen von großer Beständigkeit bildet das Silber u. a. mit Ammoniak und seinen Derivaten, mit Thiosulfat-, Zyan-, Rhodan-, auch mit Jod- und Nitrition. Die Leichtigkeit, mit welcher diese entstehen, erkennt man daran, daß schwerlösliche Silbersalze, wie Zyansilber, Chlorsilber usw., von den Salzlösungen, welche die angeführten Anionen enthalten, glatt gelöst werden.

Bodländer hat[1] aus dem Löslichkeitsgrade und seiner Beeinflussung durch Konzentrationsänderung des Komplexbildners einerseits, aus Berechnung der Konzentration des freien Silberions andererseits (durch Messung des Potentials der Silberelektrode) u. a. die Existenz folgender komplexer Silberionen in Lösung nachgewiesen:

$$Ag(CN)_2{}', \ Ag(CN)_3{}''$$
$$Ag(S_2O_3)_2{}''', \ Ag(S_2O_3)_3{}'''''$$
$$Ag(CNS)_2{}', \ Ag(CNS)_4{}'''$$
$$Ag(NH_3)_2{}^{\cdot}$$

In den Komplexen der ersten drei Reihen tritt das Silber im Anion auf (wandert im Stromgefälle also zur Anode), im letzten Falle bildet es einen Bestandteil des Kations.

Für die Versilberung hat man bisher fast ausschließlich Lösungen der Alkali-Silber-Doppelzyanide: $KAg(CN)_2$, $NaAg(CN)_2$ mit überschüssigem Zyanid, gelegentlich mit Fremdzusätzen verwendet. Solche Lösungen enthalten die Komplexsilberionen der ersten Reihe. Silberionen $Ag^{\cdot}$ werden

[1] Bodländer und Fittig, Z. physik. Chem. **39**, 605 (1902); Bodländer, Ber. dtsch. chem. Ges. **36**, 2878 (1903).

aus diesen nur in sehr geringer Menge durch schwache Dissoziation nach:

$$Ag(CN)_2' \rightleftharpoons Ag^{\cdot} + 2\,CN'$$
$$Ag(CN)_3'' \rightleftharpoons Ag^{\cdot} + 3\,CN'$$

gebildet. Durch gleichionige Zusätze, also durch Vermehrung der Konzentration an freiem Zyanid, muß nach diesen Gleichgewichtsbedingungen die Silberionenkonzentration noch weiter verringert werden.

Während Silber in Lösungen, welche an $Ag^{\cdot}$ 1-n. sind,

bei 25° C das Potential von	+ 0,79 Volt aufweist, ist dasselbe
in 0,25-n. $KAg(CN)_2$-Lösung:	+ 0,15 Volt,
in 0,25-n. $KAg(CN)_2$ + 0,025-n. KCN:	— 0,217 Volt,
in 0,25-n. $KAg(CN)_2$ + 0,25-n. KCN:	— 0,369 Volt.

Die Konzentrationen der $Ag^{\cdot}$-Ionen berechnen sich daraus im ersten Falle zu rund 10^{-11}, sie sinken bei Zusatz von 0,025-n. KCN auf 10^{-17}, beim zehnfachen Zusatz auf 10^{-20}.

Diese Zahlen zeigen an, daß die Metallionenkonzentration zwar äußerst gering, immer aber noch merklich größer ist als in den entsprechenden Kupfersalzlösungen. Die Stromdichte-Spannungskurve steigt viel steiler an als bei Kupfer (s. Abb. 86, S. 179), ein Zeichen dafür, daß geringere Hemmungen bei der Metallabscheidung zu überwinden sind. Dies steht mit den S. 58 f. erwähnten Versuchen LEBLANCs im Einklang, welche keine Verzögerung bei der Bildung neuer Silberionen nachweisen ließen.

Verdünnt man Silberdoppelzyanidlösungen, welche nur wenig oder gar kein überschüssiges Alkalizyanidsalz enthalten, so steigt die Silberionenkonzentration rascher an, als dies bei bloßem Vorhandensein der einfachen Komplexverbindungen und bei Ausschluß von Nebenreaktionen möglich wäre. Um die Silberionenkonzentration in bestimmtem Maße zu verringern, setzt man der Lösung besser überschüssiges Alkalizyanid zu.

So klein die Silberionenkonzentration in Lösungen ohne Zyanidüberschuß auch erscheint, bleibt sie doch groß genug, daß Silber daraus durch Schwefelwasserstoff als Sulfid ausgefällt und daß es durch Eisen, Stahl und gar durch Zink in metallischem Zustand verdrängt wird. Bei Zusatz genug überschüssigen Zyanids erlangt Silber aber (s. oben) ein unedleres Potential als Stahl und Eisen. Man kann deshalb Eisen und Stahl mit genügendem Zyanidüberschuß direkt versilbern, erhält aber ohne einen solchen Überschuß keine darauf guthaftenden glatten Niederschläge.

Ein anderer Kunstgriff, die Metallabscheidung durch Verdrängung aus Silbersalzlösungen zu hemmen, besteht darin, das betreffende Kathodenmetall zu verquicken, ehe man es ins Silberbad einhängt.

In der Spannungsreihe wird Silber zwar zwischen Quecksilber und Platin aufgeführt, es besitzt aber in Zyanidlösungen ein unedleres Potential als Quecksilber. Deshalb wird Silber schwerer verdrängt, wenn es erst mit einer nur hauchdünnen, aber zusammenhängenden Quecksilberschicht bedeckt wird.

Derartige Quecksilberschichten bilden sich auf gut vorgereinigten Kathodenmetallen, wie: Kupfer, Messing, Zink, Neusilber (einer Zink-Kupfer-Nickellegierung), Blei, aus, wenn man sie einige Sekunden lang in eine Lösung taucht, welche:

7,5 g/l $HgCl_2$ und 4 g/l NH_4Cl oder
5 bis 10 g/l $KHg(CN)_2$ und 10 bis 45 g/l KCN[1] oder
7,5 g/l HgO und 60 g/l NaCN

enthält.

Eine längere Einwirkung ist zu vermeiden, weil der Silberniederschlag nur dann gut haftet, wenn die Quecksilberschicht bloß hauchdünn ist. Auf unvollkommen vorgereinigten Metallen fällt das Quecksilber ungleichmäßig und fleckig aus. Die Verquickung ist somit zugleich eine Probe für die Vorreinigung[2].

Beim Eintauchen in diese Lösung bedecken sich die Werkstücke sofort mit einem zusammenhängenden blauweißen Film, woher die englische Bezeichnung „blue dip" stammt.

Eisen, Stahl und Nickel lassen sich in dieser Zyanidlösung nicht verquicken. Beim Messing hat man Mißerfolg, wenn das Werkstück nicht absolut frei von Sprüngen und kleinen Haarrissen ist, weil diese durch die Verquickung nachträglich verbreitert werden.

Die dünne Quecksilberschicht schützt die überzogenen Metalle auch vor einer Oxydation vor dem Einhängen in das Silberbad, ein Vorzug, der zuweilen von Wert ist. Aus der zyanidhaltigen Verquickungslösung kann man die Werkstücke unmittelbar in das Silberbad bringen.

Die Haftintensität des Silbers wird durch schwache Verquickung nicht erniedrigt, auf manchen Kathodenmetallen soll sie durch Amalgambildung sogar erhöht werden; doch liegen hierüber keine zahlenmäßigen Angaben vor.

2. Bestandteile der Badlösungen

Noch ausgesprochener als Kupfer wird Silber mit Rücksicht auf seinen edleren Charakter in der Galvanotechnik ausschließlich aus alkalischen Elektrolyten abgeschieden, selbst dann, wenn man Fremdsalze (z. B. zur Erhöhung der Leitfähigkeit) zusetzt. Und zwar werden in der Praxis ausschließlich Silberlösungen verwendet, welche das Metall in Form von Doppelzyanid gelöst enthalten und die man, wie beim Kupfer, mit überschüssigem freiem Zyanid ansetzt.

---

[1] Brauchbar, aber für vorliegenden Zweck weniger zu empfehlen, weil sie das Silberbad verunreinigen können, sind auch schwach saure Sublimat oder Quecksilbersulfat enthaltende Lösungen.

[2] Ist der Quecksilberüberzug ungleich oder fleckig, so muß man ihn durch Erhitzen über 360° wieder entfernen und das Metall abermals reinigen, ehe man die Verquickung wiederholt.

Verwendbar sind sowohl Kalium- als auch Natriumdoppelsalze oder Mischungen von beiden; doch neigt man immer deutlicher dazu, Kaliumelektrolyte zu bevorzugen. Ein Zusatz von Kaliumnitrat wird oft zur Erhöhung der Leitfähigkeit besonders dann vorgenommen, wenn mit kleinem Zyanidüberschuß gearbeitet wird. Er erleichtert die Anodenauflösung, verringert aber die Stromausbeute.

Zum Unterschied von den Kupferbädern ändert sich im Silberbad die Kathodenpolarisation nur langsam mit schwankendem Doppelzyanidgehalt. Überschüssiges Natrium- oder Kaliumzyanid wird zugesetzt, um die Leitfähigkeit des Bades zu erhöhen und um die $Ag^{\cdot}$-Ionenkonzentration herabzudrücken. Das Kaliumzyanid liefert, ceteris paribus, besser leitende Lösungen, in denen man um 20 bis 25% höhere Stromdichten anwenden kann. Dies und der Umstand, daß Kaliumkarbonat, in welches das Zyanid an kohlensäurehaltiger Luft mit der Zeit übergeht, besser löslich ist als die entsprechende Natriumverbindung, motiviert die Bevorzugung des Kaliumsalzes bei der Versilberung[1]. Selbst in den USA., wo man lange Zeit das Natriumsalz wegen seines geringeren Preises angewandt hat, geht man immer allgemeiner dazu über, das Kaliumsalz zu verwenden[2].

Der Zyanidüberschuß kann in viel weiteren Grenzen gehalten werden als beim analogen Kupferbad. Nach SANIGAR (l. c.) soll das Kathodensilber bei steigendem Zyanidzusatz (bis zu 200% vom Silberdoppelzyanid) weicher, bei noch größeren Zusätzen aber härter ausfallen. Erhöht wird die Härte auch bei Gegenwart von Borat oder Chlorid. Sie geht aber bei Erhitzung auf 300° wieder verloren.

Die Streukraft zyanidreicher Bäder steigt (in Analogie mit dem entsprechenden Kupferbad) mit dem Zyanidgehalt.

Der Hauptunterschied des Silberbades vom analogen Kupferbad besteht darin, daß die kathodische Stromausbeute in ersterem — wohl infolge des edleren Potentials des Silbers — eine nahezu quantitative ist, während es im Kupferbad selbst bei kleinen Stromdichten nicht möglich ist, Kupfer bei höherem Gehalt an freiem Zyanid ohne gleichzeitige Wasserstoffentwicklung abzuscheiden. Deshalb kann man bei der Silberelektrolyse höhere Konzentrationen an freiem Zyanid anwenden.

Wenn aber die Silberabscheidung auch in sehr zyanidreichen Lösungen kathodisch noch mit guter Stromausbeute durchführbar ist, empfiehlt es sich bei Verwendung von Silberanoden nicht, die Zyanidkonzentration

---

[1] SANIGAR, Trans. Faraday Soc. **24**, 45 (1928).

[2] MESLE (Amer. Electroplaters Soc. **15** [1928]) gibt an, daß man im Kaliumsalzbad leichter dunkle, „verbrannte" Niederschläge bei höheren Stromdichten erhält. SANIGAR ist im Gegenteil der Ansicht, daß man im Zyankaliumbad höhere Stromdichten anwenden kann als im Zyannatriumbad (Metal Ind. [New York] **34** [1929]); cf. hiezu auch besonders EGEBERG und PROMISEL, Trans. Amer. Electrochem. Soc. **59**, 287 (1931).

allzu hoch zu treiben, es sei denn, daß es sich darum handelt, das Kathodenmetall zunächst rasch mit einer ganz dünnen Silberschicht zu überziehen, es zu „decken“ bzw. „vorzudecken“, oder wenn man härtere Silberniederschläge erhalten will.

Die Wirkung des nach und nach von selbst ins Bad gelangenden, meist aber auch von Haus aus dem Bade absichtlich zugefügten Karbonates ist derjenigen beim Kupferbade völlig analog. Sein guter Einfluß besteht darin, die Leitfähigkeit und die Streukraft zu erhöhen und etwas härtere Niederschläge zu bilden. Man kann hier die Konzentration des Karbonates auf 100 g im Liter und sogar etwas darüber steigen lassen. Zu große Karbonatmengen können durch Ausfrieren oder durch Bariumzyanidzusatz ausgefällt werden.

Unschädlich bleibt auch eine Beimengung von Zyanat, ferner die Verunreinigung des Bades durch Chlorid. Letzteres gelangt in dasselbe, wenn man bei der Herstellung des Silberdoppelzyanids von Chlorsilber ausgeht, welches durch Einwirkung von KCN nach:

$$AgCl + 2\,KCN \rightarrow KAg(CN)_2 + KCl$$

neben dem gewünschten Doppelsalz auch Chlorkalium bildet.

Die Chloridbeimengung soll dazu führen, daß das Silber heller ausfällt, sie erhöht die Leitfähigkeit des Bades.

Unzweckmäßig erscheint es, bei der Bereitung des Silberdoppelsalzes von Silbernitrat auszugehen, weil die kathodische Stromausbeute durch Nitrate verringert[1] wird. Von langer Dauer ist eine solche schädigende Wirkung freilich nicht, weil das Nitrat reduziert wird und bald verschwindet.

Erhöhte Temperatur wird bei der Silberelektrolyse selten und nur in mäßigen Grenzen angewendet. Mit steigender Temperatur sinkt die Streukraft des Silberbades (s. weiter unten). Bevorzugt wird höhere Temperatur bei Anwendung höherer Stromdichten, als deren obere praktische Grenze man in schwach bewegten Bädern sonst 1 bis 1,2 Amp./dm² ansieht, während man die Kathoden im kalten ruhenden Bad nur mit etwa 0,3 Amp./dm² belastet.

Aus allen zyankalischen Bädern fällt das Silber in so feinkristalliner Form aus, daß eine Kristallstruktur im Schliffbilde dünner Niederschläge selten zu erkennen ist. Gleichwohl zeigen Verschiedenheiten der Dichte, der Politurfähigkeit, der Härte (soweit man auf letztere aus dem Verhalten beim Polieren einen Rückschluß ziehen kann; denn exakte Härtebestimmungen sind nicht mitgeteilt worden) an, daß die Korngröße durch die Änderung der Arbeitsbedingungen beeinflußt wird.

So erhält man, wie schon erwähnt, aus sehr zyanidreichen Bädern härtere Niederschläge. Auch bei gesteigerter Stromdichte und mit zunehmendem Karbonatgehalt des Bades fällt härteres, also feinkörnigeres Metall aus, wie es der Regel entspricht (s. oben).

---

[1] Cf. Nichols und Watts, Trans. Amer. Electrochem. Soc. **48**, **33** (1925).

Dichter und härter ist besonders aber das Silber, das aus Bädern mit Glanzzusätzen abgeschieden worden ist. Solche Zusätze werden oft verwendet, weil das Silber, trotz seines feinkristallinen Gefüges, selbst in Form dünnerer, auf poliertes Metall niedergeschlagener Schichten niemals glänzend, sondern immer nur als samtartiger Belag ausfällt. Es bedarf somit fast stets einer mechanischen Nachbearbeitung, um ihm den gewünschten Glanz zu verleihen. Kommt eine solche Nachbehandlung in Frage, dann muß die im Bad erzeugte Silberschicht stärker sein, als sie die fertig polierte Ware aufweisen soll, um so stärker, je rauher das Silber ausfällt, je stärker man also polieren muß. Glanzzusätze ermöglichen es, die Silber- und die Zeitverluste beim Polieren zu verringern. Sie sind besonders nützlich, wenn es gilt, Gegenstände zu versilbern, welche auch in Fugen glänzen sollen.

3. Glanzmittel

Der älteste, lange hindurch der einzig verwendete Glanzzusatz ist Schwefelkohlenstoff, dessen glanzerhöhende Wirkung von ELKINGTON schon frühzeitig entdeckt worden ist. Auch aus Lösungen, die etwas Schwefelkohlenstoff enthalten, fällt zwar das Silber nicht mit Hochglanz aus, es wäre denn, daß man es bloß in hauchdünner Schicht auf poliertes Metall mit sehr geringer Stromdichte niederschlägt. Eine Nachbehandlung ist also trotzdem fast immer noch erforderlich, sie ist aber leichter und in kürzerer Zeit durchzuführen.

Worauf die glättende Wirkung des Schwefelkohlenstoffes beruht, ist noch nicht einwandfrei ermittelt worden. Im Bade scheint er keine chemische Verbindung einzugehen, sondern nur gelöst oder suspendiert zu sein; denn er verschwindet aus demselben durch Verdunstung und muß zeitweise wieder nachgesetzt werden. Durch Erwärmen des Bades, durch Luftdurchblasen u. dgl. kann man ihn leicht austreiben. Man vermutet deshalb, daß er eine feine Emulsion bildet, die in ähnlicher Weise glättend wirkt, wie Kolloide es tun, ohne dafür bestimmte Argumente ins Treffen führen zu können.

Nach EGEBERG und PROMISEL[1] ist es nicht CS_2 selbst, der glättende Wirkung ausübt. Während Glanzmittel sonst die kathodische Polarisation erhöhen, wird sie durch Schwefelkohlenstoffzusatz sofort, wenn auch nur vorübergehend, erniedrigt.

Glanzwirkung üben nach diesen Autoren vorwiegend Stoffe aus, in denen gleichzeitig ein N-Atom und ein S- oder O-Atom direkt an C gebunden sind, z. B.: Kaliumrhodanid $N\equiv C—S—K$,

$$\text{Thioharnstoff } S{=}C\begin{matrix}\diagup NH_2\\ \diagdown NH_2\end{matrix}, \quad \text{Harnstoff } O{=}C\begin{matrix}\diagup NH_2\\ \diagdown NH_2\end{matrix},$$

Thiosemikarbazid: $H_2N—CSNH\,.\,NH_2$. Eine Ausnahme bildet das Rho-

[1] Trans. Amer. Electrochem. Soc. **74**, 211 (1938).

danammon $N{\equiv}C{-}S{-}NH_4$, das die Glanzbildung (vielleicht infolge NH_3-Abspaltung?) stört.

An anderen Metallen als Silber ist bisher noch kein Zusammenhang zwischen Konstitution und Glanzwirkung hervorgehoben worden.

Auch Selen- und Tellurverbindungen üben Glanzwirkung aus.

In Silberniederschlägen, die aus schwefelkohlenstoffhaltigem Bade gewonnen wurden, lassen sich Spuren von Schwefel nachweisen, ob sie aber mitausgefälltem, eingeschlossenem oder adsorbiertem Schwefelkohlenstoff oder ob sie chemisch an Silber gebundenem Schwefel entstammen, ist noch unsicher.

Als Glanzzusätze wurden von mehreren Seiten gelegentlich gewisse Kolloide empfohlen, ohne sich einbürgern zu können. Gute Resultate erhält man aber mit Natriumthiosulfat (das auch im Kupferbad verwendet wird, s. S. 182, 188) als Glanzzusatz[1], es ist besonders bei gleichzeitigem Zusatz von etwas Ammoniak wirksam. Am besten setzt man dem Bad dazu 0,7 bis 1 g Thiosulfat und etwa 0,6 g NH_3 im Liter zu. Weniger Thiosulfat ist unwirksam, mehr ist schädlich. Größere Mengen Ammoniak sind zwar unschädlich, aber ohne fördernde Wirkung.

Die Glanzwirkung des Thiosulfats ist etwas schwächer als die des Schwefelkohlenstoffs. Beide Glanzzusätze sind bei höheren Stromdichten (1,5 Amp. und darüber) wirksamer als bei niederen.

Ammoniak wurde schon früher vielfach, z. B. in Verbindung mit Schwefelkohlenstoff, als Glanzzusatz verwendet. Aus ammoniakhaltigen Bädern setzt sich aber mit der Zeit etwas Knallsilber als dunkler Bodenkörper ab, der aufgewirbelt wird, wenn man das Bad nicht rechtzeitig und regelmäßig filtriert.

Äther, der oft auch, besonders in Amerika, in Verbindung mit Ammoniak und Schwefelkohlenstoff als Glanzzusatz verwendet wird, soll nach PFANHAUSER[2] die Trübungen und Ausscheidungen fördern.

Alle diese Glanzzusätze verflüchtigen sich mit der Zeit und müssen stets wieder ergänzt werden. Hat man aus Versehen den Bädern zuviel davon zugesetzt, so läßt sich der Überschuß durch Luftdurchblasen oder durch Erwärmen auf 60° austreiben (eine Ausnahme davon bildet das Thiosulfat).

Der Zusatz von Glanzmitteln muß mit großer Vorsicht vorgenommen werden, weil ein Überschuß meist schädlich ist.

Die durch die Glanzzusätze bewirkte Verfeinerung des Kornes bedingt gleichzeitig eine Härtung des Niederschlags. Härtende Wirkung üben aber auch gewisse Metallzusätze aus, vor allem Nickelsalze, wie dies schon

---

[1] Franz. Pat. 740 663; Oberflächentechnik **1933**, 165; PAN, Trans. Amer. Electrochem. Soc. **59**, 329 (1921).

[2] PFANHAUSER, Galvanotechnik, 7. Aufl., S. 480. Leipzig 1928.

von der Kupferraffination her wohlbekannt ist, sie erklärt sich dadurch, daß ein wenig Nickel mitabgeschieden wird. Nach einem Vorschlag MARSHALLS wird bei der Versilberung gelegentlich ein Zusatz von Zyannickelkalium vorgenommen, um die Polierfähigkeit des Silbers zu erhöhen. Die stärkste derartige Wirkung erzielt man durch gleichzeitige Verwendung von Glanzzusätzen und von Nickelsalz.

4. Vorbereitung der Stücke und Zusammensetzung der Bäder

Von ELKINGTON in England und fast gleichzeitig von DE RUOLZ in Frankreich zuerst praktisch durchgebildet, hat die galvanische Versilberung sehr schnell breite Verwendung gefunden und ist von da ab dauernd in Verwendung geblieben. Jetzt, nach mehr als 100 Jahren, dient noch ebenso wie damals das Kaliumsilberzyanid als Grundbestandteil des Bades und nur in der prozentuellen Zusammensetzung desselben sind Variationen eingetreten.

Als Badgefäße wurden früher vorwiegend Steinzeugwannen verwendet, seltener solche aus emailliertem Blech oder aus Gußeisen; gegenwärtig bevorzugt man mit Recht Blechwannen mit Hartgummiüberzug, die man in allen in Betracht kommenden Dimensionen in tadelloser Ausführung herzustellen versteht.

Die Elektrolyse wird noch vorwiegend bei Raumtemperatur, die aber nicht unter 18° sinken soll, durchgeführt. Aus allzu kalten Bädern erhält man schlechtere, ja sogar poröse Niederschläge, die sich entsprechend langsam bilden. Eine mäßige Temperaturerhöhung auf etwa 30° C ist vorteilhaft, wenn man die höchsten anwendbaren Stromdichten herstellen will (1 bis 1,5 Amp. pro Quadratdezimeter). Noch höhere Temperaturen (50 bis 60°) sind nur in besonderen Fällen (s. weiter unten) angezeigt.

Bei höherer Temperatur fällt das Silber (auch mit Glanzzusätzen) matter aus und die Verluste an Zyanid und Glanzmitteln steigen.

Bei Anwendung mittlerer Temperaturen bleiben hingegen die Bäder außerordentlich lange verwendbar. Es sind mir Fälle bekannt, in denen ein und dasselbe Bad 12, ja 15 Jahre klaglos in Verwendung geblieben ist.

Kupfer und Kupferlegierungen können ohne weiteres direkt versilbert werden, wenn sie eine stärkere Silberauflage erhalten. Bei zu dünnem Silberüberzug scheint aber die Farbe des Kupfers durch. Um sie zu decken, wird das Kupfer in solchen Fällen erst mit einer dünnen Messingschicht versehen oder besser verquickt.

Auch Zink, Zinn, Blei und Legierungen dieser Metalle untereinander können direkt versilbert werden; doch zieht man es gewöhnlich vor, sie erst zu verkupfern oder zu vermessingen. Eisen, Stahl, Nickel und Nickellegierungen pflegt man vorher mit einem Kupfer- oder Messingüberzug zu versehen, oder man verquickt sie in der S. 200 angegebenen Lösung, aber unter Anwendung des Stromes.

Eisen und Stahl, die sich nicht gut verquicken lassen, auch Nickel, werden nur selten direkt versilbert, meist — und empfehlenswerterweise — erst nach Herstellung einer weniger unedlen Zwischenschicht (vorzugsweise Cu).

Möglich ist es immerhin, auch Eisen und Stahl direkt zu versilbern, wenn man erst eine, besser zwei bis drei hauchdünne Deckschichten durch ganz kurze Intensivelektrolyse („strike") in sehr silberarmem zyanidreichem Bad bei relativ hoher Stromdichte darauf niederschlägt. Am besten bei Gegenwart von CuCN.

Man taucht dazu das schon mit dem negativen Pol verbundene Werkstück ganz kurz zunächst in eine bloß

0,01-n. Silberzyanidlösung oder
0,15 bis 0,2-n. Kupferzyanidlösung ein, die
75 g/l KCN enthält.

Dieser Behandlung läßt man eine zweite ähnliche in einer

0,02- bis 0,03-n. Silberzyanidlösung folgen, die
60 bis 90 g/l Na- oder K-Zyanid und eventuell
10 bis 30 g/l Karbonat enthält.

Erfahrungsgemäß erzielt man bessere Deckung, wenn Wasserstoff am Werkstück bei dieser Behandlung auftritt. Dazu kommt es aber nicht mehr, wenn man die Silberkonzentration über die angegebene erhöht oder wenn man zu niedere Stromdichte anwendet. Diese soll vielmehr bei diesem kurzen Eintauchen ein Mehrfaches der sonst normalen betragen.

Mit weniger als 60 g/l Zyanid ist hinwiederum die Polarisation unzureichend. Hinreichende Deckung würde man da erst nach längerer Elektrolyse erzielen.

Auf Nichteisenmetallen genügt meist die Behandlung in dieser zweiten Lösung, ohne die zuerst genannte vorher zu verwenden. Eine vorangegangene Verquickung erhöht dann die Verläßlichkeit der Deckschicht.

Aluminium und Zink werden zweckmäßigerweise zunächst verkupfert und dann wie Kupfer weiterbehandelt.

Statt ein Vorversilberungsbad zu verwenden, kann man Kupfer, Zinn, Nickel, Nickellegierungen, wie oben angegeben, auch verquicken und dann ohne weiteres in dem gewöhnlichen Silberbad versilbern.

Für die Bereitung des eigentlichen Fällungsbades geht man meist von käuflichem Silberzyanid oder Kaliumsilberzyanid aus, seltener von Chlorsilber, von metallischem Silber (Silberabfälle) bzw. von Silberoxyd.

Silberchlorid, -zyanid und -oxyd kann man ohne weiteres durch Zyankalium in Lösung bringen, es spielen sich dabei die Vorgänge ab:

$$AgCl + 2\,KCN = KAg(CN)_2 + KCl$$
$$AgCN + KCN = KAg(CN)_2$$
$$Ag_2O + 4\,KCN + H_2O = 2\,KAg(CN)_2 + 2\,KOH$$

Veränderlich ist also die anzuwendende Zyankaliummenge, sie ist bei Auflösung von Chlorsilber doppelt, bei Auflösung von Silberoxyd viermal so groß wie bei Verwendung von Silberzyanid. Im ersten Fall erhält man Chlorkalium, im letzten Ätzkali als unschädliches Nebenprodukt, man hat aber den KCN-Zusatz entsprechend höher zu halten, um dem Bade den gleichen Zyanidüberschuß zu erteilen.

5. Betriebsweise

Die Wahl der Zusammensetzung der Bäder richtet sich nach der Natur der Stücke, die man zu behandeln hat, danach, ob besondere Tiefenwirkung anzustreben ist, vor allem aber auch nach der Dicke der herzustellenden Silberschicht.

Für ornamentale Zwecke stellt man nur ganz dünne Schichten her, gewöhnlich solche von 0,004 bis 0,04 mm Dicke. Für Gebrauchssilber dickere, deren Stärke meist aber gewichtsmäßig angegeben wird und deren Dicke deshalb um so schwerer festzustellen ist, als sie in der Regel nicht gleichmäßig über die ganze Fläche verteilt ist. Es handelt sich dabei meist um Schichtdicken der Größenordnung von 0,04 bis 0,1 Millimeter.

Solange man nur solche Silberüberzüge (z. B. für Bestecksilber) herstellte, arbeitete man mit verhältnismäßig niedrigen Stromdichten bei Temperaturen, die man zwar nicht unter 18° sinken ließ, aber selten erhöhte und nicht über 30° steigen ließ.

Unter solchen Bedingungen arbeiten Silberbäder, da sie lange nicht so empfindlich sind wie Kupferzyanidbäder, innerhalb weiterer Konzentrationsverhältnisse noch zufriedenstellend. Um die unvermeidlichen kleinen Verluste an diesem etwas kostspieligeren Metall nieder zu halten, suchte man mit silberärmeren Bädern auszukommen und begnügte sich damit, in ruhenden Bädern bloß 0,3 bis 0,5 Amp./dm^2 Stromdichte, in bewegten solche von 1 bis höchstens 1,5 Amp./dm^2 (bei etwa 30°) zu verwenden.

Während des zweiten Weltkrieges entstand aber große Nachfrage nach Silberüberzügen von anderer Größenordnung, nämlich von 1 bis 1,5 mm Stärke auf Stahl, auf dem sie besonders fest haften mußten, um als Lagermetall in Flugzeugmotoren verwendet zu werden.

Einer solchen Nachfrage konnte man nur gerecht werden, wenn es gelang, die Fällung in zufriedenstellender Weise mit Stromdichten von anderer Größenordnung vorzunehmen. Daß dies — und zwar in überraschend kurzer Zeit — gelang, beweist, daß man mit der Ausführung galvanotechnischer Operationen vertraut genug geworden ist, um sich auch ziemlich tiefgreifenden Änderungen schnell anpassen zu können. Andererseits bildet dieser Fall eine Illustration dafür, wie man oft lange noch aus Gewohnheit an Veraltetem festhält, ohne Neues zu erproben.

Die Arten galvanischer Silberüberzüge, welche gegenwärtig hergestellt werden, lassen sich, je nach ihrer Niederschlagsstärke, die von einer zur anderen Art um eine Größenordnung differiert, in drei Gruppen zusammenfassen:

1. Ganz dünne Versilberungen für rein dekorative Zwecke.
2. Mittelstarke, fast immer nachträglich geglättete Überzüge für Gebrauchsstücke in Innenräumen.
3. Etwa millimeterstarke Überzüge für technische Zwecke.

(Photo: Riedel & Co.)

Abb. 88. Versilberungs-Anlage

Die ersten zwei Arten lassen sich zwar in ruhendem Elektrolyten ausführen; doch verwendet man gegenwärtig fast durchaus solche, in denen die zu behandelnden Stücke automatisch bewegt werden. Vorzugsweise in Wanderbädern oder in Ringbädern, weil sie viel gleichmäßigere Produkte liefern.

Die gegenseitige Bewegung: Werkstück — Elektrolyt läßt nicht nur die Anwendung höherer Stromdichten zu, sondern sie erhöht auch die Feinheit des Kornes, zugleich die Deckkraft des Silbers durch Verringerung seiner Porenzahl.

Die Abb. 88 zeigt einen Versilberungs-Vollautomaten der Firma Riedel & Co., der außer dem eigentlichen, im Vordergrund sichtbaren Versilberungs-Ringbad die entsprechenden Bäder für Vor- und Nachbehandlung im Hintergrund erkennen läßt, durch welche die Werkstücke mittels Kettentransporteur durchgeführt werden. Dieser setzt sie auch auf den Kontaktring des Ringbades auf und nimmt sie nach durchlaufener Bahn von dort wieder ab.

Übliche mittlere Badzusammensetzungen und Betriebsbedingungen sind die folgenden:

AgCN ....35 bis 40 g/l (entsprechend 0,26 bis 0,28-n. oder rund 30 g/l Ag)
KCN ......60 g/l (etwa 1-n., davon rund $^2/_3$ frei)
K_2CO_3.....30 bis 45 g/l
CS_2 ....etwa 1 Milligramm/l
Stromdichte 0,5 bis 1,5 Amp./dm^2, Temperatur 28 bis 30°.

Wie bereits bemerkt, kann die Konzentration des Silberzyanids nach oben und unten ohne weiteres um etwa 30% variiert werden, wenn nur das Mengenverhältnis zum freien, d. h. zum überschüssigen Zyanid in günstigen Grenzen gehalten wird.

Die Herstellung schwerer Silberniederschläge für Lagerzwecke erheischt eine besonders sorgfältige Entfettung und Reinigung der zu bedeckenden Stahlflächen, zweckmäßigerweise auch durch anodische Behandlung (s. S. 155). Um gutes Haftvermögen des Silbers zu sichern, empfiehlt es sich, die Stahloberfläche zu vernickeln, ehe man sie mittels Silber-„strike“ bedeckt und die Stücke ins eigentliche Silberbad einführt.

Die Versilberung erfolgt dort bei höherer Temperatur in einem viel konzentrierteren Bad, dessen Zusammensetzung innerhalb der Grenzen variiert werden kann:

AgCN ....40 g/l bis 135 g/l
KCN ....45 g/l bis 150 g/l
K_2CO_3 ....15 g/l bis 75 g/l
KOH......... 4 g/l bis 30 g/l

Stromdichte bei rascher Zirkulation 10 bis 16 Amp./dm^2,
Temperatur 45°.

Die Zirkulation wird meist dadurch hoch gehalten, daß man die Anode oder die Kathode rasch rotieren läßt, z. B. mit etwa 100 bis 200 Touren je Minute.

Besonders bei der Herstellung dünner Überzüge wird die Versilberung nicht immer in einem einzigen Operationsgang vorgenommen. Oft ist eine Nachversilberung erwünscht oder erforderlich.

Dazwischen wurden die Stücke früher immer durch „Kratzen“ oder „Bürsten“ auf mechanischem Wege geglättet.

Für die Glanzzusätze, welche eine Steigerung der Stromdichte ermöglichen, stellt man sich vorteilhafterweise Standlösungen her, von denen man den Bädern kleine Partien zusetzt.

Solche Standlösungen bereitet man sich z. B.:

a) Durch kräftiges Schütteln von 0,5 g Schwefelkohlenstoff mit 8 g Zyankalium pro Liter und nachträgliches Filtrieren. Von dieser Standlösung setzt man dem Bad in regelmäßigen Intervallen 6 Tropfen (0,3 cm^3) pro Liter zu.

b) Aus 0,5 g Schwefelkohlenstoff und ebensoviel Äther mit 5 bis 8 g Zyankalium. Verwendung wie unter a.

c) Aus 100 g Natriumthiosulfat im Liter. Zusatz 7 bis 10 cm^3 zum Liter Badlösung nebst etwa 3 cm^3 konzentrierter Ammoniaklösung.

Mit Hochglanz fällt Silber fast nie aus. Dazu muß man es entweder mechanisch nachbehandeln oder elektropolieren. Relativ schönes Glanzsilber liefert ein Bad von O. Kardos.

Von Zeit zu Zeit ist etwas Zyanid im Maße seiner Überführung in andere Verbindungen nachzusetzen; denn bei zu kleinem Zyanidgehalt bedecken sich die Silberanoden mit Silberoxyd und Silbersuperoxyd und gehen schwerer in Lösung, das Bad verarmt dann an Silber. Gegenwärtiges Karbonat verzögert und erschwert noch das Inlösunggehen der Anoden bei unzureichendem Zyanidgehalt.

Einen Mangel an Zyanid erkennt man daran, daß die Anoden, die im glatten Betrieb hellgrau aussehen, dunklere, stumpfe Farbe annehmen, während ihre Farbe bei zu hohen Zyanidkonzentrationen der des ausfallenden Silbers immer ähnlicher wird.

Seitdem man festgestellt hat, daß die Gegenwart gewisser Mengen von Pottasche vorteilhaft ist, setzt man frisch angesetzten Bädern von Haus aus Kaliumkarbonat (etwa 30 bis 50 g pro Liter) zu.

Lokale Verarmungen der Badlösung an $Ag^{\cdot}$ führen zu ungleichmäßiger, streifiger oder fleckiger Silberabscheidung. Eine mäßige Bewegung der Badlösung oder der Kathoden ist deshalb vorzusehen, sie kann nur bei ganz leichter, dünner Versilberung entbehrt werden.

Eine Schwärzung der Anoden, welche in der Literatur manchmal den Glanzzusätzen zur Last gelegt wird, tritt hauptsächlich bei hohem Eisengehalt der Badlösung auf, sie kann aber auch durch Verunreinigung der Anoden durch Pb, Bi, Mn, Te, Se, S oder Sb hervorgerufen werden. Sie tritt aber kaum auf, wenn man Anoden mit einem Feinheitsgrade 999,9 verwendet. Es empfiehlt sich, minder reine Anoden in Säcke einzuschließen.

Besonders in stark bewegten Bädern ist eine solche Vorsichtsmaßnahme neben häufiger oder fortlaufender Filtration am Platz.

Einen zu hohen Silbergehalt des Bades korrigiert man durch zeitweisen Ersatz eines Teils der Silberanoden durch unlösliche, z. B. durch nichtrostende Stahlanoden.

Die Elektrolyse geht mit nahezu quantitativer Stromausbeute vor sich, so daß man die erzielten Niederschlagsmengen ohne weiteres aus der angewendeten Amperestundenzahl berechnen kann. In runden Zahlen rechnet man mit einer Silberabscheidung von 4 g (theoretisch 4,026 g) pro Amperestunde. Man darf freilich nicht außer acht lassen, daß Silber nicht nur auf die zu versilbernden Gegenstände, sondern auch auf deren Träger bzw. auf die Kontaktzuführungen niedergeschlagen wird, und muß eine entsprechende Korrektur anbringen. Um letztere Silbermenge möglichst gering zu halten, verwendet man Träger, die mit Hartgummi überzogen sind und der Badlösung so wenig blanke Metalloberfläche bieten wie nur möglich.

Die schöne Farbe des Silbers ändert sich leider bei Einwirkung der geringsten Spuren von Schwefelwasserstoff, es läuft an oder es bräunt sich. Vielfach ist es versucht worden, die Versilberung durch mitausgefälltes Zn oder Cd[1] dagegen zu schützen. Die Ähnlichkeit der Abscheidungspotentiale dieser Metalle in Zyanidlösungen liefert hiezu eine Möglichkeit. In der Praxis hat sich dies bisher nicht bewährt, es hat sich als zu schwierig erwiesen, die Bäder dabei ständig zu kontrollieren und zu korrigieren, um halbwegs gleichmäßige Niederschläge erhalten zu können[1]. Eher scheint noch Aussicht dafür vorhanden zu sein, das Silber durch nachträgliches Überziehen mit einer hauchdünnen Cadmiumschicht vor Anlaufen zu schützen. Von allen unedlen Metallen kommt das Cadmium dem Silber am nächsten, so daß dessen Aussehen durch Cadmium am wenigsten beeinträchtigt wird.

Einen sicheren Schutz gegen das Anlaufen bietet ein dünner Überzug aus dem Edelmetall Rhodium, der in der Farbe dem des Silbers nahezu gleichkommt.

6. Analytische Kontrolle und Korrektur der Badlösung

Die Kontrolle beschränkt sich auf die Ermittlung der Konzentrationen des Silbers, des freien Zyanids, des Karbonates, allenfalls des Chlorids.

Silber kann gravimetrisch als Chlorid bestimmt werden oder volumetrisch in zyanidfreier Lösung. Zur Ausführung beider Bestimmungsmethoden kocht man die Probe mit überschüssiger konzentrierter Schwefelsäure bis zur völligen Zerstörung des Doppelzyanids und dem restlosen Austrei-

---

[1] Aten und Putten haben (Rec. trav. chim. Pays-Bas **44**, 861 [1925]) festgestellt, daß ein Gehalt von 3% die Silberfarbe schon durch einen gelben Stich beeinträchtigt. Sie äußern die Ansicht, daß die zulässigen Cadmiummengen zu klein sind, um wirkungsvoll sein zu können.

ben der entstehenden Blausäure. Man verdünnt dann und fällt aus der Lösung, welche das Gesamtsilber in Form von Sulfat enthalten muß, mit sehr geringem Überschuß an Salzsäure oder man titriert mittels Rhodankaliumlösung unter Benützung von Ferriammonsulfatlösung als Indikator bis zur auftretenden Rosafärbung.

Das „freie" Zyanid wird durch direkte Titration der verdünnten Probe mittels Silbernitratlösung ermittelt; 1 cm^3 0,1-n. Silbernitratlösung entspricht 0,013 g KCN oder 0,0098 g NaCN.

Zur ungefähren Ermittlung des Karbonatgehaltes fällt man nach BROOK und HOLMES[1] mittels Bariumnitrat, filtriert, wäscht mit heißem Wasser, bis das Waschwasser neutral reagiert, löst den gewaschenen Rückstand in überschüssiger Salzsäure bekannten Gehaltes und titriert nach vollständiger Auflösung die frei gebliebene Säure. In den Waschwässern führt man dieselbe Ermittlung getrennt durch.

Will man den Silbergehalt der Badlösung um 1 g/l erhöhen, so kann man dazu 3,33 g Kaliumsilberzyanid mit 30% Ag-Gehalt, 1,85 g $KAg(CN)_2$ oder 1,33 g AgCl zusetzen.

Zur Steigerung des Zyanidgehaltes um 1 g KCN pro Liter setzt man 1,29 g käufliches 50%iges Bariumzyanid oder 7,25 g 20%ige Lösung desselben zu. Der Karbonatgehalt des Bades sinkt dementsprechend.

Durch Zusatz von 1 g AgCl werden 0,6 g freies KOH bzw. 1,2 g freies KCN gebunden[2].

C. Gold

1. Allgemeines

Aus den Lösungen seiner einfachen Verbindungen (z. B. seiner Chlorverbindungen, welche in der Galvanotechnik vorzugsweise herangezogen werden) fällt Gold bei der Elektrolyse in grobkristalliner Form aus und neigt dazu, Kristallaggregate zu bilden. Goldanoden lösen sich in Goldchloridlösung nicht auf, es entwickelt sich an ihnen gasförmiges Chlor neben Sauerstoff. Erst wenn man der Lösung Salzsäure zusetzt, wird das Gold anodisch vom Chlor in Lösung gebracht. Im Elektrolyten bildet sich dann nämlich Goldchlorwasserstoffsäure, welche in Ionen $H^{\cdot}$ und $AuCl_4'$ gespalten ist. Das Metall tritt also auch hier im Anion auf.

Die Goldchlorwasserstoffsäure kann in Form wohlausgebildeter Kristalle der Zusammensetzung $AuCl_3 . HCl . 4 H_2O$ oder $HAuCl_4 . 4 H_2O$ gewonnen werden. Die reinen Kristalle enthalten 48 Gew.-% Au und dienen oft als Ausgangsmaterial für die Herstellung der Bäder.

Viel feinkörnigere Goldniederschläge erhält man bei der Elektrolyse von Doppelverbindungen mit Zyaniden oder Blutlaugensalz. Diese Elektrolyte werden deshalb bei der elektrolytischen Vergoldung bevorzugt, und man

[1] Trans. Faraday Soc. **16**, 527 (1921).
[2] Mitt. Forsch.-Inst. Edelmetalle **1933**, 24.

wendet Goldchlorwasserstoffsäurelösungen nur in Ausnahmefällen an (z. B. wenn man etwa in komplexen Salzlösungen hergestellte dünne Überzüge nachträglich schnell verstärken will).

Zur Badherstellung geht man aber meist von Goldchlorwasserstoffsäure oder von Goldchlorid aus, welches man durch Auflösung reinen Goldes in Königswasser unter mäßiger Erwärmung herstellt. Eine Temperatursteigerung über 100° ist zu vermeiden, weil sie zur Bildung schwerlöslichen Aurochlorids, AuCl, oder sogar zum Zerfall des Chlorids in seine Elemente führt.

Aus dem Goldchlorid läßt sich das Doppelzyanid durch Behandlung mit Alkalizyanid nach:

$$AuCl_3 + 4\,KCN = KAu(CN)_2 + (CN)_2 + 3\,KCl$$

herstellen. Das Gold geht in diese Doppelverbindung in einwertiger Form ein. Ob das beigemengte Kaliumchlorid bei der Elektrolyse eine Rolle spielt, ist nicht sicher ermittelt worden, manche sind der Ansicht, daß es gelegentlich das Auftreten rötlicher Flecke verursacht. Will man Elektrolyte herstellen, welche kein KCl enthalten, so fällt man Zyangold, AuCN, durch Zyanidzusatz aus, filtriert und löst in Kaliumzyanidlösung auf, oder man geht von käuflichem AuCN aus, das in reinem Zustande 88 Gew.-% Au enthält, und bringt es durch KCN in Lösung. Man kann auch Knallgold mittels Ammoniak ausfällen und nach dem Dekantieren und Waschen das Doppelzyanid daraus durch Behandlung mit KCN bilden, wobei Ammoniak ausgetrieben wird. In trockenem Zustand ist Knallgold sehr explosiv, unter Wasser läßt es sich aber in gefahrloser Weise handhaben.

Pro 1 Amperestunde können theoretisch 7,3 g Au aus $Au^{\cdot}$, 2,43 g Au aus $Au^{\cdot\cdot\cdot}$ abgeschieden werden.

2. Zusammensetzung der Bäder

a) Auf Doppelzyanid aufgebaute Goldbäder sind bei weitem die gebräuchlichsten. Das Kaliumdoppelzyanid ist bei Verwendung löslicher Goldanoden dem Natriumdoppelzyanid vorzuziehen, weil Natriumionen die Anoden passivieren, ihre Auflösung verzögern und den Goldgehalt des Bades daher sinken lassen, wie durch die Untersuchungen von Coehn und Jacobsen dargetan worden ist[1]. Diese Wirkung eines Kations auf das anodische Verhalten des Metalls führen die genannten Autoren auf die Bildung einer schwer löslichen Deckschicht von Natriumaurozyanid zurück. Die Natur des Natriumsalzes, das die $Na^{\cdot}$ liefert, soll demnach ohne Einfluß sein, soweit sie die Löslichkeit des Natriumaurozyanids nicht ändert.

Der Goldgehalt der Doppelzyanidbäder kann innerhalb weiter Grenzen variiert werden, praktisch wird er immer ziemlich nieder gehalten, etwa innerhalb der Grenzen 0,4 bis 8,5 g Au/l. Bei Verwendung unlöslicher

---

[1] Z. anorg. Chem. 55, 321 (1907).

Anoden läßt sich der Goldgehalt eines Bades im letzten Stadium der Elektrolyse nahezu erschöpfen. Auch aus Lösungen, deren Goldgehalt so gering ist, lassen sich noch feinkörnige, dichte Goldniederschläge gewinnen; doch wird die Schattierung des Goldes durch die Konzentration, daneben auch durch die Stromdichte und Temperatur beeinflußt.

Je goldärmer, je kälter das Bad ist, je höhere Stromdichten man unter sonst gleichen Bedingungen anwendet (ohne sie indes so weit zu steigern, daß man schwammige oder dunkle Niederschläge erhält), desto kälter, grünlicher wird auch die Farbe des Goldes und vice versa. Allgemein gesprochen scheinen die Bedingungen, die der Regel gemäß zur Abscheidung des Metalls in feinerer Form führen, die Farbe aufzuhellen, während man unter den Bedingungen, welche für die Abscheidung gröber kristallinen Metalls günstiger sind, rötlichere Töne erzielt.

Der Goldgehalt und die bei der Elektrolyse eingehaltene Temperatur sind auch in anderer Hinsicht von deutlichem Einfluß auf die Beschaffenheit des Goldüberzuges. Die Unterschreitung eines Schwellenwertes des Goldgehaltes und der Temperatur hat z. B. eine wesentliche Vermehrung der Porenzahl zur Folge, was die Herstellung dichter Überzüge leicht in Frage stellt.

Der Zyanidüberschuß wird in der Regel niedrig bemessen, meist gerade nur so hoch, daß sich die Anoden nicht zu schwer auflösen.

Coehn und Jacobsen haben (l. c.) gefunden, daß sich Goldanoden quantitativ auflösen, wenn der Elektrolyt 1 bis 3% freies Zyankalium enthält, daß man aber keine quantitativen anodischen Stromausbeuten erzielt, wenn der Zyankaliumgehalt kleiner oder wenn er größer ist. Beträgt er weniger als 1%, so wird ein Teil des Stromes anodisch zur Entladung von Sauerstoff verbraucht, die Anoden färben sich dunkler; ist er größer als 3%, so färbt sich hingegen die Lösung in Anodenumgebung (wohl infolge Parazyanbildung) dunkel, das Gold wird nur träge aufgelöst, obwohl wenig Gas an der Anode auftritt.

In der Praxis hält man gewöhnlich die Konzentration an freiem Zyanid noch unter der Grenze, bei welcher eine quantitative anodische Stromausbeute erreicht wird, weil auch die kathodische Stromausbeute niemals quantitativ ist. Selbst bei Stromdichten von weniger als 0,05 Amp./dm^2 erreicht dieselbe nur etwa 95%, und sie sinkt bei einer Steigerung der Stromdichte auf 0,1 bis 0,2 Amp./dm^2 weiter auf etwa 65% und darunter. Sie nimmt unter sonst gleichbleibenden Bedingungen mit sinkender Goldkonzentration ab. Vermehrung des freien Zyanids führt zur Abscheidung blasseren Metalls.

Höhere Stromdichten als 0,1 Amp./dm^2 bei gewöhnlicher, von 0,2 Amp./dm^2 bei höherer Temperatur sind bei der Goldelektrolyse kaum herzustellen, ohne daß das Gold in schwammiger Form ausfällt. Auch dies tritt ceteris paribus um so leichter ein, je niedriger der Goldgehalt sinkt und bei je tieferen Temperaturen man arbeitet. Um die anwendbaren Stromdichten etwas steigern zu können, ohne daß Schwammbildung eintritt, setzt man dem Elektrolyten meist Leitsalz zu, etwa Alkaliphosphat, -karbonat oder -sulfit, und zwar vorwiegend die Natriumsalze. Sie erschweren die Anodenauflösung, wirken aber als Puffer. Ein solcher Zusatz bewirkt eine etwas blassere Färbung des ausfallenden Goldes.

Da es kaum möglich ist, Bedingungen festzuhalten, unter denen die anodische Stromausbeute der kathodischen gerade die Waage hält, ändert sich der Goldgehalt der Lösung während des Betriebes. Meist nimmt er zu, das hat manche veranlaßt, nur einen Teil der Anoden aus Gold herzustellen und daneben Graphitanoden einzuhängen, was aber zur Verschmutzung des Bades führen kann. Besser sind Platinanoden. Ganz schwache Vergoldung wird zuweilen sogar mit unlöslichen Anoden in Bädern durchgeführt, deren Goldgehalt so nieder bemessen wird, daß er fast völlig erschöpft wird.

Rationeller ist es, etwas erwärmte, goldreichere Bäder zu benützen, um die Elektrolyse mit etwas höheren Stromdichten, also in kürzerer Zeit durchführen zu können. Will man ohne Leitsalz arbeiten, so löst man dazu etwa 4 bis 5 g Gold in Form von Goldzyanid (oder allenfalls von Knallgold) in 15 bis 18 g Kaliumzyanid auf. Bei gesteigerter Temperatur, etwa 60°, liefert ein solches Bad gute Goldniederschläge bei kathodischen Stromdichten von etwa 0,2 Amp./dm².

Wendet man Leitsalze an, so kann man den Goldgehalt niedriger bemessen, Bäder etwa folgender Zusammensetzung verwenden:

	Für dünne Überzüge	Für dickere Überzüge		
Gold	2 g/l	2 g/l...	bis	8 g/l
KCN	15 g/l	2 g/l...	,,	10 bis 20 g/l
$NaHPO_4 . 12\,H_2O$	4 bis 8 g/l	40 g/l...	,,	4 g/l
Na_2SO_3		20 g/l...	,,	0 g/l

und die Stromdichte bei 60 bis 80° auf 0,4 bis 0,5 Amp./dm² steigern.

Um härtere Niederschläge zu erhalten oder dem Gold besondere Schattierungen zu erteilen, setzt man dem Bade manchmal kleine Mengen von Fremdmetallsalzen zu.

Kleine Nickelzusätze steigern die Härte der Goldüberzüge, ohne deren Farbton merklich zu ändern, da Nickel unter diesen Umständen nur in ganz geringen Mengen mit dem Gold abgeschieden wird. Man setzt es etwa in Form seines Karbonates in Mengen von 0,6 bis 1 g/l zu.

Kupfer wird in höherem Grade mit ausgefällt, es färbt das Gold rötlich und härtet es ein wenig. Man setzt es gleichfalls vorteilhafterweise in Form seines Karbonates oder seines Doppelzyanids und in Mengen von 0,6 bis 1 g/l dem Bade zu.

Arsenige Säure oder Bleikarbonat, die man nach Auflösung in NaOH dem Bade zusetzt, färben hingegen das Metall grünlich.

Weißgold kann durch Erhöhung des Nickelzusatzes auf 4 bis 5 g Ni/l, ferner durch Zusatz von Silberdoppelzyanid, durch Zinn- oder Chromzusätze erhalten werden u. dgl. m.

In allen diesen Fällen werden kleine Mengen fremder Metalle mit dem Gold, oder es werden Legierungen beider Metalle ausgeschieden. Goldlegierungen auf elektrolytischem Weg aus gemischten Salzlösungen in bestimmter und gar in gleichbleibender Zusammensetzung abzuscheiden[1], gelingt nur schwer. Da der Farbton einer Vergoldung oft wichtig ist, beeinflußt man die Nuancierung durch derartige Zusätze auf bloß empirische Art.

Eine Vergoldung, die auf Stahl direkt aufgebracht werden kann und darauf haftet, erhält man durch Herstellung eines „strikes" aus Au-armer zyanidreicher Lösung vor Vornahme der eigentlichen Vergoldung.

b) Ferrozyankalische Goldbäder sind neben den Doppelzyanidbädern öfter in Vorschlag gebracht und auch schon frühzeitig (1845) verwendet worden[2]. In solchen Bädern lösen sich Goldanoden oft schlecht auf. Paweck und Weiner[3] haben aber Arbeitsbedingungen angegeben, unter denen die anodische Stromausbeute nur wenig hinter der kathodischen Stromausbeute zurückbleibt und sich die Goldabscheidung mit ungleich höheren Stromdichten (nämlich solchen von 4 bis 6 Amp./dm²) durchführen läßt[4].

Die Badlösungen werden durch Eintragen von Chlorgold oder von Goldchlorwasserstoffsäure in Ferrozyankaliumlösung hergestellt. Es fällt Berlinerblau aus, das durch Natriumkarbonatzusatz in basisches Eisenkarbonat übergeführt wird. Man läßt in der Wärme absitzen und filtriert.

Die Autoren empfehlen folgende Mengenverhältnisse:

Goldchlorwasserstoffsäure	50 g/l
Natriumkarbonat, kalz.	50 g/l
Ferrozyankalium	200 g/l

und kathodische Stromdichten von 4 bis 6 Amp. bei 70° anzuwenden. In der Kälte scheiden sich Kristalle aus der Lösung aus, die sich beim Erwärmen wieder auflösen. Bei 4 bis 6 cm Elektrodenentfernung und 70° C lassen

---

[1] Etwas besser definierte Produkte kann man erhalten, wenn man verschiedene Metalle schichtenweise nacheinander niederschlägt und die Legierungsbildung nachträglich herbeiführt. In diese Richtung fällt auch ein neues Verfahren Winklers in Pforzheim, ähnliches durch pulsierenden Gleichstrom zu erzielen.

[2] Beutel hat eine Reihe vorgeschlagener Badzusammensetzungen (Z. angew. Chem. **25**, 996 [1912]) zusammengestellt.

[3] Z. Elektrochem. **36**, 972 (1930); cf. auch Weiner und Jantschitsch, Korrosion u. Metallschutz **20**, 207 (1941).

[4] Nach Armstrong, Himsworth und Butler (Proc. Roy. Soc. London **143**, 89 [1933]) bildet sich an Goldanoden ein Sauerstoffilm, der durch reduzierende Substanzen, darunter auch durch Ferrozyankalium, dank ihrer depolarisierenden Wirkung beseitigt wird.

sich Stromdichten von 4 bis 6 Amp./dm^2 mit Badspannungen von 1,2 bis 1,5 Volt herstellen. Die erhaltenen Goldniederschläge sind glatt und bleiben selbst dann noch glatt, wenn man die Elektrolyse eine Stunde lang mit hoher Stromdichte fortsetzt, also verhältnismäßig starke (etwa 0,09 mm dicke) Goldniederschläge herstellt.

Bei noch weiterer Steigerung der Stromdichte fällt der Niederschlag in bräunlicher Farbe, aber noch immer in festhaftender Form aus. Poliert man ihn, so erlangt er wieder die normale Goldfarbe. Durch Herabsetzen der Stromdichte kann die Farbe eines durch zu hohe Stromdichte zu dunkel gewordenen Niederschlages allenfalls im letzten Stadium der Vergoldung noch korrigiert werden.

Das Gold ist in diesen Bädern zum Teil in dreiwertiger Form enthalten. Es ist nicht bekannt, in welchem Verhältnis dreiwertiges und einwertiges Gold zur Entladung gelangt, da der Kathodenprozeß nicht näher studiert, der auf Wasserstoffentladung verwendete Stromanteil usw. nicht bestimmt wurde. Auf Aurigold-Abscheidung berechnet, bewegen sich die unter den angegebenen Arbeitsbedingungen erzielten Stromausbeuten in den Grenzen 150 bis 190% (bzw. von 50 bis 63% auf Aurogold gerechnet). Die anodischen Stromausbeuten sind niedriger, etwa 115 bis 180%, die Lösung verarmt daher an Gold; mit sinkender Goldkonzentration sinkt die kathodische, steigt die anodische Stromausbeute.

Die anodische Stromausbeute sinkt ferner mit steigender Anodenstromdichte; um sie hoch zu halten, empfiehlt es sich daher, Anoden zu verwenden, die mehrmals (etwa fünfmal) so groß dimensioniert sind als die Kathoden.

Die kathodische Stromausbeute steigt hingegen anfangs mit steigender Stromdichte, erreicht ein Maximum und sinkt bei noch weiter zunehmender Strombelastung. Folgende Versuchsreihe illustriert dies:

Stromdichte	6,5	4,4	2,3 Amp./dm^2
Anodische Stromausbeute	13	77	90%
Kathodische Stromausbeute	65	118	43%

Wenn man die anodische Stromdichte etwa fünfmal niedriger bemißt als die kathodische, läßt sich die Differenz der Ausbeuten in folgendem Ausmaß verringern:

Anodische Stromdichte	1,4	1,2	1,2 Amp./dm^2
Kathodische Stromdichte	7	6	6 Amp./dm^2
Anodische Stromausbeute	110	119	145%
Kathodische Stromausbeute	153	173	190%

Immer bleibt also noch die anodische Stromausbeute kleiner, das Bad verarmt mit Fortsetzung der Elektrolyse zunehmend an Gold. Zur Aufrechterhaltung guter Badzusammensetzung muß von Zeit zu Zeit Goldsalz nachgesetzt werden, mit diesem führt man aber auch Anionen ein, die Zusammensetzung muß sich ändern. Die Änderung der Arbeitsbedingungen, die dies nach sich zieht, die Art und Häufigkeit einer erforderlichen Regenerierung oder Erneuerung des Bades ist nicht beschrieben worden.

Von den Goldniederschlägen wird vor allem verlangt, daß sie guthaftend seien, das darunter liegende Metall decken und entsprechende Farbe aufweisen.

Aus den Lösungen seiner Doppelzyanide fällt Gold in einem Grade der Feinkörnigkeit und der Dichte aus, welcher demjenigen an die Seite zu stellen ist, in welchem man Kupfer und Silber aus analogen Bädern erhält.

Wegen seines hohen Preises wird dieses Metall aber nur auf das sparsamste verwendet. Aus dem viel wohlfeileren Silber stellt man im allgemeinen Überzüge in einer Niederschlagsstärke her, welche groß genug ist, deren Porenfreiheit zu sichern. Dazu reichen etwa solche von ungefähr 0,04 bis 0,05 mm aus.

Beim Gold erweisen sich so starke Überzüge meist schon als viel zu kostspielig. Um mit dünneren Schichten auszukommen, stellt man deshalb gerne zuerst eine Zwischenschicht aus einem widerstandsfähigen Metall von passender Farbe her, dessen Oberfläche man möglichst sorgfältig glättet, ehe man das Werkstück ins Goldbad einführt.

Poren in Goldniederschlägen lassen sich nachträglich auch durch sachgemäße mechanische Behandlung, z. B. durch Druckpolierung mittels Stahl, mehr oder minder vollkommen schließen. Eine solche Manipulation bildet gleichzeitig eine Prüfung auf die Haftfestigkeit, bei welcher man allerdings riskiert, Verluste am teuren Metall zu erleiden. Bei gutem Haften des Niederschlages ist diese Gefahr viel geringer, als man gewöhnlich annimmt, die bekannt große Duktilität des Goldes verringert sie außerordentlich. Die mechanische Abnützung von Goldniederschlägen durch scheuernde Beanspruchung ist besonders gering.

Da man sich in der überwiegenden Mehrzahl der Fälle damit begnügt, hauchdünne (oft nur 0,001 mm starke) Goldüberzüge herzustellen, bereitet es keine Schwierigkeiten, diese in glänzender Form zu gewinnen, wenn man das Grundmetall vor der Vergoldung hochpoliert. Eine mechanische Nachbehandlung, der man nach Möglichkeit aus dem Wege geht, ist bei Herstellung stärkerer Überzüge aber trotzdem oft nicht zu vermeiden.

Der Farbton, in welchem man die Goldniederschläge erhält, läßt sich erfahrungsgemäß bis zu gewissem Grade durch die Modifikation der Arbeitsbedingungen regeln, er wird aber auch von der Farbe des überzogenen Metalls bei dünner Vergoldung beeinflußt, weil dann z. B. die rote Farbe des Kupfers, die weiße des Nickels, Silbers usw. durchschimmert. Besonders dünne Goldüberzüge stellt man deshalb oft auf Messing her oder man überzieht das zu vergoldende Metall auf elektrolytischem Wege zuerst mit Messing.

Die amerikanische Firma Du Pont de Nemours hat zur Erzielung bestimmter Goldtönungen eine Reihe von Badzusammensetzungen angegeben, unter denen folgende herausgegriffen sind[1]:

Tabelle 37

Bad-Bestandteile in g/l	Farbtönung				
	normal	rosa	stärker rot	grün	tieferes Altgrün
Kaliumgoldzyanid	4	4	4	4	4
K — oder Na — CN	15	4	8	15	8
Natriumphosphat		15			
Nickelzyanür					
Kupferzyanür	0 bis 0,25				
Kaliumkarbonat	2	2	15		
Kaliumferrozyanid			90		
Cadmiumoxyd				0,5	
Zyansilber				0,25	
Bleiazetat					0,25
Cadmiumzyanid					0,5

Stromdichte 0,1 bis 0,5 Amp./dm² bei 60°

3. Analytisches

Zur Bestimmung des Goldes zerstört man das Zyanid der Doppelzyanidlösungen und fällt das Gold entweder in metallischem Zustand aus oder führt es in Goldchlorid über, dessen Menge man etwa auf jodometrischem Weg ermittelt.

D. Zink

1. Allgemeines

Die Verzinkung stellt das wohlfeilste Mittel dar, Eisen durch einen metallischen Überzug vor Korrosion zu schützen.

Der Verzinkung nach dem Eintauchverfahren („Feuerverzinkung") gegenüber weist die elektrolytische Verzinkung den Vorteil auf, eine gleichmäßigere Verteilung des Zinks über glatte Flächen zu sichern, die Dicke des Überzuges innerhalb weiterer Grenzen nach Belieben variieren zu können, vor allem auch dünnere Überzüge herstellen zu lassen, als dies nach dem Eintauch-

[1] FRARY hat in Trans. Amer. Electrochem. Soc. **23**, 25 (1913) eine ganze Sammlung von Rezepten zusammengestellt.

verfahren möglich ist. Die Manipulationskosten sind bei elektrolytischer Herstellung zwar größer, dafür hat man nicht mit so großen Zinkverlusten zu rechnen wie bei der Feuerverzinkung.

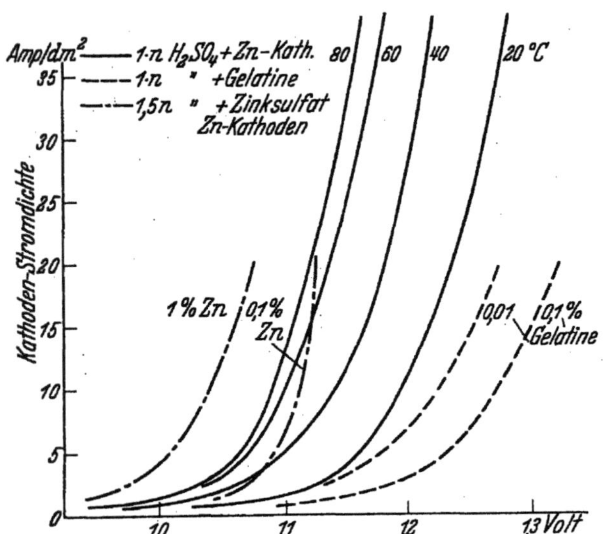

Abb. 89. Kathodenpotentiale in Zinksulfatlösungen angegebener Zusammensetzung bei verschiedenen Temperaturen

Das Elektrolytzink ist aber auch reiner, duktiler und arm an spröden Legierungen, die sich bei der Feuerverzinkung zumindest an der Grenzfläche Fe/Zn (s. Abb. 93, S. 226) bilden. Es kann leichter bearbeitet, z. B. nachträglich gestanzt werden und hat deshalb etwas größeren Wert.

Die elektrolytische Verzinkung wird vorwiegend zum Schutze von Blechen und Drähten angewendet.

Die Vorrichtungen, welche zur Verzinkung von Blechtafeln dienen, weisen nichts besonders Bemerkenswertes auf. Die Bleche werden in die Zinkbäder ein- und ausgehängt, nicht, wie es etwa bei dünner Verzinnung geschieht, als endlose Bänder rasch durch die Zellen geführt.

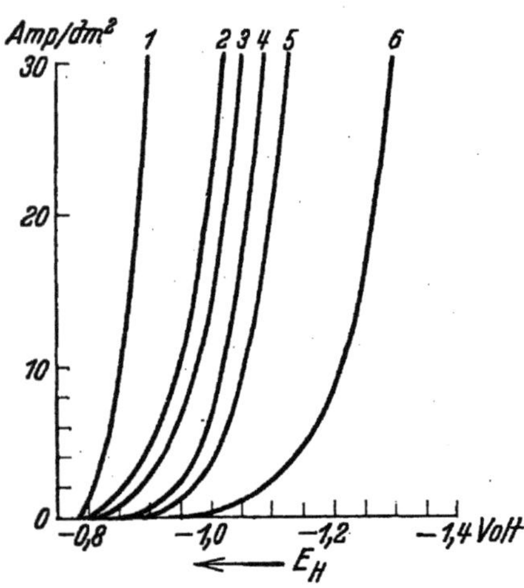

Abb. 90. Kathodenpotentiale: *2, 3, 4, 5* in Lösungen, die etwa 3,51-n. schwefelsauer sind und an $ZnSO_4$: *2* 1,01-n. (20° C), *4* 0,31-n. (20° C), *3* 0,93-n. (40° C), *5* 0,031-n. (20° C); *1* 1,0-n. säurefrei (40° C), *6* reine Säure, 3,51-n., ohne Zinksulfat

Für die Galvanisierung, insbesondere für die Verzinkung von Drähten, die großen Umfang angenommen hat, sind aber originelle Apparaturen durchgebildet worden. Sie werden deshalb in diesem Kapitel im Abschnitt 3 ganz kurz gekennzeichnet.

Zink kann sowohl aus sauren als auch aus alkalischen Bädern mit gutem Erfolge elektrolytisch abgeschieden werden.

Daß dies in sauren Bädern mit Stromausbeuten, die nahezu quantitativ sind, trotz des unedlen Charakters des Zinks gelingt (Normalpotential gegen die Wasserstoffelektrode = — 0,76 Volt), ist der hohen Überspannung zu verdanken, welche der Entwicklung gasförmigen Wasserstoffes an Zinkkathoden entgegensteht. Diese übersteigt bei den Stromdichten und Temperaturen, welche technisch in Frage kommen, stets den Wert von

1 Volt (s. Abb. 89, 90 und Tab. 38) in Lösungen, welche keine schädlichen Bestandteile enthalten.

Tabelle 38. *Abscheidungspotentiale von Zink aus Sulfatlösung bei verschiedenen Stromdichten und Temperaturen nach Marshall*[1]

Amp./dm²	Kathodenpotential bei Temperatur			
	20° C	41° C	59° C	78° C
0	0,79 Volt	0,80 Volt	0,81 Volt	0,80 Volt
0,5	1,02 „	1,03 „	1,01 „	1,00 „
1	1,07 „	1,06 „	1,05 „	1,04 „
2	1,12 „	1,10 „	1,09 „	1,07 „
5	1,18 „	1,14 „	1,13 „	1,11 „
10	1,23 „	1,18 „	1,16 „	1,14 „
20	1,29 „	1,21 „	1,20 „	1,17 „
30	1,33 „	1,23 „	1,23 „	1,19 „
40	1,36 „	1,25 „	1,25 „	1,20 „

Als schädliche Bestandteile sind hier solche anzusehen, die sich an der Kathode absetzen können und dort Lokalelemente bilden, ferner solche, welche dem Wasserstoff gegenüber geringere Überspannung aufweisen, z. B. unedlere Metalle, suspendierte Fremdstoffe usw.

Von diesen muß der Elektrolyt frei gehalten werden, und zwar um so vollständiger, je höhere Stromdichten bei der Elektrolyse zur Anwendung gebracht werden sollen. Diese Reinigung erfolgt z. B. durch Behandlung mit reinem Zinkstaub.

Kohle- oder Graphitpartikeln, die auf der Kathodenoberfläche frei liegen, erschweren die Verzinkung von Gußeisen in so hohem Maße, daß sie meist erst nach ihrer Bedeckung durch eine dünne Zwischenschicht (z. B. eine im alkalischen Bade hergestellte Kupferschicht) gut gelingt, oder allenfalls unter Verwendung quecksilberhaltiger Zinkanoden, die eine Verquickung der Oberfläche bewirken.

Die Zinkschwammbildung, welche die Zinkelektrolyse in den Anfängen erschwerte, wird verhütet, wenn man gut vorgereinigte Lösungen bei entsprechendem pH mit genügend reinen Zinkanoden oder mit unlöslichen Anoden bei nicht allzu hohen, aber auch nicht zu niederen Stromdichten in Arbeit nimmt.

Die Elektrolyse kann sowohl in saurer als auch in alkalischer Lösung ausgeführt werden.

Im Gegensatz zum Verhalten in sauern beobachtet man bei der Verzinkung in zyanidhaltigen alkalischen Elektrolyten starke Versprödungen der Eisen- und Stahlkathoden, die, wie in andern zyankalischen Bädern,

[1] Trans. Faraday Soc. **21**, 297 (1925).

sofort bei Beginn der Elektrolyse einsetzen und in den ersten 20 Minuten rasch, dann langsamer anwachsen, wie sich das durch Abnahme der Biegezahlen zu erkennen gibt, bei welchen Bruch eintritt (s. Abb. 91).

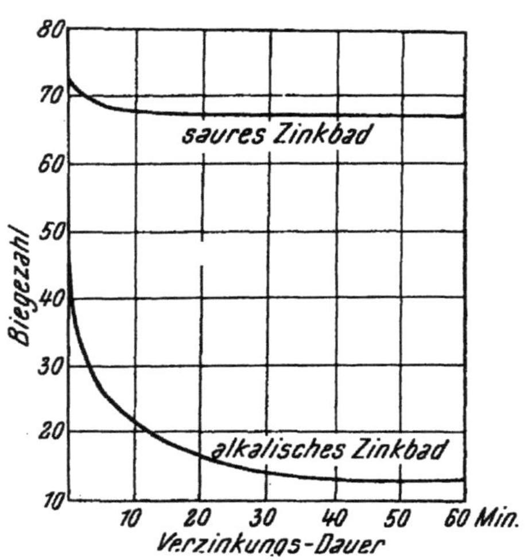

Abb. 91

Dasselbe, auf Abb. 92 wiedergegebene Verhalten (in dieser Abbildung sind statt cm^2 dm^2 zu lesen!) beobachtet man in Glanz-Zink- und in Glanz-Cadmium-Bädern. Man entnimmt ferner der Abb. 92, daß die Versprödung bei kleineren Stromdichten stärker in Erscheinung tritt als bei höheren, beim Zink stärker als beim Kadmium.

Die sauren Bäder sind wohlfeiler, aber sie verlangen bessere Vorreinigung, besonders dann, wenn mit hohem Säurezusatz und sehr hohen Stromdichten in Intensivverfahren gearbeitet werden soll. Ihre Streukraft ist äußerst gering. Sie werden deshalb vorzugsweise nur dort angewendet, wo keine Tiefenwirkung notwendig ist, d. i. zur Verzinkung von Blechen und Drähten. Die Zinkniederschläge aus sauren Bädern sind grau und relativ grobkörnig.

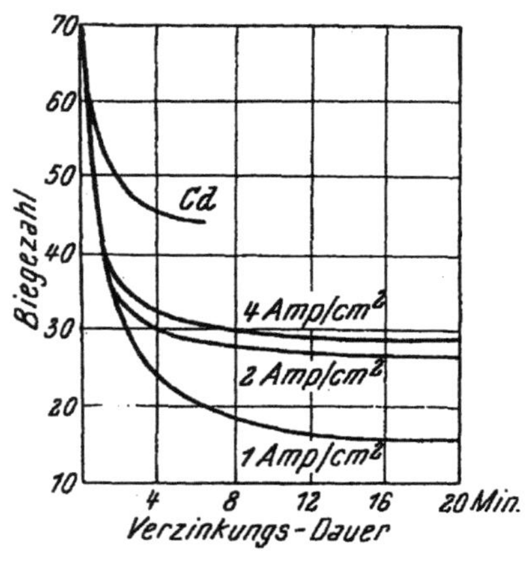

Abb. 92

Die Streukraft und die Tiefenwirkung der alkalischen Bäder sind ungleich größer, die hergestellten Zinküberzüge etwas heller.

Dieses gefälligere Aussehen geht aber nach und nach verloren, wenn die Stücke der Einwirkung der Atmosphärilien ausgesetzt werden. Sie nehmen dann gleichfalls einen stumpfen, grauen, unschönen Ton an.

Eine Modifikation alkalischer Zinkbäder bezweckt die Herstellung von Glanzniederschlägen, die freilich auch nicht unverändert bleiben, ihr besseres Aussehen aber immerhin längere Zeit hindurch bewahren. Der Hauptvorteil der Glanzverzinkung sollte darin bestehen, besseren Korrosionsschutz dank dichterer Form des Glanzüberzuges zu bieten. Daß dies der Fall sei, wird vielfach bestritten.

2. Saure Bäder

Für die Zusammensetzung von sauren Zinksulfatbädern kommen in erster Linie das Sulfat und das Chlorid mit entsprechenden Zusätzen in Betracht.

Das Perchlorat, das wie alle Perchlorate ein Gefahrenmoment birgt, weist keine hinreichenden Vorzüge auf, um ernstlich in Frage zu kommen.

Das Fluoborat wird gegenwärtig erprobt, es hat sich aber bisher noch nicht eingeführt; wahrscheinlich, weil es (wie bei der Kupferelektrolyse) keine Vorteile bietet, die groß genug sind, seinen höheren Preis aufzuwiegen.

Obwohl sich Zinkchloridlösungen durch höhere, annähernd doppelt so hohe Leitfähigkeit auszeichnen, finden Rein-Chlorid-Bäder wenig Freunde. Sie sind chemisch zu aggressiv. Bei der Elektrolyse in Chloridlösung erzielt man kathodisch etwa 95% Stromausbeute. Verwendet man Zinkanoden, so gehen von diesen gleichzeitig mehr als 100% in Lösung. Es entsteht somit fortwährend überschüssiges Chlorid. Das läßt sich freilich durch Verwendung unlöslicher Anoden korrigieren, dann aber tritt Chlor anodisch auf, das hier höchst unerwünscht ist.

In Mischung mit Sulfat werden aber Chloride oft in Zinkbädern verwendet, um deren Leitfähigkeit zu verbessern.

a) Rein-Sulfat-Bäder

In Rein-Sulfat-Bädern ist die Tendenz der Zinkanoden, auch ohne Stromwirkung in Lösung zu gehen, gering. Trotzdem wird Säure unter Salzbildung verbraucht, besonders dann, wenn die Anoden nachts ohne Stromdurchgang im Bade verharren.

Um das pH des Elektrolyten konstant zu halten, hat man auch hier zeitweise Säure zuzusetzen. Selten entspricht die derart fortlaufend gebildete Zinksalzmenge genau derjenigen, welche beim Herausheben der verzinkten Werkstücke mit der daran haftenden Lösungshaut aus dem Bade entfernt wird. Deshalb sucht man oft Schwankungen der pH-Zahl durch Zusatz einer Puffersubstanz entgegenzutreten, um das pH zwischen 3 und 4 zu halten. Als Puffer eignet sich z. B. Natriumazetat, noch besser Aluminiumchlorid, weil dasselbe ungefähr bei pH 4 Aluminiumhydroxyd bildet, dessen Auftreten in Form weißer herumschwimmender Flocken zu erkennen gibt, daß ein Säurezusatz vorzunehmen ist.

Aus sauren Zinkbädern fällt das Metall, besonders bei niederen Stromdichten, in grobkörniger Form aus. Organische Zusätze (Süßholzextrakt, Dextrin, Glyzerin und besonders β-Naphthol) verfeinern das Korn und erhöhen die Streukraft ein wenig.

Als Zusätze, welche dazu dienen, die Leitfähigkeit der Badlösung zu erhöhen, kommen hauptsächlich Natriumsulfat, Kochsalz, Zinkchlorid, Ammoniumchlorid und Ammoniumsulfat in Frage.

Aluminiumsulfat und Magnesiumsulfat erhöhen die Leitfähigkeit nur im selben Maße wie die äquivalente Menge Zinksulfat, sie lassen aber das Metall in hellerer Farbe ausfallen.

Der wichtigste Bestandteil des Bades, das $ZnSO_4$, hat das Molekulargewicht 161,5; als Hydrat: $ZnSO_4 . 7 H_2O$ das Molekulargewicht 289,5. Seine Löslichkeit steigt mit der Temperatur an. Gesättigte Lösungen enthalten:

Tabelle 39

Temperatur	g $ZnSO_4 . 7 H_2O$ in 100 g H_2O
0,1	41,9
15	50,8
25	57,9
30	61,92
35	66,61

Die elektrische Leitfähigkeit, die sehr oft gemessen wurde, ist infolge unvollständiger Dissoziation in konzentrierten Lösungen relativ nieder (äquivalentes Leitvermögen in rez. Ohm) bei 18°:

Tabelle 40

$ZnSO_4/2$	Gramm im Liter	Äquivalente Leitfähigkeit, rez. Ohm	$\gamma = \frac{\Lambda}{\Lambda\infty}$
5-n.	403,5	9,0	0,078
4-n.	322,8	11,9	0,103
3-n.	242,1	15,6	0,136
2-n.	161,9	20,1	0,175
1-n.	80,95	26,2	0,228

Das käufliche Zinksulfat weist gewöhnlich ausreichenden Reinheitsgrad auf. Von Fremdmetallen enthält es zuweilen Spuren von Eisen, einer hier verhältnismäßig harmlosen Verunreinigung. Von schädlichen Metallen (Pb, Cu) ist es in der Regel frei.

An Verunreinigungen werden bei der Metallgewinnung die folgenden als die höchst zulässigen angesehen:

Tabelle 41

Metall	Höchstzulässiger Gehalt im Liter
As	10 mg
Sb	0,3 bis 1 „
Co + Ni	1 „
Ge	1 „
Fe	30 „
Cd	12 „
Cu	10 „

In Verzinkungsbädern kommen Verunreinigungen durch die bei der

Gewinnung von Zink aus Erzen so schädlichen Metalle Germanium und Antimon praktisch kaum vor.

Die Zusammensetzung der Bäder kann innerhalb recht weiter Grenzen ohne Schaden variiert werden. Das pH wird gewöhnlich zwischen 3 und 4 gehalten, wenn man es mit der Glaselektrode ermittelt. 4,5 gilt als obere Grenze, nur bei der Verzinkung kleiner Gegenstände in Trommeln wendet man höheres pH an.

Ist das pH höher als 4, so oxydieren sich im Bad etwa gelöste Eisenverbindungen unter Bildung von $Fe(OH)_3$, welches ausfällt.

Kolorimetrische pH-Bestimmungen liefern um 0,3 bis 0,5 zu hohe Werte.

Beispiele typischer Badzusammensetzungen sind die folgenden:

a) Rein-Sulfat-Bäder

$ZnSO_4 \cdot 7\,H_2O$	380 g/l	350 g/l
Na_2SO_4	72 g/l	—
$MgSO_4 \cdot 7\,H_2O$	60 g/l	—
$(NH_4)_2SO_4$	—	30 g/l
pH	3 bis 4	3 bis 4,5
Temperatur	55 bis 65°	35 bis 55°
Stromdichte	25 bis 40	10 bis 60 Amp./dm²

b) Sulfat-Chlorid-Bäder

$ZnSO_4 \cdot 7\,H_2O$	240 g/l	360 g/l	400 g/l
NH_4Cl	15 g/l	30 g/l	—
$Al_2(SO_4)_3 \cdot 18\,H_2O$	30 g/l	—	—
$AlCl_3 \cdot 6\,H_2O$	—	—	20 g/l
$CH_3COONa \cdot 3\,H_2O$	—	15 g/l	—
Süßholzextrakt	1 g/l	—	—
Glukose	—	120 g/l	—

pH 3 bis 4,5

Temperatur 20 bis 30°

Stromdichte: im ruhenden Bad 2 bis 3 Amp./dm²
im bewegten Bad etwa 10 Amp./dm².

c) Tainton-Bad

Eine besondere Stellung nimmt das hochsaure Sulfatbad ein, welches nach dem Tainton-Verfahren zur Verzinkung von Draht seit 1933 von der Bethlehem Steel Co. verwendet wird.

Die Badlösung wird nach derselben Methode hergestellt und gereinigt, wie sie Tainton zur Metallgewinnung aus Erz ausgebildet hat.

Aus solchen Elektrolyten fällt das Metall in höherem Reinheitsgrade aus, als es sonst bei der Verzinkung gewöhnlich der Fall ist, und ist deshalb duktiler. Während routinemäßig verzinkter Draht (s. Abb. 93) bei scharfen

Biegungen an der Bugstelle leicht rissig wird, sich an diesen sogar stellenweise ablösen kann, läßt sich nach TAINTON verzinkter, selbst feiner Draht mehrmals über einen Dorn gleichen Durchmessers winden und ablösen, ohne (selbst im mikroskopischen Bilde) Sprünge erkennen zu lassen (s. Abb. 94). Auf gleiche Art verzinktes Blech kann völlig zusammengefaltet und wieder gestreckt werden, ohne daß der Überzug darunter leidet. Dementsprechend ist auch der Korrosionsschutz, den der Überzug bietet, ein zuverlässigerer.

Die dazu nötige hohe Haftfestigkeit besitzt der Überzug freilich nur, wenn das Unterlagsmetall scharf genug vorgereinigt worden ist. Dies zu sichern und schnell genug zu erzielen, während der Draht mit Geschwin-

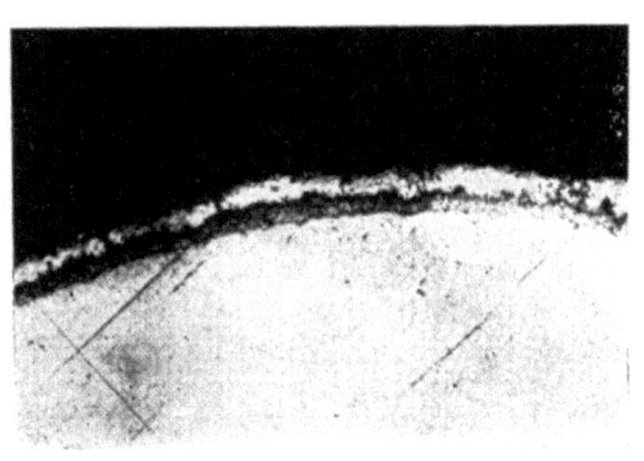

Abb. 93

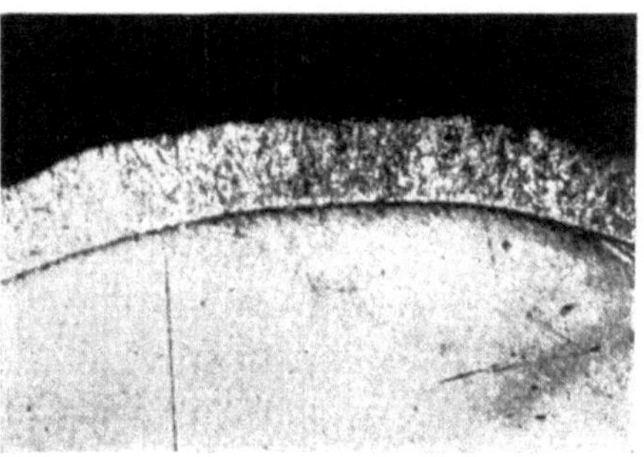

Abb. 94

Abb. 93. Querschnitt (100fach) durch einen feuerverzinkten Eisendraht. Deutlich erkennbare Legierungsbildung an der Grenzfläche

Abb. 94. Querschnitt (100fach) durch einen in der TAINTON-Anlage in Johnston verzinkten Stahldraht. Keine Legierungsbildung zu erkennen. Selbst nach mehrmaligem Biegen keine Sprungbildung oder Ablösung des Zinks

digkeiten von 15 bis 80 Meter in der Minute fortbewegt wird, hat TAINTON eine neue Reinigungsmethode durchgebildet, die sich gut bewährt hat. Sie besteht darin, den Draht durch geschmolzenes Ätzalkali bei 500 bis 650° durchzuziehen, während er kathodisch polarisiert wird. Es scheidet sich dabei metallisches Natrium an ihm ab, welches alle Fettspuren zerstört und Oxyd reduziert.

Schwammförmige kleine Eisenpartikeln, die an der Oberfläche allenfalls zurückbleiben, zu entfernen, wird der gewaschene Draht vor Einführung in das Fällungsbad — wenn nötig — durch ein Bad geführt, welches mit erschöpftem Elektrolyten beschickt ist.

Der Elektrolyt enthält:

220 g/l Zn

200 bis 270 g/l H_2SO_4

Das hohe Leitvermögen dieses Elektrolyten, der in Zirkulation gehalten wird, und die schnelle translatorische Bewegung des Drahtes ermöglichen es, ungewöhnlich hohe Stromdichten anzuwenden und somit die Verzinkung in kürzester Zeit durchzuführen.

3. Vorrichtungen für die Verzinkung von Drähten

Die Galvanisierung von Drähten (auch von dünnen biegsamen Metallbändern) wird gewöhnlich in Zellen vorgenommen, durch welche die zu be-

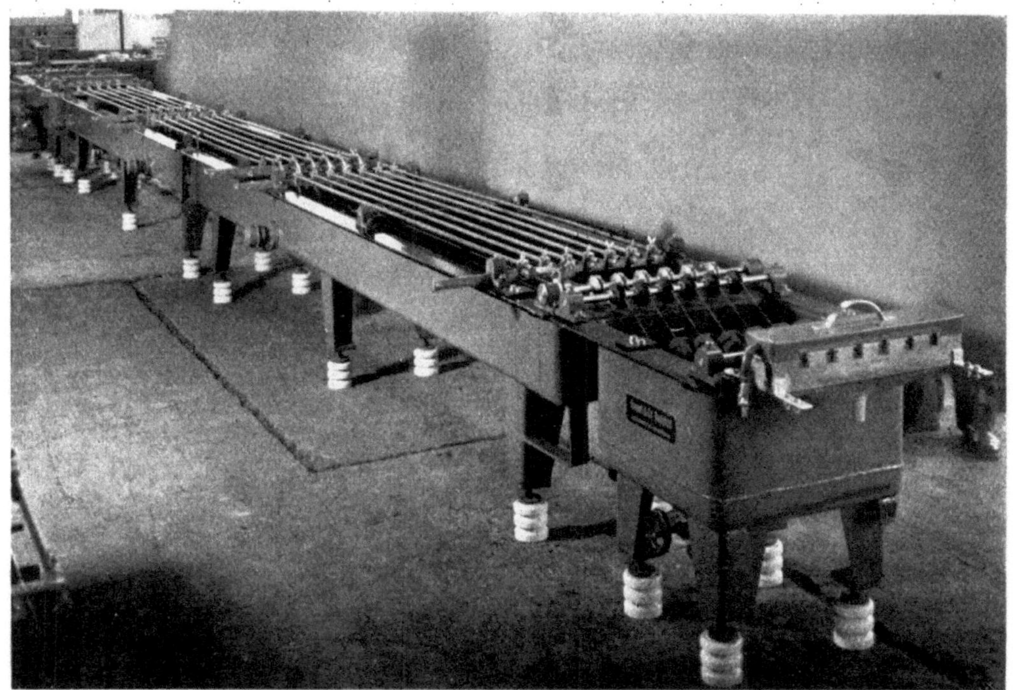

(Photo: Riedel & Co.)

Abb. 95. Galvanisierungsbad für Drähte

(Photo: Riedel & Co.)

Abb. 96. Galvanisierung dünner Bänder

handelnden Drähte oder Bänder in größerer Zahl parallel zueinander durchgeführt werden.

Läßt man die Drähte dabei verschiedene Bäder, zuerst etwa Reinigungs-, dann Fällungs-, endlich Spülbäder durchsetzen, dann verwendet man meistens Vorrichtungen, in welchen die Drähte zwischen zwei aufeinanderfolgenden Zellen aus dem Bade steigen, im Luftraum über entsprechende Kontakte (gemäß Abb. 95 z. B. über Kontaktrollen) wandern, ehe sie ins nächste Bad tauchen.

Je dünnere Drähte man in Behandlung nimmt, je höher die Strom-

(Photo: TAINTON)

Abb. 97. Mit TAINTON-Zellen installierte Verzinkungs-Anlage (Johnston). (Nach J. Amer. Zinc Inst. 1952, 52)

dichten sind, mit welchen man sie belastet, desto näher müssen die Kontakte zueinander angeordnet werden, um die Spannungsverluste in den Drähten in vernünftigen Grenzen zu halten.

Bei den enorm hohen Stromdichten (bis zu 160 Amp./dm^2), mit denen man die Verzinkung nach dem TAINTON-Verfahren vornimmt, könnte man mit einer derartigen Kontaktgebung nur ganz kurze Zellengefäße verwenden. Deshalb hat TAINTON die Kontakte unterhalb der Elektrolyt-Oberfläche in die Zelle selbst verlegt.

Bei der Verzinkung hat sich diese Kontaktgebung bewährt, sie ermöglicht es, sehr lange Zellen zu verwenden und den Metallüberzug herzustellen, ohne die Niederschlagsarbeit zu unterbrechen, indem man das Werkstück mit Luft in Berührung bringt, was zuweilen von Schaden ist.

Als Material für die Kontakte verwendet TAINTON Stäbe aus der von ihm eingeführten widerstandsfähigen 1%igen Silber-Blei-Legierung. Sie sind (s. Abb. 97) in Abständen von 1 m in isolierenden Gehäusen angeordnet, ruhen mit ihrem unteren Ende auf dem Draht, welcher durch Öffnungen des Gehäuses durchgeführt wird. Ihre oberen Enden sieht man auf Abb. 97 aus dem Bade ragen.

Bei so hohen Stromdichten entwickeln sich viele feine Wasserstoffblasen, welche durch das Mitreißen einer Unmenge kleiner Tropfen der, rund 25%igen, Schwefelsäurelösung des Bades den Aufenthalt im Elektrolyseraum unerträglich machen würden. Dies zu verhindern, wird etwas Kiesel- und Kresolsäure zugesetzt. Diese bilden einen dicken Schaumbelag auf der Oberfläche des Elektrolyten (der auf Abb. 97 deutlich erkennbar ist) und lassen das Gas erst nach Bildung größerer Blasen entweichen, ohne Badlösung zu verspritzen. Gelegentlich kommt es zu kleinen Knallgasexplosionen, wenn etwa ein kleiner Funke Gaspölster aus einem Wasserstoff-Luft-Gemisch entzündet. Diese sind aber völlig harmlos.

Abb. 98. Aufspulen des verzinkten, nach dem Durchziehen durch Düsen glänzenden Drahtes

Es werden Zinküberzüge bis zu einer Niederschlagsstärke von 0,2 mm (entsprechend 15 g Zn/dm^2) hergestellt. Der verzinkte Draht wird nach Austritt aus der Zelle gewaschen, dann durch Düsen auf das gewünschte Maß herabgezogen, wobei sich der Überzug glättet und verdichtet. Diese Operation, bei welcher sich die Zugfestigkeit des Drahtes erhöht, bedeutet gleichzeitig eine Prüfung des Haftvermögens des Überzuges.

Zur Zeit, da der Verfasser die Anlage besichtigte (1945), wurden 12 Drähte durch jedes Bad von etwa 33 m Länge parallel zueinander durchgezogen. Die Strombelastung betrug 40 000 Amp.

Entsprechend modifiziert, dürfte diese elegante Methode auch für Verzinkung von endlosen Blechen geeignet sein.

4. Alkalische Bäder

Alle alkalischen Zinkbäder enthalten Doppelverbindungen. Die wichtigsten derselben sind diejenigen, in denen Zinkzyanid den Hauptbestandteil bildet.

Daneben ist in jüngerer Zeit ein Elektrolyt in Verwendung gekommen, welcher auf einer Pyrophosphatverbindung aufgebaut ist und der eine ähnliche Zusammensetzung aufweist wie das entsprechende Kupferbad (s. S. 189). Er dürfte ähnliche Vor- und Nachteile aufweisen wie dieses, sie sind aber zur Zeit noch nicht gut bekannt.

a) *Doppelzyanidbäder*

Den Hauptbestandteil der Zinkzyanidbäder bildet das Natriumzinkzyanid $Na_2Zn(CN)_4$, das dem von GMELIN entdeckten Kaliumzinkzyanid homolog ist, dessen Zusammensetzung $K_2Zn(CN)_4$ von RAMMELSBERGER ermittelt worden und von dem es sichergestellt worden ist, daß es in Lösung als Komplexsalz vorliegt, dessen Dissoziation in den Stufen:

$$\text{I.}\quad K_2Zn(CN)_4 \rightleftharpoons K^{\cdot} + KZn(CN)_4'$$
$$\text{II.}\quad KZn(CN)_4' \rightleftharpoons K^{\cdot} + Zn(CN)_4''$$
$$\text{III.}\quad Zn(CN)_4'' \rightleftharpoons Zn^{\cdot\cdot} + 4\,(CN)'$$

vor sich gehen dürfte.

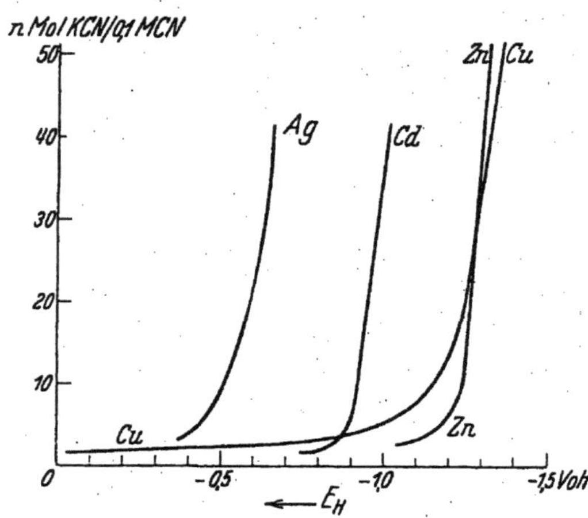

Abb. 99. Kathodenpotentiale von Zn, Cu, Cd und Ag in Doppelzyanid-Lösungen

Die ersten zwei Stufen der Spaltung erfolgen nahezu vollständig. Für die dritte Stufe hat EULER das Gleichgewicht:

$$C_{Zn^{\cdot\cdot}} = 1{,}3 \cdot 10^{-17} \frac{C_{Zn(CN)4}}{C^4_{(CN)}}$$

ermittelt.

Für das homologe Natriumdoppelsalz dürfte es nicht wesentlich verschieden sein.

Die Konzentration des elementaren $Zn^{\cdot\cdot}$-Ions ist danach — wie es bei Doppelzyaniden von Schwermetallen die Regel ist — äußerst klein. Sie ist zwar größer als die des Kupfers in seiner analogen Verbindung, aber doch nur so wenig, daß die Potentiale dieser zwei Metalle in ihren zyankalischen Lösungen einander so nahe kommen, daß sie kathodisch gleichzeitig zusammen abgeschieden werden können (Abb. 99). Die immerhin merkliche Konzentration des Zinkions wird dadurch kenntlich, daß sich Zink durch Schwefelnatrium vollständig ausfällen läßt.

Die zwei ersten Stufen I und II der Dissoziation des Zinkdoppelzyanids gehen weiter als die des Zinksulfats und kommen demjenigen des Zinkchlorids sehr nahe; deshalb leitet das Doppelzyanid verhältnismäßig gut (der Grenzwert der Überführungszahl des $ZnCy''_4$ ist 0,48, ähnlich dem des $K^{\cdot}$ und des Cl').

Infolge Hydrolyse weist das Doppelzyanid stets schwach alkalische Reaktion auf.

Der relativ große Metallgehalt von Zinkzyanidlösungen, ihre gute Leitfähigkeit trotz niederer Konzentration der $Zn^{\cdot\cdot}$-Ionen ermöglichen die leichte Abscheidung äußerst feinkörnigen Metalls, selbst bei nur mittelhohen Stromdichten. Die stärkere Polarisation, welche Zinkelektroden in Zyanidlösungen mit steigender Stromdichte aufweisen, bewirkt es, daß die Streukraft des Bades eine ganz ungleich größere ist als die der sauren Bäder.

Das Dissoziationsgleichgewicht verlangt, daß die $Zn^{\cdot\cdot}$-Konzentration mit steigendem CN-Gehalt der Lösung sinkt, dementsprechend wird das Potential des Zinks bei Gegenwart überschüssigen Zyanids negativer. Verdünnt man aber Natrium- oder Kaliumzinkzyanidlösungen, welche geringen KCN-Überschuß aufweisen, ohne ihr gegenseitiges Mengenverhältnis zu verändern, so nimmt die $Zn^{\cdot\cdot}$-Konzentration infolge fortschreitender Aufspaltung des $ZnCy_2$ mit steigender Verdünnung zu! Das Zinkpotential wird positiver:

	Zn/0,1-n.	$ZnCy_2$,	0,4-n.	KCN:	— 1,182 Volt
auf $^1/_4$ verdünnt:	Zn/0,025-n.	„	0,1-n.	„	— 1,114 „
weiter auf $^1/_{10}$ verdünnt:	Zn/0,0025-n.	„	0,01-n.	„	— 1,029 „

Um also die $Zn^{\cdot\cdot}$-Konzentration in Zinkdoppelzyanidlösung zu verringern, muß man Zyanid zusetzen, nicht aber die Lösung verdünnen.

Die Zinkabscheidung aus reinen Zyanidlösungen ist von Wasserstoffentwicklung begleitet.

Während die kathodische Stromausbeute in sauren Zinkbädern mit steigender Stromdichte zunimmt, geht sie in alkalischen mit steigender Stromdichte zurück. Sie wird aber durch Zusatz von Zinkat wesentlich verbessert, wie ceteris paribus durch jeden Zusatz, der das Abscheidungspotential des Wasserstoffs erhöht.

Im reinen Natriumzinkzyanidbade erhält man unbefriedigende Stromausbeuten und relativ dunkle Niederschläge. Um zufriedenstellend zu arbeiten, muß das Bad mehr Natriumzinkat und überschüssiges Natriumzyanid enthalten.

Das Zinkat wird am bequemsten dadurch gebildet, daß man der Natriumzinkzyanidlösung, die überschüssiges NaCN enthält, NaOH zusetzt.

Wenn dann $Na_2Zn(CN)_4$ und Na_2ZnO_2 sicher auch weiterhin die Hauptbestandteile des Bades bleiben, ist es nicht mehr möglich, anzugeben, in welchem Mengenverhältnis zueinander sie jeweils darin stehen.

Praktisch ist das erfreulicherweise aber nicht von Belang, weil die Arbeitsweise der Bäder, wie die Untersuchungen ergeben haben, nur durch das Mengenverhältnis der Summe (NaCN + NaOH) zum Zink bestimmt wird.

Zur Kontrolle des Bades schlug GRAHAM[1] deshalb vor, den Faktor R:

$$R = \frac{\text{Konz. NaOH (in Mol/l)} + \text{NaCN (in Mol/l)}}{\text{Konz. Zn(CN)}_2 \text{ (in Mol/l)}}$$

innerhalb gewisser, enger Grenzen konstant zu halten.

Da sich sowohl der Gesamt-(CN-)Gehalt des Elektrolyten als auch sein Gehalt an NaOH und Zn analytisch leicht bestimmen lassen, hat diese Kontrolle praktischen Wert.

HULL und WERNLUND[2] haben gezeigt, daß es noch einfacher und zweckmäßiger ist, das Bad durch Konstanthaltung eines Faktors M zu kontrollieren, welcher dem Werte des Bruchs:

$$M = \frac{\text{Gesamtzyanid (ausgedrückt in g/l)}}{\text{Zn (ausgedrückt in g/l)}}$$

entspricht, ohne Rücksicht auf das Alkali zu nehmen.

Welcher Zahlenwert für die Faktoren R bzw. M jeweils der günstigste ist, hängt in geringem Grade auch von der Arbeitstemperatur usw. ab.

Für ein typisches Bad, welches bei Temperaturen von 40 bis 50° C mit Stromdichten von etwa 2 Amp./dm² mit Vorteil verwendet wird, und die Zusammensetzung:

	Normalität	g/l
$Zn(CN)_2$	1,0	60
NaCN	0,5	24,5
NaOH	1,3	52

aufweist, berechnen sich nach diesen Formeln:

$$M = \frac{1{,}5\text{-n.} \times 49 \text{ g/l}}{1{,}0\text{-n.} \times 32{,}7 \text{ g/l}} = 2{,}36,$$

$$R = \frac{0{,}5 + 1{,}3}{1{,}0} = 1{,}8.$$

Letzteres sagt aus, daß die Lösung 1,8mal soviel (Zyanid + Hydroxyd) enthält, als nötig wäre, das Zinkmetall in Lösung zu bringen, daß mit anderen Worten 0,8-n. (NaCN + NaOH) im Überschuß sind.

Die Berechnung nach HULL und WERNLUND beinhaltet, daß das Mengenverhältnis des Gesamt-CN zum Zn, in Normalitäten gerechnet, 1,5 beträgt.

Erfahrungsgemäß liegen günstige Arbeitsbedingungen im allgemeinen dann vor, wenn obiger Bruch für den Faktor M einen Wert liefert, welcher zwischen 2,0 und 2,5 liegt.

---

[1] Trans. Amer. Electrochem. Soc. **63**, 129 (1933).

[2] Ib., Electroplating, Special Vol. **80**, 363, 408 (1941).

Bei höheren Stromdichten bis zu 10 bis 12 Amp./dm² und höheren Temperaturen ist es günstiger, etwas konzentriertere Lösungen zu verwenden, z. B. ein alkalireicheres Bad der Zusammensetzung:

	Normalität	g/l
$Zn(CN)_2$	1,5	90
NaCN	0,75	37
NaOH	2,25	90

Bei diesem Bad berechnet sich M zu 2,25

$$(2{,}25 \times 49:49 = 2{,}25).$$

Mit steigender Temperatur steigt bei gleichbleibender Stromdichte die Stromausbeute.

Da, wie bereits angegeben wurde, die Stromausbeute mit steigender Stromdichte sinkt, kann man hohe Stromdichten nur bei gesteigerter Temperatur mit Vorteil verwenden.

In zinkreicheren Lösungen sinkt die Stromausbeute langsamer mit steigender Stromdichte als in zinkärmeren.

Um mindestens 90% Stromausbeute zu erzielen, hat man die Stromdichte:

bei	30° C	unter	2,5 Amp./dm²	zu	halten
„	40° C	„	5,0	„	„	„
„	50° C	„	9,0	„	„	„
„	60° C	„	12	„	„	„

Während sich ein mäßiger Karbonatzusatz im verwandten zyanidischen Kupferbad als vorteilhaft erweist, scheint dies beim alkalischen Zinkbad nicht der Fall zu sein.

A. Kenneth Graham konnte[1] keinerlei Einfluß eines Zusatzes von 30 g/l Natriumkarbonat, weder einen schädlichen noch einen vorteilhaften, feststellen.

Letzteres ist nicht überraschend; denn der Hauptvorteil des Karbonatzusatzes besteht beim Kupferbade in einer merklichen Erhöhung der Leitfähigkeit. Das Zinkzyanid-Zinkat-Bad leitet aber von Haus aus so viel besser als das Kupferzyanidbad, daß die Herabsetzung des spezifischen Widerstandes durch Karbonatzusatz nicht mehr in die Waagschale fällt.

Mehr als 60 g/l Karbonat erweisen sich als schädlich, sie erschweren das Inlösunggehen der Anoden. Durch Abkühlung des Bades lassen sie sich aber entfernen.

A. Kenneth Graham beurteilte die erzielten Resultate nach dem Aussehen von Niederschlägen, welche mit 2,2 Amp./dm² durch 22stündige Elektrolyse bei 49° hergestellt wurden (die also rund 0,8 mm stark waren),

[1] Trans. Amer. Electrochem. Soc. **63**, 120 (1933).

und nach der Stromausbeute, die dabei erreicht wurde. Er fand letztere in Bädern der empfohlenen Zusammensetzung kathoden- wie anodenseitig nahezu 100%ig.

Dem Aussehen nach waren die Niederschläge hell, sehr eben und feinkörnig.

In Zinkzyanidbädern wird die rein chemische Auflösung der Anoden durch Karbonatgehalt verzögert.

Aluminiumsalze, die als Puffer in sauren Bädern dienen, werden oft auch den Zyanidbädern zugesetzt. Sie gehen hier zum Teil in Aluminat, zum Teil wohl auch in kolloidales Aluminiumhydroxyd über und erteilen dem Kathodenüberzug eine etwas hellere Farbe.

MASON empfiehlt einen Zusatz von Gummiarabikum mit Natriumfluorid und etwas Bleisalz zur Herstellung hellerer und dichterer Überzüge[1].

Deutlichere Wirkung übt ein Zusatz von Quecksilbersalz, z. B. von $HgCl_2$ oder HgO.

Empfohlen werden dazu folgende Bäder:

		Bei stärkerer Bewegung
$Zn(CN)_2$	37,5 g/l	60 g/l
NaCN	22,5 g/l	30 g/l
NaOH	30 g/l	45 g/l
HgO	0,25 g/l	0,25 g/l

Die günstigste Arbeitstemperatur ist 40° C, sie kann aber nach oben oder unten um etwa 10° variiert werden.

Kathodische Stromdichte etwa 4 Amp./dm²,
Anodische Stromdichte etwa 2 Amp./dm².

Im stromlosen Zustand schlägt sich Hg auf die Anoden nieder. Vor Wiederaufnahme des Betriebes ist dann Quecksilbersalz zuzusetzen.

Unter normalen Arbeitsbedingungen überziehen sich die Anoden mit einer bräunlichen Haut.

Zu niedrige anodische Stromdichte und zu hoher Quecksilbergehalt der Lösung führen zur Bildung fleckiger Abscheidungen. Flecken entstehen auch, wenn man die Kathoden unterhalb der Anoden anordnet.

Der Hauptvorzug des Bades besteht darin, Überzüge von gefälligerem Aussehen zu liefern, hohe Streukraft und gute Deckkraft aufzuweisen. Der Korrosionsschutz, den solche Überzüge bieten, ist aber nicht größer.

b) Glanzbäder

In den USA. werden schon seit 1935 alkalische Glanzbäder verwendet. Diese liefern nur dann halbwegs befriedigende Resultate, wenn die Reinigung der Badlösung besonders sorgfältig vorgenommen wird, etwa so weit-

[1] USA.-Pat. 2 136 629.

gehend, wie es für das Arbeiten mit sehr hohen Stromdichten beim TAINTON-Verfahren erforderlich ist.

Besonders sorgfältiges Waschen der Werkstücke vor und nach dem Galvanisieren ist ebenfalls geboten.

Als Glanzmittel sind sowohl anorganische als auch organische Zusätze verwendet worden. Unter den ersteren ist vor allem Molybdänoxyd zu nennen, das allerdings meist in Verbindung mit Thioharnstoff angewendet wurde, und zwar in Mengen von 2,5 bis 7,5 g/l Molybdänsalz mit ebensoviel Thioharnstoff. Dieser Zusatz scheint von allen den besten Glanz zu erzeugen.

An organischen Zusätzen wurden Thiozyanatharze, Methyldioxyphenole, z. B. Piperonal, Gelatine in Verbindung mit ringförmigen Oxy-Verbindungen, Methyl-Äthyl-Ketone u. dgl. m., verwendet.

Die Konzentration dieser organischen Zusätze läßt sich kaum auf analytischem Wege kontrollieren. Die beste Betriebskontrolle wird durch Verwendung der HULL-Zelle ermöglicht.

Ohne Glanzbäder zu verwenden, kann man gewissen Glanz nachträglich auch durch Eintauchen der verzinkten Gegenstände in Glanzlösungen, z. B. in Salpetersäure- oder Chromsäurelösungen, erzielen.

Glanzbäder sollen mindestens 60 g/l NaOH enthalten, dessen Konzentration bis zu 150 g/l gesteigert werden kann, wenn der Faktor M dabei innerhalb der oben als zulässig angegebenen Grenzen verbleibt.

Bei höheren Temperaturen ist es gut, die Konzentrationen herzustellen, bei welchen er sich der oberen Grenze nähert. Bei starker Bewegung ist es sogar vorteilhaft, ihn zwischen 2,5 und 3,2 zu halten.

Die Bäder haben Zusammensetzungen, die den auf S. 234 angegebenen entsprechen oder dazwischen liegen.

Die Arbeitstemperaturen bewegen sich innerhalb 25 und 45° C. Mit Steigerung der Temperatur innerhalb dieser Grenzen wird der Faktor M vorteilhafterweise gleichfalls von 2,8 bis 3,0 gesteigert. Das Glanzgebiet liegt dann innerhalb Stromdichten von 2 bis 10 Amp./dm², die Stromausbeuten zwischen 92 und 75%.

c) Das Pyrophosphatbad

Dieses Bad wird nach denselben Prinzipien zusammengesetzt wie das entsprechende Kupferbad, z. B.:

$Zn_2P_2O_7 \cdot 3\,H_2O$	65 g/l
$K_4P_2O_7$	360 g/l
Glanzmittel	0,5 g/l
Netzmittel	0,5 g/l
Bei einem Zn-Gehalt von	25 g/l
wird ein pH von	11,0 bis 11,6 hergestellt,
Arbeitstemperatur	35 bis 50° C
Stromdichte	1,5 bis 5 Amp./dm²

Dieses Bad wird zur Zeit nur in sehr kleinem Umfange verwendet. Die damit gewonnenen Erfahrungen lassen noch kein abschließendes Urteil über seinen Wert fällen.

Elektrolytische Zinküberzüge werden in den USA. je nach ihrem Verwendungszweck in drei verschiedenen Stärken hergestellt, für welche folgende Spezifikationen 1940 herausgegeben worden sind:

Type	Mindeststärke
G.S.	0,025 mm
L.S.	0,013 mm
R.S.	0,00375 mm

Alkalische Bäder liefern feinkörnigere, aber weniger duktile Niederschläge.

5. Wasserstoffgehalt des Elektrolytzinks

Elektrolytzink schließt immer etwas Wasserstoff ein, der die Eisen- oder Stahlunterlage verspröden kann.

HANSEN stellte einen Wasserstoffgehalt von 0,1 Gew.-%, v. SCHWARTZ[1] einen solchen von 0,055 Gew.-% fest. Beim Erhitzen auf 150 bis 200° C entwich der größere Teil des Wasserstoffs in kurzer Zeit, die Gewichtsabnahme betrug dabei 0,025 bis 0,04 Gew.-%. Gleichzeitig sank das spezifische Gewicht des Elektrolytzinks von 6,9 auf 6,1. Destilliertes Zink hat ein spezifisches Gewicht von 7,142.

0,05 bis 0,1 Gew.-% entsprechen einem Wasserstoffvolumen, welches dem 40- bis 80fachen des Zinkvolumens gleichkommt. Wenn Zink so große Mengen Gas in adsorbierter oder gebundener Form einschließt, wird die Abnahme seiner Dichte verständlich und es überrascht auch nicht, daß sich solche Bleche beim Erhitzen krümmen, daß sie blasig werden usf. An mehrere Millimeter starken Kathodenblechen, wie man sie bei der elektrolytischen Zinkgewinnung herstellt, beobachtet man sehr oft ein Blasenwerfen bzw. Verbiegungen beim Lagern usf.[2].

Aus den bloß 0,01 bis 0,035 mm dicken Zinküberzügen entweicht aber der zurückgehaltene Wasserstoff ziemlich leicht. Schäden durch Blasenbildung sind bisher nicht beobachtet worden. Da das Zink schon bei verhältnismäßig niederen Temperaturen rekristallisiert, mag eine schwache Erhitzung (je nach der Niederschlagsstärke durch ½ bis 2 Stunden) von Nutzen sein.

Nach KAHLENBERG[3] läßt sich der Wasserstoffgehalt des Zinks durch Auflösen desselben in Quecksilber und Messen des entwickelten Wasserstoffvolumens im Eudiometer genau feststellen.

---

[1] Z. Elektrochem. **29**, 198 (1923); Metall u. Erz **21**, 499 (1924).

[2] Cf. z. B. RALSTON, Trans. Amer. Electrochem. Soc. **47**, 193 (1925); W. PALMAER und A. WEJNARTH, Z. Elektrochem. **29**, 557 (1923).

[3] Trans. Amer. Electrochem. Soc. **47**, 199 (1925).

Je härter der Stahl, desto größer die Versprödung bei der Verzinkung, eine Erhitzung des Stahls vor der Verzinkung macht ihn nicht immun gegen das Sprödwerden. LANGDON und GROSSMANN fanden, daß der Stahl um so spröder wird, je stärker er vorher kalt bearbeitet worden ist. Nach OLLARD wird sein Klang nach der Verzinkung oft weniger hell.

Die Sprödigkeitszunahme ist bei der Verzinkung im alkalischen Bad immer größer als bei der Verzinkung im sauren Bade. Zum Glück verschwindet sie aber bei längerem Lagern oder beim Erhitzen auf 100° schon in $1/2$ bis 2 Stunden (je nach der Niederschlagsstärke) auch dann, wenn die Sprödigkeit zum Teil von unvorsichtigem Beizen des Stahls vor der Verzinkung herrührt[1].

Sie verschwindet aber nicht so leicht, wenn die verzinkten Stücke noch verkupfert werden.

6. Korrosionsschutz

Die elektrolytische Verzinkung dient, gleich der Feuerverzinkung, ausschließlich dem Zwecke, Metalle, vor allem Eisen, vor Korrosion zu schützen. 50% der Weltproduktion an Zink dienen zur Herstellung von Überzügen. Der Grad des Schutzes, den der Überzug bietet, bestimmt den Wert der Verzinkung. Durch Erfahrung und durch sorgfältige Probenahmen kann es heute als erwiesen gelten, daß elektrolytisch hergestellte Verzinkung bei gleichem und selbst bei noch etwas geringerem Aufwand an Zink das darunter liegende Eisen besser schützt, fester haftende und duktilere Überzüge liefert, als man sie auf anderem Wege, z. B. durch Sherardisieren, Schoopieren oder durch Eintauchen in flüssiges Zink, erhält. Zerreißproben ergaben etwa doppelte Festigkeit[2]. Einesteils rührt dies daher, daß das Metall gleichmäßiger und gewöhnlich in dichterer Form über die Oberfläche verteilt ist, andernteils daher, daß das Zink in reiner Form niedergeschlagen wird und nicht (wie besonders bei der Feuerverzinkung) Teile des darunter liegenden Metalls auflöst und mit diesem eine Legierung eingeht, die sich als Zwischenschicht zwischen Eisen und Zink lagert. Reine Metalle sind aber stets korrosionsbeständiger und reaktionsträger.

Ein Zinküberzug bietet dem Eisen zwar auch dann Schutz vor Korrosion, wenn er nicht vollkommen lückenlos ist, weil Zink so viel unedler ist als Eisen, daß es beim Eindringen von Feuchtigkeit, Salzlösung od. dgl. in Lokalelementen, die sich bilden, zur Lösungselektrode wird. Dadurch wird das Eisen geschützt, aber nur unter gleichzeitigem Zinkaufbrauch, also

[1] Daß sich der Wasserstoff aus dem Zink so schnell schon bei so niedriger Temperatur austreiben läßt, dürfte darauf zurückzuführen sein, daß Zink bei dieser Temperatur schon mit merklicher Geschwindigkeit rekristallisiert. Bei der Rekristallisation wird das Gas an die Korngrenzen der Kristalle gedrängt. Der beim Beizen vom Stahl aufgenommene Wasserstoff entweicht langsamer.

[2] Cf. v. SCHWARTZ, Z. Elektrochem. **29**, 198 (1923).

auf Kosten der Lebensdauer des Überzuges. Gut zusammenhängende, vollkommen lochfreie Überzüge haben längere Lebensdauer und bieten sichereren Schutz, wenn sie nicht etwa spröder sind oder schlechter haften.

Letztere Einschränkung ist besonders in Fällen zu machen, in welchen das Zink mit größerem Kolloidzusatz, aus Bädern, die Quecksilber enthalten, endlich aus alkalischen Bädern oder unter Verhältnissen niedergeschlagen worden ist, in welchen es mit geringfügigen Mengen von Oxyd ausfallen kann. Gerade kleine Oxydeinschlüsse veranlassen oft ein Sprödewerden des Niederschlages, das sich nicht wie die durch Wasserstoff erzeugte Sprödigkeit beim Arbeiten im sauren Bade, beim Lagern, Ausglühen usw. beheben läßt. Deshalb ist es auch schädlich, das Werkstück während der Verzinkung mit Luft in Berührung zu bringen, sei es, daß man Luft zum Zwecke einbläst, die Badlösung zu durchmischen, sei es beim Herausheben aus dem Bade. Aber auch zu große Quecksilberzusätze richten mehr Schaden als Vorteil an, in geringen Mengen sind sie meist vorteilhaft, ein Quecksilbergehalt von etwa 2% oder mehr ist aber von nachteiligem Einfluß auf die mechanischen Eigenschaften des Zinküberzuges.

Bei der Auswahl der Bäder und der Arbeitsweise hat man wohl auch darauf Bedacht zu nehmen, ob eine mechanische Bearbeitung (Biegen oder Falten) des Produktes in Frage kommt, bei welcher es auf Duktilität und gutes Haften ankommt. In der Hauptsache werden Bleche und Drähte verzinkt. Die Arbeit im sauren Bade gestattet die Anwendung höherer Stromdichten und liefert im allgemeinen ein duktileres Produkt von größerer Haftintensität als die zwar feinkörnigeren und dichteren Niederschläge aus Zyanid-Zinkat-Bädern, wenngleich letztere an und für sich höheren Korrosionsschutz bieten.

Farnsworth und Hocker[1] setzten verzinkte Gegenstände abwechselnd der Einwirkung von Luft und von Chlorammoniumlösung durch periodisches Eintauchen und Herausheben aus und zählten, wie viele Tauchproben erforderlich waren, ehe die Probe rostig erschien. Sie fanden:

Tabelle 42

Verwendetes Bad	Stärke des Zn-Überzuges mg/dm²	Zahl der Tauchproben		
		Flaches Blech	Tiefgezogener Teil	Winkel
Sulfatbad	775	559	10	27
Zyanidbad	620	632	168	345
Zyanidbad	155	195	21	97

Wenn die Zahlen auch keinen unmittelbaren Vergleich gestatten, weil die Stärke der Zinkauflage ungleich war, und auch deshalb nicht völlig

[1] Trans. Amer. Electrochem. Soc. **45**, 281 (1924).

bindend sind, weil die Probe mit Chlorammoniumlösung im allgemeinen kein sicheres Urteil über das Verhalten bei Einwirkung von Atmosphärilien zuläßt, scheinen sie doch darzutun, daß der Zinkniederschlag aus saurem Bade auf flachem Blech kaum geringeren Schutz bietet als ein nahezu gleich starker aus dem Zyanidbad.

Im allgemeinen nimmt man an, daß ein elektrolytischer Zinküberzug in der Stärke von 0,035 mm (entspricht 2,5 g Zn/dm^2) auch bei stärkster Beanspruchung hinreichenden Schutz bietet (z. B. für Bleche, die auf Seefahrzeugen Verwendung finden sollen), daß aber für die meisten anderen Verwendungszwecke etwa die halbe Schichtdicke ausreichend ist.

In sauren Bädern erhält man stündlich Niederschlagsstärken von rund 0,017 mm je 1 $Amp./dm^2$ Stromdichte, in Zyanidbädern etwa 0,012 mm. Bei 5 bis 10 Amp. Stromdichten kann man somit 0,035 mm starke Überzüge in 24 bis 12 Minuten, 0,017 mm starke in 12 bis 6 Minuten herstellen.

Die elektrolytische Verzinkung erfordert etwas größeren Zeitaufwand als die Feuerverzinkung; doch wird dieser kleine Nachteil durch die größere Duktilität und den höheren Korrosionsschutz des Produktes wettgemacht.

Der große Nachteil des Sulfatbades, so geringe Streukraft aufzuweisen, spielt bei der Verzinkung von ebenen Blechen und Drähten kaum eine Rolle, die Verzinkung von profilierten Gegenständen kann man freilich nur im Zyanidbade durchführen.

Paweck und Seihser haben schon frühzeitig bei Aufrechterhaltung sehr lebhafter Zirkulation des Elektrolyten selbst Stromdichten von 10 bis 50 Amp. im sauren Bade mit Vorteil zur Anwendung bringen und dadurch die Verzinkung sehr beschleunigen können.

7. Die Zinkanoden

Um einen der Hauptvorzüge der elektrolytischen Verzinkung zu sichern, den Überzug aus reinerem, widerstandsfähigerem Metall herzustellen, ist es wichtig, von sehr reinen Zinkanoden auszugehen.

Auf den Markt gelangt Zink vorwiegend in drei Reinheitsgraden, nämlich mit 98,5%, 99,5%, 99,95% Zn.

Nur die zwei letzteren Sorten eignen sich zur Herstellung von Anoden.

Im sauren Bade sind kleine Verunreinigungen weniger schädlich als im alkalischen; denn sie bleiben im Anodenschlamm zurück. In alkalischen Bädern gelangen sie aber größtenteils in die Lösung und scheiden sich dann mit ab. Dies führt zur Bildung dunklerer Niederschläge, die schlechteren Schutz bieten. Hier ist es deshalb wichtig, nur allerreinstes Zink heranzuziehen.

Im saurem Bade geht reines Zn-Metall anodenseitig glatt in Lösung, ohne daß Polarisationen von mehr als 2 bis 4 Zentivolt auftreten, aber die anodische Ausbeute ist etwas größer als die kathodische, sie steigt unter

Mitwirkung rein chemischer Auflösung meist über 100%. Auch während der Betriebspausen löst sich Zink von den Anoden auf. Die Badlösung reichert sich deshalb ständig mit Metall an.

Nicht ganz reine Anoden bedecken sich mit einer dunkler gefärbten, dünnen Schicht pulverigen Metalls, die teilweise abfällt und sich als Schlamm im Bade ansammelt. Aufgewirbelt gibt er Anlaß zur Bildung rauher Kathodenniederschläge.

Dies läßt sich dadurch vermeiden, daß man die Anoden in Säcke einschließt, zeitweise filtriert usw.; wirksamer ist es jedoch, statt reiner Zinkanoden solche mit kleinen Zuschlägen von Quecksilber und Aluminium zu verwenden.

Nach HOGABOOM und GRAHAM[1] ist es vorteilhaft, Anoden mit einem Gehalt von 0,5% Al und/oder 0,3% Hg zu verwenden, wie dies aus Tab. 43 hervorgeht.

Tabelle 43. *Elektrolyse von Zinksulfatlösung*
($ZnSO_4 . 7\,H_2O$ 240 g/l; $Al_2(SO_4)_4 . 18\,H_2O$ 30 g/l; NH_4Cl 15 g/l)
Stromdichte 2,15 Amp./dm^2

Gehalt der Zinkanoden an		Stromausbeute		Anoden-Polarisation Volt	Anodenoberfläche	Anodenschlamm
Hg %	Al %	anodisch %	kathodisch %			
0	0	106,9	101,7	0,021	schwarz	sehr viel
0	0,27	106,9	101,0	0,023	„	„ „
0	0,37	104,7	—	0,022	„	wenig
0	0,74	101,5	—	0,022	„	„
0,3	0	100,8	99,7	0,030	kein Belag	keiner
0,3	0,5	99,3	99,6	0,025	„ „	„
0,2	1,0	98,4		0,03	„ „	Spur

Das Aluminium erleichtert die gleichmäßige Auflösung der Anoden, das Quecksilber schützt sie im stromlosen Zustand.

Während das pH der Badlösung bei Verwendung reiner Zinkanoden ziemlich rasch ansteigt und durch häufigen Säurezusatz stets wieder korrigiert werden muß, steigt es bei Verwendung von Zn-Anoden mit 0,3% Hg und 0,5% Al nur ganz langsam. Die Gasentwicklung, welche an reinen Zinkanoden deutlich ist, verschwindet bei Verwendung der Hg-Al-Zn-Anoden. Auch während der Betriebspausen findet kein nennenswerter Angriff mehr statt. Es scheint, daß sich Hg beim Stromausschalten als dünne Schutzhaut auf die Anoden niederschlägt und ihre Auflösung hemmt.

Spuren von Hg gelangen beim Zusatz von Quecksilberverbindungen zur Badlösung oder bei Verwendung quecksilberhaltiger Anoden immer in das Kathodenzink.

[1] Trans. Amer. Electrochem. Soc. **62**, 49 (1932).

In Zyanidlösungen verhalten sich reine Zinkanoden insofern ganz anders, als sie sehr hohe Polarisation aufweisen und mit niedrigerer Stromausbeute in Lösung gehen. Während sich also das saure Bad an Metall anreichert und säureärmer wird, sinkt im Zyanidbad der Metallgehalt.

Auch im Zyanidbad geben reine Zinkanoden in den Betriebspausen oder bei sehr geringer Strombelastung viel Schlamm ab. Während des Betriebes haftet die Pulverschicht an der Anode, beimAusschalten des Stromes sieht man sie abfallen und die blanke Anode freilegen.

Beide Mängel lassen sich auch hier durch Hg- und Al-Zusatz beheben, wie man es Tab. 44 entnimmt:

Tabelle 44. *Verhalten der Anoden bei der Elektrolyse im Zyanidbad* ($Zn(CN)_2$ 60 g/l; NaCN 15 g/l; NaOH 52,5 g/l)

Gehalt der Zn-Anode an		Stromausbeute		Strom-dichte Amp./dm²	Anoden-Polari-sation Volt	Schlamm
Hg %	Al %	anodisch %	kathodisch %			
0	0	88,5	98,4	1,6	3,08	sehr viel
0	0,27	89,4	100,6	1,6	2,88	wenig
0,27	0	89,4	99,8	1,6	3	sehr wenig
0	0	102,1	103,5	1,3	3,2	sehr viel
0,3	0,25	95,4	101,0	1,3	3,17	Spur
0,18	0,42	91,5	99,4	1,3	3,02	keiner

Mit Anoden, die 0,2 bis 0,5% Al enthalten, erhält man glattere Niederschläge als mit reinen Zinkanoden. Offenbar geht also Aluminium anodisch unter Bildung von Aluminat in Lösung und glättet die Kathoden durch Kolloidwirkung.

Um das Ausmaß des Anodenangriffs jenem der kathodischen Stromausbeute besser anzupassen, werden andererseits Zusätze gelegentlich verwendet, welche die anodische Stromausbeute bis auf etwa 90% verringern. Magnesium- und/oder Kalziumzusätze können dies bewirken.

Ähnliche Verringerungen des Anodenangriffs kann man im Betrieb dadurch herbeiführen, daß man einen Teil der Zinkanoden durch unlösliche (im alkalischen Bad durch Stahl-, im sauren Bad durch Blei-Anoden) ersetzt.

E. Cadmium

1. Allgemeines

Dem Zink nahe verwandt, hat das Cadmium doch erst seit kurzer Zeit breitere Verwendung gefunden. Dies ist darin begründet, daß es trotz seiner weiten Verbreitung doch sehr selten in hoher Konzentration auftritt. Es blieb ein verhältnismäßig teures Metall, dessen Preis erst zu sinken begann, seitdem man es in großen Mengen als Nebenprodukt bei der elektrolytischen Zinkgewinnung isoliert.

Cadmium schmilzt bei 321° (Zink bei 418°) und siedet schon bei 778° (Zink erst bei 930°). In festem Zustand ist es deutlich plastisch. SPRING[1] vereinigte Cadmiumplatten bei 295° unter ganz leichtem Druck (Zink erst bei 385°), TAMANN[2] konnte die Ausflußgeschwindigkeit des Metalls unter Druck bei Temperaturen zwischen 100 und 250° messend verfolgen. Seine Farbe ist gefälliger als die des Zinks, sie ähnelt mehr derjenigen des Zinns oder Silbers, leider verliert auch dieses Metall an der Luft nach einiger Zeit seinen Glanz. Chemisch ist Cadmium etwas widerstandsfähiger als Zink, es wird im Gegensatz zu diesem von Alkalien nicht gelöst, und es wird auch von verdünnter Salz- oder Schwefelsäure langsamer gelöst als Zink, schnell von Salpetersäure.

Seine Dichte, 8,6 bis 8,67, übersteigt diejenige des Zinks (6,9 bis 7,2) um weniges, sein elektrochemisches Äquivalent ist aber nahezu doppelt so groß als das des Zinks; denn es liefert, wie das Zink, nur zweiwertige Ionen vom Atomgewicht 112,4 (gegen 65,4 beim Zink). Die theoretische Niederschlagsmenge pro Amperestunde beträgt 2,096 g (gegen 1,219 g beim Zink). Gleich schwere Niederschläge werden also bei gleicher Stromdichte in nicht viel mehr als der halben Zeit gewonnen.

Ihrer größeren Duktilität entsprechend sind Cadmiumüberzüge gegen Verbiegung noch widerstandsfähiger als Zinküberzüge, ihre größere Weichheit bedingt andererseits, daß sie mechanisch schneller abgenützt oder verletzt werden. Beim Einschrauben von Gewinden lösen sich Cadmiumüberzüge nicht los, sondern verschmieren sich in den Gewindegängen.

Merklich edler wie Zink, dem Eisen in der Spannungsreihe ganz nahestehend, bildet Cadmium in Verbindung mit letzterem doch die Lösungselektrode und schützt es vor Rost ebensogut wie das viel unedlere Zink[3].

Während sich Zinküberzüge auch durch Eintauchen von Blech in flüssiges Zink herstellen lassen, werden Cadmiumüberzüge nie nach dem Tauchverfahren bereitet, weil das leichtflüchtigere Cadmium schon bei etwa 400° gesundheitsschädliche Dämpfe entwickelt.

Wie Zink, läßt sich auch Cadmium aus sauren oder aus alkalischen bzw. aus Zyanidbädern mit hoher Stromausbeute niederschlagen. In ersteren tritt das Bestreben, gröbere Kristalle zu bilden, noch deutlicher zutage als beim Zink, so daß glatte Niederschläge nur mit Hilfe glättender Zusätze, insbesondere von Kolloiden, erzielbar sind. Aus Zyanidbädern, die man schon wegen ihrer hohen Streukraft fast ausschließlich verwendet, läßt sich

[1] Z. physik. Chem. **15**, 70 (1894).
[2] Ann. Physik **10**, 647 (1903).
[3] HOFF, Trans. Amer. Electrochem. Soc. **50**, 301 (1926); RAWDON, ib. **49**, 339 (1926); WERNICK, J. Electroplaters' Depositors' Soc. **2**, 84 (1927); **4**, 100 (1929); **6**, 129 (1931); DOBBS, ib. **1** (1926); PATTERSON, ib. **5**, 91 (1930).

Cadmium, wie Zink, mit verhältnismäßig hohen Stromdichten in äußerst feinkristallinischer Form als zusammenhängender Niederschlag abscheiden. Dem Aussehen nach ähneln Cadmiumniederschläge aus sauren Bädern mehr dem Zink, solche aus Zyanidbädern mehr dem Silber.

2. Saure Bäder

Als Hauptbestandteil kommt Cadmiumsulfat, seltener Cadmiumchlorid, neuerdings aber auch das Perchlorat in Betracht. Das Cadmiumsulfat bildet verschiedene Hydrate, deren wichtigstes die überraschende Zusammensetzung $3\,CdSO_4 \cdot 8\,H_2O$ aufweist. Beim Schmelzen des Kryohydrats $CdSO_4 \cdot x\,H_2O$ hinterbleibt $CdSO_4 \cdot 7\,H_2O$ in großen Kristallen. Als Anhydrid kann man Cadmiumsulfat aus konzentrierter Lösung durch Zusatz größerer Schwefelsäuremenge ausfällen.

Die Leitfähigkeit und der Dissoziationsgrad des Cadmiumsulfates steht derjenigen des entsprechenden Zinksalzes sehr nahe.

An Verunreinigungen kommen nach WESTBROOK[1] 1. Ni, Co, Cu, 2. Al, Zn, Fe, endlich 3. Ag, Pb, Sn, Sb, As in Betracht. Kleine Verunreinigungen durch die Metalle der I. Gruppe wirken glanzerhöhend, die Metalle der II. Gruppe sind harmlos, die Metalle der III. Gruppe sind schädlich; die ersten drei derselben erzeugen grobkristalline bis schwammige, schlecht haftende Niederschläge, sobald die Lösung mehr als 0,05 g/l davon enthält, sie lassen sich aber durch metallisches Cadmium ausfällen. Am schädlichsten sind As und Sb, die schwerer und erst nach längerer Zeit aus der Lösung entfernt werden können und schon in Mengen von 0,005 g/l dunkle, rauhe, schlecht haftende Niederschläge entstehen lassen. Der Schaden wird gemildert, wenn die Lösung Ni enthält.

Bei der Elektrolyse fällt das Metall bei höherem pH (6 und darüber) in granulierter dunklerer, schlecht haftender Form aus, bei niederem pH gröber kristallin. Am günstigsten liegen die Verhältnisse für die Abscheidung nach WERNICK[2] bei Wasserstoffzahlen innerhalb der Grenzen 5 bis 5,7. Um das pH in diesem Intervall zu halten, muß man der Badlösung Puffer zusetzen. Als solche kommen z. B. Aluminiumsulfat, Natriumazetat, Borsäure u. dgl. in Betracht. Nach WERNICK läßt sich die Lösung am besten durch ein Gemisch von Borsäure und Chlornatrium puffern. Auch Aluminiumsulfat übt gute Pufferwirkung aus, dies aber nur bei verhältnismäßig hohem pH.

Der allgemeinen Regel entsprechend erlangt das Metall bei höheren Stromdichten feiner kristallines Gefüge, bei niedrigeren neigt es dazu, grobe, weniger gut haftende Kristalle zu bilden. Die Stromausbeute ändert sich hingegen bei Steigerung der Stromdichte nur wenig, sie beträgt bei 1 Amp./

---

[1] Metal Ind. (London) **35**, 136 (1929).

[2] Trans. Amer. Electrochem. Soc. **62**, 27 (1932).

dm² 98,3% und steigt bei höheren Stromdichten auf etwa 99%, solange die Cadmiumkonzentration hoch genug bleibt. Bei zu geringer $Cd^{\cdot\cdot}$-Konzentration sinken die Ausbeuten infolge Verarmung mit steigender Strombelastung.

Diese Verhältnisse entsprechen der Stellung des Cadmiums in der Spannungsreihe und der Überspannung, welche der Wasserstoff bei seiner Entladung an Cadmium zu überwinden hat.

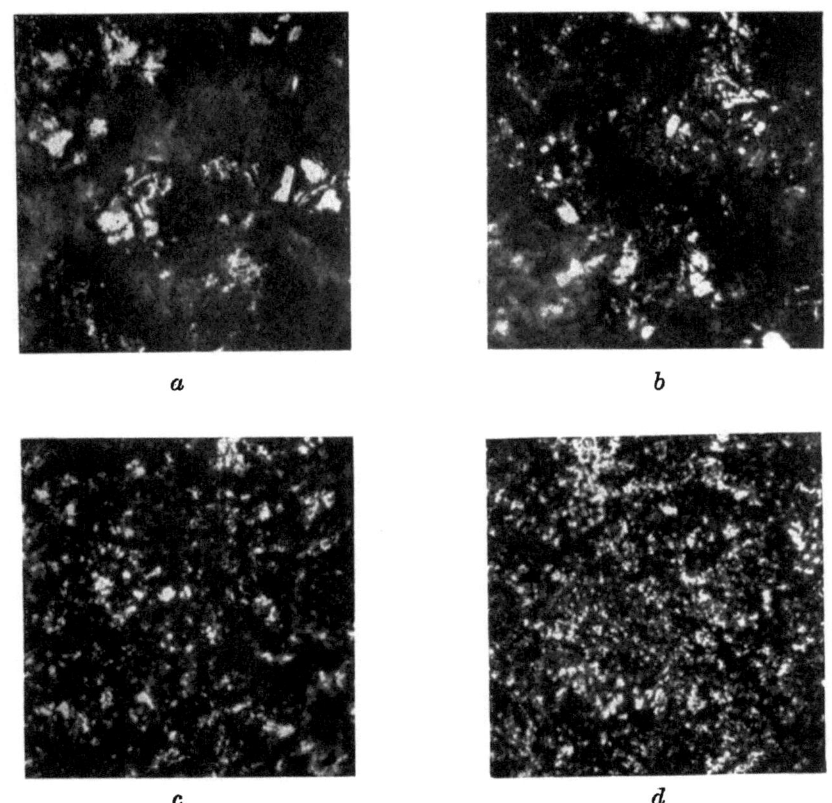

Abb. 100. Cadmiumniederschläge, 350fach. Das pH, bei welchem diese vier Niederschläge hergestellt wurden, stieg von 5 bei Probe *a* bis 5,7 bei Probe *d*. Die Zunahme der Kornfeinheit mit steigendem pH ist deutlich. (Nach WERNICK [1])

WERNICK empfiehlt eine Badzusammensetzung von:

$CdSO_4$	1-n.
NaCl	0,1-n.
H_3BO_3	30 g/l

in welcher man (l. c.) bei 18° gute, guthaftende helle Cadmiumüberzüge bei Stromdichten von 3 bis 4,5 Amp./dm² erhalten soll, während sie bei niedrigerer Stromdichte dunkler und grobkristalliner, bei höheren Stromdichten aber zu uneben werden und auswachsen, ein Bestreben, das schon bei 4,5 Amp. in Erscheinung zu treten beginnt.

[1] Trans. Amer. Electrochem. Soc. **62**, 27 (1932).

Bei Temperaturen über 40 oder gar 50° erhält man zu grobkörniges Metall.

Auch bei Zimmer- und wenig erhöhter Temperatur erzielt man gut deckende, hinreichend feinkörnige Überzüge nur bei Heranziehung von glättenden bzw. von Kolloidzusätzen. Ein Zusatz von etwa 1% Phenol soll die Tendenz des Metalls, sich in Form loser Kristallhaufen bzw. eines schlecht deckenden Netzwerkes abzuscheiden, hinreichend verringern. Mehr oder minder geeignet erscheinen auch allerhand organische Zusätze von kolloidalem Charakter (Gelatine, Dextrin, Pepton, Saponin[1] usw.[2], wie sie im Zyanidbad Verwendung finden (s. dort).

Die Angaben WERNICKS decken sich nicht vollständig mit den Mitteilungen MÜLLERS und BARCHMANNS[3] über die Abscheidung von Cd aus 1-n. $CdSO_4$-, 0,1-n. H_2SO_4-Lösungen, letztere beobachteten nämlich, daß der Feinheitsgrad mit zunehmender Temperatur steigt. Sie erhielten:

bei 0° mittelfeine, dichte Metallniederschläge mit 95,8% Stromausbeute,
bei 20° ziemlich feinkörnige, dichte Metallniederschläge mit 98,7% Stromausbeute,
bei 55° helle, feinkörnige, dichte Metallniederschläge mit 99,2% Stromausbeute.

Die Stromausbeute steigt mit steigender Temperatur wie beim Zink; die paradox scheinende Zunahme der Feinkörnigkeit mit zunehmender Temperatur suchen die Autoren auf Diffusionsverhältnisse zurückzuführen, die bei verschiedenen Temperaturen verschieden wären.

Als Glanzzusatz dient vor allem Nickel in Mengen von 0,4 g/l, ähnliche, doch schwächere Wirkung üben Kobalt und Kupfer aus, die gleich dem Nickel die geringe Härte (etwa 12° Brinell nach MACNAUGHTAN und HOTHERSALL) des Cadmiums etwas erhöhen.

Ebenso wie kleine Zusätze von Cadmium den Glanz bei der Nickelabscheidung, der Kupferabscheidung usw. erhöhen, wirken kleine Mengen letzterer Metalle, und zwar in annähernd gleichmolarer Konzentration, glanzerhöhend auf Cadmium. Diese gegenseitige Einwirkung läßt auf eine Wechselwirkung schließen, deren Natur noch nicht ermittelt worden ist. Wägbare Mengen des Glanzzusatzes sind in den Metallniederschlägen nicht nachgewiesen worden, seine Konzentration nimmt im Bad kaum merklich mit der Zeit ab.

Die Herstellung von Cadmiumüberzügen aus Sulfatlösungen, welche nach WERNICK leicht durchführbar erscheint, hat noch kaum Anwendung gefunden und ist deshalb noch nicht gut bekannt.

---

[1] Amer. Smelting and Refining Co., USA.-Pat. 1 993 854 (1933).

[2] MILLIAN, Bull. Soc. chim. Belgique **32**, 143 (1923); s. auch DESCH und VELLAN, Trans. Faraday Soc. **21**, 17 (1925).

[3] Z. Elektrochem. **39**, 341 (1933).

Das gleiche gilt für die Herstellung von Cadmiumniederschlägen aus Chlorid-, kieselfluorwasserstoffsauren, Perchlorat-, borfluorwasserstoffsauren Lösungen u. dgl., welche zwar den Gegenstand mancher Untersuchung gebildet haben[1], ohne aber in die Praxis gedrungen zu sein, obwohl manche dieser Lösungen (insbesondere die zuletzt genannte) vielversprechende Resultate erzielen lassen.

Müller und Barchmann (l. c.) haben gezeigt, daß man aus Perchloratlösungen mehrere Millimeter dicke, gut aussehende Cd-Niederschläge erhalten kann. Dies steht mit ihrem Befund in Einklang, daß die I-E-Kurve in der Reihenfolge: Perchlorat, Sulfat, Bromid, Chlorid steiler aufsteigt. Alkaliperchlorate, welche man dem Bade zusetzt, ebnen zunächst (wohl infolge Rückdrängung der $Cd^{\cdot\cdot}$-Konzentration) den Niederschlag, vergröbern ihn aber bei zu hoch getriebener Konzentration unter Aufrichtung der I-E-Kurve. Empfohlen wird ein Bad von der Zusammensetzung:

$Cd(ClO_4)_2$	1-n.
$HClO_4$	0,1-n.
$NaClO_4$	1-n.

und die Verwendung von kathodischen Stromdichten von 2 Amp./dm² bei Zusatz von Gelatine. Letztere erhöht die Überspannung, und zwar um so stärker, je höher die Überspannung schon vor dem Gelatinezusatz ist.

3. Alkalische Bäder

Den Hauptbestandteil der alkalischen Cadmiumbäder bildet Natrium- oder Kalium-Cadmium-Zyanid: $NaCd(CN)_3$, $Na_2Cd(CN)_4$ bzw. $KCd(CN)_3$, $K_2Cd(CN)_4$, welches man entweder durch Auflösung von Cadmiumzyanid ($Cd(CN)_2$) oder von Cadmiumoxyd (CdO) in Natrium- oder Kaliumzyanidlösung herstellt. Geht man von Cadmiumoxyd aus, so bildet sich nach:

$$CdO + 3\,NaCN + H_2O = NaCd(CN)_3 + 2\,NaOH$$

neben dem Doppelzyanid[2] freies Ätzalkali, das aber, wie oben bemerkt, mit dem Cadmium nicht (wie etwa mit dem Zink) in Wechselwirkung tritt. Der

[1] Cf. z. B. Desch und Vellan, Trans. Faraday Soc. **21**, 17 (1925); Senn, Z. Elektrochem. **11**, 229 (1905); Planner, ib. **37**, 33 (1931).

[2] Die Komplexkonstante ist nach Euler:

$$K = \frac{c_{Cy^{4''}} \,.\, c_{Cd}}{c_{CdCy'}} = 1{,}4 \,.\, 10^{-17}$$

Walden ermittelte das Äquivalent-Leitvermögen ½ $KCd(CN)_3$ bei 25°:

v	32	64	128	256	512	1024
Λ	110	114,1	116,7	118,4	120,8	125,1

Λ_{1024} bis Λ_{32} ist 15,1, beim Zink 14,9, beim Quecksilber aber 21,7. Die Komplexbeständigkeit des Cadmiums ist also wie die des Zinksalzes zwar groß, immerhin aber doch viel geringer als die des Quecksilbersalzes.

Gehalt des Bades an Ätzalkali wird als günstig angesehen, weil er, besonders bei niedrigen Stromdichten, den Glanz des abgeschiedenen Metalls erhöht. Ähnliche Wirkung übt auch ein Überschuß an Alkalizyanid.

Nach den bisherigen, noch nicht sehr ausgedehnten Erfahrungen und den ziemlich spärlichen Veröffentlichungen soll die Cadmiumkonzentration innerhalb der Grenzen 15 bis 30 g Cd/l variiert werden können, entsprechend 0,25 bis 0,8-n. Nach WESTBROOK[1] sinkt aber die kathodische Stromausbeute mit sinkender Cadmiumkonzentration in folgendem Maße:

Tabelle 45

Cadmiumkonzentration		Kathodische Stromausbeute in % bei	
Normalität	g/l	2,15 Amp./dm²	3,23 Amp./dm²
0,8	45	98	96
0,53	30	94	88
0,4	22,5	85	80
0,2	11,25	72	70
0,13	7,36	65	60

Am günstigsten sind nach S. WERNICK[2] Cadmiumkonzentrationen von 30 bis 40 g/l bei Anwendung kathodischer Stromdichten von 1 bis 2,2 Amp./dm², nach L. R. WESTBROOK[3] können bei Herstellung höherer Cadmiumkonzentration aber auch Stromdichten von 3,3 Amp./dm² angewendet werden, wenn genügend überschüssiges Zyanid und wenn glättende Zusätze vorhanden sind.

Als überschüssiges Zyanid ist jene Menge zu verstehen, welche die zur Bildung der Verbindung $NaCd(CN)_3$ erforderliche übersteigt. Erfahrungsgemäß erscheint es empfehlenswert, sie derart zu bemessen, daß auf 1 $NaCd(CN)_3$ etwa 1 überschüssiges bzw. „freies" NaCN oder KCN im Elektrolyten enthalten ist.

Bei zu geringem Gehalt an freiem Alkalizyanid färben sich die Anoden, bei allzu geringem sogar die Kathodenniederschläge dunkler, während sie hell bleiben, wenn man das richtige Mengenverhältnis einhält, dessen Ausmaß freilich, wie eben bemerkt, auch zu der jeweils angewendeten Stromdichte in gewisser Beziehung steht.

Empfohlen wird ferner ein Zusatz von Ätzalkali, das besonders bei niederen Stromdichten zur Abscheidung helleren, duktileren Metalls führt, seine Konzentration soll etwa in den Grenzen 0,4- bis 0,6-n. gehalten werden.

Um glatte Niederschläge zu erhalten, ist es noch erforderlich, der Badlösung Kolloide, wie Leim, Kasein, Sulfitablauge, Türkischrotöl, in Mengen bis zu 1% zuzusetzen. Als Glanzzusatz dient (neben Ätzalkali oder Ammoniak) etwa 0,4 g Ni/l.

[1] Trans. Amer. Electrochem. Soc. **55**, 333 (1929).
[2] Trans. Amer. Electrochem. Soc. **60**, 129 (1931).
[3] Trans. Amer. Electrochem. Soc. **60**, 129, 140 (1931).

Die Elektrolyse wird bei Raum- oder nur ganz mäßig erhöhter Temperatur durchgeführt, Steigerung derselben über 35° ist von Schaden, sie führt zur Abscheidung schwammigen Produktes (cf. WERNICK l. c.).

Geeignet ist sonach eine Badzusammensetzung in folgenden Mengenverhältnissen:

$Cd(CN)_2$	40 bis 60 g/l	(entspr. 30 bis 40 g Cd)
NaCN	50 bis 80 g/l	(oder die äquivalente Menge KCN)
NaOH	15 bis 40 g/l	
Ni	0,4 g/l	
Türkischrotöl	12 g/l	

Anstatt $Cd(CN)_2$ und NaOH heranzuziehen, kann man von der äquivalenten CdO-Menge ausgehen und mit der 2,5- bis 3,5fachen Menge NaCN auflösen.

Man wendet gewöhnlich Stromdichten von 1 bis 3 Amp./dm² an, kann, wenn sich der Gehalt an freiem Zyanid der oberen Grenze nähert, aber bis zu 5 Amp./dm² gehen.

Die Stromausbeute beträgt etwa 94 bis 96%.

Die Elektrolyse wird unter Zuhilfenahme von Glanzzusätzen ausgeführt, als welche außer den genannten auch Sulfonsäuren und Furfurole dienen können.

Die Anoden sollen mindestens 99,9% Cd enthalten, nicht mehr als 0,05% Ag + Pb + Sn, weniger als 0,005% As + Sb + Tl, andernfalls erhält man unschöne Niederschläge.

Durch kurzes nachträgliches Eintauchen in eine Lösung von 1 Vol.-% HNO_3 vom spez. Gew. 1,42 oder in eine Lösung von 70 cm³ 30% H_2O_2 + + 5 g/l H_2SO_4, oder in eine Lösung von 100 g/l CrO_3 + 2 g/l H_2SO_4 läßt sich der Glanz des Cadmiumüberzuges verbessern, seine Widerstandsfähigkeit erhöhen und seine Abstumpfung verlangsamen.

Reine Cadmiumanoden gehen bei Gegenwart freien Zyanids glatt in Lösung; da die anodische Stromausbeute aber die kathodische übersteigt, reichert sich das Bad an Cadmium an und wird zyanidärmer. Um die Zusammensetzung der Badlösung besser konstant zu halten, verwendet man gelegentlich Hilfsanoden aus Stahl oder nichtrostendem Stahl und stellt 25 bis 75% der Anodenoberfläche aus ihnen her, den Rest aus Cadmiumanoden.

Je Amperestunde schlägt sich pro Quadratdezimeter eine 0,023 mm starke Metallschicht nieder. Für starke Beanspruchungen wird eine Cadmiumschicht von 0,025 mm, für schwächere von 0,01 bis 0,015 mm als hinreichend angesehen.

Aus dem Zyanidbad gefälltes Cadmium wird beim Lagern in warmer, feuchter Luft mißfarbig, wenn noch Spuren von Zyaniden daran haften. Nach SODERBERG[1] läßt sich dies durch kurzes Eintauchen in eine Mischung von Chrom- und Schwefelsäure vor dem letzten Abspülen sicher verhindern.

F. Zinn

1. Allgemeines

Verzinnungen sind nach dem Eintauchverfahren so leicht und schnell durchzuführen, daß die Bemühungen, sie durch elektrolytische Verzinnung zu ersetzen, durch Jahrzehnte hindurch hoffnungslos aussahen.

Daß dies sich von Grund aus geändert hat und daß heute bereits die Hälfte der Weltproduktion an Weißblech auf galvanischem Wege vorgenommen wird, ist einerseits den Verbesserungen der Arbeitsmethoden (insbesondere auch den mechanischen Methoden der kontinuierlichen Herstellung gleichmäßigen Blechs), andererseits den Ersparnissen an Zinnmetall zu verdanken, welche durch Anwendung galvanischer Verfahren ermöglicht werden.

Die elektrolytische Verzinnung liefert Überzüge, deren Gleichmäßigkeit diejenige übertrifft, die auf anderem Wege hergestellt sind und die sich auch in Stärken ausführen lassen, die nicht nur viel genauer bemessen, sondern auch innerhalb viel weiterer Grenzen variiert werden können.

Nach dem Eintauchverfahren ist es schwierig, Überzüge von weniger als 1,8 μ und von mehr als 25 μ Stärke herzustellen.

Auf elektrolytischem Wege lassen sich ohne weiteres solche bereiten, deren Dicke nur 0,08 μ beträgt, aber auch solche bis zu Stärken von mehreren Millimetern.

Solange man Konservenbüchsen ausschließlich aus feuerverzinntem Weißblech herstellte, hatte ihre Zinnauflage eine Durchschnittsdicke von rund 2 μ. Durch Verwendung elektrolytisch verzinnten Blechs hat sie sich auf die Hälfte bis ein Drittel verringern lassen.

Die elektrolytische Verzinnung kann sowohl in sauren als auch in alkalischen Bädern technisch durchgeführt werden.

Die alkalischen Zinnbäder enthalten das Zinn als vierwertiges Metall und weisen eine Streukraft auf, die kaum in einem anderen Bad (z. B. auch nicht in Kupferzyanidbädern) ihresgleichen findet.

In den sauren Bädern liegt Zinn als zweiwertiges Metall vor. Da sich die Zinnabscheidung aus ihnen mit etwas höherer Stromausbeute erzielen läßt als aus alkalischen Bädern, verbraucht sie kaum die Hälfte des im ersteren Falle erforderlichen Energieaufwandes.

Ein weiterer Vorzug der sauren Bäder besteht darin, daß sie im Gegensatz zu alkalischen Bädern bei Raumtemperatur betrieben werden können.

---

[1] Trans. Amer. Electrochem. Soc. **62** (1932).

Obgleich aber auch die Leitfähigkeit der sauren Bäder diejenige der alkalischen übertrifft, stehen doch alkalische Bäder neben sauren praktisch in Betrieb, weil sie ohne glättende Zusätze arbeiten können und ihr Betrieb deshalb leichter zu leiten und zu kontrollieren ist, in vielen Fällen aber auch wegen ihrer hervorragenden, nahezu einzig dastehenden Streukraft.

Der Aufwand an elektrischer Energie spielt bei der elektrolytischen Verzinnung eben eine nebensächliche Rolle.

Allerdings nimmt die Fällung im alkalischen Bad bei Verwendung gleich großer Zellen längere Zeit in Anspruch bzw. erfordert sie etwa doppelt so große Zellen, um ungefähr gleich schnell zu verlaufen; doch wird dies in gewisser Hinsicht dadurch wieder gutgemacht, daß man zur Aufnahme des alkalischen Elektrolyten einfache Stahlwannen verwenden kann, während das saure Bad mit Hartgummi oder anderen Kunststoffen, z. B. mit PVC, ausgekleidete Wannen beansprucht.

2. Alkalische Bäder

In den Anfängen der elektrolytischen Verzinnung hatte man im alkalischen Bad gegen die Bildung schwammförmiger Niederschläge zu kämpfen, wie dies auch bei der Elektrolyse von Verbindungen des Bleis der Fall war, das wie Zinn der I. Gruppe der Metalle (nach PIONTELLI, s. S. 31f.) angehört.

Als man daraufkam, daß die Schwammbildung beim Zinn durch die Gegenwart von Stannoverbindungen verursacht wird, bei der Elektrolyse von Alkalistannaten also durch Bildung von Alkalistanniten, wußte man dies durch Zusatz von Oxydationsmitteln zu beheben.

Als Oxydationsmittel verwandte man mit Vorliebe Wasserstoffsuperoxyd, Natriumperborat od. dgl. m. Man hatte diese aber im Verlaufe der Elektrolyse periodisch nachzusetzen.

Als man mit der Durchführung der Elektrolyse aber vertrauter wurde, lernte man es, die so störende Bildung von Stanniten dadurch praktisch nahezu ganz zu beheben, daß man:

1. die Konzentration an freiem Ätzalkali in richtigen Grenzen hielt;

2. durch richtige Wahl der Größe der Anoden und der Stromdichte, mit der sie belastet werden, sicherstellte, daß sie als Stannat in Lösung gehen und etwa vorhandenes Stannit laufend oxydieren.

Da die Elektrolyse weder kathodisch noch anodisch mit 100%iger Stromausbeute vor sich geht, bleibt an der Anode ein Stromanteil zur Aufoxydation von Stannit verfügbar.

In dieser gewünschten Art arbeiten die Anoden, wenn sie mit einem geeigneten Film bedeckt bleiben, der durch seine charakteristische, grünlichgelbe Farbe leicht zu erkennen ist, wodurch die Kontrolle der Arbeitsweise des Bades sehr vereinfacht wird.

Vorbedingung für die glatte Durchführung der Elektrolyse ist also zunächst die Herstellung dieser Membran auf den Anoden. Sie kann auf zwei verschiedene Arten vorgenommen werden:

Die sicherere besteht darin, die Anoden kurze Zeit hindurch — etwa eine Minute lang — einer viel höheren als der gewöhnlichen Stromdichte auszusetzen, als welch letztere man 1 bis 2 Amp./dm^2 anzusehen hat. Nach einiger Übung erkennt man sicher nach dem Augenschein den Zeitpunkt, in welchem die Bildung der Schutzhaut beendet ist. Er macht sich aber auch dadurch bemerkbar, daß die Spannung dann auf einmal um etwa 2 Volt steigt.

Eine andere Art des Vorgehens besteht darin, die mit dem positiven Pol der Stromquelle (am besten durch biegsame Kabel) schon verbundenen Anoden bei Stromdurchgang nur langsam mit voller Strombelastung in die Badlösung von oben nach unten einzuführen. Der Anodenteil, der zunächst benetzt wird und den ganzen Strom führt, steht unter entsprechend hoher Stromdichte, bei welcher der Schutzfilm fast augenblicklich gebildet wird, und im Maße, in welchem die Anode weiter eingesenkt wird, breitet er sich über die ganze Oberfläche aus.

Im stromlosen Zustand löst sich der Schutzfilm langsam unter Bildung von Stannit wieder auf. Dauert die Stromunterbrechung nicht länger als 12 Stunden, dann verschwinden die kleinen Stannitmengen bald durch anodische Oxydation, bei welcher sich der Film auch retabliert. Bei längeren Stromunterbrechungen hebt man aber die Anoden besser aus dem Bad.

Auch im stromdurchflossenen Zustand leidet der Film unter Stannitbildung, wenn die Stromdichte nicht hoch genug gehalten wird. Bei zu hohen Stromdichten werden die Anoden hingegen passiv, während sie sich mit einer sehr schwer löslichen braunen bis schwarzen Kruste bedecken, die sich nur mittels starker Säuren entfernen läßt.

Das Stromdichtegebiet, innerhalb dessen weder Stannit unter Entfärbung der Anoden gebildet wird, noch eine Passivierung der Anoden eintritt, hängt u. a. auch von der Konzentration freien Ätzalkalis in der Badlösung ab sowie von der guten Verteilung des Stromes über die Anodenfläche.

Das Tin Research Institute empfiehlt dazu die Verwendung stabförmiger Anoden aus reinem Zinn, die den Querschnitt eines Ovals aufweisen, mit langer Achse von 7,5 cm und kurzer Achse von rund 3 cm.

a) Natriumstannatbäder

Viele Jahre hindurch verwendete man soviel wie ausschließlich Natriumstannatbäder, deren Zusammensetzung innerhalb folgender Grenzen gehalten wurde:

Tabelle 46. *Charakteristik der Natriumstannatbäder*

	von g/l	bis g/l	
Zinnmetall	30	50	(entspricht 67,4 bis 112 $Na_2SnO_4 . 3 H_2O$)
Freies NaOH	12	15	
Natriumazetat[1]	0	15	
H_2O_2		0,5	

Kathodische Stromdichte 1 bis 2,5 Amp./dm²
Anodische Stromdichte 1 bis 2 Amp./dm²
Kathodische Stromausbeute 82 bis 87%
Anodische Stromausbeute 75 bis 95%
Temperatur 70 bis 80° C
Niederschlagsstärke je Amperestunde/dm² rund 0,02 mm
Zeitverbrauch je 0,001 mm Niederschlagsstärke bei 1,6 Amp./dm² 3 Minuten

[1] Essigsäure dient dazu, überschüssiges Alkali zu neutralisieren. Das Natriumazetat scheint eine gewisse Pufferwirkung auszuüben, die aber nicht völlig sichergestellt worden ist.

Mit Steigerung der Stromdichte sollte die Konzentration sowohl des Zinnsalzes als auch die der freien Alkalimenge gleichzeitig gesteigert werden. Es ist wichtig, diese Faktoren im richtigen Verhältnis zueinander zu halten, um zu erreichen, daß sich Anodenaufbrauch und Niederschlagsmenge die Waage halten; denn eine Abnahme des Konzentrationsverhältnisses des freien Alkalis steigert die Kathodenausbeute, senkt aber den Anodenangriff.

Steigerung der Temperatur verbessert sowohl die kathodische als auch die anodische Stromausbeute.

Der Zinngehalt des Bades ist zeitweise zu kontrollieren und nach Bedarf zu ergänzen.

Nach Hothersall, Clarke und Macnaughtan[1] übt zwar der Zinngehalt der Lösung auf das Aussehen des Niederschlages keinen deutlichen Einfluß aus, wenn er nicht unterhalb 17 g/l sinkt oder bis auf 85 g/l steigt; doch sinkt die kathodische Ausbeute bei zu geringem Zinngehalt. Außerdem kommt es für die Erhaltung gleichmäßiger Zusammensetzung des Bades stets auch, wie schon betont, auf das Konzentrationsverhältnis des Stannats zum freien Alkali an, weil dieses auch anodenseitig von Einfluß ist.

Nach den genannten Autoren darf man den Gehalt an Stannosalz höchstens bis zur Grenzkonzentration von 0,2 g/l $Sn^{\cdot\cdot}$ ansteigen lassen. Bei höherem Gehalt beginnt die Schwammbildung.

Da nicht nur die Stromausbeute mit steigender Temperatur steigt, sondern auch die Farbe des Metalls zugleich eine gefälligere, hellere, gleich-

[1] J. Electroplaters' Depositors' Soc. 9, 101 (1934).

mäßigere wird, ist es am besten, die Temperatur während der Elektrolyse über 70° C zu halten. Dazu können stählerne Heizrohre dienen.

Bei dieser Temperatur erhält man helle, glatte, dichte Niederschläge mit Stromdichten von 0,5 bis 2,5 Amp./dm². Mit höheren Stromdichten fällt der Niederschlag wieder dunkler aus, bei sehr hohen Stromdichten aber wieder hell und feinkörniger, vorausgesetzt, daß das Bad gleichzeitig in sehr lebhafter Bewegung und der Gehalt an freiem Ätzalkali auf entsprechender Höhe gehalten wird.

Die Streukraft des Bades ist so bemerkenswert, daß es gelingt, kürzere — etwa 10 cm lange — Rohre (von etwa 1 cm Durchmesser) gleichzeitig innen und außen zu verzinnen, ohne eine Anode in dieselben einzuführen.

Fällt der Niederschlag dunkler, als erwünscht ist, aus, so ist dies gewöhnlich auf einen Stannitgehalt des Bades zurückzuführen. Wird dies durch Prüfung einer Probe nach der weiter unten angegebenen Methode bestätigt, so kann der Schaden durch Zusatz von Peroxyd od. dgl. beseitigt werden. Fällt aber die Probe negativ aus, dann ist der Schaden auf Verunreinigungen oder auf unrichtige Bad- bzw. Stromdichteverhältnisse zurückzuführen.

b) Kaliumstannatbäder

Viel günstiger ist die Arbeitsweise in Kaliumstannatbädern, welche denn auch die Natriumstannatbäder im letzten Jahrzehnt praktisch ganz verdrängt haben. Sie wurden von STERNFELS und LOWENHEIM[1] 1943 eingeführt.

Kaliumstannat ist besser löslich und besser leitend als das Natriumsalz, es wird weniger stark hydrolytisch gespalten wie das letztere; es läßt eine Steigerung der Stromdichte zu, wenn auch das NaOH durch KOH ersetzt wird.

Was die Stromdichte betrifft, ist allerdings zu bemerken, daß sich die in Tab. 46 angegebene in ganz bedeutendem Grade steigern läßt, wenn man in Zellen arbeitet, in welchen Kathode und Elektrolyt in sehr lebhafter gegenseitiger Verschiebung gehalten werden (cf. hiezu S. 70f. und 75).

Dies ist ganz besonders bei der Verzinnung von endlosem Blech, also der elektrolytischen Herstellung von Weißblech, der Fall, die in Zellen vorgenommen wird, durch welche die Bleche mit Geschwindigkeiten von 200 bis 800 m in der Minute (!) geführt werden.

Unter sonst gleichen Bedingungen lassen sich in Kaliumstannatbädern um etwa 25% höhere Stromdichten anwenden als in Natriumstannatbädern. Beides ist bei Bewertung der in Tab. 47 angegebenen Ziffern im Auge zu behalten.

---

[1] Trans. Electrochem. Soc. **82**, 77 (1942); LOWENHEIM, ib. **84**, 195 (1943); s. a. Brit. Pat. 564489 (1944).

Die günstigste Zusammensetzung der Kaliumbäder wird für verschiedene Stromdichten wie folgt angegeben:

Tabelle 47. *Kaliumstannatbäder*

Anzuwendende Stromdichte	Bestandteil	Konz. g/l Ansatz	Toleranz
3 bis 10 Amp./dm²	K_2SnO_4 freies KOH	105 15,5	101 bis 112 12,6 bis 14,4
16 „	K_2SnO_4 freies KOH	210 22,5	196 bis 217 15 bis 30
40 „	K_2SnO_4 freies KOH	420 22,5	390 bis 450 15 bis 30

3. Saure Bäder

Während von alkalischen praktisch nur die Stannatbäder in Frage kommen, die außer etwas überschüssigem Ätzalkali keinerlei Fremdstoffzusatz brauchen, läßt sich Zinn aus einer ganzen Reihe verschiedener saurer Lösungen elektrolytisch abscheiden, z. B. aus Chloriden, Fluoriden, Silicofluoriden, Borfluoriden, Perchloraten, Oxalaten, Laktaten, Sulfaten, Sulfonsäuren usf.

Sehr breite Einführung hat bisher nur das Sulfatbad gefunden; doch verdient auch das Fluoboratbad, das noch in Erprobung steht, besondere Beachtung.

Neigt das Zinn im alkalischen Bad dazu, sich bei unrichtigen Arbeitsverhältnissen zum Teil in Schwammform abzuscheiden, so ist seine Tendenz, in sauren Elektrolyten Nadeln zu bilden und grobkristallin auszufallen (s. S. 51 f. und Abb. 29, 30), so vorherrschend, daß die betriebsmäßige Herstellung glatter Zinnüberzüge auf elektrolytischem Wege erst möglich wurde, als man Fremdzusätze auffand, welche eine wirksame Glättung hervorrufen.

In alkalischer Lösung dürfte Komplexbildung und niedere Konzentration des zur Abscheidung gelangenden $Sn^{\cdots\cdot}$-Ions die glatte Abscheidung erleichtern, in saurer Lösung bedarf es aber starker Inhibitoren, sie herbeizuführen.

In beiden Klassen von Elektrolyten wird dies für die in allererster Linie technisch in Frage kommende Anwendung, die Herstellung von Weißblech, dadurch sehr wesentlich begünstigt, daß nur ganz dünne Zinnüberzüge auf äußerst schnell bewegten Kathoden herzustellen sind.

Zur I. Gruppe von Metallen gehörig, ist Zinn, der allgemeinen Regel folgend, gegen Inhibitoren nicht besonders stark empfindlich. Gelatine und Leim, die sich bei Metallen der II. Gruppe so wirksam zeigen, genügen nicht zu seiner Glättung. Man wendet sie in Verbindung mit aromatischen Sulfonsäuren[1] und/oder β-Naphthol an, die eine spezifische Wirkung auszuüben scheinen.

FOERSTER und seine Mitarbeiter haben in schönen Versuchsserien dargetan, daß nicht die Sulfonsäure selbst diese Wirkung ausübt, sondern eine Beimengung, die sie in geringer Menge enthält und deren chemische Natur nicht näher festgestellt werden konnte. Diese wohl kapillaraktive Verunreinigung, welche allem Anschein nach bei der Sulfonierung in Mengen entsteht, die von der Temperatur und der Dauer beeinflußt werden, gelangt in Spuren in den Zinn-Niederschlag. Sie verschwindet also mit der Zeit aus dem Elektrolyten, dessen Eigenschaften sich demnach bei lange andauernder Elektrolyse ändern.

Gute Resultate erhält man nach FOERSTER[2] in Elektrolyten, welche aus:

$SnSO_4$	54 g/l	(0,25-n.)
H_2SO_4	15 g/l	(0,15-n.)
Kresolsulfonsäure	30 g/l	(0,16-n.)

bestehen. Von den drei Kresolsulfonsäuren eignet sich die Metasäure am besten. Zu ihrer Herstellung mischt man Metakresol und konzentrierte Schwefelsäure im molaren Verhältnis. Beim Zusammenbringen erhitzen sich die Flüssigkeiten von selbst auf 80 bis 90°. Um die Reaktion zu vervollständigen, steigert man die Temperatur auf 100 bis 110° und hält sie etwa eine Stunde lang auf dieser Höhe. Das so gewonnene Produkt kann nach dem Erkalten ohne weiteres der Zinnsulfatlösung zugesetzt werden; es ist rotbraun, wenn man von technischem Kresol ausgeht, nahezu farblos, wenn man reines Kresol behandelt. Im ersteren Fall erhält man ein Bad, aus welchem zunächst dunkelgraues Zinn ausfällt, nach kurzer Benützung aber dichtes, silberweißes Metall. Das aus reinem Kresol bereitete Bad liefert von Anfang an helles, dichtes Metall.

β-Naphthol ist im Elektrolyten nahezu unlöslich und wird nur durch die Gelatine am Ausfallen gehindert. Man bereitet diesen glättenden Zusatz, indem man erst Gelatine auflöst, dann β-Naphthol in äthyl- oder butylalkoholischer Lösung zusetzt und gut durchmischt. Dieses Gemisch ist einem Teil der Badlösung unter lebhaftem Rühren in kleinen Partien vorsichtig zuzusetzen, um Ausfallen zu verhindern, dann erst dem eigentlichen Bad einzuverleiben.

An Stelle von Gelatine kann Lysalbinsäure verwendet werden, die sich als haltbarer erweist, aber teurer und umständlicher aus Eiweiß herzustellen ist.

Mit der Zeit läßt die Wirkung des glättenden Zusatzes nach. Dies ist

---

[1] Cf. MATHERS, Trans. Amer. Electrochem. Soc. **45**, 449 (1924); SCHLOETTER, D. R. P. 299 792.

[2] FOERSTER und FISCHER, Z. Elektrochem. **32**, 525 (1926); FOERSTER und KLEMM, ib. **35**, 409 (1929); FOERSTER und DECKERT, ib. **36**, 901 (1930).

auf langsame Zersetzung der Gelatine in der sauren Lösung und auf Konzentrationsabnahme infolge Adsorption durch den Zinn-Niederschlag zurückzuführen.

Bei Zusatz des glättenden Mittels sieht man die Spannung infolge kathodischer Polarisation ansteigen. Umgekehrt läßt sich das Nachlassen seiner Wirkung unter anderem auch durch Heruntergehen der Badspannung erkennen. Eine Ergänzung des Glättmittels muß auf alle Fälle vorgenommen werden, ehe die Badspannung sich um mehr als 0,2 Volt erniedrigt hat und ehe deutliche Vergröberung der Struktur des Niederschlages und Abnahme seiner Deckkraft sich unter der Lupe beobachten läßt.

Dies prüft man am besten mit einer dem Bad entnommenen Probe und Niederschlagen von Zinn aus derselben auf Kupferblech. Letzteres soll durch eine Elektrolytzinnschicht von 0,00125 mm Dicke so vollständig und gleichmäßig bedeckt werden, daß die Farbe des darunter liegenden Kupfers nicht mehr unter der Lupe sichtbar ist. Scheint dieselbe auf oder bildet der Niederschlag ein Maschen- oder Netzwerk, dann ist dem Bad unbedingt Glättmittel zuzusetzen, und zwar etwa:

1 g/l Gelatine und
0,5 g/l β-Naphthol.

a) *Das Sulfatbad*

Das Sulfatbad wird wegen seiner Wohlfeilheit, seiner Beständigkeit und seiner guten Leitfähigkeit bevorzugt. Letztere ist höher als die der alkalischen Bäder. Im Gegensatz zu letzterem ist das Zinn im sauren Bad als zweiwertiges Metall enthalten. Besteht im alkalischen Bad die Gefahr der Bildung von Stannit und von Stannosalz, so ist im sauren Bad im Gegenteil darauf zu sehen, daß sich kein Stannisalz bildet. Dazu ist es rationell, bei Betriebsunterbrechung die Anoden im Bad zu belassen, um der Bildung von Stannisalz durch Gegenwart von Zinnmetall entgegenzutreten.

Die beste Zusammensetzung des Elektrolyten ist von HOTHERSALL und BRADSHAW[1] wie folgt angegeben worden:

Tabelle 48. *Stannosulfatbad und dessen Betriebsweise*

Zinn	30 bis 40 g/l
Kresolsulfonsäure	70 bis 120 g/l
Freie Schwefelsäure	40 bis 70 g/l
Gelatine	2 g/l
β-Naphthol	1 g/l

Temperatur nicht unter 20° C
Kathodische Stromdichte, ruhend 1 Amp./dm²
Kathodische Stromdichte, stark bewegt 10 Amp./dm²
Stromausbeute kathodisch 98 bis 100%
Stromausbeute anodisch nahezu 100%
Anodische Stromdichte nicht über 2 Amp./dm²

[1] J. Electrodepositors' Techn. Soc. **12**, 113 (1937); **15**, 31 (1939); Brit. Pat. 493 701.

Besonders im bewegten Bad ist Vorsicht geboten, die Anoden sind in Säcke zu hüllen, um Schäden auszuschließen, welche herumschwimmende Anodenschlammpartikeln hervorrufen können. Zur Herstellung der Säcke eignet sich Glasgewebe am besten, Baumwollgewebe ist hingegen nicht haltbar.

Stark bewegte Bäder sollen oft, am besten fortlaufend, filtriert werden.

b) Das Chlorürbad

Neben diesem sauren Sulfatbad (welches in den USA. als Ferrostanbad bezeichnet wird) besteht in den USA. ein anderes, von Du Pont de Nemours ausgebildetes, chloridhaltiges Bad in breiter Verwendung.

Die genaue Zusammensetzung des unter Patentschutz [1] stehenden Elektrolyten ist nicht bekanntgegeben worden. Er enthält neben Zinnchlorür Alkalimetall- bzw. Ammoniumfluorid in solchen Mengen, daß die Molarkonzentrationen des ersten zum zweiten Bestandteil innerhalb der (sehr weit angegebenen) Grenzen von 1 bis 12 gehalten werden. Bestimmte pH-Werte sind jeweils festzuhalten.

Nach dem Umfang seiner Verwendung zu schließen, muß dieses Bad den anderen wohl ebenbürtig sein.

Ein praktischer Vorzug desselben mag möglicherweise in der Eventualität gelegen sein, die Chlorverbindung des Zinns verwenden zu können, wie sie bei der Entzinnung von Weißblechabfällen nach dem GOLDSCHMIDT-Verfahren anfallen.

c) Das Fluoboratbad

Wie bei anderen Metallen wird beim Zinn als Vorzug dieses Bades angegeben, daß es weniger Schlamm bildet und die Anwendung höherer Stromdichten zuläßt. Letztere sollen bei etwa 40° auf etwa 40 Amp./dm² getrieben werden können (sie überschreiten die beim Kaliumstannat-Elektrolyten anwendbaren also doch nur ganz wenig).

Wie in anderen sauren Zinnbädern erhält man glatte Überzüge nur bei Zusatz geeigneter organischer Substanzen. Als geeignet werden von HANNA angegeben [2]:

$$6\ \text{g/l Gelatine} + 1\ \text{g/l}\ \beta\text{-Naphthol}$$

Als normale Badzusammensetzung gilt:

Zinnfluoborat	40 bis 80 g/l
Borsäure........................	10 bis 20 g/l
Freie Borfluorsäure am besten	150 bis 200 g/l

[1] SCHWEIKHER, USA.-Pat. 2 402 185 (1946), 2 407 579 (1946); Du Pont de Nemours, Brit. Pat. 566 633 (1945); Brit. Pat. 581 034 (1946).

[2] Bull. Amer. Soc. Testing Materials, S. 35, Dezember 1947; cf. auch NARCUS, Metal Finishing **43**, 188, 199, 242 (1945).

4. Die elektrolytische Weißblechherstellung

Ihre ganz große Bedeutung hat die elektrolytische Verzinnung erst erlangt, seitdem es gelungen ist, sie in allergrößtem Maßstabe für die Herstellung von Weißblech heranzuziehen.

Betriebsmäßig wurden die ersten Schritte dazu im Jahre 1937 unternommen, aber erst seit 1942/43 hat diese Fabrikationsweise regelmäßig und stetig so sehr an Umfang zugenommen, daß nach zehn Jahren ebensoviel Weißblech auf elektrolytischem Wege wie nach dem Tauchverfahren hergestellt wurde. Das ist aber so viel, wie die Gesamt-Weltproduktion zehn Jahre vorher betrug[1].

Daß dies gelang, bildet eine Glanzleistung des Galvanotechnikers sowohl als des Ingenieurs. Letzteres zu illustrieren, genügt es darauf hinzuweisen, daß dazu endlose Bänder von 94 bis 99 cm Breite mit Längsgeschwindigkeiten von 300 bis 1000 Meter in der Minute in Arbeit genommen und gehalten werden!

In den Großanlagen stehen verschiedene Bäder in Verwendung: das saure Sulfat-, das Chlorürbad, das Stannatbad, bei welchem man sukzessive Natrium- durch Kaliumstannat ersetzen dürfte.

Den verschiedenen in diesen Bädern in gleicher Zeit erzielbaren Niederschlagsstärken entsprechend sind die erforderlichen Zellenlängen von einem zum anderen Bad verschieden. Verschieden auch dadurch, daß in einem Falle (dem sauren Chlorürbad) das Blech in horizontal gestreckter Bahn behandelt wird, in den anderen aber in auf und ab gehenden Schleifen.

Das Längeverhältnis für gleiche Produktion wird zu rund 90 m für das Ferrostanbad, zu 120 m für das Stannatbad, zu 150 m für das saure, horizontal wirkende Chlorürbad angegeben[2].

Die Wannen des alkalischen Stannatbades können aus blankem Eisen oder Stahl bestehen, die anderen Bäder sind mit Gummi bzw. Hartgummi, Kunstharzen oder neuerdings auch mit Polyäthylen ausgekleidet.

Der frisch hergestellte Zinnüberzug wird gewöhnlich nach dem Abspülen usw. knapp über seinen Schmelzpunkt (232° C) erhitzt und ist dann im Aussehen kaum von einem nach dem Eintauchverfahren hergestellten zu unterscheiden. Diese Erhitzung wird vorzugsweise in Öl oder Fett vorgenommen, in welchem freie Fettsäuren als Flußmittel wirken.

Am besten und leichtesten gelingt diese Operation an nicht zu dicken und nicht allzu dünnen Niederschlägen, etwa solchen, deren Stärke innerhalb der Grenzen von 0,001 bis 0,008 mm liegt. Dünnere Überzüge werden nicht glänzend. An stärkeren bilden sich leicht dickere Tropfen. Für Draht sind die Dickegrenzen etwas weitere als für Blech.

---

[1] Cf. W. E. Hoare, Advances in Tinplate Manufacturing Processes, Tin Research Institute 11 A, Jan. 1955.

[2] Nach brieflicher Mitteilung des Tin Research Institute, London.

Der Widerstand der Verzinnung wird erhöht, das Mattwerden dadurch verzögert, daß man die Stücke ganz kurz, vorzugsweise unter Stromumkehr, der Wirkung eines Oxydationsmittels — gewöhnlich einer Chromsäure und Trinatriumphosphat enthaltenden Lösung — aussetzt. Durch Variation der Zusammensetzung dieser Lösung, der Dauer der Einwirkung, dadurch, ob man sie anodisch oder im stromlosen Zustand behandelt, können das Aussehen und die Eigenschaften des Produktes modifiziert werden.

Schließlich wird das Weißblech mit einer hauchdünnen, unsichtbaren, schützenden Ölschicht versehen, und zwar nach der jüngst entwickelten Arbeitsweise durch elektrische Zerstäubung. In einer in Vertikalrichtung ausgedehnten Kammer wird dazu Luft eingeblasen, welche man erst durch erwärmtes Baumwollsamenöl geleitet hat. In dieser Atmosphäre wird das Weißblechband an Rahmen vorbeigeführt, die mit Metallgaze bespannt und auf 50 000 Volt geladen sind. Diese treiben allerfeinste Öltröpfchen auf elektrostatischem Wege gegen das Blech, auf dem es eine Schicht von $1 \cdot 10^{-7}$ mm Dicke, also von annähernd molekularen Dimensionen bildet.

G. Blei

1. Allgemeines

Das Bestreben des Bleis, aus den meisten seiner Salzlösungen in grobkristalliner, rauher, ja spießiger oder schwammiger Form auszufallen, hat lange Zeit bei der elektrolytischen Verbleiung erhebliche Schwierigkeiten verursacht. Verbleite man in Bleiazetat-, -zitrat-, -formiat-, -nitratlösungen, so sah man sich gezwungen, die Werkstücke periodisch aus den Bädern zu heben und mit Drahtbürsten zu glätten, um halbwegs brauchbare Überzüge herstellen zu können. Durch Kolloidzusätze ließ sich die Tendenz des Metalls, Auswüchse oder Bärte zu bilden, nur in ganz unzureichendem Grade verringern[1].

Bessere Resultate erhielt man dann bei der Verwendung von kieselfluorwasserstoffsauren oder von überchlorsauren Lösungen. Erstere erwiesen sich bei Zusatz von Leim für die elektrolytische Bleiraffination als brauchbar. Sie liefern auch bei der elektrolytischen Verbleiung bei Zusatz von etwa 10 g Leim bzw. Gelatine pro Liter glattere Überzüge, als sich in den zuerst genannten Lösungen herstellen lassen[2], genügen aber doch nicht allen Ansprüchen. Die besten Niederschläge gewinnt man aus Borfluoridlösungen, welche zwar (wie die kieselfluorwasserstoffsauren) schon 1886 von

---

[1] Cf. z. B. MARC, Z. Elektrochem. **19**, 431 (1913); MATHERS und MCKINNEY, Trans. Amer. Electrochem. Soc. **27**, 131 (1915).

[2] Cf. SENN, Z. Elektrochem. **11**, 229 (1905); BETTS, Electrochem. Ind. **1**, 407; D. R. P. 198 288.

LEUCHS empfohlen[1] wurden, doch erst Verwendung gefunden haben, seitdem sie von BLUM und dessen Mitarbeitern[2] angewendet und etwas näher beschrieben worden sind.

Das auf elektrolytischem Wege niedergeschlagene Blei hat ein spezifisches Gewicht von 11,2 bis 11,4; es wird durchwegs aus Salzen abgeschieden, in welchen das Metall zweiwertig ist, die kathodischen Stromausbeuten sind in kolloidfreien Lösungen nahezu quantitativ[3], in kolloidhaltigen nur um etwa 5 bis 10% niedriger. Es gelangen somit pro Amperestunde 3,6 bis 3,865 g (letzteres die dem elektrochemischen Äquivalent entsprechende Menge) zur Abscheidung. Bei der Herstellung glatter Niederschläge werden Überzugsstärken von etwa 0,03 bis 0,034 mm pro Amperestunde und Quadratdezimeter erhalten.

Die elektrolytische Verbleiung ist zweckentsprechend, wenn es sich darum handelt, Grundmetalle zu überziehen, die sich nach dem Eintauchverfahren schlecht oder infolge Legierungsbildung gar nicht verbleien lassen, z. B. bei der Verbleiung von Gußeisen, Aluminium oder etwa von Metallen, die sich beim Eintauchen in geschmolzenes Blei teilweise auflösen.

Kupfer und Kupferlegierungen sind schwer zu verbleien und werden deshalb vorher besser schwach vernickelt oder verzinnt.

Während Elektrolytmetalle gewöhnlich größere Härte aufweisen als das umgeschmolzene Metall, sind die auf elektrolytischem Wege hergestellten Bleiüberzüge weicher als die durch Eintauchen in geschmolzenes Blei bereiteten. Sie unterliegen deshalb schneller mechanischer Abnützung und müssen in verhältnismäßig dicker Schicht hergestellt werden, um sicheren Schutz zu bieten.

Nach BLUM (l. c.) ist zwar eine Niederschlagsstärke von 0,075 mm für viele Zwecke schon hinreichend, um einen undurchlässigen Überzug zu bilden, gegen stärker korrodierende Angriffe bieten aber doch erst Niederschlagsstärken von 1,25 bis 1,75 mm verläßlichen Schutz, wenngleich auch Überzüge von mehr als 0,25 mm Stärke fast immer schon porenfrei sind.

Zur Untersuchung verbleiter Eisenstücke auf Porosität wäscht man sie zunächst mit verdünnter Schwefelsäure, um etwa anhaftendes Eisen zu entfernen und läßt dann eine Lösung von 10 g/l Kaliumferrizyanid in 2%iger Schwefelsäure einwirken. Die nicht geschützten Eisenpartien erscheinen dann als blaue Flecke.

2. Das Borfluoridbad

Zur Bereitung des Elektrolyten stellt man sich zuerst die Borfluorwasser-

---

[1] D. R. P. 38 193.

[2] Trans. Amer. Electrochem. Soc. **36**, 243 (1919).

[3] Die Bleiabscheidung wird ja geradezu zu Präzisionsmessungen in Blei-Coulometern verwendet; cf. BETTS und KERN, Trans. Amer. Electrochem. Soc. **6**, 67 (1904).

stoffsäure vorsichtig durch partienweises Eintragen von 106 g/l Borsäure in 240 g/l 50%ige HF-Lösung unter Umrühren her:

$$4\,HF + H_3BO_3 = HBF_4 + 3\,H_2O.$$ [1]

In die abgekühlte Lösung trägt man einen aus 150 g Bleiweiß ($2\,PbCO_3 \cdot Pb(OH)_2$) mit etwas Wasser angemachten Teig so langsam ein, daß er sich darin ohne zu starkes Schäumen löst.

Nach beendeter Reaktion setzt man eine Gelatinelösung in heißem Wasser zu.

Die so bereitete Badlösung hat die ungefähre Zusammensetzung:

$Pb(BF_4)_2$	232 g/l (1,25-n.)	H_3BO_3	12 g/l
HBF_4	22 g/l	Leim oder Gelatine	0,2 g/l

Bei 25° C erhält man mit Stromdichten von etwa 2 Amp./dm² gute Überzüge. Zur Anwendung höherer Stromdichten kann man die Konzentrationen bis auf etwa das Doppelte erhöhen.

Überschüssige Borfluorwasserstoffsäure stabilisiert das Bad, erhöht die Leitfähigkeit des Bades, die Feinkörnigkeit des niedergeschlagenen Bleis und verzögert das Auswachsen (treeing); ein 50%iger Überschuß verdoppelt schon die Leitfähigkeit. Die oben angegebene Badzusammensetzung sieht deshalb einen solchen Säureüberschuß vor, sie entspricht einer an Blei ungefähr 1-n., an Säure ungefähr 1,5-n. Lösung.

Nach Foerster bzw. Blum sind die Potentiale:

Tabelle 49

	Foerster		Blum
	Volt ($e_H = 0$)		
$Pb/PbNO_3$ 1-n.	— 0,148	— 0,151	— 0,156
$Pb/Pb^{··}$ 1-n.	— 0,120		—
$Pb/Pb^{··}$ 0,1-n.	— 0,149		—

Bei wechselnder Badzusammensetzung ändern sich die wichtigsten Konstanten nach Blum (l. c.) in folgendem Maße:

Tabelle 50

Konzentration in Normalitäten		Spez. Gewicht	Widerstand Ω/cm	Potential Volt
Pb	HBF_4			
1	1	1,16	9,2	— 0,146
1	1,5	1,17	4,5	— 0,167
1,5	1,5	1,23	6,8	— 0,143
1,5	2,25	1,25	3,5	— 0,168
2	2	1,32	5,6	— 0,145
2	3	1,34	3,1	— 0,173

Für die meisten Zwecke ist die angeführte Badzusammensetzung mit 0,4 g Leimzusatz zu empfehlen. Man arbeitet im ruhenden Bade mit Strom-

[1] Die Säure ist wahrscheinlich weitgehend polymerisiert, die Formel entspricht demgemäß nur den Mengenverhältnissen, nicht der wirklichen Zusammensetzung.

dichten von 1 bis 2 Amp./dm², kann im bewegten Elektrolyten aber die kathodische Stromdichte leicht auf 3 bis 8 Amp. erhöhen. Die Badbewegung ist sehr vorteilhaft, wenn man sie durch mechanische Mittel vornimmt, also etwa durch Bewegung der Elektroden, durch Zirkulation der Lösung oder durch Betätigung von Rührern aus hartgummiertem Eisen, allenfalls aus Holz. Sie darf aber auf keinen Fall durch Lufteinblasen hervorgerufen werden, welche das Blei in eine höhere Oxydstufe überführt und Schwammbildung an der Kathode verursacht.

Steigerung der Stromdichte führt, der allgemeinen Regel entsprechend, zu einer Kornverfeinerung, aber auch leicht zum Ausblühen (treeing) des Kathodenbleis.

Die Streukraft des Bleibades ist gering, die Haftintensität nur bei sorgfältigster Reinigung der Kathodenoberfläche und nur auf Metallflächen, die wasserstofffrei sind, entsprechend. Deshalb darf man Stahl- und Eisengegenstände, die verbleit werden sollen, nicht in Säure beizen oder sie vorher kathodisch polarisieren, denn bei diesen Prozeduren nehmen sie stets Wasserstoff auf, der das Haften darauf niedergeschlagenen Bleis beeinträchtigt, ja seine Ablösung bei nachträglicher Erhitzung verursachen kann. Am besten reinigt man die Kathoden im Sandstrahlgebläse. Ist die Säurebeize unerläßlich, so muß man die Werkstücke vor der Verbleiung entgasen.

Die Bleiniederschläge sind die weichsten von allen Metallniederschlägen, welche man laufend auf elektrolytischem Wege gewinnt; sie durch Badzusätze od. dgl. härten zu können, wäre wichtig und wünschenswert. Härtende Badzusätze sind aber noch nicht gefunden worden.

Die Elektrolyse wird am besten in Gefäßen vorgenommen, die mit Hartgummi ausgekleidet sind. Stehen solche nicht zur Verfügung, so kann man sich mit hölzernen oder mit Steinzeuggefäßen behelfen, die man mit Asphalt auskleidet.

Man verwendet Anoden aus Walzblei, die glatt in Lösung gehen. Der Bleigehalt des Bades verändert sich auch bei Kolloidzusatz nur äußerst langsam.

Frisch gefälltes Elektrolytblei ist hellgrau, doch geht seine Farbe mit der Zeit in Dunkelgrau bis Schwarz über.

Auf Stahl läßt sich Blei aus dem Borfluoridbad bei hinreichendem Überschuß an freier Säure direkt niederschlagen. Eine dünne Zwischenschicht aus Kupfer erhöht aber die Schutzkraft des dünnen Bleiüberzuges.

3. Andere Bleibäder

MATHERS hat für die Bleiraffination das Perchloratbad eingeführt, das viele (z. B. FRÖLICH, CLARK und ABORN[1]) als das beste Bleibad ansprechen, das aber — wie alle Perchloratbäder — nur ungern benützt wird.

[1] Z. Elektrochem. **32**, 295 (1926); Trans. Amer. Electrochem. Soc. **49**, 369 (1926).

Tab. 51 gibt die von MATHERS bzw. HUGHES und Siemens & Halske empfohlenen Badzusammensetzungen an:

Tabelle 51. *Bleiperchloratbäder*

	MATHERS	HUGHES	Siemens & Halske
Bleiperchlorat	40 bis 70 g/l	42 g/l	80 g/l
Überchlorsäure	20 „ 50 „	22 „	25 „
Pepton	0,5 „	0,5 „	
Nelkenöl	10 Tropfen/l	—	einige Tropfen

Stromdichte 1 bis 3 Amp./dm².

Ein Zusatz von Leim, welcher den Kathodenniederschlag im Silicofluoridbad in so wirksamer Weise glättet, die Haftintensität aber verringern muß (besonders wenn man die Kathoden schon vor der Einführung ins Bad in eine dünne Leimlösung taucht[1]; s. S. 47 und 136), ist nach MATHERS[2] im Perchloratbade unwirksam oder schädlich, während 0,05°/₀ Pepton, noch viel besser Nelkenöl günstig wirken. In Azetat- oder Laktatbädern wirken alle diese Zusätze nicht gut.

Die Elektrolyse wird sowohl im Borfluorid- als im Perchloratbad gewöhnlich bei Zimmertemperatur durchgeführt, weil eine Temperatursteigerung auf etwa 50° das Korn vergröbert.

Der Bleigehalt des Bades wird am besten durch Ausfällen mittels Schwefelsäure bestimmt. Der Niederschlag wird entweder gewogen oder durch Ausschleudern in kalibrierten Röhrchen bestimmt.

MATHERS hat auch[3] die Bleiabscheidung aus Unterschwefelsäure- (Dithionsäure-) Lösungen beschrieben. Er hält dieses Bad für mindestens ebenso gut als die oben genannten; doch ist die Herstellung des Bades (nach der alten wohlbekannten Methode von MEYER) kostspielig und sehr umständlich.

Aus einer Lösung, welche etwa 4,6% unterschwefelsaures Blei (PbS_2O_6) und etwa 1,7% freie Unterschwefelsäure ($H_2S_2O_6$) enthält, fallen bei Zusatz von Leim mit Kresol oder β-Naphthol od. dgl. sehr gute Kathodenniederschläge mit Stromdichten von etwa 1 Amp./dm² bei Zimmertemperatur aus. Anodische und kathodische Stromausbeute weichen nur wenig von 100% ab. Mit der Zeit reichert sich aber das Bad etwas an Blei an und verarmt an Säure, dies läßt sich durch entsprechenden Zusatz von etwas Schwefelsäure korrigieren.

Das kieselfluorwasserstoffsaure Bad, welches für die Bleiraffination vor-

---

[1] Cf. JACQUET, S. 136.

[2] Trans. Amer. Electrochem. Soc. **17**, 261 (1910); **23**, 153 (1913).

[3] BATEMANN und MATHERS, Trans. Amer. Electrochem. Soc. **44**, 283 (1933.)

zugsweise wegen seiner Wohlfeilheit verwendet wird, findet in der Galvanotechnik (wohl infolge seiner unbequemen Herstellung) keine Anwendung.

Das von CAMBI und PIONTELLI[1] gleichfalls für die Raffination des Bleis eingeführte sulfaminsaure Bad dürfte sich auch für galvanotechnische Zwecke gut eignen; doch liegen Erfahrungen darüber anscheinend nicht vor.

In Städten und in Industriezentren bieten nach den bisherigen Untersuchungen Bleiüberzüge auf Stahl und Eisen besseren Korrosionsschutz als Zinküberzüge.

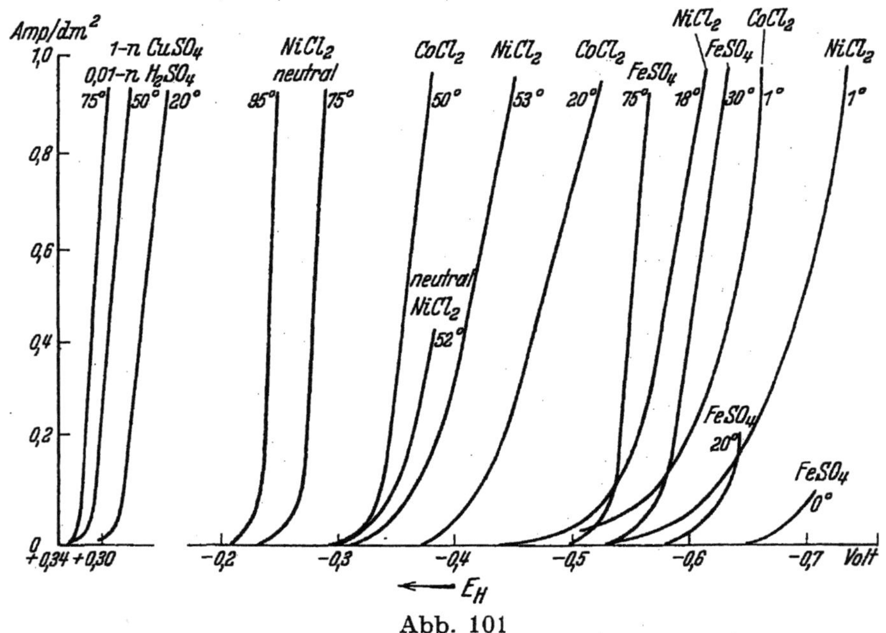

Abb. 101

Auf freiem Felde widersteht umgekehrt Zink besser der agressiven Wirkung der Atmosphärilien.

Die Schutzwirkung des Bleis sollte danach besonders dort zur Geltung kommen, wo die Atmosphäre durch Schwefelverbindungen verunreinigt ist.

Beschränkt wird die Anwendung von Bleiüberzügen durch ihre geringe Härte, welche sie zu leicht verletzbar sein läßt, und durch ihr schon nach kurzer Zeit ungefälliges Aussehen.

H. Die Metalle der Eisengruppe

Eisen, Nickel und Kobalt sind einander in chemischer Hinsicht verwandt, sie weisen auch bei ihrer elektrolytischen Abscheidung manche Ähnlichkeiten auf. Alle drei Metalle liefern harte, dichte, oft aber spröde Niederschläge von faserigem bis ganz feinem Gefüge, das unter Umständen im Schliffbild unter dem Mikroskop kaum oder gar nicht mehr erkennbar ist.

[1] Cf. u. a. PIONTELLI und GIULOTTO, Chim. e Ind. **31** (1939), ferner BILLITER, Technische Elektrochemie, Bd. I, S. 245 ff., Halle 1952.

Alle drei Metalle neigen zur Bildung von „pittings“. Je nach den eingehaltenen Arbeitsbedingungen können sie größte Haftintensität aufweisen, unter ungünstigen Umständen aber auch so geringe, daß sie sich von dem Unterlagsmetall sogar von selbst abheben.

Das langsame Ansteigen der I-E-Kurven dieser drei Metalle (s. Abb. 101 nach FOERSTER) läßt erkennen, daß Hemmungen bei ihrer Abscheidung zu überwinden sind, welche bei tieferen Temperaturen größer sind als bei erhöhten.

Verglichen mit Zink und Cadmium sind die Stromausbeuten, mit denen sich die Eisenmetalle gewinnen lassen, bei niederer Temperatur und kleinen Stromdichten nieder. Obgleich erstere Metalle viel unedler sind, lassen sie sich selbst aus 0,1-n. schwefelsaurer Lösung mit nahezu theoretischer Stromausbeute abscheiden, während die Stromausbeuten der Metalle der Eisengruppe bei der Elektrolyse von Sulfatlösungen von 1-n. Metallkonzentration und 0,9 Amp./dm² Stromdichte nach FOERSTER bloß folgende sind:

Tabelle 52

	Konz. der freien H_2SO_4 in Äquivalent/l	Stromausbeute in Prozenten bei				
		1°	20°	50°	75°	95°
Ni	0,01	21	40 (16°)	80	84	87
Co	0,03	76	73	94		
Fe	0,0075		55	60	80	86

Zwar ist die Überspannung des Wasserstoffs an Zink und Cadmium viel größer als an diesen drei Metallen, die an:

Eisen den ungefähren Wert von 0,2 Volt annimmt, an
Kobalt den ungefähren Wert von 0,25 Volt und an
Nickel den ungefähren Wert von 0,3 bis 0,4 Volt,

aber sie kann nicht allein für die Erklärung der Ausbeuteunterschiede herangezogen werden. Denn obgleich die Überspannung bei höherer Temperatur am Nickel kleiner ist als bei niederer Temperatur, steigt bei diesem Metall die Stromausbeute bei Steigerung der Temperatur von 21% bei 1° auf 87% bei 95°! Nur ein Reaktionswiderstand, welcher bei niederen Temperaturen groß ist, bei Temperaturzunahme abnimmt, kann es erklären, daß die Stromausbeute in so enormem Maße steigt. Dies kommt auch in der besonders starken Polarisation zum Ausdruck, welche Ni bei niedrigeren Temperaturen aufweist. Beim Kobalt sind Reaktionswiderstand und Polarisation viel geringer (Kobalt beschlägt sich auch beim Eintauchen in $CuSO_4$-Lösung sofort mit Cu, Nickel erst nach längerer Zeit). Eisen ist viel unedler als Ni und Co. Dies zeigt u. a. die, trotz verringerten Säuregrades der Lösung, verhältnismäßig niedere Ausbeute an.

Die Stromausbeute läßt sich verbessern, wenn man die $H^{\cdot}$-Konzentration verringert, etwa auf pH 5 bis 6.

Elektrolysiert man ohne Säurezusatz, so gelangen bei Potentialen, die negativer sind als e_H — 0,41 Volt (dem Gleichgewichtspotential des Wasserstoffs gegen reines Wasser), neben den Metall- auch Wasserstoffionen in hohem Maße zur Entladung. Dann wird die Lösung alkalisch, mit dem Metall scheiden sich zugleich auch Metallhydroxyde aus, die Niederschläge werden dunkel, unscheinbar und locker. Da so negative Potentiale infolge der hohen Polarisation an Metallen der Eisengruppe sehr schnell erreicht werden, erhält man gute metallische Niederschläge aus ihren Salzlösungen und gar bei niedrigeren Temperaturen nur bei Wasserstoffzahlen, die niederer sind als 6,5.

Daß das viel unedlere Zink erst aus sehr verdünnter Lösung und besonders bei höherer Temperatur kathodisch als Hydroxyd ausfällt, während die Metalle der Eisengruppe schon in konzentrierten Lösungen (besonders bei niedrigeren Temperaturen) stark dazu neigen, ist überraschend. Die große Temperaturempfindlichkeit der Abscheidungspotentiale und die bei niederen Temperaturen so deutliche Polarisation der Eisenmetalle muß zur Erklärung dieses Gegensatzes herangezogen werden.

Alle Metalle der Eisengruppe weisen die Besonderheit auf, Salze zu bilden, die hydrolytisch unter Bildung schwerlöslicher Hydroxyde gespalten werden. Diese haben kolloidalen Charakter und wandern in neutraler und in ganz schwach sauren Lösungen zur Kathode. Es liegt nahe, diese Kolloide sowohl für die Feinheit der Metallabscheidung als auch für die Hemmungen, die bei derselben auftreten, verantwortlich zu machen. Daß positiv geladene Kolloide derartige Wirkungen ausüben, ist ja bekannt, es braucht nur daran erinnert zu werden, daß z. B. Gelatine od. dgl. bei der Kupferabscheidung negativeres Kathodenpotential (s. S. 91) und feinkörnigere Abscheidung bedingt und daß sie in kleinen Anteilen in den Kathodenniederschlag mit übergeht, ebenso auch das Kathodenpotential beim Zink erhöht (s. z. B. Abb. 89, S. 220) und so fort.

Daß Anteile solcher kolloidaler Hydroxyde auch bei der Abscheidung der Eisenmetalle in den Niederschlag übergehen, wird dadurch wahrscheinlich gemacht, daß es niemals gelingt, diese Metalle in vollkommen sauerstofffreier Form kathodisch abzuscheiden[1]. Die Mengen mitausgefällten Kolloids sind zwar so klein, daß sie lange nicht auf analytischem Wege quantitativ erfaßt worden sind. Allem Anschein nach werden sie auch schon während der Elektrolyse zum Teil, und wohl sogar zum größten Teil zu Metall — meist zu solchem von lockerem Gefüge — reduziert. Ihre Anwesenheit verrät sich im Schliffbild, in dem sie als dunklere Einschlüsse erscheinen, welche an die Korngrenzen geschoben werden, wenn man das Metall rekristallisieren läßt. Sie hemmen die Bildung größerer Kristalle, vor allem das Wachsen der Kristalle in die Breite. Man sieht sie sich zwischen die einzelnen Fasern

[1] Cf. z. B. J. B. O'SULLIVAN, Trans. Faraday Soc. **26**, 89 (1930) und weiter S. 286.

einlagern und das faserförmige Gefüge, an dessen Zustandekommen sie wohl beteiligt sind, deutlicher hervorheben (wie dies wohl aus ähnlichen Gründen auch bei anderen Metallabscheidungen, z. B. beim Zink, gelegentlich der Fall ist). Unter Umständen durchsetzen sie aber das ganze Metall, das dann strukturlos erscheint, etwa wie Kupfer, das mit Gelatinezusatz abgeschieden worden ist.

Diese kolloidalen Hydroxyde, welche bei entsprechender pH-Zahl zwangsläufig während der Elektrolyse auftreten, bestimmen vor allem die Feinheit und selbst die Art des Metallgefüges, zugleich die damit im Zusammenhang stehende Härte des Produktes. Alle Momente, welche dahin wirken, das Ausflocken der Kolloide zu hindern (z. B. Zusätze, welche zur Bildung löslicher Komplexe führen, stabilisierende Kationen u. dgl.) und die Kolloidkonzentration im Kathodenfilm zu erhöhen, wirken kornverfeinernd, erhöhen die Härte und Zugfestigkeit des Metalls. Eine Veränderung der Arbeitsbedingungen, welche das Ausflocken der Kolloide, wenigstens im Kathodenfilm, befördert, begünstigt hingegen das „pitting", zieht Abnahme der Zugfestigkeit und Zunahme der Dehnung nach sich.

Da der Grad der Beständigkeit der kolloidalen Metallhydroxyde vor allem vom pH bestimmt wird — $Ni(OH)_2$ flockt etwa bei pH 6,5, Kobalthydroxyd bei etwas niedrigerem, Ferrohydroxyd bei etwas höherem, Ferrihydroxyd bei viel tieferem pH (pH 5) aus —, ist die Einhaltung bestimmter Wasserstoffzahlen sowohl ausschlaggebend für die Härte wie für das „pitting". Bestimmend ist freilich das pH, welches im Kathodenfilm herrscht.

Das pH der Lösung, welches der Kathode ganz unmittelbar anliegt, hat sich bisher noch nicht ermitteln lassen. Die von Brenner ersonnene Ausfrier-Methode (s. S. 17) gibt uns immerhin Mittelwerte der pH-Zahlen an, welche in einer Schichtdicke von 0,1 mm in Kathodenumgebung auftreten. Diese dürften in bestimmter direkter Beziehung zu denen stehen, welche unter vergleichbaren Arbeitsbedingungen sowohl an der Kathode selbst als auch im Innern des Elektrolyten herrschen.

Erst seitdem man alle diese Momente ins Auge faßt und ihre Veränderung während der Elektrolyse verfolgt, ist es möglich geworden, den Zusammenhang der recht komplizierten Erscheinungen, die bei derselben auftreten, zu überblicken. Zur Klärung der Anschauungen haben zuerst die klassischen Untersuchungen Foersters, dann D. J. Macnaughtans und seiner Mitarbeiter[1], neuerdings die schönen Arbeiten von Brenner und seinen Mitarbeitern das meiste beigetragen. Letztere eröffnen die Aussicht, daß manches, was heute noch unaufgeklärt erscheint, der Forschung bald zugänglich gemacht werden wird.

[1] Macnaughtan und Hothersall, Trans. Faraday Soc. **24**, 387, 497 (1928); Macnaughtan und Hammond, ib. **27**, 633 (1931); **26**, 481 (1930); Macnaughtan, Gardam und Hammond, ib. **29**, 729 (1933); Gardam und Macnaughtan, ib. **29**, 755 (1933).

Von den Metallen der Eisengruppe ist Nickel in der Galvanotechnik bei weitem das wichtigste, seine Abscheidung ist auch am genauesten untersucht worden; weniger tiefgehend sind die Untersuchungen, die man über die Eisenabscheidung ausgeführt hat, am wenigsten bearbeitet wurde die Abscheidung des Kobalts, die praktisch noch unwichtig geblieben ist.

Aus ihren wässerigen Salzlösungen fallen die Metalle dieser Gruppe bei der Elektrolyse niemals in völlig reinem Zustande aus, sie enthalten nicht nur, wie schon bemerkt, Spuren von Oxyden, sondern schließen auch Gase, vor allem Wasserstoff, manchmal auch CO und CO_2 ein, die sich im Vakuum aus ihnen langsam, schneller unter gleichzeitiger Erhitzung austreiben lassen. Die Verunreinigung durch CO und CO_2 ist meist darauf zurückzuführen, daß die verwendeten Anoden Kohlenstoff enthalten, der in den Elektrolyten gelangt, darin zum Teil suspendiert bleibt und zur Kathode geführt wird.

Die Mengen Wasserstoff, welche die Metalle der Eisengruppe festhalten, nehmen vom Eisen zum Kobalt und zum Nickel[1] ab. Unter sonst gleichen Bedingungen wird die Wasserstoffaufnahme durch niedere Temperatur begünstigt, sie nimmt in der Regel mit fortschreitender Dauer der Elektrolyse anfangs schneller, dann langsamer ab.

Die Dichte der Metalle wird dadurch schichtenweise beeinflußt, dies erzeugt innere Spannungen und Kontraktionen, welche ein Abblättern verursachen können.

Man war früher allgemein der Ansicht, daß die besondere Härte, welche die elektrolytisch abgeschiedenen Metalle der Gruppe aufweisen, auf diesen Wasserstoffgehalt zurückzuführen sei. Nach Untersuchungen von GUICHARD, CLAUSMANN, BILLON und LANTHONY[2] läßt sich aber der Gesamtwasserstoffgehalt durch hinreichend langes, mäßiges Erwärmen im Vakuum austreiben, ohne daß die Härte des Metalls abnimmt. Danach kann die Beimengung von Wasserstoff oder von Metallwasserstoffverbindungen an sich für den besonderen Härtegrad der Elektrolytmetalle nicht verantwortlich gemacht werden, wenn es auch nicht unmöglich ist, daß die Metallstruktur und damit die Härte durch mitabgeschiedenen Wasserstoff beeinflußt wird, etwa durch Verfeinerung oder Gleichrichtung von Strukturelementen, durch Begünstigung faserförmigen Gefüges od. dgl.

a) Nickel

1. Allgemeines

Als die Verchromung aufkam, schien es einige Zeit lang fraglich, ob die elektrolytische Vernickelung noch die hohe Bedeutung bewahren könne, die sie nach und nach erlangt hatte.

---

[1] Cf. FOERSTER, Abh. dtsch. Bunsen-Ges. **2** (1909); RAESSLER, Diss., Dresden (1913); ROEMMLER, Diss., Dresden (1908).

[2] C. r. acad. sci., Paris **190**, 1417 (1930); **192**, 623, 1096 (1931); **193**, 1084 (1931); **196**, 1660 (1933).

Entgegen diesen Befürchtungen ist die Bedeutung der Vernickelung seitdem nicht gesunken, sondern eher noch gestiegen, zum Teil dadurch, daß sich eine Nickelschicht als die beste und sicherste Unterlage für eine Verchromung erwiesen hat.

Heute ist Nickel wohl nach wie vor das wichtigste Metall auf dem Gebiete der Galvanotechnik geblieben, das nicht nur der Menge nach, sondern auch hinsichtlich der Vielseitigkeit seiner Verwendung die erste Rolle spielt. Es dient nicht nur dekorativen Zwecken jeder Art, es wird wegen seiner Korrosionsbeständigkeit als Überzugsmetall verwendet sowie als Unterlage für die Verchromung (die selbst zu dünn und nicht lochfrei genug ist, für sich allein als Korrosionsschutz zu dienen), dank seiner Härte auch zur Herstellung von Klischees und zum Wiederaufbau abgenützter oder verletzter Maschinenteile usf. Die Durchbildung von Glanznickelbädern, die Auffindung von Arbeitsbedingungen, unter denen es in Härten ausfällt, die denen des Chroms nahekommen, haben seine Anwendung noch erweitert.

Auch für die Erkenntnis der Vorgänge, welche sich bei der galvanischen Herstellung von Metallniederschlägen abspielen, hat das Nickel eine der wichtigsten Rollen gespielt. Denn an ihm sind Untersuchungen ausgeführt worden, die zu den neuartigen Auffassungen geführt haben, welche in der Galvanotechnik richtunggebend geworden sind. An ihm hat man zuerst gelernt, die mechanischen Eigenschaften eines Elektrolytmetalls durch die Art der Zusammensetzung der Bäder und durch Wechsel der Arbeitsbedingungen in die gewünschte Richtung zu lenken.

In den Lösungen seiner einfachen, beständigen Salze bildet das Nickel zweiwertige elementare Ionen, $Ni^{\cdot\cdot}$. Höhere Oxydationsstufen von Nickel sind bekannt, sie sind aber in wässerigen Lösungen sehr unbeständig und kommen deshalb hier nicht in Betracht. Auch in Komplexionen kann Nickel enthalten sein, ohne jedoch zur Komplexbildung in so starkem Maße zu neigen wie das sonst so verwandte Co.

Die $Ni^{\cdot\cdot}$-Ionen zeichnen sich durch ihre charakteristische, schöne, dem Smaragdgrün ähnliche Farbe aus, die in ein Blaugrün oder Blau übergeht, wenn ein Teil der Ionen in komplexe $Ni(NH_3)_4^{\cdot\cdot}$- oder in $Ni(NH_3)^{\cdot\cdot}$-Ionen überführt wird.

Durch Basen wird aus Nickelsalzlösungen blaßgrünes $Ni(OH)_2$ gefällt, welches unter günstigen Bedingungen auch in kolloidaler Form gelöst bleiben kann und das im Kathodenfilm eine wichtige, oft entscheidende Rolle spielt. In der Hitze verliert $Ni(OH)_2$ Wasser und geht in graues NiO über, in Alkalien unlöslich, löst es sich in Ammoniak mit lasurblauer Farbe unter Bildung der eben angeführten komplexen Ionen.

Zyankalium fällt aus Nickelsalzlösungen grünliches Nickelzyanür, welches sich in überschüssigem Zyankalium mit gelber Farbe auflöst, die es zweiwertigen $Ni(CN)_4''$-Anionen verdankt. Beim Eindampfen erhält man ein kristallinisches, gelbes Salz, $K_2Ni(CN)_4 \cdot H_2O$. Etwas Salzsäure entwickelt aus der Lösung Blausäure und läßt grünliches Nickelzyanür ausfallen.

Grünlich ist auch das Nickelkarbonat, welches gelegentlich zum Abstumpfen freier Säure in Nickelbädern verwendet wird.

Das für die Zusammensetzung von Nickelbädern wichtigste Nickelsalz ist das Sulfat, welches, was bei Vitriolen selten ist, in quadratischen regulären Kristallen mit 6 Hydratwasser vorkommt, aber auch 7 Hydratwasser zu binden vermag.

Dieses Sulfat bildet die Basis vieler Nickelbäder. Früher benützte man vielfach und sogar mit Vorliebe Nickelammonsulfat: $NiSO_4 \cdot (NH_4)_2SO_4 \cdot 6\,H_2O$, weil sich dieses Doppelsalz damals billiger und meist auch in reinerem Zustande beziehen ließ. Heute zieht man es vor, die Bäder, selbst solche, welche Ammonsulfat enthalten, durch getrennte Auflösung der einzelnen Bestandteile herzustellen, um ihre Zusammensetzung besser kontrollieren zu können.

Nickelchlorür ($NiCl_2 \cdot 6\,H_2O$) wird gleichfalls verwendet, doch ist es weniger beliebt, vielleicht weil es kein so alltägliches Handelsobjekt darstellt. Dem Sulfat gegenüber weist es den Vorteil auf, das Passivwerden der Nickelanoden zu verhindern, selbst dann, wenn es einer Sulfatlösung bloß in kleinen Mengen zugesetzt wird. Aus letzterem Grunde schlägt man der Nickelsulfatlösung bei der Herstellung des Bades immer etwas Chlorid zu, verwendet dazu aber oft Alkalichlorid an Stelle des Nickelchlorids.

Der Reinheitsgrad des im Handel erhältlichen Nickelsulfats, der früher manches zu wünschen übrig ließ, hat sich erhöht, seitdem Nickelsulfat ein wichtiges Nebenprodukt der großen, besonders der amerikanischen Kupferraffinerien geworden ist. An Verunreinigungen kommen dabei vor allem Cu, Fe, Zn, freie Säure und unlösliche Beimengungen in Betracht.

Unlösliche Beimengungen, die beim Auflösen des Salzes nicht suspendiert bleiben, sondern sich leicht von der klaren Lösung trennen lassen, sind unschädlich. An und für sich harmlos bleibt auch ein Gehalt an freier Schwefelsäure, da man die Säurestufe des Nickelbades ohnedies genau stellen muß. Er bildet aber ein Anzeichen für sorglos ausgeführte Kristallisation, welche die Gegenwart anderer Verunreinigungen argwöhnen läßt.

In normaler wässeriger Lösung weist reines Nickelsulfat ein pH von etwa 6,3 auf, die Verunreinigung durch freie Schwefelsäure sollte niemals größer sein als 0,1%, das pH normaler Lösung niemals kleiner als 5,5. Diesen Bedingungen entspricht käufliches Nickelsulfat durchaus nicht immer.

2. Verunreinigungen der Ausgangsmaterialien

Nickelsulfat sollte stets mindestens 21,4% Ni-Metall enthalten. Von Verunreinigungen durch Fremdmetallsalze ist diejenige durch *Eisen* die verbreitetste. Bis zu einem Gehalte von 0,1% wird die Gegenwart von Fe im Bad als unschädlich angesehen, doch hängt der Grad der Wirkung seiner

Beimengung von den Arbeitsbedingungen ab. Arbeitet man nämlich in Bädern von relativ hohem pH, so wird der größte Teil des Eisens in schwerlösliche Form übergeführt und scheidet sich aus dem Bad um so leichter ab, je besser dafür gesorgt wird, daß das Eisen in Oxydform erhalten bleibt. Von den Arbeitsbedingungen hängt es dann noch ferner ab, wieweit derartige Ausscheidungen bei der Niederschlagsbildung schaden können, wie schnell und wie vollständig es gelingt, sie aus der Lösung zu entfernen. In Lösung lassen sich geringfügige Eisenmengen durch Zusatz von Essigsäure, Zitronensäure, Weinsäure, auch von Flußsäure halten.

Mitabgeschiedene kleine Eisenmengen machen den Nickelniederschlag feinkörniger[1], aber leichter brüchig, und sie verursachen oft das Abblättern, besonders das Abrollen des Überzuges. Will man duktile Niederschläge herstellen, so ist Eisen unbedingt fernzuhalten.

Vollständig vermeiden läßt sich eine Verunreinigung des Bades durch Eisen praktisch nie; denn die Nickelanoden, welche man verwendet, enthalten so gut wie immer kleine Eisenmengen, welche anodisch in Lösung gehen. An Eisenkathoden — Eisen dient ja meistens als Grundmetall — findet infolge Lokalangriff stellenweise gleichfalls Auflösung oder Bildung kleiner Mengen von Eisenhydroxyd statt. Bei höherem pH (5 bis 6,3) bleibt das Eisen praktisch ungelöst, seine Abscheidung aus dem Bad ist dann ein mechanisches Problem. Bei niederem pH (1,5 bis 3) wird es gelöst, ionisiert und gelangt kathodisch zur Abscheidung, wenn dies nicht durch geeignete Maßnahmen verhütet wird (s. weiter unten).

Eine Verunreinigung des Bades durch *Kupfer* ist sehr nachteilig, wenn seine Konzentration auf 15 bis 25 mg im Liter steigt. Dementsprechend soll das verwendete Nickelsulfat nicht mehr als 0,01% Cu (bzw. 0,04% $CuSO_4 \cdot 5\,H_2O$) enthalten. Arbeitet man freilich mit kupferfreien Nickelanoden, so tritt eine schädigende Wirkung dieser Verunreinigung des Nickelsulfates nur in den ersten Stadien der Elektrolyse auf; denn die Badlösung entkupfert sich in einiger Zeit von selbst, sofern sie nicht wieder Kupfer von außen aufnimmt. Aus kupferhaltigen Bädern fällt das Nickel dunkler aus, deckt schlechter und ist weniger duktil.

Zink ist im Nickelsulfat und in den Anoden seltener enthalten. An und für sich etwas weniger schädlich als Kupfer, hält seine Wirkung doch längere Zeit an wie bei diesem, weil es, als unedleres Metall, langsamer aus dem Bade kathodisch niedergeschlagen wird. 10 mg Zinkmetall im Liter werden als obere Grenze der zulässigen Verunreinigung angesehen, das verwendete Nickelsulfat soll nicht mehr als 0,05% Zn (bzw. 0,22% $ZnSO_4 \cdot 7\,H_2O$) enthalten, andernfalls fällt das Nickel streifig oder dunkel aus, die Wasserstoffentwicklung wird zu lebhaft, die Lochbildung wird befördert, die Zahl der „pittings“ wird vermehrt.

---

[1] THOMPSON, Trans. Amer. Electrochem. Soc. **44**, 359 (1923).

In kleinen Mengen wurde Zink oder Cadmium dem Bad früher als Glanzmittel zugesetzt. Da man gegenwärtig viel bessere Glanzmittel kennt und da Zink und Cadmium in halbwegs größerer Konzentration dunklere Streifungen entstehen lassen, Nickel auch passivieren können, ist man von solchen Zusätzen abgekommen.

Die schädlichen metallischen Verunreinigungen lassen sich aber aus Nickelbädern durch Steigerung ihres pH entfernen, weil sie dann durch Hydrolyse schwerlösliche basische Salze bilden. Bei Anwesenheit von Eisen ist vorhergehende Oxydation nützlich, um bei der Hydrolyse das schwerer lösliche Ferrihydroxyd zu erhalten.

Man behandelt die Lösungen etwa bei pH 6,2 bis 6,5, läßt die so neutralisierten, trüb gewordenen Flüssigkeiten absitzen, filtriert oder dekantiert und setzt dem klaren Filtrat wieder die gewünschte Säuremenge zu[1].

Verunreinigungen durch *Blei* können in Sulfatlösungen bei Abwesenheit von Cl', NO_3' od. dgl. nur in kleinen Mengen auftreten. Über die Wirkung solcher Beimengungen auf den Nickelniederschlag gehen die Ansichten auseinander, die einen halten sie für schädlich, andere für vorteilhaft. Im allgemeinen wird die Benützung von Badgefäßen, die mit Blei ausgekleidet sind, für abträglich gehalten[2].

Eine metallische Verunreinigung, welche in fast allen Nickelproben vorkommt, die in Amerika erzeugt worden sind, und die auch sonst häufig ist, bildet das Kobalt. Kobaltfrei dürfte nur das nach dem Karbonylverfahren von der Mond Nickel Co. hergestellte Nickel sein.

Im Gegensatz zu anderen metallischen Verunreinigungen ist Kobalt

---

[1] Eine vollständigere Reinigung des Nickelsulfates herbeizuführen, empfehlen Macnaughtan und Hothersall (Trans. Faraday Soc. **24**, 387 [1928]), die Lösung erst mit einer hinreichenden Menge Wasserstoffsuperoxyd zu behandeln, dann mit Nickelkarbonat zu kochen, bis das Eisen ausgefällt sei, abzufiltrieren, das Filtrat so weit anzusäuern, daß das pH 2,5 erreicht werde und nunmehr Kupfer, Zink usw. durch eingeleiteten Schwefelwasserstoff in unlösliche Form überzuführen, abermals zu filtrieren, einzuengen und Nickelsulfat auszukristallisieren. Das Nickelsulfat enthält dann:

Fe	0,005%
Cu	0,001%
Zn	Spur
Mn	0,001%
Pb	0,005%
Co	0,005%

[2] Case hat empfohlen, die Verunreinigungen auf elektrolytischem Wege zu entfernen und dazu eine stärker profilierte Kathode und eine ebene Anode zu verwenden. In den Vertiefungen der Kathode stellen sich dann kleinere, in ihren erhöhten Teilen größere Stromdichten her. Die edleren Metalle (Kupfer und Blei), die sich leichter abscheiden, auch Kobalt, sollen sich dann in den Vertiefungen, die Metalle, die unedler sind als Nickel (Zink, Cadmium, Eisen), sollen sich mit etwas Nickel auf den vorspringenden Rippen abscheiden (Amer. Electroplaters Soc. **1947**, 228).

nicht nur nicht schädlich, sondern nützlich. Obwohl es mit dem Nickel mitausfällt, verändert es seine Eigenschaften höchstens zum Besseren, indem es die schädlichen Einflüsse von Cu und Zn schwächt.

In Glanzbädern wird es bis zu Gehalten von 10 bis 15% vom Nickelgehalt zugesetzt (s. weiter unten).

Nickelanoden enthalten meist etwa 0,6% Co, die Badlösungen rund 1%.

Zur Zerstörung schädlicher organischer Verunreinigungen und manchmal auch, um das lästige Haftenbleiben kleiner Wasserstoffblasen zu bekämpfen, welches „pinholes" hervorruft, setzt man dem Elektrolyten oft Oxydationsmittel zu.

Ein Zusatz oxydierender Substanzen hemmt bis zu gewissem Grad die Bildung von Wasserstoffblasen, welche an der Kathodenoberfläche so leicht hartnäckig haftenbleiben und die Bildung von „pittings", ferner von Grübchen, Unebenheiten, ja Löchern, „pinholes", durch Abschirmung verursachen.

So nützlich ein solcher Zusatz, besonders bei Herstellung stärkerer Schichten, in vielen Fällen ist, darf er doch nur mit Vorsicht vorgenommen werden, weil jedes Oxydationsmittel als Depolarisator wirkt, welcher die kathodische Stromausbeute herabdrückt und die Streukraft erniedrigt.

Von Oxydationsmitteln, die für solche Zwecke empfohlen worden sind, ist das von MADSEN vorgeschlagene Wasserstoffsuperoxyd das beste. Gut sind auch Natriumsuperoxyd, Natriumperborat u. dgl. m. Weniger ratsam sind Zusätze von Kaliumpermanganat oder von Nitraten[1].

3. Einzelne maßgebende Faktoren

a) Der Säuregrad (das pH) des Elektrolyten

Wie des weiteren ausgeführt werden wird, ist das pH der Lösung — vor allem aber das pH im Kathodenfilm — einer der Faktoren, welcher die Eigenschaften des abgeschiedenen Nickels am stärksten beeinflußt.

---

[1] NICHOL und WATTS haben festgestellt, daß ein Zusatz von 40 g Natriumnitrat zum Nickelbad die Stromausbeute so sehr verringert (bis auf etwa 0,5%!), daß es praktisch überhaupt nicht mehr zur Ni-Abscheidung kommt. In geringen Mengen zugesetzt, sind aber die durch Natriumnitrat verursachten Ausbeuteverluste erträglich, so sinkt die Ausbeute bei Zusatz von 0,05 g im Liter auf etwa 90% im stehenden, auf 76% im bewegten Bade; die angestrebte Wirkung ist bei solchem Zusatz aber schon sehr deutlich. Ähnlichen Einfluß haben Spuren von Chromsäure, die oft unabsichtlich ins Bad gelangt, seitdem man vernickelte Waren verchromt. Die genaue fortlaufende Kontrolle des Nitratgehaltes ist schwierig. In dieser Hinsicht ist es bequemer, mit Wasserstoffsuperoxydzusatz zu arbeiten, weil ein Überschuß trotz des höheren Oxydationspotentials des Superoxyds weniger schädlich ist. Die gute Wirkung oxydierender Zusätze beruht zum Teil auch auf Oxydation bzw. Fällung von Fe. MADSEN schreibt (l. c.) vor, dem Elektrolyten von Haus aus 8 cm³ 3%ige Wasserstoffsuperoxydlösung pro Liter Badlösung zuzusetzen und den Verbrauch durch Zusatz von je 4 cm³ pro Liter nach 24stündiger Elektrolyse auszugleichen. (Trans. Amer. Electrochem. Soc. **48**, 31 [1925]).

Wir besitzen noch kein Hilfsmittel, das pH an der Kathodenfläche selbst zu ermitteln, das normalerweise sowohl vom pH, welches in der

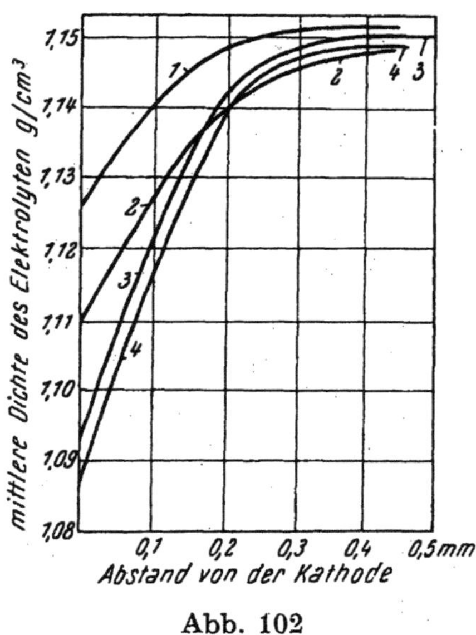

Abb. 102

Abb. 102. Auf Grund der von BRENNER nach seiner Ausfriermethode ausgeführten experimentellen Messungen von KEULEGAN berechnete Dichteabnahmen in unmittelbarer Kathodennähe.

Kurve *1*	im	Nickelelektrolyt	bei	1 Amp./dm²
„ *2*	„	„	„	2 „
„ *3*	„	„	„	4 „
„ *4*	„	Kupferelektrolyt	„	4 „

Die Abbildung zeigt, daß der Konzentrationsgradient durchaus nicht streng linear ist. Der Kathodenfilm scheint sich bis auf rund 0,3 mm von der Kathode ins Innere des Elektrolyten zu erstrecken. Bei der Elektrolyse konzentrierterer Lösungen hat die Konzentration im Innern des Elektrolyten keinen erkennbaren Einfluß auf den Gehalt bzw. die Konzentrationsabnahme im Kathodenfilm. Über das Verhalten bei sehr geringen Konzentrationen liegen noch keine Angaben vor

daran stoßenden Lösungsschicht herrscht, als auch vom pH im Innern des Elektrolyten verschieden sein wird.

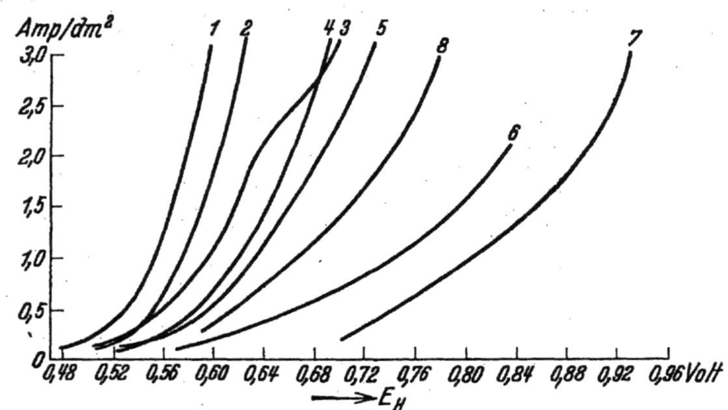

Abb. 103a. I-E-Kurven bei der Nickelabscheidung nach MACNAUGHTAN und HOTHERSALL (l. c.) bei pH 5,7 bis 5,9, Temperatur 35° C

Kurve *1*	240 g $NiSO_4$,	30 g H_3BO_3,	19 g KCl	im Liter
„ *2*	120 „ $NiSO_4$,	30 „ H_3BO_3,	19 „ KCl	„ „
„ *3*	70 „ $NiSO_4$,	30 „ H_3BO_3,	19 „ KCl	„ „
„ *4*	120 „ $NiSO_4$,	21 „ $(NH_4)_2SO_4$,	8 „ KCl	„ „
„ *5*	70 „ $NiSO_4$,	21 „ $(NH_4)_2SO_4$,	8 „ KCl	„ „
„ *6*	70 „ $NiSO_4$,	30 „ H_3BO_3,	19 „ KCl 213 g Na_2SO_4	im Liter
„ *7*	120 „ $NiSO_4$,	21 „ $(NH_4)_2SO_4$,	10,7 „ NaF	

Bleibt die kathodische Stromausbeute hinter 100% zurück, so wird ein Stromanteil auf Wasserstoffentladung an der Kathode verwendet. Dadurch wird das pH in Kathodennähe erhöht, ceteris paribus um so stärker, je niedriger die kathodische Stromausbeute sinkt.

Hält sich die kathodische Stromausbeute hingegen nahe 100%, dann dürften H˙-Ionen im positiven Belag der Doppelschicht vorherrschen und dort zumindest das gleiche, meist aber ein etwas niedrigeres pH herstellen als im übrigen Elektrolyten.

Die kathodische Stromausbeute beeinflußt deshalb das pH in Kathodenumgebung besonders stark, wenn sie verhältnismäßig niedrig ist.

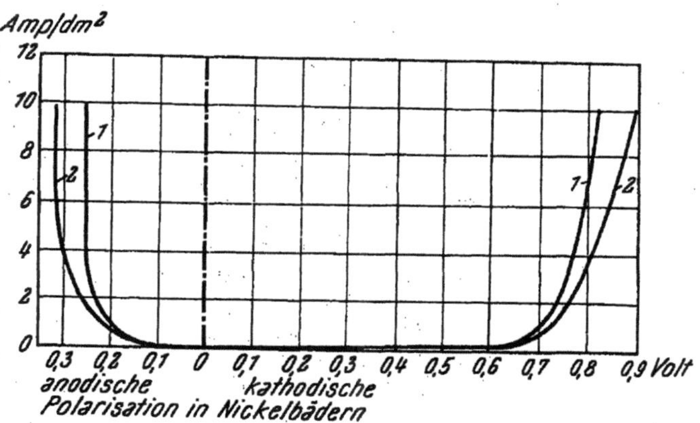

Abb. 103 b. Nach HARING, Trans. Amer. Electrochem. Soc. **49**, 417 (1926)

Daß Nickel in Analogie zu den anderen Metallen der Eisengruppe in schwach angesäuerter Lösung seines Sulfats bei niederer Temperatur nur mit geringer Stromausbeute kathodisch abgeschieden wird, ist bereits S. 265 in Tab. 52 angegeben worden. Desgleichen, daß die Stromausbeute im unteren Temperaturgebiet rapid mit steigender Temperatur ansteigt. Bei den in dieser Tabelle wiedergegebenen Versuchen, welche mit niedriger Stromdichte (0,9 Amp./dm²) in bloß 1-n. Lösung ausgeführt wurden, stieg die Stromausbeute zwischen 1° und 50° C bei jeder Temperaturerhöhung um rund zwanzig Grad rund auf das Doppelte!

Wenn man die von MACNAUGHTHAN und HOTHERSALL bei 35° C in verschiedenen Nickelelektrolyten aufgenommenen Stromspannungskurven auf Abb. 103 betrachtet, lassen diese durch ihren Verlauf erkennen, daß ungewöhnlich große Hemmungen hier der Metallabscheidung entgegenstehen dürften. Da solche Hemmungen erfahrungsgemäß bei steigender Temperatur geschwächt werden, erscheint die hier überraschend hohe Temperaturwirkung plausibler.

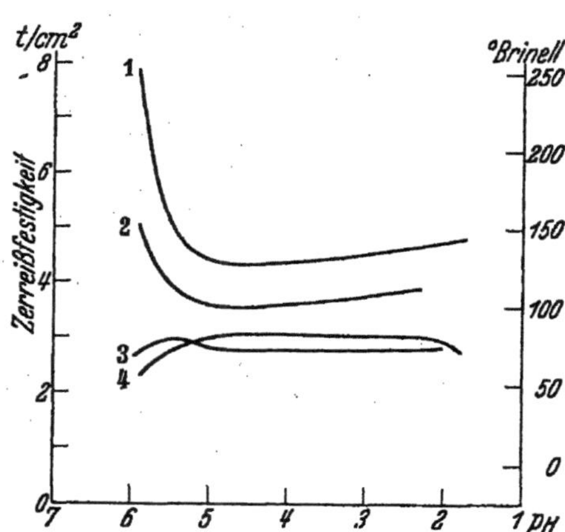

Abb. 104. Änderung der Härte und der Zerreißfestigkeit von Elektrolytnickel mit Änderung des pH der Lösung (gemessen mit Chinhydronelektrode). *1* Härte vor Erhitzung, *2* Härte nach Erhitzung, *3* Zerreißfestigkeit vor Erhitzung, *4* Zerreißfestigkeit nach Erhitzung des Niederschlages

Aus Gründen, welche S. 280 ff. nähere Erörterung finden, übt das pH der Elektrolytschicht, welche der Kathode anliegt, entscheidenden Einfluß auf die Härte und die Zerreißfestigkeit des Ni-Niederschlages aus. Dies führt die Abb. 104 (nach Untersuchungen von GARDAM und MACNAUGHTAN)

vor Augen, auf welcher die Härten auf der rechten, die Zerreißfestigkeiten auf der linken Ordinate angegeben sind.

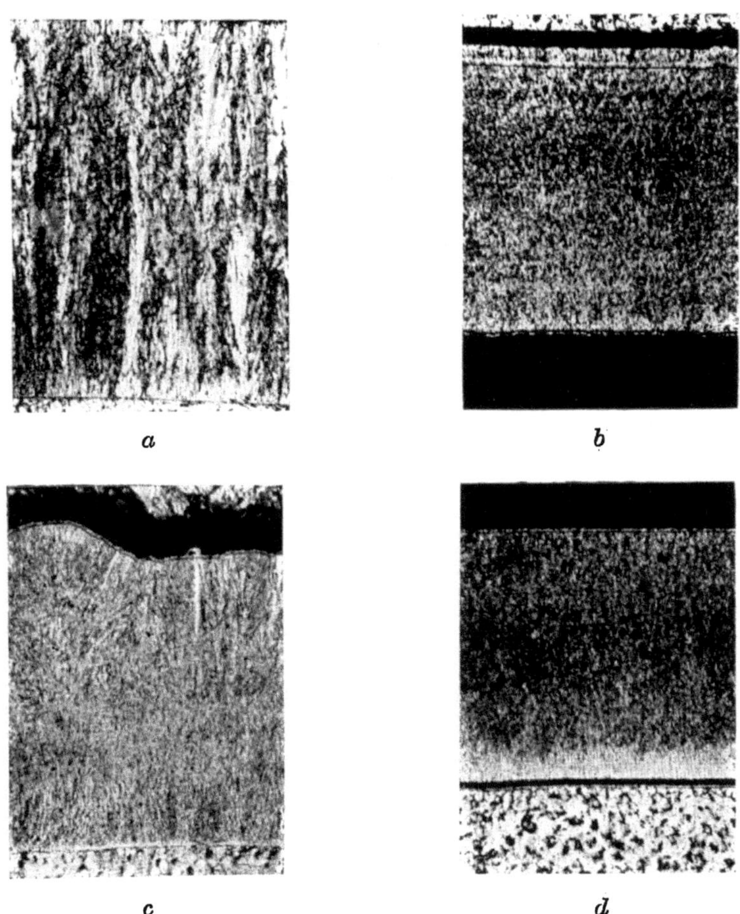

Abb. 105 *a* bis *d* (100fach). Schliffbilder von 0,25 mm starken Nickelniederschlägen auf Stahlkathoden nach MACNAUGHTAN und HOTHERSALL (Trans. Faraday Soc. **24**, 387 [1928]), hergestellt bei 25° C, mit kathodischen Stromdichten von 0,12 Amp./dm^2 (1,1 Amp./$Fuß^2$)

a aus 70 g $NiSO_4 . 7 H_2O$, 19 g KCl, 30 g H_3BO_3/l. pH 5,75 bis 6,0
b „ 70 „ $NiSO_4 . 7 H_2O$, 8 „ KCl, 21 „ $(NH_4)_2SO_4$/l. pH 5,5 bis 6,2
c „ 120 „ $NiSO_4 . 7 H_2O$, 19 „ KCl, 30 „ H_3BO_3, 213 g Na_2SO_4/l. pH 5,7 bis 6,0
d „ 240 „ $NiSO_4 . 7 H_2O$, 10,7 g NaF, 30 g H_3BO_3. pH 6,0 bis 4,9

Die Härte der Probe *a* war 171° Brinell
„ „ „ „ *b* „ 293° „
„ „ „ „ *c* „ 222° „
„ „ „ „ *d* „ 250° „

Die charakteristische faserige Struktur (*a*) bei Gegenwart von Borsäure weicht einer viel feineren bei Anwesenheit von Ammonsulfat, Natriumsulfat und Fluornatrium, während gleichzeitig die Härte ansteigt

Neben dem pH spielt die Zusammensetzung des Elektrolyten offenkundigerweise eine Hauptrolle. Wie diese das Gefüge und die Härte ändert, illustriert die Abb. 105 und deren Legende.

b) Wirkung von Chloriden und Puffern auf die Stromausbeute usw.

Tab. 52 läßt neben dieser (hier bei den angewandten höheren Stromdichten geringeren, aber doch noch sehr deutlichen) Temperaturwirkung auch die Wirkung anderer Faktoren erkennen, die etwas weniger durchsichtig erscheint.

Tabelle 53[1]. *Kathodische Stromausbeuten bei der Elektrolyse von drei verschiedenen Nickelsalzlösungen unter wechselnden Bedingungen*

Stromdichte Amp./dm²	pH	Temperatur °C	Stromausbeuten in % Elektrolyt I	II	III
5	1,5	30	77	100	
5	1,5	55	89		
5	1,5	80	90		
0,5	3	55	97		88
1	3	55	99		90
2	3	55	100		98
5	3	55	99	100	—
25	3	55	99		100

	$NiSO_4 \cdot 7\,H_2O$	$NiCl_2 \cdot 6\,H_2O$	H_3BO_3
Elektrolyt I	210 g/l	60 g/l	30 g/l
II	0 g/l	240 g/l	30 g/l
III	140 g/l	120 g/l	30 g/l

Man entnimmt dieser Tabelle, daß im *Sulfat*bad bei niederem pH leidliche Stromausbeuten wieder nur bei hoher Temperatur erzielbar sind, im schwächer sauren Bad aber bessere Stromausbeuten.

Beim niederen pH = 1,5 hat man im *Rein-Chlorid*bad hingegen quantitative Stromausbeute schon bei 55° und 5 Amp./dm².

Auffallend ist aber, daß man bei pH = 3 und 55° im chloridreicheren Sulfatbad III, besonders bei niederen Stromdichten (0,5 und 1 Amp./dm²), wesentlich geringere Stromausbeuten (88 bis 90%) erzielt als im chloridärmeren I.

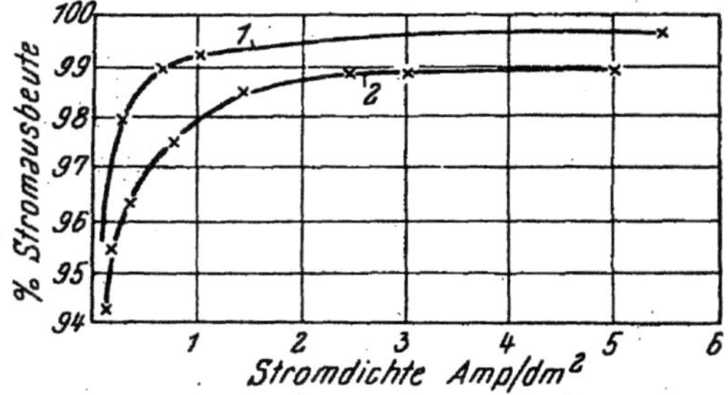

Abb. 106. Änderung der Stromausbeute bei steigender Stromdichte: *1* Im WATTS-Bad bei pH 5,5; *2* in einem Hart-Nickel-Bad: 180 g/l $NiSO_4$, 25 g/l $(NH_4)Cl$, 30 g/l H_3BO_3. (Nach WESLEY und ROEHL, Trans. Electrochem. Soc. **86**, 419 [1944])

Um während der Elektrolyse das pH möglichst konstant zu halten und gleichmäßige Niederschläge herstellen zu können, hat man demnach gewisse Arbeitsbedingungen

[1] Den Tabellen VIII und IX von ZENTNER, BRENNER und JENNINGS, Amer. Electroplaters Soc. Res. Report No. 20 (1952), entnommen.

zu beobachten, die der jeweiligen Zusammensetzung des Elektrolyten anzupassen sind.

Eine Hilfsmaßnahme, Schwankungen des pH einzudämmen, liefert uns ein Zusatz von *Puffern*.

Die Änderungen der Stromausbeute mit steigender Stromdichte werden auf Abb. 106 (pH 5,5) und Abb. 107 (pH 2,0) dargestellt.

Abb. 107. Änderung der Stromausbeute mit steigender Stromdichte bei pH 2,0: *1* Im WATTS-Bad; *2* im Rein-Chlorür-Bad: 300 g/l $NiCl_2$, 30 g/l H_3BO_3

Als beste Puffersubstanz hat sich bei der Nickelelektrolyse die Borsäure erwiesen[1], wiewohl auch andere schwache Säuren, z. B. Essigsäure, die merklich, Ameisensäure, die viel stärker ist, gleichfalls verwendet worden sind.

Borsäure puffert am wirksamsten im pH-Bereich von 5 bis 6,5. Dieses dürfte das Bereich der pH-Zahlen umfassen, welche im Kathodenfilm normalerweise vorkommen.

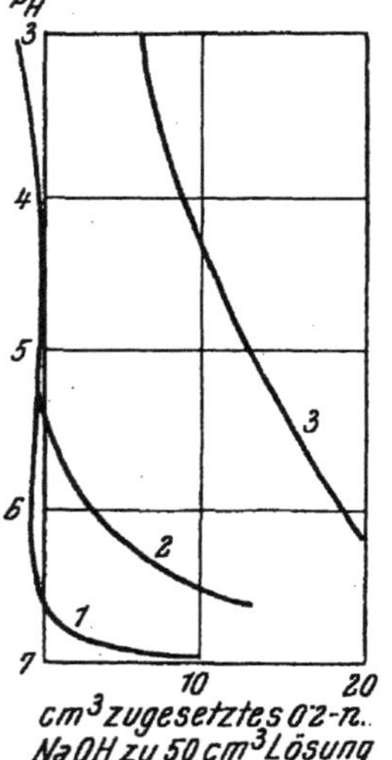

Abb. 108

Diesen besonderen Vorzug verdankt die Borsäure wahrscheinlich dem Umstand, daß sie dreibasisch ist, daß sie aber dabei doch nur schwach in die Ionen H˙ und H_2BO_3' (oder BO_2'?) dissoziiert und deshalb in großer Kathodennähe verweilen kann, ohne zu stark elektrostatisch abgestoßen zu werden.

Ihre Säurestärke ist äußerst gering, kaum größer als die des Cyanwasserstoffs, etwa 50mal kleiner als die des Schwefelwasserstoffs.

Wiewohl die Borsäure ihre höchste Pufferwirkung im pH-Bereich von 5 bis 6 entfaltet, erweist sich ihre Gegenwart auch dann als vorteilhaft, wenn man die Elektrolyse in Lösungen ausführt, welche niederes pH (nämlich pH 1,5 bis 3) aufweisen.

Dies sucht man damit zu erklären, daß sich auch in so stark sauren Bädern im Kathodenfilm ein pH herstellt, das von 5 wenig verschieden ist, und führt dies darauf zurück, daß die Stromausbeute bei normalen, das sind mittelhohen Stromdichten in so stark sauren Lösungen merklich hinter 100% zurückbleibt.

---

[1] Ihre Verwendung in Nickelbädern wurde von WESTON (USA.-Pat. 211 071) 1878 eingeführt.

Abb. 108 veranschaulicht auf Kurve *1*, wie rasch das pH bei Zusatz kleiner Mengen 0,2-n. NaOH-Lösung zu 50 cm^3 Nickelsulfatlösung steigt. Kurve *2* läßt erkennen, wie der Anstieg des pH durch Borsäure verzögert wird. Kurve *3* zeigt, daß die verzögernde Wirkung durch HF stark erhöht werden kann.

Schwächer puffernde Wirkung üben auch Ammonsalze aus, wie man der Kurve *II* der Abb. 109 entnimmt, die von MACNAUGHTAN herrührt und auf welcher auch ersichtlich gemacht worden ist, bei welchem pH sich die betreffende Nickelsalzlösung durch Fällung trübt.

Im Gebiete pH 5,5 bis 6,5 und pH 2 bis 3,5 — das sind diejenigen, in welchen vorzugsweise gearbeitet wird — puffern fluoridhaltige Lösungen nicht besser als Borsäurelösungen. In ammonhaltigen Lösungen verstärken Fluoridzusätze die Pufferwirkung nicht. Da auch sonst die günstigen Wirkungen, die man Fluoridzusätzen zusprach, sich nicht bestätigt haben, ist man, wie es scheint, von Fluoridzusätzen wieder abgekommen.

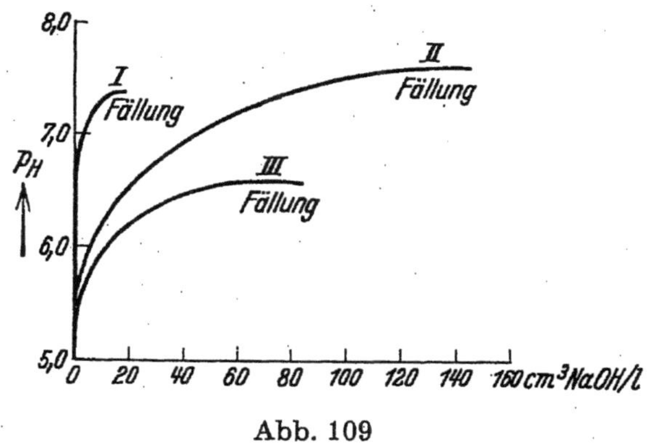

Abb. 109

Kurve *I* 120 g/l $NiSO_4$
„ *II* 70 „ $NiSO_4$ + 21 g/l $(NH_4)_2SO_4$ + 8 g/l KCl
„ *III* 240 „ $NiSO_4$ + 30 g/l H_3BO_3 + 1 g/l KCl

Hingegen erhalten sämtliche moderneren Nickelbäder — ungeachtet des pH-Gebietes, in welchem die Elektrolyse durchgeführt wird — einen Zusatz von Borsäure, und zwar meist von 30 g/l.

Gleichfalls äußerst wichtig ist es, Sicherheitsmaßnahmen zu treffen, die eine glatte Auflösung der Anoden sichern. Ohne solche Maßnahme können Nickelanoden passiv werden, und zwar um so leichter, aus je reinerem Metall sie bestehen. An passivierten Nickelanoden wird aber ein Anteil des Stromes statt zur Metallauflösung zur Sauerstoffentwicklung verwendet, wodurch gleichfalls das pH des Bades verschoben — in diesem Fall erniedrigt — wird.

Es hat sich gezeigt, daß Nickelanoden jeder Art glatt in Lösung gehen, wenn das Bad hinsichtlich Cl′ mindestens 0,2-n. ist[1].

Jenen Elektrolyten, in denen Nickelanoden nicht ohne weiteres ohne anodische Stromverluste in Lösung gehen — z. B. den Nickelsulfatbädern —, setzt man deshalb eine sicher hinreichende Menge eines Chlorids zu.

[1] Von BANCROFT 1906 angegeben, cf. Trans. Amer. Electrochem. Soc. **9**, 218.

In erster Linie kommt dafür Nickelchlorid in Betracht, von dem man zweckmäßigerweise etwa 60 g/l des Hydrates ($NiSO_4 . 6 H_2O$) zusetzt.

In ammoniakhaltigen Bädern kommt dafür NH_4Cl oder auch Alkalimetallchlorid in Betracht. Unter den letzteren wird von mancher Seite Kaliumchlorid bevorzugt, weil angegeben worden ist, daß das $K^{\cdot}$-Ion eine spezifische, vorteilhafte Wirkung ausübt, was aber von anderer Seite in Abrede gestellt worden ist.

c) Einwirkung des bei der Elektrolyse an der Kathode gebildeten Kolloids auf die Struktur des Niederschlages

In streng systematischen, man kann sagen klassischen Untersuchungen haben englische Forscher, vor allem MACNAUGHTAN, HOTHERSALL und ihre Mitarbeiter, ermittelt, welche Faktoren die Struktur und die mechanischen Eigenschaften kathodisch niedergeschlagenen Nickels vor allem bestimmen.

Sie haben — um die Hauptresultate ihrer Studien gleich vorwegzunehmen — durch Untersuchung der Mikrostruktur, der Härte und Zugfestigkeit der Produkte festgestellt, daß die Feinkörnigkeit und mit ihr die Härte durch die Wirkung kolloidalen Nickelhydroxyds bedingt wird, das sich im Kathodenfilm bildet und das in bestimmt umgrenztem pH-Gebiet dort bestehen bleibt.

Kolloidales Nickelhydroxyd wandert im Stromgefälle zur Kathode. Es wird von ihr adsorbiert, in Spuren in den Niederschlag eingebaut, hindert dadurch die Bildung größerer Kristalle und steigert die Härte des Niederschlages in um so stärkerem Maße, je feiner es darin verteilt ist.

Außerhalb des betreffenden pH-Gebietes wird das Kolloid ausgeflockt. Diese Koagulation erfolgt unter Aufnahme von Anionen, welche die Ladung neutralisieren. Das ausgeflockte Hydrat wandert deshalb nicht zur Kathode und übt schwächere und abweichende Wirkungen aus.

Alle Momente, welche die Stabilität des Kolloids stärken, sollen kornverfeinernd und härtend, alle Momente, welche im Gegenteil die Stabilität des Kolloids schwächen, im umgekehrten Sinne wirken.

Durch Ausflockung gebildetes ungeladenes Gel besitzt ausgesprochenes, aber für verschiedene Ionen verschieden großes Adsorptionsvermögen. Durch derartige Adsorption kann es wieder eine schwache Ladung erhalten, die es zur Kathode treibt. Daselbst kann es als solches oder unter gleichzeitiger, mehr oder minder vollständiger Reduktion in den Niederschlag eingebaut werden. Es bildet dann gröbere Einlagerungen, die im Schliffbild des Niederschlages sichtbar sind. Besonders deutlich sieht man sie u. a. in Nickelniederschlägen, welche aus ammoniumhaltigen Elektrolyten bei höherem pH hergestellt worden sind, allgemein dann, wenn die Stabilitätsgrenze des Kolloids überschritten worden ist.

Diese Stabilitätsgrenze wird nicht überall bei genau demselben pH erreicht. Gewisse komplexbildende Kationen, z. B. die Ammoniumionen, scheinen sie nach höherem pH zu verschieben. In Abwesenheit solcher Ionen wird sie nach MACNAUGHTAN und seinen Mitarbeitern erreicht, wenn das pH im Kathodenfilm auf etwa 6,3 angestiegen ist.

Die zugesetzten Puffer wie Borsäure (aber auch Zitrate, Azetationen u. dgl.) verlangsamen bzw. erschweren das Ansteigen des pH auf diesen Wert im Kathodenfilm.

Die Wasserstoffzahl des Kathodenfilms läßt sich allerdings leider noch durch keine direkte Bestimmungsmethode ermitteln. Auf Grund genauer Messungen der Stromausbeuten haben aber MACNAUGHTAN, GARDAM und HAMMOND (l. c.) versucht, sie annähernd zu berechnen.

Die Berechnung fußt auf folgender Überlegung: Die Entfernung von x Molen $H^{\cdot}$-Ionen aus dem Kathodenfilm kommt in ihrer Wirkung auf die Wasserstoffzahl der Entfernung von x Molen einbasischer starker Säure aus demselben gleich oder, was auf dasselbe hinausgeht, dem äquivalenten Zusatz von x Molen einwertiger Base. Der Stromanteil, welcher nicht auf die Entladung von $Ni^{\cdot\cdot}$-Ionen verbraucht wird, sondern auf die Entladung von $H^{\cdot}$-Ionen, ruft demnach eine Erhöhung des pH im Kathodenfilm hervor, die (bei Ausschluß von Durchmischungen) jener gleichkommt, welche ein Zusatz der äquivalenten Menge einbasischen Alkalis nach sich ziehen würde. Je weiter die kathodische Stromausbeute unter 100% sinkt, desto mehr Säure wird im Kathodenfilm abgestumpft, desto schneller kann das pH ansteigen.

Der Grad seines Anstieges wird von der Größe des Stromanteils bestimmt, welcher nicht auf Nickel-, sondern auf Wasserstoffabscheidung verwendet wird, die Schnelligkeit seines Ansteigens vom pH des verwendeten Elektrolyten, weil Lösungen von niederem pH mehr Alkali verbrauchen als solche von höherem pH, um auf die gleiche Wasserstoffzahl zu steigen.

Tab. 54 führt in den ersten Kolonnen auf, mit welchem Geschwindigkeitsgrade das pH im Kathodenfilm in Elektrolyten, deren pH von etwa 6 auf etwa 3,5 variiert wird, auf Grund solcher Rechnung ansteigt. In den Kolonnen rechts sind die Veränderungen verzeichnet, welche die Nickelniederschläge dabei erfahren.

Die Veränderungen des Niederschlagsmetalls werden von MACNAUGHTAN und HOTHERSALL durch Angabe ihrer Härte charakterisiert. Dies hat sich gut bewährt. Mit zunehmender Feinheit und Gleichmäßigkeit des Korns steigt die Härte und Zugfestigkeit des Metalls in annähernd gleichem Verhältnis, während die Duktilität und die Dehnung gleichzeitig abnehmen.

Daraus geht hervor:

Sowohl in chloridhaltiger als auch in chloridfreier, mit Borsäure gepufferter Lösung nimmt die Härte des abgeschiedenen Metalls beim Sinken des pH von 6 auf 5 rasch ab, und zwar in chloridfreier (s. Abb. 110, Kurve *1'*) von etwa 230 auf etwa 180, in chloridhaltiger (Kurve *2'*) von etwa 230 auf etwa 130° Brinell. In diesem Gebiete beobachtet man also parallelen Verlauf der

Säuremenge, welche abgestumpft wird, mit der Härtezunahme des Metalls, die um so größer erscheint, je mehr Säure abgestumpft wird, je mehr kolloidales $Ni(OH)_2$ also im Kathodenfilm vorhanden sein dürfte.

Tabelle 54

Der Säuretiter des *Kathodenfilms*	Beim Sinken des pH im Innern der *Lösung*				Die Härte des Elektrolytnickels	
	in Cl'-freier Lösung		in Cl'-haltiger Lösung		in Cl'-freier	in Cl'-haltiger
	von pH	auf pH	von pH	auf pH	Lösung	
nimmt rasch ab	>6	6	> 6	6	nimmt rasch ab	
nimmt langsamer ab	etwa 6	5	etwa 6	5,5	nimmt rasch ab von 230° auf 180° Br.	nimmt rasch ab von 230° auf 130° Br.
ändert sich nur wenig	5	etwa 3,5	5,5	etwa 3	steigt rasch von 180° auf etwa 260°	ändert sich wenig
steigt rasch an	3,5	etwa 2	3	etwa 2	sinkt rasch von 260° auf etwa 170°	ändert sich wenig von 130° bis 140°

Sinkt das pH im Innern der Lösung noch weiter von 5 bis auf 2, so ändert sich die Härte des abgeschiedenen Metalls in chloridhaltiger Lösung (Kurve *2'*) nur mehr wenig, sie steigt nur ganz langsam von etwa 130 auf etwa 140° Brinell (s. Abb. 110). Kurve *2'* läuft in diesem Gebiete abermals parallel mit Kurve *2*. Anders in chloridfreier Lösung (Kurve *1'*): hier steigt die Härte beim Senken der Wasserstoffzahl von etwa 5 auf etwa 4 rasch wieder (von etwa 180 auf etwa 260° Brinell) an, durchschreitet zwischen pH 4 und 3 ein Maximum und sinkt bei weiterer Abnahme des pH von 3 auf 2 weiter von etwa 260 wieder auf etwa 170° Brinell (s. Abb. 110, Kurve *1'*).

Das Zustandekommen dieses Maximums ist noch nicht recht aufgeklärt. Vielleicht ist mehr kolloidales $Ni(OH)_2$ bei Verwendung chloridfreier Lösung im Kathodenfilm vorhanden. Die Autoren suchen dies darauf zurückzuführen, daß die Änderung des pH im Kathodenfilm in diesem Gebiete nicht denselben Verlauf nimmt, wie man ihn experimentell bei Zusatz von Alkali zu demselben Elektrolyten verfolgen kann, weil der Kathodenfilm aus viel verdünnterer Lösung besteht und dort schwerer gepuffert wird (weil das Anion der Borsäure von der Kathode elektrostatisch abgestoßen wird). Berechnen sie den Grad der Säureabstumpfung im Kathodenfilm unter derartigen Annahmen, so finden sie den Verlauf der auf Abb. 110 oben eingetragenen gestrichelten Kurve *3*, die in der Tat mit der Zunahme der

Härte (s. Kurve *1'*) im Intervall pH 5 bis 4 parallel läuft und das Durchlaufen eines Härtemaximums erklären könnte.

Bei niederem pH sinkt die kathodische Stromausbeute, die Wasserstoffentwicklung wird so lebhaft, daß stärkere Durchmischung des Elektrolyten Platz greift. Obwohl bei niederer Stromausbeute mehr Säure im Kathodenfilm neutralisiert wird, muß trotzdem das pH daselbst nicht unbedingt steigen, weil die lebhafte Gasentwicklung, welche ständig frische, ausgesprochen saure Lösung heranführt, dies verhindern mag.

Diese Beobachtungen und Messungen zeigen an, daß sich unter Umständen im Kathodenfilm bei der Elektrolyse stärker saurer Lösungen (solcher von niedrigerem pH) höhere Wasserstoffzahlen herstellen können als bei der Anwendung schwächer saurer Elektrolyten. Die Messung der Wasserstoffzahl der Badlösung gibt also durchaus nicht immer einen Anhaltspunkt über die Größe des pH, das im Kathodenfilm herrscht. Andererseits kann diese Feststellung den Zusatz puffernder Borsäure auch beim Arbeiten mit verhältnismäßig niederen pH-Zahlen, bis zu 3 herab, nützlich erscheinen lassen.

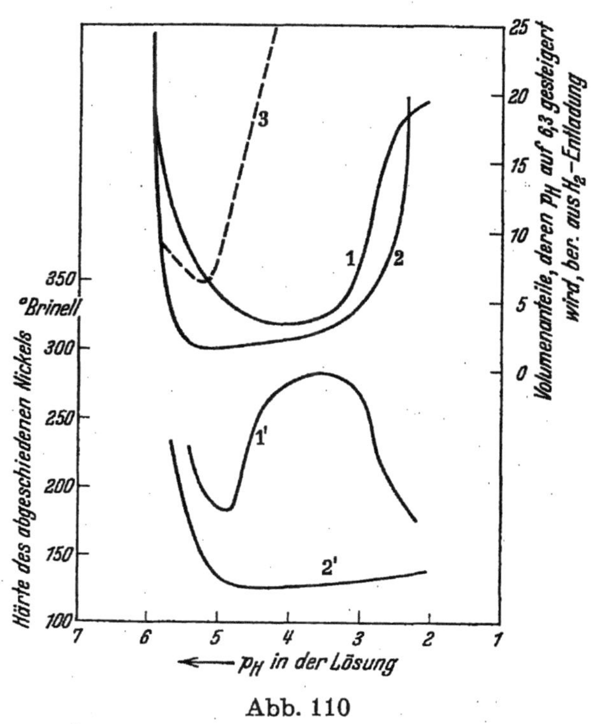

Abb. 110

Zu beachten ist, daß die Wasserstoffzahlen bei den Untersuchungen MACNAUGHTANS durchwegs durch Messung mit der Chinhydronelektrode ermittelt wurden, welche (s. oben) um 0,3 bis 0,5 niedrigere Wasserstoffzahlen angibt als die kolorimetrische Messung.

Bei der Wertung dieser Untersuchungsresultate darf man nicht übersehen, daß die Verhältnisse bis zu gewissem Grade durch die Versuchsbedingungen, z. B. dadurch beeinflußt werden können, wie stark man während der Elektrolyse rührt, ob man ebene oder profilierte Kathoden verwendet u. dgl. m. und vor allem, daß die hier wiedergegebenen Untersuchungen sämtlich nur bei 35° und nur bei *einer* Stromdichte ausgeführt wurden, so daß man ihre Resultate (insbesondere die Härte) nicht auf höhere Temperaturgebiete und Stromdichten übertragen darf[1].

[1] MACNAUGHTAN und seine Mitarbeiter verwendeten auch Zellen, in denen die Stromverteilung ungleichmäßig gewesen sein dürfte.

Beim Nickel ist eine Temperatursteigerung von besonders großem Einfluß. Die seiner Abscheidung entgegenstehenden Reaktionswiderstände, deren Natur noch nicht genügend aufgeklärt sind (die aber mit der Wirkung kolloidalen Hydroxyds in Beziehung stehen dürften), nehmen mit steigender Temperatur besonders stark ab; das geht schon aus der bedeutenden Zunahme der Ausbeute hervor (s. S. 265, 277), auch scheinen die Stabilitätsverhältnisse des Kolloids bei höherer Temperatur andere zu sein.

Die Arbeiten MACNAUGHTANS und seiner Mitarbeiter haben mehr als irgendwelche ihrer Vorgänger dazu beigetragen, den Mechanismus der Niederschlagsbildung dem Verständnis und der Kontrolle näherzubringen und zu zeigen, wie man durch Veränderung der Arbeitsbedingungen zielbewußt Einfluß auf die Natur des erhaltenen Produktes nehmen kann. Die Annahme, daß Metallhydroxyd, das im Kathodenfilm in kolloidaler Form enthalten ist, auf die besondere Abscheidungsform des Nickels (wie der anderen Metalle der Eisengruppe) eine entscheidende Rolle spielt, konnte vorher nur als Vermutung gewertet werden; ihre Untersuchungen haben ihre Richtigkeit hervortreten lassen. Die Maßnahme, die Härte der Niederschläge zu messen, um den Grad ihrer Feinkörnigkeit zu verfolgen, hat sich als sehr fruchtbar erwiesen. Die Sorgfalt und die Exaktheit, mit der auch die Veränderung anderer Größen und Eigenschaften in jedem Falle berücksichtigt und gemessen wurden, hat erst das Zusammenfassen der einzelnen Wirkungen und Gegenwirkungen ermöglicht. Die angewandte Methodik ist vorbildlich geblieben.

d) *Einschlüsse von Sauerstoff, Wasserstoff, Chlor, Kohlenstoff und Schwefel*

Die Versuche MACNAUGHTANS, HOTHERSALLS und ihrer Mitarbeiter sind nur bei einer Temperatur (35° C) und einer einzigen niederen Stromdichte, nämlich bei bloß 1,2 Amp./dm^2, ausgeführt worden.

Sie sind neuerdings durch die wertvollen, unter der Leitung A. BRENNERS von ZENTNER und JENNINGS im Bureau of Standards in Washington ausgeführten breitangelegten Untersuchungen in mancher Hinsicht ergänzt worden[1].

Alle wichtigen Angaben der genannten englischen Forscher wurden dabei bestätigt. Wo Abweichungen in kleinen Details gefunden wurden, sind sie wahrscheinlich auf die Verschiedenheit der Arbeitsbedingungen zurückzuführen.

Die Untersuchungen wurden auf verschiedene typische Badzusammensetzungen ausgedehnt und bei 30°, 55° und 80°, vereinzelt auch bei tieferer Temperatur, ausgeführt.

Es zeigte sich zunächst, daß sich die mechanischen Eigenschaften dünner Niederschläge mit steigendem Abstand vom Unterlagsmetall in

[1] Amer. Electroplaters Soc. Res. Report No. 20 (1952); BRENNER und JENNINGS, J. Res. Nat. Bur. Standards 1948.

Sulfatbädern, nicht aber in Chloridbädern ändern, wie auch die Kristallgröße in ersteren mit wachsender Dicke des Niederschlages zunimmt, in letzteren aber nicht. Beim Ausglühen im Vakuum bei 1000° C verschwinden diese Unterschiede der mechanischen Eigenschaften.

Sichere Schlüsse lassen sich demnach aus der Prüfung zu dünner Niederschläge nicht ziehen.

Deshalb wurden die Untersuchungen an Proben vorgenommen, die mindestens 0,18 mm stark waren.

Einen sehr wichtigen Teil der Untersuchungen bildet die analytische Bestimmung des Sauerstoff- und des Wasserstoffgehaltes in Proben, die unter verschiedenen Bedingungen aus Bädern verschiedener Zusammensetzung hergestellt wurden[1].

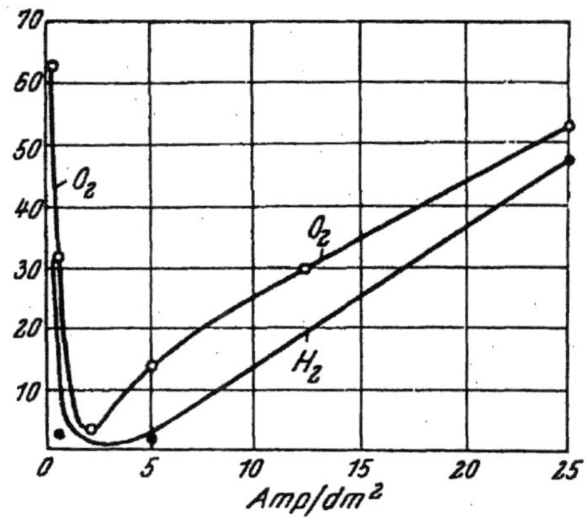

Abb. 111

Vereinzelte Angaben über den Wasserstoffgehalt von Elektrolytnickel finden sich verstreut in der Literatur, systematische Bestimmungen desselben und solche des Sauerstoffgehaltes waren aber noch nicht ausgeführt worden. Die Resultate dieser Bestimmungen sind zum Teil überraschend, im ganzen aber sehr charakteristisch.

Wenn sich auch in allen Proben Sauerstoff vorfand, überraschte es, feststellen zu müssen, daß der Sauerstoff- und Wasserstoffgehalt bei sehr niederer Stromdichte im Sulfatbad relativ hoch war, rasch mit deren Steigerung auf ein Minimum sank und dann wieder mit steigender Stromdichte regelmäßig zunahm, wie es Abb. 111 darstellt[2].

Bei den Analysen, die an 80, aus verschiedenen Bädertypen hergestellten Proben ausgeführt wurden, fand man eine gewisse Parallelität zwischen dem H_2- und dem O_2-Gehalt. Als Mittel aller Analysen ergab sich ein Gewichtsverhältnis $O:H = 15:1$.

---

[1] Die Wasserstoff- und Sauerstoffbestimmungen wurden im Bureau of Standards von J. T. STERLING nach der Schmelzmethode im Vakuum ausgeführt.

Eine Nickelprobe von 0,5 g wurde bei 1600° C im Vakuum in entgastes flüssiges Eisen eingetragen, welches in einem Graphittiegel enthalten und infolgedessen mit Kohle gesättigt war.

Wasserstoff entwich in elementarem Zustand, Sauerstoff verband sich mit dem gelösten Kohlenstoff zu Kohlenoxyd (J. Res. Nat. Bur. Standards **7**, 375 [1931]).

Ein Vorteil dieser Methode besteht darin, daß sie es ermöglicht, Wasserstoff und Sauerstoff nebeneinander in derselben Probe zu bestimmen.

[2] BRENNER, BURKHEAD und JENNINGS, J. Res. Nat. Bur. Standards **40**, 31 (1948).

Zieht man aber das Mittel nur von solchen Proben, die mehr als 0,001% H_2 enthielten, und schließt zwei weitere aus, die aus der Reihe fallen, so ergeben die verbleibenden 46 Proben ein Gewichtsverhältnis O:H von $8 \pm 2{,}6:1$. In diesen waren beide Elemente also im ungefähr selben Verhältnis wie in Wasser enthalten.

Bemerkenswerterweise wurde in Elektrolytchrom fast genau dasselbe Gewichtsverhältnis, nämlich $O:H = 8 \pm 2{,}9:1$, gefunden[1].

Die Autoren ziehen daraus den Schluß, daß der Sauerstoffgehalt von Einschlüssen von basischem kolloidalem Nickelhydroxyd herrührt, dessen Zusammensetzung durch die allgemeine Formel $MO_x \cdot nH_2O$ wiedergegeben werden kann, in welcher n viel größer sei als x. Einzeln genommen schwankten die Sauerstoffgehalte zwischen tausendstel und hundertstel Gewichtsprozenten, die Wasserstoffgehalte aber stiegen nur in besonderen Fällen über Tausendstelprozente.

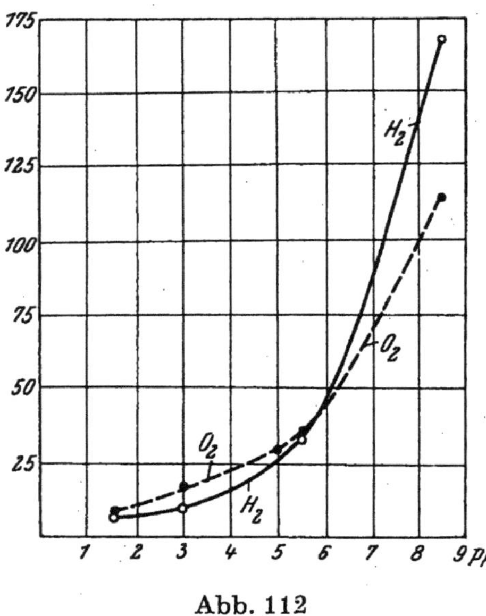

Abb. 112

Ausnahmsfälle stellten die Elektrolyseergebnisse in ammoniumhaltigen Lösungen vor, die auch besonders hartes Metall liefern.

In gepufferten Ammoniumsalzlösungen ist der Sauerstoffgehalt nicht merklich verschieden. In ungepufferten ammoniumsalzhaltigen Lösungen erreicht er aber seine höchsten Werte besonders bei tiefer Temperatur und hohem pH (0,2809% bei 25° und pH 8,5(!), 0,0419% bei 80°, gleichem pH und gleicher Stromdichte).

Diese deutliche Abnahme des O-Gehaltes bei höherer Temperatur, die auch von einer Abnahme des H-Gehaltes begleitet wird, steht in Übereinstimmung mit Beobachtungen bei der Chromabscheidung[1], nicht aber mit dem Verhalten in Nickelchlorürbädern. In diesen erhält man im Gegenteil bei 80° sauerstoffärmere Niederschläge als bei 55°. In Nickelsulfatbädern üblicher Zusammensetzung ist wiederum ein Temperatureinfluß nicht sicher festzustellen.

Die Natur des Elektrolyten ist hier — wie in manch anderer Hinsicht — von größerem Einfluß als die Arbeitsbedingungen, unter denen die Elektrolyse ausgeführt wird.

---

[1] Wahrscheinlich steht dies mit der Höhe der Stromausbeuten in Beziehung, welche bei sehr kleiner Stromdichte besonders nieder sind. Die tiefe Lage des Minimums wird aber dadurch nicht erklärt.

Trotzdem weisen die 26 Proben von Niederschlägen, die aus zehn Bädern verschiedener Zusammensetzung bei verschiedenen Temperaturen und verschiedenem pH hergestellt wurden, gemäß der Abb. 112 einen überraschend ähnlichen Gang auf.

In dem zwischen pH 1,5 und pH 5,5 begriffenen Arbeitsbereich ist nach dieser Figur das Gewichtsverhältnis O:H größer, über pH 5,5 hinaus durchwegs kleiner, am größten zwischen pH 3 und pH 4, wo es ungefähr die Zahl 14 annimmt.

Das von MACNAUGHTAN, GARDAM und HAMMOND (s. S. 281 f. und Abb. 110) beobachtete Härtemaximum im pH-Gebiete um etwa pH = 4 fanden ZENTNER, BRENNER und JENNINGS in Nickelsulfatbädern ähnlicher Zusammensetzung nicht auf. Allerdings führten sie, wie es scheint, im kritischen pH-Intervall nur vereinzelte Messungen aus, und dies mit Stromdichten von 5 Amp./dm² bei 55°, während die englischen Forscher mit 1,2 Amp./dm² bei 35° arbeiteten[1].

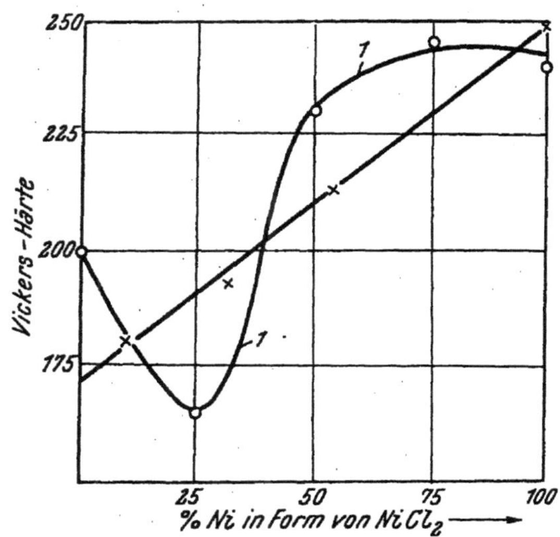

Abb. 113. *1:* Änderung der Härte von Nickelniederschlägen bei steigendem Chloridgehalt des Elektrolyten und Stromdichten von 2 bis 5 Amp./dm²; pH 1,5 bis 5,0; 30 bis 80° C. (Nach BRENNER und Mitarbeitern)

Aber auch bei ihren Versuchen ermittelten sie Zahlen, die dafür sprechen, daß im pH-Gebiete um pH 3[1] herum etwas besonderes vor sich geht, vielleicht weil das pH in diesem Gebiete schwer konstant zu halten ist.

Im gewöhnlichen Nickelsulfat-, dem WATTS-Bad, erreichen die Härte und die Zugfestigkeit den kleinsten, die Dehnung den größten Wert, den sie in Nickelbädern überhaupt ermittelten bei 5 Amp./dm² Stromdichte und 55° C zwischen pH 3 und pH 4. Im chloridfreien Sulfatbad war die regelmäßige Parallelität zwischen Härte und Zugfestigkeit dann nicht vorhanden.

Im chloridhaltigen Sulfatbad stieg die Verhältniszahl der Gewichtsprozente O:H von pH 1,5 auf pH 3 steil auf ein Maximum und sank bei weiterer Steigerung des pH auf 5 ebenso steil wieder ab (15—17 und 24—26 der Tab. IV, l. c.). Im chloridfreien Sulfatbad und im sulfatfreien Chlorürbad war nur ein geringes Steigen von 1,5 auf 3 und Sinken von 3 auf 5 zu beobachten (2—4 und 49—51 der Tab. IV, l. c.).

---

[1] MACNAUGHTAN und Mitarbeiter maßen das pH mit der Chinhydron-, BRENNER und Mitarbeiter mit der Glas-Elektrode. Letztere zeigt etwas (um etwa 0,05 Volt) kleinere Werte an.

Wird die Elektrolyse in Chlorürbädern vorgenommen, so findet man im Elektrolytnickel auch Chlor, dessen Gehalt in den — nicht zahlreichen — untersuchten Fällen innerhalb der Grenzen 0,008 und 0,022% schwankte, der aber mit zunehmendem Chlorgehalt der Lösung von rund 0,01 auf rund 0,02% anzusteigen schien.

Wie Kurve *1* auf Abb. 113 veranschaulicht, zieht ein steigender Zusatz von Nickelchlorür zum chlorürfreien Sulfatbad (bei Temperaturen von 30 bis 80°, pH von 1,5 bis 5,0 und Stromdichten von 2 bis 5 Amp./dm^2) bis zum Prozentgehalt von 25% eine Abnahme der Härte nach sich. Bei diesem Chloridgehalt durchschreitet sie ein Minimum und steigt von da ab bis zum Prozentgehalt von 50% erst schnell auf etwa 230° Vickers-Härte, dann langsam (bis 75%) weiter auf etwa 240°.

Überraschend ist es, daß die inneren Spannungen im Elektrolytnickel in fast genau proportionalem Maße mit dem Chlorürgehalt der Badlösung ansteigen (Kurve ×, Abb. 113).

Es wird vermutet, daß der Einschluß von Chlor in den Metallniederschlag darauf zurückzuführen ist, daß Chlor-Anionen dazu Veranlassung geben, daß Fremdstoffe von diesem während seiner Bildung adsorbiert werden.

Außer Sauerstoff, Wasserstoff und Chlor gelangt gelegentlich Kohlenstoff oder Schwefel (z. B. bei Verwendung glättender Schwefelverbindungen) in den Nickelniederschlag. Enthält der Elektrolyt aber keine anderen Schwefelverbindungen als Sulfate, so findet man nur unwesentliche Spuren von Schwefel im Elektrolytmetall.

Größerer Schwefelgehalt macht das Metall spröde, nachfolgende Erhitzung läßt es noch spröder werden. Ähnliches beobachtet man an Ni_3S_2-haltigen Nickelproben, die nicht auf elektrolytischem Wege hergestellt worden sind.

Auch Verunreinigungen durch Kohlenstoff verspröden das Metall; deshalb verursachen Zusätze organischer Substanzen zu Nickelbädern häufig ein Sprödewerden des Niederschlages.

e) Änderung der Struktur und der von ihr bedingten mechanischen Eigenschaften mit Änderung des pH-Wertes, der Temperatur und der Stromdichte

Bei der mikroskopischen Untersuchung der Struktur der Proben findet man die Regel bestätigt, daß grobkörniges Metall meist weniger Verunreinigungen enthält und geringere Härte und Zerreißfestigkeit, aber größere Duktilität aufweist, daß aber feinkörnige Niederschläge, besonders solche, die überhaupt keine Struktur im Mikroskop erkennen lassen, meist relativ stark verunreinigt erscheinen, sehr hart und fest, aber nicht duktil sind.

Eine Struktur, welche von anderen etwas abweicht, zeigen Niederschläge, welche in ammoniakalischen Bädern, besonders bei höherem pH (im ammoniakalischen, sonst ungepuffertem Bade z. B. bei pH 8,5) hergestellt werden.

Sie lassen im Mikroskop keine Kristallstruktur erkennen (s. z. B. Abb. 105 *b*), sind besonders hart und werden meist von zahlreichen kleinen Rissen durchzogen. Ihr Gehalt an Sauerstoff und Wasserstoff ist besonders groß, ungefähr ebenso groß wie in Chromniederschlägen, welchen sie nach ihrem Struktur-Charakter ähneln.

Ähnlichen Charakter weisen übrigens auch Niederschläge auf, welche im WATTS-Bad, dem meist gebräuchlichen Nickelbad, bei gewöhnlicher Bad-Zusammensetzung, aber bei ungewöhnlich niederer Stromdichte

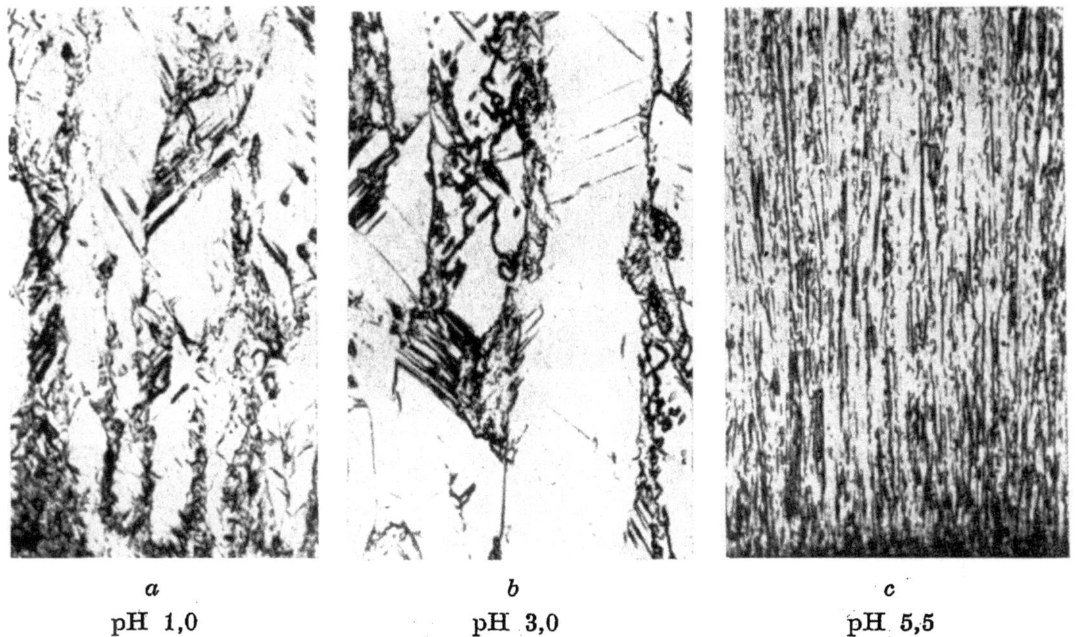

a pH 1,0 *b* pH 3,0 *c* pH 5,5

Abb. 114 *a* bis *c*. Schliffbilder von Nickelproben (250fach) nach ZENTNER, BRENNER und JENNINGS l. c., die aus dem WATTS-Bad (210 g/l Nickelsulfat, 60 g/l Nickelchlorid, 30 g/l Borsäure) mit 5 Amp./dm² Stromdichte bei 55° C und bei drei verschiedenen pH-Werten hergestellt wurden

(0,5 Amp./dm²) und/oder bei ungewöhnlich hohem pH (in diesem Bade bei pH 6 und darüber) hergestellt worden sind.

Den Einfluß, welchen eine Änderung des pH-Wertes innerhalb der Grenzen 1 bis 5,7 bei mittelhoher Stromdichte (5 Amp./dm²) und mittelhoher Temperatur (55° C) auf die Kristallstruktur ausübt, illustriert die Abb. 114 *a* bis *c* von Schliffproben.

Bei Steigerung des pH-Wertes von 1 bis ungefähr 5 ändert sich (Abb. 114 *a* und *b*) der Charakter der Struktur nicht wesentlich, Niederschläge, die aber im pH-Bereich 5,5 bis 5,7 hergestellt werden (Abb. 114 *c*) weisen eine radikale, ja sprunghafte Strukturänderung auf.

Diese plötzliche Verfeinerung des Korns wird der Wirkung von Kolloiden zugeschrieben, welche in diesem pH-Bereich in steigenden Mengen auftreten beginnen.

Komplexbildende Kationen (z. B. $NH_4^{\cdot}$) mögen ähnliche Wirkung ausüben, aber auch Anionen, die, wie schon lange bekannt ist, die Niederschlagsformen deutlich beeinflussen (s. S. 23ff.) und die mechanischen Eigen-

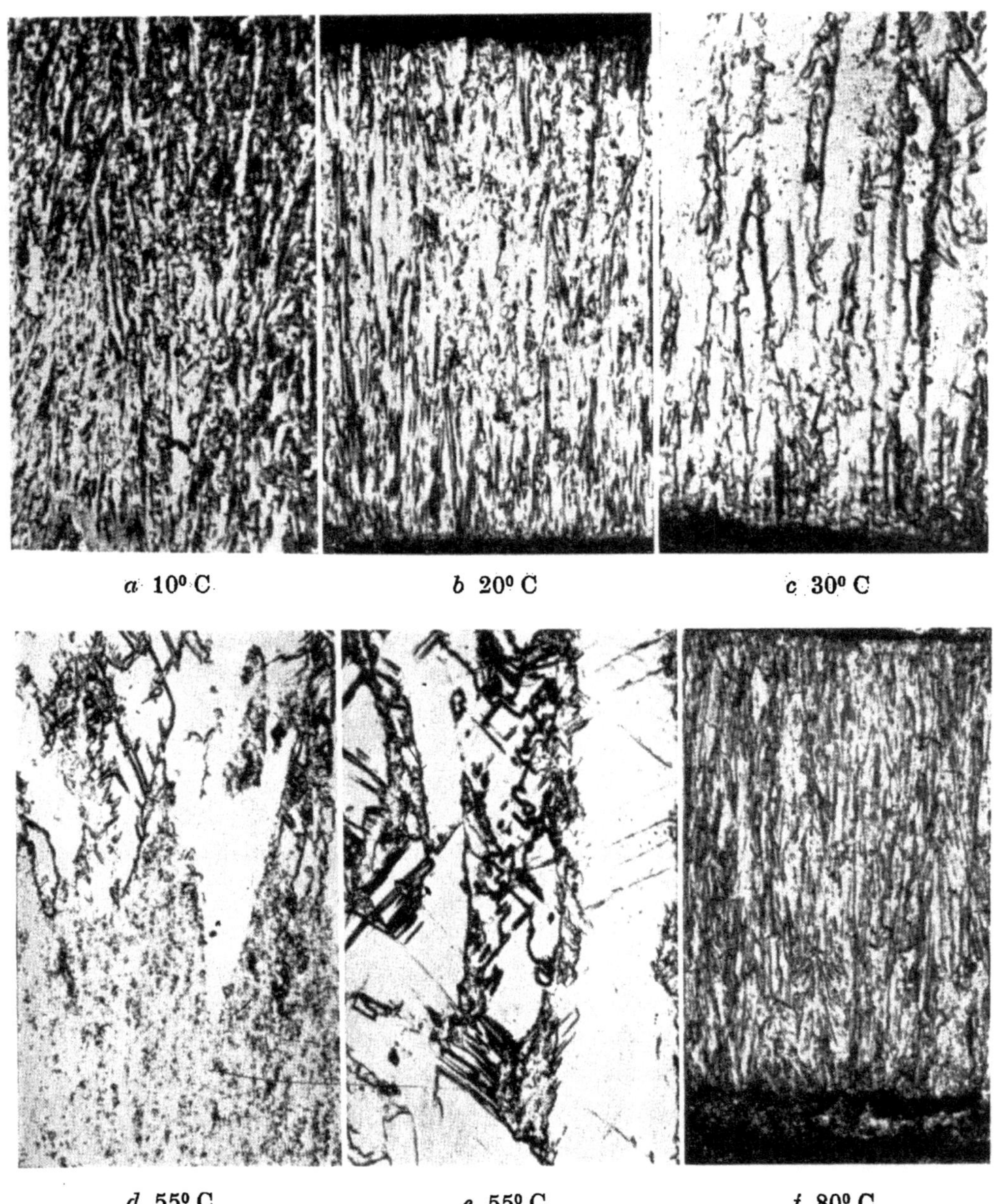

a 10° C *b* 20° C *c* 30° C

d 55° C *e* 55° C *f* 80° C

Abb. 115 *a* bis *f*. Bei Temperaturen von 10° bis 80° C hergestellte Proben. (Nach Brenner und Mitarbeitern l. c.)

schaften des Niederschlages dadurch verändern, daß sie die Mitabscheidung von Fremdstoffen begünstigen.

Die Änderung, welche die Struktur durch *Temperatur-Steigerung* erfährt, wird durch Abb. 115 *a* bis *f* gut illustriert. Diese geben Mikroaufnahmen

(250fach) von Schliffbildern wieder, die von denselben Autoren (Bureau of Standards l. c.) stammen.

Als Elektrolyt diente dabei das WATTS-Bad der in der Legende zu Abb. 114 angegebenen Zusammensetzung. Bei Herstellung der Proben *b* bis *f* wurde eine Stromdichte von 5 Amp./dm² angewendet, nur bei Probe *a* wurde geringere Stromdichte (2 Amp./dm²) hergestellt, weil man bei dieser tieferen Temperatur bei 5 Amp./dm² Stromdichte nur mangelhafte Niederschläge erhielt. Trotzdem ist das dabei erzielte Resultat vergleichbar, weil in anderen Versuchen festgestellt worden ist, daß Schwankungen der Stromdichte innerhalb dieser Grenzen die Struktur nur wenig verändern. Ein allmählicher Übergang feinerer zu gröberer, dann sehr grober Säulenform ist unverkennbar.

Abb. 115 *d* und Abb. 115 *e* entstammen derselben Probe, nur gibt Abb. 115 *d* die Struktur des Niederschlages in geringem Abstand (bis zu 0,175 mm) vom Unterlagsmetall (geglättetes Kupferblech) wieder, die Abb. 115 *e* aber zeigt, wie sich die Struktur mit zunehmender Niederschlagsstärke (bis zu 0,8 mm) vergröbert.

Ganz auffallend und bisher unerklärt ist die wiederkehrende Kornverfeinerung bei 80°, wie sie Abb. 115 *f* zeigt. Sie bildet einen Ausnahmsfall, der bisher nur in dieser Versuchsreihe bei pH 3 in dem angegebenen WATTS-Bad beobachtet worden zu sein scheint.

Die Regel, daß die Kornfeinheit mit steigender Stromdichte zunimmt, sieht man gemäß Abb. 116 beim Nickel, wie schon beim Kupfer, s. S. 64, erst bei höheren Stromdichten bestätigt. Darunter wirkt eine Steigerung der Stromdichte im entgegengesetzten Sinn. So zeigt die Abb. 116*a*, daß eine bei 55° und pH 3 im WATTS-Bad mit 0,25 Amp./dm² hergestellte Probe äußerst feine, lagen- bzw. bänderförmige Struktur besitzt, wie man sie in ammoniakhaltigen oder in Glanznickelbädern beobachtet. Bei Steigerung der Stromdichte auf 0,5 Amp. wird die Struktur nadelförmig. Erst bei mehr als 1 Amp./dm² tritt der für Nickel so charakteristische, säulenförmige Bau auf, der sich zunächst verbreitert und sich dann erst wieder verfeinert und bei sehr hohen Stromdichten Fadenform annimmt.

Ob man dieses überraschende Verhalten generalisieren darf und wodurch man es sich erklären kann, ist noch eine offene Frage.

4. Innere Spannungen in Nickelniederschlägen

Daß Nickelniederschläge oft so hohe innere Spannungen aufweisen, daß sie sich von der Unterlage ablösen, aufrollen oder gar rissig werden können, ist lange bekannt, auch daß diese Spannungen in der Regel mit steigender Temperatur schwächer werden.

In den Anfängen der Galvanotechnik, in denen man auch noch nicht die Oberfläche der Unterlage vor Aufnahme der Metallfällung gut genug zu reinigen verstand, bereitete dies große Schwierigkeiten. Die wirksamste

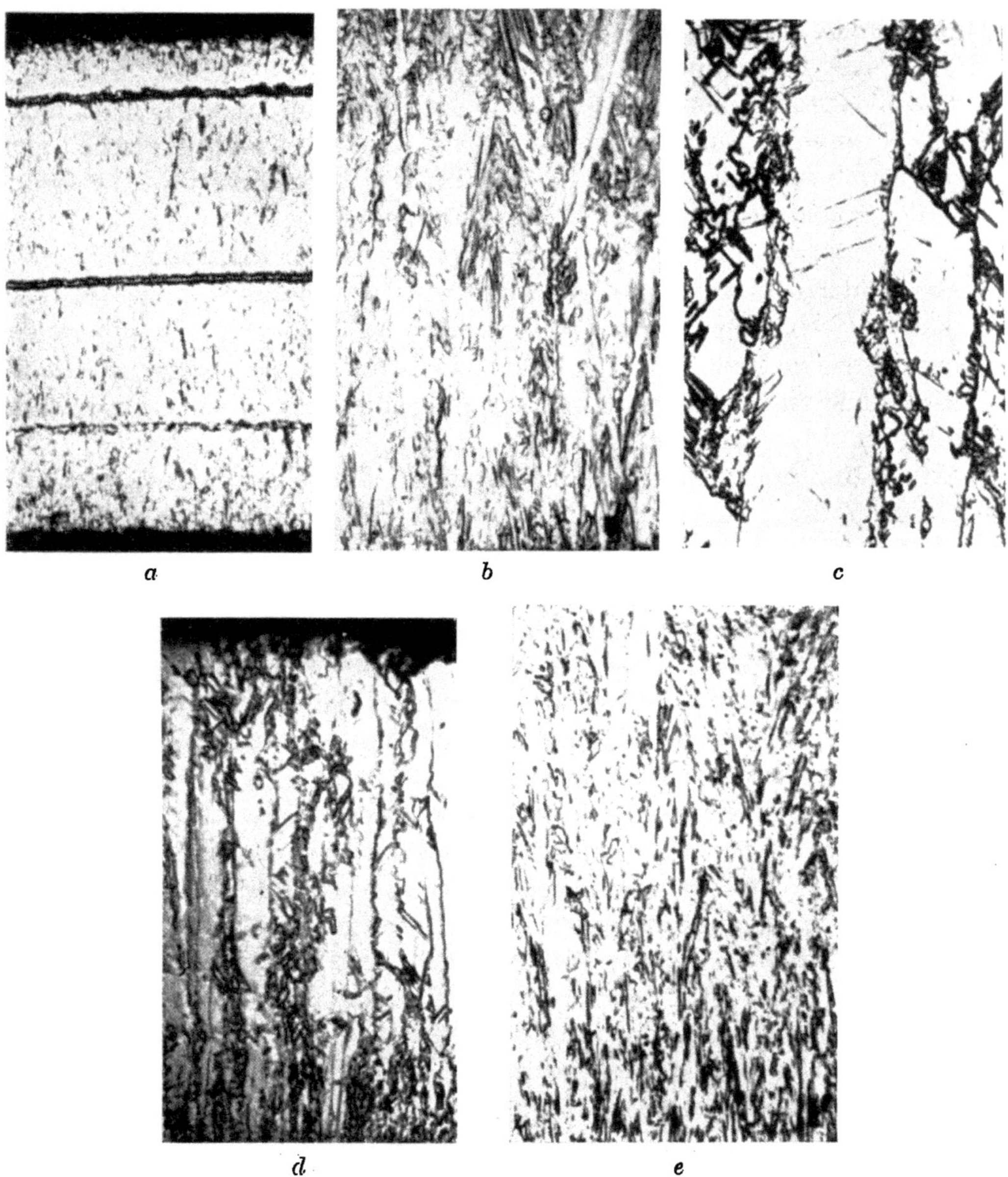

Abb. 116 *a* bis *e*. Einfluß des Wechsels der Stromdichte auf die Struktur von Nickelniederschlägen, welche aus dem typischen WATTS-Bad der Zusammensetzung:

210 g/l 1,5-n. $NiSO_4 \cdot 7\,H_2O$
600 g/l 0,5-n. $NiCl_2 \cdot 6\,H_2O$
30 g/l 0,5-n. H_3BO_3

bei 55° C und pH 3,0 gewonnen wurden.

a	Stromdichte:	0,25	Amp./dm²
b	,,	0,5	,,
c	,,	5	,,
d	,,	10	,,
e	,,	50	,,

Die bei niederster Stromdichte (*a*) deutliche Schichtenbildung geht bei Steigerung der Stromdichte in faden- bzw. säulenförmige Struktur über, die zunächst gröber (*c*), dann wieder feiner wird (*d*, *e*). 250fach. (Nach ZENTNER, BRENNER und JENNINGS l. c.)

Gegenmaßnahme fand man schon damals darin, die Elektrolyse bei höherer Temperatur vorzunehmen.

Für das Auftreten von Spannungen wurde zuerst die Wasserstoffaufnahme allein verantwortlich gemacht; ehe man ermittelt hatte, daß auch andere Faktoren Spannungen hervorrufen, sie verstärken, abschwächen, ja ihren Sinn umkehren können, daß z. B. Chloridzunahme der Elektrolyten und Anderes von Einfluß sind.

Daß die Wasserstoffaufnahme in vielen Fällen eine Rolle, wenn nicht geradezu die Hauptrolle, spielt, ist von F. FOERSTER in Untersuchungen[1] dargetan worden, die von KOHLSCHÜTTER u. a.[2] fortgesetzt worden sind.

Diese Wasserstoffaufnahme bewirkt eine Kontraktion, die mit steigender Temperatur abnimmt.

ZENTNER, BRENNER und JENNINGS[3] fanden neuerdings, daß die Abnahme der Spannungen mit steigender Temperatur im WATTS-Bad gewöhnlicher Zusammensetzung mit jeder Temperatursteigerung zu beobachten ist, daß aber in chlorreicheren Bädern oder in solchen, die Ammoniumsalze oder Natriumsalze enthalten, ein Minimum bei 55° C erreicht wird.

Bei unveränderter Temperatur nehmen die inneren Spannungen mit steigendem Chloridgehalt des Bades regelmäßig zu.

Nach älteren Angaben sollen die Spannungen mit steigendem Nickelgehalt des Bades ab-, nach neueren aber zunehmen. Nach älteren Angaben steigen sie mit steigender Stromdichte, nach neueren wird dies erst bei Stromdichten von mehr als 10 Amp./dm^2 deutlich.

Die Stärke der Kontraktion geht auch nicht immer mit der Tendenz des Niederschlages, sich abzulösen, parallel. So hat MACNAUGHTAN festgestellt, daß zwar die Kontraktion in borsäurehaltiger Nickelsulfatlösung durch Natriumsulfatzusatz oder durch Ersatz von KCl durch die äquivalente Menge NaF erhöht wird, daß Natriumsulfatzusatz aber die Ablösung des Nickelniederschlages trotzdem erschwert.

KOHLSCHÜTTER und VUILLEUMIER haben (l. c.) beobachtet, daß die Kontraktion in schwach saurer Lösung am größten ist und sich mit weiter sinkendem pH zugleich mit dem Sinken der Stromausbeute vermindert. Temperatursteigerung und Überlagerung von Wechselstrom verringern dann die Kontraktion; bei gleichzeitiger Wasserstoffentwicklung ist die Kontraktion geringer als beim Ausbleiben derselben, sie ist nach den genannten Autoren auch geringer, wenn die Struktur des Nickelniederschlages eine feinere wird[4].

Befördert wird das Abblättern des Nickelniederschlages durch die Anwesenheit von Eisen im Elektrolyten (s. S. 271). Sie ist vermutlich zum Teil

---

[1] Z. Elektrochem. 4, 160 (1897); Elektrochemie, 4. Aufl., S. 377 ff.

[2] KOHLSCHÜTTER und VUILLEUMIER, Z. Elektrochem. 24, 300 (1918).

[3] ZENTNER, BRENNER und JENNINGS, l c.

[4] Diese letztere Angabe kann der Verfasser nicht bestätigen.

auf die Bildung von Eisenlegierungen wechselnder Zusammensetzung, zum Teil auf die Einlagerung basischer Eisenverbindungen zurückzuführen. Bei fortgesetzter Elektrolyse einer eisenhaltigen Lösung gleichbleibender Zusammensetzung sinkt der Eisengehalt der entstehenden Nickeleisenlegierung zunächst schneller, dann langsamer, um schließlich konstant zu werden[1]. Die Unterschiede in der Zusammensetzung der aufeinanderfolgenden Schichten sind bei tieferer Temperatur größer als bei hoher Temperatur.

Die meisten organischen Stoffe erhöhen die inneren Spannungen, während vereinzelte, wie gewisse Sulfonsäuren und ihre Salze, Saccharin usw., die Spannungen stark schwächen, ja umkehren können.

Selbst fehlerlos aussehende Niederschläge weisen oft hohe innere Spannungen auf. Viele Überzüge werden rissig oder werfen sich, wenn man die Unterlage durch chemische Mittel von ihnen ablöst.

Besondere praktische Nachteile üben solche Spannungen bei der Vernicklung von nichtrostendem Stahl und bei der Herstellung von Klischees aus. Im ersten Falle können sie Ablösungen herbeiführen, im zweiten sehr unliebsame Formänderungen.

5. Porosität

Auch guthaftende, glatte Nickelüberzüge müssen als minderwertig bezeichnet werden, wenn sie von zahlreichen kleinen Löchern oder Poren durchsetzt sind und deshalb das Grundmetall nicht lückenlos bedecken. Zur Entstehung solcher Poren führen verschiedene Umstände. Einen Anlaß dazu geben z. B. sehr häufig Gasblasen, die während der Elektrolyse an der Kathode haften und miteingeschlossen werden, oder die dahinterliegende Stelle der Kathode durch einige Zeit abschirmen. Fast immer handelt es sich dabei um Wasserstoffbläschen, in Ausnahmsfällen aber auch um Luft- oder Sauerstoffbläschen, die entweder aus dem im Elektrolyten gelösten Gas oder aus suspendierten Bläschen dahin gelangen.

Die Beschaffenheit der Kathode ist auch auf diese Störung von Einfluß. An Oxydeinschlüssen, die an der Kathodenoberfläche bloßliegen, an verschmutzten Stellen, wie dort, wo sich kolloidales Hydroxyd bildet, bleiben Gasblasen erfahrungsgemäß leichter haften und werden größer.

Rauhere Kathodenoberflächen werden vom elektrolytischen Niederschlag zunächst nicht lückenlos, sondern mit feinst durchlochter Schicht bedeckt, deren Poren sich nur nach und nach im Maße, in welchem die Dicke des Niederschlages wächst, schließen.

Auf Kupfer niedergeschlagenes Nickel ist vielleicht aus diesem Grunde weniger porös, man führt dies u. a. auch auf die größere Überspannung zurück, welche der Wasserstoff bei seiner Entladung an diesem Metall zu

---

[1] Foerster l. c.; Engemann, Z. Elektrochem. **17**, 910 (1911) und Diss., Dresden; Kremann, Suchy und Maas, S.-B. Akad. Wiss. Wien **122**, 999 (1913).

überwinden hat, und dies mag richtig sein; stärker in die Waagschale dürfte aber der Umstand fallen, daß an Kupferoberflächen nicht so leicht basische Bestandteile auftreten, welche das Haftenbleiben von Gasblasen fördern, als dies am viel unedleren Eisen oder Stahl der Fall ist. Schichten von 0,006 bis 0,008 mm Kupfer üben schon sehr gute, noch dünnere Schichten nur unvollständige Wirkung aus.

Jedem Praktiker ist es auch wohlbekannt, daß Überzüge, in denen abwechselnd dünne Nickel- und Kupferschichten aufeinanderfolgen, das Grundmetall besser schützen als solche, in denen die gleiche Gesamtniederschlagsstärke bloß durch eine Kupfer- und eine Nickelschicht hergestellt wird. Dies mag einerseits darin seine Erklärung finden, daß Kupfer kleine Poren leichter überbrückt (s. Abb. 72, S. 141), andererseits in der Tatsache, daß die erste, auf Kupfer niedergeschlagene Nickelschicht von geringerer Anzahl feiner Löcher durchsetzt ist als die darauffolgenden, schon auf Nickel erzeugten Metallagen (weil sich eben wieder auf Nickel stellenweise basische Bestandteile bilden). Dünne, auf Kupfer gefällte Nickelschichten sind eben dichter als auf Nickel niedergeschlagene.

Völlig porenfreies Nickel kann bislang auf elektrolytischem Wege noch nicht hergestellt werden; deshalb kann das Grundmetall nur durch verhältnismäßig dicke Nickelschichten hinreichend geschützt werden. Man bezeichnet die Bedeckung im allgemeinen als eine gute, wenn die Ferroxylprobe (s. S. 379) mit freiem Auge nicht mehr als eine Bläuung auf 10 cm² erkennen läßt. Dies läßt sich gewöhnlich nur bei Niederschlagsstärken von etwa 0,025 mm Dicke und darüber erreichen.

6. Klassen von Nickelelektrolyten

Soweit es auf die gewählte Arbeitstemperatur und das pH des Elektrolyten ankommt, kann man die Badlösungen in drei Hauptgruppen einteilen, welche gemeinsame, von Gruppe zu Gruppe verschiedene Charakteristika aufweisen:

	pH	Temperatur	Übliche Stromdichte Amp./dm²
1. Gruppe:	5,3—5,6	20—30°	0,5—2
2. Gruppe:	4,5—5,5	40—55°	2—10
3. Gruppe:	1,5—3	20—75°	2—20

Bemerkenswerterweise wird die Elektrolyse nur ungern im pH-Gebiet 3 bis 4,5 ausgeführt. Die Schwierigkeit, das pH infolge schwankender Stromausbeute in diesem Gebiete konstant zu halten, und die (vielleicht hiemit verbundenen) Anomalien, die auftreten können, dürften die Ursache hiefür abgeben.

Ihrer chemischen Natur nach umfassen die verwendeten Bäder:

a) solche, die aus Sulfat- und Ammoniumverbindungen bestehen,

b) solche, welche Sulfat als Hauptbestandteil neben einem Puffer und meist auch einem Chlorid enthalten (WATTS-Bad).

c) solche, welche Chlorid als Haupt- oder einzigen Bestandteil neben einem Puffer enthalten.

Darin schließen sich die noch nicht sehr verbreiteten Fluoborid- und Sulfamat-Bäder, endlich die sehr wichtig gewordenen und meist verwendeten Glanz- und Halbglanzbäder, die durch Glanzzusätze aus verschiedenen Bädern gebildet werden und die ihrerseits in Gruppen eingeteilt werden.

Ihrer Struktur nach ähneln sich die Überzüge der Gruppe 2 und 3, die aus sauren Nickelsulfat-, -chlorür- oder -borfluorid-Bädern bei nicht sehr hohem pH hergestellt worden sind. Ganz anderes Gefüge haben diejenigen der Gruppe 1, welche — besonders bei Gegenwart von Ammoniumsalzen — bei hohem pH hergestellt sind. Diese ähneln wieder denjenigen von Glanznickelproben. Sie zeichnen sich durch größere Härte und entsprechend feines, oft nicht erkennbares, meist lageweises Gefüge aus. Sie sind häufig von kleinen Rissen durchsetzt, spröde und ähneln in mancher Hinsicht den Chromniederschlägen.

Die Abhängigkeit mechanischer Eigenschaften, wie Härte, Zugfestigkeit und Duktilität, von der Kornfeinheit ist in allen Elektrolytnickelsorten analog, wenn auch dem Grade nach von Gruppe zu Gruppe verschieden.

a) Ammoniumhaltige Sulfatbäder

Diese Bäder werden vorzugsweise zur Herstellung sehr harter Niederschläge bei Raumtemperatur verwendet.

Ihr verhältnismäßig hohes pH ist relativ leicht konstant zu halten. Durch tropfenweisen Zusatz verdünnter Schwefelsäure kann es erniedrigt werden, durch Zusatz von Nickelhydroxyd oder -carbonat, noch besser durch zeitweise Elektrolyse unter Verwendung einer verhältnismäßig großen Anode und einer sehr kleinen Kathode (z. B. Nickeldraht) kann das pH auch ohne Chemikalienzusatz erhöht werden.

Für die Zusammensetzung solcher Bäder verwendete man ursprünglich Nickelammoniumsulfat; seine Löslichkeit ist aber gering (je nach der Temperatur 60 bis 75 g/l). Das Salz neigt deshalb besonders in der kälteren Jahreszeit dazu, auszukristallisieren und ist dann nur mehr schwer wieder in Lösung zu bringen. Reine Nickelammonsulfatlösung enthält bloß 10 g Ni im Liter und läßt die Anwendung von Stromdichten von bloß 0,2 bis 0,3 Amp./dm^2 zu. Das Bestreben, höhere Stromdichten zur Anwendung bringen zu können, führte dazu, daß man den Nickelsulfatgehalt des Bades steigerte und schließlich von reinen Nickelsulfatlösungen ausging, denen man Ammonsalz zusetzte. Eine Steigerung des Salzgehaltes auf 250 g/l ermöglicht eine Steigerung der Stromdichte auf 0,5 bis 0,2 Amp./dm^2.

Das Ammonion erhöht zwar nach MACNAUGHTAN die Stabilität kolloidalen Nickelhydroxyds kaum in merklicher Weise, jedenfalls in viel geringerem Grade, als es das Kalium- und selbst das schwächere Natriumion tun; es ist aber befähigt, Nickel-Ammonium-Komplexe zu bilden und dadurch das Ausflocken des Hydroxydes selbst bei verhältnismäßig hohem pH zu verhüten: Aus ammonhaltiger Lösung fällt basisches Salz erst bei pH 7,6 aus, während man in ammonfreier, mit Borsäure gepufferter Lösung schon bei pH 6,6 das Auftreten einer Trübung beobachten kann[1].

Darauf führt man die Besonderheit des Ammonions zurück, die Härte des abgeschiedenen Metalls in so hohem Maße (bis über 350° Brinell) zu steigern und die Abscheidung rein metallischer, dichter Niederschläge zu erleichtern, solange das pH nicht über 6 steigt.

Bei zu niederen Temperaturen (unter 20°) treten in den Niederschlägen aber so große innere Spannungen auf, daß die Kathodenniederschläge leicht abblättern oder sich aufrollen, wenn nicht für sehr große Haftintensität durch besonders sorgfältige Vorbehandlung des Kathodenmetalls gesorgt wird; selbst dann aber werden oft Haarrisse oder Sprünge sichtbar. Bei einer Steigerung der Temperatur auf 35° werden die Niederschläge nur wenig weicher (etwa 300° Brinell), die innere Spannung und mit ihr die Tendenz, abzurollen, wird aber ganz wesentlich herabgesetzt. Auch ein Zusatz von Natrium- und besonders von Kaliumsalz drängt die Tendenz, abzurollen, zurück (Kaliumsalz kann wegen der beschränkten Löslichkeit des Doppelsalzes, das es mit Nickel bildet, freilich nur in mäßigen Mengen zugesetzt werden).

Ein Zusatz von Chloriden ist erforderlich, um die Anoden glatt aufzulösen. Man wählt dazu in diesen Bädern meist Ammoniumchlorid, kann aber auch Natrium-, Kaliumchlorid oder Nickelchlorür anwenden. Obwohl das Ammonsalz schon Pufferwirkung ausübt, ist es empfehlenswert, noch Borsäure zuzusetzen.

Klassisch gewordene Badzusammensetzungen dieser meist bei Raumtemperatur arbeitenden ammoniumhaltigen *Hart*-Nickelbäder sind:

für Verwendung bei geringen Stromdichten:

$NiSO_4 \cdot 6\,H_2O$ ...	120 g/l bis 180 g/l[2]
NH_4Cl	15 g/l bis 25 g/l[2]
H_3BO_3	15 g/l

(Temperatur 20 bis 30° C, Stromdichte im ruhenden Bad 0,5 bis 2 Amp./dm^2, pH 5,3),

---

[1] MACNAUGHTAN nimmt (l. c.) an, daß NH_4 die OH'-Konzentration durch Rückdrängung des Dissoziationsgrades verringert.

[2] Diese höheren Konzentrationen wurden mit Erfolg vorgeschlagen von WESLEY, USA.-Pat. 2 331 751 (1943); cf. WESLEY und ROEHL, Trans. Electrochem. Soc. **34**, 810 (1947).

für Anwendung höherer Stromdichten:

$NiSO_4 \cdot 6\,H_2O$ ......180 bis 210 g/l
$NiCl_2$ .... 60 g/l
$(NH_4)_2\,SO_4$ .... 44 g/l
H_3BO_3 .... 30 g/l

(Raumtemperatur, Stromdichte im ruhenden Elektrolyten 2 bis 5 Amp./dm², im bewegten entsprechend höher, pH 5,6 bis 5,9),

für Herstellung von Formkörpern:

$NiSO_4 \cdot 6\,H_2O$ .... 70 g/l
NH_4Cl .... 6 g/l

(Raumtemperatur, Stromdichte 1 bis 2 Amp./dm², pH für Wachsformen 6,0, für Bleiformen 5,6).

Das Metall, das aus diesen Bädern gefällt wird, weist besonders feines, im Mikroskop kaum erkennbares Kristallgefüge auf, es enthält aber viele regellos verteilte, im Mikroskop als dunkle Flecken erscheinende Einschlüsse, die beim Rekristallisieren des Metalls durch Erhitzen auf 800° oder darüber großenteils an die Korngrenzen geschoben werden, wo sie sich zu verhältnismäßig dicken, unregelmäßig geformten Partikeln sammeln. Diese Flecken stellen basische, meist zu Metall reduzierte Einschlüsse vor.

b) Ammoniumfreie Nickelbäder mit Nickelsulfat als Hauptbestandteil

Diese sind zuerst 1894 für die Raffination von Nickel in Verwendung gekommen.

Zur Herstellung galvanischer Nickelüberzüge verwendete man ausschließlich Doppelsalze des Nickels, bis WATTS[1] ein Bad vorschlug, welches nur einfaches Nickelsulfat mit Borsäurezusatz[2] und Nickelchlorürzusatz enthielt und in sehr kurzer Zeit in allgemeinen Gebrauch kam.

Seine ursprünglich von WATTS angegebene Zusammensetzung war:

$NiSO_4 \cdot 7\,H_2O$ .... 240 g/l
$NiCl_2 \cdot 6\,H_2O$ .... 20 g/l
H_3BO_3 .... 20 g/l

Gebräuchlicher wurde später ein Bad der Zusammensetzung:

$NiSO_4 \cdot 7\,H_2O$ ..... 210 g/l (1,5-n.)
$NiCl_2 \cdot 6\,H_2O$ ...... 60 g/l (0,5-n.)
H_3BO_3 .... 30 g/l (0,5-n.)

Anfangs und noch ziemlich lange Zeit hindurch verwendete man dieses Bad nur mit höheren Wasserstoffzahlen (pH mindestens 5), bei welchen man

[1] Trans. Amer. Electrochem. Soc. **29**, 396 (1916).
[2] WESTON, USA.-Pat. 211 071 (1878).

ohne weiteres Überzüge auf Eisen und andere unedle Metalle herstellen kann[1].

Später fand man, daß sich gut haftende Nickelniederschläge auf nichtrostendem Stahl und anderen Metallen, die leicht passiv werden, besser bei Einhaltung eines niedrigeren pH erhalten lassen, bei welchen man auch höhere Stromdichten verwenden kann[2].

Die aus dem WATTS-Bad hergestellten Nickelniederschläge weisen die kleinsten Mengen fremder Einschlüsse auf und liefern dementsprechend verhältnismäßig weiches, duktiles Metall von geringerer Härte und Zugfestigkeit.

Ein Vorzug des WATTS-Bades ist es, daß seine Eigenschaften durch Zusätze verschiedenartiger Chemikalien modifiziert und besonderen Zwekken gut angepaßt werden können. In dieser Hinsicht sind die Zusätze von Chloriden und von Glanzmitteln besonders wichtig geworden. Die erste Beobachtung, daß der Glanz des Nickelüberzugs durch Zusatz eines Fremdstoffs (damals Cadmium) erhöht werden kann, rührt schon von ELKINGTON her. Aber erst etwa 20 Jahre später wurden Glanzmittel gefunden, welche breite Anwendung erlangten und hochglänzendes Nickel liefern.

Die inneren Spannungen, welche im kalten Bade groß sind, nehmen bei einer Temperatursteigerung von 10 auf 35° rasch, dann von 35 bis 60° langsam weiter ab, ändern sich aber bei darüber hinausgehender Temperatursteigerung fast gar nicht mehr.

Die Leitfähigkeit der Lösungen steigt von 25 bis 75° fast genau linear mit steigender Temperatur an, die Anwendung höherer Stromdichten bei höheren Temperaturen wird dadurch ermöglicht.

Die Konzentration des Nickelsulfats kann innerhalb weiter Grenzen, nämlich etwa 180 bis 400 g/l $NiSO_4 \times 7\ H_2O$ (bzw. 100 bis 240 g/l auf $NiSO_4$ gerechnet oder rund 38 bis 80 g Ni/l), variiert werden. Die Leitfähigkeit ändert sich dabei nur in ganz geringem Grade, weil das Sulfat in konzentrierteren Lösungen verhältnismäßig schwach dissoziiert ist. Will man die Leitfähigkeit der Lösung stärker erhöhen, dann setzt man Fremdsalze, meist Natriumsulfat, Magnesiumsulfat od. dgl., zu.

Zusätze von Neutralsalzen empfehlen sich, wenn man möglichst hohe Stromdichten anwenden will. Natriumsulfat erhöht die kathodische Polarisation, was wohl hauptsächlich darauf zurückzuführen ist, daß die Natriumionen im Kathodenfilm vorherrschen und die Konzentration der Nickelionen in ihm zurückdrängen. Dementsprechend verfeinert ein Natriumsulfatzusatz das Gefüge und erhöht die Härte und (in Übereinstimmung mit der größeren Polarisierbarkeit und dem langsameren Anstieg der I-E-Kurve) auch die Streukraft des Bades. Die Steigerung der inneren Spannungen durch Na_2SO_4 bleibt bei hohen Temperaturen unerheblich.

---

[1] Die Wichtigkeit der Regelung des pH beschrieb THOMPSON, Trans. Amer. Electrochem. Soc. **41**, 333 (1922).

[2] Cf. PHILLIPS, ib. **58**, 387 (1930).

Ähnliche Wirkung übt auch ein Fluoridzusatz aus, der von BLUM[1] besonders für die Herstellung harter Nickelniederschläge empfohlen wurde, bzw. ein Ersatz des gewöhnlich zugesetzten Chlorids durch die äquivalente Menge eines Alkalifluorids. In fluoridhaltigen Bädern lösen sich aber die Anoden schlechter auf.

Die besonderen, zum Teile sehr markanten Einflüsse, welche durch Zusätze von Chloriden ausgeübt werden, sind im vorhergehenden an mehreren Stellen verzeichnet worden.

GRAHAM, HEIMAN und READ führen sie auf die Änderungen des Kathodenfilms zurück, welche durch Chlorionen bewirkt werden[2].

Ein 2-n. Rein-Sulfat-Bad mit 30 g/l Borsäure liefert bei pH 3 Niederschläge von grobfaserigem Gefüge. Ersetzt man einen Teil des Sulfates durch Nickelchlorür, bis man ein Bad der Zusammensetzung 1,5-n. Sulfat, 0,5-n. Chlorid erhält (entsprechend 210 g/l Sulfat und 60 g/l Chlorid, dem verbreiteten WATTS-Bad), so gewinnt man daraus besonders weiche Niederschläge gröbster, säulenförmiger Struktur. Bei weiterer Zunahme der Chlorid-Konzentration verfeinert sich das Korn, bis im Rein-Chlorid-Bad größte Feinkörnigkeit und größte Härte erreicht wird.

Im Gegensatz hierzu üben Zusätze von Natriumsulfat keinen Einfluß auf die Struktur des niedergeschlagenen Metalls aus, sie erhöhen aber wie Chlorid-Zusätze dessen innere Spannungen.

Zusätze von Zitraten, Tartraten, Azetaten, Phosphaten steigern die kathodische Polarisation und veranlassen den langsameren Anstieg der I-E-Kurve. Die Ursache dürfte in einer Erniedrigung der Ni-Ionenkonzentration infolge Komplexbildung zu suchen sein. Die aufgeführten organischen Salze werden gelegentlich bei der Vernicklung unedlerer Metalle, z. B. bei der Vernicklung von Zink, zugesetzt. Im Laufe der Elektrolyse werden sie zum Teil durch anodische Oxydation zerstört; Abbauprodukte, die sich aus ihnen durch die Wirkung von Schimmelpilzen bilden, sollen das Abblättern und das Ablösen des Metalls befördern.

Die hellsten Nickelniederschläge erhält man beim Zusatz von Magnesiumsalzen, vermutlich infolge Einschluß geringer Mengen basischer Magnesiumverbindungen. Aus Elektrolyten, die organische Salze enthalten, besonders aus zitrathaltigen Bädern, fällt das Metall mit etwas gelblicherer Farbe aus, welche vielleicht durch mitabgeschiedene Kohlenstoffspuren hervorgerufen wird.

Unter sonst gleichbleibenden Versuchsbedingungen nimmt die Härte des abgeschiedenen Metalls mit steigender Badtemperatur ab, seine Duktilität mit steigender Temperatur zu.

Abb. 106 und 107, S. 277f., stellen nach Versuchen von WESLEY und ROEHL[3]

[1] Trans. Amer. Electrochem. Soc. **39**, 472.

[2] Monthly Rev. Amer. Electroplaters Soc. **27**, 95 (1939).

[3] Trans. Amer. Electrochem. Soc. **58**, 419 (1944).

die Stromausbeuten dar, welche man (Kurve *1*) aus dem WATTS-Bad mit pH 5,5 bei verschiedenen Stromdichten erzielt, sowie (Kurve *2*) diejenigen, die ein Bad mit 25 g/l Ammoniumchlorid (Hartnickelbad) bei 43 bis 60° bei denselben Stromdichten liefert.

Während man im ersteren Bad schon bei Stromdichten von 1 Amp./dm^2 99% Stromausbeute erzielt, erreicht man diese im ammoniumhaltigen Bad erst bei 3 Amp./dm^2.

Das Metall, das aus dem WATTS-Bad bei pH 5,5 erhalten wird, weist feines, faserförmiges Gefüge auf. Die mikroskopische Untersuchung läßt nur geringe Einschlüsse erkennen, welche sich (zum Unterschiede derjenigen aus ammoniakalischen Bädern) zwischen die Fasern lagern, dieselben abgrenzen, also selbst in Linien angeordnet sind, die ungefähr senkrecht zur Kathodenoberfläche gerichtet sind. Bei der Rekristallisation des Metalls bei hoher Erhitzung werden die Einschlüsse an die Korngrenzen gedrängt und bilden dort dünne dunklere Schichten.

In jüngerer Zeit bevorzugt man die Herstellung eines niedrigeren pH (etwa 1,5 bis 3) bei der Nickelelektrolyse. Nach PHILLIPS[1] liefern solche Bäder weichere Nickelniederschläge von größerer Deckkraft, sie lassen die Anwendung viel höherer Stromdichten zu, ohne daß eine Ablösung erfolgt, ohne daß die Überzüge an Ecken und Kanten rissig werden und ohne daß der Niederschlag dort „verbrennt". Die Anoden lösen sich glatt auf.

Die Aufrechterhaltung größerer Stromdichten ist hier wichtig, weil die Elektrolyse in diesem pH-Bereich bei niederen Stromdichten wesentlich geringere Stromausbeuten liefert, die nach Messungen von WESLEY und ROEHL (l. c.), wie es die Kurve *1* der Abb. 107, S. 278, erkennen läßt, bei 1 Amp./dm^2 erst 92%, erst bei 2 bis 3 Amp./dm^2 etwa 95% Stromausbeute liefert und bei weiterer Steigerung der Stromdichte nur mehr wenig ansteigt, also merklich hinter der Stromausbeute in WATTS-Bädern von höherem pH zurückbleibt.

Besonders bei Anwendung niedrigerer Stromdichten besteht bei der Elektrolyse in diesen Bädern die Tendenz, das pH infolge der höheren anodischen Stromausbeute steigen zu lassen.

Im WATTS-Bad gewonnenes Elektrolytnickel weist ein Minimum der Härte auf, wenn das pH = 3 während der Elektrolyse festgehalten wird. Sowohl bei höherem als auch bei niedrigerem pH darin abgeschiedenes Nickel besitzt höheren Härtegrad. Diese Besonderheit (welche zweifellos mit der Bildung gröberen Korns und Verringerung von Einschlüssen verbunden ist) ist bei Änderung der Zusammensetzung des Bades (z. B. in bloß sulfat- oder bloß chloridhaltigen Lösungen) nicht beobachtet worden.

[1] W. M. PHILLIPS, Trans. Amer. Electrochem. Soc. 58, 387 (1930); **59**, 393 (1931).

c) Auf Sulfat aufgebaute Spezialbäder

Für spezielle Zwecke, z. B. zur Herstellung von Nickelüberzügen auf Zink ohne Aufbringung einer Zwischenschicht, zur Behandlung verschiedener Metalle in Glocken- bzw. Trommelzellen, ferner für Schnellelektrolyse werden Nickelbäder mit erhöhtem SO_4-Gehalt verwendet.

Für erstere Zwecke vorzugsweise solche, die mit höherem, für Schnellelektrolyse solche, die mit niedrigerem pH betrieben werden.

Z. B. mit pH 5,5 bis 5,8		oder
$NiSO_4 \cdot 6\,H_2O$	70 g/l	105 g/l
NH_4Cl	15 g/l NaCl	27 g/l
$Na_2SO_4 \cdot 10\,H_2O$	160 g/l	330 g/l
H_3BO_3	15 g/l	70 g/l

Arbeitstemperatur 20 bis 30° C,
Stromdichte 1,5 bis 3 Amp./dm².

Mit pH 1,5 für Schnellelektrolyse bei erhöhter Temperatur wird dem WATTS-Bad gewohnter Zusammensetzung vorzugsweise Kaliumsulfat (oder die äquivalente Menge Natriumsulfat) in etwa folgendem Mengenverhältnis zugesetzt:

$NiSO_4 \cdot 6\,H_2O$	210 g/l
$NiCl_2 \cdot 6\,H_2O$	60 g/l
H_3BO_3	30 g/l
K_2SO_4	44 g/l

Arbeitstemperatur 55° C,
Stromdichte etwa 10 Amp./dm².

Auf die Härte des Niederschlages übt die Änderung der pH-Zahl nahe 1,5 (s. Abb. 110) verhältnismäßig geringere Wirkung aus als die Herstellung eines höheren pH-Wertes. Viel größeren Einfluß übt im niederen pH-Gebiet eine Temperatursteigerung auf die Härte aus, und da man wohl durchwegs bei Anwendung niederer pH-Zahlen bei hoher Temperatur arbeitet, erhält man etwas gröber kristalline, weichere Niederschläge.

Die Leitfähigkeit der Lösung ändert sich bei Herabsetzung der pH-Zahl von 6 auf 2 fast gar nicht. Deutlich geringer wird aber die Streukraft des Bades bei geringen oder bei gleich großen kathodischen Stromdichten. Dieser Nachteil läßt sich selbst bei der Vernicklung unebener Werkstücke in Kauf nehmen, weil der Unterschied gering wird, wenn man zu hohen Stromdichten übergeht.

Die lebhaftere Wasserstoffentwicklung, welche die Nickelabscheidung begleitet, scheint die Bildung dichter Metallschichten zu begünstigen, das Haftenbleiben kleiner, porenbildender Gasbläschen zu erschweren, ein kräftiges Durchrühren des Elektrolyten in unmittelbarer Kathodenumgebung ins Leben zu rufen, das nicht nur örtliche Verarmungen schnell ausgleicht und kleine Blasen abreißt, sondern auch die Abscheidung basischer Bestandteile erschwert. Neben diesen Vorteilen tritt der etwas höhere Energieverbrauch in den Hintergrund, weil die Herstellung höherer Stromdichten (bis auf etwa 20 Amp./dm²) eine viel bessere Ausnützung der Anlage zuläßt.

Beim Arbeiten mit niederen Wasserstoffzahlen bleibt das Bad länger klar. Gewisse Verunreinigungen (insbesondere solche durch Eisen) bleiben länger in Lösung und können sich darin anreichern. Um deren schädliche Wirkungen zu bekämpfen, ist es daher besonders bei Verwendung eisenhaltiger Nickelanoden wichtig, den Elektrolyten öfters zu reinigen, vor allem das Eisen auszufällen, ehe es Schäden anrichtet.

Schwarze Nickelüberzüge gewinnt man in Lösungen von:

Nickelsulfat	75 g/l
Nickelammoniumsulfat	45 g/l
Zinksulfat	37 g/l
Natriumthiozyanat	15 g/l

d) Nickelsulfathaltige Glanznickelbäder

Die meisten der Glanznickelbäder werden durch Zusatz von Glanzmitteln zu Lösungen von der ungefähren Zusammensetzung des WATTS-Bades hergestellt. Alle diese Bäder liefern ganz besonders feinkörniges Metall, dessen Korngröße höchstens 0,0001 mm erreicht[1] und das dementsprechend große Härte aufweist. Im Mikroskop erkennt man bei genügend starker Vergrößerung fast immer, daß die Niederschläge inhomogen sind, nämlich aus einzelnen Schichten bestehen, welche durch Linien voneinander getrennt sind, die der Unterlage parallel laufen (s. Abb. 117).

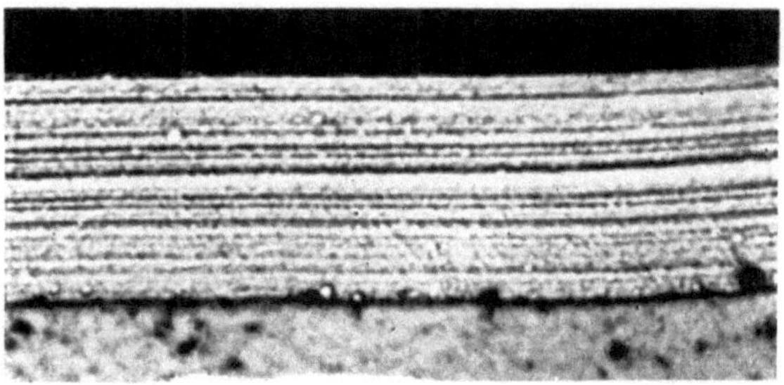

(Photo: Nickel-Informationsbureau, Zürich)

Abb. 117. Struktur von (Super Gelamax) Glanznickel (1000fach)

Dies macht es wahrscheinlich, daß sie periodisch aus einzelnen Lagen gebildet werden, derart zwar, daß Inhibitoren sich auf der Metalloberfläche ansammeln, bis die Spannung dadurch in der Doppelschicht soweit ansteigt, daß die Sperrschicht durchbrochen wird, worauf weitere Abscheidung erfolgen kann, worauf das Spiel von neuem beginnt. Bei der Abscheidung werden Spuren von Stoffen adsorbiert und einverleibt, welche die feinen Metallteile hindern, zu größeren zusammenzutreten.

Ähnliche, wenn auch nicht gar so feine Abscheidungsform weisen Niederschläge auf, die bei höherem pH aus ammoniumhaltigen Bädern bei bestimm-

[1] Cf. HOTHERSALL und GARDAM, J. Electrodepositors' Techn. Soc. **14**, 127 (1939).

ten Stromdichten abgeschieden worden sind, und selbst solche, die aus ammoniumfreien WATTS-Bädern bei sehr niederer Stromdichte und niederem pH hergestellt worden sind (s. Abb. 116*a*).

Dies läßt rückschließen, daß die Vorgänge bei der Niederschlagsbildung dieser Art einander verwandt und nur dem Grade nach voneinander verschieden sind. In der Tat sollen bei der Bildung dieser Art von Niederschlägen periodische Spannungsschwankungen beobachtet worden sein. Soviel bekannt, stimmen diese aber mit der Höhenausdehnung der einzelnen Schichten nicht überein. Dies würde seinerseits darauf hinweisen, daß die Abscheidung jeweils nur auf Teilen der Oberfläche vor sich geht und nicht die ganze Oberfläche gleichzeitig erfaßt.

KOHLSCHÜTTER und TORRICELLI haben (s. S. 54f.) schon 1932 im Mikroskop beobachtet, wie sich Silber bei der Elektrolyse von Silbernitrat in einzelnen Schichten absetzt, die sich seitlich ausbreiten. Es ist auch beobachtet worden, daß sich darauf folgende neue Schichten zu bilden beginnen, die sich gleichfalls ausbreiten, ehe die vorhergehende Schicht ihre Ausbreitung beendet hat.

An sich bietet also diese Bildungsart nichts Ungewöhnliches mehr.

Überraschend ist es aber, daß die Elektrolyse in Glanznickelbädern gewöhnlich am besten im pH-Bereich 2,5 bis 4,5 (also gerade demjenigen, dem man sonst, wenigstens zwischen 3 und 4,5, aus dem Weg zu gehen sucht) durchzuführen ist. Dies mag darauf zurückzuführen sein, daß die meisten Glanznickelbäder mehrere Substanzen enthalten, die u. a. auch als Puffer in diesem pH-Gebiet besonders deutlichen Einfluß ausüben, z. B. Azetate oder Formiate, welche zwischen pH 2 und 5 am wirksamsten sind. Dadurch werden die sonst in diesem pH-Gebiete deutlicher auftretenden schädlichen Schwankungen des pH vermieden, das pH stabilisiert. Außerdem kann auch die Bildung von Trübungen, welche gerade um pH 3 bis 4 herum leicht den Ausgangspunkt zum Auftreten von „pits“ abgeben, durch Bestandteile dieser Bäder sehr erschwert bzw. ganz unterdrückt werden.

Der Aufbau des Metalls aus periodisch gebildeten Schichten begünstigt das Auftreten starker innerer Spannungen in demselben und erhöht seine Sprödigkeit. Diese zwei Nachteile weisen alle in hochglänzender Form abgeschiedenen Nickelüberzüge in größerem oder geringerem Grade auf.

Ein anderer Nachteil, der mit der Herstellung hochglänzender Nickelüberzüge verbunden ist, besteht darin, daß man diesen Hochglanz nur in Bädern erzielen kann, deren Zusammensetzung kompliziert ist und die viele verschiedene Substanzen enthalten. Jede Änderung ihrer Mengenverhältnisse beeinträchtigt die Qualität des Produktes in größerem oder geringerem Maße. Derartige Änderungen sind aber schwer zu vermeiden, weil die analytische Kontrolle der jeweiligen Zusammensetzung schwer und nur umständlich auszuführen ist.

Deshalb werden neuerdings vielfach Bäder verwendet, in denen nur

Halbglanz erzielt wird. Ihre jeweilige Zusammensetzung ist leichter zu kontrollieren und zu korrigieren. In vielen Fällen genügt Halbglanz schon dem angestrebten Zweck. Wo aber Hochglanz herzustellen ist, genügt hiezu eine leichte Nachbehandlung, deren Kosten kleiner sind als jene, welche man für Hochglanz auf direktem elektrolytischem Wege aufwenden muß.

Die meisten Halbglanzbäder weisen die wertvolle Eigenschaft auf, das Mikroprofil der Metallunterlage bis zu gewissem Grade einzuebnen. Im Gegensatz zu den meisten elektrolytischen Bädern, in welchen die Unebenheit der Oberfläche mit der Dicke des hergestellten Niederschlages vergrößert wird, ebnen solche Bäder die Oberfläche um so besser, je dickere Überzüge man auf ihnen niederschlägt[1].

Man kennt heute eine große Anzahl von Körpern, die sich als Glanzmittel für Nickelniederschläge eignen. Man hat sie in zwei Gruppen und jede dieser Gruppen in Untergruppen geteilt[2].

Fast alle modernen Glanzbäder stellen ein Gemisch von Repräsentanten beider Gruppen vor.

Die erste Gruppe von Glanzzusätzen faßt Verbindungen zusammen, welche die Atomgruppen:

$$=\overset{|}{C}\text{—}\overset{++}{SO}\text{—},\ \text{oder} =\overset{|}{C}\text{—}\underset{|}{\overset{|}{C}}\text{—}\overset{++}{SO}\text{—},\ \text{oder} =\overset{|}{C}\text{—}\overset{+}{SO}\text{—}$$

enthalten.

Dem WATTS-Bad zugesetzt liefern sie auf polierter Unterlage Glanzniederschläge. Daneben haben sie die Eigenschaft, die anwendbaren Zusatzmengen von Stoffen der zweiten Gruppe zu erhöhen und dies auch für die erträgliche Menge reduzierender Verunreinigungen zu tun.

Die zweite Gruppe von Glanzzusätzen, welche in modernen Glanzbädern verwendet wird, kann nicht für sich allein verwendet werden, weil sie dann zu hohe Sprödigkeit und unerträglich hohe Spannungen in Niederschlägen erzeugt, welche aus dem WATTS-Bade oder aus Chlorür-reicheren Bädern hergestellt werden.

In die erste Gruppe fallen Arylpolysulfonate, z. B. Naphthalendisulfonsäuren.

In die zweite Gruppe: Kationen der II. Gruppe des periodischen Systems (z. B. $Zn^{\cdot\cdot}$, $Cd^{\cdot\cdot}$, $Hg^{\cdot\cdot}$), ferner gewisse S-, Se-, Te- oder As-Verbindungen, aber auch organische Verbindungen mit ungesättigten Atomgruppen, wie $C{=}O$, $C{=}C$, $C{\equiv}C$, $C{=}N$, $N{=}N$, $N{=}O$, z. B. Ketone, Aldehyde usw.

Manche Glanzbäder sind freilich in diese Klassifikation nicht einzuordnen, z. B. das kobalthaltige Bad, welches WEISBERG und STODDARD entwickelt haben.

---

[1] Cf. GARDAM, J. Electrodepositors' Techn. Soc. **22**, 155 (1947); WILLSON und DU ROSE, Plating **36**, 246 (1949).

[2] Cf. PINNER, SODERBERG und BAKER, Trans. Electrochem. Soc. **80**, 539 (1941); PINNER, SODERBERG und WESLEY, Modern Electroplating, New York 1953.

Der Mechanismus der Glanzbildung und die eigentliche Ursache des Glänzens der Niederschläge ist noch ungeklärt.

Alle Glanznickelbäder enthalten organische Substanzen und liefern durch C und S verunreinigtes Glanznickel.

Es gibt gegenwärtig zahlreiche Glanznickelbäder, die sich bewährt haben, deren genaue Zusammensetzung aber nicht bekanntgegeben worden ist.

Zwei typische haben die ungefähre Zusammensetzung[1]:

Benzol-disulfosaures Nickel	7,5 g/l
$NiSO_4 . 7\,H_2O$	210 g/l
$NiCl_2 . 6\,H_2O$	60 g/l
H_3BO_3	30 g/l
Reduziertes Fuchsin	5 bis 10 Milligramm/l

Arbeitstemperatur 55°,
pH 3,5.

Das von WEISBERG ausgebildete Bad enthält neben Kobaltsalz etwa

$NiSO_4 . 7\,H_2O$	240 g/l
$NiCl_2 . 6\,H_2O$	30 g/l
H_3BO_3	30 g/l
Nickelformiat	45 g/l
Ammoniumsulfat	0,75 g/l
Formaldehyd	2,5 g/l

Arbeitstemperatur 65°,
pH 3,7.

Aus diesen zwei Bädern mit 5 Amp./dm² Stromdichte hergestellte Glanznickelproben enthielten an Verunreinigungen:

Tabelle 55. *Gesamtverunreinigung in Gew.-% × 1000*[1]

Verunreinigung	O	H	C + S
Bad WEISBERG	14	2	76
Andere Glanzbäder	5	1	64

In verschiedenen Glanznickelsorten, die aus sechs anderen Bädern hergestellt wurden, schwankten die Gesamtverunreinigungen (inklusive C und S) innerhalb der Grenzen 0,065 bis 0,165 Gew.-%, ihre Härtegrade innerhalb der Grenzen 400 (WEISBERG) bis 800 (in fünf anderen Glanzbädern) (Vickersgrade).

---

[1] Cf. ZENTNER, BRENNER und JENNINGS l. c. S. 4, 45.

Alle Proben wiesen besonders feines Gefüge auf, sie hatten (der Größenordnung nach) Korngrößen von etwa 0,01 μ. Entsprechend ihrer geringeren Härte kann man in Proben, die aus dem Kobaltbad gewonnen wurden, neben der schichtförmigen Struktur auch feinkörniges Gefüge erkennen, während in den anderen Proben ein solches schwer oder gar nicht zutage tritt.

In Glanznickelbädern verbietet sich ein Zusatz von Oxydationsmitteln, wie H_2O_2 od. dgl., weil er zur Zerstörung wichtiger organischer Bestandteile des Bades führen würde. Wenn erforderlich, hat man statt seiner Netzmittel zu verwenden. Als solche eignen sich sulfonierte Kohlenwasserstoffe mit langen Ketten.

Die Unterschiede der physikalischen, technologischen Eigenschaften wie des Aussehens der in verschiedenen Glanzbädern hergestellten Nickelüberzüge sind verhältnismäßig gering. Die Vorteile des einen gegenüber den anderen sind hauptsächlich in ihrer Haltbarkeit und der einfacheren Betriebskontrolle zu suchen.

Alle Glanzbäder, welche organische Substanzen enthalten, liefern zwar hochglänzende Überzüge; doch sind diese so spröde, daß sie auf mechanisch stark beanspruchte Werkstücke, z. B. auf Stoßstangen von Automobilen, aufgebracht nicht gut haltbar sind. Auch haben sie so geringe Deckkraft, daß sie feine Kratzer des Unterlagsmetalls nicht verschwinden lassen.

Wegen solcher Mängel hat man sich besonders in USA. bemüht, Bäder auszubilden, die Niederschläge liefern, welche diese Mängel nicht mehr bzw. nicht mehr in so starkem Grade aufweisen, zwar nur Halbglanz besitzen, dafür aber weicher, duktiler sind und höhere Deckkraft haben. Die in derartigen Halbglanzbädern hergestellten Überzüge sind glänzender und härter als solche, die aus normalen Nickelbädern gewonnen werden, sie bilden also ein Mittelding zwischen normalen und Glanznickelbädern.

In ihrer Zusammensetzung gehen sie alle vom WATTS-Bad aus, das entweder bloß Zutaten organischer Stoffe[1], oder auch Zusätze von Kobalt[2] erhält.

Für die Nachbearbeitung der in solchen Bädern hergestellten Halbglanzniederschläge sind wesentlich geringere Kosten an Material und Löhnen aufzuwenden. Beim Nachpolieren wird weniger Nickel abgetragen, mit dünneren Niederschlägen erhält man deshalb mindestens dieselben Effekte als mit stärkeren, in normalen Nickelbädern hergestellten.

Da solche halbglänzende Überzüge auch bessere Deckkraft aufweisen, bei der Nachbearbeitung besser „fließen", einebnende Wirkung aufweisen, feine Kratzer des Unterlagsmetalls verschwinden lassen, gestatten sie auch weniger gut polierte Unterlagsmetalle zu verwenden. Sie haben sich deshalb besonders in USA. gut eingeführt.

---

[1] Cf. u. a. WILSON und DU ROSE, Plating **36**, 246 (1949). — The Harshaw Chemical Co., Brit. Pat. 622 761 (1949).

[2] L. WEISBERG, Proc. Amer. Electroplaters Soc. **37**, 185 (1950).

e) Chloridreichere und Rein-Nickelchlorid-Bäder

Großes Interesse ist dem von BLUM und KASPER[1] ausgebildeten, von WESLEY und CAREY[2] weiter untersuchten sulfatfreien Chlorürbad entgegengebracht worden, das sich dadurch auszeichnet, daß es sowohl anoden- als kathodenseitig an 100% reichende Stromausbeuten liefert (s. Tab. 52, II, S. 277) und die Anwendung relativ hoher Stromdichten zuläßt.

Wenn es keine sehr große Verbreitung gefunden hat, liegt dies wohl hauptsächlich daran, daß die gegenwärtig am meisten verwendeten Glanz- und Halbglanzbäder modifizierte WATTS-Bäder vorstellen, also charakteristische Sulfatbäder sind, denen nur wenig Chlorid zum Zwecke besseren Anodenangriffs zugesetzt wird, nämlich maximal 50 g/l des Hexahydrats.

Dank seiner Eigenschaft, Nickelniederschläge von großer Härte zu liefern (s. Abb. 113, S. 287), wird es aber gerne zur Herstellung von Klischees, von Stereotypien und ähnlichem herangezogen, etwa mit Zusatz von Nickelazetat als Puffer bei pH 4,6 gemäß der Formel:

Nickelchlorid .... 135 g/l
Nickelazetat .... 105 g/l

Arbeitstemperatur 45°,
Stromdichte 5 Amp./dm²,

oder für die Herstellung harter Nickelniederschläge bei höherer Stromdichte mit Borsäure als Puffersubstanz in folgender Zusammensetzung[3]:

Nickelchlorür .... 300 g/l
Borsäure .... 30 g/l

Arbeitstemperatur etwa 45° bis 50°,
Stromdichte[4] bis zu 12 Amp./dm².

Für die Anwendung noch etwas höherer Stromdichten, also für Schnellelektrolyse, setzt man einem Sulfatbad größere Nickelchlorürmengen zu und arbeitet bei niederem pH:

$NiSO_4 \cdot 6\,H_2O$ ...... 200 g/l
$NiCl_2 \cdot 6\,H_2O$ .... 175 g/l
H_3BO_3 .... 40 g/l

Arbeitstemperatur 45°,
Stromdichte 10 bis 15 Amp./dm²,
pH 1,5,

gewinnt aus diesem Bade aber Niederschläge von geringerer Härte als aus Rein-Chlorür-Bädern.

[1] Monthly Rev. Amer. Electroplaters Soc. **22**, 19 (1935).
[2] Trans. Electrochem. Soc. **75**, 209 (1939).
[3] PINNER, Monthly Rev. Amer. Electroplaters Soc. **33**, 506 (1946).
[4] Nach BLUM und KASPER (l. c.) lassen sich in diesem Bade bei Siedetemperatur selbst Stromdichten von 40 Amp./dm² anwenden.

(Photo: Riedel & Co.)

Abb. 118. Wanderbad für Vernickelung und für Glanz-Vernickelung

(Photo: Langbein-Pfanhauser-Werke)

Abb. 119. Vollautomatische Waschanlage (Spritz-Verfahren)

Eine Wasserstoffzahl von 3 ist, so paradox dies von vornherein erscheint, schwerer konstant zu halten als eine solche von 5,5 und muß — offenbar infolge der Abnahme der kathodischen Stromausbeute — viel öfter kontrolliert und reguliert werden. Wasserstoffzahlen von 2 und darunter bleiben aber länger unverändert, weil verhältnismäßig große Mengen basischer Bestandteile dazu gehören, ein so niederes pH zu heben.

Abb. 120. Struktur eines aus 2-n. Nickelfluoboratlösung bei pH 3,0, 55° C mit 5 Amp./dm² Stromdichte hergestellten Niederschlages. (Photo: BRENNER und Mitarbeiter l. c.)

Unter dem Mikroskop erscheint das Gefüge des bei niederem pH abgeschiedenen Metalls faser- bis nahezu säulenförmig. Eine Tendenz der Fasern, sich mit zunehmender Niederschlagsdicke konisch zu erweitern, tritt nur bei relativ geringem Cl-Gehalt des Bades in Erscheinung. Steigerung der Stromdichte verfeinert das Gefüge. Einschlüsse sind auch hier immer vorhanden, sie lagern sich zwischen die Faserelemente, werden bei der Rekristallisation, wie es auch sonst die Regel ist, an die Korngrenzen geschoben, wo sie als verhältnismäßig dünne, verhältnismäßig gleichmäßig verteilte Häutchen erscheinen.

Als *Vorteile* des Rein-Chlorür-Bades führen WESLEY und CAREY die folgenden an:

Anwendbarkeit höherer kathodischer Stromdichte;
Bildung glatterer, feinerer, härterer Niederschläge;
Rückdrängung der Warzenbildung und des „pittings";
größere Streukraft infolge besserer Stromausbeute;

als *Nachteile*:

korrosive Eigenschaften des Bades, welche die Verwendung von Blei für Bad-Auskleidungen usw. verbieten;

schnellerer Anstieg des pH während der Elektrolyse, welche dessen häufigere Korrektur fordert;

geringere Duktilität der Niederschläge und größere innere Spannungen in diesen.

f) Das Fluoboratbad

Beachtung, aber vorerst noch geringe technische Verwendung findet das Fluoboratbad dank seines Vorzugs, die Anwendung besonders hoher Stromdichten zuzulassen.

Niederschläge aus diesem Bade weisen gute mechanische Eigenschaften und ein Gefüge auf (s. Abb. 120), welches demjenigen von Überzügen aus WATTS-Bädern nahezu gleichkommt.

Es wird in Konzentrationen von 220 bis 440 g/l Fluoborat $Ni(BF_4)_2$ mit 30 g/l H_3BO_3 als Puffer verwendet.

Die Elektrolyse kann bei pH von 2 bis 4,5 und Temperaturen von 20 bis 55° und darüber durchgeführt werden, wird aber vorzugsweise mit pH 2 bis 3 bei 55° vorgenommen.

Sowohl bei der Elektrolyse mit pH 3 als mit pH 4,5 erhielten ZENTNER, BRENNER und JENNINGS (l. c.) Proben, deren Sauerstoffgehalt etwas unter 0,01 Gew.-% blieb, deren Wasserstoffgehalt etwa 0,001% betrug.

g) *Das Sulfamatbad*

Dieses von der Mond-Nickel Co. erprobte Bad ist noch wenig bekannt. Es wird vorzugsweise mit Stromdichten von 5 Amp./dm² bei etwa 50° C verwendet und liefert Nickelniederschläge, deren Gefüge denjenigen sehr verwandt ist, die im WATTS-Bad hergestellt werden, wie es aus dem Schliffbild (Abb. 121) zu ersehen ist.

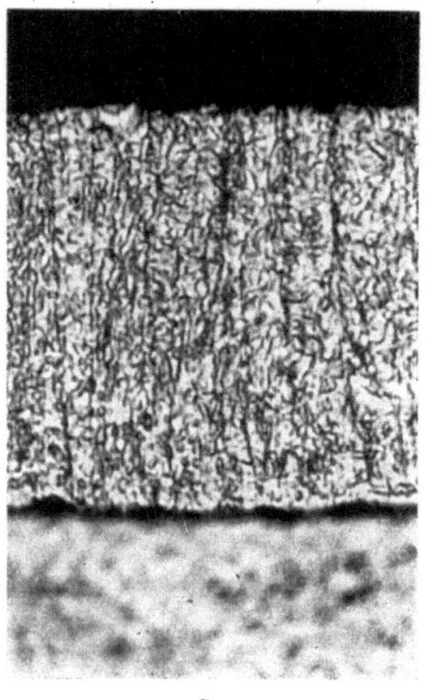

a

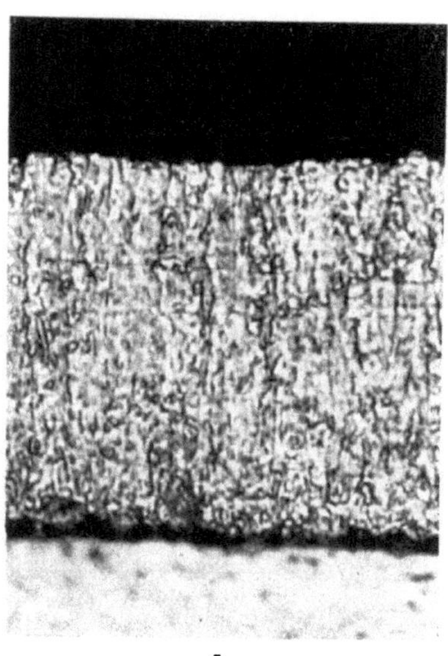

b

Abb. 121. Nickelniederschlag (1000fach) aus einem Nickelsulfamatbad (*b*). Darüber zum Vergleich (*a*) Niederschlag aus dem WATTS-Bad bei gleicher Vergrößerung. (Photos vom Nickel-Informationsbureau in Zürich bzw. Mond-Nickel Co.)

Die Einführung von Sulfamatbädern in die Praxis der Vernicklung ist noch jung, sie geht auf BARRETT zurück, welcher ermittelt hat, daß sie bei der Elektrotypie ähnliche Vorteile bieten wie es beim Ersatz von Kupfer-Sulfat durch Kupfer-Sulfamat-Bäder der Fall ist.

Die *Hanson-Van Winkel-Munning Co.* verwendet[1] Bäder mit:

	a	*b*
Nickelsulfamat	300 g/l	300 g/l
Nickelchlorid	30 g/l	30 g/l
Borsäure	30 g/l	30 g/l
Naphthalen-1,3,6-trisulfonsäure		7,5 g/l

bei 25 bis 70° C mit Stromdichten von 2,2 bis 15,1 Amp./dm² und pH (elektrometrisch) 3,5 bis 4,2.

Während der Elektrolyse wird das Bad durch einen Luftstrom gerührt und kontinuierlich filtriert.

Der Zusatz von Naphthalen-1, 3, 6-trisulfonsäure erhöht die Härte der

[1] Cf. DIGGIN, Trans. Inst. Metal Finishing, London 1954.

Nickelniederschläge und verringert deren innere Spannungen. Er kann die Zugspannung sogar in eine Druckspannung umkehren.

Dieser Zusatz empfiehlt sich deshalb ganz besonders bei Verwendung des Bades in der Galvanoplastik (z. B. zur Herstellung von Preß-Matrizen für Grammophonplatten), zur Wiederherstellung abgenützter Werkstücke und zur Herstellung sehr dicker Überzüge.

Die große Härte der Niederschläge ermöglicht es, sie in vielen Fällen an Stelle von Hartchrom zu verwenden, demgegenüber sie den Vorzug geringerer Sprödigkeit aufweisen. Daß sich die Härte während der Elektrolyse durch Konzentrationsänderung des Zusatzes verändern läßt, bietet besonderen Vorteil für manche Nutzanwendungen (z. B. der Herstellung eines weicheren Kerns mit härterer Außenlage, für die Erhöhung des Ermüdungswiderstandes u. dgl. m.).

Daß sich neben der Zugfestigkeit auch die elektrische Leitfähigkeit nach Maßgabe des Zusatzes modifizieren läßt, ist für gewisse Spezialanwendungen gleichfalls von Wert.

7. Die Anoden

Ob man nun die eine oder die andere der verschiedenen Bädertypen verwendet, immer spielt auch die Natur der Anoden eine bei der Elektrolyse wichtige Rolle. Da sich dieselben niemals völlig glatt auflösen, ohne etwas Pulver abzugeben oder Schlamm zu bilden[1], hüllt man sie grundsätzlich in Säcke aus Filtertüchern (die frei von Appreturstoffen sein müssen!) ein. Die Haltbarkeit dieser Säcke ist aber eine beschränkte. Man versucht gegenwärtig, die Filtertücher aus Baumwollfasern durch widerstandsfähigere aus Kunstfasern zu ersetzen.

Daß die Anoden keine unedlen Fremdmetalle enthalten sollen, liegt auf der Hand; unschädlich sind Zinn und Silizium, weil sie in den Anodenschlamm übergehen. Zur Verwendung ist sowohl gegossenes als gewalztes Nickel, endlich auch Elektrolytnickel gelangt. Die Art und Weise, in der die Anoden in Lösung gehen, ist nicht nur eine Funktion ihres Reinheitsgrades, sondern auch der mechanischen Behandlung, der sie unterzogen worden sind. Das Gefüge von Walzanoden ist gleichmäßiger als dasjenige gegossener Anoden, sie gehen schwerer, aber etwas gleichmäßiger in Lösung, zerfallen freilich oft in Blätter; gegossene Anoden geben mehr Schlamm und werden oft mürb. Elektrolytnickel (z. B. Kathodenblech, das man bei der elektrolytischen Raffination gewinnt) liefert viel Schlamm. Auch die Art des Gusses bleibt nicht ohne Einfluß. Wird beim Guß Graphit verwendet, so befördern die davon in die Anoden gelangenden Anteile die Auflösung[2].

---

[1] PFANHAUSER hat (Z. Elektrochem. 7, 700 [1901]) dargetan, daß in reinen Sulfatlösungen anodisch erst Nickelbisulfit, dann Nickelsuperoxydhydrat gebildet wird, das ein schwarzes pulveriges Produkt darstellt.

[2] THOMAS und BLUM, Trans. Amer. Electrochem. Soc. **45**, 193 (1924); cf. zur Anodenfrage u. a. auch DORRANCE und GARDINER, ib. **54**, 303 (1928).

Die Unterschiede werden dann besonders groß, wenn man in Bädern von geringem Nickelgehalt bei tieferer Temperatur und bei höherer Wasserstoffzahl arbeitet. Gegossene Kathoden steigern leicht das pH, gewalzte lassen das Bad schneller an Nickel verarmen und erniedrigen das pH der Badlösung, während an den Kathoden zu hohe pH-Zahlen auftreten können.

Die International Nickel Co.[1] hat dem Nickel Oxyde (z. B. solche von Ni, Co, Cr, Mb, Ag, Vd, Zn od. dgl.) in solchen Mengen zugefügt, daß der Sauerstoffgehalt der Mischung 0,05 bis 0,025% beträgt. Aus solchem Gemisch durch Guß hergestellte Anoden werden (wie es FRANKENSCHWERT vorschlug[2]) durch thermische und mechanische Behandlung (z. B. durch Hämmern bei Temperaturen von 925 bis etwa 1300°) einem durchgreifenden Rekristallisationsprozeß unterworfen, bei welchem die alten Korngrenzen verschwinden und sich neues, gleichmäßiges Gefüge bildet. Dies wird nur erreicht, wenn man die mechanische Behandlung so lange fortsetzt, bis starke Querschnittsreduktionen eintreten. Die Außenmaße müssen dazu allermindestens im Verhältnis 3:1, besser in noch höherem Maße verändert werden, dann erst erscheint das Metall vom Eutektikum so innig und gleichmäßig durchsetzt, daß das Gefüge undeutlich wird und die Korngrenzen im Schliffbild unter dem Mikroskop nur schwer zu erkennen sind, weil das Eutektikum jedes Korn gleichmäßig mit höchst feinen Membranen umgibt. Derart hergestellte Anoden (die leider nur in bestimmten Größen mit ovalem Querschnitt geliefert werden) lösen sich sehr gleichmäßig und leicht auf. Sie werden in Großanlagen in England und Amerika benützt.

Ein anderes Patent der Int. Nickel Co. (Erfinder G. F. GEIGER) besagt, daß gewalzte oder gegossene Nickelanoden mit 0,002 bis 0,0075% S- und entsprechendem O-Gehalt anodisch glatt in Lösung gehen, ohne Schlamm zu bilden[3].

8. Unterlagsmetalle

Ein wichtiger Vorzug der Nickelniederschläge besteht darin, daß sie bei richtiger Herstellung eine so innige Verbindung mit Eisen und Stahl eingehen, wie sonst kaum irgendein Metall mit einem anderen.

Wenn nur die Oberfläche des Eisens oder Stahls wirksam gereinigt bzw. bloßgelegt worden ist, haften duktile Nickelniederschläge mit solcher Kraft an ihr, daß sie sich kaum auseinanderreißen lassen, weil das eine oder das andere Metall leichter nachgibt als die Verbindungsstelle.

Von der alten Praxis, Eisen oder Stahl vor der Vernickelung im Zyanidbad mit einem dünnen Kupferüberzug zu versehen, ist man völlig abgekommen. Diese Maßnahme hatte sich als nützlich erwiesen, solange man es noch nicht verstand, das Unterlagsmetall gut genug vorzureinigen. Das

---

[1] Engl. Pat. 314 667, Österr. Pat. 123 835.

[2] Cf. z. B. FRANKENSCHWERT, D. R. P. 461 300.

[3] USA.-Pat. 1 941 257 und 1 941 256 (1933).

Zyanidbad vervollständigt die Reinigung, versprödet aber das Unterlagsmetall.

Bei der Vernickelung von Gußeisen hält man an der Vorverkupferung meist noch fest. Hier geschieht es aber: einmal, weil Kupfer bloßliegende Kohle-, Graphit- oder Karbidpartikeln besser deckt als Nickel, dann aber auch, weil das Zyanidbad, dank seiner hohen Tiefenwirkung, die niedergeschlagene Kupferhaut besser in kleine Fugen und Versenkungen eindringen läßt. An Eisen und Stahl kommt aber eine Vorverkupferung nur mehr beim Überzug zerklüfteter Oberflächen in Betracht.

Auch mit Chrom stellt Nickel eine bessere Verbindung her als irgendein anderes Elektrolytmetall. Kupfer und Messing werden deshalb gerne vor ihrer Verchromung vernickelt. An Kupfer haftet Nickel besser als an Messing. Letzteres überzieht man vorteihafterweise durch einen Stromstoß mit einer hauchdünnen „Deckschicht" aus Kupfer, ehe man es vernickelt.

Es ist sicher nachgewiesen worden, daß eine direkt auf Messing oder Kupfer aufgebrachte Verchromung geringeren Schutz bietet als auf vernickelter Unterlage.

Auf Zink und Zinkgußstücken erhielt man schon vor 30 Jahren guthaftende Nickelüberzüge aus Nickelbädern, welchen man, zur Erschwerung direkter Ausfällung von Nickel durch Zink, nach einem Vorschlag von THOMPSON[1] größere Mengen von Natriumsulfat in einem Nickelsulfatbad zusetzte. Derart hergestellte Nickelüberzüge schützen Zink wirksam vor Korrosion.

Sehr sulfatreiche Bäder weisen höhere Streukraft auf und werden bei der Massengalvanisierung kleiner Werkstücke in Trommeln od. dgl. von Zink- und auch von Messinggegenständen noch immer angewendet.

Sicherer ist es aber, die Werkstücke vorher im alkalischen Kupferbad zu verkupfern. Wenn sie schnell genug mit höherer Stromdichte ausgeführt wird, geht die Verkupferung vor sich, ohne daß Kupfer vom Zink aus dem Doppelzyanid oder dem Tartrat ausgefällt wird. Auch dann wird Zink aber erst wirksam genug geschützt, wenn man es mit dickerer Kupferschicht (0,008 bis 0,01 mm) bedeckt.

Vor der Verkupferung ist es zweckmäßig, das Zink in Lauge zu behandeln.

Aluminium kann nach Vorbehandlung in einer Zinkatlösung und schwacher Verkupferung vernickelt werden.

---

[1] M. R. THOMPSON empfiehlt (Trans. Amer. Electrochem. Soc. **47**, 163 [1925]), Zink in einer Lösung von 140 g Nickelsulfat, 13 g Ammoniumchlorid, 16 g Borsäure und 107 bis 213 g Natriumsulfat zu vernickeln, das pH dabei auf 5,5 bis 5,8 bei etwa 1,5 Amp./dm² Stromdichte zu halten. — Nach H. K. WORK soll man zur Vernickelung von Aluminium 140 g Nickelsulfat, 75 g Magnesiumsulfat und je 15 g Chlorammonium und Borsäure im Liter auflösen (ib. **53**, 361 [1928]).

M. BALLAY[1] hat für Aluminium und für Legierungen dieses Metalls eine Beize aus 1 Vol. HCl von 1,18 spez. Gew., 3 Vol. Eisenchloridlösung von 45° Bé in 100 Vol. Wasser bei Temperaturen, die der Siedetemperatur nahekommen, verwendet. Auch Zinkbeizen aus 30 g/l Zinksulfat, 50 g/l Ätznatron sind empfohlen worden[2].

Zu seiner Vorbehandlung wird Aluminium in Amerika auch ohne Anwendung elektrischen Stromes erst in heiße sodahaltige Trinatriumphosphatlösung getaucht, dann etwa 10 bis 15 Sekunden lang in 10%ige Flußsäure (zur Entfernung von Si), endlich in salzsaure Nickelchlorürlösung. Für Duraluminium wendet man statt der letzteren eine salzsaure Mangansulfatlösung an, für Aluminiumguß eine Mischung von Salpetersäure und Flußsäure.

Als vorteilhaft hat sich eine Vorbehandlung des Aluminiums mit Flußsäure und Fluoriden erwiesen. Sie legen die Metalloberfläche durch Auflösung der Oxydhaut, die sie bedeckt, noch sicherer frei, als es alkalische Lösungen tun[3].

Dies erweist sich selbst an eloxiertem Aluminium noch als wirksam.

Auch Magnesium läßt sich vernickeln. Nach LOOSE[4] am besten nach Behandlung in einer alkalischen Lösung, Anätzung durch Chromsäure und Eintauchen in fluorwasserstoffhaltige Lösung. Letztere Maßnahme erzeugt eine dünne Fluoridschicht auf ihm, welche die Ausfällung von Nickel bei der nachfolgenden Galvanisierung hemmt. Nickelüberzüge auf Magnesium üben aber nur ungenügenden Korrosionsschutz aus.

9. Analytisches

Der Nickelgehalt der Lösung kann auf elektroanalytischem Wege bestimmt werden. Man verwendet dazu etwa 25 cm^3 Badlösung, setzt starken Überschuß an Ammoniak, allenfalls auch Ammoniumsulfat zu, bringt das Volumen auf 150 bis 200 und elektrolysiert zweckmäßigerweise mit rotierender Kathode und 2 Amp./dm^2 oder in ruhender Lösung mit 0,4 bis 0,5 Amp./dm^2 bis zur Erschöpfung des Bades an Ni, welche durch Entfärbung angezeigt und mittels Tüpfelprobe kontrolliert wird.

NH_4 wird durch Austreiben mittels Ätzalkali und Auffangen des Gases in Salzsäure bestimmten Titers ermittelt.

K wird als Kaliumplatinchlorid gefällt.

Mg wird nach Ausfällen des Nickels und Eisens in üblicher Weise als Magnesiumammonphosphat gefällt und als Magnesiumpyrophosphat gewogen.

Cl wird in Abwesenheit von F als AgCl gefällt, F in Abwesenheit von Cl als AgF oder auch als PbFCl.

---

[1] C. r. acad. sci., Paris **190**, 305 (1930).

[2] Cf. z. B. Rev. du Nickel, April 1930.

[3] Cf. HEIMAN, Trans. Electrochem. Soc. **95**, 205 (1949).

[4] Ib. **81**, 213 (1942).

SO_4 wird kaum gravimetrisch ermittelt, sondern titriert oder als $BaSO_4$ ausgefällt und durch Absetzen in engen Röhren bzw. Ausschleudern volumetrisch geschätzt.

Über die Bestimmung von Borsäure und von Zitronensäure in Nickelbädern cf. E. VINCKE[1].

b) Kobalt

Kobalt ist aus seinen Sulfat- und Chloridlösungen leichter und mit besserer Stromausbeute abzuscheiden als Nickel. Die elektrochemischen Äquivalente beider Metalle sind annähernd dieselben, die Leitfähigkeit der Kobaltsalzlösungen ist wenig von derjenigen entsprechender Nickelsalzlösungen verschieden. Kobalt wird schwerer passiv als Nickel, man kann mit niedrigerer Anoden- bzw. mit geringerer Badspannung höhere Stromdichten als bei Nickel herstellen und schöne feinkörnige Niederschläge gewinnen. Unter solchen Umständen sind die erhaltenen Kobaltüberzüge etwas härter als Nickelüberzüge.

Der viel höhere Preis des Kobalts, die größere Schnelligkeit, mit der es, seinem aktiveren Zustand entsprechend, oxydiert, von Säuren gelöst wird, mit Salzlösungen reagiert, endlich die weniger ansprechende Farbe u. dgl. m. haben dazu geführt, daß es in unlegierter Form als Überzugsmetall bisher noch keine technische Anwendung gefunden hat.

Aus Kobaltammonsulfatlösung, z. B. 175 g/l $CoSO_4 \cdot (NH_4)_2 SO_4 \cdot 6 H_2O$, läßt es sich mit 4 Amp./dm^2 kathodischer Stromdichte, oder aus einem dem Nickelbad entsprechenden Kobaltsulfatbad[2]:

$CoSO_4 \cdot 7 H_2O$	504 g/l
NaCl	17 g/l
H_3BO_3	45 g/l

bei ähnlichen Wasserstoffzahlen wie Nickel mit 17,5 Amp./dm^2 kathodischer Stromdichte leicht mit nahezu quantitativer Stromausbeute ausfällen.

Zum Überziehen von Kupferdruckplatten könnte es wegen seiner ein wenig größeren Härte und der (gleich dem Eisen) größeren Leichtigkeit, sich durch verdünnte Säure ablösen zu lassen, Vorteile bieten.

Kobalt läßt sich aus gemischten Salzlösungen gleichzeitig mit Nickel abscheiden, es verändert dessen Farbe und dient als Glanzzusatz (s. S. 306) zum Nickelbad, ferner zur Herstellung von Kobalt-Nickel-Legierungen usw.[3]

c) Eisen

Zur Herstellung von Schutzüberzügen gegen Korrosion kommt Eisen nicht in Betracht. Als Überzugsmetall zur Härtung von Kupferdruckplatten, Kli-

---

1 Chem.-Ztg. 57, 695 (1933).

2 Cf. KALMUS, HARPER, SAVELL, Trans. Amer. Electrochem. Soc. **27** (1915); MONTILLON und CASSEL, ib. **45**, 259 (1924).

3 Cf. FINK und LAH, Trans. Amer. Electrochem. Soc. **58**, 373 (1927).

schees od. dgl. wird es immer mehr durch Nickel oder Chrom verdrängt. Seine Hauptverwendung liegt auf galvanoplastischem Gebiet, wo es neben Nickel zum Wiederaufbau abgenützter Werkstücke, die mechanisch weiterverarbeitet werden[1], zum Verstärken von Nickelgalvanos für Druckplatten (z. B. solcher, welche in Münzen zur Herstellung von Banknoten dienen) u. dgl. m. herangezogen wird.

Von den zahlreichen, im Laufe der Zeit für die Eisenabscheidung vorgeschlagenen Badlösungen kommen hauptsächlich jene in Betracht, deren Hauptbestandteil durch Ferrosulfat oder -chlorid gebildet wird.

Der Verlauf der Elektrolyse ist demjenigen der anderen Metalle derselben Gruppe verwandt, unterscheidet sich aber durch die Fähigkeit des Eisens, leicht in die dreiwertige Stufe überzugehen, und dadurch, daß unlösliche Hydroxyde schon bei niedrigerer Wasserstoffzahl, nämlich etwa bei $pH = 5$, ausfallen, wenn dies nicht durch komplexbildende Zusätze erschwert oder verhindert wird.

Die Sulfat- bzw. die Eisenammonsulfatbäder sind die ältesten. Die Elektrolyse wird in ihnen bei gewöhnlicher Temperatur vorgenommen. Dies ermöglicht bei der Galvanoplastik die Verwendung von Matrizen aus leichter schmelzendem Material (z. B. Wachs).

Die Chlorürbäder werden bei 90 bis 110° verwendet und lassen die Anwendung viel höherer Stromdichten zu als die Sulfatbäder.

Das Kristallgefüge des Elektrolyteisens ist in allen Fällen ein sehr feines, faserförmiges, am feinsten im Metall, welches aus dem Ferroammonsulfat abgeschieden wird.

Es gelingt unter geeigneten Arbeitsbedingungen, mehrere Millimeter starke Eisenniederschläge in dichter, ziemlich glatter Form herzustellen. Wesentlich ist dabei die Einhaltung entsprechender Wasserstoffzahlen, andernfalls erhält man spröde oder schwammige Niederschläge.

Ein Bad, das durch Auflösung von etwa 350 g $FeSO_4 \cdot (NH_4)_2SO_4 \cdot 6\,H_2O$ und 0,25 g Schwefelsäure bereitet ist, kann bei 25 bis 30° C zur Herstellung von Klischees, zur galvanoplastischen Wiedergabe von Wachsmatrizen od. dgl. bei Zimmertemperatur mit kathodischen Stromdichten bis zu 6 Amp./dm² verwendet werden und arbeitet zufriedenstellend, wenn sein Säuregrad fortlaufend kontrolliert und reguliert wird. Es liefert ziemlich hartes (150° Brinell), feinkörniges Metall. Zusatz von 3 g Natriumnitrat, eventuell von Chlorammonium als Leitsalz wird von vielen empfohlen.

Die Anoden sollten in allen Eisenbädern in Diaphragmen eingeschlossen werden.

Bei der elektrolytischen Raffination des Eisens verwendet man dazu Diaphragmen aus Ton, Alundum, Kieselgur od. dgl., um eine Verunreinigung durch Kohlenstoff möglichst weitgehend zu verringern. Bei galvano-

---

[1] Cf. z. B. D. R. Kellog, Electr. J. **19**, 249 (1922).

technischen Prozessen verwendet man aber Diaphragmen aus Geweben, vorzugsweise solche aus blauem Cap-Asbest-Gewebe. Solche sah der Verfasser u. a. z. B. in der Münze in Washington in Verwendung stehen.

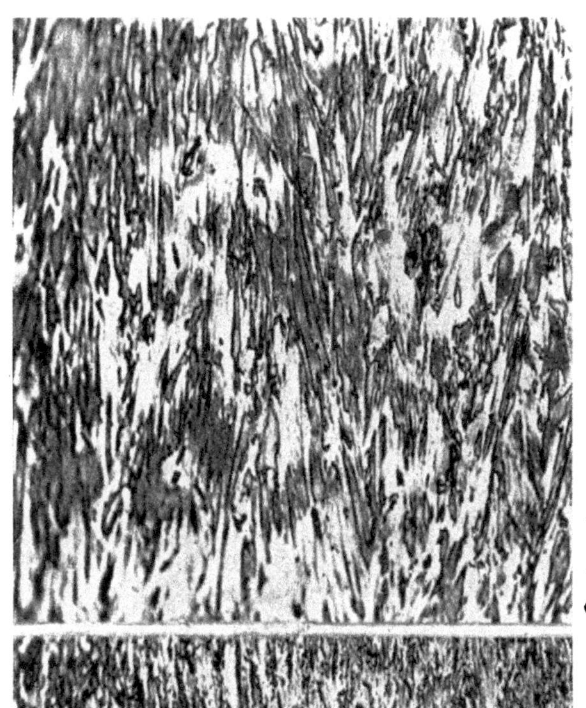

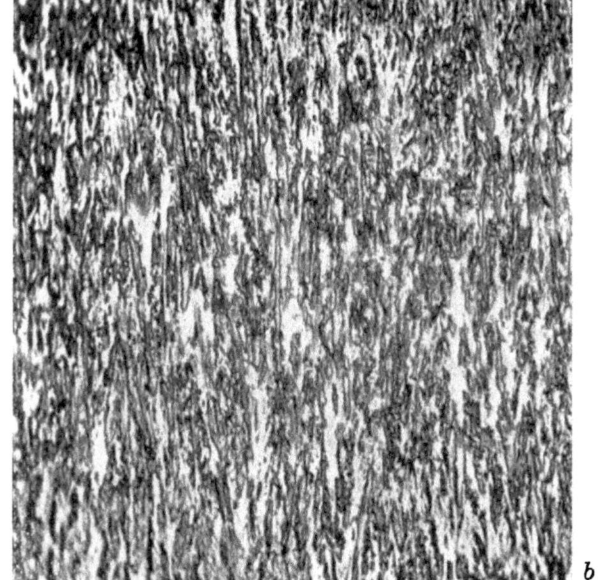

Abb. 122 *a* und *b*. Zu Tab. 56. Gefüge von Eisenniederschlägen. (Nach KASPER l. c.)

Bei der Herstellung von Druckplatten oder der Verstärkung von Druckplatten in Sulfatbädern ist der Zeitbedarf für die Erzielung der gewünschten Niederschlagsstärke (gewöhnlich etwa 5 mm) recht groß, man rechnet dazu gewöhnlich mit 96 Stunden Elektrolysedauer. Um die Zeit durch Anwendung wesentlich höherer Stromdichten verkürzen zu können, sind Chlorürbäder in Vorschlag gebracht worden.

FISCHER empfahl[1] folgende Badzusammensetzung:

Eisenchlorür
($FeCl_2 \cdot 4\,H_2O$) .... 450 g
etwa 300 g/l Lösung
Kalziumchlorid
($CaCl_2$), wasserfrei..... 500 g
etwa 333 g/l Lösung
Wasser .... 750 g

Der Zusatz so großer Mengen von Kalziumchlorid soll einerseits die Anwendung von Temperaturen über 100° ermöglichen, dann dazu dienen, die Verdampfung zu verzögern, die Eisenionenkonzentration zu erniedrigen und die Leitfähigkeit zu verbessern[2].

CH. KASPER hat die Arbeitsweise der Chlorürbäder und die mechanischen Eigenschaften der darin mit

[1] D. R. P. 212 994.

[2] HUGHES, Electrodeposition of Iron, Dep. Sci. Ind. Res. London, Bull. 6, 373 (1922). Modern Electroplating; in deutscher Übersetzung Leipzig: Akad. Verlagsges. 1927.

sehr hohen Stromdichten hergestellten Niederschläge eingehender untersucht[1]. Seine Hauptergebnisse sind in Tab. 56 und 57 zusammengefaßt.

Die verwendete Lösung soll frei von Ferrisalz bleiben, hellgrüne Farbe aufweisen und hochkonzentriert sein, nämlich mindestens 4-n., entsprechend einem Gehalt von rund 250 g/l Eisenchlorür.

Der Säuregrad ist (am besten durch Titration) sorgfältig zu kontrollieren. Ist er zu niedrig, so erhält man spröde Niederschläge, die rissig werden. In zu stark saurer Lösung sinkt die Stromausbeute (welche sich maximal auf 85% treiben läßt) zu stark.

Entsprechend sind 0,06 bis 0,1-n. saure Lösungen.

Kleine Schwankungen der Temperatur, die über 95° C gehalten werden soll, haben großen Einfluß auf die mechanischen Eigenschaften. Im allgemeinen fallen die Niederschläge bei höherer Temperatur in weicherer und duktilerer Form aus:

Tabelle 56. *Einfluß der Temperatur und Stromdichte in 0,06-n. saurer 5-n. $FeCl_2$-Lösung*

Temperatur	Stromdichte	Zugfestigkeit	Brinellhärte
97	10 Amp./dm²	5110 kg/cm²	167°
100		4270 kg/cm²	135° s. Abb. 122*a*
102			127°
95	20 Amp./dm²	7910 kg/cm²	210° s. Abb. 122*b*
100		5740 kg/cm²	182°
106		5040 kg/cm²	150°

Tabelle 57. *Einfluß der Säurekonzentration in 5-n. $FeCl_2$-Lösung bei 100° und 20 Amp./dm² Stromdichte*

Säurekonzentration	Zugfestigkeit	Dehnung	Brinellhärte
0,04-n.	7630 kg/cm²	0%	228°
0,10-n.	5740 kg/cm²	13%	182°
0,13-n.	4760 kg/cm²	10%	169°

Bei gleichzeitiger Änderung des Säuregrades und der Stromdichte in 5-n. Lösung bei 102°

Stromdichte	Säurekonzentration	Zugfestigkeit	Dehnung	Brinellhärte
10	0,06-n.	4270 kg/cm²	18%	135°
20	0,10-n.	5740 kg/cm²	13%	182°
30	0,15-n.	5110 kg/cm²	5%	155°

Zusätze von Borsäure oder von Chlorkalzium blieben auf die mechanischen Eigenschaften des Produktes ohne Einfluß.

[1] J. Res. Nat. Bur. Standards **18**, 535 (1938).

Die härtesten Niederschläge werden bei hoher Stromdichte und niederem Säuregrad erhalten, wie beim Nickel. Eine weitere Analogie zum Nickel fand KASPER darin, daß größere Härte mit größerem Sauerstoffgehalt des Niederschlages zusammengeht. Eine der härtesten Proben enthielt 0,015% Sauerstoff, eine der weichsten nur 0,005%.

Die Empfindlichkeit des Bades gegen ganz geringfügige Änderungen der Arbeitsbedingungen erschwert die Hantierung des Chlorürbades und steht seiner breiteren Verwendung im Wege. Sehr unbequem erscheint auch die Notwendigkeit der Anwendung so hoher Arbeitstemperatur.

Verdampftes Wasser ist ständig durch destilliertes zu ergänzen, die Lösung klarzuhalten und dazu häufig zu filtrieren.

Der Wasserstoffgehalt des Elektrolyteisens schwankt in verschiedenen Bädern etwa zwischen 0,003 und 0,07 Gew.-%. Das Metall, welches am meisten Wasserstoff enthält, ist aber durchaus nicht das härteste, sondern, abermals wie beim Nickel, das Metall, welches aus ammoniumhaltiger Lösung ohne Erwärmung abgeschieden wird.

Im Vakuum läßt sich der Gesamtwasserstoff unterhalb 250° austreiben, ohne daß die Härte abnimmt; schneller bei höherer Temperatur, bei welcher auch CO und CO_2 entweichen, dann aber unter gleichzeitiger Abnahme der Härte. CO und CO_2 entstehen durch Wechselwirkung mitabgeschiedenen — vermutlich durch Kataphorese an die Kathoden geführten — Kohlenstoffs mit stets vorhandenen Spuren von Oxyden. Die Erhitzung im Vakuum bedeutet somit auch eine Reinigung des Metalls, doch haben sich die Hoffnungen, auf diesem Wege Metall von höchster Reinheit mit hervorstechenden Änderungen der magnetischen Eigenschaften erhalten zu können, technisch nicht verwirklicht. Ein großer Nachteil des aus Chlorürlösungen hergestellten Elektrolyteisens besteht darin, daß es stark rostet. Chlorideinschlüsse, zum Teil solche, die in kleinen Mengen an mitausgefälltes kolloidales Eisenhydroxyd gebunden sind, dürften dies veranlassen.

Dieser Nachteil und die Empfindlichkeit, mit welcher das abgeschiedene Metall auf alle kleinen Änderungen der Arbeitsbedingungen reagiert, haben die Hoffnungen, die man daran setzte, Halbfertigprodukte, etwa Fein-Eisenbleche, -rohre u. dgl., auf galvanischem Wege herstellen zu können, herabgesetzt, ohne sie vollkommen aussichtslos erscheinen zu lassen.

Da die Rein-Chlorürbäder trotz der Möglichkeit, die sie bieten, sehr hohe Stromdichten anzuwenden, nicht recht befriedigen, hat man Sulfat-Chlorür-Gemische versuchsweise verwendet, z. B. Bäder mit Zuschlägen von 180 g/l KCl (welches härtend wirkt), Gemische von Eisensulfat mit Eisenchlorür und Chlorammonium u. dgl. m., die sich aber auch nicht voll bewährt haben.

Nur ganz andere Bäder, möglicherweise Fluoboratbäder, könnten die Mängel und das Nachrosten beseitigen.

J. Chrom

1. Allgemeines

Das Chrom zeichnet sich durch große Härte, Temperaturbeständigkeit (Schmelzpunkt 1700° C) und durch die besondere Leichtigkeit aus, in den passiven Zustand überzugehen und in diesem zu verharren. Dem verdankt es die Eigenschaft, sein Aussehen an der Luft unverändert zu bewahren. Noch viel langsamer als Nickel verliert es in Berührung mit wässerigen Lösungen sein an der Luft angenommenes, edleres Potential und die ihm dadurch eigene Trägheit chemischer Betätigung.

Seine Stellung in der Spannungsreihe konnte deshalb auch noch nicht sicher ermittelt werden. An frischen Bruchflächen oder nach elektrolytischer Beladung mit Wasserstoff zeigt es das Verhalten eines unedlen Metalls und ein bei Luftabschluß ziemlich konstantes Potential von $e_H = -0{,}48$ Volt (nach anderen von — 0,56 Volt).

Es dürfte in der Spannungsreihe der Metalle zwischen Eisen und Zink zu stehen kommen, vom Eisen aber weniger weit abstehen als vom Zink.

Trotzdem läßt es sich kathodisch ganz ungleich schwerer abscheiden als dieses. Dies findet nur zum Teil seine Erklärung darin, daß die Überspannung des Wasserstoffs am Chrom erheblich kleiner ist (nach Thiel 0,182 Volt) als am Zink (0,482 Volt). Während sich letzteres aus saurer Lösung mit nahezu theoretischer Stromausbeute niederschlagen läßt, erzielt man bei der Chromabscheidung höchstens eine solche von 40%, im meist verwendeten Strombereich in einfachen Bädern gar nur solche von 15 bis 20%.

Chrom tritt in drei Modifikationen auf, als deren wichtigste die kubisch raumzentrierte α-Modifikation erscheint, weil die (hexagonale) β- und die weichere γ-Modifikation beim Lagern langsam, bei Erhitzung schneller in die α-Modifikation übergehen.

In seinen Verbindungen nimmt Chrom verschiedene Wertigkeitsstufen an, es erscheint in seinen Chromosalzen als zweiwertiges, in den Chromisalzen als dreiwertiges Element, ist aber im Chromoxyd, CrO_3, und den sich aus demselben ableitenden Chromsäuren H_2CrO_4 und $H_2Cr_2O_7$ sechswertig.

Gelänge es, Chrom in zufriedenstellender Form aus seinen Chromo- oder Chromiverbindungen mit leidlicher Stromausbeute zu isolieren, dann könnte dies mit nicht allzuhohem Energieaufwand geschehen.

Tatsächlich hat Bunsen 1854 als erster Chrom aus Chromchlorürlösung, die durch Chromichlorid verunreinigt war, auf elektrolytischem Weg in metallischer Form abzuscheiden vermocht, aber die so gewonnenen Niederschläge waren niemals frei von basischen Beimengungen, sie sahen schlecht aus und waren brüchig. Die Neigung des Chromoions, in das dreiwertige Chromiion überzugehen, ist so stark ausgeprägt, daß Chromosalze zu unbeständig sind, um technisch als Ausgangsstoffe für die Chromabscheidung dienen zu können, sie vermögen unter Umständen selbst Wasser unter Wasserstoffentwicklung zu zersetzen.

In dieser Hinsicht könnten Chromiverbindungen entsprechen, die vollkommen beständig sind und das violett gefärbte $Cr^{\cdot\cdot\cdot}$-Ion enthalten, welches leicht auch Komplexe bildet, die teils violett, teils grün gefärbt sind. Aus einfachen Chromisalzen fallen aber unlösliche basische Verbindungen schon bei verhältnismäßig niederem pH (etwa 5,3) aus, und dies hat abermals zur Folge, daß die Eigenschaften daraus kathodisch abgeschiedenen Metalls galvanotechnischen Anforderungen nicht entsprechen.

Unterwirft man Chromisalzlösungen der Elektrolyse, so bilden sich, je nach den Versuchsbedingungen, größere oder geringere Mengen von Chromosalzen, die aber zum Teil durch Wirkung des Luftsauerstoffs wieder aufoxydiert werden.

Dies erschwert es, die Zusammensetzung der Badlösungen unverändert und insbesondere ihr pH konstant zu halten. Steigt aber ihr pH, dann fallen basische Chromsalze aus.

Chromosalzlösungen nehmen ihrerseits so gierig Sauerstoff auf, daß sie schwer zu handhaben sind, ebenso schwer wie etwa Lösungen von Cuprochlorid in Alkalichloriden.

Obwohl sie es erlauben würden, Chromniederschläge mit viel geringerem Verbrauch an elektrischer Energie herzustellen, bietet die Verwendung solcher Badlösungen für galvanotechnische Zwecke deshalb wenig Aussicht auf Erfolg.

Mehr Hoffnung erwecken Versuche, die dahin zielen, solche Elektrolyte für die Chromgewinnung aus Erzen zu verwenden. Derartige Versuche werden seit längerer Zeit in den Vereinigten Staaten vom Bureau of Mines fortgesetzt und liefern unter günstigen Bedingungen in Zellen, die mit Diaphragmen (z. B. aus Saran) ausgerüstet sind, etwa 96%iges Chrom aus Lösungen, die neben Chromi- und Chromosulfat noch Natriumsulfat enthalten.

Für die Herstellung von Chromüberzügen auf galvanischem Wege oder von Chromniederschlägen für die Wiederherstellung abgenützter Maschinenteile, Werkzeuge u. dgl. m. werden aber seit mehr als 25 Jahren ausschließlich Lösungen verwendet, welche Chromsäure als Hauptbestandteil enthalten.

2. Chromsäure als Elektrolyt

Von allen anderen Arten elektrolytischer Metallabscheidungen unterscheidet sich diejenige des Chroms dadurch ganz wesentlich, daß eine Säure hier das Ausgangsprodukt bildet, das der Elektrolyse unterworfen wird.

Die ersten Versuche stießen denn auch auf die erhebliche Schwierigkeit, Chrom überhaupt aus Chromsäurelösungen zur Abscheidung zu bringen. Als einer der ersten versuchte dies A. Geuther im Jahre 1856.

BRUNI und PAPASOGLI soll es 1883 gelungen sein, hie und da Chromüberzüge in glänzender Form daraus zu gewinnen.

Die Chromsäure des Handels ist fast immer durch Schwefelsäure verunreinigt. VARVERTH und CURRY[1], welche diese, telle quelle, oder auch mit Zusätzen von Nitrat, Chlorid und Borsäure in Lösungen brachten, berichten schon 1905 von Stromausbeuten, die manchmal 14% überstiegen.

Sehr bemerkenswert ist es, daß REESE schon 1899[2] angab, daß sich Chrom aus Chromsäure erst bei Zusatz kleiner SO_4''-Mengen abscheiden läßt. Ein Resultat, das ASKENASY und REVAI erst 1913 bestätigten[3].

Die Arbeiten, die SALZER 1906 ausführte[4], hatten schon technisches Ziel, aber obwohl auch BAUM wenige Jahre später[5] die Elektrolyse von 10%igen Chromsäurelösungen mit 0,5 bis 1% Fremdsäure (freilich ungünstig gewählter Borsäure oder Weinsäure) in einer Weise beschrieb, die einen gangbaren Weg wies[6], blieb ein technischer Erfolg erst SARGENT und LIEBREICH im Jahre 1920 beschieden.

Die letztgenannten Autoren, die gleichzeitig und unabhängig voneinander arbeiteten, ermittelten die genaueren Versuchsbedingungen, unter denen man glänzende, guthaftende Chromüberzüge herzustellen vermag. Sie gelangten beide dazu, anzunehmen, daß die Chromabscheidung über $Cr^{\cdot\cdot\cdot}$-Ionen geht, welche während der Elektrolyse durch teilweise Reduktion der Chromsäure gebildet wird und die sich stets in geringen Mengen im Elektrolyten nachweisen läßt[7].

E. MÜLLER und seine Mitarbeiter, welche diese Frage später untersuchten[8], nahmen hingegen an, daß die Chromsäure direkt an der Kathode zu Metall reduziert wird, das sechswertigen Ionen unmittelbar entstammt, ohne über die dreiwertige Form zu gehen.

KASPER hat sich auf Grund einer eigenartigen Schlußweise, die in seinen Abhandlungen nachzulesen ist[9], gleichfalls dafür ausgesprochen, daß das Chrom als sechswertiges Element abgeschieden wird.

---

[1] Trans. Amer. Electrochem. Soc. **7**, 115 (1905); **9**, 327 (1906).

[2] Amer. Chem. J. **22**, 158 (1899).

[3] Z. Elektrochem. **19**, 344 (1913).

[4] D. R. P. 22 147 (1910); Franz. Pat. 386 258 (1908).

[5] Engl. Pat. 16 865 vom 17. April 1913.

[6] SCHNEIDEWIND bestätigte, daß man nach BAUMS Vorschrift unter günstigen Bedingungen glänzende Chromniederschläge erhält (Bull. Eng. Res. Univ. Michigan 1927, Nr. 8, S. 29).

[7] SARGENT, Trans. Amer. Electrochem. Soc. **37**, 479 (1920); E. LIEBREICH, Z. Elektrochem. **27**, 94, 452 (1920); **30**, 186 (1924); D. R. P. 357 866, 390 271, 398 054, 401 779; E. LIEBREICH und DUFFEK, Ber. dtsch. chem. Ges. **62**, 2527 (1929).

[8] MÜLLER, Z. Elektrochem. **32**, 399 (1926); MÜLLER und ESSIN, ib. **36**, 2 (1930); EKWALL, ib. **35**, 84 (1929).

[9] J. Res. Nat. Bur. Standards **9**, 353 (1932); **11**, 515 (1933); **14**, 693 (1935).

Neuerdings ist dies durch BRENNER und OGBURN[1] in eindrucksvoller Weise mit Hilfe radioaktiven Spurmetalls bestätigt worden.

Die Bildung basischer Chromoxyde geht an der Kathode schon bei geringerer Polarisation vor sich als die Metallabscheidung. Bei Aufnahme der I-E-Kurve in Chromsäurelösung, die etwas Fremdsäure enthielt, beobachtete E. LIEBREICH drei Knickpunkte; die Kurve besteht also aus vier Ästen, und LIEBREICH meint[2], daß

der erste Ast dem Vorgang	$Cr^{\cdot\cdot\cdot\cdot\cdot\cdot} \rightarrow Cr^{\cdot\cdot\cdot}$,
der zweite Ast dem Vorgang	$2\,CrO_3 + 6\,H^{\cdot} \rightarrow Cr_2O_3 + 3\,H_2O$,
der dritte Ast dem Vorgang	$Cr_2O_3 + 2\,H^{\cdot} \rightarrow 2\,CrO + H_2O$
und der vierte Ast der Cr-Abscheidung	$CrO + 2\,H \rightarrow Cr + H_2O$
neben der Wasserstoffbildung	$2\,H^{\cdot} \rightarrow H_2$

zuzuordnen sei.

Auch E. MÜLLER beobachtete das Auftreten von drei Knickpunkten. Er ist der Ansicht, daß nach dem ersten Knickpunkt $Cr^{\cdot\cdot\cdot}$-Ionen entstehen[3], die mit überschüssiger Chromsäure ein lösliches Chromchromat bilden. Mit zunehmender Stromdichte wächst seine Bildungsgeschwindigkeit, bis seine Löslichkeitsgrenze erreicht wird, bei welcher es die Kathode als eine Membran zu bedecken beginnt, deren Dichte und Dicke von den vorhandenen Bedingungen abhängt (Natur der Kathode, Zusammensetzung der Lösung, Temperatur usf.), beim zweiten Knickpunkt tritt Wasserstoff auf, beim dritten beginnt die Metallabscheidung.

Nach dieser Auffassung sollte der erste langsame Anstieg der I-E-Kurve bis zum ersten Knickpunkt auf Restströme zurückzuführen sein.

Der Verlauf der I-E-Kurven ist sehr eigentümlich und charakteristisch und sehr verschieden vom Gepräge anderer I-E-Kurven. Bei Abwesenheit von Fremdsäure beobachtet man nur *einen* Knickpunkt. Bei Gegenwart von Fremdsäure beobachtet man vielfach Schwankungen, und selbst Diskontinuitäten: Mit kontinuierlich zunehmender kathodischer Polarisation steigt die Stromintensität — je nach den Versuchsbedingungen — in einem Zuge oder mit Schwankungen erst langsam, dann rascher an, bis sie einen Punkt erreicht, an welchem geringe Steigerungen der kathodischen Polarisation keine Zunahme der Stromintensität hervorrufen (hier dürfte der Film entstehen). Erst nach größerer Steigerung der kathodischen Polarisation (um 0,5 bis 1 Volt) steigt die Stromintensität wieder kontinuierlich und nunmehr rasch an und es scheidet sich Metall an der Kathode ab. Der Metallabscheidung geht also ein Potentialsprung voran, der bei niedrigeren Temperaturen größer, bei höheren Temperaturen kleiner ist[4] und der

[1] J. Electrochem. Soc. **96**, 347 (1949).
[2] Z. Elektrochem. **27**, 94 (1921).
[3] Z. Elektrochem. **32**, 399 (1926); MÜLLER und ESSIN, ib. **36**, 2 (1930).
[4] Cf. PFANHAUSER und ELSSNER, Z. Elektrochem. **37**, 881 (1932).

allem Anscheine nach durch einen Übergangswiderstand hervorgerufen wird, den wohl basische Chromverbindungen erzeugen.

Die Bildung basischer Chromoxyde, welche bei der Elektrolyse chromsalzhaltiger Lösungen in neutralen oder ganz schwach sauren Lösungen an der Kathode entstehen und sich auf derselben in Form einer Membran abscheiden, ist schon lange bekannt. Man hat vielfach von ihr (z. B. bei der Hypochlorit-, der Chlorat-, der Perboratherstellung) Nutzen gezogen, um die kathodische Reduktion oxydierter Elektrolyseprodukte zu hemmen. Nach ihrer Zusammensetzung sind diese Membranen als Verbindungen von Oxyden oder Hydroxyden des dreiwertigen Chroms mit Chromsäure angesprochen worden. Sie sind rotbraun bis braun oder braungelb gefärbt und tragen kolloidalen Charakter. GEUTHER[1] stellte die Formel $Cr_2O_3 \cdot CrO_3$, TRAUBE[2] $Cr_2O_3 \cdot 3\,CrO_3$, MANS[3] $Cr_2O_3 \cdot 4\,CrO_3$ für derartige Verbindungen auf. MÜLLER und EKWALL schreiben dem Kathodenfilm die Zusammensetzung:

$$\begin{array}{l} \quad\;(OH)_2 \\ Cr\langle \\ \quad\;\; \rangle CrO_4 \\ Cr\langle \\ \quad\;(OH)_2 \end{array}$$

zu und nehmen an, daß er mit Chromsäurelösung nach:

$$Cr_2(OH)_4CrO_4 + 2\,H_2CrO_4 \rightarrow 2\,Cr^{\cdot\cdot\cdot} + 3\,CrO_4'' + 4\,H_2O$$

unter Rückbildung löslicher Chromverbindungen zu reagieren vermag.

Unterwirft man reine Chromsäurelösung der Elektrolyse, so tritt an der Kathode zunächst nur Reduktion, dann die Bildung einer Membran aus gelatinösen oxyd- oder hydroxydhaltigen Chromverbindungen auf, welche einen Übergangswiderstand erzeugt. Steigert man die Stromdichte, so wird das Kathodenpotential immer negativer, die Wasserstoffentwicklung gewöhnlich, aber nicht immer, lebhafter. Man kann nämlich zuweilen beobachten, daß die Wasserstoffentwicklung zeitweise stark zurückgeht, ja scheinbar ganz ausbleibt, während die Stromstärke gleichzeitig abnimmt. In solchen, öfter periodisch auftretenden Phasen wird ein größerer Stromanteil auf Reduktion und auf Verstärkung der Membran verwandt, es folgt dann wieder stürmischere Wasserstoffentwicklung.

Hebt man die Kathoden nach dem Versuch aus dem Bad, so findet man sie mit einer dickflüssigen, klebrigen, gallertartigen, nahezu undurchsichtigen dunkelrotbraunen Haut überzogen, die sich mittels Wassers verhältnismäßig schwer abspülen läßt.

---

[1] GEUTHER und MERZ, Jahresber. 1864, S. 870.

[2] Ann. Chem. **66**, 692.

[3] Ann. Chim. **54**, 586.

Die Wirkung des Zusatzes fremder Anionen, insbesondere von SO_4''-Ionen, äußert sich zunächst darin, daß die Metallabscheidung ceteris paribus schon bei viel niedrigeren kathodischen Stromdichten einsetzt, daß die Abscheidungsform des Metalls eine zufriedenstellendere ist und daß das Versuchsergebnis reproduzierbar wird. Hebt man die Kathoden jetzt aus dem Bad, so findet man sie mit einer braunen bis gelbbraunen, dünneren, durchscheinenden Haut bedeckt, die sich viel leichter mittels Spülwassers entfernen läßt.

Daß die Gegenwart kolloidaler Chromverbindungen in nächster Kathodennähe und auch die Art ihrer Konsistenz bestimmenden Einfluß auf die Abscheidungsform des metallischen Chroms ausübt, ist wohl sicher anzunehmen. Eine derartige Annahme wird durch viele Analogiefälle gestützt, die von besser bekannten Vorgängen bei der elektrolytischen Abscheidung anderer Metalle her bekannt sind. Die Struktur der Chromniederschläge gehört zu den allerfeinsten, die wir kennen, und schon dies weist darauf hin, daß die Niederschläge unter dem kornverfeinernden Einfluß von Kolloiden entstehen.

Auch daß fremde Anionen auf positiv geladene Kolloide einwirken und dadurch den Charakter der Metallabscheidung beeinflussen können, ist eine Erscheinung, welche z. B. am Nickel genauer studiert und sichergestellt worden ist. Bei der Nickelelektrolyse (s. dort) kommt vor allem die Beförderung der Ausflockung des kolloidalen Hydroxyds durch Anionen in Betracht.

Der isoelektrische Punkt des kolloidalen Chromchromats liegt nach Kasper[1] bei pH = 6.

Der allgemeinen Regel folgend, dürfte es demnach bei höherem pH zur Anode, bei niedrigerem pH zur Kathode wandern. Nun herrscht in Kathodenumgebung in dem besonders stark sauren Chromsäurebad ein pH, das sicher kleiner ist als 6; wie man annimmt, liegt es bei 3 bis 4. Dort muß also das kolloidale Chromchromat zur Kathode tendieren.

Obwohl es kaum einem Zweifel unterliegt, daß seine Konsistenz bei der Chromatelektrolyse eine wesentliche Rolle spielt und daß sie durch gewisse Fremdanionen stark, durch andere schwächer oder gar nicht beeinflußt wird, liegen, soweit dem Verfasser bekannt ist, systematische Untersuchungen darüber nicht vor.

Festgestellt wurde nur rein empirisch, daß Zusätze am wirksamsten sind, wenn sie in Konzentrationen von 1 bis 2,5% (gerechnet auf den CrO_3-Gehalt des Elektrolyten) angewandt werden und daß die Anionen von Sulfaten, Fluoriden, komplexen Fluoridverbindungen, Silicofluoriden die Abscheidung des Chroms in dichter, glänzender Form am meisten begünstigen, sei es, daß man freie Säuren oder deren Salze verwendet. Die Natur des Kations scheint wenig oder gar keinen Einfluß auszuüben.

---

[1] l. c.

Die erzielte Stromausbeute wird sowohl von der Temperatur der angewandten Stromdichte als der Konzentration des zugesetzten Fremdanions in hohem Grade beeinflußt. Wie sie mit steigendem Zusatz von SO_4''-Ionen erst steigt, dann fällt, zeigt die Abb. 123 nach Messungen von HARING und BARROWS[1]. In dieser Abbildung sind auf der Ordinate die Stromausbeuten aufgetragen, welche bei der Elektrolyse von Lösungen erzielt wurden, die 250 g Chromsäureanhydrid im Liter und wechselnde Schwefelsäuremengen enthielten. Die jeweiligen SO_4''-Konzentrationen sind in Normalitäten auf der Abszissenachse aufgetragen. Kurve *2* wurde bei 10 Amp./dm² Stromdichte und 33°, Kurve *1* bei derselben Stromdichte und 45°, Kurve *3* bei 5 Amp./dm² und 38° ermittelt.

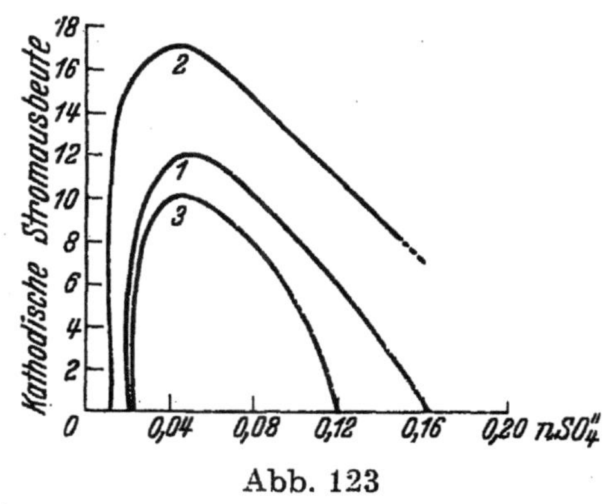

Abb. 123

Die Stromausbeute steigt mit zunehmender SO_4''-Konzentration erst sehr rasch an, erreicht ein Maximum, um bei weiterem Schwefelsäurezusatz wieder rasch auf ganz kleine Werte zu sinken. Das Maximum wird in einer an SO_4'' etwa 0,05-n. Lösung erreicht, die 2,5 g H_2SO_4/l enthält, also beim Konzentrationsverhältnis:

Chromsäure/Schwefelsäure = 100
(oder Mol. $Cr^{\cdot\cdot\cdot\cdot\cdot\cdot}/SO_4'' = 50$).

Dies wird von den meisten als das günstigste Mengenverhältnis angesehen, doch gibt es (s. weiter unten) dafür Ausnahmen.

Solange die SO_4''-Konzentration zu nieder bleibt, erhält man zu dichte gelatinöse Membranen an der Kathode, es fällt gar kein oder nur braun geflecktes Metall aus. Läßt man die SO_4''-Konzentration aber zu hoch ansteigen, so kommt es anscheinend überhaupt nicht mehr zur Bildung einer geeigneten Membran und es wird abermals kein Metall abgeschieden.

Die Gegenwart einer kolloidalen Membran von entsprechender Konsistenz scheint nicht nur die Abscheidungsform zu beeinflussen bzw. zu bestimmen, sondern die Abscheidung des Metalls (besonders oxydfreien Metalls) überhaupt erst zu ermöglichen.

Die Bedingungen, unter denen das Metall aber in besonders harter und glänzender Form ausfällt, sind nicht dieselben, unter denen man es mit bester Stromausbeute gewinnt, sie liegen vielmehr im Gebiet, in welchem die Ausbeuten mit zunehmendem Konzentrationsverhältnis CrO_3/H_2SO_4 wieder abnehmen, nach SCHNEIDEWIND, URBAN und ADAMS[2] bei Strom-

[1] Bureau of Standards Nr. 346 vom 10. Juni 1927.

[2] Bull. Eng. Res. Univ. Michigan Nr. 10 (1928); Trans. Amer. Electrochem. Soc. **53**, 499 (1928).

ausbeuten von etwa 13%. Dies ist um so merkwürdiger, als die Stromausbeute, wie dies durch Abb. 124 veranschaulicht wird, in hohem Maße von der Temperatur und der jeweils angewandten Stromdichte beeinflußt wird, sie steigt durchwegs und regelmäßig mit steigender Stromdichte[1] und sinkt schnell mit steigender Temperatur. Je höhere Temperatur man anwendet, desto höhere Stromdichten muß man also herstellen, um gleich hohe Stromausbeuten zu erhalten. Dennoch liegen im Diagramm Abb. 124 die jeweils für die Abscheidung des Metalls in harter, glänzender Form günstigsten Bedingungen nach den genannten Autoren auf einer Geraden, die parallel zur Abszissenachse verläuft, und in einer Höhe, die 13% Stromausbeute entspricht, wenn man die Elektrolyse in einer Lösung durchführt, die 243 g CrO_3 im Liter beim Konzentrationsverhältnis

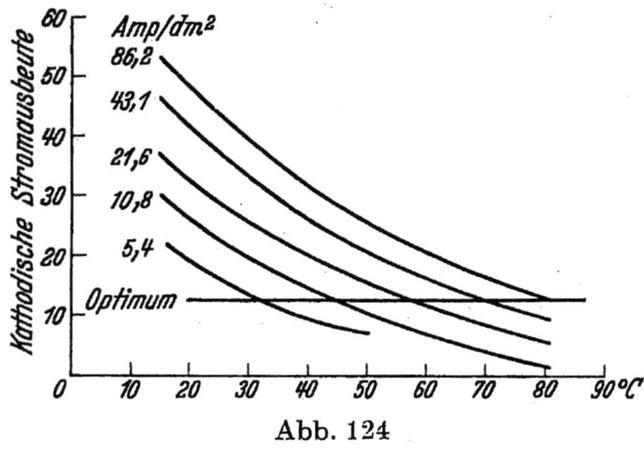

Abb. 124

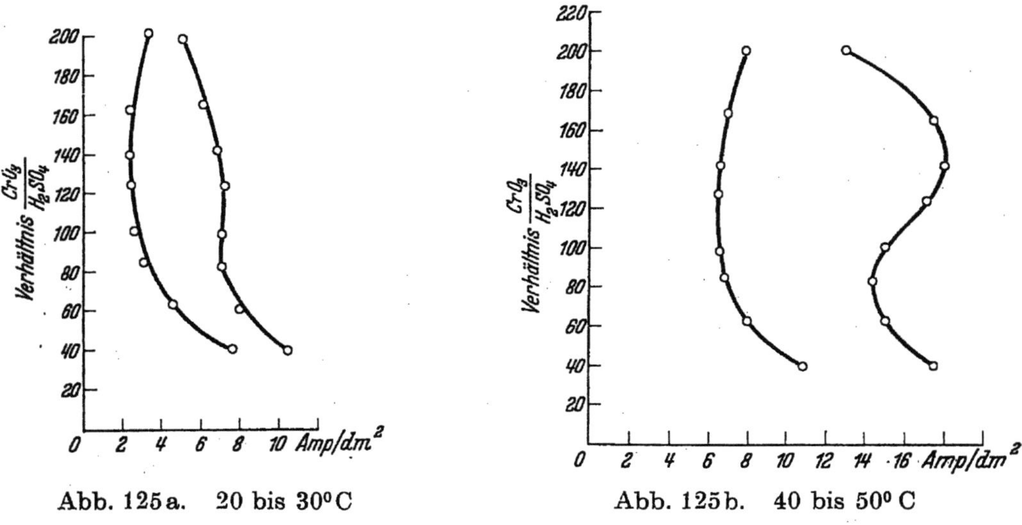

Abb. 125a. 20 bis 30°C

Abb. 125b. 40 bis 50° C

$CrO_3/H_2SO_4 = 100$ enthält. Dies könnte geradezu vermuten lassen, daß die Bedingungen für die Abscheidung des Chroms in glänzender dichter Form dann am günstigsten liegen, wenn die Mengen gleichzeitig entladenen Wasserstoffs zu der Menge des abgeschiedenen Metalls in einem bestimmten Verhältnis stehen.

Die Abb. 124 faßt eine große Zahl von Versuchsergebnissen in übersicht-

[1] Stromausbeute und Stromdichte stehen nach den genannten Autoren in logarithmischer Beziehung zueinander; cf. auch Z. Elektrochem. 34, 265 (1928).

licher Weise zusammen und ist deshalb als Wegweiser bei der Chromelektrolyse sehr nützlich.

Das Intervall, innerhalb dessen man jeweils die Stromdichte variieren und trotzdem noch glänzende Niederschläge erhalten kann, ist immer verhältnismäßig eng. Ausführlichen Untersuchungen von SCHNEIDEWIND[1], MACCHIA[2] u. a. kann man entnehmen, daß dieses Intervall mit steigender Temperatur breiter wird. Bei Temperaturen von 20 bis 30° (Abb. 125a) ist es am engsten, breiter bei 40 bis 50° (Abb. 125b), am breitesten bei 60° (s. Abb. 125c aus der zitierten Abhandlung MACCHIAS). Man entnimmt den Abbildungen zugleich, daß die Breite des Intervalls eine Funktion des Konzentrationsverhältnisses CrO_3/H_2SO_4 ist und daß die in dieser Hinsicht günstigsten Konzentrationsverhältnisse bei höheren Temperaturen höher liegen als bei tieferen.

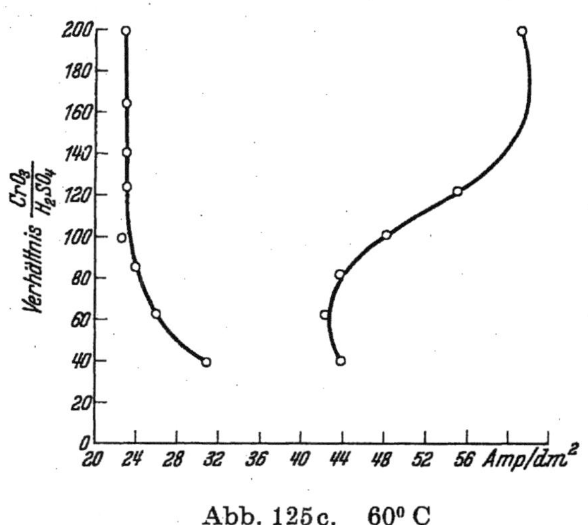

Abb. 125c. 60° C

Für die Erzielung allerorts glänzender Chromüberzüge bei ungleichförmiger Verteilung der Stromdichte ist es praktisch von großer Bedeutung, unter Bedingungen zu arbeiten, unter denen die Stromdichten stärker variiert werden können, ohne daß der Niederschlag aufhört, glänzend zu erscheinen. Nach dieser Hinsicht würde die Anwendung möglichst hoher Temperaturen vorteilhaft erscheinen. Leider fällt nicht nur die Stromausbeute (s. Abb. 125), sondern auch die Streukraft (s. weiter unten) rapid mit steigender Temperatur. Man kann dem zwar dadurch entgegentreten, daß man die Stromdichte erhöht, weil die Streukraft dadurch verbessert wird. Man gelangt aber dann bald in ein Arbeitsgebiet, in welchem die erforderliche hohe Klemmenspannung den Verbrauch an elektrischer Energie zu sehr steigert. Ganz abgesehen davon ist auch die Herstellung so hoher Stromdichten schon aus apparativen Gründen nicht immer ohne weiteres möglich.

In diesem Zusammenhange mag erwähnt werden, daß eine Verringerung der SO_4''-Konzentration die Streukraft im allgemeinen erhöht. Sie führt allerdings eine Einengung des Glanzgebietes mit sich, die aber besonders bei höheren Temperaturen (s. Abb. 125c) oft in Kauf zu nehmen ist. Deshalb kann es unter Umständen zweckmäßig sein, bei 60 bis 70° mit bloß 0,5 bis 0,7% SO_4'' zu arbeiten.

---

[1] l. c.

[2] Elettrotecnica 17, 625 (1930).

Die Lage und die Breite des Stromdichteintervalls, innerhalb dessen man glänzende Niederschläge erhält, ist seit Einführung der HULL-Zelle leicht zu ermitteln. Dieser „Glanzbereich" ist auch von der Natur des Kathodenmetalls abhängig. Das ist nicht überraschend, wenn man von der Vorstellung ausgeht, daß die Konsistenz und die Adsorption einer Kolloidschicht an der Kathode von maßgebendem Einfluß sind. An Kupfer- und Messingkathoden ist der Glanzbereich nach HARING und BARROWS (l. c.) breiter als an Nickel und Stahl (s. Abb. 126). Das Adsorptionsvermögen des Metalls für Kolloid dürfte neben der Höhe der Überspannung den Unterschied bedingen.

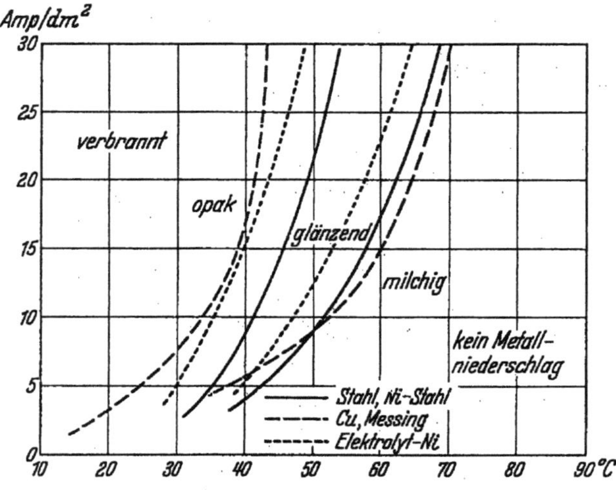

Abb. 126. (Nach HARING und BARROWS l. c.)

Ihrem Aussehen und ihren Eigenschaften nach entstehen bei der Elektrolyse vier Haupttypen von Chromniederschlägen in den z. B. auf Abb. 126 gekennzeichneten Arbeitsgebieten:

Milchiggraue bis weiße, oxydärmere bei höheren Temperaturen,

glänzende bis hochglänzende harte im Glanzgebiet,

opake, weichere,

matte, verbrannte, rauhe, spröde, z. B. bei zu tiefer Temperatur.

Sie sind auf Abb. 127 nach PORTEVIN und CYMBOLISTE[1] in Aufsicht, 2000fach, wiedergegeben.

Ersetzt man die SO_4''-Ionen durch andere Anionen, so findet man im allgemeinen, daß deren Einwirkung dem Wesen nach gleich, dem Grade nach aber etwas verschieden ist.

HARING und BARROWS haben (l. c.) z. B. gefunden, daß Fluorid ganz analog wirkt wie Sulfat. Während letzteres in den Konzentrationsgrenzen 0,002- bis 0,15-n. SO_4'' wirksam ist, dehnt sich die Wirkung von Fluoriden über das Konzentrationsintervall etwa 0,05- bis 0,6-n. aus.

Der Unterschied soll dadurch begründet sein, daß der Dissoziationsgrad des Fluorids ein viel geringerer ist, äquivalente Ionenkonzentrationen von F' und $SO_4''/2$ sollen gleichstarke Wirkung ausüben. Borsäure bleibt ohne Wirkung, dies ist wohl gleichfalls dem äußerst geringen Dissoziationsgrad der schwachen Säure in Gegenwart stärkerer Chromsäure zuzuschreiben.

E. MÜLLER und O. ESSIN verglichen (l. c.) die Wirkung eines Zusatzes von je 0,0008 Äquivalenten der Salze Na_3PO_4, $NaClO_4$, Na_2SO_4, NaF, $NaNO_3$, $NaClO_3$ und NaCl zu 30%iger Chromsäurelösung.

[1] Rev. métallurg. **30**, 335 (1933).

Na_3PO_4 und $NaClO_4$ wirken nur als Depolarisatoren für Wasserstoff, die anderen Salze führen hingegen alle zur Abscheidung metallischen Chroms.

Die andern Zusätze erhöhen in der Reihenfolge: Na_2SO_4, NaF, $NaNO_3$, $NaClO_3$, endlich NaCl die Zersetzungsspannung[1].

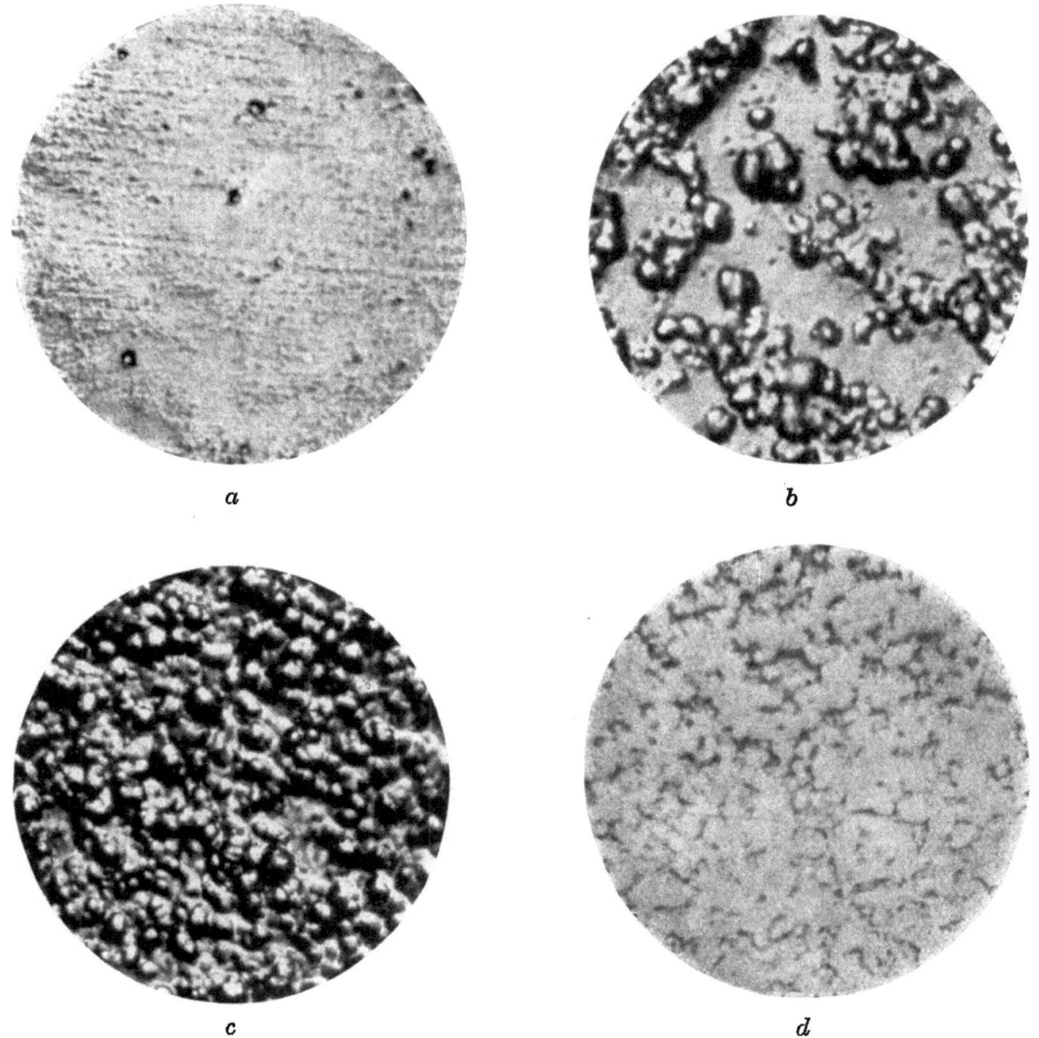

a *b* *c* *d*

Abb. 127*a* bis *d*. Chromniederschläge in Aufsicht, 2000fach

a Spiegelblanke Verchromung. Das Schliffbild läßt einige Bläschen erkennen. Die Zunahme ihrer Zahl auf:
b läßt das Chrommetall milchig, wenn auch noch glänzend erscheinen. Bedecken die Bläschen die ganze Fläche, wie etwa auf:
c, so erscheint das Metall matter, kann aber noch durch Polieren in die glänzende Form:
d gebracht werden

Irgendeine deutlichere Beziehung zwischen der Wertigkeit des betreffenden Anions (wie sie bei Kolloidreaktionen die Regel ist) tritt hier

[1] Cf. auch E. MÜLLER und J. STSCHERBAKOW, Z. Elektrochem. **35**, 222 (1929).

nicht hervor, auch der verschiedene Grad der Deformierbarkeit der in Betracht gezogenen Anionen übt hier anscheinend keinen leicht erkennbaren Einfluß.

Rassow und Wolf geben an[1], daß Chromniederschläge, die in Gegenwart komplexer Fluoride gefällt werden, in ihren Eigenschaften in mancher Hinsicht von denen abweichen, die bei Gegenwart von SO_4'' erhalten werden. Während sich letztere z. B. leicht mit Zn od. dgl. legieren, sei dies bei ersteren nicht der Fall.

Die Unterschiede, welche die Natur des Kations hervorrufen, treten gegen diejenigen, die von der Natur des Anions bedingt werden, so stark zurück, daß die Meinung vorherrscht, die Natur des Kations bleibe ganz ohne Einfluß.

Daß dem nicht ganz so sein dürfte, spricht aus dem Umstand, daß die Streukraft, wie hier vorgreifend erwähnt werden mag, erhöht wird, wenn man die Schwefelsäure durch die äquivalente Menge von Nickel-, Kobalt-Zink- oder Cadmiumsulfat ersetzt. Diese Wirkung steigt in der angegebenen Reihenfolge von Metall zu Metall[2]. Die größte Wirkung ist bei Mengenverhältnissen $CrO_3/MeSO_4$ von 150 bis 200 vorhanden.

Da die aufgeführten Fremdmetalle nicht mit dem Chrom mit ausfallen — selbst das viel edlere Kupfer tut dies überraschenderweise nicht —, scheint ihre Wirkung in einer Veränderung der Konsistenz des Kolloids, wohl in einer Stabilisierung desselben zu beruhen. Für die Aufstellung einer derartigen Vermutung kann der Umstand ins Treffen geführt werden, daß Chromniederschläge, die mit derartigen Zusätzen hergestellt sind, viel größere Widerstandskraft gegen die Einwirkung von Salzsäure aufweisen, sie lösen sich in vielen Fällen erst einige Stunden nach dem Eintauchen in dieselbe auf, während solche, die mit Schwefelsäurezusatz hergestellt sind, äußerst rasch in Lösung gehen.

Die äußerst feine Abscheidungsform, der Umstand, daß das abgeschiedene Metall stets Oxyd einschließt, deutet darauf hin, daß kolloidale, sauerstoffhaltige Verbindungen, wenn auch nur in kleinen Mengen, mit in den Kathodenniederschlag übergehen, wie dies auch beim Nickel und Eisen der Fall ist. Unter den Arbeitsbedingungen, unter welchen man bis zu 40% Stromausbeute erzielen kann, fällt Chrom in rauher und in so weicher Form aus, daß es von Stahl geritzt wird.

3. Charakteristische Eigenschaften der technischen Chromsäurebäder

Die Verchromung wird in Chromsäurelösungen vorgenommen, denen fast ausnahmslos SO_4'', meist in Form von Schwefelsäure, allein oder mit anderen Anionen (z. B. F-Verbindungen) als Katalysator, zugesetzt wird.

[1] Z. angew. Chem. **46**, 142 (1933).

[2] E. Stout und J. Carol, Ind. Engng. Chem. **22**, 1325 (1930).

Die Chromsäure des Handels enthält etwa 98% CrO_3, sie ist meist durch 0,5% Schwefelsäure verunreinigt. Für die Herstellung frischer Badlösung ist dieser Reinheitsgrad zureichend, für die fortlaufende Ergänzung der verbrauchten Chromsäure eines Bades ist es besser, reinere Chromsäure zu verwenden. Durch Umkristallisation läßt sich der Schwefelsäuregehalt der CrO_3 leicht auf 0,2% und darunter bringen.

Mit steigender CrO_3-Konzentration nimmt die Stromausbeute, wie es Abb. 130 vor Augen führt, erst langsam zu, erreicht (bei Gegenwart von SO_4'') etwas unter 300 g/l CrO_3 ein Maximum, um dann wieder abzunehmen und bei 500 g/l etwa denselben Wert zu erreichen, der bei 100 g/l beobachtet wird.

Die Leitfähigkeit der Lösung steigt mit steigender Konzentration bis zu 220 g/l annähernd linear, weiterhin langsamer an, obwohl sie ihr Maximum erst bei etwa 500 g/l erreicht.

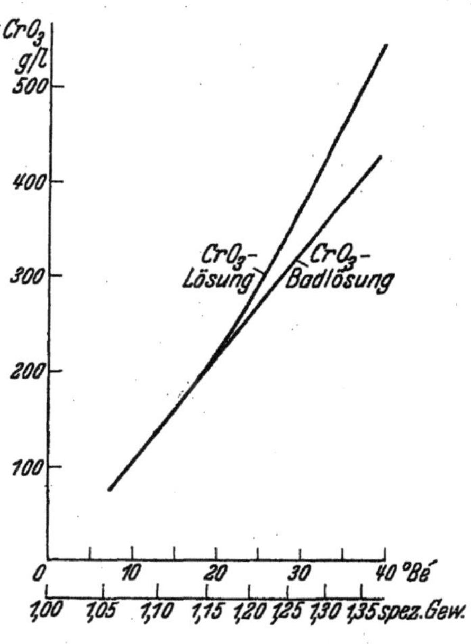

Abb. 128. (Nach SCHNEIDEWIND)

Die Verwendung sehr hoch konzentrierter Lösungen bringt also nur geringe Vorteile, aber die Nachteile mit sich, daß man beim Herausheben der verchromten Gegenstände relativ große Mengen CrO_3 und SO_4 mit anhaftenden Lösungsresten aus dem Bad entfernt. Außerdem ist die Streukraft in verdünnteren Lösungen größer, sie nimmt mit steigender Konzentration erst langsam, dann schneller ab, wenn man die Konzentration von 250 g überschreitet.

Mit zunehmender Konzentration nimmt die Dichte der Lösungen schnell genug zu, daß man die Konzentration mittels Aräometers mit hinreichender Genauigkeit kontrollieren kann. Abb. 128 (nach SCHNEIDEWIND l. c.) stellt die Änderung des spezifischen Gewichtes reiner oder schwefelsäurehaltiger Lösungen mit Änderung des CrO_3-Gehaltes graphisch dar.

Durch die zugesetzte Fremdsäure wird die Leitfähigkeit bei den praktisch in Frage kommenden Konzentrationsverhältnissen kaum merklich beeinflußt; der Ersatz von $H^{\cdot}$-Ionen durch Metall-, insbesondere durch Schwermetallionen erniedrigt die Leitfähigkeit ein wenig, verbessert aber etwas das Streuvermögen[1].

Nach HARING und BARROWS[2] erzielt man bei Schwefelsäurezusatz die höchsten Stromausbeuten, wenn man ein Gewichtsverhältnis CrO_3/SO_4 =

[1] Cf. HARING und BARROWS, Bur. Standards Techn. Paper 1927, 346; BLUM und MOORE, ib., Res. Paper Nr. 198, 263 (1930); SCHNEIDEWIND l. c. usw.
[2] Unter [1] zitiert.

= 100 herstellt. Die Tiefenwirkung ist aber nach FARBER[1] eine etwas bessere bei halb so großem Schwefelsäurezusatz, hingegen viel geringer bei doppelt so großem Zusatz.

Ohne Veränderung dieses Gewichtsverhältnisses nimmt das Intervall, innerhalb dessen man die Stromdichte variieren und dabei glänzende Niederschläge erhalten kann (das „Glanzchromgebiet"), von 100 bis 235 g/l rasch, dann von 235 bis 350 g/l langsam an Breite zu, um bei weiterer Konzentrationssteigerung erst langsam, dann über 500 g/l wieder rasch abzunehmen[2]. Das glänzendste Metall erhält man bei Gewichtsverhältnissen von etwa 80 bis 160 (CrO_3/SO_4).

Mit steigender Temperatur steigt sowohl die Leitfähigkeit (in annähernd linearem Maße) als die Breite des Glanzchromgebietes, aber die Stromausbeute und die Tiefenwirkung nehmen ab. In welchem Maße man die Stromdichte steigern muß, um bei höheren Temperaturen gleich hohe Stromausbeuten zu erzielen, veranschaulicht Abb. 124, während die Abb. 125 *a—c* die ungefähre Verbreiterung des Glanzchromgebietes, dessen Grenzen sich freilich nicht scharf ziehen lassen, veranschaulichen.

Im Verlaufe der Elektrolyse wird ein Teil der Chromsäure zu dreiwertigen Chromverbindungen reduziert, welche an der Anode wieder teilweise aufoxydiert werden, zum Teil aber Chromchromate bilden, die in wahrer oder in kolloidaler Lösung verteilt bleiben.

Das Auftreten von $Cr^{\cdot\cdot\cdot}$ im Bad ist mit einer Widerstandserhöhung verbunden, das Glanzchromgebiet wird enger, hingegen wird die Streukraft ein wenig erhöht. Ein Einfluß auf die Stromausbeute konnte nicht sicher festgestellt werden.

Ähnliche Wirkung übt eine Verunreinigung des Bades durch $Fe^{\cdot\cdot\cdot}$ aus, welche etwa aus den Anoden, den Badgefäßen usw. in die Lösung gelangen kann. Auch diese Ionen verringern (langsamer zwar als $Cr^{\cdot\cdot\cdot}$) die Leitfähigkeit des Bades. Da sie aber, unter Umständen, viel größere Konzentration annehmen als die $Cr^{\cdot\cdot\cdot}$, können sie Spannungserhöhungen von 1 bis 1,5 Volt verursachen. Fühlbarer als dies ist die Verengerung des Glanzchromgebietes, die sie verursachen.

In größeren Mengen sind $Fe^{\cdot\cdot\cdot}$-Ionen somit schädlich, in kleinen Mengen ist ihre Wirkung aber zu vernachlässigen. $Fe^{\cdot\cdot\cdot}$ erhöht zwar die Streukraft, aber in so geringem Maße, daß diese Wirkung erst bei unzulässig hohem Fe-Gehalt der Lösung merklich wird.

Ist die $Cr^{\cdot\cdot\cdot}$-Konzentration aus irgendeinem Grunde zu hoch angestiegen, so kann man sie durch elektrolytische Aufoxydation der Badlösung zurückdrängen. Man läßt etwa nach dem Vorschlage von LUKENS[3] über Nacht Strom durch die Zelle zwischen Bleianoden und Hilfskathoden fließen,

---

[1] Bur. Standards J. Res. **4**, 27 (1930).

[2] SCHNEIDEWIND, Engng. Res. Bull. **10** (1928).

[3] Trans. Amer. Electrochem. Soc. **53**, 491 (1928).

die in poröse Tonzellen eingeschlossen sind, um die Badlösung vor kathodischer Reduktion zu schützen.

Mit steigender Verunreinigung des Bades durch Eisen und/oder durch dreiwertiges Chrom verengert sich das Glanzgebiet in zunehmendem Maße und erniedrigt sich die Höhe der Stromdichte, mit welcher man noch gute Überzüge herstellen kann.

Als höchst zulässige Grenze dieser Verunreinigungen wird

$$25\ \mathrm{g/l}\ Cr^{\cdots} + Fe^{\cdots}$$

angesehen.

So wie Eisen die Streukraft des Bades in geringem Maße erhöht, bewirken dies auch kleine Zusätze von Cd oder Zn, in noch geringerem Maße von Co oder Ni. Von mancher Seite sind Zusätze von Kupferkarbonat[1], von Kupfersulfat[2], von kleinen Mengen von Cersalzen usf. empfohlen worden. Nach APPEL[3] soll ein Zusatz von 0,5 g Natriumjodat das Haftvermögen des Chromüberzuges erhöhen, nach AUERBACH[4] soll die Tiefenwirkung durch Kieselsäure verbessert werden, ALTER und MATHERS fanden hingegen, daß Silikagel ohne Einfluß blieb[5].

Organische Kolloide, deren Verwendung von der Elektro-Chromium A. G.[6] und von E. SUNDBERG[7] vorgeschlagen wurde, sieht man allgemein, schon infolge der Vermehrung der $Cr^{\cdots}$-Konzentration, durch die reduzierende Wirkung solchen Zusatzes als schädlich an. Aus ähnlichem Grunde schaden auch Zusätze von Wasserstoffsuperoxyd od. dgl.

Sehr merkwürdig ist es, daß das viel edlere Cu im Bad in kleinen Mengen enthalten sein kann, ohne kathodisch mitabgeschieden zu werden. Die Erklärung dafür steht noch aus, es ist denkbar, daß das Kupfer undissoziierte Verbindungen eingeht.

Die Elektrolyse wird gegenwärtig durchwegs mit unlöslichen Anoden durchgeführt. Der Chromsäuregehalt des Bades sinkt demnach im Maße der Chromabscheidung und der Verluste, welche durch Verspritzung, durch Mitreißen von Tröpfchen, durch entwickeltes Gas verursacht werden, durch die Flüssigkeitshaut, die an behandelten Werkstücken haften bleibt und mit diesen herausgehoben wird usf. Diese Verlustquellen führen auch SO_4 aus dem Bade. Würde man dem Bade zum Ausgleich der Verluste lediglich reine Chromsäure nachsetzen, so würde sich das Gewichtsverhältnis CrO_3/SO_4 mit der Zeit verändern. Dieses Gewichtsverhältnis in richtigen Grenzen zu halten, ist aber ausschlaggebend.

---

[1] MACNAUGHTAN und GARDAM, Engl. Pat. 258 724 (1926).
[2] WÜRKER, D. R. P. 467 025 (1925).
[3] USA.-Pat. 1 713 514 (1929).
[4] USA.-Pat. 1 705 954 (1929).
[5] Trans. Amer. Electrochem. Soc. **56**, 363 (1929).
[6] D. R. P. 461 987 (1926).
[7] Engl. Pat. 274 913 (1925).

Überschüssiges SO_4 kann mittels der richtig bemessenen[1] Menge $Ba(OH)_2$ oder $BaCO_3$ beseitigt werden. SIZELOVE[2] empfiehlt mit Rücksicht auf die Löslichkeit von Bariumchromat doppelt soviel Bariumkarbonat zuzusetzen, als überschüssiges SO_4 vorhanden ist. Auch Bariumchromat kann dazu verwendet werden, was aber eine Anreicherung an $Cr^{\cdots}$ zur Folge hat, die unvorteilhaft erscheint. Erfolgen die Zusätze in der Wärme unter Umrühren, so fällt das $BaSO_4$ über Nacht zu Boden. Die darüber stehende Lösung wird dann dekantiert.

Die Frage, ob sich die Stromausbeute und die Tiefenwirkung nicht dadurch heben lassen, daß man die SO_4-Ionen durch eine andere Zugabe ersetzt, ist von mehreren Seiten gestellt und geprüft worden.

Die Zahl der Stoffe, welche hiefür ernstlich in Betracht kommen können, ist überraschend klein; sie müssen der Oxydation durch Chromsäure sowie den anodischen und kathodischen Einwirkungen sicher widerstehen (schon dadurch scheiden die meisten organischen Verbindungen aus), hinreichende Löslichkeit aufweisen, während der Elektrolyse keine unlöslichen Stoffe bilden, die Elektroden und die Gefäßwände nicht angreifen usw. Auch soll sich im Interesse der Betriebsüberwachung ihre jeweilige Konzentration im Bade leicht und sicher bestimmen lassen. Das sind Anforderungen, welche nur wenige Substanzen gleichzeitig erfüllen.

Am ehesten scheinen Flußsäure, Kieselfluorwasserstoffsäure allein oder in Mischung mit Sulfaten, oder Schwefelsäure diesen Forderungen Genüge zu leisten.

BILFINGER hat der Beantwortung dieser Frage eingehendere Untersuchungen gewidmet[3].

Die Versuche wurden in Lösungen ausgeführt, die entweder 250 g/l oder 400 g/l Chromsäure enthielten, weil dies die praktisch am häufigsten angewandten Konzentrationen sind.

Die Resultate sind in den Tab. 58 bis 61 und in den Abb. 129 und 130 wiedergegeben.

Tabelle 58. *250 g/l CrO_3 + 1% H_2SO_4*

	Stromdichte Amp./dm²	Stromausbeuten in % Temperaturen in °C				
		25°	35°	45°	55°	65°
Konz. 250 CrO_3/l	10	23,7	12,8	11,9	10,2	
	20	32,2	19,2	15,6	12,5	
	30	35,7	24,9	17,8	16,2	11,5
	40		29,4	18,9	17,0	13,1
	50		33,6	19,9	17,9	14,6
	60		35,7	20,8	18,8	15,5
	70			21,5	19,4	16,4

[1] Cf. Soc. Electrométaux, Franz. Pat. 660 050 (1928).
[2] Metal Ind. (New York) 28, 339 (1930).
[3] Metallwirtsch. 22, 33 (1943).

Tabelle 59. *400 g/l* CrO_3 *+ 1%* H_2SO_4

Konz. CrO_3 400 g/l — Stromdichte Amp./dm²	Stromausbeuten in % Temperaturen in °C 25°	35°	45°	55°	65°
10	17,2	9,3	8,1		
20	25,6	**16,9**	12,0	11,8	
30	29,1	**24,2**	**15,5**	12,1	6,8
40		27,9	**17,2**	**13,7**	8,9
50		31,6	**18,6**	**14,6**	10,7
60		34,5	19,8	**15,2**	**12,2**
70			20,7	15,7	**13,1**

Tabelle 60. *250 g/l* CrO_3 *+ 0,6%* H_2SO_4 *+ 1,6%* H_2SiF_6

Konz. CrO_3 250 g/l — Stromdichte Amp./dm²	Stromausbeuten in % Temperaturen in °C 25°	35°	45°	55°	65°
10	14,8	**13,1**	**9,0**	8,6	
20	24,5	**20,1**	**18,3**	**15,8**	**12,4**
30	30,2	21,8	**23,0**	**20,5**	**17,6**
40		24,2	**25,1**	**22,5**	**21,1**
50		26,3	25,8	**24,8**	**23,0**
60		28,5	26,3	**26,1**	**24,7**
70			26,7	26,5	**26,4**
100				27,5	26,5

Tabelle 61. *Änderung der Stromausbeute bei 30 Amp./dm² und 50 Amp./dm² mit steigendem Zusatz von Schwefelsäure in einem Chrombad mit 250 g/l* CrO_3 *+ 10 cm³/l* H_2SiF_6

Schwefelsäurezusatz in % vom CrO_3-Gehalt	Stromausbeuten in % bei 30 Amp./dm² Stromdichte	bei 50 Amp./dm² Stromdichte
0,4	21,0	25,0
0,6	19,5	24,5
0,8	18,5	24,0
1,0	17,0	22,5
1,2	16,0	20,5

In Abb. 129 ist das Glanzgebiet jeweils durch Strichlierung der betreffenden Kurve deutlich hervorgehoben.

Wie man der Abb. 130 entnimmt, liefern Fluoride und deren Komplexverbindungen unter vergleichbaren Bedingungen Stromausbeuten, welche um 20 bis 40% höher liegen als bei bloßem Schwefelsäurezusatz.

Im Anfang einer Betriebsperiode erzielt man in diesen fluorhaltigen Bädern nicht nur schnellere Abscheidung, sondern auch Niederschläge von besonders hellem Glanz. Mit der Zeit gehen beide Vorzüge aber zurück —

anscheinend weil sich die Zusammensetzung des Bades verändert, was BILFINGER auf Abscheidung kolloidaler Kieselsäure und/oder von freier HF-Säure zurückführt. Die Niederschläge werden grauer, matter und spröder, die freie Flußsäure ruft — besonders an Stellen geringerer Stromdichte — Lochfraß hervor.

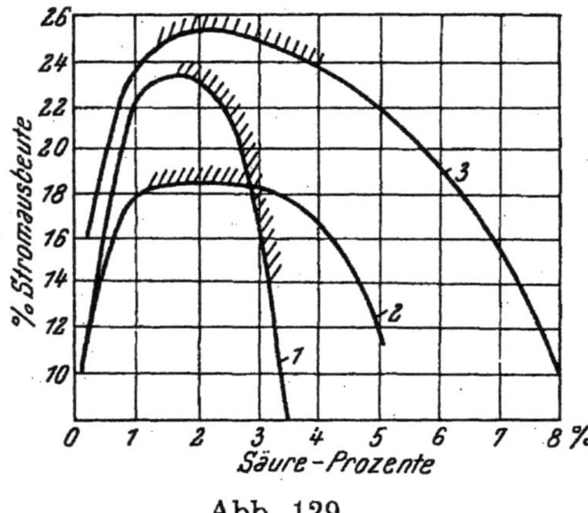

Abb. 129

Kurve 1 HF, Kurve 2 H_2SO_4, Kurve 3 H_2SiF_6 — 250 g/l CrO_3, 50° C, 50 Amp./dm²

Der Vorteil der fluorhaltigen Bäder, höhere Stromdichten anwenden und höhere Stromausbeuten erzielen zu lassen und demgemäß die Dauer der Behandlung merklich zu verkürzen, wird nicht nur durch diese Nachteile beeinträchtigt, sondern auch dadurch, daß sich die Anoden nach und nach mit einem schlecht leitenden Belag von Bleifluorid bzw. von Bleisilicofluorid bedecken, welcher die Spannung stark erhöht, daß sie auch schneller angegriffen werden usf.

Es ist daher schwer zu entscheiden, ob hier den Vor- oder den Nachteilen das Übergewicht zuzusprechen ist. Mitteilungen aus technischen Betrieben sind über diese Frage spärlich zu erhalten und oft nicht eindeutig oder unbestimmt.

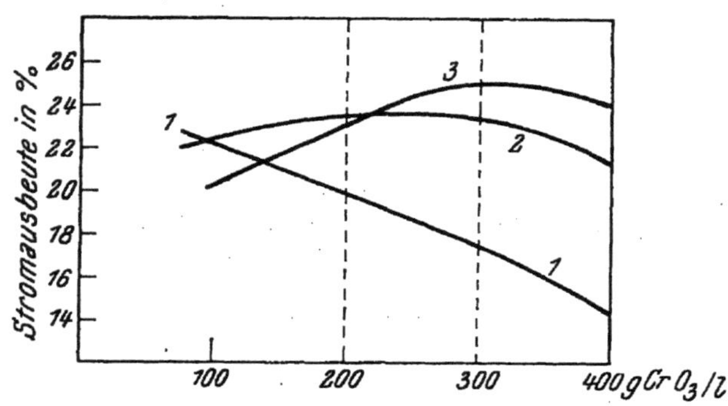

Abb. 130. Abhängigkeit der Stromausbeute von der CrO_3-Konzentration bei Zusatz steigender Mengen von Fremdsäuren nach BILFINGER l. c.
Kurve 1 Schwefelsäure (1,2% vom CrO_3-Gehalt)
Kurve 2 Flußsäure (1,4% vom CrO_3-Gehalt)
Kurve 3 Kieselfluorwasserstoffsäure (2% vom CrO_3-Gehalt)
Arbeitstemperatur 55° C, Stromdichte 50 Amp./dm²

Im allgemeinen scheint es, daß die Toleranzen gegen Verunreinigungen durch dreiwertiges Chrom und durch Eisen ungefähr dieselben bleiben und daß die Schäden, welche das Fluorid oder das Silicofluorid hervorruft, zurücktreten, wenn diese in Gemisch mit SO_4'' als Katalysatoren verwendet werden.

Jeder neue Bestandteil, den man in das Bad einführt, erschwert allerdings seine Analyse und damit die Bad-Kontrolle.

Eine wichtige Neuerung, welche von LUKENS[1] angebahnt, von PASSAL[2]

[1] USA.-Pat. 2 042 611 (LUKENS).
[2] USA.-Pat. 2 640 021 (PASSAL).

und von STAREK[1] weiter ausgebildet und durch die United Chromium Ges. zur Ausführung gelangt ist, besitzt in dieser Hinsicht große Bedeutung.

Sie zielt dahin, ein Bad zu schaffen, welches seine Zusammensetzung selbsttätig regelt.

Um zunächst die SO_4''-Konzentration jeweils selbsttätig zu ergänzen, versuchte LUKENS, dem Bade ein schwerlösliches Salz, dessen Löslichkeit aber gerade groß genug wäre, in gesättigter Lösung die günstige Konzentration an SO_4'' aufzuweisen, dem Bade im Überschuß zuzusetzen.

Beim periodischen Nachsetzen von Chromsäure und Wasser zum Ersatz der verbrauchten Mengen dieser zwei Stoffe wurde etwas vom Überschuß des schwerlöslichen Salzes (verwendet wurde $SrSO_4$, das Bodenkörper bildete) gelöst, bis das Bad wieder an $SrSO_4$ gesättigt war.

Durch diese Maßnahme konnte zwar die Verarmung des Bades an SO_4'' bekämpft, seine gleichbleibende Zusammensetzung aber nicht gesichert werden; denn es liegt auf der Hand, daß eine Steigerung der Konzentration des SO_4'' beim Zusatz schwefelsäurehaltiger Chromsäurelösung nicht verhindert wird. Man suchte diesen Fehler dadurch zu korrigieren, daß man ein Gemisch von Strontiumsulfat mit einem löslicheren Strontiumsalz, z. B. Strontiumchromat, an Stelle des bloßen Sulfats verwendete, dann wird überschüssige Schwefelsäure auf Bildung und Fällung von Strontiumsulfat verbraucht. Aber der Umstand, daß das leichter lösliche Strontiumchromat die Löslichkeit des Strontiumsulfats beeinflußt, verursachte neue Schwierigkeiten bzw. Unregelmäßigkeiten.

Wie man sieht, ist das Problem sehr komplexer Art und kann nur gelöst werden, wenn man die in Betracht kommenden Löslichkeiten und ihre gegenseitige Beeinflussung ermittelt hat.

Auf Grund der Arbeiten der genannten Forscher hat die United Chromium Ges. ein selbstregelndes Bad, das sie SRHS-Bad (das ist „Self Regulating High Speed“ = selbstregelndes Schnell-Verchromungsbad) nennt, mit Erfolg auf den Markt gebracht.

In den angeführten Patenten sind viele Badzusammensetzungen angegeben, deren zwei folgende charakteristisch sein dürften:

		Bad 1	Bad 2 (STAREK)
CrO_3	g/l	500	200
$SrSO_4$..............	g/l	3,05	2,94
K_2SiF_6..............	g/l	8,7	7,0

Die Abb. 131*a* bis *c* und 132*a*, *b* illustrieren deren Arbeitsweise.

Löst man nach PASSAL zur Herstellung des Bades ein Gemisch von 100 Gewichtsteilen festen CrO_3 mit 3 Gewichtsteilen festen $SrSO_4$ und 8 Gewichtsteilen festen K_2SiF_6 derart auf, daß ein Überschuß als fester Bodenkörper im

[1] USA.-Pat. 2 640 022 (STAREK), cf. auch STAREK, PASSAL und MAHLSTEDT, Amer. Electroplaters Soc. 37, 31 (1950).

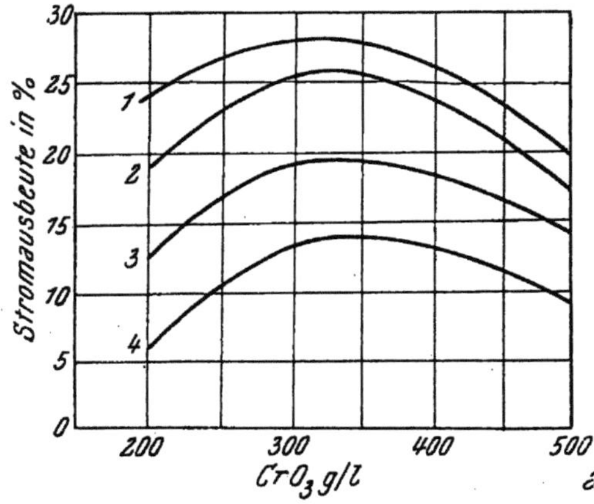

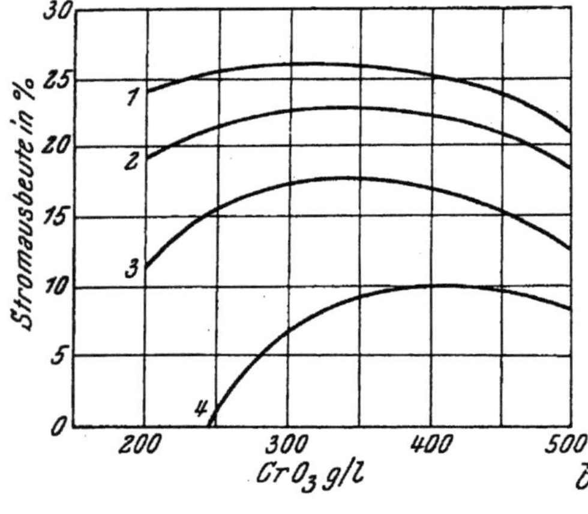

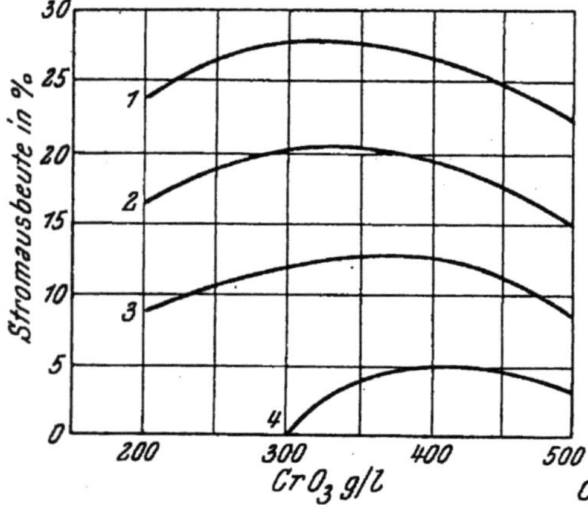

Abb. 131*a* bis *c*. Stromausbeuten in SRHS-Bädern bei drei verschiedenen Temperaturen und vier verschiedenen Stromdichten. Temperatur bei *a* 55° C, *b* 43° C, *c* 32° C. Stromdichten Kurve *1* 30 Amp./dm². *2* 15 Amp./dm², *3* 8 Amp./dm², *4* 4 Amp /dm². CrO_3-Konzentrationen 200 bis 500 g/l. USA.-Pat. (Passal) 2 640 021

Bade verbleibt, so soll sich das Bad selbsttätig regeln und zufriedenstellend arbeiten, selbst wenn seine Konzentration zwischen den weiten Grenzen von 200 bis 500 g/l CrO_3 schwankt (s. Abb. 132*a*, *b*).

Im Schwefelsäurebad ist die jeweilige SO_4''-Konzentration leicht in einer Probe durch Fällung mit $BaCl_2$ unter Zusatz von etwas HCl einwandfrei festzustellen. Zentrifugieren der Fällung in einem Kapillarrohr ermöglicht es sogar, die Bestimmung durch bequeme und rasche, volumetrische Ablesung vorzunehmen.

Hingegen stößt die genaue Bestimmung von Fluoriden in Chromsäurebädern auf erhebliche Schwierigkeiten. Bilfinger und Wagner haben hiefür zwar eine neue Methode[1] ausgearbeitet, welche genauere Resultate gibt; doch ist ihre Ausführung zeitraubend und umständlich.

Es ist bemerkenswert, daß die weicheren glanzlosen Niederschläge, wie der Abb. 126 zu entnehmen ist, mit wesentlich höherer Stromausbeute ausgefällt werden können. Wenn sie auch geringere Härte aufweisen (etwa 400° Brinell gegen 900 des Hochglanzmetalls), so besitzen sie gerade deshalb die Eigenschaft, sich leichter bearbeiten, also auch polieren zu lassen.

Gegenwärtig noch sehr vernachlässigt, mag diese Abscheidungsform, die man bei Temperaturen von etwa 70 bis 90° mit 45 bis 100 Amp./dm² erhält, noch Wichtigkeit erlangen.

Dies ist besonders aktuell geworden, seitdem die United Chromium

[1] Metallwirtschaft **22**, 466 (1943); cf. auch id. Hartverchromungsverfahren, Leipzig 1943.

mit Erfolg ein Chrombad auf den Markt gebracht hat, das „crack free“-Chromium bath, welches weichere, aber sprungfreie Chromüberzüge liefert; eine Aufgabe, für die man bisher keine Lösung kannte.

Dieses Bad arbeitet freilich nur bei Temperaturen von mindestens 65° C auf zufriedenstellende Weise. Dadurch werden dem Techniker Arbeitsbedingungen vorgeschrieben, welche neue Ansprüche an die Haltbarkeit der Materiale stellen, vor allem an die Auskleidung der Zellengefäße, von denen die allerwenigsten dem Angriff der aggressiven Badlösung bei so hohen Temperaturen standhalten.

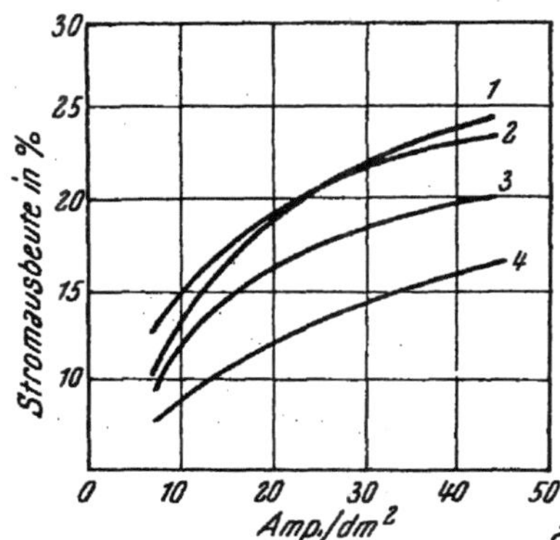

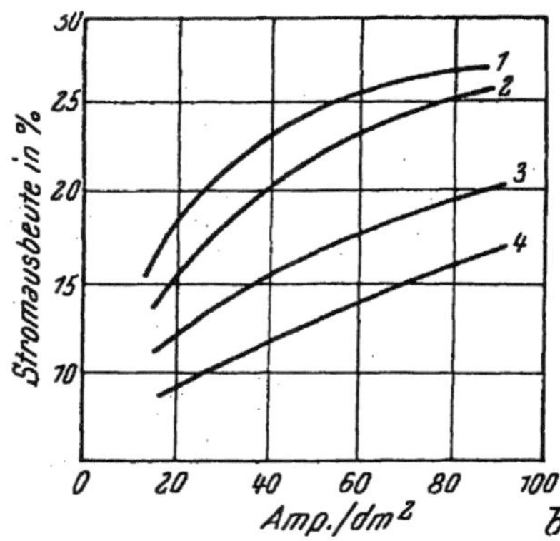

Abb. 132*a* und *b*. Abhängigkeit der Stromausbeute von der Stromdichte, *a* bei 43° C, *b* bei 54° C in SRHS-Bädern zweier CrO_3-Konzentrationen und klassischen Chrombädern zweier CrO_3-Konzentrationen.

Kurve *1* SRHS 400 g/l CrO_3
Kurve *2* SRHS 250 g/l CrO_3
Kurve *3* Klassisch 250 g/l CrO_3
Kurve *4* Klassisch 400 g/l CrO_3

(Nach Starek, Passal und Mahlstedt, Amer. Electroplaters Soc. **37**, 31 [1950])

Am besten scheinen sich Auskleidungen aus dem hitzebeständigsten Polyäthylen (man erzeugt schon Sorten, die bis zu 170° C erhitzt werden können) zu bewähren. Sie würden allen Anforderungen genügen, wenn man aus ihnen fugenlose Innenüberzüge herstellen könnte, was aber in großen Zellen noch nicht zu gelingen scheint. Aus einzelnen Platten zusammengeschweißt bilden aber alle Verbindungsnähte in Auskleidungen Stellen geringerer, nicht immer hinreichender Widerstandskraft.

Ähnlich schwer zu lösende Aufgaben stellt die Konstruktion und die Auswahl der Materiale für Aufrechterhaltung der Temperatur (durch Heizschlangen u. dgl.), der Zirkulation, der Anoden usw. usw.

Die immer steigenden Dimensionen, welche man den Zellen zu erteilen sucht (es werden in USA., so unwahrscheinlich dies noch klingt, bereits Zellen bis zu 200 m — in Europa bis zu etwa 40 m — Länge in Betrieb gehalten!), zwingt zu besonderer Sorgfalt der Ausführung bei Verwendung möglichst unveränderlicher Badlösungen, da bei jeder auch nur kurz andauernden Störung große, sehr empfindliche Verluste auftreten.

4. Die Streukraft der Bäder

Es ist bereits erwähnt worden, daß die Stromausbeute bei der Chromabscheidung unter sonst gleichbleibenden Bedingungen mit steigender Stromdichte recht regelmäßig steigt. Innerhalb des Glanzgebietes wird das Kathodenpotential nur wenig negativer, die an und für sich relativ hohe kathodische Polarisation nimmt mit steigender Stromdichte also nur in ganz geringem Maße zu. Diese beiden Umstände bewirken, daß die Streukraft der Chromsäurebäder äußerst gering ist. Dies gibt sich zu erkennen:

1. durch ungleichmäßige Verteilung der Niederschlagsstärke auf der in Arbeit genommenen Oberfläche,
2. durch ungleichmäßige Verteilung der Deckkraft, das ist der Fähigkeit, Flächenelemente ohne Rücksicht auf Niederschlagsstärke und Aussehen mit Chrom zu bedecken und
3. durch Beeinflussung des Glanzbereichs.

Bei paralleler Anordnung flacher Elektroden sind größere Unterschiede der örtlich auftretenden Stromdichten zu vermeiden, beim Verchromen unregelmäßig geformter Körper ist es aber, selbst bei sorgfältiger Verteilung der Anoden, oft nicht möglich, zu verhindern, daß an manchen Stellen 3- bis 5mal so hohe Stromdichten auftreten wie an anderen.

Da dies die vollständige Bedeckung des Unterlagsmetalls in Frage stellen kann und man auch selten die Stromdichte mehr als im Verhältnis 1:3 verändern kann, ohne den Glanzbereich zu überschreiten, sind die Toleranzen für die einzuhaltenden Arbeitsbedingungen viel enger gezogen als sonst.

Bei gleichbleibender Temperatur steigt die Streuung mit steigender Stromdichte. Die Steigerung der Stromdichte hat größere Wirkung als die entgegenwirkende der Temperatursteigerung. Um eine entsprechende Stromdichtesteigerung herbeizuführen, ist allerdings mit stark vermehrtem Spannungsaufwand zu rechnen.

In verdünnteren Chromsäurelösungen ist zwar die Streukraft größer, aber auch der Spannungsaufwand infolge geringerer Leitfähigkeit.

Farber und Blum[1] haben auf Grund ihrer im Bureau of Standards ausgeführten Untersuchungen der Streukraft in Chromsäurebädern mit SO_4'' als Katalysator folgende Regeln gefunden:

1. Bei gleicher Stromdichte fällt die Tiefenwirkung mit steigender Temperatur.
2. Bei gleicher Temperatur wird die Tiefenwirkung mit steigender Stromdichte erhöht.

[1] J. Res. Nat. Bur. Standards 4, 27 (1930).

3. Bei gleichzeitiger Steigerung der Temperatur und der Stromdichte wird im Glanzbereich die Streukraft erhöht.

4. Bei einer bestimmten Durchschnitts-Stromdichte beobachtet man in verdünnteren Bädern bessere Streuung. Bei Beibehaltung einer bestimmten Badspannung (z. B. 6 Volt) können konzentriertere Bäder höhere Streukraft aufweisen.

5. Beim Gewichtsverhältnis Chromsäure:Sulfat = 150 streut das Bad besser als beim Gewichtsverhältnis = 100.

6. Durch Gegenwart von Eisen- oder von dreiwertigen Chromverbindungen wird die Verteilung der Niederschlagsstärke über die behandelte Oberfläche erst bei Konzentrationen verbessert, bei welchen der Glanzbereich so stark verengert und die Leitfähigkeit so stark herabgedrückt wird, daß solche Zusätze unvorteilhaft erscheinen.

7. Die Streukraft ist an glänzenden Flächen größer als an matten, besonders gering aber an aufgerauhten Flächen bzw. an solchen mit geringer Wasserstoffüberspannung. Dies mag der Verringerung der Stromdichte an unebenen Flächen zur Last gelegt werden.

8. Die Resultate, welche die Messung des Verhältnisses der Niederschlagsstärken in der von HARING und BLUM (s. S. 110) angegebenen Zelle und der nach FARBER und BLUM empfohlenen Methode, mit rechteckig abgebogenem Kathodenblech die Streukraft zu bestimmen, sind einander proportional.

An Stahl und Messing erhält man bessere Tiefenwirkung als an Kupfer und Nickel. PFANHAUSER und ELSSNER (l. c.) fanden, daß letztere Feststellung nur für Chromsäurelösungen mit 0,5% Schwefelsäuregehalt zutrifft, daß hingegen die Tiefenwirkung bei 0,7 bis 1,2% Schwefelsäuregehalt umgekehrt an Nickel größer ist als an Stahl und Messing.

An rauhen, z. B. im Sandstrahlgebläse behandelten Stücken ist die Tiefenwirkung besonders klein. Dies mag mit der veränderten Adsorptionsfähigkeit und vielleicht mit der geringen Erniedrigung der Überspannung im Zusammenhang stehen.

Chromsulfat und Eisensulfat haben bei geringen Konzentrationen keinen nennenswerten Einfluß, bei höheren Konzentrationen steigern sie die Streukraft, Eisen stärker als $Cr^{\cdots}$; da aber die gleichzeitig auftretenden schädlichen Wirkungen viel stärker in die Waagschale fallen als diese geringe Erhöhung der Streukraft, werden derartige Zusätze als unvorteilhaft angesehen. Nebenwirkungen von Zink- oder Cadmiumsulfatzusätzen, welche die Streukraft gleichfalls etwas steigern, sind zwar nicht beschrieben worden, scheinen aber keinen Vorteil zu bieten.

Diese Feststellungen können als allgemeine Richtschnur dienlich sein. Um in praktischen Fällen Konkreteres zu ermitteln, verwendet man aber mit Vorteil die S. 117ff. beschriebenen Hilfsmittel, z. B. Probekathoden der von PAN angegebenen Form.

Besser und sicherer ist es, die einzuhaltenden Arbeitsbedingungen durch Probe-Elektrolysen in der HULL-Zelle zu ermitteln.

Noch wichtiger als bei anderen ist es bei Herstellung von Chromüberzügen, *alle* Hilfsmittel, die zu Gebote stehen, die Stromdichte gleichmäßiger zu verteilen, sinnreich zur Anwendung zu bringen, die Anodenformen den Kathoden anzupassen, Hilfsanoden, Blenden u. dgl. zu verwenden (s. S. 120).

5. Härte der Chromniederschläge

Einen der Hauptvorzüge elektrolytisch hergestellter Chromüberzüge bildet ihre außerordentliche Härte. Diese ist bei Herstellung stärkerer Überzüge geradezu ausschlaggebend. Es wäre deshalb sehr wichtig, genau feststellen zu können, in welchem Maße sie durch die eingehaltenen Arbeitsbedingungen verändert wird. Der Einfluß, den das weichere Unterlagsmetall bei der Ermittlung der Härte dünner Überzüge spielt, erschwert die Messung. Ob aber die Härte dickerer Schichten immer dieselbe ist wie diejenige dünner Schichten, ist unsicher.

SNAVELY und FAUST haben beobachtet[1], daß sich Chrom periodisch (etwa alle 15 Minuten) lageweise, d. i. in einzelnen zur Kathode parallelen Schichten, abscheiden kann und daß die Härte der einzelnen Schichten um etwa 10% voneinander abweichen kann. Aus den bisherigen Messungen kann man nur ungefähre Anhaltspunkte gewinnen. Glänzende Niederschläge sind härter als rauhe, Oxydeinlagerungen rufen aber leicht Fehlresultate hervor. MACNAUGHTAN fand, daß die Brinellhärte zwischen 500 und 900° schwankt. Die Skleroskophärte bestimmte PFANHAUSER zu 110 und darüber (Nickel 30 bis 50), die reziproke Ritzhärte zu 150 bei Cr, das aus kaltem, bis zu 250 bei Cr, das aus einem auf 45° erwärmten Bade gewonnen war.

Es wirkt überraschend, daß das Chrom zuweilen aus heißeren Bädern härter ausfällt. Wenn der Reinheitsgrad, insbesondere der Oxydgehalt der verglichenen Proben derselbe war, möchte man diese Abweichung von der Regel damit erklären, daß die Elektrolyse bei höherer Temperatur mit höheren Stromdichten durchgeführt werden muß und daß die Steigerung der Härte durch die gesteigerte Stromdichte eine umgekehrte Wirkung der Temperaturzunahme überwiegt und verdeckt.

In Übereinstimmung damit steht der Befund PIERSOLS, daß sich Chrom bei 50° in einer Form abscheiden läßt, welche der Abnützung durch Reibung länger widersteht als solches, das bei 45° abgeschieden wurde, dieses länger als solches, das bei 40° gefällt wurde, daß die Widerstandsdauer aber in noch viel höherem Grade von der Größe der Stromdichte bestimmt wurde, die bei der Elektrolyse Anwendung fand[2].

Bei diesen Untersuchungen wurden 0,025 mm starke Chromnieder-

---

[1] J. Electrochem. Soc. **97**, 99 (1950).

[2] Chem. Metallurg. Engng. **38**, 386, 445 (1931); Metal Ind. (London) **35**, 619 (1929).

schläge auf Kupfer verwendet; sie wurden gegen eine mit 365 cm Umfangsgeschwindigkeit/Min. rotierende Schleifscheibe von 6 cm Durchmesser und 6 mm Stärke aus Norton emery mit 1 kg Druck gepreßt. Um den Zeitpunkt zu bestimmen, in welchem der Chromüberzug eben abgeschliffen worden war, schnitt man alle 2 Sekunden ein kleines Stück der Probe ab. So konnte die für die Abnützung erforderliche Zeitdauer mit 5% Genauigkeit ermittelt werden. Der Grad der Widerstandskraft gegen die Abnützung wurde durch das Verhältnis der zum Abschleifen erforderlichen Zeiten ausgedrückt.

Die nachstehende Zahlenreihe zeigt, in welch hohem Maße die Abnützungsdauer durch die bei der Elektrolyse angewendete Stromdichte beeinflußt werden kann. Zur Erprobung diente ein Chromniederschlag, der bei 49° aus einem Elektrolyten gewonnen worden war, welcher 250 g CrO_3 und 3 g $Cr_2(SO_4)_3$ im Liter enthielt.

Tabelle 62

Kathodische Stromdichte Amp./dm²	Verhältnis der Abnützungszeiten
16	1 (läßt sich durch harten Stahl ritzen)
31	6
49	9
62	43 (härter als Feilenstahl)
78	26
93	24
109	23

Die Widerstandskraft steigt zunächst sehr rasch mit steigender Stromdichte, erreicht ein Maximum und sinkt dann wieder, aber langsamer. Das Maximum wurde bei:

	Kathodische Stromdichte Amp./dm²	Verhältnis der Abnützungszeit
40° bei rund	50	63
45° ,, ,,	60	70
50° ,, ,,	78	76

erreicht. Die Abnahme bei weiterer Stromdichtesteigerung glaubt PIERSOL etwa einer Sprödigkeitszunahme, vielleicht infolge zu starker Wasserstoffabsorption, zuschreiben zu sollen.

6. Einschlüsse

Der Gasgehalt von Chromüberzügen ist so groß, ein Teil desselben so leicht auszutreiben, daß man oft beim Biegen frisch verchromter Metallstreifen unter Wasser Gasblasen, wie aus Sodawasser, aufperlen sieht.

Die Rolle, welche der Wasserstoffgehalt auf die Härte des Elektrolytmetalls ausübt, ist noch nicht geklärt. Nach GUICHARD, CLAUSMANN, BILLON und LANTHONY[1] ist die Härte des Elektrolytchroms (ebenso wie

[1] C. r. acad. sci., Paris **196**, 1660 (1933).

die der Metalle der Eisengruppe) unabhängig von ihrem Wasserstoffgehalt. Sie steht in keinem direkten Zusammenhang mit der Größe des Wasserstoffgehaltes — härteres Chrom enthält oft weniger Wasserstoff.

Eine aus chromsulfathaltiger Lösung von 240 g Cr_3/l mit 26 Amp. kathodischer Stromdichte hergestellte Probe schloß z. B. 320 cm^3 Wasserstoff pro 1 g Cr ein und wies eine Härte von 485° Brinell auf. Der Wasserstoff ließ sich bei niederer Temperatur im Vakuum nur bei mehrtägiger Behandlung allmählich und wohl nur darum nicht quantitativ austreiben, weil das Ende nicht abgewartet wurde. Bei einer Temperaturerhöhung begann die Härte etwas unter 300° C abzunehmen, sie betrug aber bei 320° C noch immer 435° Brinell, obwohl 95% des Wasserstoffs ausgetrieben waren. Die Härte war bei dieser Temperatur noch höher als die ursprüngliche Härte einer zweiten Probe, die mehr Wasserstoff einschloß (400 cm^3/g). Bei Erhitzung auf hohe Temperaturen sank die Härte auf 168° Brinell.

Beim Lagern an der Luft sinkt der Wasserstoffgehalt unter Kontraktion und unter Hinterlassung innerer Spannungen.

Wenn auch der Wasserstoffgehalt im abgeschiedenen Chrom nach den Befunden kaum mehr Einfluß auf seine Härte haben dürfte, halten doch viele (z. B. auch H. Fischer) an der Ansicht fest, daß er bei der Niederschlagsbildung eine entscheidende Rolle auf die Härte ausübt, möglicherweise dadurch, daß er in atomarer Form unter Gittererweiterung vom Chrom aufgenommen wird.

Kaum zweifelhaft ist es aber, daß die Kontraktionen und die Bildung feiner Risse, welche man in Glanzchrom findet, mit dem Einschließen und wieder Abgeben von Wasserstoff in Zusammenhang steht. Schon 1925 gelang es Kohlschütter, zu beobachten[1], daß sich solche Sprünge schon im Verlauf der Elektrolyse bilden, sich durch frisch gefälltes Metall schließen bzw. decken, während andere neue entstehen.

Betreffs der Kristallnatur des Chroms ist es erwähnenswert, daß Snavely[2] durch Röntgenuntersuchung frühere Beobachtungen, daß Chrom — besonders bei tieferen Temperaturen — in hexagonaler Form abgeschieden wird, bestätigt hat. Seine normale Kristallstruktur ist diejenige raumzentrierter Kuben. Snavely nimmt an, daß H in das Gitter eintritt und Spannungen und Sprünge hervorruft.

Außer Wasserstoff schließen Chromniederschläge immer auch merkliche Sauerstoffmengen ein.

Nach Untersuchungen von Brenner und Mitarbeitern[3] steht der Sauerstoffgehalt des Chroms geradezu in direkter Beziehung zu seinen mechani-

[1] Z. anorg. Chem. **144**, 241 (1925).

[2] Trans. Electrochem. Soc. **92**, 537 (1947).

[3] Brenner, Burkhead und Jennings, J. Res. Nat. Bur. Standards **40**, 31 (1947); **40**, 349 (1948); Amer. Electroplaters Soc. **34**, 32 (1947).

schen Eigenschaften. Der Mindest-Sauerstoffgehalt beträgt 0,04%, in den härtesten Niederschlägen steigt er aber bis auf 0,4% an. Er liegt wahrscheinlich in Form von Cr_2O_3-Einschlüssen darin vor. Mit steigendem Sauerstoffgehalt steigen außer der Härte die Zugfestigkeit und der elektrische Widerstand (wie es auch bei Ni die Regel ist), während die Dichte und die Dehnung (die immer weit unter 1% liegt) abnehmen. Die Dichte der härtesten Chromniederschläge ist um etwa 2% geringer als diejenige der weichsten, bei höherer Temperatur bereiteten.

Brenner vermutet, daß im Metall fein verteiltes Chromoxyd eine Bindung hervorruft, welche das Gleiten der Mikrokristalle aneinander erschwert und dadurch Härte und Zugfestigkeit erhöht. Durch Warmbehandlung, welche zu einer Rekristallisation führt, werde dies rückgängig gemacht.

Snavely und Faust bestreiten diese Annahme, weil sie keine Abtrennung von Chromoxyden nach der Warmbehandlung beobachtet haben.

Während harte Chromniederschläge immer von Sprüngen durchsetzt sind (s. Abb. 153, 154, S. 413), können weiche Chromsorten (s. S. 341) sprungfrei niedergeschlagen werden. Trotzdem treten in letzteren noch größere Spannungen auf als in ersteren; da sie aber nicht so spröde sind, können sie sie vertragen, ohne Risse zu bilden.

7. Zellengefäße und Anodenmaterial

Obwohl Chromsäure Eisen passiviert, werden Gefäße aus blankem Stahl und Eisen kaum mehr verwendet, sondern nur solche, die innen mit Überzügen aus Blei, Bleilegierungen oder isolierenden Substanzen ausgekleidet sind. Antimon-Blei (mit etwa 6% Sb) ist haltbarer als Blei. Noch besser hält eine etwa 10%ige Blei-Zinn-Legierung (s. weiter unten).

Mit einem Futter aus säurefesten Ziegeln versehene Zellen haben sich gleichfalls als gut brauchbar erwiesen, doch verwendet man statt deren gegenwärtig, besonders für fluorhaltige Bäder, Hartgummi- oder auch PVC-Auskleidungen, vorausgesetzt, daß man Badtemperaturen von 45° nicht überschreitet. Auskleidungen aus Drahtglas vertragen höhere Temperaturen, sind aber dort nicht zu empfehlen, wo man mit fluoridhaltigen Bädern arbeitet. Neuerdings bewähren sich solche aus Polyäthylen.

Die an den Elektroden entwickelten Gase reißen Tröpfchen empor, deren Verbreitung in die Raumatmosphäre wegen ihrer Gesundheitsschädlichkeit und ihrem aggressiven Charakter verhindert werden muß. In dieser dürfen sie einen Höchstgehalt von 1 Milligramm im Kubikmeter Luft nicht überschreiten. Alle modernen Zellen, ob sie nun rechteckige (s. Abb. 133) oder ringförmige (Abb. 134 bis 136) Form aufweisen, sind deshalb an ihrem oberen Rand mit wirksamen Absaugvorrichtungen versehen, welche die frühere Verwendung von Hauben überflüssig machen.

Als Anodenmaterial zieht man nur Metalle heran, die praktisch unlöslich bleiben. Da Chrom in metallischer Form kostspieliger ist als in seinen Verbindungen, kommt es schon aus wirtschaftlichen Gründen als Anodenmaterial nicht in Betracht. Es hätte außerdem noch die Nachteile, anodisch zu rasch, dazu noch unregelmäßig, in Lösung zu gehen und Chromverbindungen nicht aufzuoxydieren.

Aus diesen Gründen verwendet man bei der Verchromung (im Gegensatz zu fast allen anderen galvanotechnischen Prozessen) ausschließlich „unlösliche" Anoden.

(Photo: Langbein-Pfanhauser-Werke)

Abb. 133. Einfaches Chrombad

Außer einigen, viel zu teuren Metallen der Platingruppe ist kein Metall, das hier für Anodenherstellung in Betracht kommt, im Chromsäurebad

Tabelle 63 (nach SCHNEIDEWIND)

Anodenmaterial	Cr_2O_3-Gehalt		Badspannung	
	zu Beginn	nach 25,5 Stunden g/l	zu Beginn Volt	nach 25,5 Stunden Volt
Stahl	0	3,74	3,22	3,81
Platin	0	1,68	3,22	3,32
Blei	0	0,55	3,22	3,24

wirklich unlöslich. Kohle und Graphit sind ihrerseits ganz ungeeignet, weil sie oxydiert werden und zerfallen.

Am besten haben sich Blei und gewisse Stahlsorten als Anodenmaterial bewährt, welche sich leicht passivieren und länger standhalten als Eisen.

Im allgemeinen steigt der Angriff von Stählen mit steigender Temperatur und mit sinkender Stromdichte.

Bei Stromdichten von etwa 4 Amp./dm² und mittelhohen Temperaturen (40 bis 55° C) gelangen in Fe-freien Bädern im Mittel etwa 80 g Fe je durchgegangener Kiloamperestunde ins Bad. Läßt man diese Strommenge durch

(Photo: Langbein-Pfanhauser-Werke)

Abb. 134. Halbautomatisches Verchromungsbad mit erforderlichem Schaltwerk sowie ferngesteuertem Gleichrichter. Rechts auf dem Boden Traggestelle

einen Kubikmeter Badlösung fließen, so erhöht sich sein Fe-Gehalt stündlich um 0,08 g Fe/l, und erst nach Durchgang von 12,5 kAmp./Std. um 1 g/l Fe. Eine Verringerung ihres Eisengehaltes wird somit erst nach langen Betriebsperioden notwendig. Die Anoden überziehen sich mittlerweile mit einer dunklen Oxydschicht, die aber keinen nennenswerten Übergangswiderstand bildet.

Blei wird in noch wesentlich geringerem Maße anodisch gelöst; es bildet dabei schwerlösliches Chromat. Unvorteilhaft ist es aber, daß es besonders in Nähe des Badniveaus im stromlosen Zustand merklich gelöst wird und daß es sich auch mit schwerlöslichen, schlechtleitenden Krusten überzieht. Diese müssen zeitweise durch Abbürsten oder durch Behandlung mit Chemikalien, z. B. salzsaurer Kochsalzlösung entfernt werden, weil sie nicht nur Spannungssteigerungen hervorrufen, sondern infolge ungleichmäßiger

Verteilung auf den Anoden eine ungleichmäßige Verteilung der Stromdichte nach sich ziehen, die unerwünscht ist.

(Photo: Riedel & Co.)

Abb. 135. Ringbad für Verchromung

Abb. 136. Ringbäder für Cr, Cu oder Ni (Photo: Riedel & Co.)

Diese Gründe haben die meisten veranlaßt, Stahlanoden allen anderen vorzuziehen, obgleich Pb-Anoden (s. Tab. 63) dreiwertiges Chrom sicherer aufoxydieren als Stahlanoden. Zusätze von 6% Antimon schützen das Blei[1] zwar im stromlosen Zustand, sie beschleunigen aber den Angriff bei Stromdurchgang. Als besten Schutz des Bleis empfehlen Eldridge einen Zuschlag von 5 bis 10%, Starek 7% Sn, Arend 2% Ag neben 2% Sn. Da sich Legierungen mit 6 bis 10% Sn leicht und in gut haftender Form auf elektrolytischem Wege ausfällen lassen, kann man gut leitende Elektroden dadurch herstellen, daß man auf galvanischem Wege eine entsprechend starke Schicht von Blei-Zinn auf Kupfer- oder Stahlelektroden niederschlägt.

Im Betrieb bildet sich auf Bleianoden ein Überzug von Bleisuperoxyd, der die Oxydation dreiwertiger Chromverbindungen noch befördert.

In den Betriebspausen bildet sich allerdings daraus schlechtleitendes Bleichromat, das festhaftet. Bei längeren Betriebspausen ist es deshalb empfehlenswert, die Anoden aus dem Bad zu heben oder schwachen Strom mit eingehüllten Hilfskathoden durch die Zelle fließen zu lassen.

8. Einige Besonderheiten

Von charakteristischen Momenten, welche die Durchführung der elektrolytischen Verchromung von anderen unterscheidet, sind die markantesten:

die Notwendigkeit, unlösliche Anoden zu verwenden, während die Galvanostegie gewöhnlich mit löslichen Anoden durchgeführt wird,

die damit verbundene Abnahme der Chromsäurekonzentration bei länger andauernder Elektrolyse,

die hohen Stromdichten, die zur Anwendung kommen müssen,

die sehr geringe Streukraft der Bäder,

die sehr niederen Stromausbeuten, mit denen sich glänzende, harte Niederschläge gewinnen lassen, endlich

die hohe Empfindlichkeit des Prozesses gegen Veränderungen der Arbeitsbedingungen, insbesondere des Konzentrationsverhältnisses der Fremdanionen zur Chromsäure, der Temperatur und der Stromdichte.

Die meisten der Fehlresultate, die man anfangs erzielte, waren darauf zurückzuführen, daß man, die Schwierigkeiten der Herstellung so hoher Stromdichten unterschätzend, nicht genug Sorgfalt auf Kontaktgebung verwandte und daß man bei einem Bad von so schlechter Tiefenwirkung keine hinreichend gleichmäßige Stromverteilung über die ganze Kathodenfläche herstellte. Verhältnismäßig kleine Potentialdifferenzen, welche durch zu wenig innige Kontaktverbindung der stromführenden Teile mit dem Werkstück oder durch die Anwendung zu wenig zahlreicher Kontaktstellen an den Kathoden von Stelle zu Stelle auftreten, spielen bei einem Prozeß, dessen Ergebnis in so hohem Maße von der Höhe der Stromdichte beeinflußt wird, eine ungewöhnlich große Rolle. Allerbeste Kontaktgebung, möglichst genaue

[1] Trans. Amer. Electrochem. Soc. **61**, 327, 333 (1932); USA.-Pat. 1 975 227.

Anpassung der Anoden- an die Kathodenform und die richtige Bemessung der Größe der Anoden bilden besonders bei der Verchromung größerer oder profilierter Kathoden eine Grundbedingung für die Erzielung gleichmäßiger Resultate. Selbst auf ebenen, beiderseitig von parallelen Anoden eingeschlossenen Kathoden ist (s. S. 107f.) die Stromverteilung keine ganz gleichförmige und bleibt bei so mangelhafter Streukraft unkorrigiert.

Die meisten Chromüberzüge stellt man in Stärken her, die nur nach Zehntel Mikrons zählen, wenn sie bloß dem Zwecke dienen, das Aussehen in dauerhafter Weise zu verbessern. Ungleichmäßige Stromverteilung würde hier leicht dazu führen, daß Oberflächenteile unbedeckt bleiben, sie ist deshalb womöglich auszuschließen.

Die Arbeitsweise, welche bei Herstellung solcher dekorativer Überzüge beobachtet wird, unterscheidet sich in manchen wesentlichen Punkten von derjenigen, die man bei Herstellung stärkerer Überzüge, nämlich solcher von 0,02 bis 0,5 mm und selbst darüber, der sogenannten „Hart-Verchromung", befolgt.

Fehler der Galvanisierung lassen sich nachträglich nicht wieder gutmachen, weil elektrolytische Niederschläge auf Chrom nicht haften. Man kann die Verchromung nicht stufenweise ausführen. Hat man ein Fehlresultat erhalten, so bleibt nichts übrig, als die Verchromung wieder zu entfernen und das Werkstück frisch in Arbeit zu nehmen.

Daß eine Entfettung und Reinigung der Verchromung vorauszugehen hat, braucht nicht erst unterstrichen zu werden, aber auch bei dieser Vorbehandlung des Unterlagsmetalls ist hier auf Besonderheiten Rücksicht zu nehmen. Zwar teilt das Chromsäurebad mit den Doppelzyanid-Bädern den Vorzug, die Vorreinigung nach gewisser Richtung zu vervollständigen, ja zum Teil sogar übernehmen zu können, was durch die starke Gasentwicklung, welche an der Kathode in allen Chromsäurebädern auftritt, noch gefördert wird. Hingegen begünstigen sie das Auftreten bzw. den Fortbestand von Oxydfilmen, die — wenn auch hauchdünn und unsichtbar — das Unterlagsmetall passivieren und die Niederschlagsbildung auf ihnen stören können (besonders z. B. auf Nickel oder Stahlsorten).

Die *American Society of Testing Materials* hat erprobte empfehlenswerte Vorschriften für die Aktivierung von Unterlagsmetallen vor ihrer Verchromung veröffentlicht[1]. Unter anderem erscheint abwechselndes Eintauchen in Alkali, dann Säure, ferner anodische und kathodische Behandlung angezeigt zu sein, z. B.: 1. ½ bis 1 Min. langes Eintauchen in 30 bis 50 Vol.-% HCl, 2. 5 Min. langes Eintauchen in 20 Vol.-% H_2SO_4· endlich 3. kurze (etwa ¼ Min. dauernd) kathodische Behandlung in 5 Vol.-% Schwefelsäure bei 4 bis 6 Volt Spannung.

Bei der Verchromung von Glanz-Nickel-Überzügen ist es nicht ratsam,

[1] A. S. T. M. B 177—49 (1949), Standards Part II 77 (1949).

die Werkstücke ohne weiteres vom Glanznickelbad ins Chromsäurebad zu hängen, ohne sie vorher wieder aktiviert zu haben. Man tut dies z. B., indem man sie zuerst durch ein alkalisches, dann ein saures Bad führt. In Fällen, in welchen die Werkstücke das Nickel-Glanzbad in stark passiviertem Zustand verlassen, werden sie in USA. erst durch wenige Sekunden in einer Lösung von 30 g/l NaCN und 30 g/l Na_2CO_3 anodisch behandelt, dann im selben Bad nach Stromumkehr 15 bis 30 Sek. lang kathodisch polarisiert, gespült und nach Säurespülung ins Chrombad eingeführt.

Wo man über 60° arbeitet, ist diese Vorsichtsmaßnahme überflüssig.

Eine Besonderheit der elektrolytischen Chromüberzüge bildet auch die Größe ihrer inneren Spannungen. Ist das Auftreten derartiger Spannungen in Elektrolytmetallen auch von anderen Metallen (z. B. vom Nickel) her wohlbekannt, so sieht man sie beim Chrom doch ganz ungleich höhere Werte annehmen. Diese bewegen sich nach Untersuchungen von BRENNER, BURKHEAD und JENNINGS[1] in den Grenzen von 1 200 bis 6 000 kg/cm².

Man nimmt mit SNAVELY[2] gewöhnlich an, daß aus hydratisiertem Chromoxyd unbeständige Chromhydrüre entstehen, und zwar hauptsächlich hexagonales Cr_2H bis CrH neben kubischem, raumzentriertem Hydrür. Das unbeständige Hydrür zerfällt spontan unter Rücklassung von raumzentriertem, kubischem Chrom unter Wasserstoffabgabe, wobei es um etwa 15% schrumpft und dadurch die ungewöhnlich hohen Kontraktions-Spannungen hervorruft.

Diese haben zur Folge, daß sich Sprünge oder Risse im Chromüberzug bilden, sobald die Spannungen die Kohäsionskraft des Metalls übertreffen. Dies tritt erst bei bestimmter, wenn auch minimaler Schichtstärke ein. Die allerdünnsten Überzüge (etwa 0,00025 mm) sind zwar porös, aber nicht rissig, wenn sie stark am Unterlagsmetall haften[3]. Bei fortgesetzter Elektrolyse beginnen sich Haarrisse zu bilden. Niederschläge von mehr als 0,0005 mm Stärke werden von Sprüngen durchzogen, die bis an das Unterlagsmetall reichen. Bei weiterer Zunahme der Dicke des Niederschlages bilden sich fortlaufend neue Sprünge, während ein Teil der schon bestehenden nach und nach überwachsen bzw. geschlossen wird. Diese Sprünge sind in der Mehrzahl senkrecht zur Kathodenoberfläche gerichtet. Erst von Niederschlagsstärken von 0,02 mm ab kann man aber mit großer Wahrscheinlichkeit darauf rechnen, daß keine Sprünge mehr vorhanden sind, welche den ganzen Überzug durchsetzen, d. i. von der Oberfläche bis zum Unterlagsmetall reichen, und daß der Überzug somit Korrosionsschutz bietet.

Dadurch kommt es zu der überraschenden Erscheinung, daß ganz dünne

[1] Amer. Electroplaters Soc. **34**, 32 (1947).

[2] Trans. Electrochem. Soc. **92**, 537 (1947).

[3] Gewöhnlich wird eine Mindest-Schichtstärke von 0,25 μ vorgeschrieben. Um diese sicher auf der ganzen Oberfläche nicht zu unterschreiten, muß man eine Mindest-Durchschnitts-Stärke von 0,5 μ herstellen.

(0,25 bis 0,5 μ starke) Überzüge das Unterlagsmetall besser schützen als stärkere und daß man erst von Chromschichten, die mindestens 20 μ stark sind, sichereren Korrosionsschutz erwarten kann[1].

Demgemäß stellt man für Dekorationszwecke meist nur Niederschläge von weniger als 0,5 μ Dicke her, die sich beim Arbeiten im Glanzbereich in 2 bis 4 Minuten herstellen lassen.

Es ist bemerkenswert, daß Rißbildungen die Haftintensität des Überzuges nicht verringern und nicht dazu führen, daß der Chromüberzug etwa stellenweise abspringt. Letzteres findet erst dann statt, wenn die Korrosion des Unterlagsmetalls, die von den Haarrissen ausgeht, solchen Umfang annimmt, daß sie Flächen erfaßt, welche vom Überzug bedeckt werden.

Risse bilden sich auch noch nach Beendigung der Elektrolyse, schneller in den ersten 24 Stunden, langsamer bei weiterem Lagern; doch durchsetzen diese neuen Risse nur Oberschichten.

Auch bei nachträglicher Erhitzung, bei welcher Wasserstoff ausgetrieben wird, steigt die Zahl der Risse weiter an.

Ceteris paribus werden die Niederschläge mit zunehmender Stärke brüchiger.

Eine wesentliche Verbesserung hat die Einführung der *Halbglanz*-Nickelbäder herbeigeführt, weil sie Fehler des Unterlagsmetalls ausgleichen bzw. korrigieren.

Bäder besonderer Zusammensetzung liefern (s. S. 341) sprungfreie, aber weniger harte Chromüberzüge.

Um zu prüfen, ob die Arbeitsbedingungen solche sind, daß ungewöhnliche innere Spannungen auftreten oder nicht, beobachtet man entweder den Grad und die Richtung der Ausbiegung, den dünne Probekathoden erfahren, im Kontraktometer (s. S. 103, 105) mittels eines kleinen Mikroskops — eine Beobachtungsmethode, welche sich mit großer Präzision durchführen läßt —, oder man verchromt Kupferstreifen im Bad und löst das Kupfer mittels Salpetersäure vom Chromniederschlage ab. Aus der auftretenden oder ausbleibenden Formveränderung gewinnt man einen ungefähren Anhaltspunkt über die Kontraktion, die vorhanden ist, zugleich auch über Duktilität und Dichte der Chromschicht.

Eine exakte Kontrolle der erzeugten Niederschlagsstärke ist, besonders bei nicht ganz gleichförmiger Stromverteilung, kaum möglich. Sie wird noch dadurch erschwert, daß die Stromausbeute um so tiefer sinkt, je länger man die Elektrolyse fortsetzt. Man verwendet gewöhnlich empirisch aufgestellte Tabellen, um zu berechnen, wie lange man bei bestimmter Temperatur und Stromdichte die Elektrolyse fortzusetzen hat, um die gewünschte Niederschlagsstärke zu erhalten.

---

[1] Gewöhnlich wird eine Mindest-Schichtstärke von 0,25 μ vorgeschrieben. Um diese sicher auf der ganzen Oberfläche nicht zu unterschreiten, muß man eine Mindest-Durchschnitts-Stärke von 0,5 μ herstellen.

Bei Herstellung starker, etwa millimeterdicker Chromüberzüge bildet das Metall, besonders an Kanten und Spitzen, leicht Knospen und Rosen.

Die Hartverchromung wird durchgeführt, um von den hervorragenden mechanischen Eigenschaften des Chroms, insbesondere seiner großen Härte und seinem geringen Reibungskoeffizienten, Nutzen zu ziehen, der meist weniger als halb so groß ist als derjenige gehärteten Stahls, ferner zum Wiederaufbau verletzter Werkstücke u. dgl. m.

Als Unterlagsmetalle dienen meist Eisen, Nickel, Stahl, Gußeisen, Aluminium, seltener Zink, Kupfer, Messing.

Die dünnen dekorativen Chromüberzüge werden mit Vorliebe auf Nickel, besonders auf Glanznickel, oder Halbglanznickel aufgebracht. Dazu werden die Stücke vor ihrer Verchromung fast immer vernickelt, sehr häufig zuerst verkupfert, dann erst vernickelt.

Dünne Verchromung auf Kupfer oder Messing direkt aufzubringen, empfiehlt sich nicht, es wäre denn, daß man nur allerdünnste Chromschichten von 0,1 bis 0,2 μ herstellt. Stärkere haften nicht in zuverlässiger Weise und lösen sich zuweilen, wenn auch erst nach längerem Zeitraum ab.

Jedes Unterlagsmetall erfordert eine eigene Vorbehandlung, dies gilt auch ganz besonders für Legierungen, z. B. Aluminiumlegierungen, die verchromt werden sollen, und für verschiedene Stahlsorten. Vorschriften für die Vorbehandlung nichtrostenden Stahls sind von der A. S. T. M 1951 in B 254—51 T veröffentlicht worden[1], Legionen anderer für verschiedene Metalle in einschlägigen Zeitschriften.

Auf nicht passives bzw. auf aktiviertes Ni sachgemäß aufgebracht, weist Chrom enormes Haftvermögen auf, desgleichen auf richtig vorbehandeltem Stahl. Das stärkste Haftvermögen soll es auf diesem nach anodischer Behandlung mit 6 Volt Spannung in Chromsäure- bzw. in Badlösung, oder auch durch eine Minute in Schwefelsäure von 50° Bé erlangen.

Auch auf Al soll die Haftintensität nach anodischer Behandlung in salpetersauren Lösungen bedeutend sein.

Die Dauerhaftigkeit seines Glanzes verdankt das Chrom dem Umstand, daß es sich mit einer unsichtbaren Oxydhaut überzieht, die es an der Luft bei etwaiger Verletzung augenblicklich erneuert. Dieser Oxydhaut verdankt es seine chemische Widerstandskraft, die es befähigt, auch dem darunterliegenden Metall Korrosionsschutz zu bieten und es auch gegen Schwefel zu schützen, welches andere Überzugsmetalle, wie Kupfer, Silber, Nickel schwärzt.

Sein Reflexionsvermögen ist beträchtlich. Es beträgt nach Messungen des Bureau of Standards bei Wellenlängen von 4000 bis 7000 Å 62 bis 72%, für Ultraviolett 55 bis 77%. Es geht aber in korrodierender Atmosphäre rasch zurück.

---

[1] Plating 38, 837 (1951).

Chrom bleibt bei Erhitzung bis zu 260° glänzend und wird an der Luft erst bei längerer Erhitzung über 300° dunkel, bei noch höherer Temperatur schwarz mit grünlichem Stich[1].

Seine chemische Widerstandsfähigkeit hat aber ihre Grenzen. Da sie einer besonders zähen und widerstandsfähigen Oxydhaut zu verdanken ist, geht sie verloren, wenn dieser Film durch chemische Mittel aufgelöst bzw. zerstört wird. Deshalb greifen starke, nicht oxydierende Säuren und starke Reduktionsmittel an, während Salpetersäure schützt und dazu verwendet werden kann, es vom Unterlagsmetall abzulösen.

9. Analytisches

Die Analyse der Bäder erstreckt sich auf die Bestimmung des Gehaltes an CrO_3, SO_4, vor allem des Verhältnisses CrO_3/SO_4 und der Konzentration an $Cr^{\cdot\cdot\cdot}$, allenfalls $Fe^{\cdot\cdot\cdot}$.

Zur ungefähren Bestimmung der CrO_3-Konzentration kann, wie S. 333 angedeutet wurde, die Messung des spezifischen Gewichtes mittels eines Aräometers dienen, die jeweilige Konzentration reiner bzw. 1% Schwefelsäure enthaltender Lösungen läßt sich dann bei 15° nach Abb. 128 abschätzen. Für Lösungen, die mehr als 500 g/l enthalten, wendet man besser ein Pyknometer als ein Aräometer an; doch kommt dieser Fall praktisch, wo in der Regel Lösungen von 200 bis 350 g/l verwendet werden, kaum vor. Innerhalb letzterer Grenzen nimmt das spezifische Gewicht von 1,14 auf 1,27 zu, es verändert sich also schnell genug, um größere, nicht aber um kleinere Konzentrationsänderungen verfolgen zu lassen, solange die Konzentration der Schwefelsäure sich nicht ändert und keine größeren Mengen von Reduktionsprodukten oder von Eisen ins Bad gelangen. Tritt letzteres ein oder handelt es sich darum, das Verhältnis CrO_3/SO_4 genauer zu kontrollieren, so reicht die Dichtebestimmung nicht aus. Man bestimmt die CrO_3-Konzentration dann auf titrimetrischem Wege. Man reduziert dazu z. B. die Chromsäure durch überschüssige Ferroammonsulfatlösung bestimmter Konzentration und ermittelt die Menge unverbraucht gebliebenen Ferrosalzes durch Titration mittels Kaliumpermanganats. Nach:

$$2\,CrO_3 + 6\,FeSO_4 + 6\,H_2SO_4 = Cr_2(SO_4)_3 + 3\,Fe_2(SO_4)_3 + 6\,H_2O$$

werden 3 Mol Ferrosulfat zur Reduktion eines Mols Chromsäure verbraucht.

Die Ferroammonsulfatlösung wird durch Auflösung von etwa 40 g $FeSO_4 \cdot (NH_4)_2SO_4 \cdot 6\,H_2O$ im Liter unter Zusatz von 75 cm^3 Schwefelsäure vom spezifischen Gewicht 1,84 bereitet. Ihr Titer wird mit Kaliumbichromatlösung gestellt, die man durch Auflösung von 5,884 g des in der Hitze getrockneten Bichromats in einem Liter gewinnt, sie ist hinsichtlich CrO_3 0,04-n.

---

[1] Snavely und Faust, J. Electrochem. Soc. **97**, 99 (1950).

Zur Titerstellung verdünnt man 25 cm^3 letzterer Lösung, die 0,001 Mol oder 0,1 g CrO_3 enthält, auf 300 cm^3, setzt 25 cm^3 konzentrierte Schwefelsäure zu, läßt abkühlen, fügt 50 cm^3 der zu stellenden Ferroammonsulfatlösung zu und bestimmt den Überschuß an Ferrosalz mit Kaliumpermanganatlösung, die 3,2 g $KMnO_4$ im Liter enthält, bis zum Auftreten der Rosafärbung.

Hat man derart den Titer der Ferroammonsulfatlösung gestellt, so verwendet man zur Analyse 10 cm^3 der Badlösung, filtriert sie erforderlichenfalls durch Asbest, verdünnt auf 500 cm^3 und verwendet 25 cm^3 dieser Lösung für die Titration, setzt wieder Schwefelsäure und 50 cm^3 der Ferrosalzlösung zu und titriert den Überschuß mit Kaliumpermanganat zurück.

Statt die Titration in der beschriebenen Art durchzuführen, kann man CrO_3 auf ebenso genaue Art jodometrisch bestimmen oder man versetzt 1 cm^3 der entsprechend verdünnten Badlösung mit 10 cm^3 Phosphorsäure vom spezifischen Gewicht 1,37 (1:1) und 6 bis 8 cm^3 einer Lösung von 0,1 g Diphenylbenzol in 10 cm^3 konzentrierter Schwefelsäure, die mit Eisessig auf 100 cm^3 gebracht wurde. Man setzt nach einigen Minuten etwa 3 g kristallisiertes Natriumazetat zu und titriert mit 0,2-n. Ferroammonsulfatlösung bis zum Verschwinden der aufgetretenen Blaufärbung. 1 cm^3 0,2-n. Ferrosulfatlösung entspricht 0,00666 g CrO_3. Diese Titration ist schneller durchzuführen als die erstbeschriebene und ihre Genauigkeit reicht für technische Zwecke aus.

Viel weniger bequem ist die Bestimmung des SO_4. Die direkte Fällung mit Chlorbarium ist zu ungenau, weil das ausfallende Bariumsulfat stets kleine Mengen von Bariumchromat einschließt. Das SO_4 läßt sich deshalb erst nach Reduktion der Lösung zu Salzen des dreiwertigen Chroms mittels Chlorbariums bestimmen. Man nimmt dazu etwa 10 cm^3 Badlösung, verdünnt auf 100 bis 150 cm^3, setzt 10 cm^3 Salzsäure (1,18 spezifisches Gewicht) und 10 cm^3 Äthyläther zu und erhitzt so lange zum Sieden, bis das erstgebildete, charakteristisch riechende Aldehyd völlig ausgetrieben ist, setzt dann in der Hitze Chlorbariumlösung zu, filtriert nach völligem Absetzen, das selbst in der Hitze viele Stunden in Anspruch nimmt, trocknet und wägt. Man erhält immer zu niedere Resultate, um so niedrigere, je schneller man die Bestimmung durchführt, die Größe des Fehlers wird erst erträglich, wenn man die Einwirkung einen Tag lang dauern läßt.

Schneller und genauer läßt sich die Bestimmung nach Reduktion mittels Hydroxylamins durchführen. Man wendet dazu 10 bis 20 cm^3 Badlösung an, setzt nach mäßiger Verdünnung 25 cm^3 Eisessig und 2 cm^3 konzentrierte Salzsäure zu und läßt dann vorsichtig unter stetem Schwenken salzsaures (schwefelsäurefreies!) Hydroxylamin in geringem Überschuß zu. Man verdünnt dann auf 150 cm^3, erhitzt zum Sieden, um die Stickoxyde auszutreiben, fällt mit Chlorbarium, läßt etwa eine Stunde lang in der Hitze absitzen, filtriert, wäscht zur Entfernung rückgehaltenen Chromsalzes mit 1%iger Salzsäure, dann mit Wasser nach, trocknet, glüht und wägt.

Statt mit Hydroxylamin kann man die Reduktion auch durch Wasserstoffsuperoxydzusatz vornehmen.

Derartige gravimetrische Bestimmungen nehmen immer viel Zeit in Anspruch. In kürzerer Zeit lassen sich hinreichend genaue Resultate durch Ausschleudern erzielen. Man schleudert dazu die nach der Fällung mittels Bariumchlorids trübe Lösung in einer Zentrifuge aus und verwendet dabei Röhren, die in einen engen, graduierten Ansatz auslaufen. Unter der Wirkung der Zentrifugalkraft sammelt sich das schwere Bariumsulfat dort an und seine Menge kann durch Ablesen an der Gradeinteilung abgeschätzt werden.

Eine andere schnell durchführbare Bestimmungsmethode mittels des Turbidometers ist von Willard und Schneidewind[1], Stout und Petchaft[2] ausgearbeitet und beschrieben worden. Nach ersteren wird das Bariumsulfat erst nach Reduktion der Lösung gefällt, während letztere die Fällung ohne weitere Vorbehandlung mittels Chlorstrontiums vornehmen. In einer von Parr angegebenen Anordnung wird dann die trübe Lösung nach und nach bis zu solcher Höhe in ein von unten mittels einer kleinen Lampe erleuchtetes Rohr eingefüllt, daß der anfangs deutlich sichtbare Lichtkreis verschwindet. Die Höhe, bis zu welcher man das Rohr dazu auffüllen muß, gibt ein Maß für die Trübung und also für den SO_4-Gehalt der Lösung.

Der $Cr^{\cdots}$-Gehalt der Badlösung wird nach Bestimmung des ursprünglich vorhandenen CrO_3, Aufoxydation und nochmaliger Bestimmung des CrO_3 aus der Differenz ermittelt.

K. Die Metalle der Platingruppe, ferner Palladium, Rhodium, Wolfram, Wismut, Antimon, Arsen usw.

Immer wieder versuchsweise herangezogen, hat doch bisher keines dieser Metalle eine wichtige Rolle in der Galvanotechnik zu spielen vermocht, obwohl das Interesse dafür wach geblieben ist.

Die wertvollen Eigenschaften des *Platins*, insbesondere diejenige, dem Angriff nahezu aller Agenzien mit Ausnahme von Königswasser und Fluor zu widerstehen, würden ihm in der Galvanostegie eine hervorragende Stelle sichern, gelänge es, dünne, vollkommen dichte Überzüge aus diesem Metall auf elektrolytischem Wege niederzuschlagen. Leider kennt man noch keinen Elektrolyten, aus welchem sich Platin auch nur in so dichter Form abscheiden ließe, wie Silber und Gold aus den Lösungen ihrer Doppelzyanide. Die große Legierungsfähigkeit des Platins, die Leichtigkeit, mit welcher es aus den meisten in Frage kommenden Salzlösungen durch unedlere Metalle, auch ohne Stromwirkung, in unansehnlicher bis schwammiger Form

[1] Trans. Amer. Electrochem. Soc. **56**, 333 (1929).

[2] Trans. Amer. Electrochem. Soc. **56**, 351 (1929).

ausgeschieden wird, schränken das Feld noch weiter ein und verringern die Zahl der Grundmetalle, die man ohne eine Vorverkupferung oder Vorversilberung verplatinieren kann.

Zwar gelingt es, ganz dünne Platinniederschläge in gut aussehender bis glänzender Form aus einer Reihe von Platinbädern herzustellen, aber diese Überzüge sind nicht dicht genug, um das darunterliegende Metall zu schützen, geschweige denn einen Angriff desselben bei starker Beanspruchung zu verhüten, z. B. verplatinierte Kupferbleche oder -drähte herstellen zu lassen, die als Ersatz für Platinanoden bei elektrochemischen Prozessen dienen könnten.

Dies könnte sich ändern, wenn es gelänge, Elektrolyte zusammenzusetzen, in denen das Platin in Komplexe eintritt, welche ähnliche Konstanten aufweisen wie etwa die Doppelzyanide des Kupfers, Silbers und Goldes.

Zur Zeit sind derartige Platinbäder aber nicht bekannt, und deshalb findet die Verplatinierung nur noch ganz geringe Verwendung, z. B. in der Schmuckindustrie. Für derartige Zwecke sind eine ganze Reihe von Elektrolyten geeignet.

Schon ROSELEUR hat vor Jahrzehnten ein ganz gutes Phosphatbad für solche Zwecke angegeben:

Platin (als Chlorid)	5 g/l	(etwa 0,1-n.)
$(NH_4)_2HPO_4$	45 g/l	(etwa 1-n.)
$Na_2HPO_4 \cdot 12\,H_2O$	240 g/l	(etwa 2-n.)

Anstatt des Natriumphosphates kann man 15 g Borsäure verwenden.

Bis vor kurzem wurden vorwiegend Bäder dieser Art angewendet, obwohl von anderer Seite noch viele andere Badzusammensetzungen angegeben wurden, z. B. solche, die Laktate, Zitrate, Oxalate od. dgl. m. enthalten.

Neuerdings werden Badlösungen bevorzugt, welche Doppelnitrite enthalten und die in der Tat etwas glattere, aber doch nur für die Schmuckindustrie genügend dichte Überzüge liefern. Eine geeignete derartige Badzusammensetzung ist z. B.:

Platin (als Diammonnitrit $Pt(NH_4)_2(NO_2)_2$).	10 g/l	(etwa 0,2-n.)
Ammoniumnitrat	100 g/l	(etwa 1,25-n.)
Konzentriertes Ammoniak	50 g/l	

der man noch etwas Natriumnitrit zusetzen kann.

Zur Herstellung des Bades wird eine konzentrierte Lösung von Platinnatriumchlorid mit überschüssiger konzentrierter Natriumnitritlösung versetzt und so lange erhitzt, bis die Entwicklung von Stickoxyddämpfen aus der hellgelben Lösung völlig aufhört. Man fügt etwas überschüssiges Ammoniak zu, filtriert nach dem Abkühlen den nahezu weißen Niederschlag und bringt ihn mittels Ammoniumnitrats oder Ammonsulfats unter Zusatz konzentrierten Ammoniaks in Lösung.

Die Elektrolyse wird in Platinbädern vorzugsweise mit hoher Stromdichte (5 bis 20 Amp./dm^2) bei hoher Temperatur, etwa 90°, durchgeführt. Die Streukraft des Bades ist gut, aber es lassen sich nur äußerst niedere Stromausbeuten erzielen, etwa ebenso niedere wie bei der Chromabscheidung. Der anfangs glänzende Niederschlag wird bald grau und matt, wenn er an Stärke zunimmt.

Man arbeitet gewöhnlich mit Platinanoden, sie werden aber passiv; man hat deshalb in Laufe der Elektrolyse Platinsalz zuzusetzen.

Iridium kann gleichfalls aus ähnlich zusammengesetzten Bädern unter ähnlichen Bedingungen abgeschieden werden wie Platin, es wird aber noch viel seltener als Überzugsmetall herangezogen.

Palladium bietet als Überzugsmetall nur wenig Interesse. Hinsichtlich seiner chemischen Unangreifbarkeit steht es hinter Platin zurück, dem Aussehen und seinem Reflexionsvermögen nach hinter Rhodium. Es kommt deshalb höchstens als Platinersatz für die Schmuckindustrie in Betracht, wo es seiner Farbe zuliebe beschränkte Anwendung findet.

Auch Palladium läßt sich aus Natriumphosphatbädern in gut aussehender Form bei der Elektrolyse abscheiden, solange man sich damit begnügt, hauchdünne Überzüge herzustellen. Seine Salze sind besser löslich als die entsprechenden Platinsalze, man kann deshalb auch mit Bädern arbeiten, die kein Leitsalz enthalten.

Rhodium kommt sowohl dem Aussehen als dem Reflexionsvermögen nach von allen Metallen dem Silber am allernächsten. Vor diesem bietet es aber den Vorteil, chemisch weniger angreifbar zu sein, vor allem selbst in schwefelwasserstoffhaltiger Atmosphäre nicht anzulaufen. Es ist deshalb u. a. besonders zur Bekleidung von Reflektoren, von optischen Spiegeln usw. geeignet. Sein Reflexionsvermögen ist nicht viel kleiner als das des Silbers, deutlich größer als das des Chroms, Nickels, Platins, und es ändert sich im Gegensatz zu Nickel und Platin und ganz besonders zum Chrom mit der Wellenlänge fast genau im gleichen Verhältnis wie beim Silber — ein Umstand, welchem es die so große Ähnlichkeit der Farbe verdankt.

Ihre Hauptanwendung fanden Rhodiumüberzüge für die Herstellung von Reflektoren, wobei vorzugsweise Nickel oder Messing als Unterlagsmetalle dienten. Gegenwärtig findet er im elektropolierten eloxierten Aluminium einen starken Konkurrenten auf diesem Anwendungsgebiete.

Die Elektrolyse salzsaurer Rhodiumverbindungen ist schon frühzeitig von JOLY und LEIDIÉ[1], die Elektrolyse phosphorsaurer Lösungen von

[1] C. r. acad. sci., Paris **112**, 793 (1891).

SMITH[1] untersucht worden. Weiter ist die Rhodiumabscheidung auch in amerikanischen Patenten[2], dann von COLIN FINK und LAMBROS[3] und fast gleichzeitig von GRUBE und KESTING, und zwar von letzteren am ausführlichsten, beschrieben worden[4].

C. FINK und LAMBROS wandten bei ihren Versuchen viel höhere Stromdichten an als GRUBE und KESTING, und dem ist es wahrscheinlich zuzuschreiben, daß die Angaben beider Autoren in manchen Details voneinander abweichen.

Nach FINK und LAMBROS ist es empfehlenswert, Lösungen zu verwenden, die etwa 4 g Rhodium im Liter als Sulfat enthalten, ihnen 30 g/l Ammonsulfat oder 30 g/l Natriumsulfat (wasserfrei) und so viel freie Schwefelsäure zuzusetzen, daß ihre Konzentration auf 80 g/l steigt. Sie empfehlen ferner die Badlösung anzuheizen, weil man bei 50° viel schönere, glänzendere Niederschläge erhalten soll als bei Zimmertemperatur; dabei können kathodische Stromdichten von 9 Amp./dm^2 bis herunter auf 0,47 Amp./dm^2 verwendet werden, es wird aber davon abgeraten, praktisch höhere Stromdichten als 9 Amp./dm^2 anzuwenden. Die Menge des Natriumsulfats bzw. Ammonsulfats muß nach diesen Autoren zu der Menge freier Säure in bestimmtes proportionales Verhältnis gesetzt werden. Bei geringer Azidität des Bades sollen, besonders in Gegenwart von Natriumsulfat, basische Rhodiumverbindungen an der Kathode entstehen.

Nach GRUBE und KESTING erhält man auch bei 20° in schwefelsauren Rhodiumsulfatbädern sehr schöne, festhaftende Überzüge bei Stromdichten von 0,2 bis 0,35 Amp./dm^2. Sie verwenden Bäder mit 1 bis 10 g Rhodiummetall im Liter und finden, daß die Ergebnisse von der Zusammensetzung der Badlösung kaum beeinflußt werden, insbesondere nicht von der Größe der überschüssigen Schwefelsäuremenge (bis zu 30 g/l). Da man mit unlöslichen Anoden arbeitet, ist diese Besonderheit praktisch von großem Vorteil, man kann das stärker sauer und metallärmer gewordene Bad stets wieder durch Zusatz von frisch gefälltem $Rh(OH)_3$ regenerieren. Auch in schwach sauren Lösungen von Natrium-, Kalium- oder Ammonium-Rhodiumsulfaten erhält man ausgezeichnete Niederschläge.

Nach GRUBE und KESTING geht frisch gefälltes Rhodiumhydroxyd in $NaOH$, HCl, HNO_3, H_2SO_4, H_2SiF_6, HBF_4, $H_2C_2O_4$ leicht in Lösung, unter Erwärmen auch in Phosphorsäure und Milchsäure, hingegen nur schwer in Essigsäure, Weinsäure und Zitronensäure, vorausgesetzt, daß man das frisch gefällte Hydroxyd bloß abnutscht und wäscht. Es löst sich nur mehr in den ersten der acht aufgeführten Säuren, wenn man es filtriert hat, so

[1] Chem. Zentralbl. 1891, I, 811.

[2] Z. B. KEITEL, USA.-Pat. 1 779 436; ZSCHIEGNER, USA.-Pat. 1 779 457.

[3] Trans. Amer. Electrochem. Soc. **63**, Preprint 11; daselbst auch eine Literaturzusammenstellung.

[4] Z. Elektrochem. **39**, 948 (1933).

schnell geht die Alterung dieses Hydroxyds vor sich. Die Autoren empfehlen, die Fällung in einer Lösung, die 12 bis 13 g Rhodiumchlorid (entsprechend 2 g Rh-Metall) im Liter enthält, bei 80° durch tropfenweisen Zusatz konzentrierter Kalilauge vorzunehmen, bis die Weinfarbe der Lösung in Gelb umschlägt. Das gelbe Rhodiumhydroxyd setzt sich gut ab, ein KOH-Überschuß bringt einen Teil davon wieder in Lösung und ist deshalb nach Tunlichkeit zu vermeiden.

Ausgezeichnete Niederschläge erhält man nach GRUBE und KESTING besonders auch aus phosphorsauren oder aus überchlorsauren Lösungen. In letzteren wären die günstigsten Arbeitsbedingungen: Temperatur 20°, Metallkonzentration 2 g/l Rh. Das Bad zeigt sich in seiner Arbeitsweise sehr unabhängig vom Grade der Azidität, die auf 80 g/l freie Säure gesteigert werden kann; empfohlen wird, etwa 8 g/l freie Säure zu verwenden. Die Stromausbeute ist gering, steigt aber mit steigender Stromdichte von 0,1 bis 0,5 Amp./dm^2.

Wie eingangs bemerkt, dürfte manche Differenz in den Angaben durch die ungleichen Stromdichteverhältnisse zu erklären sein, welche zur Anwendung gelangten. Die Empfindlichkeit der Bäder, die C. FINK bei geringer Azidität beobachtete, dürfte nur bei hohen Stromdichten auftreten.

Das elektrochemische Äquivalent des Rhodiums beträgt 1,28 g/Amp.-Std., rund ein Drittel des Silberäquivalents. Da es die Dichte 12,4 hat, lassen sich bei 80% Stromausbeute stündlich 0,008 mm starke Schichten je 1 Amp./dm^2 Stromdichte abscheiden[1].

Seitdem es neuerdings gelingt, Scheinwerfer von ungefähr gleich hohem Reflexionsvermögen aus elektropoliertem und eloxiertem Aluminium herzustellen, haben Überzüge aus Rhodium einen großen Teil ihrer Bedeutung eingebüßt.

Wolfram und *Molybdän* werden verhältnismäßig langsam von Salzsäure angegriffen, Überzüge aus diesen Metallen könnten von praktischem Nutzen sein.

Nach Angaben der Patentliteratur[2] soll die Abscheidung von Wolfram aus Perwolframsäure bei 20 bis 25° mit Kohle- oder Graphitanoden aus wässeriger, salz- oder schwefelsäurehaltiger Lösung möglich sein. MANN und HALVORSEN[3] berichten aber über Mißerfolge in sauren, wässerigen Lösungen. Hingegen soll es nach FINK und JONES gelingen, Wolframüberzüge aus alkalischen Lösungen von Alkaliwolframaten herzustellen[4].

---

[1] Nach den von FINK l. c. mitgeteilten Zahlen berechnen sich freilich nur Stromausbeuten von etwa 40% bei 8 Amp./dm^2 Stromdichte.

[2] Z. B. Wolframlampen A.G. D.R.P. 231 657, 237 014 (1910).

[3] Trans. Amer. Electrochem. Soc. **45**, 493 (1924).

[4] Trans. Amer. Electrochem. Soc. **59**, 461 (1931); USA.-Pat. 1 885 700, 1 885 701; Franz. Pat. 724 038.

Die Richtigkeit dieser Angaben ist aber bestritten worden. Alle bisherigen Versuche, Wolframüberzüge betriebsmäßig auf elektrolytischem Wege herzustellen, sind fehlgeschlagen. Hingegen fällt Wolfram gelegentlich mit Eisen, Nickel und Kobalt, nach manchen Angaben auch mit Kupfer, Platin und Chrom aus. Daraus wird die Hoffnung geschöpft, Wolframlegierungen dort noch mit Vorteil elektrolytisch herstellen zu können.

Ähnlich steht es um *Molybdän.*

Verhältnismäßig leicht sind Überzüge aus *Rhenium* herzustellen. Dieses fällt auch mit Nickel und Chrom aus.

Indium läßt sich nach SCHUCHT[1] und nach LINFORD[2] aus der Lösung seines Sulfats bei Gegenwart von ameisensaurem Ammon kathodisch in kompakter kristallinischer Form, nach THIEL[3] aus einer Lösung, die etwa 4 g Indium und 80 g Schwefelsäure im Liter enthält, nur in verästelter, silberähnlicher Form abscheiden.

GRAY hat seine Abscheidung aus zyankalischer Lösung mit unlöslichen Anoden beschrieben[4].

Elektrolytische, etwa 0,0025 mm starke Indiumüberzüge werden auf Lagermetallen von Flugzeugmotoren hergestellt. Sie sollen Lagermetalle aus Cadmium-Silber-Kupfer gegen Korrosion durch Oxydationsprodukte der Schmieröle schützen.

Die von FOERSTER[5] beschriebene Abscheidung des *Thalliums* erfolgt unter Bildung von Blättern und Nadeln.

Wismut wird seit Jahrzehnten auf elektrolytischem Wege raffiniert. Für die Raffination kommen die Lösungen seines Chlorids, Silikofluorids und Borfluorids in Betracht, starker Säureüberschuß ist in allen derartigen Lösungen erforderlich, um das Ausfallen basischer, schwerlöslicher Wismutverbindungen zu verhindern. Bei der Raffination wird aus wirtschaftlichen Gründen die Lösung des Chlorids bevorzugt, aus der man bei Gegenwart von 60 bis 80 g/l Bi und etwa 100 bis 120 g/l freier HCl bei Zimmertemperatur dichte, feinkristalline Wismutniederschläge erhält.

Die Perchloratlösungen des Wismuts kommen für die Raffination nicht in Betracht, weil eine Metalltrennung darin nicht möglich ist, alle Metalle sind ja mit Ausnahme des Kaliums in Perchlorsäure leicht löslich. Die Perchloratlösungen des Wismuts weisen aber die Besonderheit auf, daß aus ihnen, auch bei starker Verdünnung, keine basischen Wismutverbindungen ausfallen, sie erscheinen deshalb für die Herstellung feinkörniger galvani-

---

[1] Berg- u. Hüttenmännische Ztg. **39**, 122 (1880).
[2] Trans. Electrochem. Soc. **79**, 443 (1941).
[3] Z. anorg. Chem. **40**, 280 (1904).
[4] Trans. Electrochem. Soc. **65**, 377 (1934).
[5] Z. anorg. Chem. **15**, 71 (1897).

scher Überzüge geeignet, und tatsächlich gelingt es nach HARBAUGH und MATHERS[1], glatte, dichte Niederschläge bei Zimmertemperatur mit etwa 3 Amp./dm^2 kathodischer Stromdichte aus den Perchloratlösungen des Wismuts zu gewinnen. Empfohlen wird eine Badlösung, die aus 4 g Wismutoxyd und 10,4 g Überchlorsäure pro Liter hergestellt ist. Zusätze von 0,03% Leim und 0,08% Kresol dienen als Glättmittel.

Es ist anzunehmen, daß das Ausfallen basischer Wismutverbindungen durch die Bildung löslicher Komplexe verhindert wird. Dafür sprechen Beobachtungen, die SMITH[2] mitgeteilt hat. HARBAUGH und MATHERS konnten feststellen, daß die Kathodenniederschläge 0,39 bis 0,47% an Perchlorat enthielten. Die löslichen Komplexe dürften daher kolloidähnlichen Charakter haben, die Bildung grober Kristalle hindern und wie andere Schutzkolloide kathodisch unter Mitführung von Salz mitabgeschieden werden.

Praktische Bedeutung besitzt die Herstellung von Überzügen aus dem weichen, spröden, chemisch leicht angreifbaren Wismut zur Zeit wohl nicht.

Sollte ein Bedarf an Überzügen aus *Mangan* vorliegen, dann dürften sich solche ohne zu große Schwierigkeiten herstellen lassen, da die Technik seiner Abscheidung durch die elektrolytische Mangangewinnung im großen gut bekannt geworden ist.

Antimon- und *Arsen*-Niederschläge lassen sich auf elektrolytischem Weg unschwer in dünner Schicht herstellen. Sie dienen nicht zur eigentlichen Bekleidung, sondern zur Färbung von Metallen oder zur Herstellung trennender Zwischenschichten, z. B. bei der Galvanoplastik. Metalle, welche man darauf niederschlägt, haften nur schwach und können leicht von der Matrize abgelöst werden. Die Eigenschaft des Arsens, Eisenoberflächen zu härten — allerdings zugleich auch spröder zu machen —, könnte möglicherweise dort eine Nutzanwendung finden, wo die Verchromung nicht in Betracht kommt.

Arsenniederschläge fällt man meist aus etwa 10%iger Lösung von arseniger Säure mit Sodazusatz, Antimonniederschläge am besten wohl aus Thioantimoniatlösungen, denen man gleichfalls vorteilhafterweise etwas Soda zusetzt.

Aluminium und *Magnesium* sind zu unedel und zu reaktionsfähig, als daß man sie aus wässerigen Lösungen abscheiden könnte. Manche Publikationen beschreiben Möglichkeiten, diese Metalle aus nichtwässerigen Lösungen in glatter, dichter Form niederzuschlagen, zu praktischen Anwendungen ist es aber nicht gekommen.

---

[1] Trans. Amer. Electrochem. Soc. **64**, Preprint 15 (1933).

[2] J. Amer. Chem. Soc. **45**, 360 (1923).

X. Galvanische Überzüge aus Legierungen

In der Einleitung (s. S. 15, 28) ist bereits ausgeführt worden, daß sich eine kathodisch polarisierte Elektrode mit allen in der Lösung enthaltenen Kationen ins Gleichgewicht setzen muß. Je negativer das Abscheidungspotential einer Ionenart ist, desto kleiner ist die Menge, deren kathodische Abscheidung zur Herstellung dieses Gleichgewichtes erforderlich ist. Für sehr unedle Ionen liegt sie meist weit unterhalb der wägbaren Grenze. Trotzdem muß man annehmen, daß immer Spuren aller in der Lösung enthaltenen Kationen an der Kathode abgeschieden werden, und es ist in sehr vielen Fällen unter Zuhilfenahme von Prüfungsmethoden, welche viel empfindlicher sind als die Wägung, gelungen, Anzeichen dafür zu finden, daß tatsächlich selbst sehr unedle Kationen bei Gegenwart edlerer kathodisch mitabgeschieden werden.

Es gibt aber Umstände, unter denen sich viel größere Mengen eines unedleren Metalls kathodisch abscheiden, als dem Gleichgewicht bei diesem Potential für das betreffende Metall im reinen Zustand entsprechen würde. Eine Metallelektrode, auf welche vorher Spuren eines viel unedleren Metalls unter solchen Umständen niedergeschlagen worden sind, zeigt Potentiale an, welche edler sind als das Potential des auf ihr abgeschiedenen unedlen Metalls. Mit Hilfe des Oszillographen hat REICHENSTEIN[1] z. B. gezeigt, daß man bei der Abscheidung von Zink auf einer Palladiumkathode den stetigen zeitlichen Anstieg des Kathodenpotentials bis auf die dem Zink entsprechende Höhe verfolgen kann. Daß sich selbst Natrium aus ätznatronhaltigen Lösungen, und zwar in überraschend großen Mengen, auf Kathoden aus Blei, Zinn, Wismut, Thallium usw. abscheidet, ist von HABER und SACK[2] dargetan worden.

Blei gibt mit Natrium Legierungen, die bei Natriumgehalten bis zu etwa 6% Na mit Wasser nur träge reagieren, also ein überraschend edles Potential aufweisen. Blei-Natrium-Legierungen mit 8% Na reagieren aber so lebhaft mit Wasser, daß Wolken feinverstäubten Bleis in der Flüssigkeit dabei auftreten.

Polarisiert man eine Bleikathode in Ätznatronlösung, so beginnt der Stromdurchgang erst bei Potentialen, welche um rund 0,75 Volt negativer sind als das Potential einer Wasserstoffelektrode in derselben Lösung. Bei anhaltendem Stromdurchgang beobachtet man, daß die Kathode rauh wird. Steigert man die kathodische Stromdichte auf 30 bis 50 Amp./dm^2, so steigt das Kathodenpotential auf Werte, die um etwa 1,5 Volt negativer sind als die Wasserstoffelektrode (das berechnete Potential von Natrium ist um 2,7 Volt negativer als das der Wasserstoffelektrode) und die Bleikathode zerstäubt unter Bildung dunkler Wolken aus feinverteiltem Blei. Sie ver-

[1] Z. Elektrochem. **16**, 935 (1910).

[2] Z. Elektrochem. **8**, 251 (1902); SACK, Z. anorg. Chem. **34**, 286 (1903).

hält sich also wie eine Legierung, die durch Zusammenschmelzen von 8% Natrium mit Blei erhalten worden ist. Offenbar ist dies darauf zurückzuführen, daß an der Kathodenoberfläche tatsächlich eine derartig natriumreiche Legierung gebildet wird, die sich alsbald wieder unter Wechselwirkung mit Wasser zersetzt[1]. Aus ähnlichen Gründen überzieht sich Platin[2], besonders bei starker kathodischer Strombelastung, in Ätzalkalilösungen allmählich mit Platinschwarz unter langsamem Zerfall. Auf ähnliche Ursachen dürften gewisse Schwammbildungen in stark alkalischen Lösungen bei hohen kathodischen Stromdichten zurückzuführen sein u. dgl. m.

Arbeitet man nicht mit starren Metallkathoden, sondern mit solchen aus flüssigem Metall, so findet das abgeschiedene Natrium die Möglichkeit, sich im Kathodenmetall zu verteilen, statt nur in die Oberfläche einzudringen. Und da kommt es denn auch zur Abscheidung von Mengen, welche so groß sind, daß man sie leicht gravimetrisch erfassen kann. Das Potential derartiger, mit Quecksilberkathoden erzeugter Natriumamalgame, die einige Promille Natrium enthielten, fanden HABER und SACK (l. c.) um rund 1 Volt unedler als das der Wasserstoffelektrode, um rund 1,7 Volt edler als das des reinen Natriummetalls.

Es kann also ein Metall auch unterhalb des von ihm im reinen Zustand angenommenen Gleichgewichtspotentials kathodisch auf einem Fremdmetall in verhältnismäßig großen Mengen vom Strom abgeschieden werden, wenn es sich mit ihm legiert[3].

In solchen Fällen spielt das Kathodenmetall eine Rolle, welche derjenigen eines Depolarisators in einiger Hinsicht ähnelt. In der gebildeten Legierung hat das unedlere Metall eine geringere Lösungstension als im reinen Zustand.

Eine Erleichterung der Abscheidung kann auch erfolgen, wenn die Legierung höhere Wasserstoffüberspannung aufweist als das betreffende Metall.

---

[1] BREDIG und HABER, Ber. dtsch. chem. Ges. **31**, 2741 (1898).

[2] F. HABER, Z. anorg. Chem. **16**, 447 (1898).

[3] Die von COEHN aufgefundene, überraschende Tatsache, daß aus magnesiumhaltigen Nickelsalzlösungen ein Metall kathodisch abgeschieden wird, das bis zu 2,6% Mg einschließt, wird vielfach als Beispiel der kathodischen Bildung einer Legierung mit einem verhältnismäßig unedlen Metall, welches sich aus wässerigen Lösungen sonst nicht abscheiden läßt, angesehen. Obgleich ENGEMANN (Diss., Dresden [1911], S. 44) gezeigt hat, daß der Magnesiumgehalt des kathodisch abgeschiedenen Metalls konstant bleibt, wenn man Stromdichte und Zusammensetzung des Elektrolyten unverändert erhält, und obgleich die Existenz einer Verbindung Ni_2Mg bekannt ist, welche die kathodische Bildung einer Magnesium-Nickel-Legierung möglich erscheinen läßt, steht der Beweis, daß wirklich eine derartige Legierung im Kathodenniederschlag vorliegt, noch aus. Das Magnesium kann auch durch Kataphorese seines Hydroxyds in den Niederschlag gelangt sein. Eine Entscheidung darüber könnte wohl durch eine Untersuchung mit X-Strahlen erbracht werden.

Daß eine Legierungsbildung bei der elektrolytischen Abscheidung eines Metalls auf ein anderes auch bei niederen Temperaturen eintreten kann, ist als sichergestellt anzusehen, und diese Legierungsbildung kann auf gewisse Eigenschaften des Produktes, z. B. auf die Haftintensität des Überzugsmetalls, einwirken[1]. Auf starren Kathodenmetallen können aber auf diese Art immer nur verschwindend kleine Mengen von Legierungen gebildet werden. Die entstandenen Legierungen enthalten zuweilen zwar, prozentuell genommen, überraschend große, an sich aber doch immer nur geringfügige Mengen viel unedlerer Metalle. Größere Mengen derartiger Legierungen lassen sich aber erhalten, wenn man die betreffenden Metalle aus gemischten Salzlösungen gleichzeitig zur Abscheidung bringt.

Durch Legierungsbildung kann dabei das unedlere Metall wieder bei verhältnismäßig edlen Kathodenpotentialen zur Abscheidung gelangen. Zweckmäßigerweise wählt man dazu Lösungen, in welchen die Ionenkonzentration des unedleren Metalls viel größer ist als die des edleren Metalls, um die Potentiale beider ungleich edler Metalle einander zu nähern.

Belastet man z. B. eine Kathode in Lösungen, die viel Zinksulfat neben wenig Kupfersulfat enthalten, mit Stromdichten von etwa 10 Amp./dm², so erhält man graue, lockere, meist sogar schwammige Niederschläge, deren Farbe mit sinkendem Kupfergehalt der Lösung nacheinander vom rötlich Schimmernden zu Dunkel-, zu nahezu Schwarzgrau, endlich zu Hellgrau spielt. Die Analyse ergibt, daß die Niederschläge aus Zink bestehen, das Kupfer in um so größeren Mengen enthält, je größer der Kupfergehalt der Lösung ist. Man kann so beide Metalle gleichzeitig zur Abscheidung bringen. Aus Lösungen, in denen das Verhältnis $Zn^{\cdot\cdot} : Cu^{\cdot\cdot}$ von 1:1 bis 20:1 wechselt, lassen sich Produkte erhalten, deren Zinkgehalt sich in den Grenzen 20 bis 80% bewegt. Die nähere Untersuchung zeigt, daß es sich hiebei keineswegs um Gemische handelt, sondern um deutlich kristallisierte Gebilde von atomarer Durchdringung. Die zinkärmeren Produkte weisen ein Potential auf, das wesentlich edler ist als das des reinen Zinks. Die zinkarmen sowohl als die zinkreicheren erlangen messingähnliche Farbe, wenn man sie preßt, glättet oder poliert; sie stellen also Legierungen vor, freilich Legierungen, die keine für Überzüge brauchbare Struktur haben, weil sie eben nicht unter Bedingungen hergestellt worden sind, unter welchen man glatte, dichte, festhaftende Überzüge erhalten kann.

Viel günstiger liegen die Dinge in dieser Hinsicht, wenn man Elektrolyte verwendet, in welchen beide Metalle Abscheidungspotentiale annehmen, die nahe beieinander liegen oder unter gewissen Bedingungen sogar einander gleich werden.

Ein solcher Fall liegt z. B. in entsprechend zusammengesetzten gemisch-

---

[1] Ob die Haftintensität durch solche Legierungsbildung gesteigert oder verringert wird, darüber gehen die Meinungen zur Zeit noch auseinander (vgl. hiezu z. B. die Diskussion Trans. Faraday Soc. **20**, 199 [1924]).

ten Nickel-Kobalt-Salzlösungen vor, in denen die Abscheidungspotentiale beider Metalle so nahe beieinander liegen, daß es Schwierigkeiten bereitet, die Metalle auf elektrolytischem Wege voneinander zu trennen. Nimmt man bei höherer Stromdichte die Elektrolyse von Silber-Gold-Salzlösungen vor, so zeigt schon die Farbe des Goldniederschlages (s. S. 218 f.) Mitabscheidung von Legierungen, oft solcher mit viel unedleren Metallen, an.

Eine ziemlich allgemeine Erscheinung bildet aber der Umstand, daß die Zusammensetzung der Legierungen keine konstante bleibt, sondern daß sie sich schon durch geringfügige Änderung der Versuchsbedingungen oder auch zeitlich durch nicht immer kontrollierbare Änderung der Verhältnisse an der Kathode verschiebt. Besonders deutlich wird dies bei gleichzeitiger Abscheidung zweier Metalle, deren I-E-Kurven verschieden steil verlaufen, wenn also bei der Metallabscheidung Hemmungen zu überwinden sind, welche für beide Metalle ungleich groß sind und die sich bei veränderten Arbeitsbedingungen ungleich stark ändern.

So fallen aus 0,5-n. Nickelsulfat-, 0,5-n. Zinksulfat-, 0,01-n. schwefelsaurer Lösung bei 18° und 0,4 bis 7 Amp./dm^2 Kathodenstromdichte zinkähnlich aussehende Legierungen mit 9 bis 14% Ni aus, während dieselbe Lösung bei 80° und 1 Amp./dm^2 Kathodenstromdichte nickelähnlich aussehende Legierungen mit 70 bis 80% Nickel liefert. Im ersteren Falle stellen sich die Kathodenpotentiale auf Werte ein, die ungefähr der Zinkabscheidung entsprechen, im zweiten Falle auf solche, welche wenig von denen verschieden sind, bei welchen sich reines Nickel abscheidet. Der Unterschied wird dadurch bedingt, daß die Hemmungen der Metallabscheidung beim Nickel geringere werden, wenn man die Temperatur erhöht[1].

Bei der Elektrolyse gemischter Eisensulfat- und Zinksulfatlösungen beobachtet man aus gleichem Grunde Verschiebungen in derselben Richtung, aber von geringerer Größe.

Die Abscheidung des unedleren Bestandteils wird durch Steigerung der Strombelastung befördert: Aus 1,8-n. Eisensulfat-, 0,2-n. Zinksulfat-, 0,01-n. schwefelsaurer Lösung fällt bei 90° und 2 Amp./dm^2 Stromdichte ein Eisen aus, das 3 bis 6% Zn enthält; steigert man die Stromdichte unter sonst unveränderten Bedingungen auf 2,5 Amp./dm^2, so erlangt die Kathode nahezu das Zinkpotential und es fällt jetzt ein Zink mit 10 bis 20% Fe-Gehalt aus. Das Eisen wirkt also zuerst depolarisierend auf Zink ein, mit zunehmendem Zinkgehalt des ausfallenden Metalls steigt aber das Potential bei steigender Stromdichte bis auf das des reinen Zinks hinauf.

Die Zusammensetzung der erhaltenen Legierung ändert sich bei diesen Metallen, bei peinlicher Erhaltung unveränderter Arbeitsbedingungen, zeitlich nur wenig. Nicht so bei gleichzeitiger Abscheidung von Eisen und

[1] Cf. z. B. Toepffer, Z. Elektrochem. **6**, 342 (1899); Schoch und Hirsch, ib. **14**, 162 (1908); Treadwell, ib. **17**, 883 (1914); Foerster, ib. **22**, 93 (1916).

Nickel! Obgleich Nickel edler und leichter abzuscheiden ist als Eisen, erhält man eine Nickel-Eisen-Legierung, welche weit mehr Eisen enthält, als dem in der Badlösung vorhandenen Mengenverhältnis beider Metalle entspricht[1]. Der Eisengehalt der Legierung ist aber zeitlich stark veränderlich, er sinkt erst rasch, dann langsamer und scheint sich endlich einem Grenzwert zu nähern. Zum Beispiel fallen aus einer Lösung, welche 0,98 Grammäquivalent Nickelsulfat, 0,02% Eisensulfat enthält und 0,03-n. schwefelsauer ist, bei 20° und 1,25 Amp./dm² die ersten 0,04 g auf den Quadratdezimeter Kathodenfläche mit einem Eisengehalt von 24,6% aus. Schlägt man aber die zehnfache Menge nieder, so weist sie nur einen Eisengehalt von 12,2% auf.

Die Hemmungen, welche der Metallabscheidung entgegenstehen, nehmen nun bekanntlich beim Nickel schneller ab als beim Eisen; demgemäß nähert sich mit steigender Temperatur der Eisengehalt der erhaltenen Legierung dem, der in der Badlösung vorhanden ist. Auch seine zeitliche Abnahme tritt zurück. (Bekanntlich erblicken manche hierin die Ursache für das Abblättern von Nickelniederschlägen, die in eisenhaltiger Lösung hergestellt werden, und ferner die Abnahme dieser Tendenz bei höherer Badtemperatur; s. S. 293 ff.)

Die Gründe für die zeitliche Änderung der Zusammensetzung der Legierung, welche sich kathodisch abscheidet, das Maß und die Ursache der Änderungen des Kathodenpotentials, die mit einhergehen dürften, sind im einzelnen noch nicht erforscht, auch die metallographische Untersuchung steht noch aus.

Wenn nicht exzeptionell einfache Verhältnisse vorliegen, bereitet also die elektrolytische Herstellung von Legierungen gleichmäßiger und gar gewollter Zusammensetzung erhebliche Schwierigkeiten. Sie alle zu überwinden, reichen die heutigen Kenntnisse nicht aus. Noch viel komplizierter liegen die Verhältnisse bei der Herstellung ternärer oder gar quaternärer Legierungen. Wenn auch vielerlei Metallegierungen, darunter selbst solche, die technisches Interesse beanspruchen, auf elektrolytischem Wege hergestellt worden sind, z. B. Blei-Thallium-, Kupfer-Nickel-Legierungen usw., gelingt die zielbewußte Abscheidung bestimmter Legierungen erst in jenen Fällen, die besonders einfach und günstig liegen, z. B. dann, wenn die Abscheidungspotentiale zweier Metalle in der betreffenden Badlösung gleich sind oder wenigstens sehr nahe beieinander liegen. In diesem Falle ist es weniger schwer, Arbeitsbedingungen aufrechtzuerhalten, in welchen von jedem der beiden Metalle ungefähr ebensoviel in Lösung geht, als aus ihr abgeschieden wird. In anderen Fällen erleichtert deutliche Farbänderung die Kontrolle.

Einen solchen Fall kann z. B. die Abscheidung von *Bronze* aus Lösungen,

[1] Foerster, Z. Elektrochem. **4**, 162 (1897); Engemann, Diss., Dresden (1911); Z. Elektrochem. **17**, 910 (1911); Kremann, Suchy und Maas, S.-B. Akad. Wiss. Wien **122**, 999 (1913).

die Kupfer- und Zinnsalz enthalten, vorstellen. Aus einer Lösung, die im Liter

$CuSO_4$	16 g/l
KCN	52 g/l
KOH	28 g/l

enthält, scheidet sich Kupfer bei einem Kathodenpotential ab, das bei gleicher Stromdichte nur um einige Zentivolt von demjenigen differiert, bei welchem Zinn aus einer zehntelnormalen Lösung von $SnCl_2$, $K_2C_2O_4$ abgeschieden werden kann, der man soviel KOH zugesetzt hat, daß sie klar geworden ist. Mischt man gleiche Volumteile beider Lösungen, so kann man aus ihnen bei 40° rotgelbe, glatte Bronzeniederschläge, die homogen erscheinen, mit 0,1 bis 0,2 Amp./dm^2 Stromdichte erhalten.

Auch aus einer Lösung, die gleichzeitig Kaliumcuprozyanid und Natriumsulfostannat enthält (gleiche Volumina m/10 [$CuSO_4$, 8 KCN, 5 KOH] und m/10 [$SnCl_4$, 10 Na_2S]), kann man gute Bronzeniederschläge von etwa 80% Cu-Gehalt mit 1,2 bis 2,4 Amp./dm^2 Stromdichte erhalten. Bei niedrigerer Stromdichte wird Zinn oder sehr zinnreiche Legierung abgeschieden[1].

Ein Bad der Zusammensetzung:

CuCN	36 g/l
NaCN	26 g/l
$Na_2SnO_3 \cdot 3\,H_2O$	63 g/l
pH 12,5	

soll bei 65° die Anwendung von Stromdichten bis zu 5 Amp./dm^2 ermöglichen. In diesem stehen Cu : Sn im Mengenverhältnis 48 : 52. Die Anoden können aus Bronze bestehen; doch erhält man kontrollierbarere Resultate bei Verwendung getrennter Zinn- und Kupferanoden mit unabhängiger, einzeln regelbarer Strombelastung.

Es lassen sich auch *weiße Bronzeniederschläge* mit etwa 50%igem Zinn- und 50%igem Kupfergehalt herstellen.

Weniger einfach ist, trotz seiner charakteristischen Farbe, die Abscheidung von *Messing* aus gemischten Bädern von Kaliumzink- und Cuprokaliumzyanid in gewünschter Zusammensetzung vorzunehmen. Die Komplexbildung des Kupfers geht weiter als die des Zinks. Durch die besonders großen, der Abscheidung des Kupfers aus zyankalischen Lösungen entgegenstehenden Hemmungen bei gewöhnlicher Temperatur und bei Stromdichten von 0,1 bis 0,3 Amp./dm^2 rückt das Abscheidungspotential des Kupfers dem des Zinks näher, so daß es in

[1] TREADWELL und BECKH, Z. Elektrochem. **21**, 374 (1915); KREMANN, SUCHY, LORBER und MAAS, S.-B. Akad. Wiss. Wien **122**, 1479 (1914); D. R. P. 267 718; CURREY zeigte (J. physic. Chem. **10**, 515 [1906]), daß man bei gewöhnlicher Temperatur auch aus gemischten Oxalaten Bronze gewinnen kann.

Lösungen, die hinsichtlich des Cupro- und des Zinksalzes je 0,1-n., hinsichtlich KCN 0,4-n. sind, nur mehr um etwa 0,2 Volt bei diesen Stromdichten differiert. Bei der Elektrolyse gewinnt man aus der äquimolaren Zn-Cu-Lösung eine schöne, messinggelbe Legierung, die etwa 80% Cu und 20% Zink enthält. Daß es sich um eine wirkliche Legierung und nicht um ein Gemisch handelt, ist durch die Untersuchung mittels Röntgenstrahlen erwiesen worden. Die Potentiale, bei welchen die Abscheidung erfolgt, sind edler als das Zinkpotential. Das Zink erfährt somit durch die Legierungsbildung eine Depolarisation, welche die letzten 0,2 Volt überbrückt.

Verändert man das Mengenverhältnis Zn : Cu im Elektrolyten, so ändert sich die Zusammensetzung der erhaltenen Legierung im gleichen Sinne, aber langsamer. Aus kupferreicheren Lösungen erhält man rötlichere, aus Lösungen, in welchen Zink sehr stark vorherrscht, grünlicher gelbe und bei einer gleichzeitigen Steigerung der Stromdichte auf etwa 12 Amp./dm^2 grauweiße bis silberweiße Niederschläge, die überschüssiges Zink enthalten. Selbst wenn der Zinkgehalt bis auf etwa 50% steigt, hat aber die erhaltene Legierung ein viel edleres Potential als Zink, während im Schmelzfluß erhaltenes Messing dieser Zusammensetzung das Zinkpotential aufweist[1].

Erniedrigt man die Stromdichte von 0,3 auf 0,1 Amp./dm^2, so erhält man Niederschläge von rötlicherem Aussehen und geringerem Zinkgehalt (etwa 10%), weil die Hemmungen, welche einer Kupferabscheidung entgegenstehen, entsprechend niedriger sind und weil demgemäß mehr von diesem edleren Metall in den Niederschlag übergeht. Niederschläge von typischer messinggelber Farbe erhält man also nur unter Strombedingungen, unter denen die Kupferabscheidung aus zyankalischer Lösung mit deutlicher Polarisation vor sich geht. Bei höherer Temperatur nimmt die Polarisation des Kupfers in derartigen Lösungen ab (s. S. 178f. und Abb. 86), und deshalb mißlingt die Vermessingung bei Temperaturen, die erheblich über der Zimmertemperatur liegen (cf. z. B. Brunner l. c.).

Steigert man bei Zimmertemperatur die Stromdichte über 0,3 Amp./dm^2, so erhält man Niederschläge von grünlicherer, unerwünschter Farbe, bei noch weiterer Steigerung auf etwa 2 Amp./dm^2 sinkt die Stromausbeute sehr tief und die Niederschläge sehen dann rötlicher aus. Einen bestimmten gesetzmäßigen Zusammenhang zwischen den Farbänderungen, welche bei diesen höheren Stromdichten auftreten, mit den Änderungen des Mengenverhältnisses Zn : Cu in der Legierung hat man nicht nachweisen können.

Zunehmender Überschuß an Zyankalium verringert die Stromausbeuten so rasch, daß man nur mit kleinen freien CNK-Mengen arbeiten kann und deshalb von der Vereinfachung nicht Nutzen ziehen kann, welche die An-

[1] Cf. hiezu besonders Spitzer, Z. Elektrochem. **11**, 172 (1905); Brunner, ib. **11**, 345; Brunner, Diss., Zürich (1907).

näherung des Zink- an das Kupferpotential in zyanidreicherer Lösung herbeiführen könnte. Die betreffenden Potentiale ändern sich ja wie folgt:

Tabelle 64. *Zusammensetzung des Elektrolyten*

	0,1 Mol Kalium-Me-Zyanid		
	+ 0,2	+ 0,4	+ 1,0 Mol KCN/l
Zn........	— 1,033 Volt	— 1,182 Volt	— 1,231 Volt
Cu........	— 0,61 „	— 0,964 „	— 1,169 „

Aber die Stromausbeute, welche schon in Lösungen der Zusammensetzung 0,1-n. K_3CuCy_4, 0,1-n. $K_2Zn(CN)_4$ nur etwa 20% beträgt, sinkt mit zunehmendem Zyankaliumzusatz bald auf nahe Null. Bessere Stromausbeuten lassen sich in metallreicheren Bädern erzielen, etwa solchen, die hinsichtlich CuCN 0,3-n., hinsichtlich $Zn(CN)_2$ 0,15-n. sind[1] und einen Überschuß von 20 bis 40% der gebundenen KCN-Menge enthalten. Es sollen dann bei Zimmertemperatur Stromausbeuten von etwa 65%, bei etwa 40° gar solche von 85 bis 90% erzielbar sein. Höhere Temperaturen als diese anzuwenden, ist aus den angegebenen Gründen unzweckmäßig, man erhält dann Legierungen, die zu wenig Zink enthalten.

Die Bäder werden durch Auflösung von

CuCN	etwa 30 g/l
$Zn(CN)_2$	etwa 10 g/l
KCN	etwa 70 g/l

(eventuell die äquivalente Menge NaCN) hergestellt oder durch Auflösung äquivalenter Mengen basischen Kupferkarbonats und Zinkkarbonats.

Im Verlaufe der Elektrolyse wird, wie bei jeder Elektrolyse, in zyankalischer Lösung etwas Ammoniak gebildet und es entsteht Karbonat. Empfohlen wird, dem Bad von Haus aus etwa 30 g Karbonat/l als Leitsalz zuzusetzen, wie man dies oft auch sonst in zyankalischen Bädern tut.

Von mancher Seite wird ein Zusatz von Natriumbisulfit empfohlen. Als Glanzzusätze sind kleine Mengen von Nickelkarbonat, Ammoniak, Phenol (0,3 bis 0,4 g/l) oder auch von arseniger Säure (0,01 g/l) wirksam.

Etwas überschüssiges Zyanid (4 bis 15 g/l) ist erforderlich, um glatte Anodenauflösung zu sichern und Blasenbildungen zu vermeiden. Mit steigender Zyanidkonzentration sinken aber die kathodische Stromausbeute und der Kupfergehalt des Niederschlages.

Ätzalkali kann zugesetzt werden, um die Leitfähigkeit des Bades zu erhöhen.

---

[1] Da Zn im Bade in zweiwertiger, Cu in einwertiger Form enthalten ist.

Ammoniak- oder Ammoniumsalzzusatz (0,2 bis 1,5 g/l) verbessert die Farbe und erhöht den Zinkgehalt. Etwas As_2O_3 oder Nickelsalz begünstigt die Gelbfärbung (0,01 g/l As_2O_3). Hingegen drückt Phenolzusatz den Zinkgehalt herab. Ätzalkalizusatz steigert denselben.

Das pH ist innerhalb der Grenzen 11 bis 13 zu halten. Höheres pH begünstigt die Gelb-, niedrigeres pH die Rötlichfärbung des Niederschlages.

Als Anoden verwendet man Messing der ungefähren Zusammensetzung, die man erzielen will. Ihr Zinkgehalt ist innerhalb der Grenzen 20 bis 35% zu halten. Empfohlen wird etwa folgende Zusammensetzung derselben:

$$\text{Cu} : 75\% \pm 2$$
$$\text{Zn} : 25\% \mp 2,$$

daneben an Fremdmetallen bis zu 0,005% von Arsen, Ni oder Zinn.

Die wichtigste Anwendung finden elektrolytische Messingüberzüge dazu, das Haften von Gummi auf Metall zu sichern. Für diesen Zweck empfiehlt es sich, Anoden mit rund 70% Cu und 30% Zn zu verwenden, während man für ornamentale Zwecke lieber kupferreichere Anoden mit etwa 80% Cu benützt.

Die Stromdichte wird anodisch wie kathodisch nieder, nämlich auf etwa 0,5 Amp./dm^2, bemessen.

Die Streukraft ist, wie in allen Zyanidbädern, verhältnismäßig hoch. Da aber die Farbe des Niederschlages von der örtlichen Stromdichte beeinflußt wird, empfiehlt es sich, verhältnismäßig große Elektrodenabstände herzustellen.

Die galvanische Vermessingung erfordert zu ihrer guten Durchführung die Einhaltung ziemlich eng umgrenzter Bedingungen. Mit einiger Übung gelingt es, Überzüge von ziemlich gleichmäßiger Farbe, kaum aber solche von stets gleichbleibender Zusammensetzung herzustellen.

Um Legierungen bestimmter und gleichbleibender Zusammensetzung auf elektrolytischem Wege herzustellen, kann man derart verfahren, daß man die Metallkomponenten in reinem Zustand abwechselnd nacheinander in entsprechend dünnen Schichten auf elektrolytischem Wege niederschlägt und sie erst nachträglich durch Erhitzung in eine Legierung überführt.

Einen Mittelweg beschreitet das bereits kurz erwähnte Verfahren WINKLERS (s. S. 216), nach welchem ein schnell pulsierender Gleichstrom aus gemischten Salzlösungen abwechselnd hauchdünne Schichten von Metall bzw. Legierungen aufeinander niederschlägt.

Weiße Niederschläge, die *Kupfer, Zinn und Zink* enthalten, lassen sich aus Bädern komplizierterer Zusammensetzung herstellen, z. B. aus solchen, die 56% Cu, 16% Zn und 28% Sn enthalten. Sie liefern bei Zusatz organischer Glanzmittel glänzende Niederschläge von einheitlicher Farbe, aber von wechselnder Zusammensetzung.

Niederschläge aus *Silber-Cadmium*-Legierungen würden praktischen Wert besitzen, weil sie die Schwärzung des Silbers verhindern. Ihre Herstellung ist aber noch nicht in einer Weise gelungen, welche voll befriedigen würde. Einerseits sind die Bäder im Betriebe nur schwer unverändert zu halten, andererseits wird die Schwärzung, nicht aber das Stumpfwerden der Überzüge verhindert.

Zink-Cadmium-Überzüge lassen sich auf Stahl aus einem Bade der Zusammensetzung:

Zn(CN)	75 g/l	NaCN	38 g/l
CdO..................	3 g/l	NaOH	90 g/l

bei 35° mit 2 Amp./dm² und mit Verwendung von Anoden aus 90% Zn und 10% Cd herstellen. Sie sollen besseren Korrosionsschutz erzielen lassen als Rein-Zink- oder Rein-Cadmium-Überzüge[1].

Denselben Zweck zu erfüllen, werden *Zinn-Zink*-Niederschläge auf Stahl aus einem Bade hergestellt, das

30 g/l Zinnmetall (in Form von Stannat)
2,5 g/l Zinkmetall (in Form von Zyanid)
28 g/l Gesamtzyanid (gerechnet als NaCN)
4 bis 6 g/l NaOH

enthält[2].

Den besten Korrosionsschutz soll man mit Überzügen erhalten, welche etwa 25% Zink einschließen. Die Verbesserung des Korrosionsschutzes gegenüber Zink oder Zinn wird der feinkörnigeren, an Poren ärmeren Struktur der Legierung zugeschrieben.

Bezüglich genauerer Daten und der einzuhaltenden Arbeitsbedingungen sei auf die Broschüre „*Tin-Zinc-Alloy*“ I. O. I. des Tin Research Institute verwiesen.

Sehr interessante Eigenschaften besitzt eine elektrolytisch hergestellte *Zinn-Nickel*-Legierung[3], in welcher beide Metalle in ungefähr äquivalenter Menge enthalten sind. Die Fällung wird auf Kupfer oder auf verkupferten Stahl aus Bädern vorgenommen, welche:

Zinnchlorür (52,6% Sn)	50 g/l
Nickelchlorid (24,7% Ni)	240 g/l
Natriumfluorid	38 g/l
NH_4F . HF	17,5 g/l

enthalten.

---

[1] Blum, Strausser und Brenner, J. Res. Nat. Bur. Standards **16**, 185 (1936).

[2] Tin Research Inst. I. O. I.

[3] Tin Research Inst. I. O. N.

Die Zellen müssen aus Materialien bestehen oder mit solchen ausgekleidet sein, welche dieser aggressiven Badlösung standhalten. Werden Gummisorten dafür gewählt, so muß erst geprüft werden, ob sie keine angreifbaren Zusätze enthalten, welche das Bad verunreinigen; werden plastische Kunstmassen verwendet, so hat man dasselbe hinsichtlich von Zusätzen zu tun, die dazu dienen, den Kunststoff plastisch zu gestalten.

Während der Elektrolyse sind schädliche Dämpfe abzuziehen, wie es z. B. in Chrombädern geschieht.

Es kommen vorzugsweise getrennte Nickel- und Zinnanoden zur Anwendung, die unabhängig voneinander mit regelbaren Stromanteilen gespeist werden.

Die Elektrolyse wird mit Stromdichten von 1,6 bis 2,7 Amp./dm^2 kathodischer Stromdichte bei 65 bis 70° ausgeführt. An den Nickelanoden sind Stromdichten von 1,1 bis 5,4 Amp./dm^2 zulässig, an den Zinnanoden können höhere, keinesfalls aber niedrigere Stromdichten als 5,4 Amp./dm^2 angewendet werden.

Die Niederschläge, die betriebsmäßig seit einigen Jahren hergestellt werden, weisen eine Farbe auf, welche zwischen der des Chroms und des Nickels liegt, die aber gefälliger sein soll. Sie behalten an der Luft ihren Glanz und liefern in Niederschlagsstärken von 0,013 mm aufwärts guten Korrosionsschutz. Sie werden von verdünnten anorganischen Säuren und von Lebensmitteln nicht angegriffen, langsam von konzentrierter Salpetersäure, schneller von konzentrierter Salz- oder Schwefelsäure.

Betreffs weiterer Details der Herstellung usw. wird auf die Broschüre I. O. N. „Tin-Nickel-Alloy“ des Tin Research Institute (London) verwiesen.

XI. Die wichtigsten Prüfungsmethoden von Metallüberzügen

Das Ziel aller Prüfmethoden ist es, in abgekürzter Zeit zu ermitteln, ob ein Metallüberzug seinem Zwecke dauernd entspricht.

Durch bloßen Augenschein lassen sich nur gröbere Fehler entdecken, die Zuhilfenahme stärkerer Vergrößerungsgläser oder des Mikroskops läßt zwar oft selbst kleinere Mängel sichtbar werden, aber die Frage, ob ein Werkstück den Anforderungen gerecht wird, welche man bei seiner Verwendung stellt, läßt sich nur durch eingehendere Untersuchungen beantworten, deren Zuverlässigkeit leider zur Zeit in mancher Hinsicht noch zu wünschen übrig läßt.

Die Untersuchungen erstrecken sich zur Hauptsache auf:

1. Ermittlung der durchschnittlichen Niederschlagsstärke.
2. Ermittlung des Gleichmäßigkeits-Grades der Verteilung des Niederschlages über die zu deckenden Flächen.
3. Prüfung der Niederschläge auf Porosität.

4. Prüfung der Haftintensität.

5. Messung der Härte des Niederschlages und seiner Widerstandskraft gegen Abrasion.

6. Untersuchung der Duktilität des Überzuges.

7. Messung der elektrischen Leitfähigkeit.

8. Schätzung des Korrosionsschutzes, den der Niederschlag bietet.

9. Prüfung auf Beständigkeit gegen Erhitzung.

10. Prüfung des Reflexions-Vermögens.

Die Herstellung von Schliffbildern und ihre Prüfung unter dem Mikroskop, die Untersuchung mit X-Strahlen bilden eine, oft wichtige, immer nützliche Ergänzung.

1. *Die durchschnittliche Niederschlagsstärke* wird in der überwiegenden Mehrzahl der Fälle nur berechnet bzw. geschätzt, meist bloß auf Grund der pro Flächeneinheit nach dem FARADAYschen Gesetz aufgewendeten Amperestunden (s. Tab. 4, S. 10). Für Prozesse, die bei halbwegs gleichmäßiger Stromverteilung über die Fläche mit bekannter konstanter Stromausbeute vor sich gehen, ist dies in erster Annäherung zulässig.

Wenn eine Mindestdicke des Niederschlages vorgeschrieben ist, welche an keinem Flächenelement unterschritten werden darf, ist eine bloße Berechnung allerdings für die Kontrolle unzureichend.

Bei der Herstellung von Überzügen aus wertvollen Metallen, wie Gold, Platin, Palladium, kann man Flächenelemente genau bestimmter Größe entnehmen, sie in Lösung bringen und ihr Gewicht durch Titration oder auch kolorimetrisch bestimmen. Bei solchen mittleren Wertes (z. B. Silber) ermittelt man wohl die Gewichtszunahme nach der Galvanisierung. Um die letztere auch während der Elektrolyse fortlaufend kontrollieren zu können und in der Lage zu sein, die Elektrolyse im Moment abzubrechen, in welchem die gewünschte Niederschlagsmenge erreicht wird, hat man voltametrische Waagen[1] konstruiert. Die Werkstücke hängt man in diesen an einen Waagbalken, sie ziehen denselben mit fortschreitender Gewichtszunahme herab. Das Einspielen der Waage auf Null zeigt die Erreichung des angestrebten Gewichtes an.

Zur Kontrolle ist es aber empfehlenswert, stets von Zeit zu Zeit an Stichproben das Gewicht der auf die Flächeneinheit niedergeschlagenen Metallmenge durch chemische Auflösung derselben und durch Ermittlung der Gewichtsabnahme zu ermitteln. Welche Chemikalien dabei zu verwenden sind, richtet sich nach der Natur des Überzugs- und des Grundmetalls; ersteres muß vollständig gelöst werden, letzteres soll unangegriffen bleiben.

CLARKE[2] hat eine Methode ausgearbeitet, nach welcher man die Niederschlagsstärke ohne Wägung bestimmen kann. Man läßt dazu die Lösung,

---

[1] Cf. z. B. PFANHAUSER, Galvanotechnik, 7. Aufl., S. 499 ff. Leipzig 1928.

[2] J. Electrodepositors' Techn. Soc. 8, No. 11, März 1933.

welche den Niederschlag aufzehrt, aus einer Bürette in Tropfen auf die Probe fallen, bis das Grundmetall sichtbar wird. Die Zahl der Tropfen, welche dazu erforderlich ist, gibt ein Maß für die Stärke des Niederschlages. Die Genauigkeit dieser Methode ist meistens hinreichend (die Fehlergrenze beträgt $\pm 15\%$). Sie wurde von CLARKE dazu benützt, die Niederschlagsstärke von Zink und von Cadmium auf Stahl zu bestimmen. Als Lösungsmittel diente eine Auflösung von 100 g Jod und 200 g Jodkalium im Liter.

Bei einer Tropfgeschwindigkeit von 60 Tropfen dieser Lösung in der Minute entsprechen 18 Tropfen einer Niederschlagsdicke von 0,0025 mm.

Bei gleichmäßiger Tropfgeschwindigkeit gleich großer Tropfen kann auch die Zeitmessung zur Bestimmung dienen. Verwendung einer Stoppuhr erleichtert die Beobachtung[1].

Für Niederschläge, die schwer aufzulösen sind (z. B. stärkere Nickelschichten), empfiehlt CLARKE[2] einen Strahl an Stelle der Tropfen anzuwenden.

Die Schichtdicke dünner Überzüge läßt sich auch sehr scharf durch anodische Auflösung ermitteln, wenn man diese in geeigneten Elektrolyten, unter definierten Bedingungen, bei konstanter Stromstärke durchführt. Für Chrom-Niederschläge ist eine solche Methode z. B. von ANDERSON und MANUEL beschrieben worden. Beobachtet man bei derselben auch die Änderung des Anodenpotentials, so gewinnt man Anhaltspunkte darüber, ob an der Oberfläche des Grundmetalls Legierungsbildung eingetreten ist und wie stark die Legierungsschichte ist. Das Ende der Auflösung wird durch Potentialänderung angezeigt.

Löst man den Überzug vom Grundmetall ab, dann kann man auch die Abnahme der Stärke messen, welche das Werkstück durch Entfernung des Überzuges erlitten hat. Man wird sie freilich meist nur mit Zuhilfenahme eines Mikroskops mit hinreichender Genauigkeit ermitteln können.

Die zeitweise Herstellung von Schliffbildern und ihre Untersuchung unter dem Mikroskop bildet eine wichtige Kontrolle der Produktion, bei welcher man auch stets die Stärke der erzeugten Niederschläge mit einiger Zuverlässigkeit messen kann, wenn der Schnitt genau senkrecht zur Kathodenoberfläche geführt worden ist (eine Abweichung von 10° verursacht einen Fehler von 2%).

Eine andere Methode, die Niederschlagsdicke auf mechanischem Wege zu ermitteln, ist von MESLE[3] ersonnen worden. Sie gründet sich darauf,

---

[1] Cf. M. BALLAY, Aciers spéciaux **8**, 240 (1933).

[2] J. Electrodepositors' Techn. Soc. **12**, (1), 157 (1936).

[3] MESLE, Metal Ind. (New York) **33**, 263 (1935). Diese Methode wurde in USA. weiter ausgebildet, und zwar zuerst von BLUM und BRENNER im Bureau of Standards **16**, 171 (1936), Res. Pap. 866, sie erhielt den Namen „Chord-method", dann weiter von MESLE selbst: Amer. Electroplaters Soc. **24**, 754 (1937), Metal Finishing **47**, 15 (1949); cf. auch CLARKE, J. Electrodepositors' Techn. Soc. **12**, 1 (1936).

daß ein Schnitt, der mittels einer als Schneidewerkzeug dienenden dünnen Kreisscheibe (wie Abb. 137 zeigt) in solcher Eindringungstiefe geführt wird, daß es gerade bis zum Unterlagsmetall dringt, wie es die schematische Abb. 138 veranschaulicht, eine Länge besitzt, welche in zahlenmäßiger Beziehung zur Dicke der Überzugsschicht steht, und zwar ist dies für Zylinder- oder Kugelflächen durch die Formel:

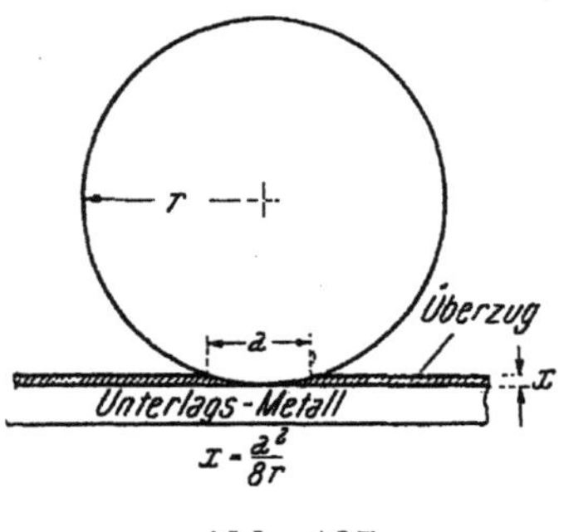

Abb. 137

$$x = \frac{a^2}{8\,r}$$

gegeben, wenn x, wie auf Abb. 137 sichtbar, die Niederschlagsstärke, r den Radius und a die Länge des Schnittes angibt.

Genau dieselbe zahlenmäßige Beziehung wird dann erfüllt, wenn das Schneidewerkzeug eine dünne gerade Schneide (Feile oder Messer), die Probe eine gewölbte Fläche vorstellt.

Diese Untersuchungsmethode kann auch zur Ermittlung der Niederschlagsstärken mehrerer nacheinander übereinander hergestellter Überzüge verwendet werden. Die Schnittfläche nimmt dann ein der schematischen Abb. 138 entsprechendes Aussehen an, wenn als Beispiel ein Nickel-Kupfer-Nickel-Niederschlag auf Stahlunterlage gewählt wird.

An Niederschlägen von mindestens 0,005 mm Stärke ausgeführt, ist eine Präzision der Messung von 10% zu erzielen.

2. Nimmt man die Bestimmung der Niederschlagsstärke an verschiedenen Stellen der Proben vor, so gibt sie Anhaltspunkte, welche zur Beurteilung der Frage dienen können, ob der Niederschlag in gleichmäßiger Schicht über die ganze Fläche verteilt ist oder nicht.

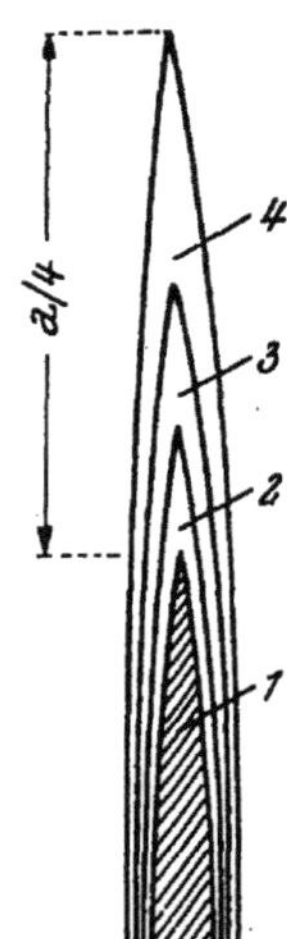

Abb. 138. Schematische Darstellung des Aussehens der Hälfte eines mit Apparat Abb. 137 ausgeführten Schnittes auf einer Probe eines Ni-Cu-Ni-Überzuges auf Stahlunterlage. *a* ganze Länge der Furche, *1* Stahl, *2* Nickel, *3* Kupfer, *4* Nickel

Eine Kontrolle gewinnt man bei der Auflösung des Überzuges in Lösungsmitteln, in welchen die Metallauflösung mit oder ohne Zuhilfenahme elektrischen Stromes mit der Zeit proportional fortschreitet. Ungleichmäßigkeiten des Überzuges geben sich dann aus den Zeitunterschieden zu erkennen, an welchen das Grundmetall an den verschiedenen Stellen der Probe zum Vorschein kommt.

Die Stärke von Niederschlägen, die sich als Ganzes vom Grundmetall abziehen läßt, kann man (z. B. mit Hilfe eines Zeiss-Optimeters) auch unmittelbar messen. Aber nur nach entsprechender Vorbehandlung der Kathoden (s. z. B. S. 104) lassen sich gute Niederschläge leicht genug abziehen, man muß sie dazu auf eigens hergerichteten Probestücken herstellen und kann es nicht immer so einrichten, daß die Niederschläge dann genau ebenso ausfallen wie auf den normalen Werkstücken.

Diese Probe, welche besonders bei Galvanisierung profilierter Gegenstände und beim Arbeiten mit Bädern von geringer Streukraft von Wichtigkeit ist, liefert also meist nur angenäherte, nicht immer sichere Resultate.

3. Die Untersuchung, ob die Niederschläge lochfrei sind, ist verhältnismäßig leicht durchzuführen, wenn man über Reagenzien verfügt, welche mit dem Grundmetall, nicht aber mit dem Überzugsmetall eine deutliche Farbreaktion geben.

So verwendete WALKER[1] wohl als erster heiße Lösungen von 1 g/l Ferrizyankalium, 10 g/l Kochsalz und 1 bis 10 g/l Agar-Agar (oder Gelatine), um die Stellen sichtbar zu machen, an welchen Eisen oder Stahl von Überzügen aus Nickel, Kupfer, Zinn, Zink, Cadmium nicht bedeckt sind. Er goß das Reagens, noch heiß, auf die gereinigte Probe und ließ es dort erstarren. Verwendet man Lösungen mit 10 g Agar-Agar, so taucht man die Probe besser bloß kurz in die heiße Lösung ein und hängt sie an geschütztem Ort auf. Nach einiger Zeit erscheinen alle Stellen, an denen das Reagens mit Eisen in Berührung getreten ist, in dunkelblauer Farbe infolge Bildung von Turnbullsblau.

Statt Gelatinelösungen zu verwenden, kann man auch Papiere benützen, welche mit dem Reagens überzogen oder getränkt sind, und sie angefeuchtet auf die Probe drücken. Oder man taucht die Probe in gelatinefreie Lösung roten Blutlaugensalzes mit Kochsalz und läßt sie etwa 30 Minuten darin.

Diese Prüfungsmethode, welche man nach amerikanischem Beispiel als „Ferroxyl"-Probe bezeichnet, wird in weitestem Umfange verwendet. Man bezeichnet gewöhnlich ein verzinktes Eisenblech als gut, wenn es auf den Quadratzentimeter 1 bis 4 kleine Poren hat, noch als normal, wenn es 3 bis 12 kleine Poren aufweist, als schlecht, wenn die Porenzahl größer ist als 12 oder wenn die Poren nicht alle klein sind. In ähnlicher Weise schätzt man die Güte einer Vernickelung ein; für Überzüge auf Kupfer gelten aber schärfere Prüfungsvorschriften[2].

Die Zahl der Poren wird freilich von verschiedenen Beobachtern etwas verschieden gefunden, ihre Erkennung hängt in hohem Grade von der Güte des Auges ab. Mit einem Vergrößerungsglas und gar unter dem Mikroskop sieht man, daß die wirkliche Zahl der vorhandenen Poren eine ganz bedeutend größere ist als die, welche man mit freiem Auge noch erkennen kann, die Zahlen, welche verschiedene Beobachter ermitteln, stimmen dann auch un-

---

[1] J. Iron Steel Inst. **79**, 69 (1909).

[2] E. T. Z. **48**, 1295 (1927).

gleich besser überein. Um Normen aufstellen zu können, wäre es daher sehr empfehlenswert, wenn man sich auf Ermittlung der Porenzahl bei bestimmter Vergrößerung (etwa 10fach) einigen wollte.

Das Resultat der Prüfung unter dem Mikroskop ist meist sehr enttäuschend, es führt uns vor Augen, daß es bei vielen Metallen, insbesondere Nickel, Kobalt, Eisen, aber auch Zink in saurer Lösung kaum möglich ist, lochfreie Niederschläge herzustellen, wenn man die Niederschlagsstärke nicht über das gewohnte Maß steigert. Selbst wenn die Prüfung mit freiem Auge weniger als eine Pore pro Quadratzentimeter entdecken läßt, sieht man im Mikroskop, daß die Porenzahl in Wirklichkeit stets recht groß bleibt.

Für die Prüfung der Porosität von Überzügen auf verschiedenen Grundmetallen muß man fast immer eigene Reagenzien wählen.

Verzinntes Kupfer behandelt man z. B. nach einer von SCHÜRMANN und BLUMENTHAL ausgearbeiteten Methode[1] mit einer ammoniakalischen Lösung von Ammoniumpersulfat, welche Kupfer mit blauer Farbe auflöst, ohne Zinn oder Zinn-Kupfer-Legierung anzugreifen.

Diese sehr empfindliche Prüfungsmethode wird praktisch am besten derart ausgeführt, daß man die Proben in Lösungen von normierter Konzentration taucht und die Zeit bestimmt, nach welcher eine deutliche Bläuung eintritt, oder die Probe bestimmte Zeit in der Persulfatlösung beläßt und den Grad der eingetretenen Bläuung durch kolorimetrischen Vergleich mit Lösungen ermittelt, in denen bestimmte Kupfermengen in derselben Persulfatlösung aufgelöst worden sind.

Man führt die Proben mit Lösungen, die etwa 0,1% Ammoniumpersulfat neben 0,5% Ammoniak enthalten, aus, kann aber die Konzentrationen auf 2% Ammoniak und 1% Ammoniumpersulfat steigern, wenn man rasch ein Resultat haben will. Unter dem Mikroskop erscheinen die angegriffenen Kupferstellen blank und kraterförmig vertieft, während das Zinn blank und unverändert bleibt. Auch Schwefelkupfer wird, wenngleich langsamer, vom Reagens aufgelöst.

Niederschläge auf Kupfer lassen Risse und Poren bei ihrer Behandlung mit einer Lösung, welche 2 g Ferrozyankalium im Liter 10%iger Salpetersäure enthält, durch Rötungen erkennen, welche nach 15 Sekunden an den undichten Stellen sichtbar werden[2].

Um Risse in Verchromungen auf Kupfer zu entdecken, behandelt man die Probe mit Ammoniakdämpfen, welche eine Bläuung an schadhaften Stellen der Verchromung erscheinen läßt.

Chromniederschläge lassen sich, ohne Rücksicht auf die Natur des Grundmetalls, auch durch elektrolytisches Verkupfern prüfen. Ganz schwache Verkupferung, die man etwa durch eine nur zwei Minuten währende Elektro-

---

[1] E. T. Z. **48**, 1295 (1927).

[2] BLUM, BARROWS und BREIMER, J. Res. Nat. Bur. Standards **1931**, 697.

lyse in Kupfersulfatlösung mit einer unter 0,2 Volt liegenden Spannung[1] herstellt, zeichnet die Haarrisse ab, stärkere Verkupferung haftet nur in den Rissen und zeichnet sie ab, wenn man die Oberfläche abwischt.

Niederschläge auf Nickel kann man auch mit einer Lösung von 2 g/l Dimethylglyoxim in Ammoniak untersuchen. Nach 12 bis 24 Sekunden erscheinen die Spalten und Poren in rosa Farbe[1].

Poren in Cadmiumüberzügen auf Stahl kann man, wie S. G. Clarke gezeigt hat[2], leicht dadurch erkennbar machen, daß man die sorgfältig entfettete Probe in eine 1%ige Salzsäurelösung taucht. Sind viele Poren vorhanden, so bedeckt sich die Probe schon wenige Sekunden nach dem Eintauchen mit einer großen Zahl kleiner Wasserstoffblasen, die schnell wachsen. Nach einigen Minuten lösen sie sich ab, steigen auf und neue Bläschen entstehen an ihrer Stelle. Bei einigermaßen schnellerer Gasbildung zieht man die Probe gleich aus der Säurelösung.

Gasblasen, welche sich innerhalb weniger Minuten ablösen, zeigen immer das Vorhandensein größerer Poren an. Die Bildung ganz kleiner Bläschen in feinen Poren bemerkt man nicht sofort; doch genügt eine Zeitperiode von 10 Minuten dazu, sie sichtbar werden zu lassen. Länger als 10 Minuten soll man die Probe nicht in die Säure tauchen lassen. In 10 Minuten beträgt die Dickeabnahme der Cadmiumschicht nur $1{,}75 \times 10^{-5}$ mm (in sauerstofffreier, wasserstoffgesättigter 1%iger Salzsäure ist sie noch um 75% kleiner), sie kann also vernachlässigt werden.

Die Probe läßt sich also, wie oben beschrieben, am fertigen Werkstück vornehmen, ohne es zu zerstören oder zu beschädigen. Ob man sie freilich auf andere als Cadmiumüberzüge auf Eisen anwenden kann, ist fallweise zu prüfen.

In den Lokalelementen Cadmium-Stahl war das Cd nach Clarke (l. c.) um etwa 0,28 bis 0,3 Volt negativer als Stahl.

In solchen Fällen, in denen das Überzugsmetall viel unedler ist als das Unterlagsmetall, bleibt letzteres auch dann vor Korrosion geschützt, wenn ersteres feine (nicht aber, wenn es zu grobe) Poren besitzt. Bedenklich ist dies aber, wenn das Überzugsmetall das edlere ist, weil es dann die Korrosion beschleunigt.

Macnaughtan, Clarke und Prythearch[3] haben die Porosität von Zinnüberzügen auf Stahl derart untersucht, daß sie die Proben 6 Stunden lang unter Wasser von pH 4,5 bis 7 und 95 bis 100° hielten, dann die Ferroxylprobe anstellten.

Hothersall und Hammond[4] haben diese Prüfung auf Vernickelungen angewendet.

---

[1] Blum, Barrows und Breimer, J. Res. Nat. Bur. Standards **1931**, 697.

[2] J. Electrodepositors' Techn. Soc. **8**, No. 1 Z (1933).

[3] J. Iron Steel Inst. **125**, 159 (1932).

[4] Trans. Amer. Electrochem. Soc. **73**, 449 (1938).

Macnaughtan hat in ähnlicher Weise Niederschläge auf Zink, Aluminium und ihren Legierungen durch Beobachtung des Auftretens von Wasserstoffblasen beim Eintauchen in heiße Natronlauge auf Poren untersucht[1].

Chromüberzüge kann man durch Eintauchen in konzentrierte Salpetersäure prüfen und die Zeiten messen, welche verstreichen, bis die ersten Stickoxydblasen sichtbar werden bzw. aufsteigen, wenn die Verchromung auf eine Metallunterlage aufgebracht ist, welche Salpetersäure derart reduziert.

Blum, Barrows und Breimer[2] haben Chromüberzüge mit 0,2 Volt in einer Lösung von 200 g/l CuSO und 75 g/l Schwefelsäure kathodisch geschaltet und dabei erzielt, daß Kupfer nur auf das durch Risse bloßliegende Unterlagsmaterial gefällt wurde. Aus dem gefällten Kupfergewicht oder der Stromintensität konnte der Porositätsgrad geschätzt werden.

4. Die Bestimmung der *Haftintensität*, welche so sehr entscheidend ist für die Güte, die Haltbarkeit und die Schutzkraft eines Überzuges, läßt sich leider nur auf sehr umständliche Art und nur an Stichproben ausführen, weil das Probestück dabei zerstört wird.

Burgess[3] dürfte als erster eine Methode angegeben haben, die Haftintensität eines Metallüberzuges durch Ermittlung der Kraft zu bestimmen, die dazu notwendig ist, ihn von seiner Unterlage abzureißen. Er verband dazu den Überzug mittels einer Lötstelle mit Metallkörpern, an denen ein Zug ausgeübt werden konnte, der allmählich gesteigert wird, bis der Überzug sich loslöst. Der Quotient der Zugkraft durch das Ausmaß der Fläche, an welcher eine Ablösung erfolgt ist, gibt die Größe der Adhäsion pro Quadratzentimeter an.

Gegen die Genauigkeit dieser Methode ist eingewendet worden, daß sich die Adhäsion durch die unvermeidliche Erhitzung bei dem Lötprozeß oft und in unkontrollierbarer Weise ändert. Sie wird meist größer, zuweilen geringer und der Grad, wie selbst der Sinn ihrer Änderung läßt sich auf keinem Wege mit Sicherheit ermitteln.

Schwerer als dies wiegt aber der Umstand, daß diese Prüfungsmethode sich nur auf Metallüberzüge von geringerer Haftintensität anwenden läßt. Metalle, die sehr fest aneinanderhaften, lassen sich auf diesem Wege nicht voneinander trennen, weil das Lot vorher abreißt.

Anwendung fand die Methode für die Bestimmung der Haftintensität von Blei, Zinn, Zink.

Um die sehr große Haftintensität von Elektrolytnickel an Stahl bestimmen zu können, hat Ollard eine Methode durchgebildet[4], welche zur Zeit bei weitem die exakteste und zuverlässigste ist. Sie läßt sich auf alle

[1] Trans. Faraday Soc. **26**, 465 (1930).

[2] J. Res. Nat. Bur. Standards **7**, 691 (1931); Res. Pap. 368.

[3] Electrochem. Ind. **3**, 17 (1905); Stahl u. Eisen **39**, 243 (1919).

[4] Trans. Faraday Soc. **21**, 81 (1926).

Metalle von großer Festigkeit anwenden, erfordert aber die recht zeitraubende Herstellung eigener Prüfstücke von nicht zu kleiner Dimension.

Der elektrolytische Niederschlag Ni, Abb. 139, muß in solcher Stärke hergestellt oder nachträglich derart verstärkt werden, daß sein vorspringender Rand (Abb. 139) dem Zuge standhält, der erforderlich ist, das Grundmetall Fe vom Überzug abzureißen.

Um ein geeignetes Probestück herzustellen, schlägt man das Überzugsmetall in dicker Schicht auf die entsprechend sorgfältig gereinigte Endfläche eines kurzen Stabes (dessen Zylinderfläche durch Wachs od. dgl. isoliert ist), dreht denselben ab und bestimmt die Zugkraft, welche erforderlich ist, um den Stahl durch Zug nach unten in der Form 139*b* vom Ni abzureißen. Oder man isoliert die Zylinderfläche des Probestabes nach einer von HOTHERSALL angegebenen Variante[1] Abb. 139*c* nicht auf ihrer ganzen Länge, so daß der Nickelüberzug schon mit einem vorspringenden Rande niedergeschlagen wird (139*d*), dreht ihn derart ab, daß das Probestück die (schon von OLLARD angegebene) Form (139*e*) erlangt und reißt den Stahlkern vom Nickelring mittels eines von oben her drückenden Dornes ab (139*f*).

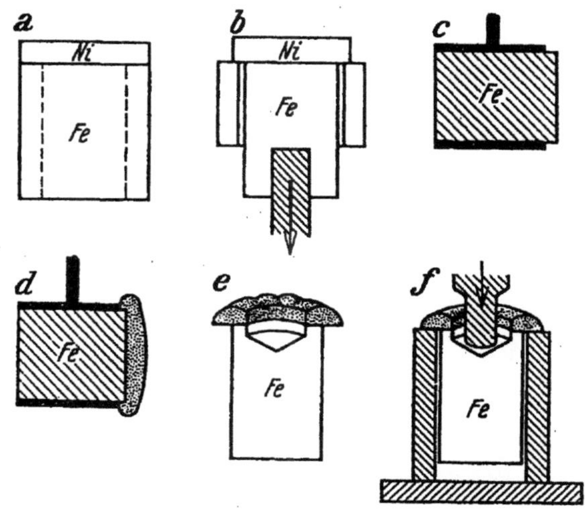

Abb. 139*a* bis *f*

Diese Methode liefert verläßliche Relativwerte. Gegen die Genauigkeit der Absolutwerte sind gewisse Einwände erhoben worden, z. B. daß am Rande der Verbindung Ni/Fe tordierende Kräfte mitwirken können; OLLARD hat gefunden, daß die Resultate vom Verhältnis des Innen- zum Außendurchmesser des Nickelringes abhängig sind; sie werden höhere, wenn dieses Verhältnis zugunsten des inneren Durchmessers steigt.

Die Haftintensitäten für Nickel, welche man nach dieser Methode ermittelt hat, sind enorme. HOTHERSALL teilt (l. c.) folgende an Probestücken von 1,5 Zoll Länge und 1 Zoll Durchmesser ermittelten Werte mit (siehe Tab. 65, S. 384).

Die Verbindung des Elektrolytnickels ist demgemäß an der Grenzfläche eine derart innige, daß sie höherem Zuge standhält als das kompakte Metall.

Die Umständlichkeit der Methode führt leider dazu, daß sie nur selten und niemals auf die eigentlichen Produkte des Betriebes, deren Form von jener, welche die Probestücke besitzen müssen, zu sehr abweicht, angewendet wird. Ihr besonderer Vorzug ist darin zu erblicken, daß hier senkrecht

[1] Trans. Amer. Electrochem. Soc. **64**, Preprint 8, S. 83 (1933).

zur Verbindungsfläche wirkende Kräfte zur Anwendung gelangen. Ein in tangentieller oder geneigter Richtung wirkender Zug würde ungenaue Resultate geben, weil dann auch Reibungswiderstände zu überwinden wären[1].

Tabelle 65. *Haftintensität von Elektrolytnickel*

Auf Grundmetall	Haftintensität in kg/cm²	Riß
Weicher Stahl	3304	Im Stahl
Nickelstahl	4494	Im Stahl nahe der Verbindung
Ni-Cr-Mo-Stahl	2982	Nahe Verbindungsstelle Fehler
Messing 60 : 40	2688	Im Messing
Messing 70 : 30	3318	Im Messing
Kupfer	2590	Im Kupfer
Elektrolytnickel mit mechanisch frisch bloßgelegter Oberfläche	3192	In der Überzugsschicht
Aluminium	490	Im Aluminium nahe der Verbindung

Viel schneller und leichter läßt sich die Haftfestigkeit nach einer Methode prüfen, die von C. Marie und P. Jacquet ausgearbeitet worden ist. Diese Methode zieht von der Erscheinung Nutzen, daß Metallniederschläge aus Lösungen, die Gelatine, Proteine oder andere entsprechende Kolloide in geringer Menge enthalten, in schlechthaftender Form ausfallen, daß dementsprechend auch Metallniederschläge auf Metallen schlecht haften, welche man mit einer Spur derartiger Kolloide (z. B. durch kurzes Eintauchen in eine verdünnte Lösung derselben) überzieht[2] (s. S. 104 f.). Um die Haftfestigkeit eines Metallniederschlages zu prüfen, wird ein Teil der Kathodenoberfläche zunächst durch Kolloid od. dgl. derart vorbereitet, daß das später zu fällende Metall darauf nicht festhaftet, dann wird die ganze Kathodenoberfläche mit dem zu prüfenden elektrolytischen Niederschlag bedeckt. Nunmehr wird dieser Niederschlag vom Teil der Kathode, auf dem er nicht fest haftet, abgehoben, scharf abgebogen und es wird die Kraft ermittelt, mit welcher man ihn senkrecht zur Kathodenoberfläche ziehen muß, um den festhaftenden Teil des Niederschlages abzureißen.

Um die Produkte des Betriebes zu untersuchen, muß man sich zur Zeit noch mit groben, qualitativen Prüfungen begnügen, die man, da das Probestück zerstört wird, auch nur stichprobenweise ausführen kann.

Man kann z. B. ein Probestück an seinem Ende abschleifen und mittels eines scharfen Meißels versuchen, den Überzug soweit abzuheben, daß man

[1] Ollard weist schon l. c. darauf hin, daß sich ein auf einen Stab heiß aufgezogenes Rohr nur mit großem Kraftaufwand von diesem in tangentieller Richtung abziehen läßt, obgleich gar keine Adhäsion vorhanden ist.

[2] Da Metallniederschläge bekanntlich auf elektrolytischen Überzügen aus Chrom nicht fest haften, sollte es möglich sein, die Kathode auch durch Verchromung eines Teiles ihrer Oberfläche vorzubereiten.

ihn mit der Zange erfassen und dann die Kraft schätzen kann, welche erforderlich ist, um ihn vom Grundmetall abzureißen.

Eine schnell durchzuführende rohe Werkstattprüfung besteht darin, das Probestück mittels einer harten Spitze bis auf das Grundmetall zu ritzen. Zweckmäßig ist es dabei, die Ritze kreuzweise zu führen und besonders an den Kreuzungsstellen zu untersuchen, ob der Ritz rein ist oder ob Erweiterungen bzw. Ablösungen infolge unzureichenden Anhaftens des Überzuges an diesen Stellen sichtbar geworden sind.

Besser und schärfer sind Biege- und Bruchproben (bend test), bei welchen man das Probestück so lange hin- und herbiegt, bis es bricht und dann (vorteilhafterweise unter Zuhilfenahme einer Lupe) untersucht, ob an irgendeiner Stelle der Bruchfläche eine Loslösung des Überzuges von dem Grundmetall erfolgt ist. Diese Prüfung liefert bei der Untersuchung stets gleichartiger Stücke auch ziffernmäßige Resultate von Vergleichswert, wenn man das prozentuelle Längenverhältnis der Stellen, an welchen der innige Kontakt beim Bruch gelöst wurde, zur Gesamtlänge der Verbindung ermittelt. Man bezeichnet im allgemeinen die Probe als gut, wenn die Verbindung auf 95% der Länge völlig unversehrt geblieben ist, als mittelgut, wenn dies nur auf 90% der Länge der Fall ist.

5. Soweit die Bestimmung der *Härte* des elektrolytischen Niederschlages zur Beurteilung der Feinkörnigkeit und der physikalischen Eigenschaften herangezogen wird, bildet sie eine wertvolle Ergänzung der Untersuchung. Schlüsse, welche man aber aus der Härtebestimmung auf die Widerstandsfähigkeit und die Lebensdauer des Überzuges im Gebrauch zieht, sind meist sehr unsicher, weil es bei der praktischen Verwendung nicht allein auf die Beanspruchung durch drückende Kräfte ankommt.

Man hat deshalb, die Härtebestimmung zu ergänzen, Durchschleifproben angestellt z. B. nach KARSTEN[1], indem man das Probestück an einer reibenden Fläche hin- und herbewegt und die Zahl der Reibungen zählt, bis das Grundmetall bloßgelegt wird, nach PIERSOL[2], indem man die Probe gegen eine rotierende Schmirgelscheibe mit bestimmter Belastung andrückt. Man kann auch das Probestück in einer mit Quarzsand beschickten Trommel längerer Rotation aussetzen, bis der Quarzsand den Überzug stellenweise abgeschürft hat usf.; aber auch diese Proben liefern Daten, welche für die Beurteilung der Abnützung im praktischen Gebrauch nur ganz ungefähre Anhaltspunkte geben.

Diese Probe, welche nur bei harten, festhaftenden Metallüberzügen angewendet werden kann, ist neuerdings für weichere Metalle (Ag, Cu u. dgl.) von WINKLER derart abgeändert worden[3], daß man Sand unter einem be-

[1] Metall **1914**, 155.
[2] Trans. Amer. Electrochem. Soc. **56**, 371 (1929).
[3] Mitt. Forsch.-Inst. Edelmetalle **7**, 37 (1933).

stimmten Winkel aus einem Trichterrohr von bestimmter Länge auf den Metallüberzug prallen läßt. Die verwendeten Sandkörner müssen definierte Größe haben; man verwendet z. B. Sand, welcher durch ein Sieb mit 12 Maschen/cm² durchgelassen, aber von einem Sieb mit 24 Maschen zurückgehalten wird. Aus dem Gewicht des Sandes, welcher aufzuwenden ist, bis die Probe durchgeschürft erscheint, gewinnt man ein ungefähres Maß für ihre Widerstandskraft.

Die Härtebestimmung läßt sich hingegen für Niederschläge von nicht zu geringer Dicke ganz exakt nach der Brinell-Härteprobe durchführen, bei welcher eine Kugel aus Stahl, Achat od. dgl. unter bestimmter Belastung auf die Probe gepreßt wird. Der Durchmesser des Eindruckes wird im Mikroskop ausgemessen und gibt ein Maß der Härte.

Das Resultat der Messung ist nur dann einwandfrei und unabhängig von der Härte des Unterlagsmetalls, wenn der Überzug, dessen Härte man ermittelt, eine Mindeststärke besitzt, die nach Tab. 66[1] um so größer sein muß, je weicher das Überzugsmetall ist.

Tabelle 66. *Minimalstärke der Niederschläge für die Ermittlung der Brinellhärte mit 1 mm ∅ Ball und 10 kg Belastung*

Brinellhärte Grade	Durchmesser des Eindrucks in mm	Tiefe des Eindrucks in mm	Minimalstärke des Überzugsmetalls in mm
100	0,351	0,0319	0,223
125	0,315	0,0255	0,178
150	0,288	0,0212	0,150
175	0,267	0,0182	0,127
200	0,250	0,0159	0,111
250	0,224	0,0127	0,089
300	0,205	0,0106	0,074
400	0,178	0,0080	0,056
500	0,159	0,0063	0,044
600	0,145	0,0053	0,037

Die Prüfung der Brinellhärte von Niederschlägen mittleren Härtegrades erfordert also Niederschlagsstärken, welche größer sind als jene, die man gewöhnlich beim Galvanisieren herstellt.

Zur Messung der Härte dünnerer Überzüge verwendet man deshalb die Ritzhärteprüfung[2], welche aber Resultate liefert, die keine Absolut-, sondern nur Relativwerte vorstellen und die auch etwas von der Oberflächengestaltung der Probe beeinflußt werden.

Bei dieser Prüfung wird die Probe unter einem Diamanten, der auf ihrer Oberfläche mit konstanter Belastung aufliegt, fortgezogen. Die Breite des

[1] Macnaughtan, J. Iron Steel Inst. **109**, 409 (1924); H. Moore, Proc. Internat. Assoc. Testing Mater. 1909.

[2] Bierbaum, Trans. Amer. Electrochem. Soc. 58, 383 (1930); Franke, Kruppsche Monatshefte 8, 179 (1927).

entstehenden Risses wird im Okularmikrometer ausgemessen und liefert ein Maß für die Härte der Probe.

Die Spitze des Diamanten ist in Form einer dreiseitigen Pyramide oder eines Kegels geschliffen, nach einem neueren Vorschlage kann sie auch rund gehalten werden.

Unter sonst gleichbleibenden Umständen ist die Härte eines und desselben Metalls um so größer, je feinkristalliner es — bei sonst gleichmäßiger Struktur — ist. Nach MACNAUGHTAN und HOTHERSALL[1] schwankt die Härte elektrolytisch abgeschiedener Metalle innerhalb der Grenzen:

Tabelle 67

Elektrolyt-Metall	Brinell-Grade
Blei	3—5
Zinn	4—8
Cadmium	10—55
Zink	40—50
Silber	60—130
Messing	60—150
Kupfer	60—150
Eisen	160—350
Nickel	150—420
Kobalt	250—300
Chrom	400—1000

6. Die *Duktilität* der Überzüge kann durch Biegeversuche auf qualitative Art geprüft werden, indem man die Probe über einen Dorn biegt, dessen Durchmesser in bestimmtem Verhältnis zur Stärke des zu untersuchenden Bleches oder Drahtes steht.

Diese Prüfungsmethode ist zwar roh und auch nicht scharf definiert, weil das Resultat von der Art und Weise ihrer Durchführung abhängig ist. So fällt der Versuch anders aus, wenn man ihn bei verschiedenen Temperaturen an entgasten oder nicht entgasten Proben durchführt, wenn man die Probe schnell oder langsam um den Dorn biegt usf. Für die Beurteilung des Resultates sind auch keine Normen aufgestellt worden. Es ist ein anderes, wenn man die Probe nach der Biegung mit unbewaffnetem Auge betrachtet, ein anderes, wenn man sie mit einem Vergrößerungsglas nach feinsten Haarrissen absucht, die bei der Biegung entstanden sind, wenn man diese Prüfung ohne oder mit Zuhilfenahme von Farbreaktionen vornimmt, wie sie bei der Untersuchung auf Porosität üblich sind u. dgl. m.

So viel Willkür diese Methode aber auch zuläßt, gibt sie immerhin Daten an die Hand, die, über eine größere Anzahl gleichmäßig behandelter Parallelproben gezogen, untereinander vergleichbar sind.

Die strengste Prüfung besteht darin, Bleche scharf abzubiegen, Drähte über einen Dorn vom Durchmesser des zu prüfenden Drahtes spiralförmig zu

[1] J. Electroplaters' Depositors' Soc. **5**, 63 (1930).

wickeln und etwa entstandene Risse mit Hilfe eines starken Vergrößerungsglases aufzusuchen. Korrosionsversuche, die man an den gebogenen Proben noch vornimmt, bilden eine wichtige Ergänzung ihrer Prüfung.

Eine andere, etwas besser definierte Prüfung besteht darin, die Probe zu stauchen, etwa eine Kugel od. dgl. unter bestimmtem Druck in ihre Oberfläche einzutreiben.

Abb. 140[1] führt das Resultat einer solchen Erprobung vernickelten Blechs vor Augen, links eines schlechten Niederschlags, der spröde war und nicht fest genug am Grundmetall haftete, rechts einer guten, duktilen Vernickelung.

Risse, Sprünge, Ablösungen, welche schon mit freiem Auge sichtbar sind, beweisen, daß die Duktilität unzureichend ist.

7. Alle Methoden, die *Schutzkraft eines Überzuges gegen Korrosion* auf verkürztem Wege zu bestimmen, haben nur relativen Wert. Sie sind insofern nützlich, als sie leicht und in kurzer Zeit (wenige Tage, selbst Stunden) auszuführen sind, gewisse Fehler der Überzüge kenntlich machen und Vergleichswerte an die Hand geben. Bindende Schlüsse auf den praktischen Schutzwert des Überzuges kann man aus derartigen Versuchsresultaten aber nicht ziehen, weil es sich ergeben hat, daß die Widerstandsfähigkeit im Gebrauch in ganz anderem, oft sogar im umgekehrten Verhältnisse steht wie beim Laboratoriumsversuch.

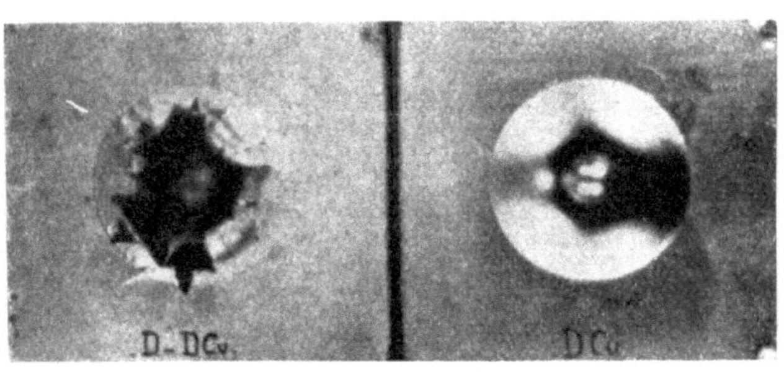

Abb. 140

Die verbreitetste Erprobung ist die im Salzsprühregen, bei der die Einwirkung eines Nebels aus feinzerstäubten Salzlösungen beobachtet wird[2].

Die Proben werden in einem Kasten derart angeordnet, daß sie nicht direkt angesprüht werden, jeden Tag wird ihre Stellung geändert und ihr Aussehen nach sorgfältigem Abspülen untersucht. Die Zerstäubung der angewendeten Salzlösung wird meist mittels eines Zerstäubers bewirkt, der durch eingeblasene Luft betätigt wird. Man stellt den Probekasten zweckmäßigerweise in geneigter Lage auf und ordnet den Zerstäuber am tiefsten Punkt an. Die Lösung, die sich ständig kondensiert, rinnt dann fortlaufend auf dem Boden des Kastens zum Zerstäuber wieder herab.

Zweckmäßig ist es, die Lösung täglich zu erneuern, um die Anhäufung von Metallchloriden zu begrenzen.

---

[1] Nach PORTEVIN und CYMBOLISTE l. c.

[2] Cf. CAPP, Proc. Amer. Soc. Testing Mater. **14**, 474 (1914); FINN, ib. **18**, 237, Bur. Standards Circ. 80, 2. Ausg. (1922); RAWDON, Protective Metallic Coatings, New York 1928; MOUGLEY, Trans. Amer. Electrochem. Soc. **58**, 93 (1930); EVANS, ib. **57**, 407 (1930).

Als korrodierende Flüssigkeit verwendete man zuerst durchwegs 20%ige Kochsalzlösung. Man machte dann aber die Erfahrung, daß man in verdünnterer Lösung Resultate erhält, welche besser mit denen der Praxis übereinstimmen und daß es zweckmäßiger ist, Chlorkalzium oder Chlorammonium (2%ig) oder auch gemischte Salzlösungen zu benützen, weil die Rostbildung in dieser Lösung viel schneller sichtbar wird.

Nach dem Bureau of Standards (cf. FINN l. c.) soll das Auftreten von Rost nach 24stündiger Behandlung im Salzsprühkasten mit 20%iger Kochsalzlösung beweisen, daß das Material für eine Verwendung im Freien ungeeignet ist. Tritt Rost nach 36 bis 72 Stunden auf, so widersteht es milder Beanspruchung, um aber strengeren Ansprüchen entsprechen zu können, darf die Probe nach 96- bis 144stündiger Behandlung noch keine Spur von Rost aufweisen. Gut verzinktes Blech hält z. B. weit längere Zeit aus, ohne anzurosten.

BAKER hat die Salzsprühmethode zur Prüfung des Korrosionsschutzes von Vernickelungen angewendet[1] und beobachtet, daß es nicht genügt, den Zeitpunkt des ersten Auftretens von Rostspuren festzustellen, weil die Geschwindigkeit, mit welcher das Rosten fortschreitet, von Probe zu Probe sehr verschieden ist.

Eine analoge Prüfmethode besteht darin, die Proben abwechselnd in Salzlösung zu tauchen, dann an die Luft zu heben usf. Gewöhnlich verwendet man dazu einen Motorantrieb und läßt die Proben von einem rotierenden Reifen derart herabhängen, daß sie in die Salzlösung tauchen, wenn ihr Aufhängepunkt tiefer zu liegen kommt als die Achse der Welle, um welche der Reifen rotiert. Je nach Bemessung der Intervalle zwischen zwei aufeinanderfolgenden Benetzungen kann man es so einrichten, daß die Proben stets befeuchtet bleiben oder auch, daß ihre Oberfläche vor dem nächsten Eintauchen an der Luft trocknet.

In der Regel führt man die Versuche derart durch, daß die Proben alle 10 bis 15 Minuten eingetaucht werden.

THOMAS und BLUM[2] haben dieses Prüfverfahren angewendet, um den Porositätsgrad verschiedener Vernickelungen zu ermitteln, FARNSWORTH und HOCKER zur Untersuchung von Zinküberzügen[3]. Letztere ließen die Proben alle 15 Minuten in eine 2%ige Chlorammoniumlösung tauchen, und sie fanden, daß diese Untersuchungsmethode viel bessere Parallelität mit dem Verhalten der Materialien gegen die korrodierende Wirkung der Atmosphärilien ergibt als eine Prüfung im Salzsprühregen mit Kochsalzlösung.

Bleche mit 0,0075 mm starker Verzinkung rosteten bei diesen Versuchen gewöhnlich nach etwa 120 Stunden.

---

[1] Cf. RAWDON l. c. S. 229.

[2] Trans. Amer. Electrochem. Soc. **48**, 69 (1925).

[3] Trans. Amer. Electrochem. Soc. **45**, 281 (1924); cf. auch Proc. Amer. Soc. Testing Mater., Report of Committee A-5, Subcom. VII, **26**, 144 (1926).

Überzüge von edleren auf unedleren Metallen, z. B. von Nickel, Zinn oder Kupfer auf Eisen, kann man auch durch einfaches Einhängen in Salzlösungen oder in Wasser bzw. Wasser, dem Wasserstoffsuperoxyd zugesetzt wird oder das ständig an Sauerstoff gesättigt erhalten wird, prüfen, während eine derartige Erprobung für Überzüge von Zink und Eisen zu lange Zeiträume in Anspruch nimmt (12 Monate).

8. Die *Prüfung auf Beständigkeit gegen Erhitzung* wird nur selten ausgeführt, obwohl sie eine wertvolle Ergänzung der Untersuchung bilden würde.

Die Art der Erhitzung, insbesondere die Schnelligkeit und Dauer der Temperatursteigerung, ist dem betreffenden Metall anzupassen, dem Umstand, ob Unterlags- und Überzugsmetall annähernd gleichen oder stärker verschiedenen Wärmeausdehnungskoeffizienten aufweisen. Im letzteren Falle kann zu schnelle Erhitzung Ablösungen hervorrufen, aber auch die Beobachtung der Art und Weise, in der sich der Überzug ablöst, ist geeignet, Anhaltspunkte für die Beurteilung zu geben.

In vielen Fällen empfiehlt es sich, Parallelproben mit vorher entgasten und mit nicht entgasten Werkstücken vorzunehmen, was leicht derart auszuführen ist, daß man die einen erst längere Zeit ganz mäßiger Erhitzung (gegebenenfalls im Vakuum) aussetzt und die Temperatur dann langsam steigert, die anderen aber ohne derartige Vorsichtsmaßnahmen behandelt.

Nach der Erhitzung ist die Volumzunahme bzw. die Abnahme der Dichte zu prüfen, auch im Schliffbilde zu untersuchen, ob Rekristallisation stattgefunden hat, ob sich Hohlräume gebildet haben (falls dies nicht durch das Auftreiben von Blasen schon von außen gut sichtbar geworden ist), ob insbesondere der Kontakt zwischen Überzugs- und Unterlagsmetall nicht stellenweise gelockert worden ist usf. Ohne Schliffbilder herzustellen, läßt sich letzteres meist schnell und sicher auch durch die Biege- und Bruchprobe ermitteln, die zugleich ein Maß für die Zu- oder Abnahme der Sprödigkeit gibt.

Niederschläge, die unter Zusatz organischer Kolloide hergestellt worden sind, von denen Anteile in das Elektrolytmetall gelangen, werden stets bei nachträglicher höherer Erhitzung blasig. Hingegen wird der Korrosionsschutz sehr dünner Niederschläge (z. B. Cr) durch Erhitzung (vielleicht infolge Austreibung von H_2) vergrößert.

XII. Anodische Prozesse

A. Das Eloxal-Verfahren

In nicht zu konzentrierten Lösungen von Schwefelsäure, von Sulfaten u. dgl. m. gehen Anoden aus Aluminium, wenn überhaupt, doch nicht glatt in Lösung. Dies gibt sich deutlich daran zu erkennen, daß die Intensität des durchgesandten elektrischen Stromes äußerst rasch abnimmt, selbst auf null sinkt, und daß es der Herstellung ganz ungewöhnlich hoher Klemmenspannungen bedarf, um weiterhin auch nur ganz schwachen Strom durch die Zelle weiter durchzutreiben[1].

Aluminiumanoden üben also eine „Sperrwirkung" aus, und diese ist in manchen Elektrolyten so bedeutend, daß sie den Stromdurchgang selbst beim Anlegen von mehreren hundert Volt(!) Spannung unterbindet.

Der Grund hiefür liegt darin, daß sich die Aluminiumanode mit einer dünnen, aber recht dichten Schicht aus basischem Sulfat überzieht, das in nicht leitendes γ-Al_2O_3 übergeht[2].

In Übereinstimmung damit wird die Sperrwirkung durch Elektrolyte erhöht, welche die Koagulation der kolloidalen basischen Verbindungen befördern. Da diese im Stromgefälle zur Kathode wandern, erweisen sich mehrwertige Anionen als besonders wirksam. Die dichtesten, härtesten, am stärksten isolierenden Deckschichten werden bei Gegenwart dreiwertiger Anionen gebildet, z. B. bei Gegenwart von Borsäure oder von Boraten, Zitronensäure, Zitraten usw. Sie rufen Sperrwirkungen von 400 bis 500 Volt(!) hervor. In zweiter Linie kommen zweiwertige Anionen, wie die der Oxalsäure, Weinsäure, Schwefelsäure u. dgl. in Betracht.

Die Bildung der Deckschicht geht von der Anodenoberfläche aus, auf welcher sich Aluminiumoxydationsprodukte unter Aluminiumaufbrauch bilden. An der Grenzschicht dieser Oxydationsprodukte gegen die wässerige Phase werden diese aber, je nach Natur des Elektrolyten, zum größeren oder geringeren Teil wieder in Lösung gebracht. Bei geringer Lösungsgeschwindigkeit nimmt die Dicke der Deckschicht mit der Zeit zu, bei sehr großer Lösungsgeschwindigkeit (z. B. in konzentrierter Schwefelsäure) kann die Deckschicht hingegen vollkommen verschwinden bzw. zerstört werden. Im Grenzfall, in welchem die Lösungsgeschwindigkeit gerade so groß ist wie die Bildungsgeschwindigkeit, ändert sich die Dicke der Schicht mit der Zeit nicht mehr. Sie hat dann ein Maximum erreicht, das sie beibehält.

Die Bildung der Schicht ist mit einer Gewichtszunahme, ihre Auflösung mit einer Gewichtsabnahme der Anode verbunden.

Die Abb. 141[3] führt dieses Verhalten graphisch vor Augen. Auf der Ordinate ist die Gewichtszunahme, auf der Abszisse die Zeitdauer der Elektrolyse aufgetragen. Die strichlierte Linie gibt die berechnete Gewichtszunahme für den Idealfall wieder, in welchem der Strom anodisch lediglich auf Oxydbildung verwendet würde.

Der Verlauf der einzelnen Kurven zeigt an, daß die anodische Stromausbeute nirgends 100% erreicht, sondern um so weiter dahinter zurückbleibt, je konzentrierter die Schwefelsäure ist, die als Badlösung (hier bei 2 Amp./dm^2 Stromdichte) verwendet wird.

---

[1] Cf. Buff, Ann. Chem. **102**, 269 (1857).

[2] Cf. z. B. Taylor und Edwards, Trans. Electrochem. Soc. **88**, 107 (1945).

[3] Nach Napier und Westwood, Metal Ind. (New York) 1950.

Das Wachstum der Oxydschicht schreitet bei dieser Stromdichte an der Anode langsam, ihre Auflösung aber immer schneller weiter. Nach etwa einstündiger Elektrolyse bei 2 Amp./dm² Stromdichte in 6,5-n. Schwefelsäure hat die Anode an Gewicht ebensoviel an Metall verloren wie an Oxyd

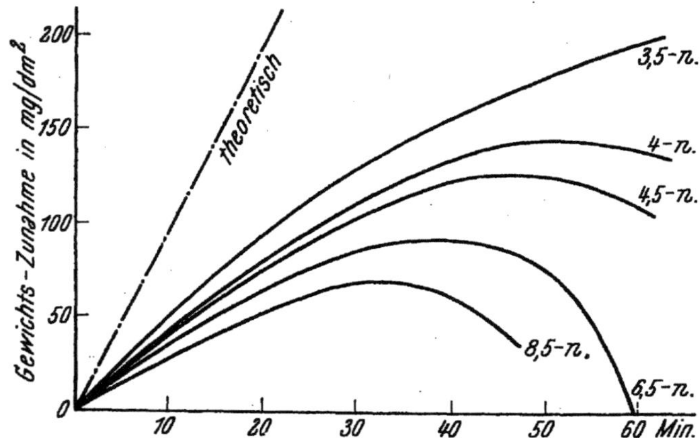

Abb. 141. Einfluß der Schwefelsäure-Konzentration auf die zeitliche Gewichtsänderung bei 2 Amp./dm² Stromdichte und 25° C

gewonnen. Bei weiterer Elektrolyse würde die Oxydschicht in 6,5-n. Lösung nach und nach verschwinden. In 2,5-n. Schwefelsäure nimmt sie hingegen nach dieser Zeit an Gewicht noch weiter zu.

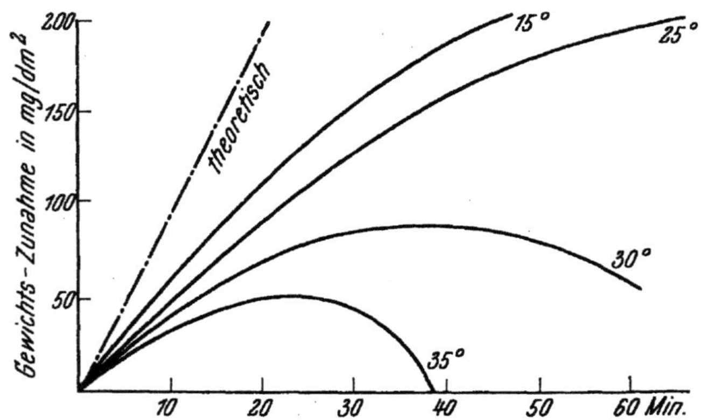

Abb. 142. Einfluß der Temperatur auf die zeitliche Gewichtsänderung in 2- bis 2,3-n. H_2SO_4 bei 2 Amp./dm² Stromdichte

Die Abb. 142[1] zeigt hinwieder, wie rasch die Geschwindigkeit der Wiederauflösung mit steigender Temperatur zunimmt. Die Versuche, deren Resultat diese Abbildung wiedergibt, wurden in 2- bis 2,3-n. Schwefelsäure ausgeführt.

Die angewandte Stromdichte betrug abermals 2 Amp./dm².

Je dicker die Schicht wird, je höher der Widerstand steigt, den sie dem Stromdurchgang entgegensetzt, desto höhere Spannung muß man aufwen-

[1] Nach Napier und Westwood, Metal Ind. (New York) 1950.

den, um gleichmäßige Stromdichte aufrechtzuerhalten. Die Erhitzung durch Joulesche Wärme wird in unmittelbarer (durch die Deckschicht abgeschirmten) Anodenumgebung selbst dann beträchtlich, wenn nur ganz schwacher Strom durchfließt, sie kann die Lösung zum Sieden und die schlechtleitende Schicht dadurch zum Platzen bringen. Durch Kühlung lassen sich derartige Verletzungen der Deckschicht verhüten.

Die entstehenden Risse schließen sich zwar meist wieder durch neu gebildetes Oxyd, aber ein weiteres Ansteigen der Spannung tritt dann infolge stets erneuter Rißbildungen nicht mehr auf.

Diese Beobachtungen zeigen also an:

1. Daß in verdünnteren Lösungen dickere, besser isolierende Schichten gebildet werden als in konzentrierten (wenigstens bis zu 2-n. Schwefelsäure herab).

2. Daß die Zeitdauer, in welcher Schichten gleicher Dicke entstehen, in verdünnteren Lösungen kürzer ist als in konzentrierten.

3. Daß es eine Zeitgrenze gibt, über die hinaus eine weitere Elektrolyse keine Verstärkung der Schicht mehr bewirkt.

4. Daß diese Zeitgrenze in verdünnteren Lösungen später erreicht wird als in konzentrierteren und bei höherer Temperatur schneller als bei niedrigerer.

5. Daß Temperatursteigerungen zu verhüten sind, welche die Deckschicht zerstören würden.

Diese Veränderungen, welche die Deckschichten bei längerer oder bei stärkerer Belastung in wässeriger Lösung erleiden, stellen den Wert von Sperranoden aus Aluminium für die Herstellung von Gleichrichtern in Frage. Deshalb hat man auch die Bemühungen, derartige Gleichrichter durchzubilden, aufgelassen, als man in Trockengleichrichtern einen viel besseren und zuverlässigeren Ersatz für sie gefunden hat.

Indessen besitzen diese Deckschichten in ihrer Feinporigkeit, der Leichtigkeit ihrer Herstellung, ihrer Absorptionskraft für Farbstoffe, ihrer Durchsichtigkeit in dünner Schicht, in der Härte und dem elektrischen Isolationsvermögen, die sie nach Verdichtung und Trocknung erlangen, eine Reihe so wertvoller Eigenschaften, daß sie in großem Maße dazu verwendet werden, Aluminium gewissermaßen zu veredeln und ihm neue Anwendungsgebiete zu eröffnen.

Diese erweisen sich als besonders groß, seitdem man die Erfahrung gewonnen hat, daß sich solche Schutzschichten nicht nur auf reinem Aluminium, sondern auch auf vielen wichtigen Aluminiumlegierungen mit Erfolg herstellen lassen.

In der Praxis sucht man begreiflicherweise derartige Deckschichten unter Verhältnissen herzustellen, unter welchen nicht zu hohe Spannungen dazu aufzuwenden sind.

Als erstes hat sich wohl das BENGOUGH-STUART-Verfahren[1] eingeführt, nach welchem Aluminium in 3%iger Chromsäurelösung anodisch behandelt wurde, dann solche, in welchen die Operation in 2 bis 6%iger Oxalsäurelösung ausgeführt wurde.

Nach und nach zeigte es sich aber, daß man ebensogute Resultate in Schwefelsäure besonderer Konzentration oder mit kleinen Zusätzen von Bichromat oder Oxalsäure erzielen kann, so daß man allgemein dazu überging, diese als Elektrolyte zu verwenden.

Durch Variation ihrer Konzentration, der Temperatur und der Stromdichte lassen sich die Eigenschaften der anodisch gebildeten Überzüge in gewissem Grade beeinflussen und ihrem Verwendungszweck anpassen.

Solange sie durch Patente geschützt waren, unterschieden sich die verschiedenen Arbeitsweisen in Details, welche zum Teil geheimgehalten wurden. Gegenwärtig sind ihre Ausführungsarten nahezu standardisiert, und die mit verschiedenen Namen bezeichneten meistverwendeten Verfahren: das „Alumilite-Verfahren“ (hauptsächlich in den Weststaaten) und das „Eloxal-Verfahren“ in Deutschland (Abkürzung für ELektrolytische OXydation von ALuminium), sind einander nahezu identisch geworden.

Als allgemeine Richtlinie dient die Erfahrung, daß die Niederschläge bei tieferer Temperatur, in verdünnterer Säure und bei Gegenwart von Oxalsäure härter ausfallen, aber schon bei wenig, nämlich bloß um 8 bis 10° höherer Temperatur duktiler werden und sich leichter anfärben lassen. Die erstere Arbeitsbedingung wird man deshalb vorzugsweise dann wählen, wenn der Überzug Schutz gegen Abrasion bieten soll.

Am deutlichsten sprechen die Eigenschaften der Überzüge auf die Temperatur an, welche bei ihrer Bildung herrscht, und auf die Konzentration der Säure. Beides läßt sich auf ihre kolloidale Natur im Entstehungszustande zurückführen.

Gleichmäßige, einheitliche Überzüge erhält man deshalb nur, wenn sie bei streng konstant gehaltener Temperatur hergestellt werden. Diese hält man für Stücke, die nicht gefärbt werden sollen, am besten zwischen 20 und 23° C, für solche, die man färben will, auf 29 bis 31° C. Im ersten Fall sind während der Elektrolyse Schwankungen bis zu maximal $\pm$ 1° C, im zweiten Fall nur bis zu $\pm$ 0,3° C zulässig.

Auf Grund vieljähriger Erfahrungen hält man eine Säurekonzentration von 15 bis 18% Schwefelsäure (165 bis 202 g/l für die günstigste. Sie liefert dichtere, härtere Überzüge als 25%ige Säure, die gleichfalls oft verwendet worden ist.

Den geringeren Härtegrad und die größere Duktilität, welche man in 25%iger Säure erzielt, kann man auch in 15 bis 18%iger Säure herstellen, wenn man ihre Temperatur um 8 bis 9° C erhöht, also auf 29 bis 31° C steigert.

[1] Brit. Pat. 223 994.

Derartige weichere, duktilere Schichten stellt man auf Stücken her, die nachträglich gestanzt werden sollen.

Die größte Härte und die dichtesten Überzüge erhält man in 7%iger Säure. Durch Zusatz von Oxalsäure zur Badlösung läßt sie sich noch weiter steigern.

Zur Herstellung besonders harter Schichten kann man z. B. eine Lösung mit 11 bis 13% Gew.-% Schwefelsäure und einem Zusatz von 3 bis 5 Gew.-% Oxalsäure mit Vorteil anwenden.

Eine Lösung mit 6% Schwefelsäure und 6% Oxalsäure liefert bei 32° C ebenso harte Schichten wie diejenigen, die man in 7%iger Schwefelsäure ohne Oxalsäurezusatz bei 24° erhält.

Die Erwärmung der Badlösung durch Joulesche Wärme geht von der Oberfläche der behandelten Werkstücke aus. Zur Aufrechterhaltung gleichmäßiger Arbeitsbedingungen ist deshalb die Badlösung durch geeignete Mittel in steter Zirkulation zu halten. In kleineren Zellen geschieht dies meist durch Einblasen von (staub- und ölfreier!) Luft. Man benützt etwa dazu ein ⊔-förmiges oder knieförmiges, ⌋ in Längsrichtung der Zelle nahe über deren Boden angeordnetes Rohr, dessen horizontaler Teil in je 15 cm Abstand mit Bohrungen versehen ist, durch die man die Luft bläst.

Die Stromdichte, welche man anzuwenden hat, richtet sich nach der Natur der zu behandelnden Werkstücke, insbesondere danach, ob Bleche oder Gußstücke vorliegen.

Aluminiumblech ist am besten mit Stromdichten von 1,5 Amp./dm² zu behandeln, die etwa 11 Volt beanspruchen, Legierungen und gar Gußstücke erfordern meist höhere Stromdichten und Spannungen.

Es ist daher nicht ratsam, Werkstücke verschiedener Art, Legierungen verschiedener Zusammensetzung gleichzeitig im selben Bade zu behandeln.

Die Kühlung nimmt man in kleineren Zellen vorzugsweise mit wasserdurchflossenen Kühlrohren vor. (Das abgeleitete Kühlwasser kann Spülzwecken dienen.) Größere Zellen werden dazu besser mit einem wasserdurchflossenen Kühlmantel versehen.

Während ihrer Bildung in verdünnter Säure sind die Überzüge leitend, erst im trockenen Zustande werden sie zu Isolatoren, deren Isolationskraft sich durch Nachbehandlung verstärken läßt.

Auf reines Aluminiumblech fallen die Niederschläge durchsichtig und farblos aus, auf siliziumhaltige Legierungen je nach dem Grade ihres Siliziumgehaltes heller oder dunkler grau, auf kupferhaltige gelblich bis goldfarben.

Unter Normalbedingungen nimmt die Schichtdicke bis zur Erreichung einer bestimmten Grenzstärke in Säurelösungen der angegebenen Konzentration proportional den je Flächeneinheit durchgeflossenen Amperestunden zu. In runder Zahl kann man annehmen, daß innerhalb dieser Zeitspanne auf Aluminium, bei 1,5 Amp./dm² Stromdichte Schichten von 1 μ Dicke je 3 Ampereminuten Stromdurchgang je dm² entstehen. Auf unreinerem Aluminium und auf Legierungen wächst die Schichtdicke langsamer, wie man der schematischen Abb. 143 entnimmt, die freilich keinen Anspruch auf Genauigkeit erheben kann.

Von Haus aus sind die gebildeten Überzüge weder gegen Säuren noch gegen Alkalien beständig, sie müssen dazu erst mit Schutzmitteln imprägniert und durch Behandlung in siedendem Wasser gefestigt werden. Dabei gehen sie zum Teil in kristallinische Form über, während sich gleichzeitig die Poren, die sie durchsetzen, verengern bzw. schließen.

Nach HARRINGTON und NELSON findet man bei der Betrachtung mit dem Elektronenmikroskop die ansehnliche Zahl von rund einer Milliarde etwas trichterförmig gestalteter Poren je Quadratzentimeter.

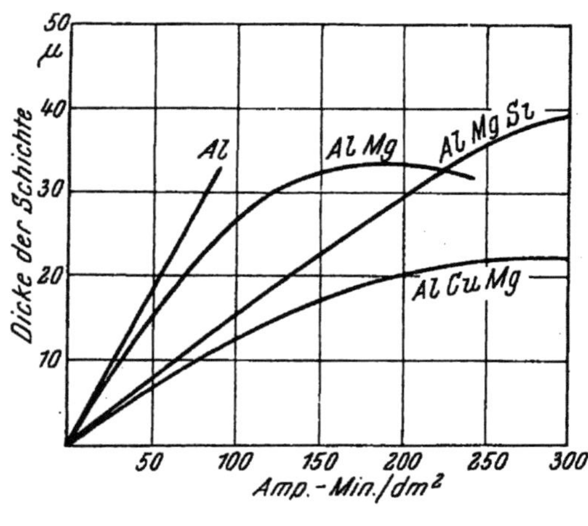

Abb. 143

Die Zellengefäße werden gewöhnlich aus Stahlblech hergestellt und mit innerer Blei-, Gummi- oder Kunststoffauskleidung versehen. Letztere weisen den Vorteil auf, elektrisch zu isolieren, eine Kühlung von außen wird durch ihre geringere Wärmedurchlässigkeit aber erschwert.

Kleinere Zellen stellt man wohl auch aus 3 mm Bleiblech auf Drahtnetzträgern her, welche durch Tragleisten aus Winkeleisen verstärkt sind, und setzt sie in etwas größer gehaltene, wasserdurchflossene Stahlgefäße ein.

Eine besonders große, entsprechend ausgerüstete, von den Langbein-Pfanhauser-Werken hergestellte Zelle von 6,5 m Länge ist auf Abb. 144 dargestellt. Diese ist befähigt, Werkstücke von etwa 10 m² Gesamtoberfläche unter einer Strombelastung von etwa 1500 Amp. aufzunehmen.

Eine kleine, von Riedel & Co. ausgeführte Anlage ist auf Abb. 145 zu sehen.

Frisch angesetzten Badlösungen fügt man gewöhnlich 1 kg Aluminiumsulfat auf 100 kg Lösung zu. Während der Elektrolyse gelangt fortlaufend Aluminiumsulfat durch Anodenangriff in die Lösung und reichert sich allmählich darin an. In ihrer Wirkung entsprechen 2 Teile Aluminiumsulfat ungefähr 1 Teil freier Schwefelsäure. Die zulässige Maximalkonzentration beträgt 20 g Al/l.

Verunreinigungen der Badlösungen durch Cu und Pb lassen sich durch eingehängte Aluminiumstreifen ausfällen. Zu vermeiden ist eine Verunreinigung durch Halogene. Solche üben, wie man bei den Versuchen, Gleichrichter mit Aluminiumelektroden herzustellen, schon erfuhr, oft verderbliche

Wirkungen aus. Nach SCHULTZE[1] reichte schon die Gegenwart von 9 Milligramm Cl'/l dazu aus, die Bildung eines isolierenden Films zu verhindern.

Es ist angezeigt, die Bäder zu bedecken und einen Luftstrom über die Flüssigkeitsoberfläche zu leiten, um die Säuretropfen abzuführen.

Abb. 144 (Photo: Langbein-Pfanhauser-Werke)

Neuerdings wendet man mit Erfolg Zusätze zum Bade an, welche die Bildung von Säurenebeln verhindern. Ein solches Mittel ist z. B. das von der

Abb. 145. Kleine Eloxal-Anlage (Photo: Riedel & Co.)

Ciba hergestellte, „*Sapamine MS*" genannte Produkt, von dem etwa 0,5 bis 1 cm³, je Quadratdezimeter Badoberfläche zur Anwendung gebracht, die Lüftung des Bades überflüssig machen.

[1] Z. Elektrochem. **20**, 307 (1904).

Vor dem Einbringen ins Bad sind die Werkstücke zu entfetten.

Die Zeitdauer ihrer Behandlung richtet sich nach ihrer Natur und dem Zweck, den der Überzug erfüllen soll.

Soll er als Korrosionsschutz dienen, so genügt bei Aluminiumblech eine Behandlung von 20 bis 30 Minuten bei 1,5 Amp./dm^2, die rund 12 Volt Spannung beansprucht. Da der Spannungsabfall fast zur Gänze in die Oxydschicht fällt, ist die hergestellte Stromdichte jeweils mit hinreichender Genauigkeit der Voltzahl der Klemmenspannung zu entnehmen.

Bei sehr großen Stücken beginnt man oft mit 6 Volt Spannung, die man sukzessive auf 12 Volt steigert.

Schichten von 15 μ Dicke bieten guten Korrosionsschutz und sind in 30 Minuten auf Al herzustellen.

Stücke, die nachträglich gefärbt werden, brauchen längere Behandlung, etwa 30 bis 40 Minuten.

Legierungen sind oft bis zu 60 Minuten lang zu behandeln. Ein höherer Zink- oder Kupfergehalt derselben verlangt die Anwendung höherer Stromdichte und längere Behandlung, poröse Gußstücke höhere als gewalzte Bleche. Je nach der Zusammensetzung der zu behandelnden Stücke variiert man die Stromdichte innerhalb der Grenzen 100 bis 200 Amp./m^2 und die Spannung innerhalb 12 bis 24 Volt.

Sandgußstücke sollen nicht mehr als 4% Kupfer enthalten, während gewalzte Bleche bis zu 10% davon einschließen können.

Auf die Qualität des Überzuges übt die physikalische Beschaffenheit der Unterlage nur geringe Wirkung aus, hingegen beeinflußt sie die Farbe des Überzuges in hohem Maße.

Auf gewalztes Duraluminium fallen die Überzüge z. B. viel dunkler aus als auf wärmevergütetes, wie denn im allgemeinen eine vorhergegangene Wärmebehandlung eine Aufhellung der Farbe des Überzuges bewirkt.

Von großem Einfluß ist die Zusammensetzung der Aluminiumlegierung: Viel Si gibt braune bis graue, ja schwarze Färbungen, MgSi bläuliche, Mn braune, Cr gelbliche, Mg weiße, Cu goldgelbe.

Beim Herausheben aus dem Bad sind die behandelten Stücke sofort sorgfältig in mindestens zwei Wässern zu spülen. Das zweite Waschwasser soll nicht mehr sauer sein. Bei Gußstücken ist es vorteilhaft, zwischen beiden Spülungen eine 2%ige Natriumbichromatlösung anzuwenden.

Für die Färbung mit organischen Farblösungen beläßt man gewöhnlich die Werkstücke auf den Trägern und führt sie mit diesen in die auf 65 bis 70° geheizten Farblösungen ein.

Ein besonders wichtiger Teil der Behandlung ist die „Verdichtung“ („fixage“, „sealing“) der erzeugten Deckschicht nach ihrer Spülung.

Verschiedene Varianten stehen dafür in Benützung. Der Zweck dieser Behandlung besteht darin, die Poren zu verkleinern bzw. zu schließen, die

Schicht zu dichten und sie gegebenenfalls mit geeigneten Imprägnierungsmitteln zu tränken, welche sie stärker isolierend und wetterbeständiger machen soll.

Die Verengerung bzw. Schließung der Poren wird durch genügend anhaltende Behandlung in reinem siedendem Wasser bewirkt. Das Wasser ist in gewissen Zeiträumen zu wechseln, sein pH soll am besten = 7 sein und nicht unter 6 sinken.

Eine primitive, aber praktisch verläßliche Art, das Dichterwerden und das Schließen der Poren zu kontrollieren, besteht darin, mittels Tinte und Feder Punkte, Striche od. dgl. auf Proben aufzutragen. Der Grad, in welchem diese Tintezeichen sich verbreitern oder auseinanderfließen, gibt ein deutliches Maß der Verdichtung.

Normalerweise nimmt die Verdichtung etwa 30 Minuten in Anspruch.

Eine Verbesserung soll nach manchen Angaben dadurch hervorgerufen werden, daß man das Auskochen erst nach Eintauchen der Werkstücke in eine Nickel-Kobalt-Azetat-Lösung, der auch Borsäure zugesetzt ist, vornimmt, oder in dieser Lösung selbst.

Man mischt dazu:

375	Teile	Nickelazetat
63	,,	Kobaltazetat und
562	,,	Borsäure

zusammen und löst 15 g dieses Gemisches je Liter Wasser auf. Die Lösung soll ein pH von 6,5 aufweisen. Man läßt sie 10 bis 15 Minuten lang vor dem Sealing einwirken.

Etwas korrosionsbeständiger werden die Proben, wenn man sie noch etwa zehn Minuten lang in eine siedend heiße Lösung von 5 bis 10 g/l Natriumbichromat taucht. Allerdings ist es nicht zu vermeiden, daß sie gleichzeitig einen gelblichen Ton annehmen. Eine Imprägnierung mit Ölen hat keine nachhaltige Wirkung, weil sie durch Atmosphärilien abgetragen bzw. zerstört wird. Am längsten hält da noch eine Imprägnierung bei etwa 75° mit Leinöl, das an der Luft oxydiert.

Sehr wirksam ist hingegen eine Tränkung mit Transformatoröl, wenn sie an Lagerteilen vorgenommen wird, die aus Metallpulvern durch Zusammensintern und Eloxieren hergestellt worden sind. Man nimmt diese am besten bei etwa 105° vor.

Um den Widerstand gegen die Einwirkung wässeriger Lösungen zu erhöhen, tränkt man mit Wachs von möglichst hohem Schmelzpunkt (z.B. 75°).

Auf Gußstücke hergestellte Überzüge schützen weniger gut. Eine Nachbehandlung durch Eintauchen in 10%ige Silikatlösung bei 50° ist da empfehlenswert. In dieser Lösung sollen:

$$Na_2O : SiO_2$$

am besten im Verhältnis 1:3,25 bis 3,8 zueinander stehen.

Zur Kontrolle der Badlösung titriert man zunächst mit NaOH und Phenolphthalein als Indikator. Dabei reagiert das an Al gebundene SO_4 wie das der Säure. In einer zweiten auf ein Zehntel verdünnten Probe fällt man das Aluminium mittels Jodkalium, titriert abermals mit NaOH und Phenolphthalein-Indikator und berechnet den Aluminiumsulfatgehalt aus der Differenz beider Titrationen.

B. Die Elektropolierung

Metalloberflächen durch anodische Behandlung unter Glanzbildung einzuebnen und zu glätten, ist eine originelle Erfindung des französischen Elektrochemikers Pierre Jacquet, die immer weitere und neuartige Nutzanwendung findet.

Ein eminenter Vorteil derselben besteht darin, im Gegensatz zur mechanischen Polierung die Struktur des Metalls unbeschädigt und unverändert zu erhalten. Dadurch nimmt sie eine ganz besondere Stellung bei der Untersuchung von Metallen in Anspruch. Darüber hinaus erweist sie sich in vielen Fällen wertvoll, in welchen die Polierung auf mechanischem Wege schwierig ist (z. B. die Polierung nichtrostender Stahlsorten) oder überhaupt schlecht gelingt (wie dies bei zu weichen Metallen, wie Zinn und Blei, Aluminium usw. der Fall ist). Ihre gute Tiefenwirkung ermöglicht es auch, stark profilierte Werkstücke nicht zu großer Ausdehnung in Behandlung zu nehmen, die sonst zu zeitraubend wäre und doch unvollkommen bliebe, die Glättung vorzunehmen, ohne neue Unvollkommenheiten hervorzurufen, also ein Superfinish von besonderer Qualität herzustellen u. dgl. m.

Die Tatsache, daß Anoden bei gewissen galvanotechnischen Prozessen größeren oder weniger deutlichen Glanz annehmen, war, dank der großen Verbreitung solcher Arbeitsmethoden, der Beobachtung nicht völlig entgangen. Es war auch ab und zu versucht worden, dies für gewisse Zwecke zu verwerten[1]. Es geschah dies aber nicht mit der nötigen Zielbewußtheit, Sachlichkeit, Zähigkeit und Umsicht, die allein zu technischen Erfolgen führt, ehe nicht Jacquet die völlig in Vergessenheit geratenen Versuche seinerseits anfangs der dreißiger Jahre unbeeinflußt wiederaufnahm und in vorbildlicher Weise durchführte.

In Fällen, in welchen Glättung erzielt wird, beobachtet Jacquet, daß der Verlauf der Stromspannungskurve einen anderen Charakter annimmt, als man es gewohnt ist[2].

---

[1] Schon 1907 hatte E. Beutel in den Veröffentlichungen der chemisch-technischen Abteilung des k. k. Lehrmittelbureaux für die gewerblichen Unterrichtsanstalten einen einschlägigen Aufsatz „Über einen Ersatz des Handpolierens der Goldwaren" veröffentlicht.

1910 hatte E. Spitalsky das D. R. P. 225 873 auf anodische Glänzung von Silber in Zyanidbädern entnommen.

[2] C. r. acad. sci., Paris **202**, 402 (1936); J. chim. phys. **33**, 226 (1936); Bull. Soc. chim. France, 5ème Sér. **3**, 705 (1936).

In einer Zelle, in welcher man etwa eine horizontale Kupferanode unterhalb einer Kupferkathode in konzentrierter *o*-Phosphorsäurelösung anordnet, steigt zwar zunächst die Stromintensität mit steigender Klemmenspannung wie gewöhnlich. Sobald man aber eine bestimmte Stromdichte erreicht, findet die Steigerung der Stromstärke mit steigender Klemmenspannung ein Ende. Es kann sogar dazu kommen, daß ein Rückgang an Stelle der Steigerung eintritt, wie dies die schematische Abb. 146 in etwas übertriebener Weise darstellt.

Bei weiterer Spannungssteigerung nimmt die Stromintensität nur langsam oder gar nicht zu, bis sie bei Erreichung einer Klemmenspannung von etwa 2,1 Volt, unter gleichzeitig zunehmender Gasentwicklung wieder rasch mit steigender Spannung ansteigt.

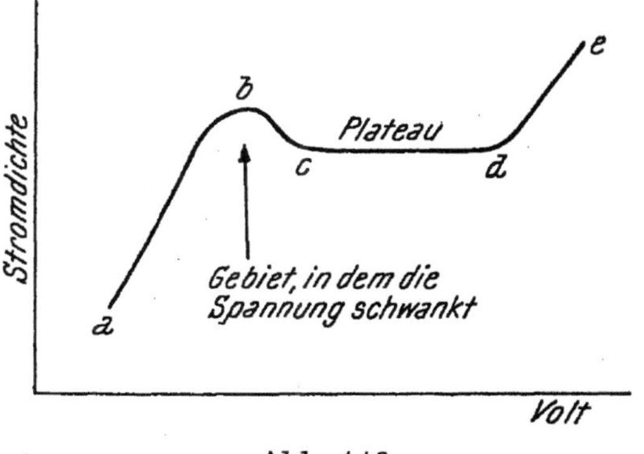

Abb. 146

Im Gebiete, welches auf Abb. 146 mit *a* bis *b* bezeichnet ist, sieht man bei Annäherung an *b*, wie sich die Kupferanode mit einer bläulichen Schicht zu bedecken beginnt. Auf dem Kurvenstück *b* bis *c* erhält man meist schlecht reproduzierbare Werte der Stromstärke. Von *c* bis *d* verläuft die Kurve nahezu horizontal, im Idealfalle — wie dargestellt — sogar geradlinig. Dies zeigt an, daß ein innerer Widerstand auftritt, welcher im Idealfall mit steigender Stromdichte proportional zunimmt. Gleichzeitig wird die Deckschicht tiefer blau. Wie MERCADIER ermittelt hat[1], besteht diese aus einer Lösung von $Cu(H_2PO_4)_2$-Komplexen, die zu 25% dissoziiert sind.

Beobachtet man die Änderung des Aussehens der Oberfläche der Kupferanode während der Elektrolyse mittels eines Mikroskops, so sieht man kurz vor oder nach Erreichung des Punktes *d* die Kratzer und Unebenheiten nach und nach verschwinden und Glänzung auftreten.

JACQUET erklärt den Mechanismus dieser Einebnung und Glättung durch die Annahme, daß der gebildete Flüssigkeitsfilm einen relativ hohen Ohmschen Widerstand aufweist und die vorspringenden Teile des Mikroprofils in geringerer Schichtdicke bedeckt als die Versenkungen. Dadurch konzentriert sich die Stromwirkung auf die Vorsprünge, während die Vertiefungen durch die gesättigte Lösung, die sie ausfüllt, bzw. rechts von *d* durch Gas vor Angriff geschützt werden. Es liegt seiner Meinung nach also eine Umkehrung des S. 66 f. beschriebenen Vorganges vor, bei welcher die Spitzenwirkung durch die an Vorsprüngen beförderte Diffusion noch beschleunigt wird.

---

[1] C. r. acad. sci., Paris **226**, 1519 (1948).

Wenn sich diese Vorstellung auch den Erscheinungen nicht immer bis ins letzte Detail anpaßt, hat man bisher noch keine bessere Erklärung finden können.

Die experimentelle Prüfung zeigt, daß die wesentlichen Folgerungen, welche man aus dieser Grundvorstellung zieht, durch den Versuch bestätigt werden: Alle Änderungen der Versuchsbedingungen, welche die Ausbildung einer gesättigten oder zumindest sehr hochkonzentrierten Deckschicht erschweren, nämlich: geringe Konzentration des Elektrolyten, Abnahme seiner Viskosität, Verringerung der angewandten Stromdichte, starke Bewegung, Temperatursteigerung usw., wirken der Einebnung entgegen und vice versa.

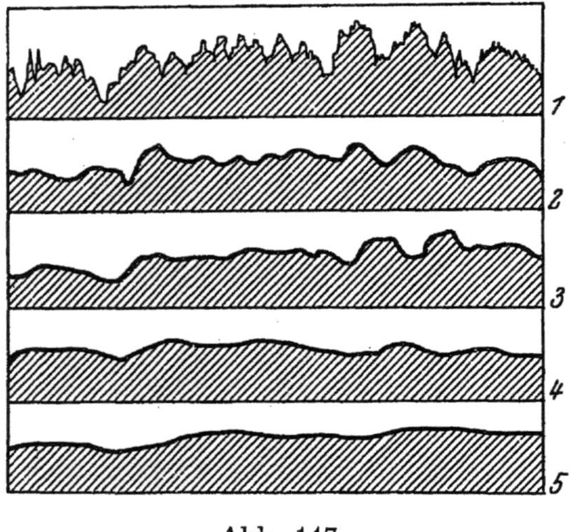

Abb. 147

In Übereinstimmung damit ist auch die Mindeststromdichte, bei welcher Glättung auftritt, ceteris paribus an vertikalen Anoden um etwa 50% höher als an horizontalen, an welchen eine Verschiebung und Erneuerung der Deckschicht nicht wie an vertikalen durch Herabsinken des konzentrierten, spezifisch schwereren Flüssigkeitsfilms befördert wird[1].

Im „ruhenden" Elektrolyten nimmt der Flüssigkeitsfilm, die Deckschicht, eine Dicke von rund 0,05 mm an, wenn man Kupfer anodisch in konzentrierter Phosphorsäure behandelt.

Die Auflösung eines Metalls in Säure führt zunächst — selbst wenn die Oberfläche vorher poliert war — zum Ätzabbau, dessen Art von der Struktur des Metalls abhängt. Hat sich aber eine Deckschicht gebildet, dann wird der weitere Abbau bei elektrolytischer Behandlung nicht mehr von der Struktur, sondern allein durch das Makro- und Mikroprofil seiner Oberfläche beeinflußt, sofern das Metall in reinem Zustande vorliegt. Feine Unebenheiten verschwinden dann zuerst, die Einebnung von *1* bis *5* schreitet allmählich in einer Weise vor, welche durch die schematische Abb. 147 versinnbildlicht wird.

Ist das Metall verunreinigt, so wird die Herstellung optisch vollkommen ebener Oberflächen infolge verschiedener Lösungsgeschwindigkeit der ein-

---

[1] Cf. Trans. Electrochem. Soc. **49**, 654 (1936), wo Jacquet angibt, daß die Mindeststromdichte in einem speziellen Fall an horizontalen Kupferanoden 6 Amp./dm², an vertikalen, sonst vergleichbaren 9 Amp./dm² betrug.

Hoap und Farthing nehmen (Nature **109**, 324 [1952]) neuerdings an, daß sich auf Kupfer und Messing in konzentrierter Phosphorsäure ein fester Film ausbildet.

zelnen Anteile erschwert, in ungünstigen Fällen sogar verhindert. Es hat sich aber gezeigt, daß es durch Anpassung der Zusammensetzung des Elektrolyten und der Versuchsbedingungen selbst in weniger günstigen Fällen meist gelingt, diese Schwierigkeiten zu überwinden und Oberflächen von einer Beschaffenheit zu erhalten, welche die Beobachtung der Mikrostruktur des Metalls ermöglichen.

Viel störender als die chemische Inhomogenität erweisen sich aber physikalische Inhomogenitäten, Poren, Risse u. dgl. Diese treten bei der Elektropolierung sogar deutlicher hervor als sonst. Die Elektropolierung bildet dann ein wertvolles Hilfsmittel, diese zu entdecken und Fehler zum Vorschein zu bringen, welche sonst der Beobachtung entgehen. Ihr Nutzen wird dadurch in vielen praktischen Fällen erhöht.

Eine etwas modifizierte Anschauung des Vorganges der elektrolytischen Polierung stellen Machu und Ragheb[1] auf. Sie nehmen an, daß sich das Metall zunächst mit einem Oxydfilm bedeckt, dessen Porositätsgrad durch die angewandte Stromdichte und Temperatur usw. bedingt werde.

Bei geringer Porosität dieser Deckschicht soll man gute, bei größerer schlechtere Polierwirkung erzielen.

Das Verschwinden der Spitzen und Vorsprünge soll dadurch bedingt werden, daß sich an diesen nur porösere Deckschichten ausbilden.

Diese Vorstellung bildet eine plausible und ansprechende Ergänzung derjenigen Jacquets (s. S. 401), besonders in Fällen, wo letztere nicht genügt.

Man hat lange zu Unrecht angenommen, daß gut ausgeführte mechanische Politur einen wohldefinierten Zustand darstellt. Erst die von G. Beilby eingeleiteten Untersuchungen haben (Anfang der zwanziger Jahre) dargetan, daß dies durchaus nicht der Fall ist.

Nach dem mechanischen Polieren bleiben die Ritzer, Poren, oberflächlichen Risse usw. mit zerkleinerten Metallteilen erfüllt. Die Oberfläche wird durch eine dünne, die Beilby-Schicht bedeckt, welche man zuerst für amorph hielt, die aber (wie aus der Elektronenbeugung hervorgeht) noch kristallinen Aufbaucharakter besitzt. Sie besteht aus Kristalliten, welche durch Zertrümmerung größerer Metallkristalle bei der mechanischen Vorbehandlung und dem Polieren entstanden sind.

Es hat sich ferner ergeben, daß die so herbeigeführten Strukturänderungen nicht auf die Oberflächenschicht beschränkt bleiben, sondern sich bis ziemlich tief unter die Oberfläche erstrecken, und zwar um so tiefer, je gröbere Kristallstruktur das Metall aufweist, am tiefsten bei der Politur von Einkristallen.

Dies läßt sich am exaktesten durch Messung der Mikrohärte in verschiedenen Abständen von der Oberfläche feststellen, die mit geringer Belastung einer Diamantspitze ausführbar ist. Sie ergibt, daß die mechani-

[1] Z. Metallkunde 47, 176 (1956).

schen Eigenschaften des polierten Metalls noch in merklichen Abstand von der Oberfläche nicht die des Grundmetalls sind, sondern diejenigen von Kristallen, welche durch mechanische Behandlung weitgehend verändert worden sind.

Demgegenüber läßt die anodische Behandlung jene Kristalle, die nicht in unmittelbarer Berührung mit dem Elektrolyten stehen, unverändert. Bei der Einebnung und Glättung des Metalls bewahren die Kristalle, aus welchen es aufgebaut ist, dann ihre ursprünglichen mechanischen Eigenschaften. Die Glättung und die Glanzbildung erfolgt, ohne daß neue Unregelmäßigkeiten auftreten. Bereits (z. B. bei der Vorbehandlung durch Sägen, Feilen usw.) aufgetretene Fehler lassen sich durch entsprechend weitgehende Metallabtragung vollständig beseitigen. Dadurch werden der Metalluntersuchung und der Metallbehandlung ganz neue Felder eröffnet, die auch mit Erfolg beschritten worden sind.

Die auf elektrolytischem Wege erzielte Glättung ist ebenso vollständig, zuweilen aber viel vollständiger als die auf mechanischem Wege erreichbare. Bei der Behandlung von Metallen, die aus mehreren Bestandteilen aufgebaut sind, treten zwar Unebenheiten auf, die auf verschiedene Lösungsgeschwindigkeit der einzelnen Phasen zurückzuführen sind. In vielen Fällen gelingt es aber, diesen Unterschied auszugleichen.

Der verwendete Elektrolyt soll mit dem zu glättenden Metall gut lösliche Salze bilden. JACQUET hat vorwiegend Lösungen von Orthophosphorsäure, Perchlorsäure und Schwefelsäure benützt, welche auch heute noch die Hauptbestandteile der Badlösungen bilden. Wegen Explosionsgefahr ist allerdings die Konzentration der Perchlorsäure niedrig zu halten; deshalb bevorzugt man immer mehr die perchloratfreien Bäder. Als Lösungsmittel verwendete er Wasser, Alkohol, Essigsäure, Essigsäureanhydrid u. dgl. m. Besonders in Gegenwart von Essigsäure und gar von Essigsäureanhydrid dürfen die Lösungen aus Sicherheitsgründen nie mehr als allerhöchstens 40% $HClO_4$ von der Dichte 1,62 enthalten. Die Nichtbeobachtung dieser Sicherheitsmaßnahme hat zu Explosionen Anlaß gegeben. Bei Verwendung richtig zusammengesetzter Bäder wird das Auftreten von Explosionen vermieden.

Alkalische Elektrolyte, z. B. Lösungen von Ätzalkalien, Soda, Zyanide usw. werden zum Elektropolieren von Edelmetallen (vorwiegend Silber und Gold), von Wolfram, bisweilen auch von Zink verwendet.

Die Bäder müssen bei manchen industriellen Anwendungen gekühlt oder bewegt werden, um zu starke Temperatursteigerungen in Anodennähe, in welcher der Hauptwiderstand lokalisiert ist, zu verhindern.

In anderen Fällen, besonders bei Verwendung konzentrierterer Phosphorsäure-, sowie von Schwefelsäurebädern mit oder ohne Zusatz von Chromsäure, arbeitet man in der Technik hingegen vorzugsweise bei Temperaturen von 40 bis 80° C.

Gewöhnlich kommen Spannungen von 10 bis 15 Volt und Stromdichten von 15 bis 25 Amp./dm² zur Anwendung, in besonderen Fällen aber Spannungen bis zu 60 Volt und Stromdichten von 100 bis 200 Amp./dm².

Zusätze, welche die Viskosität der Lösung erhöhen, haben sich vielfach als günstig erwiesen.

In technischer Hinsicht sind die Arbeiten JACQUETS u. a. in Frankreich von der Société Jacquet-Hispano-Suiza, in America vom Battelle Memorial Institute fortgesetzt und erweitert worden.

Letzteres konzentrierte sein Interesse auf die Ermittlung günstiger Badzusammensetzungen für die Elektropolierung von verschiedenen, vorwiegend von Eisenmetallen. C. L. FAUST hat eine größere Anzahl von solchen unter Patentschutz gestellt, von denen einige industrielle Anwendung gefunden haben. R. MONDON, der Leiter der Laboratorien der Société Hispano-Suiza hat hingegen ein neues Feld beschritten und neuartige Verfahren ausgearbeitet, Werkstücke durch Heranziehung der Elektropolierung in einer bisher unerreicht hohen Qualität herzustellen. Unabhängig von den Amerikanern hat er dazu auch seit 1942 einen Elektrolyten ausgebildet und verwendet, der Chromsäure neben Phosphorsäure enthält.

Für die mikroskopische Untersuchung von Schliffproben ist das Elektropolieren auf Aluminium und Aluminiumlegierungen, Antimon, Beryllium, Blei, Cadmium, Chrom, Eisen und Eisenmetallen, Germanium, Gold, Indium, Kobalt, Kupfer und Kupferlegierungen, Magnesium, Mangan, Molybdän, Nickel und seinen Legierungen, Niob, Tantal, Thorium, Titan, Uran, Vanadium, Wolfram, Zink, Zinn, Zirkonium mit Vorteil angewendet worden.

Je reiner das Metall, desto leichter ist die Polierung auszuführen. Für die Behandlung von Legierungen und von unreineren Metallen sind Elektrolyte zu bereiten, in welchen sich die einzelnen Bestandteile möglichst gleich schnell auflösen.

Für die mikroskopische Untersuchung kann die Polierung und Ätzung meist in einem einzigen Arbeitsgang ausgeführt werden, indem man nach erfolgter Glanzbildung die Stromdichte herabsetzt, um in das Gebiet zu gelangen, in welchem bloß Anätzung vor sich geht.

Die ganze Operation nimmt Sekunden bis Minuten in Anspruch.

Industriellen Wert besitzt besonders die Elektropolierung von Stählen, von Aluminium, Silber, Gold, Kupfer und Kupferlegierungen, ferner, dank ihrer Tiefenwirkung und Streuung, die Behandlung stark profilierter Gegenstände, solcher von komplizierten Formen, dann von Drähten in kontinuierlicher Arbeitsweise, von Drahtnetzen, Drahtgeweben usw.

Stahl, Eisen, Kupferlegierungen, Aluminium und Aluminiumlegierungen werden in Bädern behandelt, deren Hauptbestandteil von Mineralsäuren gebildet wird, Silber und Gold in alkalischen, vorzugsweise in zyankalischen Bädern.

Da die mechanische Polierung nichtrostender Stähle schwer auszuführen ist und lange Zeit in Anspruch nimmt, während sie auf elektrolytischem Wege schnell und billiger auszuführen ist, sind die Bemühungen der Amerikaner vor allem auf die rationelle Zusammensetzung von Bädern gerichtet worden, die für diesen Zweck geeignet sind.

Ihre Zahl ist derart angewachsen, daß hier nur einige typische Beispiele aufgeführt werden:

Tabelle 68. *Badzusammensetzungen für das Elektropolieren von Stählen*

	Stromdichte Amp./dm[2]	Zeitdauer der Behandlung Minuten	Temperatur °C
1. 60 bis 89%ige H_2SO_4	90 bis 180		30 bis 60
2. H_2SO_4 .... 25% o-Phosphorsäure ...... 70% Rest Wasser	über 50	5 bis 90	60
3. H_2SO_4 .... 40% HF .... 10% Wasser 50%	über 25	0,5 bis 4	
4. H_2SO_4 .... 5 bis 30% Milchsäure ...... 15 bis 40% Phosphorsäure .. 35 bis 60% Rest (2 bis 20%) Wasser	8 bis 30	1 bis 20	70 bis 90
5.[1] Phosphorsäure (1,7 spez. Gew.) .... 60 % H_2SO_4 (spez. Gew. 1,84) 20 % Wasser .... 20 %	80	5	60
6.[2] H_2SO_4 .... 10 bis 30% Zitronensäure ... 30 bis 70% Rest Wasser	8 bis 25		80 bis 90
7. o-Phosphorsäure (1,75 spez. Gew.) 300 g/l Glyzerin 1,26 530 g Wasser 90	7 bis 8	15 bis 110	5

Durch Anreicherung an gelöstem Metall und durch Verdampfung ändert sich im Dauerbetrieb nach und nach die quantitative Zusammensetzung des Bades. Sie wird durch Messung der Dichte und der Viskosität, periodisch auch durch chemische Analyse kontrolliert und zeitweise durch Zugabe frischer Elektrolyten korrigiert. Bäder dieser Art sind fast unbegrenzt haltbar, weil die gelösten Metallanteile bei Überschreitung der Sättigung in Form fester Salze ausfallen.

Hingegen müssen Bäder, welche neben Phosphorsäure und Schwefel-

[1] Handelsübliche Polierlösung und häufig angewendete Arbeitsbedingungen.

[2] Von der Armes Steel Corp. patentiert.

säure auch Chromsäure enthalten und bei der elektrolytischen Polierung von Stählen und von Aluminium eine hervorragende Rolle spielen, nach Durchgang bestimmter Strommengen (und zwar von ungefähr 150 Amp. Std./l) vollständig erneuert werden.

Zum Polieren von Kupfer verwendete JACQUET 900 g/l o-H_3PO_4, 6 bis 8 Amp./dm^2, bei Zimmertemperatur durch 15 bis 30 Minuten, gelegentlich unter Zusatz von Alkohol, zum Polieren von Chrom und von Eisenmetallen ein Perchloratbad mit rund 80 g/l $HClO_4$, welches er durch Zusatz von 50 cm^3 Perchlorsäure vom spez. Gew. 1,59 bis 1,61 zu konzentrierter Essigsäure herstellte.

Um mit gutem Erfolg verwendet werden zu können, muß jedes Bad das betreffende Metall gut lösen, dabei einen viskosen Film von relativ geringem Leitvermögen und hoher Viskosität bilden. Liegt kein einheitliches Metall, sondern liegen Gemische, feste Lösungen oder Legierungen vor, so ist die elektrolytische Polierung nur in Bädern gut durchzuführen, in welchen die einzelnen Bestandteile nicht zu verschiedenes Potential aufweisen. Letztere Bedingung läßt sich nicht immer (etwa durch besondere Badzusammensetzung) erfüllen.

Auch bei gleicher chemischer Zusammensetzung des Werkstoffes wird die Anwendungsmöglichkeit der elektrolytischen Polierung durch die Qualität und die Vorbehandlung des Werkstoffes begrenzt. Ein Beispiel dazu bietet das Verhalten verschiedener Messingsorten.

Das α-Messing, eine feste Lösung von Zink in Kupfer, läßt sich in Phosphorsäurelösungen und in Mischungen von Phosphorsäure und Chromsäure elektrolytisch polieren. Man erhält dabei glänzende Oberflächen, welche aber nur dann vollkommen erscheinen, wenn das Ausgangsmaterial feinkörnige und regelmäßige Kristallstruktur aufweist. Grobkörniges, kaltgehärtetes Material wird zwar glänzend, weist aber eine Oberflächenform auf, die als „Krötenhaut“ oder „Orangenhaut“ bezeichnet wird und für dekorative Zwecke unbrauchbar ist.

Werkstücke aus gezogenem oder gewalztem Kupfer, Messing oder anderen Kupferlegierungen lassen sich gewöhnlich gut auf elektrolytischem Wege polieren, nicht aber solche, die mehr als 1% Blei einschließen[1].

Die Elektropolierung von Silber wird in den USA. in mehreren großen Anlagen in zyanidischen Bädern mit Zusätzen von Ätzalkalien laufend ausgeführt.

Die Elektropolierung von Gold ist in Österreich von R. SOMMER (Siemens-Austria) durch Zusammensetzung einer neuen zyanidischen patentierten Badlösung für die Behandlung selbst sehr komplizierter Formstücke, Goldschmuck usw., besonders ausgebildet worden. Das elektrolytisch abgetragene Gold läßt sich soviel wie quantitativ wiedergewinnen.

---

[1] Cf. R. SOMMER, Siemens-Austria, Techn. Ber. 6, 25 (1954).

Mehrfache Anwendungen findet das Elektropolieren von Aluminium und von manchen Aluminiumlegierungen, obzwar sich unter letzteren viele finden, bei welchen die Elektropolierung nicht befriedigt. In vielen dieser Fälle läßt sich dies auf Heterogenitäten zurückführen, welche bei der Herstellung oder der weiteren Behandlung dieser Legierungen verursacht worden sind und die sich durch bessere Arbeitsweise ausschließen lassen.

In Frankreich werden bestimmte Aluminium-Magnesium-Legierungen eigens für den Zweck der Elektropolierung und der Eloxierung, welche ebenso empfindlich ist, hergestellt[1]. Bei Beobachtung bestimmter Kautelen lassen sich auch andere Legierungen in einem Zustand herstellen, in welchem sie mit Erfolg elektrolytisch zu polieren sind. In anderen Fällen bietet ein bestimmter Legierungsbestandteil (z. B. 0,5% oder noch mehr Silizium) ein kaum überwindliches Hindernis.

Besonderen Wert besitzt der Umstand, daß sich auf Aluminium durch Elektropolierung eine höhere Brillanz und höheres Reflexionsvermögen (92 bis 95%) herstellen läßt als auf irgendeinem anderen Wege und daß die so polierten Gegenstände durch nachträgliches Eloxieren unverändert haltbar werden, weder abstumpfen noch angegriffen werden.

Allerdings kann man davon nur auf 99,99%igem Reinstaluminium Vorteil ziehen, weil sich nur auf solchem eine glasklare, durchsichtige Eloxalschicht von hoher Schutzkraft herstellen läßt. Auf weniger reinem Aluminium erscheinen die Eloxalschichten getrübt, wodurch der Vorzug großenteils oder ganz verlorengeht.

Daß die Elektropolierung Metallen höhere Reflexionskraft verleiht, ist von mehreren Seiten festgestellt worden, z. B. schon 1936 von Lowery, Wilkinson und Smare[2] für Kupfer (bei Abtragung einer 1,3 μ dicken Schicht im *o*-Phosphorsäurebad (vom spezifischen Gewicht 1,34). Jacquet teilt hiezu[3] folgende Zahlen mit:

Tabelle 69

Art der Metalloberfläche	Reflexionsvermögen bei Wellenlänge in Å	
	4800	6800
Mechanisch poliert	48%	90%
Elektrolytisch poliert	58%	97%
Im Vakuum aufgedampfte spiegelnde Metallschicht	49%	92%

Die durch nachfolgende Eloxierung stabilisierte Elektropolitur von Aluminium kommt in allen Fällen, in denen hohes unveränderliches Re-

[1] Herenguel und Segond, Rev. Aluminium **1948**, 306.
[2] Trans. Electrochem. Soc. **69**, 651 (1936); Phil. Mag. Ser. 7, Nov. 1936, S. 769.
[3] Atomes (Paris) **8**, 187 (Juni 1953).

flexionsvermögen von besonderem Wert ist, besonders in Betracht, z. B. bei Herstellung von Reflektoren, Spiegeln usw., aber auch für glänzende Werkstücke, die nachträglich gefärbt werden sollen.

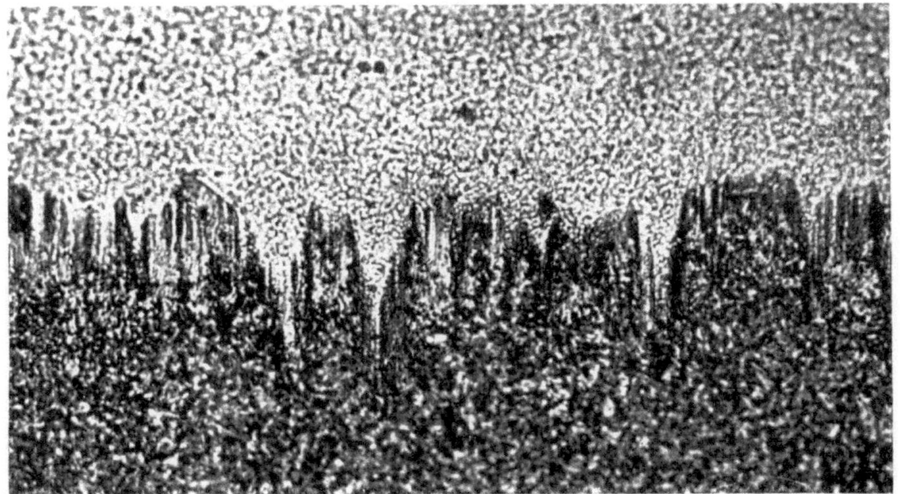

Abb. 148 (Photo: P. JACQUET)

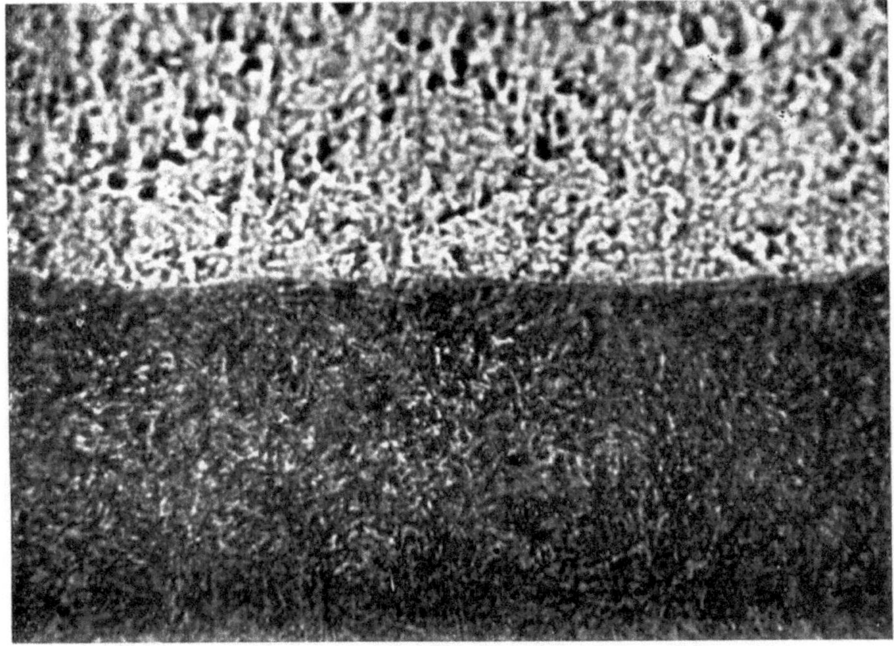

Abb. 149 (Photo: P. JACQUET)

Daß die Elektropolierung Metalloberflächen ein höheres Reflexionsvermögen verleihen kann als die mechanische Politur, wird dadurch erklärt, daß die Glänzung sich bis auf den Grund von Mikrovertiefungen erstreckt, die sonst von der BEILBY-Schicht zugedeckt werden.

Aus dem gleichen Grunde werden Oberflächendefekte durch die mechanische Politur unkenntlich, durch elektrolytisches Polieren aber wieder sichtbar gemacht, ja hervorgehoben.

Die mechanische Politur verändert, wie S. 403 schon angedeutet worden ist, in größerer oder geringerer Tiefe die Struktur der Oberflächenschicht des

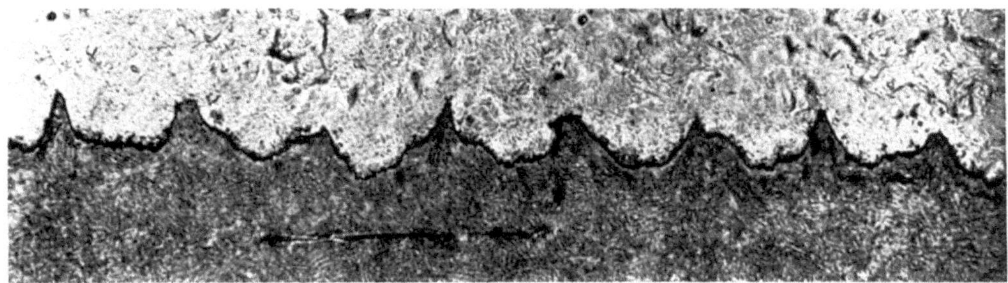

Abb. 150

Metalls und damit ihre mechanischen Eigenschaften in oft sehr schädlichem Grade. Die elektrolytische Polierung ermöglicht es, die derart veränderte

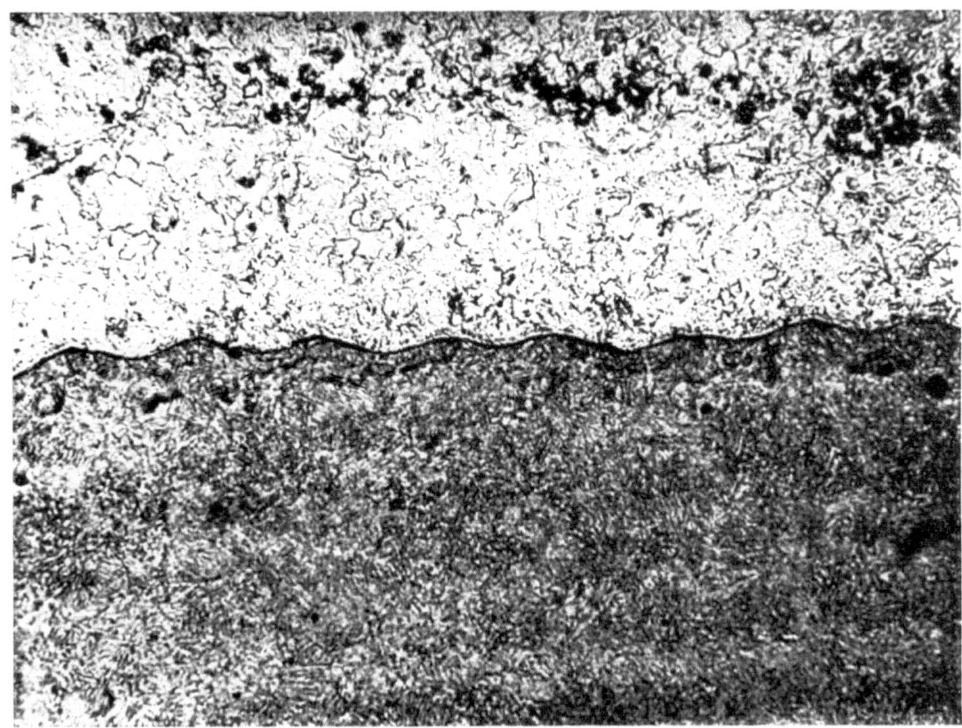

Abb. 151

Oberflächenschicht abzutragen, ohne die charakteristischen Eigenschaften des darunterliegenden Grundmetalls zu verändern oder zu beeinträchtigen. Sie liefert also ein Mittel an die Hand, die wertvollen Eigenschaften des Grundmetalls voll wiederherzustellen.

Von dieser Überlegung ausgehend, hat R. MONDON die Idee gefaßt, die elektrolytische Polierung an Stelle der mechanischen Endbearbeitung wichtiger Werkstücke und Motorenteile heranzuziehen. Es ist ihm dadurch gelungen, ein Superfinish herzustellen, durch welches ihre Qualität wesentlich erhöht, ihre Lebensdauer wesentlich verlängert wurde, und auch durch Behandlung von Zwischenprodukten unerwartete Verbesserungen zu erzielen.

Im Schliffbild eines durch die Metalloberfläche schräg geführten Schnittes treten ihre Unebenheiten und Unregelmäßigkeiten deutlicher, weil in etwas vergrößertem Maßstabe, zutage. Die Abb. 148 bis 151 geben (nach freundlichst von P. JACQUET überlassenen Photos) Mikroaufnahmen derart gerichteter Schnittflächen wieder, und zwar entsprechen auf den Abb. 148 und 149 10 mm in Richtung von unten nach oben einer Ausdehnung von 2,7 μ, von links nach rechts einer Ausdehnung von 17,8 μ, auf den Abb. 150 und 151 nach oben 9,6 μ, nach den Seiten 50 μ.

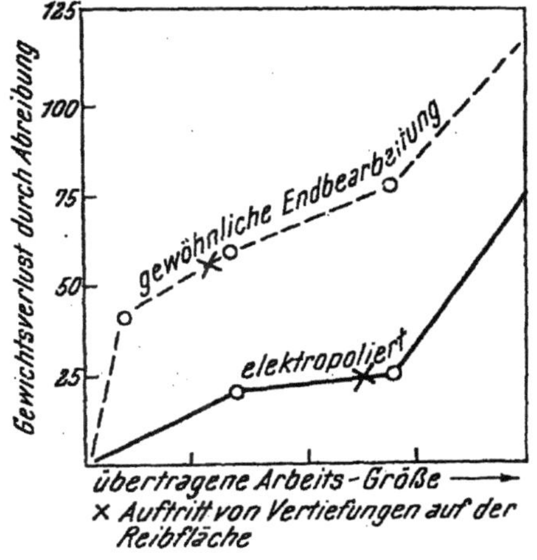

Abb. 152

Die Abb. 148 veranschaulicht, wie weit eine sorgfältige mechanische Politur hinter der Forderung zurückbleibt, die Oberfläche einzuebnen, die Abb. 150, wie gewellt die Oberfläche nach feinem Abdrehen auf der Drehbank erscheint, die Abb. 149 und 151, wie die Wellung durch Elektropolierung unter Abtragung von je 25 μ verkleinert wird.

Durch Messung der Mikrohärte in verschiedenen Abständen von der Oberfläche kann man die Dicke der Schicht ermitteln, die abzutragen ist, um die durch die mechanische Vorbehandlung hervorgerufenen Strukturänderungen zu beseitigen.

Durch die vollkommenere Glättung auf elektrolytischem Wege wird die Reibung aneinandergleitender Flächen und damit ihre Abnützung in dem auf Abb. 152 sichtbar gemachten Maße verringert, ihre Lebensdauer entsprechend erhöht.

Im allgemeinen genügt es, beim Ersatz der mechanischen Feinst- bzw. Endbearbeitung durch Elektropolieren 50 μ abzutragen. Dadurch erspart man nicht nur Zeit und Löhne, sondern erzielt ein höherwertiges Produkt.

Tab. 70 gibt an, in welchem Maße die mittleren Abstände zwischen Erhöhungen und Vertiefungen auf der Oberfläche durch elektrolytische Abtragung von 50 μ verringert werden (s. S. 412).

Weniger übersichtlich ist der Einfluß, welchen die elektrolytische Polierung auf Ermüdungserscheinungen ausübt.

Es ist gegenwärtig noch gar nicht abzusehen, welche praktischen Anwendungen die Elektropolierung mit Nutzen finden kann. Wenn es auch feststeht, daß sie keinesfalls dazu berufen ist, die mechanische Polierung zu verdrängen, kann sie diese in vereinzelten Fällen, z. B. für die Polierung von nichtrostenden Stählen, mit Vorteil ersetzen und in vielen anderen Fällen ergänzen oder vervollständigen.

Tabelle 70

Oberflächenbearbeitung der Probe	Abstände von Berg zu Tal in μ	
		nach anodischer Abtragung von 50 μ
Drehbearbeitung	7,5 bis 9,5	2,3 bis 2,8
Mittlerer Feinschliff ...	3,9 bis 5,2	0,8 bis 1
Feiner Feinschliff	1,5 bis 2	0,6 bis 0,8
Einschleifen mit dem Stein	0,95 bis 1,3	0,4 bis 0,5

Eine Anwendung, die sich bereits bewährt hat, besteht darin, Stücke, die etwas zu stark sind, auf genau erforderliche Dimension zu bringen und gleichzeitig zu glätten, ferner metallische Kontakte zu verbessern, Spitzen (z. B. Grammophonspitzen) zu schärfen, Oberflächen für schwierige Lötungen zu verbessern, ebenso Oberflächen von Metallen, welche zur Verwendung in Vakuumröhren bestimmt sind, Matrizen aus gehärtetem Stahl für die Herstellung von Preßstücken so zu glätten, daß sie glänzende Preßstücke liefern, u. dgl. m. Bei dieser Technik hat man die überraschende Erfahrung gewonnen, daß die plastische Verformung von Blechen durch vorhergehendes Elektropolieren wesentlich erleichtert wird, wodurch Zwischenglühungen erspart werden können.

Auf elektropolierten Metallen haften galvanische Niederschläge besonders gut und lassen das Fortwachsen der Kristalle des Grundmetalls besonders deutlich erkennen, wobei die Grenzschicht fast völlig unkenntlich wird.

Unter den Beimengungen, welche metallische Werkstoffe meist enthalten, sind die nichtmetallischen Einschlüsse beim Elektropolieren am störendsten, besonders in Bädern, welche keine Perchlorsäure enthalten.

Noch störender wirken mechanische Unregelmäßigkeiten, wie Risse u. dgl. Diese Beobachtung hat dazu geführt, die Elektropolierung zur Untersuchung von Werkstoffen heranzuziehen, dazu, fehlerhafte Stücke zu erkennen und sie vor ihrer Verwendung auszuscheiden, bzw. dazu, die betreffenden Fehler vor Weiterbearbeitung zu mildern oder zu beseitigen.

So hat z. B. MONDON[1] durch Elektropolieren von Ventilfedern, Ventilköpfen u. dgl. vorher unsichtbare Fehler kenntlich gemacht, die — wenn sie tiefgreifend waren — die Ausscheidung derselben notwendig erscheinen

[1] Technique mod. **42**, Juli 1950; s. auch ib. **39**, Dez. 1946, **40**, Jan. 1947.

ließen, wenn sie gering waren, durch anodische Abtragung beseitigt wurden. Dadurch ließ sich die Lebensdauer der Stücke sowie deren Verläßlichkeit

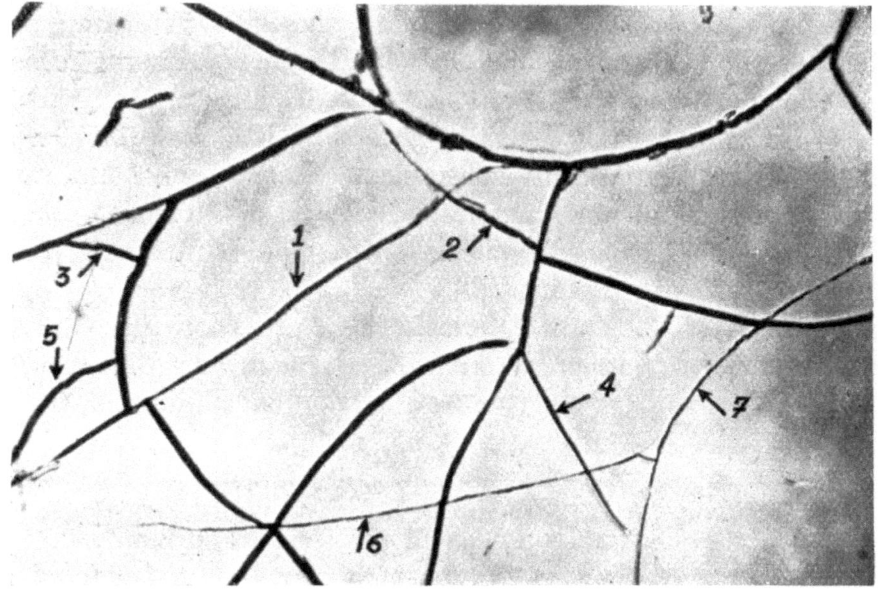

Abb. 153 (Photo: Chrome Dur 1949, 4)

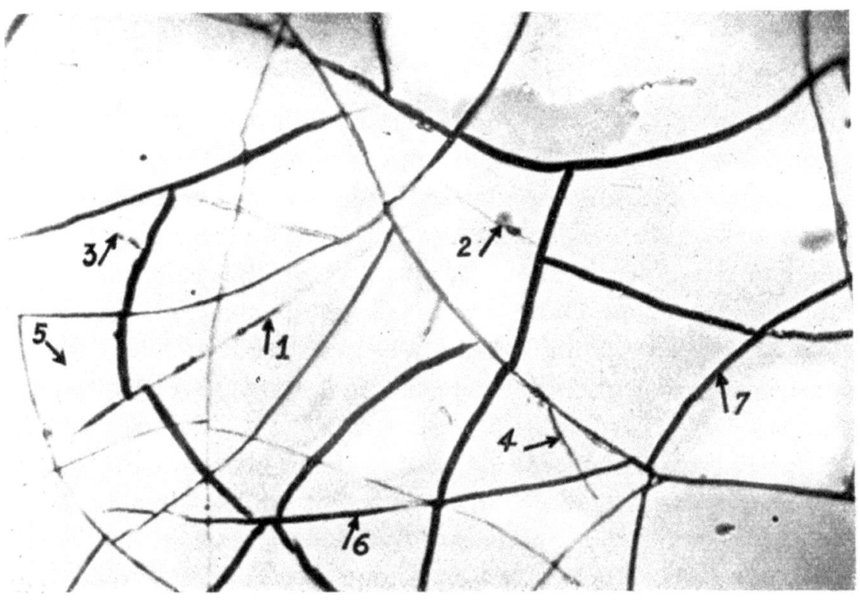

Abb. 154 (Photo: Chrome Dur 1949, 4)

wesentlich erhöhen, da spätere Defekte gerade von solchen fehlerhaften Stellen ausgehen.

Derartige Vorbehandlungen führen oft zu neuen Erkenntnissen. Ein interessantes Beispiel hiefür bildet die Beschreibung einer bemerkenswerten

Untersuchung der Elektropolierung von Chromüberzügen auf Stahl durch JACQUET und Mme WEILL[1].

Beim Elektropolieren von Chrom im Perchlorat-Essigsäure-Bad weist die Stromspannungskurve kein ausgeprägt horizontales Wegstück auf, sondern nur eine Inflexion zwischen 18 und 25 Volt Klemmenspannung. Das Maximum des inneren Widerstandes tritt bei etwa 30 Volt auf, das ist bei etwas höherer als der günstigsten Arbeitsspannung. Nichtsdestoweniger ist die Glättung und Abtragung zufriedenstellend. Dabei beobachtet man bei wiederholter kurzer Behandlung, daß die Zahl der deutlich sichtbaren Sprünge (s. Abb. 153) sich oft mit fortschreitender Abtragung vermehrt, wie dies die Abb. 154 erkennen läßt.

Verchromt man aber unter vergleichbaren Bedingungen Stähle, die vorher elektropoliert worden waren, so findet man, wie dies Tab. 71 angibt, eine viel kleinere Anzahl von Sprüngen in der Chromschicht:

Tabelle 71

Polierung der Stahlprobe	Dicke der Chromschicht in μ	Zahl der Sprünge auf 10 mm Breite
Auf mechanischem Wege	13	136
Auf elektrolytischem Wege	6	25
	12	32
	18	60

Jeder Sprung der auf elektropoliertem Stahl niedergeschlagenen Chromschicht durchsetzt die ganze Schicht, ohne sich zu verzweigen, während letzteres auf mechanisch vorbehandelter Probe meist der Fall ist.

Fast immer konnte beobachtet werden, daß jeder Sprung von einer Unregelmäßigkeit des Unterlagsmetalls, also von der Stahloberfläche, ausgeht.

Auf elektropoliertem Unterlagsmetall erhält man infolge Beseitigung eines Teils dieser Unregelmäßigkeiten bessere Niederschläge, die höheren Korrosionsschutz gewähren. Letzteres ist auch von anderer Seite beobachtet worden[2].

Diese interessante Abhandlung, aus welcher hier nur ein kleiner Ausschnitt wiedergegeben ist, wirft ein neues Licht auf die Ursache der Bildung von Rissen in Chromniederschlägen und auf die Ursachen der Versprödung des Unterlagsmetalls. Sie läßt unsere Kenntnisse derselben sehr lückenhaft und unsicher erscheinen.

---

[1] Chrome Dur **1949**, **4**.

[2] Cf. z. B. EILENDER und Mitarbeiter, Metalloberfläche **1949**, **32**.

Namenverzeichnis

Sachverzeichnis

Druck von Adolf Holzhausens Nfg., Universitätsbuchdrucker, Wien

MIX
Papier aus verantwortungsvollen Quellen
Paper from responsible sources
FSC® C105338

If you have any concerns about our products,
you can contact us on
ProductSafety@springernature.com

In case Publisher is established outside the EU,
the EU authorized representative is:
Springer Nature Customer Service Center GmbH
Europaplatz 3, 69115 Heidelberg, Germany

Printed by Libri Plureos GmbH
in Hamburg, Germany